AF357534

DE L'ÉTABLISSEMENT

DES

PUITS DE MINES

DANS LES TERRAINS ÉBOULEUX ET AQUIFÈRES

FONÇAGE — CONSOLIDATION — RÉPARATIONS

CONSTRUCTION ET ÉBOULEMENT

DES

FOSSES DE MARLES

(PAS-DE-CALAIS)

PAR

G. GLÉPIN

Ingénieur des Mines du Grand-Hornu

Un volume in-8°, et un ATLAS grand in-4°

Prix : 25 francs

PROSPECTUS

L'établissement des puits de mines dans les terrains ébouleux et aquifères autres que les sables *boulants*, les mouvements qui peuvent se déclarer dans leurs cuvelages, les moyens à employer pour s'opposer à la déformation de ceux-ci et à leur écroulement, et enfin le mode de réparation de ces cuvelages, à la suite d'accidents auxquels on ne se serait pas opposé à temps, constituent une série d'opérations dont messieurs les jeunes ingénieurs et directeurs de mines, qui n'ont pas encore eu l'occasion d'exécuter de pareils travaux, ont le plus grand intérêt à connaître tous les détails pratiques.

Pour décrire minutieusement toutes ces opérations et n'indiquer que des moyens rationnels sanctionnés par la pratique, nous avons choisi l'exemple que nous connaissons le mieux, et en même temps un de ceux qui ont causé le plus d'émotion dans l'industrie houillère : nous voulons parler de l'éboulement de la seconde fosse de Marles (Pas-de-Calais), qui a eu lieu en 1866, dix ans après sa construction.

Les difficultés qui se sont rencontrées dans le fonçage, l'importance des eaux que recèle le terrain traversé, les incidents variés qui en ont été la conséquence, et la catastrophe à laquelle il faut maintenant remédier ont fait de la fosse de Marles le type le plus remarquable à étudier, pour envisager sous toutes ses faces la question que nous nous sommes proposé de traiter.

La reproduction intégrale du registre de fonçage de cette fosse fournira aussi, à tous ceux qui auront à exécuter des travaux analogues, une foule de renseignements pratiques encore inédits sur le personnel, la durée et la nature de chacune des opérations, dont l'ensemble constitue le *passage des niveaux* le plus difficile peut-être qui se soit présenté jusqu'ici dans l'exploitation des mines.

G. G.

<hr>

LAGNY. — IMPRIMERIE DE A. VARIGAULT.

DE L'ÈTABLISSEMENT

PUITS DE MINES

Paris. — Typographie HENNUYER ET FILS, rue du Boulevard, 7.

DE L'ÉTABLISSEMENT

DES

PUITS DE MINES

DANS

LES TERRAINS ÉBOULEUX ET AQUIFÈRES

FONÇAGE — CONSOLIDATION — RÉPARATIONS

CONSTRUCTION ET ÉBOULEMENT

DES FOSSES DE MARLES

(PAS-DE-CALAIS)

PAR G. GLÉPIN

INGÉNIEUR DES MINES DU GRAND-HORNU

TEXTE

PARIS

LIBRAIRIE POLYTECHNIQUE DE J. BAUDRY ÉDITEUR

15, RUE DES SAINTS-PÈRES

MÊME MAISON A LIÉGE

1867

A. M. THIRRIA

Inspecteur général de première classe au Corps impérial des mines,
Commandeur de l'ordre impérial de la Légion d'honneur.

MONSIEUR,

Le bienveillant intérêt que vous m'avez témoigné à la suite de la catastrophe de Marles, et l'exquise bonté avec laquelle vous m'avez encouragé à faire connaître publiquement tout ce qui a rapport à ce déplorable événement, eu égard à la part que j'ai prise à la construction du puits éboulé, m'ont touché profondément.

Je vous prie donc, monsieur, de me permettre de vous en exprimer ici ma plus vive gratitude.

Sur le simple exposé des faits, vous n'avez pas hésité à déclarer, avec votre grande expérience des travaux de mines et votre incontestable autorité, qu'un puits fonctionnant depuis dix ans, sans avoir jamais nécessité la moindre réparation, non-seulement ne pouvait être considéré, par des juges compétents, comme mal placé ou mal construit, mais n'avait pas pu surtout disparaître subitement, sans qu'il y ait eu imprévoyance et manque de précautions dans les mesures prises pour assurer sa conservation.

Daignez recevoir, monsieur, tous mes remerciments pour le haut appui que vous avez bien voulu me donner, et veuillez agréer, je vous prie, l'hommage de cette publication, quelqu'insuffisante qu'elle soit pour atteindre le but élevé que m'avaient assigné les conseils éminents dont vous m'avez honoré.

Je suis avec le plus profond respect,

Monsieur,

Votre très-humble et très-dévoué serviteur,

G. GLEPIN.

Grand-Hornu, le 20 février 1867.

PRÉFACE

L'établissement des puits de mines dans les terrains éboulleux et aquifères autres que les sables boulants, les mouvements qui peuvent se déclarer dans leurs cuvelages, les moyens à employer pour s'opposer à la déformation de ceux-ci et à leur écroulement, et enfin le mode de réparation de ces cuvelages, à la suite d'accidents auxquels on ne se serait pas opposé à temps, constituent une série d'opérations dont messieurs les jeunes ingénieurs et directeurs de mines, qui n'ont pas encore eu l'occasion d'exécuter de pareils travaux, ont le plus grand intérêt à connaître tous les détails pratiques.

Pour décrire minutieusement toutes ces opérations et n'indiquer que des moyens rationnels sanctionnés par la pratique, nous avons choisi l'exemple que nous connaissons le mieux et en même temps un de ceux qui ont causé le plus d'émotion dans l'industrie houillère : nous voulons parler de l'éboulement de la seconde fosse de Marles (Pas-de-Calais), qui a eu lieu en 1866, dix ans après sa construction.

Les difficultés qui se sont rencontrées dans le fonçage,

l'importance des eaux que recèle le terrain traversé, les incidents variés qui en ont été la conséquence, et la catastrophe à
laquelle il faut maintenant remédier ont fait de la fosse de
Marles le type le plus remarquable à étudier. pour envisager
sous toutes ses faces la question que nous nous sommes proposé de traiter.

G. G.

CONSTRUCTION ET ÉBOULEMENT

FOSSES DE MARLES

(PAS-DE-CALAIS)

INTRODUCTION

A la suite de l'insuccès d'une première fosse, établie près du village de Marles (Pas-de-Calais), et qui s'était écroulée pendant la traversée des couches crétacées aquifères recouvrant le terrain houiller dans cette localité, feu M. Émile Rainbeaux, qui était administrateur à la fois de la compagnie des mines de Marles et de la Société des mines de houille du Grand-Hornu (Belgique), dont nous sommes l'ingénieur, réclama notre concours pour l'exécution d'une seconde fosse à proximité de la première, en nous chargeant de fixer nous-même l'épaisseur du massif de terrain à laisser entre les deux puits, pour éviter toute corrélation de nature à empêcher le fonçage du second.

Il nous engagea en même temps à utiliser, pour l'emplacement de ce dernier puits, ainsi que pour sa construction, tout ce qui restait du premier alors comblé complétement, tels que le chantier déblayé et approprié, la galerie d'écoulement, qui avait servi à conduire ses eaux à la rivière la Clarence, la cheminée des fourneaux des générateurs, les bâtiments, magasins et ateliers demeurés intacts.

Les raisons qui forçaient M. Rainbeaux à rester dans la même localité, pour la création d'une seconde fosse, étaient fondées et avaient toutes pour but de sauvegarder les intérêts de la Compagnie dont il était l'administrateur.

D'une part, l'écroulement de la première fosse, commencée en 1853, avait eu lieu vers la fin du mois de juin de l'année suivante. La saison était donc trop avancée pour se procurer un autre emplacement qu'il aurait fallu d'abord trouver à négocier, puis déblayer et y faire ensuite toutes nouvelles constructions, sans pouvoir utiliser celles de l'ancienne fosse, dont le fonçage, avec tous ses accessoires, avait occasionné déjà une dépense de plus de 500,000 francs à la Compagnie de Marles. Se reporter ailleurs eût donc encore été une année de perdue inutilement.

D'autre part, la compagnie de Marles, à cette époque, n'était pas encore en possession de sa concession. Sa voisine de l'est, celle de Bruay, qui était en possession de la sienne, avait en même temps demandé au Gouvernement une extension de concession de 1,500 mètres vers Marles. Abandonner cette localité, c'eût été de la part de M. Rainbeaux reconnaître implicitement qu'il ne se sentait pas capable d'y faire une fosse, et donner ainsi toute latitude à ses voisins pour obtenir du Gouvernement l'extension de concession réclamée par eux.

Or, M. Rainbeaux était convaincu que l'écroulement de la première fosse n'était point dû à des conditions par trop mauvaises relatives à la nature des terrains traversés, à des difficultés impossibles à vaincre ; mais uniquement aux dispositions adoptées, qui n'étaient point tout à fait en rapport avec les difficultés au milieu desquelles on s'était trouvé placé et dont (faute d'antécédents connus dans la même localité) on n'avait pas soupçonné l'existence au début.

Nous montrerons, par les quelques mots que nous dirons de l'ancienne fosse, que M. Rainbeaux était complétement dans le vrai à cet égard.

Au surplus, sa détermination de rester à Marles s'appuyait sur une autorité incontestable, l'opinion d'un homme éminent qui fait loi pour les travaux de mines, celle de feu M. Juncker, inspecteur général au corps impérial des mines.

En effet, M. Rainbeaux, nous écrivant de Paris dans le courant du mois de juillet 1854, nous faisait connaître que M. Juncker, à qui il avait rapporté simplement les faits relatifs à l'écroulement de la première fosse, lui avait donné de suite son opinion sur les causes de cet accident. Pour M. Juncker, un éboulement aussi subit et aussi complet ne pouvait tenir qu'à la nature des dispositions prises, qui ne s'était plus trouvée en rapport avec celle des difficultés rencontrées.

Et M. Rainbeaux, pour nous encourager à ne pas avoir d'appréhensions sur la trop mauvaise qualité du terrain, ajoutait :

« Pour votre gouverne, je trouve dans les lettres de l'ingénieur de l'ancienne fosse beaucoup plus de satisfaction sur la solidité de certaines passes de cuvelage que de plaintes sur la *mauvaise* qualité du terrain. Donc, avec beaucoup de soin, on doit réussir. »

Voulant nous conformer entièrement au désir qui nous était ainsi

exprimé par M. Rainbeaux, enhardi par lui et rendu attentif par cette
expérience, malgré l'insuccès de laquelle nous espérions, à force de
précautions, pouvoir réaliser ses intentions, nous nous sommes mis
immédiatement à l'œuvre.

Nous sommes parvenu, au bout de deux années d'efforts, à passer
complétement les niveaux, c'est-à-dire à traverser les deux nappes
d'eau indépendantes existant à Marles au-dessus du terrain houiller,
et à y établir la fosse désirée. Cette fosse a régulièrement fonctionné
pendant dix ans. MM. les ingénieurs au corps impérial des mines
ont constaté que cette fosse n'a jamais donné lieu à la plus minime
réparation. Son cuvelage s'est maintenu intact, étanche, solide. Il
promettait la plus longue durée, et dans la dernière visite que nous
avons faite des travaux d'exploitation ouverts à la partie inférieure
de cette fosse, le 21 mars 1866, en qualité d'ingénieur conseil de la
Compagnie des mines de Marles, rien ne pouvait faire encore prévoir
le moindre dérangement dans ce cuvelage, lorsque le 29 avril suivant,
nous recevions au Grand-Hornu une lettre de l'ingénieur-directeur
de la mine, nous annonçant que, la veille, on avait constaté un fort
mouvement dans la fosse, vers la profondeur de 56 mètres, mouvement qui avait eu pour effet de repousser notablement deux pans de
cuvelage vers l'intérieur, sur une hauteur de 5 mètres, qu'on s'occupait des travaux de consolidation, consistant dans l'application de
longues clames verticales en fer plat sur les pans de cuvelage dérangés
et d'équerres en fer aux angles, et qu'il espérait que le lundi suivant,
30 avril, tout pourrait être terminé pour reprendre l'extraction de la
houille, momentanément interrompue.

Une heure et demie après la réception de cette lettre, un exprès
nous arriva, dépêché par cet ingénieur, pour nous faire venir en
toute hâte, en nous prévenant qu'il considérait la fosse de Marles
comme perdue.

Connaissant la solidité exceptionnelle du cuvelage que nous avions
fait établir dans cette fosse dix à douze ans auparavant, nous n'en
voulions rien croire, tellement la chose nous paraissait invraisem-
blable. Cependant, en présence des instances réitérées qui nous furent
faites pour partir de suite, nous nous sommes rendu immédiatement
à Marles.

A notre arrivée sur les lieux, nous avons trouvé le puits, dans la
partie où le cuvelage était dérangé, dans des conditions qui le rendaient tout à fait inabordable pour y exécuter aucun travail sérieux.

L'attaque, trop tardive, des points endommagés, et l'application,
faite la veille, de mesures de consolidation insuffisantes, qui devaient

forcément rester inefficaces, avaient même aggravé la situation, devenue alors des plus critiques, en rendant l'accès des lieux extrêmement difficile aux travailleurs. En effet, l'extrémité inférieure de deux clames qu'on avait posées contre les pans de cuvelage mouvementés, sans pouvoir les fixer complètement, ayant été soulevée par la chute de plusieurs pièces de cuvelage, détachées vingt-quatre heures avant notre arrivée (l'ouverture était restée béante depuis ce moment-là), avait été pliée et repoussée au-dessus de la fosse, de manière à ne pas même permettre de passer au delà avec un simple tonneau ou cuffat.

Notre premier soin fut de faire désobstruer le puits pour pouvoir y placer des ouvriers à demeure fixe, et nous permettre ainsi d'étayer et d'enchaîner le cuvelage, dont l'état de dérangement nous parut des plus graves, autant que nous avons pu en juger, mais au toucher seulement, car il tombait tellement d'eau, imparfaitement conduite au moyen de quelques couvertures de toile d'étoupes, le long de cette partie du puits, qu'il nous était impossible de l'examiner autrement, n'étant éclairé que par une lanterne suspendue entre les chaînettes du cuffat dans lequel nous étions placé.

Malheureusement, pendant l'exécution de ces opérations préliminaires, le mouvement du cuvelage, qu'on n'avait pas combattu par des étrésillons, seul moyen capable de l'empêcher de se manifester et ensuite de prendre de l'extension, et que, par conséquent, on n'était pas parvenu à enrayer avant notre arrivée, avait pris de telles proportions, en raison du vide énorme produit par derrière et dû à l'entraînement du terrain par les eaux, que la fosse ne put résister plus longtemps et s'éboula.

De plus, le cuvelage supérieur n'ayant point été suspendu à des points d'attache invariables, comme pendant le passage des niveaux, dès que le mouvement eut pris une extension redoutable, l'éboulement s'étendit de proche en proche jusqu'à la surface, et le puits se combla complétement.

La chute de cette seconde fosse, établie de la manière que nous allons faire connaître, soulève plusieurs questions d'un haut intérêt pour l'art des mines, et que nous avons jugé utile d'élucider, en tâchant de les résoudre complétement.

Dans le chapitre premier, nous donnerons quelques indications sur la constitution de l'ancienne fosse et sur son écroulement.

Nous donnerons ensuite la description complète, dans tous ses détails, de la construction de la seconde fosse et de tous les moyens mis en œuvre pour vaincre les difficultés que nous avons eues à surmonter.

Dans le chapitre II, nous donnerons quelques indications sur les travaux d'exploitation ouverts dans le voisinage de la partie inférieure de la seconde fosse, seule cause déterminante du mouvement, d'abord très-faible, opéré dans son cuvelage, et qui s'est ensuite accentué de plus en plus, en finissant par devenir irrésistible, pendant qu'on ne faisait rien pour s'y opposer.

Nous décrirons ensuite la chute de cette seconde fosse, en faisant connaître tous les détails de la catastrophe à laquelle nous avons assisté.

Dans le chapitre III, nous indiquerons les causes de la chute de la première fosse. Nous montrerons qu'elles ne pouvaient, en aucune façon, être de nature à empêcher la création d'une seconde fosse dans la même localité, pourvu qu'un massif de terrain, d'une épaisseur suffisante, fût laissé intact entre les deux fosses, pour rendre toute corrélation impossible. Nous prouverons, sans laisser prise à la moindre objection, par tous les faits que nous mettrons en lumière et par les constatations les plus consciencieuses opérées par M. l'ingénieur au corps impérial des mines du Pas-de-Calais, avant et après l'écroulement de la tête du second puits, que cette circonstance a été complétement réalisée. Nous discuterons ensuite la valeur de toutes les causes mises en avant, de part et d'autre, pour expliquer la chute de la seconde fosse, et nous montrerons ce qu'il y avait à faire pour s'y opposer, avec certitude de succès.

Enfin, dans le chapitre IV, nous indiquerons les mesures à prendre par la Compagnie de Marles pour se mettre à l'abri des inconvénients que peut amener plus tard l'état de choses actuel, résultant de l'éboulement de la seconde fosse, dont les travaux d'exploitation s'étendent à une grande distance de chaque côté de ce puits.

Comme des circonstances analogues peuvent se représenter un jour ou l'autre, dans des cas semblables relatifs à l'exploitation des mines, nous avons pensé que nous pourrions peut-être fournir quelques indications utiles, en traitant toutes ces questions, eu égard à la part que nous avons été appelé à y prendre et qui nous a mis à même d'en connaître tous les détails, notre but unique étant de tâcher de contribuer, dans la mesure de nos faibles moyens, au progrès de l'art des mines, objet constant jusqu' ici de nos recherches et de nos prédilections.

CHAPITRE I.

DESCRIPTION DU PASSAGE DES NIVEAUX.

Considérations générales. — L'opération à laquelle les mineurs ont donné le nom de *passage des niveaux* a déjà fait le sujet d'un grand nombre de descriptions insérées dans les ouvrages spéciaux qui traitent de l'établissement des puits de mines.

Néanmoins, eu égard à l'importance qu'elle présente dans certains cas et à la nature essentiellement variable des moyens mis en œuvre pour vaincre les difficultés rencontrées, nous avons pensé qu'il ne serait pas sans intérêt de faire connaître, dans tous ses détails, un travail de ce genre entrepris sous notre direction dans la concession des mines de Marles (Pas-de-Calais), où nous avons eu à traverser une grande épaisseur de terrain très-aquifère, et dont la majeure partie était en même temps d'une nature fort ébouleuse.

Inductions tirées d'anciens travaux sur la nature des terrains à traverser et sur l'importance des sources affluentes. — A l'époque où nous avons été appelé à prendre la direction du fonçage d'un puits dans la concession de Marles, nous ne possédions, comme éléments d'appréciation de la nature des terrains à traverser et de l'abondance des sources souterraines, que ceux que nous pouvions puiser dans l'étude de deux coupes verticales représentées figures 1 et 2.

La première est celle d'un sondage exécuté quelques années auparavant, à 660 mètres environ du point où il s'agissait de nous placer, dans un vallon voisin de celui qui renferme le village de Marles, bâti sur les bords de la petite rivière la Clarence, à 11 kilomètres environ et à l'ouest de la ville de Béthune.

La seconde est celle d'un puits, qui avait été creusé à une centaine de mètres environ du village de Marles et à 600 mètres environ du sondage dont il vient d'être question.

Ce puits venait de s'ébouler et de se combler complétement une quinzaine de jours environ avant notre entrée en fonctions, après avoir traversé une partie seulement des couches crétacées aquifères qui recouvrent le terrain houiller dans cette localité, en ne dépassant pas la profondeur de $55^m,58$, mesurée à partir de son orifice.

Les deux coupes dont nous venons de parler, reproduites avec toutes les annotations mêmes de leur auteur, nous indiquaient :

1° Qu'une première nappe d'eau de $40^m,79$ de hauteur, renfermée dans des couches de marnes blanches, avait été rencontrée à $14^m,60$ au-dessous de la surface au sondage, et à 14 mètres au-dessous de l'embouchure du puits écroulé ;

2° Que ces couches de marnes aquifères reposaient sur un banc d'argile sableuse de $23^m,59$ d'épaisseur, appelée *les bleus* par les mineurs du pays ;

3° Qu'au-dessous de cette masse argilo-sableuse, jusqu'au terrain houiller, existait une nouvelle série de marnes grises, plus ou moins argileuses, d'une épaisseur de $30^m,62$, renfermant un second niveau indépendant du premier, et qui avait donné par un trou de sonde de $0^m,20$ de diamètre, à la profondeur de 62 mètres, un volume d'eau jaillissante évalué à 247 mètres cubes par vingt-quatre heures ;

4° Enfin, que les terrains traversés par le puits écroulé, dont la profondeur avait pu être poussée jusqu'à quelques mètres près de la base de la couche argilo-sableuse séparant les deux niveaux, avaient dû être d'une consistance assez faible, autant du moins qu'il nous a été possible d'en juger au seul aspect d'un petit tas de déblais assez récents situé dans le voisinage.

I. Première fosse.

Forme et diamètre de son cuvelage. — Les parois de la fosse écroulée avaient été revêtues, sur toute l'épaisseur des couches aquifères, d'un cuvelage prismatique en chêne, à 22 pans et de $4^m,50$ de diamètre au cercle inscrit, à l'exception des quelques mètres inférieurs, sur la hauteur desquels on n'avait encore appliqué que sept croisures ou cadres de boisage provisoire, quand s'est produit le mouvement qui a déterminé la chute de la fosse.

Incidents qui ont précédé et déterminé la chute de la fosse. — Voici, en effet, comment les choses se sont passées dans les derniers temps qui ont précédé la catastrophe :

On avait traversé la partie supérieure des bleus sur une hauteur de $11^m,08$, en y établissant successivement quatre retraites ou passes de cuvelage, ainsi que le montre la figure 2, après avoir donné une décharge factice aux eaux du premier niveau, en perçant quelques trous vers la base du cuvelage qui les emprisonnait.

Ces eaux, recueillies dans des gaînes en toile, à la sortie des trous de décharge, étaient conduites vers la partie centrale de la fosse pour les empêcher de couler le long des parois, composées d'un terrain assez dur et consistant à l'état sec, mais susceptible aussi de se déliter très-rapidement, au contact de l'eau, en perdant sa consistance et finissant même par se désagréger complétement, ainsi que nous avons pu le constater nous-même ultérieurement.

Mais peu de temps après la pose de la onzième retraite de cuvelage, ou la quatrième dans les bleus, on s'est décidé à fermer par des broches les trous de décharge du cuvelage supérieur, pour se dispenser de continuer à épuiser les eaux du premier niveau.

Malheureusement, ces eaux n'ont pas tardé à pénétrer dans les bleus, en s'y créant une issue, d'abord derrière l'unique trousse picotée établie à leur partie supérieure, puis successivement derrière chacune des autres trousses picotées formant la base des diverses retraites de cuvelage inférieur.

Quelques heures après l'apparition de ces eaux, on s'est décidé à rouvrir les trous de décharge du cuvelage supérieur, en remettant les choses dans l'état primitif; mais l'issue créée derrière les diverses trousses picotées du cuvelage inférieur n'ayant pu naturellement se refermer, une partie des eaux a continué à y passer et à l'agrandir.

Le terrain des parois, derrière les croisures inférieures qu'on avait successivement posées sur les derniers mètres foncés au-dessous de la onzième passe de cuvelage, a été délayé par les eaux, et un commencement d'excavation s'y est formé. En outre, comme on n'a pas tardé à atteindre les sources jaillissantes du second niveau dont on se rapprochait, celles-ci ont pénétré derrière les croisures et le cuvelage supérieur, en produisant dans le terrain un affouillement considérable.

La rencontre des premières sources du second niveau ayant en même temps rendu insuffisants les moyens d'épuisement, consistant en un jeu de pompe élévatoire de $0^m,50$ de diamètre et de 3 mètres de course, on a été forcé d'abandonner le fond du puits et d'y laisser monter les eaux. Cette interruption de marche des travaux a duré environ six semaines, consacrées à élever dans l'intérieur du puits une seconde colonne de pompe auxiliaire semblable à la première.

A la reprise de l'épuisement, au moyen de ces deux jeux de pompes, on a pu aborder le fond du puits, et on y a constaté que les croisures inférieures étaient tombées et qu'une vaste excavation, représentée figure 2, existait dans le terrain [1].

---

[1] Nous ferons remarquer que cette excavation, telle qu'elle est représentée, fig. 2, a été reproduite par nous intégralement, ainsi que la coupe du puits, comme elles figurent sur le document qui nous a été remis entre les mains à notre entrée en fonctions.

Mais une nouvelle interruption ayant eu lieu dans la marche de la machine d'épuisement, les eaux se sont encore une fois élevées dans l'intérieur du puits, et quand on a voulu les mettre bas une dernière fois, le cuvelage, qui n'avait point été suspendu à des points fixes de la surface ou de son voisinage, s'est écroulé et la fosse s'est comblée complétement.

II. Seconde fosse.

Notions préliminaires. — C'est à la suite de cet événement que M. E. Rainbeaux, guidé par les considérations que nous avons mentionnées dans l'introduction placée en tête de ce Mémoire, nous a nommé ingénieur conseil de la Compagnie de Marles, en nous chargeant de prendre la direction du fonçage d'un second puits dans la même localité.

Comme nous devions utiliser, pour l'écoulement des eaux, l'ancienne galerie qui avait servi au premier, nous avons été amené à choisir notre emplacement en amont de la branche transversale de cette galerie, en laissant intact, entre les deux puits, un massif de terrain de 51 mètres d'épaisseur, convaincu que cette distance était largement suffisante pour parer à toutes éventualités fâcheuses.

Les faits ultérieurs ont du reste montré, comme on le verra plus loin, que nos prévisions à cet égard se sont pleinement réalisées, puisqu'ils ont prouvé surabondamment qu'aucune corrélation n'a jamais existé entre les deux fosses.

L'emplacement du nouveau puits ayant ainsi été déterminé, nous nous sommes entouré d'un personnel d'élite qui avait toute notre confiance, et que nous avions été à même de juger dans des circonstances semblables à celle dans laquelle nous allions nous trouver.

Utilisation de l'ancien matériel d'extraction et d'épuisement, et adjonctions nécessaires. — Les charges, déjà si considérables de la Compagnie de Marles, dues à la perte de sa première fosse, nous ont engagé aussi, pour ne pas trop les aggraver, à utiliser, dans le fonçage de la seconde fosse, tout le matériel d'extraction et d'épuisement que nous avons trouvé intact, à notre arrivée sur les lieux, bien qu'il ne nous parût pas construit, dans toutes ses parties, comme nous l'aurions désiré, si nous avions été chargé nous-même de présider à sa confection.

Cet ancien matériel comprenait :

1° Une machine d'extraction à deux cylindres oscillants (système Cavé), de la force de 15 à 20 chevaux ;

2° Une machine d'épuisement à simple effet, haute pression, sans détente ni condensation, et à traction directe, dite de 200 chevaux de force, possédant un cylindre de 1^m,46 de diamètre intérieur, timbré à 6 atmosphères, un piston de 3 mètres de course et deux tiroirs de distribution de la vapeur commandés à la main ;

3° Une machine alimentaire à cylindre oscillant, d'une force en rapport avec celles des précédentes ;

4° Trois générateurs cylindriques en tôle, à deux bouilleurs et à flamme directe, correspondant chacun à une force d'environ 60 chevaux ;

5° Une bâche ou réservoir à eau chaude en tôle de cuivre ;

6° Deux corps de pompes (travaillantes) en fonte, formés chacun de deux pièces assemblées par boulons et écrous, et ayant 0^m,50 de diamètre intérieur ;

7° Environ 115 mètres de tuyaux de pompes en tôle (soulevantes), de 0^m,53 de diamètre intérieur et de 1, 2, 3 et 4 mètres de longueur ;

8° Enfin, deux vis de suspension de pompes et quelques fragments de tiges (tire-bouts) et de tirants de suspension de colonnes de pompes en sapin, avec leurs clames et fourches d'accrocheture.

Nous avons complété cet ancien matériel en faisant construire un quatrième générateur d'une force de 68 chevaux, une cuve cylindrique en tôle de 2^m,50 de diamètre et de 4 mètres de hauteur, destinée à l'épuration de l'eau d'alimentation, et trois jeux de pompes, dont deux de 0^m,50 de diamètre intérieur, et le troisième de 0^m,36, avec tous leurs accessoires, tels que pistons (séaux), clapets, tuyaux d'aspiration (aspirantes), tuyaux d'ascension (soulevantes) en tôle, tire-bouts et tirants de suspension en sapin, colliers et vis de suspension de pompes en fer forgé, etc., etc.

Ouverture du nouveau puits jusqu'au premier niveau ; érection des maçonneries et charpentes de la surface ; montage des machines et accessoires ; détails de leur construction. — En attendant l'arrivée sur les lieux de ce complément de matériel, nous avons fait procéder :

1° Au creusement et au muraillement du nouveau puits A (fig. 5, 6 et 7) jusqu'à proximité de la première nappe d'eau, située à 9 mètres au-dessous de la surface ; 2° au percement et au muraillement d'une galerie BCE, destinée à mettre en communication le nouveau puits avec la branche transversale de l'ancienne galerie d'écoulement ; 3° au creusement et au muraillement du puits d'alimentation

D et de sa galerie de raccordement DE avec la précédente ; 4° enfin, à la construction des fourneaux des générateurs, au montage de ces derniers, à celui des diverses machines et à l'établissement des hangars destinés à les abriter.

Toutes ces constructions, machines et appareils sont représentés en plan, élévation et coupe, fig. 5, 6 et 7.

La tourelle, ou tonne de briques, formant le revêtement intérieur du puits A sur un diamètre de 4 mètres, était surmontée de deux murs verticaux parallèles F, F, élevés tangentiellement à la circonférence de ce puits, avec talus et contre-forts du côté opposé. Ces murs, reliés du côté de la machine d'extraction U, par une voûte en maçonnerie p, servaient d'assise à la charpente GHIJ, sur laquelle étaient établis le cylindre K de la machine d'épuisement, la charpente des molettes m, m, et les chèvres ou engins abd, $a'b'd'$ qui ont été employés, avec les cabestans T et T', à opérer toutes les manœuvres des pompes.

Les tiges de ces dernières, dites tire-bouts, étaient accrochées, par traits de Jupiter et au moyen de bagues en fer, à de fortes barres de fer carrées de $0^m,08$ de côté, appelées *pieds de fer*, emmanchées dans les angles et sur le pourtour échancré du plateau en fonte Q, qui terminait la tige du piston du cylindre K ;

La charpente GHIJ était formée de deux ailes latérales $ghhg$, $g'h'h'g'$ correspondantes aux murs F, F, et de poussarts i, i, dont les semelles s'appuyaient sur les contre-forts extérieurs. Ces ailes supportaient deux paires de sommiers parallèles H, I, sur lesquels était assis le cylindre K de la machine d'épuisement.

Les semelles longitudinales de cette charpente, reposant sur les murs F, F, en s'appuyant sur des tasseaux t, t..., étaient reliées chacune, au moyen de 4 boulons de $0^m,04$ de diamètre, aux traverses p, p... d'un fort grillage en chêne établi sur le sol, à la base des murs F, F, de part et d'autre du puits A.

Ce grillage (fig. 5, 6 et 7), composé de sommiers longitudinaux q, q, q... de 12 mètres de longueur, $0^m,26$ d'épaisseur sur $0^m,35$ de largeur, et de traverses p, p... de 9 mètres de longueur, $0^m,15$ d'épaisseur sur $0^m,35$ de largeur, était relié lui-même aux longs côtés du cadre $a''b''$ (fig. 3 et 4), qui servait d'assise à la tourelle en maçonnerie de la tête du puits A, par 6 boulons r', r'... (fig. 6) de $0^m,06$ de diamètre logés dans cette maçonnerie. Il rendait ainsi complètement solidaires toutes les constructions établies à la tête du puits, en formant un large empâtement à la surface, mettant l'assise $a''b''$, pendant la durée du fonçage au travers de couches de faible consistance, tout à fait à l'abri d'affaissements qui auraient pu résulter d'éboulements partiels des parois de la fosse, en y suspendant le boisage provisoire et ensuite le cuvelage dont on allait les revêtir, au fur et à mesure de l'approfondissement.

Il était impossible, comme on le voit, de choisir à la surface des points d'attache, pour la suspension du boisage et du cuvelage du puits, plus invariables que ne l'offraient de telles dispositions.

L'assise $a''b''$ (fig. 3 et 4), par sa constitution et la manière dont elle était encastrée dans le terrain, offrait déjà par elle-même des points d'attache d'une grande invariabilité. En effet, c'était un cadre en chêne ayant à l'intérieur la forme et le diamètre que devait posséder le cuvelage, tandis que deux de ses côtés, prolongés extérieurement, pénétraient dans le terrain sur $2^m,50$ de longueur.

Il était composé de quatre sommiers de $0^m,35$ sur 0^m30 d'équarrissage, assemblés par tenons et mortaises et reliés par deux boulons transversaux d'',d'' de $0^m,03$ de diamètre. Ces quatre pièces formaient un carré intérieur de 4 mètres de côté. D'autres pièces, plus petites, s'y trouvaient assemblées dans les angles, par tenons, mortaises et embreuvements, et étaient reliées aux premières également par des boulons transversaux de $0^m,03$ de diamètre. Leur ensemble constituait ainsi, à l'intérieur du cadre, un polygone régulier de seize côtés et de 4 mètres de diamètre au cercle inscrit, en présentant exactement la section intérieure qu'on se proposait de donner au cuvelage du puits.

Les côtés du cadre, prolongés à l'extérieur, reposaient sur des tasseaux jointifs $e, e...$ (fig. 6), établis sur le sol de quatre petites galeries qu'on avait creusées dans les parois du puits pendant l'exécution de la partie supérieure de celui-ci. Après la pose et l'assemblage sur place des côtés de l'assise $a''b''$, on avait eu soin de remplir de maçonnerie compacte ces petites galeries, en même temps qu'on exécutait la construction de la tourelle de la tête du puits.

Cette tourelle, qui reposait sur l'assise $a''b''$ et s'appuyait exactement contre le terrain, avait extérieurement la forme d'un tronc de cône renversé. Son épaisseur à la base était de $1^m,20$, et au sommet de $2^m,60$.

Nous lui avions donné cette forme, représentée fig. 6 et 7, pour mettre, autant que possible, le cuvelage inférieur à l'abri des chocs et coups de bélier, qui pouvaient résulter de la marche de la machine d'épuisement élevée au-dessus du puits, en les forçant à se répartir latéralement sur le terrain contre lequel s'appuyait cette maçonnerie.

En construisant cette tourelle en briques, formant le revêtement intérieur des parois de la tête du puits, au-dessus de la première nappe d'eau, on y a encastré, de 2 en 2 mètres, et à l'aplomb les unes des autres, des traverses en orme, appelées *billes de refend du royon*, de 0^m,12 de largeur et 0^m,15 de hauteur, sur lesquelles on a cloué ultérieurement des planches en orme de 0^m,05 d'épaisseur sur 0^m,10 à 0^m,12 de largeur, dites *lambourdes*, laissant entre elles des joints de 0^m,10 à 0^m,12 de largeur, et constituant une cloison à claire-voie qui divisait le puits en deux compartiments, et qu'on a prolongée en descendant, pendant le fonçage.

L'un de ces compartiments, situé du côté de la machine d'extraction et appelé *trait à terres*, servait à extraire les déblais provenant de l'enfoncement du puits, au moyen de tonneaux ou cuffats de quatre hectolitres de capacité. L'autre, situé du côté opposé et appelé *trait aux pompes*, renfermait les colonnes de pompes qu'on a montées successivement pendant le fonçage du puits au travers des deux niveaux.

Ces pompes, d'abord au nombre de deux, ont été élevées entre trois sommiers parallèles, représentés figure 27, de 0^m,35 de hauteur sur 0^m,35 de largeur, encastrés par une extrémité dans la maçonnerie de la tête du puits, et reposant par l'autre sur un sommier transversal de 0^m,40 de largeur et de 0^m,50 de hauteur. Ce dernier était accolé au *royon*, ou cloison à claire-voie dont il vient d'être parlé, et ses extrémités étaient également encastrées dans la maçonnerie de la tête du puits sur une profondeur de 1^m,50, à 0^m,80 environ au-dessus de l'assise $a''b''$ (fig. 28).

Les déblais, provenant du fonçage et extraits par cuffats, étaient déchargés sur un plancher légèrement incliné établi au-dessus de la voûte ρ (fig. 5 et 6); de sorte que les eaux, qui s'en écoulaient, étaient reçues dans un conduit en bois, fixé au-dessous et à la partie antérieure de ce plancher, et déversées ensuite par une gaîne dans l'intérieur de la galerie d'écoulement.

A la partie supérieure de la tourelle de la tête du puits et sous l'un des murs F (fig. 5), on avait ménagé un petit conduit horizontal S', débouchant dans le carneau principal du retour de flamme des générateurs, pour servir à l'aérage des travaux de fonçage, au moyen d'une ligne verticale de gaînes en bois (canards), qui y aboutissait et qu'on prolongeait graduellement jusqu'à portée des travailleurs, à mesure de l'approfondissement de la fosse.

La machine d'épuisement, élevée au-dessus du puits, était, comme nous l'avons dit, à traction directe. La tige de son piston était guidée, dans son mouvement vertical, à la fois par le plateau Q, qui y était suspendu, et par une tige inférieure située sur le prolongement du même axe.

Le plateau Q portait deux échancrures latérales qui embrassaient deux coulisseaux *f, f*, établis verticalement, de chaque côté. La tige inférieure, emmanchée dans le plateau Q, glissait dans un coussinet en bronze encastré entre les sommiers de retenue S, S (fig. 6 et 7); de sorte que la conduite de la tige du piston à vapeur se trouvait ainsi parfaitement réglée.

La fourchette, qui terminait la tige inférieure du plateau Q, était destinée à recevoir la maîtresse-tige des pompes; mais nous avons renoncé à faire usage d'une maîtresse-tige, préférant accrocher directement les tire-bouts des pompes aux angles du plateau Q. Nous avons alors encastré dans la fourchette dont il vient d'être question un simple fragment de maîtresse-tige *t'*, qui nous a servi, à l'aide de poulies et de contre-poids, à équilibrer une partie de l'attirail des pompes. A cet effet, on a suspendu entre les sommiers S, S, et sous leur face inférieure, deux poulies R, R, de chaque côté du fragment de maîtresse-tige *t'* dont nous venons de parler, auquel étaient fixées, par une patte et un boulon, deux cordes plates en chanvre goudronné passant sur les gorges de ces poulies. La seconde extrémité de ces cordes plates, munie aussi d'une patte ou *lâche*, tenait suspendu, par un boulon transversal, l'œillet qui terminait la tige verticale des contre-poids P, P (fig. 7). Ces contre-poids se composaient de rondelles en fonte, enfilées sur cette dernière tige et dont le nombre était réglé en raison du poids d'attirail à équilibrer. Enfin, ils étaient logés dans deux gaînes verticales en bois, accolées aux parois du puits et reposant sur de forts sommiers, qui étaient eux-mêmes encastrés dans la maçonnerie de ces parois.

Cette adjonction très-simple, apportée à la machine d'épuisement que nous avons dû utiliser, nous a été d'un grand secours, en nous permettant d'abord de dépenser moins de force motrice, par l'équilibre d'une partie du poids de l'attirail des pompes, et ensuite en rendant très-doux le mouvement du plateau Q, par suite de la traction égale exercée de chaque côté de sa tige inférieure.

Les manettes de la machine, servant à mettre en marche les tiroirs de distribution de la vapeur, ont dû être commandées à la main, à cause de la difficulté d'obtenir un mouvement uniforme et régulier avec une cataracte que le constructeur y avait appliquée après coup. Il en est résulté, dans certains cas, beaucoup d'embarras et de gène, surtout quand les tiroirs, encrassés, devenaient très-durs à manœuvrer, par suite de l'augmentation graduelle de la pression de la vapeur due à l'extension du pompage.

Toutes les parties du *jeu de fers*, ou mouvement de la machine d'épuisement, se trouvaient établies à la hauteur du cylindre, au-dessus d'un plancher que nous avions fait construire au niveau de la plaque de fond de ce dernier, en avant du puits, du côté du compartiment des pompes.

Ce plancher, celui qui se trouvait établi au-dessous, au niveau des sommiers de retenue S, S, et la plate-forme supérieure servant de couronnement au hangar du puits, étaient percés d'ouvertures rectangulaires correspondantes, recouvertes de trappes mobiles pour livrer passage aux tiges ou tire-bouts des pompes, chaque fois qu'on devait les manœuvrer à l'aide des engins ou chèvres *abd*, *a'b'd'* et des cabestans T et T'.

Les cordes de ces cabestans, de $0^m,20$ de circonférence, en chanvre légèrement goudronné, pesaient $4^k,5$ par mètre courant, et étaient payées à raison de 1 fr. 70 c. par kilogramme. Elles passaient sur les gorges de petites poulies *n*, *n* (fig. 6 et 7), descendaient en avant et en arrière du cylindre K, s'engageaient ensuite sous la gorge de petites poulies de renvoi R', R', logées à l'entrée de petits conduits qu'on avait ménagés dans l'épaisseur des murs F, F, et venaient enfin s'enrouler autour des cabestans T et T'.

Le cylindre K d'épuisement recevait la vapeur des générateurs V, V... (fig. 5), par le tuyau Φ, et la décharge s'opérait par le tuyau π. Ce dernier conduisait la vapeur dans le réservoir α où elle servait à échauffer l'eau d'alimentation, et duquel elle s'échappait ensuite par la cheminée verticale β'.

L'eau d'alimentation était amenée de la galerie d'écoulement BCE, par la petite galerie transversale ED, au fond du puits D, où elle était prise par une petite pompe mise en mouvement par la machine alimentaire Y. Celle-ci l'élevait ensuite jusqu'au-dessus de la cuve en tôle X, dans laquelle elle tombait et qui lui servait de premier épurateur. De là, elle se rendait dans une seconde cuve β, où elle s'épurait de nouveau, était ensuite conduite dans le réservoir α, et enfin refoulée dans les générateurs par les pompes Z, Z. Le réservoir α était muni d'un robinet à flotteur, donnant écoulement au trop plein vers l'intérieur du puits alimentaire D.

A côté de la machine alimentaire et au-dessus de la baraque des mineurs W, située au rez-de-chaussée, on avait monté un petit tour ε, mis en mouvement par cette machine. C'est à l'aide de ce tour qu'on a pu confectionner et réparer sur place la plu—

part des outils dont on s'est servi pour le passage des niveaux.

Enfin, on a tiré parti des vides ménagés dans le massif de fondation de la machine d'extraction et dans celui du puits, entre les murs F, F, pour en faire un lieu de dépôt du cuvelage travaillé et prêt à être mis en œuvre, en le maintenant ainsi au frais et à l'abri du soleil.

Passage du premier niveau.

Creusement du puits à la tête du niveau et établissement du boisage provisoire. — L'installation complète des machines, engins et constructions dont nous venons de donner une description sommaire a duré environ six mois. C'est seulement le 19 décembre 1854 qu'il a été possible de reprendre le fonçage du puits.

On a dû d'abord pénétrer, par les moyens ordinaires, au pic et à la pince représentés figures 60, 61, 62 et 63, dans les terrains aquifères inférieurs, sur 3 à 4 mètres de profondeur, pour pouvoir élever, sur le fond du puits, deux jeux de pompes de $0^m,50$ de diamètre. Ceux-ci devaient, en effet, avoir au début une hauteur d'environ 13 mètres, puisqu'ils devaient se composer d'une aspirante, d'une travaillante, d'une soulevante et d'un dégorgeoir, et que la gueule de ce dernier devait s'avancer de 2 mètres environ au-dessus du seuil d'un déversoir établi à l'entrée de la galerie d'écoulement, dont le mur était situé à environ six mètres au-dessus de la première nappe d'eau.

Cet enfoncement préalable a été pratiqué à l'aide d'un treuil à bras établi au-dessus de la tête du puits, pour l'extraction des déblais, tandis que l'épuisement des eaux était opéré au moyen de petites tonnes, élevées par les cordes des cabestans T et T′.

On a commencé à pénétrer dans les terrains aquifères, au-dessous d'un cadre ordinaire de même forme et de même section que l'assise $a''b''$ (fig. 6 et 7), qu'on avait posé avant celle-ci, au niveau de la nappe d'eau, en construisant ensuite par-dessus, jusqu'à l'emplacement de cette assise, une tourelle en briques à joints secs, d'un mètre environ de hauteur et de $0^m,36$ d'épaisseur, destinée à être remplacée ultérieurement par du cuvelage.

On est d'abord descendu de $0^m,60$ environ au-dessous de ce cadre inférieur, en élargissant graduellement la section du puits. On a garni ses parois de *stiffles* jointives, c'est-à-dire de planchettes jointives en hêtre, de $0^m,025$ à $0^m,03$ d'épaisseur, de $0^m,15$ de largeur et $0^m,60$ à $0^m,70$ de longueur, en faisant pénétrer ces stiffles de quelques centimètres dans le terrain inférieur, et en forçant leur tête à s'appuyer contre le terrain, au moyen de petits patins cloués sous les côtés du cadre supérieur.

On a ensuite posé sur le fonds du puits, arasé de niveau sur tout le pourtour, et contre le pied des stiffles, un premier cadre de boisage en orme, appelé *croisure* ou *membre*, de $4^m,10$ de diamètre au cercle inscrit, et ayant la forme de l'assise $a''b''$, c'est-à-dire composé de 16 côtés égaux qu'on a mis en concordance parfaite, au moyen de 16 fils à plomb, avec les côtés correspondants de cette assise, après les avoir assemblés et calés de niveau, à l'aide d'une règle et d'un niveau de maçon. On a alors procédé au *coignetage* du membre, c'est-à-dire serré ses côtés contre le pied des stiffles, au moyen de coins en bois ; puis on l'a relié au cadre supérieur par 32 montants ou *porteurs*, appliqués dans le voisinage des angles, et enfin, aux côtés correspondants de l'assise $a''b''$, par 32 barres de fer plat, appelées *molles-bandes*, de $0^m,07$ à $0^m,08$ de largeur et $0^m,005$ à $0^m,006$ d'épaisseur, pour rendre ces cadres autant que possible solidaires.

Les côtés du premier membre, comme ceux des suivants, dont il va être question, avaient $0^m,15$ de hauteur sur $0^m,15$ d'épaisseur. Ils étaient assemblés à tiers bois et réunis au moyen de boulons à écrou pesant chacun, avec leur écrou et deux petites rondelles ou *flottes* de serrage, $0^k,25$.

Les figures 37 et 38 représentent, en plan et en élévation, l'un de ces membres dont les côtés sont assemblés et boulonnés.

La figure 39 représente, en élévations latérale et de face, l'un des 32 porteurs qui ont servi à relier entre eux deux membres voisins, ou le premier membre et le cadre d'assise de la petite tourelle en briques supérieure.

Ces porteurs, comme les côtés des membres, étaient en orme et avaient $0^m,09$, sur $0^m,09$ d'équarrissage. Ils étaient entaillés à mi-bois vers leurs extrémités, pour saisir les côtés des membres contre lesquels on les fixait au moyen de trois clous disposés comme le représente la figure 39. Ces clous étaient chassés dans des trous percés à l'avance, au vilebrequin. Chaque clou prenait de $0^m,04$ à $0^m,045$ dans l'épaisseur du membre, avait, par conséquent, de $0^m,08$ à $0^m,09$ de longueur et pesait de $0^k,0220$, à $0^k,0225$. Enfin, l'arête horizontale de chaque extrémité de porteur avait été abattue à l'avance, à la hache, ainsi que le montre la figure 39, pour ne pas laisser la moindre prise aux cuffats servant à l'extraction des déblais.

A la suite de toutes les opérations que nous venons de décrire, on a repris le fonçage du puits en dessous du premier membre, sur une profondeur de 0^m,60, en continuant à l'élargir graduellement, pour pouvoir y poser un second membre de 4^m,20 de diamètre au cercle inscrit, après avoir *stifflé* jointivement les parois, c'est-à-dire après les avoir garnies de stiffles jointives, comme on l'avait fait précédemment, en engageant le pied des stiffles de quelques centimètres dans le terrain, et la tête derrière les côtés du premier membre, et l'y serrant au moyen de coins en bois.

La pose, l'assemblage des côtés dans une position horizontale, sur la banquette arasée de niveau au pied des stiffles, la mise en concordance des angles et des côtés du second membre avec ceux du premier et de l'assise $a''b''$, ont été opérés tout à fait comme nous l'avons indiqué précédemment. Il en a été de même du coignètage de ce second membre et de la pose des 32 porteurs par lesquels on l'a relié au premier.

On a ensuite repris l'enfoncement du puits, en l'élargissant de nouveau graduellement, pour pouvoir poser un troisième membre de 4^m,30 de diamètre au cercle inscrit et à 0^m,60 en dessous du second, après avoir stifflé jointivement les parois ; puis on a continué la série d'opérations que nous venons de décrire pour les précédents.

On a ainsi approfondi le puits jusqu'à 12^m,34, au-dessous de son orifice, en posant successivement six membres d'un diamètre croissant de 0^m,10 de l'un au suivant, le sixième ayant par conséquent un diamètre intérieur de 4^m,60 au cercle inscrit.

Après la pose des 32 porteurs destinés à relier ce sixième membre au cinquième, on a procédé au montage de deux jeux de pompes de 0^m,50, dans l'intérieur du puits, la quantité d'eau affluente n'ayant plus permis, du reste, de continuer à l'épuiser par les moyens ordinaires, comme on l'avait fait jusque-là.

Avant de continuer la description des travaux de fonçage, nous croyons utile, pour la rendre plus intelligible, de faire connaître la composition de ces jeux de pompes de 0^m,50 de diamètre intérieur, et toutes les dispositions accessoires qu'a nécessitées leur établissement.

Montage et composition des jeux de pompes. — Les deux jeux de pompes, élevés sur le fond du puits, préparé comme nous venons de l'indiquer, ont été montés, à l'aplomb des angles situés aux extrémités de l'une des diagonales du plateau carré de la base inférieure de la tige du piston de la machine d'épuisement. Au début, chacun d'eux a été formé d'une aspirante et d'une travaillante en fonte, d'une soulevante et d'un dégorgeoir en tôle de fer, avec les divers engins qui s'y adaptaient.

Aspirante et secret. — L'aspirante en fonte, représentée en coupe verticale figure 8, avait 5 mètres de hauteur et possédait, à sa partie inférieure, plusieurs rangées de trous de succion. L'une d'elles, à la naissance de la calotte hémisphérique formant la base de l'aspirante, devant être constamment sous l'eau et par conséquent toujours ouverte, se composait de trous rectangulaires de $0^m,08$ de hauteur sur $0^m,05$ de largeur. Les trous inférieurs, pratiqués dans le pourtour de la calotte, étaient au contraire circulaires. Il en était de même de ceux des trois rangées supérieures, pour pouvoir les fermer ou les ouvrir à volonté, quand ils devaient se trouver hors de l'eau ou sous l'eau. Leur diamètre était de $0^m,05$; et on les fermait avec des broches de saule, qui s'y adaptaient facilement et s'enlevaient de la même manière, à l'aide de quelques coups de marteau.

L'aspirante était terminée, à sa partie supérieure, par un gobelet dans lequel se logeait le clapet d'aspiration ou *secret*, dont le siége était entouré extérieurement d'une côte de renforcement. Ce siége, dont la hauteur était de $0^m,10$, était entièrement tourné et avait la forme d'un tronc de cône renversé, de $0^m,45$ de diamètre intérieur à sa base inférieure, et de $0^m,49$ à sa base supérieure.

Cette légère conicité du siége avait pour but de rendre facile l'arrachement du secret A (fig. 15), en permettant de l'enlever facilement, après l'avoir saisi par un crochet engagé dans l'anneau supérieur, quand il devenait nécessaire de le renouveler. Plus forte, elle eût rendu trop faible l'adhérence du secret au siége, et aurait eu pour effet de rendre facile le soulèvement du premier, malgré son poids de 270 kilogrammes, sous l'action de l'eau montante. Plus faible, elle aurait au contraire rendu cette adhérence trop forte, surtout au bout de quelque temps de fonctionnement, quand des incrustations terreuses se seraient logées entre le secret et le siége. On aurait alors éprouvé de très-grandes difficultés pour arracher le premier, chaque fois qu'il eût été nécessaire de le remplacer.

La partie supérieure du gobelet de l'aspirante présentait une légère conicité en sens opposé, pour faciliter la sortie des lames d'eau de l'ouverture cloisonnée C, C (fig. 14) du secret, en leur donnant une plus large issue autour du plateau central ou couvercle D (fig. 13 et 15), qu'elles soulevaient par l'effet de l'aspiration.

Ce plateau, en bronze et tourné, pouvait glisser en montant ou en descendant le long de la tige centrale G, sur laquelle il était enfilé à frottement doux.

La tige G, emmanchée dans le moyeu de la cloison centrale du corps du secret et dans celui de la croix inférieure E (fig. 13 et 16), était fixée sous cette dernière par la petite clavette I, qui traversait en même temps la douille supérieure de la queue F du secret, à laquelle elle servait ainsi de point d'attache. Cette tige G était terminée, à sa partie supérieure, par un bout fileté sur lequel était vissée la douille inférieure de l'anse B, ou anneau du secret, qui y était maintenu en position fixe par les écrous a, a, et la petite clavette supérieure V.

La croix inférieure E, en fer forgé, était liée au corps du secret par 4 boulons S, S… de $0^m,025$ de diamètre, logés dans des trous à tête fraisée, pratiqués dans l'épaisseur de la cloison centrale, et par de petites clavettes inférieures qui traversaient ces boulons, ainsi que le représente la coupe verticale du secret (fig. 13).

La queue F était en fer brut et avait uniquement pour but d'augmenter le poids du secret, en l'empêchant de se soulever sous l'action de la colonne d'eau montante.

Le plateau D, ou couvercle du secret (fig. 13 et 15), était garni par-dessous d'une plaque en cuir i, i, de $0^m,006$ d'épaisseur, formée de deux pièces réunies par trois coutures circulaires concentriques. Cette plaque était fixée sous le plateau D par les platines segmentaires en tôle l, l, de $0^m,006$ d'épaisseur, et par les petits boulons r, r… de $0^m,015$ de diamètre. Elle lui servait de coussin quand il venait frapper et reposer sur le siége ou *battée* du secret, qui formait une surface annulaire horizontale parfaitement tournée.

Enfin, le corps J du secret était en fonte, ayant extérieurement la forme d'un tronc de cône renversé autour duquel était emmanchée une garniture en cuir K de $0^m,014$ d'épaisseur, qui s'appuyait par sa base sur l'extrémité des branches de la croix E (fig. 13 et 16), et était serrée contre le corps du secret par un cercle en fer ou *crête* $n\,m$, de $0^m,048$ de hauteur sur $0^m,006$ à $0^m,007$ d'épaisseur, logée dans l'épaisseur même du cuir.

Le secret, dont le poids était de 270 kilogrammes, avait coûté 309 fr. 60 c., non compris le prix de sa garniture s'élevant à 15 fr. 60 cent.

Quant au poids de l'aspirante, il variait de 1140 à 1200 kilogrammes, payés à raison de 0 fr. 45 c. le kilogramme.

Le collet de cette dernière était tourné et percé de 13 trous circulaires de $0^m,028$ de diamètre, servant à le réunir au collet correspondant de la travaillante, percé également de 13 trous semblables, au moyen de 13 boulons à écrou de $0^m,025$ de diamètre. Le poids d'un boulon muni de son écrou était de 0^k,92, et son prix de 1 fr. 15 c. par kilogramme.

Le joint, compris entre le collet de l'aspirante et celui de la travaillante, était garni d'un boudin en chanvre goudronné de 0^m,03 d'épaisseur, que le serrage des boulons aplatissait en le transformant en une rondelle annulaire de 0^m,005 d'épaisseur. Il en résultait ainsi une garniture complétement étanche et de longue durée.

Travaillante. — La travaillante avait 5^m,50 de longueur et était composée de deux pièces (fig. 9) d'égale longueur, assemblées par l'emboîtement des collets qui étaient exactement tournés. Les deux pièces, allésées séparément, avaient ensuite été réunies, en allésant le joint à son tour pour éviter toute aspérité de nature à nuire à la garniture du piston.

Les collets extrêmes de la travaillante, comme celui de l'aspirante, étaient tournés et avaient un diamètre de 0^m,71. Ils étaient percés également de treize trous de 0^m,026 de diamètre, dont les centres se trouvaient situés sur une circonférence de 0^m,65 de diamètre.

Le diamètre intérieur de la travaillante était de 0^m,503, et son épaisseur de 0^m,04. Chacune de ses parties était renforcée par deux côtes ou nervures de 0^m,03 d'épaisseur sur 0^m,06 de hauteur, et le bourrelet, formé par la réunion des collets de jonction de ces deux pièces, constituait une nouvelle nervure de 0^m,0535 d'épaisseur sur 0^m,08 de hauteur.

Pour faciliter l'introduction du piston dans l'intérieur de la travaillante et le passage du secret de l'aspirante, on avait évasé légèrement les extrémités de la première. Cet évasement régnait sur une longueur de 0^m,30, en formant un cône tronqué de 0^m,513 de diamètre à la grande base et de 0^m,503 à la petite.

Le poids d'une travaillante complète, percée et allésée, variait de 2,335 à 2,451 kilogrammes, et son prix était de 55 centimes par kilogramme.

Nous avions eu le projet, dans le principe, de faire construire les travaillantes d'une seule pièce (fig. 10 *bis*); mais nous avons dû y renoncer, à cause de la difficulté d'obtenir une épaisseur uniforme sur une aussi grande longueur, et surtout de celle qu'aurait présenté l'allésage d'un tel tuyau de 5^m,50 de longueur.

Enfin, lorsque les travaillantes étaient destinées à entrer dans la composition des jeux fixes, comme lorsqu'il s'est agi de former des répétitions de colonnes de pompes, elles ont été fabriquées d'une seule pièce, de 5^m,50 de longueur et de 0^m,50 de diamètre intérieur (fig. 10).

Soulevantes. — Les soulevantes, posées immédiatement au-dessus de la travaillante, étaient en tôle, avaient 2 mètres de longueur, 0^m,55 de diamètre intérieur et 0^m,006 d'épaisseur. Elles sont représentées figure 11. Leurs collets étaient formés de cornières en fer forgé, auxquelles étaient rivées les deux tôles constituant le corps du tuyau. Ils avaient 0^m,08 de largeur, 0^m,018 à 0^m,02 d'épaisseur et étaient percés, comme ceux de la travaillante et de l'aspirante, de trous de 0^m,026 de diamètre pour recevoir les treize boulons de jonction, de 0^m,025 de diamètre. Le joint était rempli par un boudin en chanvre goudronné de 0^m,03 de diamètre, que le serrage des boulons transformait en rondelle annulaire de 0^m,005 d'épaisseur.

Ce boudin, appelé *torche* de pompe, était formé de brins de chanvre enroulés sur eux-mêmes et autour d'une cordelette liée par ses extrémités qui en constituait ainsi l'âme. On le laissait séjourner quelque temps dans un bain de goudron bouillant, pour l'en bien imbiber avant de le mettre en œuvre.

Le poids d'une soulevante variait de 251 à 278 kilogrammes, et son prix, comme celui des boulons de jonction, était de 72 centimes par kilogramme.

Dégorgeoir. — Le dégorgeoir, formant la tête du jeu de pompe, est représenté en plan et en coupe verticale (fig. 12). Il était en tôle et avait 1^m,25 de hauteur. Son diamètre intérieur était de 0^m,55, comme celui des soulevantes, et son collet de jonction, également le même que celui de ces dernières. Sa gueule A, coupée obliquement, comme le montre la figure 12, avait 0^m,54 de largeur sur 0^m,35 de hauteur. Cette disposition avait pour but de fatiguer le moins possible, par le poids de la veine liquide, le *sac* ou boyau de cuir fixé à l'extrémité de la gueule de pompe, et qui en formait le prolongement jusqu'à l'entrée de la bâche de réception.

Ce boyau était formé de deux pièces réunies par boucles et courroies : la première, liée directement à la gueule du dégorgeoir au moyen de petits boulons à écrou, avait 2^m,40 de longueur, et l'autre 1 mètre. Le boyau avait toute sa longueur quand le jeu de pompe venait d'être *rechargé*, c'est-à-dire allongé d'une soulevante. On le raccourcissait ensuite, en détachant l'allonge d'un mètre, quand le jeu de pompe était descendu d'autant, par suite de l'approfondissement du puits.

Ce boyau était en cuir gras de 0^m,005 d'épaisseur, avait 0^m,50 de diamètre intérieur quand il était gonflé, pesait 30 kilogrammes lorsqu'il était complet par la réunion de ses deux pièces, et coûtait 5 francs par kilogramme.

Le boyau, pendant à l'extrémité de la gueule de pompe A (fig. 12), reposait sur le fond d'un conduit ou *versoir* V' (fig. 27) de forme trapézoïdale, qui s'étendait jusqu'au-dessus du déversoir établi à l'entrée de la galerie d'écoulement. Ce versoir servait ainsi à conduire à cette dernière les eaux de la pompe et à soulager le sac de cuir, en l'empêchant de se déchirer ou de s'user trop rapidement sous l'action du poids de la veine liquide.

Séau de pompe. — Le piston, ou *séau* de pompe, est représenté en plan (fig. 17 et 18) et en coupes verticales, établies suivant les lignes *a b* et *c d* (fig. 19 et 20).

Le corps du séau était en fonte et cloisonné, comme le représente la figure 17. Extérieurement, il avait la forme d'un tronc de cône renversé, mais se rapprochant presque d'un cylindre. Il était assis sur un croisillon en fer forgé (fig. 19 et 19 *bis*), que traversait la tige centrale *e* (fig. 19 et 20), également en fer forgé.

Cette tige, ou *croix de séau*, était emmanchée dans le corps du séau et le croisillon inférieur, en se logeant dans une mortaise rectangulaire qui régnait sur toute la hauteur de la cloison principale du séau et du croisillon inférieur. Deux autres mortaises, plus petites, situées de chaque côté de la première, servaient également à lier la croix de séau, par sa branche transversale, au corps du séau et au croisillon inférieur, au moyen des boulons *f*, *f* et des clavettes *h*, *h*, *h*, qui traversaient l'extrémité inférieure de ces derniers et celle de la croix de séau.

Le corps du séau était recouvert de deux clapets mobiles, formés par un disque en cuir double à couture *i i*, de $0^m,008$ d'épaisseur. Ce disque était percé, suivant le diamètre *a b* (fig. 17), de trois ouvertures rectangulaires de mêmes dimensions que celles de la cloison centrale du corps du séau, pour le passage de la tige *e* et des boulons *f*, *f*. Il était garni, sur ses deux faces, de deux segments ou platines en tôle J, J et K, K (fig. 18 et 20) en concordance parfaite, et réliées entre elles par quatre petits boulons de $0^m,015$ de diamètre, pesant chacun $0^k,100$, y compris l'écrou de serrage. L'ensemble était disposé, ainsi que le représente la figure 20, de manière à faire porter la charnière en cuir de chaque clapet sur la cloison centrale du corps du séau, pour l'empêcher de se déchirer sous l'action du poids de la colonne d'eau. Quant à la partie battante des clapets sur la tranche cylindrique annulaire du corps du séau, qui était parfaitement tournée, elle se composait d'une bande annulaire du disque de cuir, de $0^m,025$ de largeur, recouverte par les platines supérieures et s'étendant jusqu'aux platines inférieures.

L'embase B de la croix de séau, existant sous son joint d'assemblage à la tige du piston, était formée d'une petite bague ou frette qui y était fixée au moyen de rivets. Cette embase était destinée à permettre de retirer le séau de la pompe, au moyen d'un outil dont il sera parlé ultérieurement, quand une disjonction s'opérait entre la croix de séau et la tige supérieure.

Enfin, le corps du séau était garni extérieurement d'un manchon en gutta-percha l, l, (fig. 19, 20 et 20 *bis*), serré à la base, au-dessus du croisillon inférieur, par un cercle en fer m n (fig. 19 et 20), de $0^m,005$ d'épaisseur sur $0^m,035$ de hauteur, appelé *crête* de séau. Ce manchon, ou garniture en gutta-percha, avait $0^m,012$ d'épaisseur à la partie supérieure, et $0^m,006$ à la partie inférieure, sous le retrait qui recouvrait la crête. Le diamètre interne de sa base supérieure était de $0^m,475$, et celui de sa base inférieure de $0^m,47$, c'est-à-dire exactement les mêmes que ceux du corps du séau, dont ce manchon formait la garniture externe.

Le poids d'un séau garni était de $131^k,3$, et son prix de 177 fr. 35 c., savoir :

Corps du séau, croix de séau, croisillon, boulons, clavettes, platines en tôles avec leurs boulons à écrou et crête de séau, pesant 128 kilogrammes, à 1 fr. 20 c . . . .   153 fr. 60 c.

Disque en cuir pour clapets et façon.   14   75
Garniture en gutta-percha.   9   »

Total. . . . .   177 fr. 35 c.

Tiges des pompes. — Nous avons dit que la course du piston de la machine d'épuisement était de 3 mètres, et la longueur des travaillantes des jeux de pompes de $5^m,50$. Il en résultait que chaque colonne de pompes, par l'effet de l'approfondissement du puits, pouvait descendre de 2 mètres, c'est-à-dire de la hauteur d'une soulevante, avant qu'il fût nécessaire de l'allonger, en y intercalant à la tête une nouvelle soulevante sous le dégorgeoir, et en effectuant ainsi l'opération appelée *rechargement* du jeu de pompe.

La tige du séau de la pompe devait donc avoir, en raison de cet allongement graduel opéré de 2 mètres en 2 mètres, une longueur variable correspondante. A cet effet, elle était composée de pièces en fer A, A... (fig. 21), appelées *rallonges*, ayant respectivement des longueurs de 2 et de 4 mètres. Elles étaient assemblées entre elles et à la croix de séau par traits de Jupiter et au moyen d'un manchon de serrage appelé *bague*, représenté (fig. 23) en coupe horizontale B et en coupe verticale B'.

Cette bague, en fer forgé, avait $0^m,012$ d'épaisseur et était légèrement évasée vers son extrémité inférieure pour permettre de l'enfiler facilement sur le joint des tiges qu'elle devait réunir et sur lequel elle était chassée à frottement, au marteau. Quelques coups de marteau, frappés de bas en haut, suffisaient alors pour la desserrer, en séparant les pièces qu'elle maintenait assemblées. Et, comme l'une de ces dernières était terminée par un léger bourrelet sur une face, la bague y restait suspendue, sans pouvoir tomber dans l'intérieur de la pompe, au moment de la séparation des pièces assemblées.

La hauteur de cette bague était de $0^m,095$, pour lui permettre de recouvrir entièrement les parties du joint qui avaient à souffrir le plus d'efforts de la part de la tige du séau de la pompe, pendant la durée de la marche. Quant à son poids, il était de $10^k,25$.

Nous avons fait usage, pendant toute la durée du fonçage du puits, et pour chaque jeu de pompe, de deux paires de rallonges de 2 mètres de longueur, de *a* en *b* (fig. 21), et d'une paire de rallonges de 4 mètres, de *c* en *d*.

Une paire de rallonges de 2 mètres, avec la bague de jonction, pesait 97 kilogrammes, et une paire de rallonges de 4 mètres avec la bague, $179^k,5$, payés à raison de 1 fr. 15 c. par kilogramme.

Lorsque la réunion de ces diverses sortes de rallonges constituait un fragment de tige de 10 mètres de longueur, on les remplaçait par une tige en sapin, appelée *tire-bout*, de $0^m,15$ sur $0^m,15$ d'équarrissage. Ultérieurement, avec l'accroissement de longueur des jeux de pompes, l'équarrissage des tire-bouts a été porté graduellement de $0^m,15$ à $0^m,18$.

La jonction de deux pièces en sapin de tire-bout de $0^m,18$ d'équarrissage, représentée en élévations latérale et de face (fig. 40), était formée d'un trait de Jupiter s'étendant sur une longueur de $1^m,10$. Les deux parties du joint étaient maintenues assemblées au moyen de deux clames, ou platines en fer, de $3^m,50$ de longueur, $0^m,10$ de largeur et $0^m,015$ d'épaisseur, liées entre elles et au tire-bout par douze boulons à écrou de $0^m,27$ à $0^m,28$ de longueur sur $0^m,020$ de diamètre, pesant chacun 1 kilogramme avec l'écrou et la flotte de serrage. Les trous des boulons avaient $0^m,022$ de diamètre dans l'épaisseur des clames, et $0^m,020$ dans celle du bois. Ils étaient *losangés*, c'est-à-dire disposés symétriquement, suivant une ligne brisée, comme le montre la figure 40.

La jonction du tire-bout, d'une part, à la croix de séau du secret, et, d'autre part, au pied de fer du plateau inférieur de la tige du piston de la machine d'épuisement, était opérée au moyen de *fourches d'accrocheture*, représentées figures 24 et 25.

Ces pièces se composaient d'une tige cylindrique en fer martelé, de $0^m,08$ de diamètre, terminée par une fourchette dans laquelle était emmanchée l'extrémité du tire-bout. La longueur des branches de la fourchette était de $2^m,25$, leur largeur de $0^m,085$, et leur épaisseur de $0^m,05$ près du sommet, et de $0^m,045$ à l'extrémité opposée. Elles étaient percées de sept trous losangés et correspondants, de $0^m,025$ de diamètre, pour recevoir les boulons de jonction, dont la longueur était de $0^m,25$ et le diamètre de $0^m,02$.

L'extrémité de la tige de la fourche d'accrocheture, taillée à trait de Jupiter, constituait une moitié du joint d'assemblage : le bout femelle, s'il s'agissait de la fourche inférieure du tire-bout, destinée à le lier à la croix du séau de la pompe, et le bout mâle, s'il s'agissait de la fourche supérieure, servant à le lier au pied de fer du plateau de la tige du piston de la machine d'épuisement.

Les deux parties du joint d'assemblage étaient maintenues serrées l'une contre l'autre, au moyen d'une bague semblable à celles des rallonges de tire-bout, ainsi que le représente la figure 22.

La longueur totale d'une fourche d'accrocheture était de $2^m,85$, et le poids de la paire de 191 kilogrammes, payés à raison de 1 fr. 15 c. par kilogramme. Quant au poids d'un boulon de jonction, muni de son écrou, il était de $0^k,900$.

Tirants et engins de suspension des pompes. — Les terrains aquifères, au travers desquels la seconde fosse de Marles a été foncée, ayant présenté un très-faible degré de consistance dès le début, on s'est trouvé dans la nécessité de suspendre les jeux de pompes, au lieu de les laisser reposer complétement sur le fond du puits. On s'est servi, à cet effet, de forts sommiers en chêne encastrés, par leurs extrémités, dans l'épaisseur de la tourelle en maçonnerie élevée à la tête du puits. Le sommier principal A A (fig. 27 et 28) avait $0^m,50$ de hauteur sur $0^m,40$ de largeur, et pénétrait dans la maçonnerie, de chaque côté, sur $1^m,50$ de profondeur. Les trois autres sommiers B, B, B n'étaient encastrés dans cette maçonnerie que d'un seul côté, sur une profondeur de 1 mètre, et reposaient, par leur seconde extrémité, sur le sommier A A, auquel ils étaient boulonnés. Les sommiers extrêmes avaient $0^m,55$ sur $0^m,35$ d'équarrissage, et celui du milieu $0^m,40$ de hauteur sur $0^m,35$ de largeur.

Les deux premiers jeux de pompes élevés sur le fond du puits ont été établis entre ces trois derniers sommiers, ainsi que le représente la figure 27. C'est aussi à ces trois sommiers qu'ils étaient suspendus par leurs vis-tirants V, V... (fig. 27, 28 et 30), auxquelles étaient accrochées les lignes de tirants de suspension inférieures.

Ces vis-tirants, représentées figure 30, avaient $4^m,12$ de longueur sur $0^m,064$ de diamètre. Elles étaient taraudées sur une hauteur de $3^m,40$, et la hauteur du pas de vis était de $0^m,008$. Le poids d'une vis et de son écrou était de 138 kilogrammes, et le prix de 3 fr. 50 c. par kilogramme.

Les tirants de suspension inférieurs étaient en sapin, de $0^m,12$ à $0^m,14$ sur $0^m,12$ à $0^m,14$ d'équarrissage. Ils étaient composés de pièces de 5 à 6 mètres de longueur, emmanchées dans les fourchettes de *fourches d'accrocheture*, semblables à celles des rallonges de tire-bouts, mais de plus faibles dimensions.

Nous avons trouvé dans le matériel d'épuisement de l'ancienne fosse un certain nombre de fourches d'accrocheture de tirants de suspension, que nous avons utilisées telles quelles. Elles étaient composées d'une fourchette surmontée d'une tige de $0^m,045$ de diamètre ; la tige des unes était terminée par un anneau fermé, et celle des autres par un anneau à charnière servant à les lier entre elles.

Celles que nous avons fait confectionner, pour compléter cet ancien matériel, étaient tout à fait de même forme que les fourches d'accrocheture de tire-bouts ; elles sont représentées figure 31. La partie comprise entre la fourchette et le joint à trait de Jupiter, qui servait à les lier entre elles par bout mâle et bout femelle, était en fer, de $0^m,05$ d'épaisseur et à section octogonale.

La fourchette dans laquelle était emmanché le tirant en sapin avait $1^m,40$ de longueur, $0^m,10$ d'ouverture, et chacune de ses branches avait $0^m,015$ d'épaisseur. La longueur totale de la fourche d'accrocheture était de $2^m,90$. La bague servant à lier les demi-traits de Jupiter de deux fourches d'accrocheture correspondantes était de même forme que celles des fourches de tire-bouts ; elle est représentée figure 34.

L'allongement des tirants de suspension, par suite de la descente des pompes, due à l'approfondissement du puits, était opéré par le desserrage, au moyen de clefs, des écrous supérieurs des vis-tirants V, V. On relevait ensuite ces dernières après le rechargement des jeux et après avoir intercalé, dans chaque ligne de tirants, des rallonges en fer (fig. 33) de $0^m,05$ d'épaisseur, et tout à fait semblables à celles des tire-bouts. Ces rallonges étaient directement placées à la partie supérieure des lignes de tirants de suspension, et fixées par l'extrémité inférieure à la première fourche de jonction de ces tirants, au moyen d'une bague de serrage (fig. 33 et 34). L'extrémité supérieure de ces rallonges était également liée par une bague au bout inférieur d'une tige de même diamètre, dont l'autre bout, terminé par un anneau, était fixé, au moyen d'un étrier et d'un boulon transversal, à l'œillet inférieur des vis-tirants V, V…, ainsi que le représente la figure 28.

Chaque jeu de pompe était suspendu aux sommiers dont il a été question précédemment, par deux lignes de tirants constituées comme nous venons de l'indiquer, et par un collier en fer forgé, représenté figure 26, en plan et en élévation. Il avait $0^m,05$ d'épaisseur, $0^m,135$ de hauteur, et se composait de deux mâchoires, réunies par quatre boulons de $0^m,04$ de diamètre, auxquels étaient fixées les lignes de tirants de suspension, comme le représente la figure 28. Le collier, d'un diamètre intérieur de $0^m,56$, saisissait la travaillante du jeu de pompe sous le bourrelet formé par la jonction des collets des deux pièces dont elle était formée; et la liaison des tirants de suspension aux boulons du collier était opérée par l'intermédiaire des tiges I, I, de $0^m,05$ de diamètre, terminées par un œillet à chaque extrémité.

Bottes rivantes. — Pendant la durée de l'allongement des lignes de tirants de suspension des jeux de pompes, pour empêcher ceux-ci de reposer sur le terrain et de s'y enfoncer, on les tenait suspendus au moyen d'un nouvel engin z, z (fig. 29), appelé *bottes rivantes*. Il consistait en une mâchoire formée de deux pièces en chêne équarries, de $0^m,30$ de hauteur, entaillées circulairement pour embrasser la tête de la pompe, et serrées contre cette dernière au moyen de deux forts boulons à écrou.

Ces bottes rivantes reposaient sur trois sommiers B', B', B' (fig. 29), de $0^m,35$ de hauteur sur $0^m,30$ de largeur, encastrés par une extrémité dans l'épaisseur de la maçonnerie de la tête du puits, et fixés par l'autre, au moyen de boulons, sur un quatrième sommier transversal A' A', de $0^m,40$ de hauteur sur $0^m,30$ de largeur, dont les extrémités s'appuyaient sur les côtés de l'assise $a'' b''$ (fig. 28) de cette maçonnerie.

On s'est servi également de ces bottes rivantes pendant la durée du fonçage, pour leur faire supporter une partie du poids des pompes, quand il devenait trop considérable et de nature à trop fatiguer les tirants de suspension.

Guidonnage des pompes. — La descente des colonnes de pompes, par suite de l'approfondissement du puits, ayant dû s'opérer verticalement, il a été nécessaire de les maintenir constamment dans cette position. On y est parvenu à l'aide de châssis grossiers en orme, construits sur place, et appelés *guidonnages* des pompes. Ils sont représentés, en plan et en élévation, figures 41 et 42.

Ils étaient composés de deux longs côtés a, a, de $0^m,09$ à $0^m,10$, sur $0^m,09$ à $0^m,10$ d'équarrissage, et de deux petits côtés formés par des planchettes b, b de $0^m,60$ de longueur, $0^m,18$ à $0^m,20$ de largeur et $0^m,05$ d'épaisseur, entaillés circulairement pour embrasser jointivement le corps de la pompe. Les longs côtés du châssis étaient, au contraire, séparés de la pompe par un joint de $0^m,003$ d'ouverture, nécessaire pour laisser passer librement les lignes de rivets correspondantes des soulevantes, pendant la descente du jeu de pompe. Les extrémités des longs côtés a, a.. des châssis de guidonnages, entaillées à mi-bois, étaient clouées, d'une part, sur les traverses ou billes de la cloison à claire-voie qui divisait le puits en deux compartiments, et, d'autre part, sur des traverses c, c.. parallèles, établies *ad hoc* et reposant sur les côtés des membres du boisage provisoire, ou dans des *patiniats* (fig. 43) fixés au cuvelage, au moyen de quatre clous de $0^m,10$ de longueur pesant chacun $0^k,035$. Les clous qui servaient à fixer les extrémités des planchettes sur les longs côtés des guidonnages, et les extrémités de ces derniers sur les traverses qui leur servaient d'appui, avaient $0^m,075$ de longueur et pesaient chacun $0^k,017$; on en employait deux pour chaque extrémité des côtés d'un cadre de guidonnage.

Les guidonnages des pompes étaient établis de 4 en 4 mètres, sur toute la hauteur des colonnes, et dans des positions qui permettaient de ne jamais être obligé d'en avoir à ouvrir plus de deux ou trois à la fois, pour le passage des collets des soulevantes. Cette ouverture était opérée sans difficulté, en déclouant l'une des extrémités des côtés a, a.. et celles des planchettes, qu'on écartait ensuite suffisamment pour laisser passer librement le collet de la pompe. On rétablissait ensuite le guidonnage dans sa position primitive, aussitôt que ce collet l'avait dépassé, par suite du mouvement de descente de la pompe.

Outils utilisés pour extraire de l'intérieur des pompes les secrets, séaux et tire-bouts isolés, et modes de déplacement des jeux de pompes. — Nous croyons utile de compléter tous ces détails, relatifs à la constitution des deux premiers jeux de pompes établis à l'origine du fonçage dans l'intérieur de la seconde fosse de Marles, par une description sommaire de quelques outils confectionnés sur place et qui nous ont servi, dans différentes circonstances, à retirer de l'intérieur des pompes les différents engins composant leur matériel mobile, quand il était nécessaire de les renouveler par suite d'usure, ainsi que les débris de ce matériel, lorsque des accidents en avaient déterminé la rupture.

Nous terminerons ensuite cette description par quelques indications sur les procédés mis en usage pour déplacer les jeux de pompes, chaque fois qu'il a été nécessaire de les soulever en partie ou en totalité.

Crochet simple et crochet double. — L'arrachement du secret d'un siége d'aspirante, quand l'anneau supérieur était resté intact et fixé sur la tige centrale, s'opérait à l'aide du crochet simple (fig. 44) que portait l'extrémité inférieure de la chaîne des cordes des cabestans T et T (fig. 6 et 7).

On se servait aussi quelquefois du crochet double, représenté figure 45, quand on ne parvenait pas à engager la pointe du crochet simple sous l'anneau du secret. Dans les deux cas, l'opération était conduite de la manière suivante : On guidait le crochet au fond de la pompe, en le promenant dans l'intérieur du gobelet de l'aspirante, à l'aide d'une cordelette attachée à la maille inférieure de la chaîne du cabestan, jusqu'au moment où l'on s'apercevait, en tirant sur cette cordelette, que la pointe du crochet simple, ou l'une des pointes du crochet double, si on se servait de ce dernier, était engagée sous l'anneau du secret. On faisait alors tendre sur le crochet la corde du cabestan, en mettant graduellement ce dernier en mouvement, mais en s'arrêtant aussitôt qu'on s'apercevait d'une trop grande résistance, de nature à produire la rupture soit du crochet, soit de la chaîne, ou même de la corde du cabestan. Dans ce cas, l'enlèvement du secret devait forcément être opéré par un autre procédé.

Fourche à crochet. — On se servait alors d'un crochet beaucoup plus fort et fixé au bout d'une fourche d'accrocheture de tire-bout, ainsi que le représente la figure 46. Cette fourche, liée à l'extrémité d'un tire-bout, était descendue au fond de la pompe, à l'aide de la corde du cabestan, et amenée au-dessus de l'anneau du secret, qu'on forçait à y pénétrer, pour pouvoir ensuite le saisir et l'enlever par le crochet. Seulement, au lieu de se servir de la corde du cabestan, pour arracher le secret du siége de l'aspirante, on agissait graduellement sur la tête du tire-bout de la fourche, en le faisant monter doucement, au moyen de quatre petites vis de pression, représentées figure 46 *bis*. Voici comment l'opération était conduite : On plaçait sur la dernière soulevante de la colonne de pompe, et de chaque côté du tire-bout de la fourche à crochet, deux forts abloes en chêne sur lesquels on établissait les quatre vis de pression. Un peu au-dessus, on appliquait contre le tire-bout une paire de bottes rivantes, qu'on y serrait fortement, et sous lesquelles on faisait agir les vis de pression disposées comme le représentent les figures 47 et 48. Pour donner

plus de fixité aux bottes rivantes et les empêcher de glisser le long
des faces du tire-bout qu'elles embrassaient, on avait même soin d'y
former un arrêt par-dessus, au moyen de deux patins en bois cloués
contre le tire-bout. En faisant alors marcher graduellement et bien
uniformément les quatre vis de pression, on ne tardait pas à détacher
le secret de l'aspirante, et on le ramenait ensuite à la surface avec la
fourche à crochet, en remontant le tire-bout de cette dernière à l'aide
de la corde du cabestan.

Fourche à griffes. — Quand l'anneau supérieur du secret avait été
rompu et détaché de la tige centrale, par une cause quelconque, on
retirait le secret à l'aide de l'outil représenté figure 49, et appelé
fourche à griffes.

Cette fourche, fixée également à l'extrémité d'un tire-bout de
pompe, était descendue sur le secret à l'aide de la corde du cabestan.
On l'amenait en tâtonnant au-dessus de la tige centrale, et on forçait ensuite celle-ci à pénétrer dans l'intérieur des mâchoires de la
fourche qui, se rapprochant après le passage des écrous restés sur la
tige, ne lui permettaient plus d'en sortir. On détachait alors le secret
du siége de l'aspirante, en agissant sur la tête du tire-bout, ou manche de l'outil, au moyen des quatre vis de pression dont nous venons
de parler, et tout à fait de la manière que nous venons d'indiquer.

Poinçon à ailettes. — Enfin, quand l'anneau et la tige centrale
avaient été brisés et détachés du secret, on retirait ce dernier et son
plateau supérieur, au moyen du *poinçon à ailettes*, représenté figure 50.
Cet outil, emmanché également à l'extrémité d'un tire-bout, était
descendu au fond de la pompe de la même manière que les deux
précédents. On le forçait à pénétrer dans la mortaise centrale du plateau et dans celle du corps du secret qui en formait le prolongement, jusqu'à ce que les petites ailettes latérales a, a, repliées et logées
dans des rainures b, b, pendant la descente de l'outil, eussent dépassé la face inférieure du secret et repris par-dessous leur position
horizontale habituelle, en constituant ainsi un arrêt inférieur qui
permettait ensuite d'arracher le secret avec l'outil, en agissant sur
la tête du tire-bout ou manche de ce dernier au moyen des vis de
pression, comme nous l'avons indiqué précédemment.

Crochet-étrier. — Les séaux de pompes, démanchés de leurs tire-
bouts par suite de la rupture des bagues d'assemblage inférieures,
ou par toute autre cause, étaient ramenés à la surface à l'aide du
crochet à deux branches en forme d'étrier, représenté figure 51.

Ce crochet, fixé à l'extrémité de la chaîne de la corde de l'un des
cabestans, était amené au-dessus de la croix de séau, en le guidant

au fond de la pompe au moyen d'une cordelette, absolument de la même manière que le crochet ordinaire qui servait à saisir les secrets par leur anneau supérieur. On tâchait, en tâtonnant, de saisir la croix de séau entre les deux branches de l'outil, au-dessous de l'embase B (fig. 52), et aussitôt qu'on s'apercevait, par la tension de la cordelette conductrice du crochet, qu'on y était parvenu, on ramenait le séau à la tête de la pompe à l'aide de la corde du cabestan.

Ceps. — L'extraction des fragments d'un tire-bout de l'intérieur d'un corps de pompe, à la suite d'une rupture, était opérée au moyen de l'outil appelé *ceps*, et représenté figure 53.

Il se composait d'un corps cylindrique creux en fer forgé, d'un diamètre extérieur égal à celui des séaux, à rebord inférieur un peu tranchant, et recouvert de deux clapets mobiles, mais s'ouvrant du centre à la circonférence, au moyen de charnières fixées au corps du ceps. Cet outil était suspendu par une anse à un tire-bout de pompe qu'on manœuvrait à l'aide de la corde de l'un des cabestans. Ses clapets B, B, fermés, laissaient entre eux un certain vide dû à leur largeur, qui était un peu moindre que le rayon de la circonférence du cercle dont ils formaient deux segments de même hauteur. Cette largeur était telle que, soulevés par suite de l'introduction du fragment de tire-bout dans l'intérieur du corps du ceps, par la descente de l'outil au fond de la pompe, ces clapets venaient s'appuyer contre les deux faces opposées correspondantes de cette portion de tige, de manière à la saisir et à l'empêcher de glisser et de s'échapper de la mâchoire qui l'emprisonnait lorsqu'on relevait l'outil.

Tous les outils dont nous venons de donner la description, quoique grossièrement construits dans les ateliers mêmes de la Compagnie, n'en ont pas moins rendu de très-grands services, et ont toujours réussi à parer aux accidents inévitables, qui devaient forcément résulter de la longue durée de fonctionnement de tous les organes du matériel d'épuisement.

Ils ont été appropriés et utilisés avec le plus grand succès par notre vieux maître mineur, feu François Rorive, ancien machiniste et *passeur* des niveaux des puits du Grand-Hornu, que nous avions choisi pour nous seconder dans l'accomplissement de la mission qui nous était confiée, ayant apprécié de longue date son habileté pratique et sa grande expérience dans l'exécution de travaux de cette nature entrepris sous notre direction. Nous sommes heureux de saisir cette occasion, qui nous permet de rendre un public hommage à la mémoire de ce brave contre-maître, de ce mineur d'élite dont le concours nous a été de la plus grande utilité.

Soulèvement des jeux de pompes par emmouflages. — Comme complément des détails que nous venons de donner sur la constitution du matériel d'épuisement dont nous avons fait usage pour le passage des niveaux de la seconde fosse de Marles, nous allons faire connaître les procédés à l'aide desquels on a pu, dans certaines circonstances que nous mentionnerons ultérieurement, soulever et déplacer plusieurs jeux de pompes, sans être obligé de les démonter.

On s'est servi, à cet effet, des cordes des cabestans T et T' (fig. 6 et 7), auxquelles ces jeux de pompes ont été suspendus par *emmouflage* simple ou double, au moyen de poulies en fer corroyé, représentées en élévation et coupe verticale, figure 59.

Dans le cas où le jeu de pompe, à soulever et à relever d'une certaine hauteur, était d'une faible longueur et par suite d'un poids peu considérable, on y parvenait en formant, avec la corde de l'un des cabestans, un emmouflage simple, représenté figure 54, en se servant d'une seule poulie A (fig. 59), pour y suspendre ce jeu. Dans le cas contraire, on avait recours à un emmouflage double, opéré soit avec une seule corde de cabestan, soit avec celles des deux cabestans, et en faisant usage, pour chacune de ces dispositions, de deux poulies A, A accolées (fig. 55 et 56), pour y suspendre le jeu de pompe.

Dans les deux cas, on formait l'anse de suspension de la colonne de pompe, qu'on engageait dans l'anneau inférieur des poulies A, A, au moyen d'une corde double continue, dont les deux parties, rabattues et fixées contre la tête du jeu de pompe, constituaient quatre liens d'attache égaux d'un mètre de longueur.

Cette corde continue, qui portait le nom de *trait à cabat*, était en chanvre non goudronné, de première qualité, et avait une section circulaire de 0^m,22 de circonférence. Elle était formée d'une corde de 8 mètres de longueur, dont les extrémités étaient réunies par une *rechuque*, c'est-à-dire par un mode de liaison consistant dans la pénétration, les uns dans les autres, de ses divers torons cousus ensemble.

L'attache des quatre branches du trait à cabat à la tête de la colonne de pompe était opérée au moyen d'une corde ronde trèssouple, en chanvre non goudronné, de 0^m,11 de circonférence, appelée *cravate*. Cette dernière formait une série continue de tours, sur 0^m,60 de hauteur, à la tête du jeu de pompe et jusque sous le collet supérieur, qu'on enveloppait préalablement d'une couverture en toile d'étoupes, pour éviter le frottement des branches du trait à cabat contre ses arêtes. La cravate passait alternativement au-dessus

et au-dessous de chacune des branches du trait à cabat, qu'elle enla-
çait ainsi fortement autour de la tête de la pompe, comme le montrent les figures 54, 55, 56 et 57.

S'il s'agissait d'un emmouflage simple, la corde de l'un des cabestans passait sous la gorge de la poulie A, et venait ensuite se
relier, par son extrémité, ainsi que le représente la figure 54, à un
fort sommier C, établi sur patins en bois (fig. 58), en travers du
puits, et boulonnés contre le cuvelage supérieur, à une hauteur un
peu plus grande que celle dont le jeu de pompe devait être relevé.

Dans le cas d'emmouflage double, si on faisait usage des cordes
des deux cabestans, chacune d'elles était disposée de la même manière, de part et d'autre de l'axe du jeu de pompe, en les engageant
sous les gorges des deux poulies accolées A, A, et en les fixant ensuite
par leur extrémité au sommier supérieur C, ainsi que le représente
la figure 55.

Enfin, quand on n'utilisait qu'une seule corde de cabestan pour
l'emmouflage double, on avait recours à une troisième poulie de
renvoi D, fixée au sommier C, ainsi que le représentent les figures 56 et 57. La corde du cabestan, engagée sous la gorge de la première poulie A, passait ensuite sur celle de la poulie D, redescendait
s'engager sous la gorge de la seconde poulie A, et venait enfin se
fixer par son extrémité au sommier C.

Telles ont été les dispositions adoptées dans tous les cas où nous
avons été amené à soulever et à relever, d'une certaine hauteur, des
jeux de pompes qu'il s'agissait de déplacer, ainsi que nous le montrerons en faisant connaître les circonstances qui nous y ont obligé.

Les détails que nous venons de donner, sur tous les organes du
système d'épuisement adopté et sur leur mode de fonctionnement,
nous permettent de reprendre la description des travaux de fonçage,
et de la continuer sans être obligé de l'interrompre de nouveau
chaque fois que nous aurons à signaler un incident de nature à nécessiter leur intervention, pour laquelle nous aurions dû entrer dans
les explications qui précèdent.

*Reprise du fonçage du puits et établissement de la première passe de
curelage de 21ᵐ,19 de hauteur.* — Nous avons montré, pages 20 et
suivantes, que le puits avait été foncé graduellement dans les premières assises du terrain aquifère renfermant la première nappe
d'eau, ou premier niveau, et jusqu'à la profondeur de 12ᵐ,34, mesurée à partir de son orifice. Cet enfoncement préalable a été pratiqué, sur une profondeur de 3ᵐ,34, à la tête des couches aquifères,
composées de marnes blanches très-fendillées, et se délitant assez

rapidement sous l'action des eaux s'échappant des crevasses mises à jour.

Les parois du puits avaient été revêtues, ainsi que nous l'avons dit, d'un boisage provisoire composé de stiffles en orme et de six cadres ou membres d'un diamètre croissant de 0ᵐ,10 de l'un au suivant, qui maintenaient les premières. Ces membres, dont le dernier avait un diamètre intérieur de 4ᵐ,60, avaient été reliés entre eux au moyen de montants, ou porteurs en orme, et à l'assise supportant la tonne de briques de la tête du puits, au moyen de bandes de fer plat, appelées *molles-bandes*, ainsi que nous l'avons dit.

Ce premier enfoncement, commencé le 19 décembre 1854, avait été suspendu le 23 décembre suivant, après la pose du sixième membre et de ses porteurs, par suite de l'affluence des eaux s'élevant à 68 hectolitres par heure, qui nécessitait l'établissement, sur le fond du puits, de pompes destinées à les épuiser. Ces pompes, composées d'abord de deux jeux de 0ᵐ,50 de diamètre intérieur, ont été montées du 23 décembre 1854 au 11 janvier suivant.

Le fonçage du puits a ensuite été repris, en marchant avec un seul jeu de pompe, le numéro 1 (fig. 27), le second ayant été momentanément laissé inactif, en le tenant suspendu au-dessus des sommiers supérieurs, à l'aide d'une paire de bottes rivantes, jusqu'au moment où les circonstances ont commandé d'y avoir recours.

Outils employés pour le creusement du puits. — Le fonçage du puits, repris au-dessous du sixième membre, a été opéré au moyen de plusieurs sortes de pics représentés figures 60, 61 et 62, le plus long ayant servi surtout au creusement autour du jeu de pompe, pour la formation du puisart ou *potia* qui restait toujours un peu en contre-bas du reste du fond du puits. La pince, représentée figure 63, était chassée à la main, et quelquefois même au marteau (fig. 64), dans les crevasses du terrain, pour désagréger les plus gros blocs et ensuite pour les soulever, en la faisant agir comme levier.

Ouvriers employés au fonçage. — Le fonçage a été opéré par postes de quatre heures de durée et composés chacun de cinq mineurs payés à 3 fr. l'un, et d'un envoyeur de déblais ou sclapeur payé à 2 fr. 50 c.

Établissement du boisage provisoire. — On a ainsi approfondi le puits jusqu'à 0ᵐ,55 en dessous du sixième membre, en élargissant graduellement sa section de manière à pouvoir poser à cette distance un septième membre de 4ᵐ,70 de diamètre intérieur au cercle inscrit, sur une banquette arasée de niveau dans le voisinage des parois garnies préalablement de stiffles jointives, comme nous l'avons indiqué. Le septième membre, posé de niveau, assemblé et mis en concordance parfaite avec le sixième, a été coigneté et ensuite relié au précédent par trente-deux porteurs fixés dans le voisinage des angles.

Le puits ayant alors atteint un diamètre suffisant pour le libre passage du cuvelage qu'on devait y établir ultérieurement, et le bétonnage dont on devait garnir celui-ci par derrière, sans toucher au boisage provisoire que la faible consistance du terrain ne pouvait permettre d'enlever, on a continué le fonçage verticalement, en posant successivement des membres de 4^m,70 de diamètre intérieur, et à un écartement les uns des autres de 0^m,55 à 0^m,60, pour maintenir serrées contre les parois les stiffles jointives qu'on y plaçait préalablement.

Nature du terrain. — Du septième membre au huitième, le terrain était formé d'une marne blanche très-grasse, se délitant rapidement aussitôt qu'elle était mise à jour, et empâtant des rognons de même nature, mais beaucoup plus durs.

Modification de la longueur des stiffles nécessitée par la nature mouvante du terrain. — Du huitième membre au neuvième, le terrain étant devenu plus mouvant, et les stiffles mises en place pour garnir le pourtour de la fosse avant la pose et l'assemblage du membre inférieur ayant été vivement repoussées vers l'intérieur, on a dû les remplacer par d'autres stiffles d'un mètre de longueur, qu'on chassait au marteau, en faisant pénétrer leur extrémité inférieure dans le terrain, sur une longueur de 0^m,30 à 0^m,40, en dessous de la banquette destinée à recevoir le neuvième membre.

Palplanches enfoncées à l'avance pour la reprise du fonçage. — Mais après la pose de celui-ci, le terrain devenant encore plus mouvant, a nécessité d'autres dispositions, c'est-à-dire l'emploi de palplanches de 1^m,40 de longueur (fig. 69), chassées à l'avance derrière les côtés du neuvième membre, et précédant ainsi un nouvel approfondissement du puits. Ces palplanches, disposées obliquement, et à côté les unes des autres, de manière à être aussi jointives que possible, étaient chassées à l'avance, comme le représentent les figures 70 et 71. Le degré d'obliquité de ces palplanches était déterminé par la position relative de l'arête d'extrados supérieure du neuvième membre, et de l'arête d'intrados inférieure du huitième, entre lesquelles elles étaient chassées, et qui servaient ainsi à les diriger suivant cette inclinaison, pour pénétrer au travers du terrain inférieur. Ces palplanches, de 0^m,03 d'épaisseur et de 0^m,10 à 0^m,15 de largeur, étaient en orme, et on les forçait à pénétrer dans le terrain sur une profondeur de 0^m,70 à 0^m,80 environ, en frappant sur leur tête à coups de marteau. Le terrain était tellement mouvant qu'on y parvenait, du reste, sans difficulté.

Le pourtour du puits, derrière les côtés du neuvième membre, et en avant des stiffles posées entre celui-ci et le huitième, ayant ainsi été garni de palplanches jointives, on a relié ces deux cadres par trente-deux porteurs, en entaillant les têtes de celles de ces palplanches qui gênaient pour le passage des extrémités des porteurs. Les palplanches, ainsi entaillées, n'ayant plus eu que très-peu d'appui contre les côtés correspondants du membre supérieur, on les a serrées par derrière contre les stiffles, au moyen de forts coins en bois, pour les forcer à conserver leur position primitive et à ne pas en dévier sous l'action des poussées latérales, à la reprise du fonçage.

Enchaînement des membres au moyen de lambourdes. — Avant de continuer l'approfondissement du puits, nous avons jugé utile, eu égard à la nature mouvante du terrain de ses parois, de donner plus de liaison et de rigidité à tout le boisage provisoire déjà établi, en clouant, entre les porteurs et contre les côtés des différents membres jusqu'à ceux de l'assise de la tonne de briques de la tête du puits, une série de planches en orme de $0^m,03$ d'épaisseur, dites *lambourdes*. Ces lignes de lambourdes verticales, au nombre de deux, appliquées sur chacun des seize côtés correspondants des différents membres, n'étaient pas continues, mais formées de tronçons se croisant, se *losangeant*, suivant l'expression des mineurs, et embrassant quatre ou cinq membres à la fois, ainsi que le représente la figure 67.

Constitution de l'intérieur du puits. — La figure 67 est une coupe verticale passant par l'axe de toute la partie supérieure du puits, et, en même temps, une projection verticale de la moitié de la surface formée par le revêtement intérieur.

La figure 68 est une coupe horizontale du puits, prise suivant la ligne G H, entre le septième et le huitième membre, et sur laquelle ce dernier a été projeté ;

$a''b''$ est l'assise de la tourelle en briques de la tête du puits ; $d\,d$ est un cadre en sapin établi au niveau de la nappe d'eau et sur lequel a été construite une petite tonne de briques à joints secs, destinée à être remplacée ultérieurement par du cuvelage ;

$m, m\ldots$ sont les neuf premiers membres ;

$p, p\ldots$ sont les porteurs qui relient deux membres consécutifs ;

$s, s\ldots$ sont les stiffles jointives qui garnissent les parois du puits derrière les membres ;

$c, c\ldots$ sont les coins en bois chassés entre les stiffles et les membres pour serrer les premières contre le terrain ;

l, l... sont les lignes de lambourdes, clouées deux à deux contre les faces internes des côtés des différents membres ;

et *i, i...* sont les molles-bandes qui relient le cadre *d d* au cadre d'assise *a'' b''*.

Les figures 71 et 70 représentent, en plan et en élévation, une autre partie du puits dont il sera parlé ultérieurement, et où on a dû faire aussi usage de palplanches jointives enfoncées à l'avance sur tout le pourtour de la fosse, avant de procéder à un nouvel approfondissement.

Les palplanches y sont disposées obliquement, absolument comme celles qu'on a enfoncées derrière le neuvième membre et en avant du huitième. Seulement, au lieu d'avoir leurs têtes arrêtées contre la face interne de l'avant-dernier membre, et entaillées pour le passage des extrémités des porteurs, comme celles dont il vient d'être question, elles sont enfoncées beaucoup plus profondément. Cette nouvelle disposition avait pour but, comme nous le montrerons quand nous décrirons la partie du puits où on en a fait usage, de rendre possible l'établissement de stiffles en avant, à la suite du fonçage inférieur exécuté dans un terrain beaucoup plus mouvant que celui des parties supérieures dont nous venons de donner la description.

Suspension des pompes. — A la suite de l'établissement des lignes de lambourdes, dont il a été parlé précédemment, sur les faces internes des neuf premiers membres placés, comme la longueur du jeu de pompe dont on s'était servi jusque-là avait pris une extension qui en rendait le poids assez considérable, et qu'on n'avait encore fait usage, pour suspendre ce jeu, que de buttes rivantes, on s'est décidé à y appliquer des lignes de tirants de suspension.

Continuation du fonçage. — On a allongé en même temps le second jeu de pompe, et on y a adapté le même mode de suspension, puis on a continué le fonçage en dessous du neuvième membre, de la même manière que précédemment, en se servant alternativement de l'un et de l'autre jeu de pompe pour l'épuisement, suivant les dérangements qui se manifestaient dans les divers organes de chacun d'eux et dont nous croyons inutile de parler ici, attendu qu'ils sont mentionnés suffisamment dans le registre de fonçage annexé à ce mémoire.

L'enfoncement du puits a continué sans incident jusqu'après la pose du dix-septième membre, en opérant comme nous l'avons décrit précédemment, c'est-à-dire en chassant à l'avance des palplanches obliques dans le terrain inférieur lorsqu'il était mouvant, et en se bornant à l'emploi de stiffles ordinaires dans le cas contraire, quand les palplanches ne pénétraient qu'avec trop de difficultés dans le terrain devenu plus résistant.

Augmentation des eaux affluentes et dérangement de quelques cadres de boisage. — Mais, dans la nuit du 19 janvier, après la pose du dix-septième membre, la rencontre d'une nouvelle source de fond, pendant qu'on était occupé à approfondir le puits en dessous de ce cadre, a eu pour effet, en augmentant la quantité d'eau affluente, d'exiger le fonctionnement simultané des deux jeux de pompes, dont la vitesse correspondait alors à 3 1/2 impulsions de piston par minute ; de plus, le terrain du fond du puits ayant été soulevé par la nouvelle source, qui s'est fait jour du côté du sud-ouest, une grande partie des déblais a été entraînée dans le potia ou puisart des pompes.

Après la mise en marche des deux jeux de pompes, on a repris le fonçage ; mais à la suite de la pose du vingt-troisième membre, un dérangement s'est opéré dans quelques-uns des membres supérieurs qu'on avait cru pouvoir se dispenser de relier les uns aux autres par des lambourdes, comme on l'avait fait jusque-là, eu égard à l'amélioration survenue dans la nature du terrain.

Nous nous trouvions en ce moment au Grand-Hornu, où nous avions été rappelé depuis quelques jours, et où avis de l'accident nous a été donné par l'ingénieur de la Compagnie de Marles, dont nous allons reproduire les termes mêmes de sa lettre du 24 janvier, pour mieux faire comprendre la nature de l'accident :

« Il s'est présenté cette nuit une circonstance fâcheuse :

« Nous sommes arrivés à la profondeur de 22 mètres environ, et on a placé le vingt-troisième membre.

« La forte venue d'eau que je vous ai signalée dernièrement, venant d'abord du sud-ouest, s'est déplacée plusieurs fois, mais a conservé plus longtemps sa source du côté de l'ancienne fosse, ce qui ferait croire qu'elle provient de cette dernière.

« Cette nuit, soit l'action des eaux, soit la pression du terrain, plusieurs membres (les inférieurs) se sont inclinés du côté de l'ancienne fosse, et quelques pièces sont fendillées longitudinalement (fig. 74), au niveau des entailles d'assemblage.

« Les membres supérieurs ne descendant pas avec les membres inférieurs, plusieurs de ces premiers se sont infailliblement déchirés au point d'attache des porteurs (fig. 73). Il y a trois pièces de membres ainsi déchirées. Quant à l'inclinaison des membres, elle s'est opérée en produisant une petite déviation vers l'intérieur (très-peu considérable toutefois), et qui laisse encore au minimum $0^m,22$ de place pour le cuvelage. Cette déviation, au point où elle est le plus visible, ne s'étant pas faite également sur deux membres voisins, a incliné les porteurs *b*, *b*... comme il est représenté figure 72.

« Nous allons immédiatement chercher à remédier à ce mal, en reliant entre eux tous les membres par de fortes lambourdes clouées sur ces membres et placées aux angles.

« Le dernier membre, posé ce matin, est posé de manière à corriger en partie l'inclinaison de l'avant-dernier, c'est-à-dire qu'il n'est pas placé tout à fait parallèlement à celui-ci, et qu'il n'est pas non plus tout à fait horizontal.

« Je pense qu'en plaçant au moins deux lambourdes à chaque pièce de membre aux angles, le système sera assez consolidé. La partie supérieure, où déjà des lambourdes avaient été placées, n'a pas bougé.

« Nous avons atteint un terrain beaucoup plus solide.

« Il se compose d'une marne assez tendre, mais beaucoup moins fendillée. »

A cette communication, nous avons répondu, sous la date du 25 janvier :

« Que nous ne comprenions pas pourquoi on s'était dispensé, malgré nos invitations plusieurs fois réitérées, de clouer des lambourdes à l'intérieur des membres pour les enchaîner entre eux, rappelant que nous avions demandé de placer des lignes continues de porteurs aux angles, comme devant offrir plus de rigidité qu'en pleins paus, et faisant observer que cet effet aurait été du moins en partie obtenu, si on les avait remplacées en clouant des lignes de lambourdes vers les angles, en descendant.

« Nous avons demandé en même temps de s'assurer si on ne pouvait pas profiter de la plus grande consistance du terrain, pour y placer efficacement des siéges (trousses) de picotage, et monter avec le cuvelage, pour préserver la partie supérieure du boisage provisoire d'un nouveau dérangement ; enfin, nous avons ajouté :

« J'espère que, par suite du dérangement de quelques membres, on n'a pas manqué de placer en travers *des strucans horizontaux* (étrésillons) *pour empêcher les poussées d'agir de nouveau* sur les mêmes membres. »

A la suite de cet échange de lettres avec l'ingénieur de la Compagnie, on nous apprit que le terrain était encore trop fendillé et fragmentaire pour pouvoir y poser efficacement des siéges de picotage, de manière à retenir les eaux supérieures derrière le cuvelage.

Continuation du fonçage, et nature du terrain traversé. — On a donc continué l'enfoncement du puits de la même manière qu'auparavant, en enchaînant entre eux tous les membres posés, par des lambourdes et des porteurs placés dans le voisinage des angles, et après avoir établi des strucans ou étais transversaux entre les côtés des membres dérangés et entre les côtés de ceux sur lesquels on craignait une trop forte action des poussées latérales du terrain, ainsi que nous l'avions prescrit par notre lettre du 25 janvier.

On peut suivre pas à pas la marche du fonçage, décrite avec les détails les plus minutieux dans le registre de fonçage. Nous nous bornerons ici à relater les incidents les plus saillants. Ainsi nous dirons : qu'arrivé à la profondeur de 25^m,01 au-dessous de la surface, après avoir coigneté le vingt-neuvième membre, on a pénétré dans un terrain beaucoup plus solide que celui dans lequel on s'était trouvé jusque-là. Ce terrain se composait d'une marne plus compacte, surtout du côté de l'ancienne fosse, dans le compartiment d'extraction, où elle s'était montrée généralement plus fendillée que sur le reste de la section du puits.

La rencontre de ce terrain meilleur, dont on espérait la continuité en profondeur, fit prendre un commencement de dispositions pour la préparation de l'emplacement des trousses de picotage ; mais on n'a pas tardé à devoir y renoncer, par suite d'un nouveau changement de la nature du terrain qui redevint mauvais.

On a donc dû reprendre le fonçage qu'on a poussé jusqu'à la profondeur de 26^m,81, correspondante à l'emplacement du trente-troisième membre, et où le terrain commençait à se montrer de nouveau meilleur, en se présentant dans des conditions faisant espérer qu'on allait enfin pouvoir poser, un peu plus bas, une plate-trousse et trois sièges de picotage pour servir d'assise à la première passe de cuvelage.

Renforcement du système de suspension du boisage provisoire. — Mais avant de descendre à une plus grande profondeur, on a jugé utile d'augmenter la liaison de toutes les parties du boisage provisoire s'étendant déjà sur une grande hauteur, surtout eu égard au dérangement qui s'était opéré dans quelques membres supérieurs dont il a été parlé précédemment. A cet effet, on a relié, à l'assise de la tonne de briques de la tête du puits, le trente et unième membre, qu'on avait confectionné, dans ce but, en chêne, pour lui donner plus de rigidité.

On s'est servi de quatre tire-bouts de pompes, terminés par deux parties en fer, pour les fixer, d'une part, à deux sommiers placés parallèlement et à une certaine distance l'un de l'autre sous les côtés du trente et unième membre, et, d'autre part, à deux sommiers correspondants, reposant sur de forts patins en bois qu'on avait bou-

lonnés contre les côtés de l'assise de la tonne de briques supérieure.
Les parties supérieures de ces tirants de suspension du boisage provisoire, qui traversaient les sommiers dont il vient d'être question,
étaient filetées et serrées par écrous au-dessus de ces sommiers, tandis que les parties inférieures étaient fixées au moyen de clavettes
transversales sous les sommiers qui supportaient le trente et unième
membre.

A la suite de l'établissement de ces nouveaux tirants de suspension
du boisage provisoire, on a pris les dispositions nécessaires pour la
préparation de l'emplacement des siéges de picotage en dessous du
trente-troisième membre.

Établissement d'un cariou. — La première a été la création d'un
cariou, espèce d'auge accolée à la paroi du puits, sur tout le pourtour, et destinée à recueillir toutes les eaux supérieures coulant le
long de cette paroi, derrière le revêtement en couvertures de toile
d'étoupes du boisage provisoire, et à les conduire vers la partie centrale de la fosse, pour ne pas gêner les ouvriers pendant toute la
durée du travail de préparation de la place des siéges et pendant
celle du picotage de ces derniers.

Le fond de ce cariou a été obtenu en picotant contre le terrain un
cadre en chêne semblable à l'assise de la tonne de briques supérieure,
et composé de côtés de $0^m,24$ de hauteur sur $0^m,27$ de largeur,
assemblés à onglets. Ce cadre, appelé *faux-siége*, a été posé au-dessus du trente-troisième membre, après qu'on eut préparé convenablement l'emplacement destiné à le recevoir. Voici comment on s'y
est pris :

On a d'abord décloué et enlevé les porteurs qui reliaient le trente-
troisième membre au trente-deuxième, et ceux qui reliaient celui-ci
au trente et unième ; puis on les a remplacés par trente-deux petites
lambourdes clouées contre les faces internes des trente et unième et
trente-troisième membres. On a ensuite procédé au désassemblage
et au démontage graduels des côtés du trente-deuxième membre, en
maintenant provisoirement en place, au moyen de strucans, ceux
auxquels on ne touchait pas encore, et en remplaçant successivement
les deux séries de stiffles de $0^m,60$ de longueur, qui se trouvaient
appliquées contre le terrain, entre les trente et unième, trente-
deuxième et trente-troisième membres, par des stiffles jointives de
$1^m,20$ de longueur, serrées par des coins en bois derrière le premier
et le dernier de ces trois membres ; puis on a tassé bien uniformément entre ces stiffles et le terrain, vers la partie inférieure, une
couche de mousse compacte de $0^m,03$ à $0^m,04$ d'épaisseur, pour rem-

plir exactement les vides compris entre les aspérités de la roche. La
mousse dont on se servait était de la mousse bien pure, ramassée dans
les forêts au pied des souches, et débarrassée complétement des brin-
dilles et des feuilles qu'elle pouvait renfermer.

Aussitôt que tout le pourtour du puits, entaillé convenablement
entre les trente et unième et trente-troisième membres, eut été ainsi
revêtu de ces nouvelles stiffles de 1^m,20 de longueur, garnies de
mousse par derrière, on a établi un échafaudage sur les côtés du
trente-troisième membre, après avoir débouché tous les trous de
succion des aspirantes des pompes, et entouré la base de celles-ci de
claies en osier, appelées *bodets*, pour éviter l'entraînement par les
eaux, dans l'intérieur des jeux, de fragments de picots ou de coins
dont on allait se servir. On a alors assemblé sur l'échafaudage ainsi
établi les côtés du faux-siége destiné à former le fond du cariou. On
les a mis de niveau au moyen d'un niveau à bulle d'air, et d'équerre
aux angles, en plaçant ces derniers en concordance parfaite avec ceux
du membre supérieur, et on a commencé l'opération appelée *picotage*
de la trousse. Voici comment elle a été exécutée :

Pose de la trousse destinée à former le fond du cariou. — Le faux-
siège ayant été assemblé de niveau et d'équerre, comme nous venons
de le dire, se trouvait dans la position que représentent les figures 75
et 76, qui sont : l'une, la projection horizontale de la trousse et des
stiffles verticales garnies de mousse formant le revêtement intérieur
de la paroi du puits, tandis que l'autre est une coupe verticale, passant par l'axe du puits et s'étendant jusqu'au terrain latéral.

Cette position du faux-siége A A,... avait été déterminée par l'élargissement de la section du puits, avant la pose des stiffles verticales s, s..., garnies de mousse par derrière, de telle sorte qu'un
espace vide de 0^m,08 à 0^m,09 de largeur se trouvait ménagé, sur tout
le pourtour de la fosse, entre ces stiffles et les côtés A, A..., pour recevoir le picotage.

Établissement de madrilles derrière la trousse et coins de serrage. —
Dans cet espace, on a posé de champ, en regard des côtés A, A...,
seize planches en bois blanc, de 0^m,0225 à 0^m,025 d'épaisseur et de
même hauteur que les côtés du faux-siége, se joignant par leurs
extrémités coupées à onglet. Ces planches b, b..., appelées *madrilles*,
se trouvaient à 0^m,025 de distance des stiffles s, s... et à 0^m,035 ou à
0^m,04 des côtés du faux-siége. Ces deux écartements étaient maintenus sur tout le pourtour du puits, au moyen de coins en saule ou en
bois blanc c, c... et c', c'... Les uns et les autres de ces derniers
étaient placés aux extrémités et au milieu des madrilles, en avant et

en arrière, de manière à les serrer, d'une part, contre les stiffles *s*, *s*...,
et, d'autre part, contre les côtés du faux-siège. Du côté des stiffles, il
y en avait trois de placés la tranche en bas, pour chaque madrille,
et du côté opposé, en regard des premiers, trois doubles formés chacun d'un coin posé la tête en haut, et d'un second coin la tête en bas,
ainsi que le représentent les figures 75 et 76.

Ces coins qu'on employait, après les avoir laissés sécher pendant un
certain temps de séjour au-dessus des massifs des générateurs, avaient
$0^m,25$ à $0^m,27$ de longueur, $0^m,07$ à $0^m,09$ de largeur et $0^m,025$ à
$0^m,03$ d'épaisseur à la tête. Ils sont représentés en élévations latérale
et de face (figure 77).

Tassement d'une couche de mousse derrière les madrilles. — La position des madrilles, par rapport aux parois de la fosse, formées de
stiffles *s*, *s*..., et aux côtés du faux-siège, ayant ainsi été maintenue
au moyen des deux rangées de coins dont nous venons de parler, on
a tassé bien uniformément entre ces madrilles et les stiffles une
couche de mousse, au moyen d'une pelle presque droite, à court
manche (fig. 78), en remplissant d'abord tout l'espace vide laissé par
les coins *c*, *c*..., et ensuite celui occupé par ces coins qu'on avait enlevés quand ils étaient devenus inutiles dans les positions *c*, *c*...

Coignetage de la trousse. — On a ensuite procédé à l'opération dite
coignetage de la trousse, consistant à remplir tous les vides laissés
entre les doubles coins *c'*, *c'*... par d'autres paires de coins disposés
de la même manière, c'est-à-dire les uns posés la tête en haut, et les
autres la tête en bas.

*Picotage de la trousse ; description des picots, des aiguilles à picoter, et
des outils servant à cette opération.* — A la suite de cette opération, on
a commencé le *picotage* de la trousse, en introduisant, dans les vides
compris entre les coins, de gros picots carrés en bois blanc et bien
secs, posés à la main, et ensuite chassés au marteau (fig. 64). On en
faisait usage de deux sortes, ayant une épaisseur de $0^m,028$ à $0^m,03$
à la tête, et $0^m,24$ à $0^m,25$ de longueur. Les uns, moins effilés et
tronqués à l'extrémité, sont représentés figure 79 ; et les autres, terminés en pointe, sont représentés figure 80.

Quand tous les vides compris entre les coins *c'*, *c'*... se trouvaient
bouchés avec ces deux sortes de picots, et qu'il était impossible d'en
introduire encore à la main, on recepait les têtes et tranches des uns
et des autres, à ras de la face supérieure de la trousse, au moyen du
ciseau en fer aciéré, représenté figure 81, et désigné sous le nom de
fourmoi-hardi.

On procédait ensuite au picotage proprement dit, en pratiquant au travers des coins et des premiers picots placés des ouvertures coniques, pour y loger de nouveaux picots carrés qu'on y chassait au marteau. Ces ouvertures étaient faites au moyen de l'outil représenté figure 82, et désigné sous le nom de grosse *aiguille* à picoter.

Cette aiguille était en fer forgé de toute première qualité, c'est-à-dire très-nerveux et très-tenace. Elle était parfaitement tournée et limée jusqu'à l'embase B, qui lui servait d'arrêt quand on la chassait au marteau jusqu'à fond du picotage. L'introduction de l'aiguille dans le bois du picotage devait avoir lieu bien verticalement, de manière à n'entamer ni les madrilles, ni les côtés de la trousse ; et, de temps en temps, on avait soin de l'enduire de suif quand le picotage commençait à *durcir*, pour en faciliter l'entrée et ensuite la sortie.

Cette sortie de l'aiguille hors du picotage était opérée à l'aide de l'outil représenté figure 83, et désigné sous le nom de *pied-de-biche*. On saisissait, entre les deux branches de la fourche de ce dernier, l'aiguille à picoter au-dessus de l'embase B ; puis on la desserrait en la faisant remonter un peu, par un coup sec donné à droite et à gauche, en agissant à la main sur l'extrémité opposée du pied-de-biche. On reprenait ensuite l'aiguille sous l'embase B, à l'aide de la fourche, et on la faisait enfin sauter facilement hors du trou, en appuyant de la main comme sur un levier, sur l'extrémité du pied-de-biche servant de poignée.

L'opération du picotage était faite par huit ouvriers travaillant, comme pour le fonçage, par poste de quatre heures de durée, pour lequel les mineurs recevaient 3 francs, et les sclapeurs ou aides-mineurs 2 fr. 50 c.

Chacun de ces huit ouvriers picotait successivement deux côtés de la trousse, en chassant entre ces derniers et les madrilles, sur toute leur longueur, une rangée de picots ; puis passait aux deux côtés suivants, en opérant de la même manière, et enfin aux autres côtés, en agissant de la même façon, comme chacun des camarades qui le suivaient, dans cette marche uniforme autour de la fosse.

Pour le faux-siège dont il est ici question, on a enfoncé, en avant de chacun de ses côtés, trois rangées de picots carrés, chaque mineur ayant ainsi fait, pour pratiquer cette opération, trois fois le tour de la fosse. Le degré de dureté du picotage effectué alors était devenu tel, qu'il fallait frapper environ quinze à seize coups de marteau sur l'aiguille à picoter pour la chasser à fond.

On a alors remplacé ces picots carrés par des picots également en bois blanc, de 0^m,027 à 0^m,028 d'épaisseur à la tête, de même longueur, mais à section octogonale, et représentés figure 84. Les trous destinés à loger ces nouveaux picots étaient formés à l'aide d'une

4

aiguille semblable à la première, mais d'un plus petit diamètre, et représentée figure 85. L'enfoncement et l'extraction de ces picots étaient opérés tout à fait comme pour les premiers et en suivant identiquement la même marche. On en a également enfoncé trois à quatre rangées sur tout le pourtour de la fosse, et on les a fait suivre d'une à deux rangées de picots de chêne tout à fait semblables, pour rendre un peu plus dur le picotage. Mais comme il s'agissait ici d'obtenir une assise sur laquelle il ne devait pour ainsi dire pas y avoir de pression d'eau, on a jugé le picotage suffisant, et on ne l'a pas poussé aussi loin que lorsqu'il s'est agi du picotage des siéges des passes de cuvelage dont il sera parlé ultérieurement.

A la suite du picotage de faux-siége que nous venons de décrire, on a recepé au fourmoi-hardi toutes les têtes des picots, et on a achevé le cariou, en clouant contre les faces internes du cadre des planches en bois blanc jointives, de manière à former une auge complète qu'on a découpée sur un côté pour y appliquer un dégorgeoir, ou conduit carré en bois destiné à être allongé au moyen d'un boyau de cuir pendant le fonçage. Le cariou, construit de cette façon et dont tous les joints avaient été ensuite mastiqués au moyen d'un enduit de suif, est représenté figure 86.

Préparation de l'emplacement de la plate-trousse des siéges de picotage de la première passe de cuvelage. —Après son achèvement, on a démonté l'échafaudage sur lequel étaient placés les ouvriers, dégarni les bases des aspirantes des pompes de leurs bodets, et rebouché les trous de succion qui devaient se trouver hors de l'eau à la reprise du fonçage. On s'est ensuite mis en mesure de préparer l'emplacement de la plate-trousse des siéges de picotage de la première passe de cuvelage.

On a commencé par enfoncer le puits de 0^m,50 environ en dessous du trente-troisième membre, au-dessus duquel était établi le cariou, en ramenant le terrain du centre à la circonférence et aplanissant les parois, qu'on a ensuite garnies de stifles jointives dont les têtes ont été engagées derrière les côtés de ce trente-troisième membre, en les y serrant au moyen de coins en bois qui les forçaient à s'appuyer contre le terrain.

Sur la banquette, arasée de niveau au pied de ces stifles, on a posé un nouveau membre, dont le diamètre avait 0^m,025 de plus de longueur que le précédent, et appelé *faux-membre*, parce qu'il était destiné à être enlevé ultérieurement pour faire la place des siéges de picotage.

Après la pose de niveau, l'assemblage d'équerre et le coignetage de ce premier faux-membre, on a repris le fonçage, qu'on a poussé sur 0^m,60 de profondeur, en élargissant graduellement la section du puits, et aplanissant les parois de ce dernier, qu'on a ensuite garnies de stiffles jointives de 0^m,60 de longueur, engagées et serrées par leurs têtes, au moyen de coins, derrière les côtés du faux-membre supérieur. Sur la banquette arasée de niveau au pied de ces dernières stiffles, on a posé un second faux-membre dont le diamètre intérieur avait 0^m,025 de plus de longueur que le précédent. On a ensuite mis de niveau et d'équerre les côtés de ce deuxième faux-membre, et on les a coignetés contre le pied des stiffles.

Le terrain du fond du puits, quoique très-feuillé encore sur un côté, dans le trait à terres, continuant à devenir plus consistant, on a repris le fonçage qu'on a poussé, sur 0^m,40 de profondeur, en dessous du dernier membre placé, après avoir enfoncé à l'avance une douzaine de palplanches sur la partie des parois où les marnes étaient le plus exfoliées. On a ramené le terrain du centre à la circonférence, aplani et garni les parois de stiffles jointives de 0^m,60 de longueur, en engageant leur tête derrière les côtés du membre supérieur et faisant pénétrer leur extrémité inférieure dans le terrain même.

On a préparé au pied de ces stiffles une banquette horizontale, creusé autour des jeux de pompes pour en former le puisart, descendu jusqu'au fond ces derniers, qui fonctionnaient à 6 1/4 impulsions par minute, et garni la base des aspirantes de bodets, après avoir débouché les trous de succion destinés à être immergés pendant la durée du picotage qui allait suivre.

Pose de la plate-trousse des sièges. — On a alors assemblé, sur la banquette préparée, un premier cadre de cuvelage de 0^m,24 de hauteur et de 0^m,17 d'épaisseur, appelé *plate-trousse*, dont les côtés étaient numérotés et réunis à onglet. Cette plate-trousse se trouvait ainsi établie à la profondeur de 29^m,43 ou à 20^m,43 en dessous de l'assise de la tonne de briques supérieure.

On a suspendu seize fils à plomb aux angles du cadre d'assise de la tonne de briques de la tête du puits, et on y a fait correspondre exactement les angles de la plate-trousse, en calant de niveau tous les côtés de cette dernière au moyen d'un niveau à bulle d'air.

Picotage de la plate-trousse. — On a ensuite procédé au picotage du cadre, en opérant identiquement comme pour le faux-siége qui formait le fond du carton supérieur. Ainsi, on a posé de champ, derrière les côtés de la plate-trousse, seize madrilles de 0^m,0225 à 0^m,025 d'épaisseur sur 0^m,24 de hauteur, situées à 0^m,04 de distance du cadre et à 0^m,025 environ du terrain formant les parois latérales. On les a maintenues en place au moyen de coins disposés comme nous l'avons déjà indiqué ; on a tassé une couche de mousse derrière les

madrilles et contre le terrain ; puis, on a achevé le coignetage de
tout l'espace réservé au picotage, et enfin, on a procédé à cette dernière opération en ne faisant usage que de picots carrés et de picots
octogonaux en bois blanc ; on en a enfoncé trois à quatre rangées de
chaque espèce sur tout le pourtour de la plate-trousse, à l'exception
des points qui devaient correspondre aux *trous de renvoi* des siéges
qu'on allait établir, et sur lesquels on n'a presque pas picoté, pour
rendre possible le *renvoi* de niveau.

Renvoi de niveau. — Ce renvoi de niveau avait pour but de laisser
libre la communication, de bas en haut, des diverses passes de cuvelage, en permettant ainsi aux nappes d'eau renfermées entre ces
passes de trouver une issue vers le haut quand, par une cause quelconque, la pression qu'elles exerceraient contre le cuvelage pourrait
augmenter. A cet effet, les siéges de picotage des différentes passes
de cuvelage, à l'exception de ceux de la dernière ou de la base du
niveau, étaient traversés verticalement de cinq trous de $0^m,05$ de
diamètre, en concordance parfaite, et situés à proximité des faces
postérieures des côtés au travers desquels ils étaient percés, de
manière à ne pas être recouverts par le cuvelage supérieur dont l'é-
paisseur était moindre que celle de ces siéges. Ces trous, au-dessus
du siége supérieur de chaque passe de cuvelage, ont été garnis de
clapets mobiles en cuivre rouge, à charnière fixée sur le siége même.
Chacun de ces clapets était recouvert d'une petite caisse en planche
percée d'ouvertures latérales, qu'on posait avant l'établissement du
cuvelage, en la chargeant de blocs de pierres pour l'empêcher d'être
soulevée au moment de l'ouverture du clapet, sous l'action de la
pression de la colonne d'eau inférieure. Par ses trous latéraux, la
caisse-enveloppe du clapet permettait à celui-ci de s'ouvrir librement,
et de mettre en communication le trou de renvoi inférieur avec la
nappe d'eau enfermée derrière le cuvelage supérieur ; elle s'opposait
ainsi à la descente, sur ce clapet, de la masse de béton coulée, ainsi
qu'on le verra plus loin, dans l'espace libre existant entre le cuvelage
et le boisage provisoire laissé en place, ou entre le cuvelage et le
terrain des parois mis à nu.

*Recepage des picots de la plate-trousse et détermination du déversement
et du hors-niveau des côtés produits par l'action du picotage.* — Après
l'achèvement du picotage de la plate-trousse dont nous venons de
parler, on a recepé au fourmoi-bardi les têtes des picots, en même
temps qu'on prenait la mesure du *déversement* et du *hors-niveau* des
côtés du cadre.

Par suite de la pression exercée par le picotage contre les faces

postérieures d'un cadre autour duquel [...]
côtés de ce dernier se relève toujours, plu[...]
transversal, en s'inclinant vers l'intérieur d[...]
fois dans le sens longitudinal. Le premier e[...]
de la trousse, et le second *hors-niveau*.

Ces deux sortes d'inclinaisons doivent être ren[...]ement, à
la suite du picotage, pour chacun des côtés de la [...], qui est
numéroté, à cet effet, aux deux extrémités : elles servent à préparer
convenablement, à la surface, les côtés correspondants et, également
numérotés du cadre qui doit être appliqué par-dessus, pour que la
face supérieure de celui-ci se trouve établie bien de niveau dans tous
les sens. On se sert, pour mesurer ces inclinaisons, d'un niveau à bulle
d'air et d'une règle parfaitement dressée qu'on applique, dans les deux
sens, sur chacun des côtés du cadre picoté, en notant exactement la
hauteur dont il se trouve relevé, au moyen de petites cales numéro-
tées, placées par-dessous, et qu'on amincit à épaisseur convenable.

Préparation de l'emplacement des siéges de picotage. — Après la
prise du déversement et du hors-niveau de la plate-trousse picotée,
dont il vient d'être question, et pendant que des charpentiers apprê-
taient et façonnaient convenablement, à la surface, les côtés correspondants d'un premier siége qui devait être établi au-dessus, les
mineurs ont procédé à l'entaillement des parois du puits, pour préparer l'emplacement de ce nouveau cadre.

On a commencé par démonter graduellement le dernier faux-
membre placé, en maintenant provisoirement dans leur position, au
moyen de strucans ou étrésillons disposés convenablement dans l'intérieur du cadre, les côtés auxquels on ne touchait pas encore, et
après les avoir suspendus par quelques porteurs aux côtés correspondants du faux-membre supérieur. A mesure qu'on démontait chaque
côté, on enlevait en même temps les stiffles placées derrière contre
le terrain ; on entaillait ensuite convenablement les parois, en les
dressant bien verticalement, de manière à former l'emplacement du
premier siége de picotage. On se servait, à cet effet, d'un patron en
bois qu'on appliquait, de temps en temps, sur la plate-trousse, pour
déterminer exactement l'élargissement qu'il s'agissait de donner à
cette partie du puits; et, aussitôt que la paroi correspondante à
chaque côté du cadre se trouvait ainsi préparée définitivement, on
la garnissait de stiffles jointives verticales, dont on engageait la tête
derrière le côté voisin de l'avant-dernier faux-membre supérieur situé
sous le cariou, et le pied dans le terrain même, derrière le picotage
de la plate-trousse, sur $0^m,03$ à $0^m,04$ de profondeur. Ces stiffles

[...]ace, sur un côté, celui qui devait être
a[...] d'une couche de mousse uniforme de
0[...] au moyen d'un enduit de goudron bouillant, [...] exactement que possible les cavités et fissures des [...]

Pose et [...] du premier siége de picotage. — Après avoir ainsi
revêtu tout le pourtour du puits [...]llé convenablement de ces
nouvelles stiffles jointives, on a posé et assemblé, au-dessus des côtés
de la plate-trousse, les côtés correspondants du premier siége de picotage. Ce premier siége avait 0^m,24 de hauteur sur 0^m,33 d'épaisseur, et son diamètre, après l'assemblage des côtés, était, comme
celui des suivants, de 4^m,01 au cercle inscrit, c'est-à-dire de 0^m,01
plus grand que celui du cuvelage dont on allait se servir. Cette augmentation de diamètre avait pour but de parer au rétrécissement
qu'allait prendre la section intérieure du siége, sous l'action du picotage dont le degré de dureté devait être notablement supérieur à
celui du picotage de la plate-trousse.

Les côtés du siége étaient assemblés par tenons et mortaises, disposés comme le représentent les figures 87 et 88, qui sont le plan et
l'élévation de l'un d'eux : les tenons avaient 0^m,03 de longueur,
0^m,08 de largeur et 0^m,06 d'épaisseur, et les mortaises, des dimensions correspondantes.

Les côtés du siége ayant été assemblés et les angles mis en concordance parfaite avec ceux de la plate-trousse, et par suite avec ceux
de l'assise de la tonne de briques de la tête du puits, on a procédé au
picotage, en passant par la série d'opérations que nous avons déjà
décrite précédemment.

Picotage du premier siége. — La pose des seize madrilles derrière les
côtés du siége, le maintien de l'écartement de ces madrilles à 0^m,025
des parois et à 0^m,04 du siége, au moyen de coins en bois, le tassement d'une couche de mousse entre ces madrilles et les stiffles verticales formant parois, le coignetage du siége, son picotage au moyen
de trois ou quatre rangées de gros picots carrés, ont été opérés identiquement comme pour la plate-trousse. Il en a été de même de la
partie du picotage effectuée au moyen de picots octogonaux en
bois blanc. Seulement, on n'a abandonné ces derniers qu'après en
avoir enfoncé dix à douze rangées consécutives sur tout le pourtour
du siége ; et, à ce moment, la dureté du picotage était devenue telle,
que l'aiguille à picoter ne pouvait être chassée à fond pour préparer
les trous des derniers picots qu'à l'aide de trente-deux à trente-cinq
coups de marteau frappés par un mineur robuste.

Les picots octogonaux en bois blancs ont été remplacés par des picots en chêne, les uns (fig. 89) semblables aux premiers, ou à peu près, et les autres un peu plus petits et représentés figure 90. Ces derniers, de même forme que les premiers, avaient de $0^m,19$ à $0^m,20$ de longueur, et de $0^m,024$ à $0^m,025$ d'épaisseur à la tête. On se servait, pour préparer les trous destinés à les loger, de l'aiguille représentée figure 91. On en a ainsi enfoncé, des uns et des autres, quatre ou cinq rangées consécutives, sur tout le pourtour du siége; et, pour les derniers placés, quand le terrain des parois ne cède pas sous la pression, ce qui n'était pas tout à fait le cas ici, la dureté du picotage devient telle que l'aiguille à picoter ne peut être chassée à fond qu'à l'aide d'environ quarante-cinq coups de marteau frappés par un mineur robuste; les coups de marteau frappés sur l'aiguille résonnent alors comme sur une enclume. Enfin, quand il devient impossible de chasser l'aiguille à fond, par suite de l'extrême dureté du picotage, on remplit les commencements de trous formés, au moyen de petits picots carrés en chêne, représentés figures 92 et 93, qui y pénètrent comme de véritables clous.

Nécessité de ne pas laisser d'aiguilles cassées dans l'intérieur des picotages, et moyen de les en retirer. — Nous ferons remarquer ici qu'il importe de ne jamais laisser dans l'intérieur d'un picotage aucun fragment d'aiguille rompue qui, à la longue, finirait par disparaître par l'action de la rouille, en occasionnant une fuite dans le picotage. Quand l'aiguille, sous l'action du marteau, casse au-dessous de l'embase située à la tête de la partie conique, on extrait le fragment resté dans le bois de la manière suivante : On pratique, de chaque côté de ce fragment d'aiguille, une légère entaille au fourmoi-hardi, et on y enfonce à la fois, de part et d'autre, deux nouvelles aiguilles, dont la pression latérale agissant contre le premier ne tarde pas, en raison de sa forme conique, à le faire remonter et sortir hors du picotage.

Recepage des picots, et détermination du déversement et du hors-niveau des côtés du siége. — Après l'enfoncement des derniers picots en chêne dans le picotage du premier siége, on a recepé au fourmoi-hardi la tête de tous les picots, à ras de la face supérieure de ce cadre, pendant qu'on prenait, comme nous l'avons déjà indiqué, la mesure du déversement et du hors-niveau de ses côtés, pour faire en conséquence, à la surface, les corrections nécessaires sur les côtés correspondants du deuxième siége qui devaient être ensuite assemblés de niveau au-dessus des premiers. On a ensuite recouvert le picotage d'une légère couche de béton composé de deux tiers de chaux hydraulique éteinte et d'un tiers de cendres de houille tamisées.

Durée du picotage. — La durée de toutes les opérations que nous venons de mentionner, pour le premier siége, a été de quarante-trois heures, comptées depuis le commencement de la pose du siége jusqu'à la fin du mesurage du déversement et du hors-niveau de ses côtés. Le picotage proprement dit a duré lui-même trente-deux heures.

En général, dans un terrain suffisamment résistant, qui ne cède pas, ou très-peu, sous l'action du picotage, la durée de toutes ces opérations est d'environ quarante-sept à quarante-huit heures, savoir :

Pour l'assemblage des côtés du siége, la pose des madrilles et le tassement de la mousse par derrière.	8 heures.
Pour le coignetage du siége et le recepage des coins. . .	5 à 6 —
Pour le picotage proprement dit.	30 —
Pour le recepage des picots, le mesurage du déversement et du hors-niveau des côtés du siége.	4 —
Total.	47 à 48 heures.

Coins, picots carrés, picots octogonaux, picots en chêne employés pour un siége. — Le nombre de coins en bois blanc, ou en saule, employés pour le coignetage d'un siége à seize côtés et de 4 mètres de diamètre au cercle inscrit, varie ordinairement de six cent cinquante à sept cent cinquante.

Le nombre de picots carrés en bois blanc employés dans les mêmes circonstances est d'environ six cents.

Quant au nombre de picots octogonaux en bois blanc, employés à la suite des précédents, il varie de mille à mille cent cinquante.

Enfin, le nombre de picots en chêne, faisant suite aux picots en bois blanc, s'élève de six à huit cents habituellement.

Pose et picotage du second siége. — Le second siége de picotage, tout à fait semblable au premier, a été posé au-dessus de celui-ci, assemblé et picoté absolument de la même manière, en passant par la série d'opérations que nous venons de décrire, et après avoir eu soin de faire correspondre exactement ses cinq trous de renvoi de niveau avec ceux du précédent. La durée de la pose et de toutes les opérations concernant le picotage du second siége a été de quarante-sept heures : le picotage proprement dit en a pris trente-deux, comme celui du siége précédent.

Pose et picotage du troisième siége. — Sur le second siége, on en a posé et picoté un troisième également de 0^m,24 de hauteur, mais de 0ᵐ,35 d'épaisseur, après avoir aussi recouvert le dernier picotage d'une légère couche de béton hydraulique. Pour ce troisième siége, on a effectué la même série d'opérations que pour les précédents : elles ont duré quarante-quatre heures, le picotage proprement dit ayant pris à lui seul également trente-deux heures.

Nature du chêne servant à la confection des plates-trousses et siéges de picotage. — La plate-trousse et les trois siéges, comme tous ceux qu'on a employés ultérieurement, provenaient du débit de chênes durs : ils étaient à vives arêtes, sans aubier ni mauvais nœuds, sans capelures ni cœurs gros et ouverts.

Pose des clapets de renvoi de niveau. — A la suite du mesurage du déversement et du hors-niveau du troisième siége, pour faire à la surface les corrections nécessaires sur les côtés du premier cadre ou *coffre* de cuvelage qui devait le recouvrir, de manière à présenter la face supérieure de ses différents côtés parfaitement de niveau dans tous les sens, on a placé au-dessus des trous de renvoi de niveau les clapets dont nous avons parlé page 52, ainsi que leurs caisses-enveloppes en bois, destinées à empêcher le béton, dont on allait garnir le cuvelage par derrière, de se masser sur ces clapets et d'en entraver le fonctionnement. Ces clapets, dont la charnière était fixée par trois clous en cuivre au troisième siége, devaient ne s'ouvrir que d'une certaine quantité, de manière à pouvoir retomber ensuite sur le siége, en vertu de leur propre poids, aussitôt que la pression inférieure cesserait d'exercer son action sur eux. A cet effet, on a cloué sur le siége, derrière les charnières, de petits patins en bois destinés à servir d'arrêts aux clapets, en les empêchant de trop se relever.

Cuvellement du puits. Épaisseur et nature du cuvelage. — Après la pose de ces clapets et de leurs annexes, on a procédé au cuvellement du puits, en y établissant la première passe de cuvelage composée de cadres de 0ᵐ,17 d'épaisseur, sur 9ᵐ,47 de hauteur, et ensuite de cadres de 0ᵐ,15 d'épaisseur, sur 10ᵐ,76 de hauteur, c'est-à-dire jusqu'à l'assise de la tonne de briques de la tête du puits.

Ce cuvelage provenait du débit de chênes durs. Il se composait de pièces à vives arêtes sur la face antérieure, avec tolérance de 0ᵐ,03 à 0ᵐ,04 d'aubier sur la face opposée, mais sans capelures, mauvais nœuds ni cœurs ouverts.

Inégalité de hauteur des côtés d'un même cadre de cuvelage; avantages qu'elle présente. — Les cadres ou *coffres* de cuvelage superposés étaient composés chacun de côtés réunis à onglet et de hauteur différente, pour les enchevêtrer les uns dans les autres, en les losangeant, comme disent les mineurs, de manière à ne pas produire de joints horizontaux sur toute une même section du puits, à l'exception de ceux formés par la plate-trousse, les siéges de picotage et le premier cadre de cuvelage.

Cette disposition avait pour but d'accroître la résistance du cuvelage, en augmentant la solidarité de ses différentes parties, pour les empêcher de se déplacer facilement sous l'action de poussées latérales inégales, qui devaient forcément se produire ultérieurement par le tassement des terrains supérieurs résultant des travaux d'exploitation inférieurs.

La non-continuité des joints horizontaux sur tout un même contour polygonal était aussi de nature à fatiguer moins le *brandissage*, c'est-à-dire la garniture de ces joints, faite au moyen d'étoupes de chanvre goudronné, chassées jusqu'au refus entre les pièces des différents cadres de cuvelage.

Personnel employé au cuvellement. — Le cuvellement de la première passe de 21ᵐ,19 de hauteur, mesurée à partir de la face inférieure de la plate-trousse, a été opéré par postes ou *coupes* de quatre heures de durée, renfermant quatre mineurs et un sclapeur payés aux prix déjà mentionnés.

Pose du premier coffre de cuvelage. — On a d'abord assis sur le troisième siége de picotage le premier coffre de cuvelage dont les côtés avaient été modifiés en hauteur, d'après les mesures du déversement et du hors-niveau prises sur les côtés correspondants de ce siége, et on a tassé par derrière, jusqu'au boisage provisoire laissé en place, une couche de béton ou *rebourrage*.

Composition du béton ou rebourrage. — Ce béton était composé d'un tiers de chaux de marne éteinte, un tiers de cendres de houille non tamisées et un tiers de marne concassée.

Dispositions prises pour le cuvellement. — On a posé au-dessus huit côtés du second cadre de cuvelage, et on a ensuite démonté l'échafaudage ou *hourd*, sur lequel se tenaient les mineurs et qui leur avait servi à effectuer le picotage des différentes trousses. On a dégarni les aspirants de leurs bodets, nettoyé le fond du puits, et construit un nouvel échafaudage dont les traverses étaient encastrées dans des patiniats cloués contre le siége supérieur.

Continuation du cuvellement ; pose du rebourrage, et opérations accessoires. — On a continué le cuvellement du puits en montant, et en ayant soin de *rebourrer* complètement chaque nouveau cadre de cuvelage mis en place, c'est-à-dire d'y tasser par derrière le béton dont nous avons donné la composition. A mesure qu'on posait un nouveau coffre de cuvelage sur le précédent mis en place et rebourré, on l'enchaînait à celui-ci au moyen de deux petites planchettes clouées contre les faces internes des côtés correspondants, pour empêcher ces derniers d'être enlevés par la nappe d'eau qui se déversait par-dessus vers l'intérieur du puits. Les mineurs s'établissaient successivement, à mesure de l'élévation du cuvelage, sur de nouveaux échafaudages construits comme le précédent, au moyen de patiniats cloués contre les faces internes des côtés des cadres. Ils démontaient également, en s'élevant avec le cuvelage, la cloison à claire-voie constituant le royon, les échelles provisoires et les guidonnages des pompes qui se trouvaient fixés aux différents membres du boisage provisoire, au moyen de clous, d'agrafes d'échelles (fig. 65), ou d'agrafes à deux pointes (fig. 66), en se bornant à reconstruire les quelques guidonnages nécessaires à la solidité des jeux de pompes, au moyen de patiniats cloués contre le cuvelage.

Précautions à prendre dans la pose des cadres de cuvelage et du rebourrage. — Ce dernier devait être élevé bien verticalement, et les angles de ses différents coffres devaient être en concordance parfaite avec ceux des siéges inférieurs et ceux de l'assise de la tourelle de briques supérieure. On s'en assurait, à chaque instant, en consultant la position relative de ces angles et des seize fils à plomb dont il a été parlé précédemment, et en retouchant immédiatement aux côtés du dernier cadre posé, si on s'apercevait, au moyen du niveau à bulle d'air, que leur face supérieure avait une tendance à sortir du plan horizontal.

A mesure que le cuvelage s'élevait dans l'intérieur du puits, on avait soin d'y laisser monter également le niveau des eaux, pour empêcher la sortie du rebourrage par les joints ; on lui permettait ainsi de se tasser et de se solidifier même dans l'intérieur de ces derniers dans lesquels il pénétrait naturellement.

Dispositions adoptées pour l'introduction du rebourrage dans les joints du cuvelage. — Pour faciliter l'introduction du rebourrage dans l'intérieur des joints, surtout des joints horizontaux, et les rendre ainsi plus imperméables, on avait eu soin d'y ménager une entrée cunéiforme à l'extrados, ainsi que le représentent les figures 94 et 95, dont l'une est la coupe transversale de deux côtés superposés de deux cadres de cuvelage, et l'autre la projection horizontale de deux côtés contigus d'un même coffre. Ces entrées *a* et *b*, pratiquées au moyen de quelques coups de varlope donnés sur les arêtes extrêmes des côtés superposés ou contigus, avaient une hauteur de 0ᵐ,0... et s'étendaient entre les pièces, sur une profondeur de ... pour les joints horizontaux ; pour les joints verti...

à l'origine, de $0^m,001$ de largeur, et s'étendaient entre les pièces sur une profondeur de $0^m,01$ à $0^m,02$.

Entrée des joints de cuvelage pour faciliter le brandissage. — Indépendamment de ces entrées ménagées à l'extrados pour l'introduction du béton dans les joints du cuvelage, les côtés superposés des différents cadres présentaient à l'intrados un joint avec entrée cunéiforme c (fig. 94) de $0^m,002$ de hauteur s'étendant sur une profondeur de $0^m,03$ à $0^m,04$, pour y faciliter l'opération du brandissage, consistant à y chasser jusqu'au refus des étoupes de chanvre goudronné, et à former ainsi une garniture complétement imperméable à l'eau.

Mode d'emploi du rebourrage. — Le rebourrage, servant à remplir les vides compris entre le cuvelage et les parois de la fosse, se composait d'éléments bien mélangés et légèrement humectés à la surface, pour éviter l'entraînement de la chaux en poudre par le courant d'eau, souvent très-volumineux, qui se déversait dans l'intérieur du puits par-dessus les côtés du cadre supérieur mis en place. Vers les parties supérieures du puits, à l'approche de l'assise de la tonne de briques voisine de la surface, le terrain n'étant plus ou presque plus aquifère, on a dû descendre de l'eau au cuffat pour opérer le mélange intime, faciliter le tassement, et par suite la solidification du rebourrage derrière le cuvelage.

Abandon du boisage provisoire dont la partie supérieure seulement a été démontée. — Le peu de consistance du terrain traversé par la partie supérieure du puits dont il est ici question n'a pas permis, en établissant le cuvelage de la première passe, d'enlever le boisage provisoire qui formait le revêtement des parois. On ne l'a fait que pour les membres tout à fait supérieurs, dont le rétrécissement de section, en se rapprochant de l'assise de la tonne de briques de la tête du puits, n'aurait pas laissé un libre passage au cuvelage, ou aurait trop restreint l'espace de $0^m,15$ à $0^m,17$ de largeur que nécessitait la pose du rebourrage derrière les cadres. En arrivant à l'assise dd de la tourelle en briques, à joints secs, construite au-dessus de la nappe d'eau, sous le cadre $a''b''$ (fig. 67), on l'a enlevée, ainsi que la maçonnerie qu'elle supportait, et on les a remplacées par du cuvelage.

Pose des clefs de la première passe. — La pose des côtés du dernier coffre de cuvelage, appelés *les clefs* de la passe, et dont la hauteur ava[illegible] déterminée par celle de l'espace qu'ils devaient occuper sou[illegible] correspondants de l'assise $a''b''$, a été opérée en les intro[illegible]ement dans cet espace, et en les rappelant ensuite en [illegible] d'une poignée formée par une agrafe à deux po[illegible] plantée dans leur face antérieure.

Le cuvèllement de la première passe de cuvelage a été opéré en deux cent vingt-huit heures.

Brandissage de la première passe de cuvelage. — A la suite de la pose des clefs de la passe, on a procédé au *brandissage* des joints horizontaux du cuvelage au moyen d'étoupes goudronnées.

Nature des étoupes de brandissage. — Les étoupes goudronnées dont on s'est servi pour remplir ces joints provenaient de vieilles cordes mises hors d'usage. Elles étaient chassées dans les joints au moyen de ciseaux en fer non tranchants, appelés *brandissoirs* et représentés figure 96, sur la tête desquels on frappait à l'aide *du marteau de brandisseur* représenté figure 97.

Brandissoirs. — L'épaisseur de la lame d'un brandissoir, dont l'extrémité est légèrement bombée au milieu, est de $0^m,002$ à $0^m,0025$, la longueur de l'outil de $0^m,50$, et son poids de $0^k,390$. On se sert quelquefois de brandissoirs plus longs, quand on a à brandir des joints qu'on ne saurait atteindre avec le précédent, derrière des jeux de pompes, par exemple.

Marteau de brandisseur. — Le marteau de brandisseur, à tête aciérée, pèse, avec son manche, $1^k,450$. Ce manche porte à son extrémité une boucle en cuir dans laquelle l'ouvrier engage le poignet pour empêcher l'outil de tomber, quand il cesse momentanément d'en faire usage, soit pour puiser dans le paquet d'étoupes placé sous sa veste, soit pour en introduire un filet à l'entrée du joint avec la lame du brandissoir. Voici comment le brandissage d'un joint est opéré :

Manière d'opérer le brandissage. — L'ouvrier, établi sur un échafaudage en face du joint, commence par nettoyer ce dernier sur toute sa longueur, à l'aide de la lame du brandissoir qu'il y introduit aussi profondément que possible, s'il est ouvert, en faisant alors tomber la couche de chaux provenant du rebourrage dont il se trouve rempli. Si, au contraire, le joint n'est pas suffisamment ouvert pour y faire pénétrer facilement la lame du brandissoir, le mineur chasse cet outil en avant à coups de marteau, et successivement, de place en place, de manière à préparer le joint sur une longueur de $0^m,30$ environ, à partir de l'une des extrémités. Il introduit ensuite, avec la lame du brandissoir, un filet d'étoupes à l'extrémité du joint; chasse en avant ce filet jusqu'à fond; reprend son outil et pousse en avant une nouvelle portion du filet d'étoupes pendant au-dessous du joint; puis continue de la même manière, en chassant en avant de nouvelles portions du filet d'étoupes à côté des premières, et ainsi de suite, jusqu'à ce qu'il ait atteint l'autre extrémité de la partie de joint préparée comme nous venons de le dire. Il revient ensuite à l'origine du joint, c'est-à-dire à l'angle du cadre, y introduit un nouveau filet d'étoupes qu'il relie avec une petite portion du premier, laissée pendante sur le cuvelage, et chasse à son tour ce second filet sur le premier, de la même manière, en opérant graduellement, de place en place d'une longueur égale à la largeur de la lame du brandissoir. De nouvelles couches d'étoupes sont ensuite, successivement et de la même manière, chassées sur les premières, jusqu'à ce que le joint soit rempli à $0^m,002$ près du bord, sur toute l'étendue de la partie attaquée, c'est-à-dire sur $0^m,30$ de longueur environ.

Le mineur se reporte ensuite à l'autre extrémité du joint, en prépare avec la lame de son brandissoir une nouvelle portion de $0^m,30$ de longueur, et la brandit à son tour, en opérant de la même manière, par couches d'étoupes successives, tassées graduellement, de place en place, sur une étendue égale à la largeur de la lame de l'outil. Le joint se trouve alors brandi, à partir de chaque extrémité, sur deux portions de $0^m,30$ de longueur. La partie restante entre ces deux longueurs de joint est ouverte à son tour et brandie également, en suivant une marche semblable.

Comparaison des divers modes de brandissage. — Ce mode de brandissage d'un joint de cuvelage, en l'attaquant successivement sur trois fractions de sa longueur, d'abord sur celles voisines des extrémités, puis sur celle du milieu, a été adopté pour la fosse de Marles, de préférence à tout autre. Il a eu pour but de rendre les joints beaucoup plus fermes qu'ils ne l'auraient été si on les eût brandis par couches d'étoupes continues, d'un bout jusqu'à l'autre, et, en même temps, il a permis de rendre le travail beaucoup plus commode et plus facile à effectuer. On conçoit, en effet, que lorsqu'un joint de brandissage cède sous la pression de la colonne d'eau située derrière le cuvelage, il ne fuit jamais aussi complétement s'il est formé de couches d'étoupes non continues, et, par conséquent, n'ayant pas entre elles la même solidarité que dans le cas contraire. D'un autre côté, en brandissant le joint par fractions successives, le mineur chasse par côté le filet d'eau, *le pichou* qui s'en échappe, au lieu de le recevoir en pleine poitrine, comme lorsqu'il opère à la fois sur toute la longueur du joint.

Choix des brandisseurs. — Du reste, pour qu'un joint de cuvelage soit bien fait, il importe de n'employer que des mineurs bien exercés, qui doivent avoir soin de chasser en avant leur brandissoir dans une position constamment horizontale, pour ne pas entamer le cuvelage.

Le brandissage des joints de cuvelage de la première passe a été opéré par coupes ou postes de six heures de durée et composés d'abord de cinq et ensuite de huit mineurs payés à raison de 3 francs l'un.

Marche suivie pour le brandissage, et situation des ouvriers qui l'exécutaient. — Comme les cadres de cuvelage se composaient de seize côtés, chaque mineur brandissait de deux à trois joints successifs, en avançant toujours dans le même sens, c'est-à-dire en se tenant toujours à peu près à la même distance du camarade qui le suivait et de celui qui le précédait, situés sur le même échafaudage. De cette façon, ils s'incommodaient le moins possible, en faisant refluer dans le même sens les *pichoux* s'échappant des joints de cuvelage en *brandissage*.

Les échafaudages sur lesquels étaient placés les *brandisseurs* étaient formés de planches fixées sur des traverses dont les extrémités étaient encastrées dans des patiuiats cloués contre le cuvelage.

On a d'abord commencé le brandissage de la passe en se plaçant sur un échafaudage établi à 4 mètres environ au-dessous des *clefs*, et en remontant graduellement, de joint en joint, jusqu'à celui de ces dernières, au moyen de nouveaux échafaudages ou *hourds* qu'on établissait successivement les uns au-dessus des autres, à mesure qu'on s'élevait dans l'intérieur du puits. Tous les premiers joints, jusqu'aux clefs de la passe, ont été brandis légèrement, pour resserrer peu à peu celui de cette dernière et de l'assise de la tonne de briques supérieure ; puis, après avoir brandi complétement celui-ci, on a repris les autres en descendant, et on les a brandis cette fois à ferme. On a continué ensuite de la même manière, en descendant jusqu'aux siéges inférieurs, et en n'abandonnant chaque joint qu'après l'avoir brandi complétement.

Travaux accessoires effectués en même temps que le brandissage. — Les mineurs, en descendant, non-seulement brandissaient les joints du cuvelage, mais recoustruisaient la cloison du royon et les guidonnages des pompes, qu'ils avaient dû démonter en opérant le cuvellement du puits. Ils replaçaient également la ligne d'échelles, affectée à leur descente dans l'intérieur du puits, et qu'on avait aussi dû démonter pendant la pose du cuvelage, puisqu'elle se trouvait alors fixée contre les côtés des membres constituant le boisage provisoire. Ces échelles, construites en chêne, ont été définitivement fixées contre le cuvelage au moyen d'agrafes représentées figure 65 et dites *agrafes d'échelles*.

Quant à la cloison du royon divisant le puits en deux compartiments, celui d'extraction et celui des pompes, elle formait la continuation de celle qu'on avait établie à l'origine dans la partie supérieure du puits revêtue de maçonnerie, et dont nous avons parlé page 17.

Elle se composait de traverses, ou *billes de refend* en orme, de $0^m,15$ d'épaisseur sur $0^m,12$ de largeur, encastrées par leurs extrémités, de 2 en 2 mètres, dans des *patiniats*, ou petits patins, de $0^m,30$ à $0^m,35$ de longueur sur $0^m,05$ à $0^m,06$ d'épaisseur, cloués contre le cuvelage, et de planches ou *lambourdes* en orme, de $0^m,10$ à $0^m,12$ de largeur sur $0^m,025$ à $0^m,03$ d'épaisseur, qui étaient clouées contre les traverses, en laissant entre elles des joints de $0^m,10$ à $0^m,12$ de largeur. Les lambourdes, fixées contre deux traverses consécutives, constituaient une *course* de lambourdes de royon, de 2 mètres de longueur.

Dans l'établissement de la cloison du royon, on avait ménagé, de 4 en 4 mètres, c'est-à-dire de deux courses en deux courses de lambourdes, et contre le cuvelage, des espaces vides de $0^m,30$ environ de largeur pour le passage des ouvriers, quand ils étaient obligés, pendant le fonçage, de s'élever le long des colonnes de pompes pour travailler aux guidonnages de ces dernières.

Suspension du cuvelage par des lignes de lambourdes. — Enfin, à mesure que les mineurs occupés au brandissage des joints des cadres descendaient de la tête vers la partie inférieure de la passe, ils clouaient contre chaque pan de cuvelage deux lignes de lambourdes, composées de tronçons entrecroisés ou *losangés*, pour former des liens de suspension allant de l'assise $a'' b''$ de la toune de briques supérieure (fig. 67), jusqu'au siége inférieur de la passe. Ces lambourdes, clouées contre le cuvelage, à $0^m,04$ ou $0^m,05$ près des angles, étaient en orme et avaient $0^m,10$ de largeur sur $0^m,025$ à $0^m,03$ d'épaisseur. Les lignes de clous qui servaient à les fixer étaient aussi losangées, pour éviter les déchirures du bois, et les trous dans lesquels ils étaient chassés avaient été percés à l'avance au vilebrequin.

Le brandissage des joints de la première passe, les travaux accessoires que nous avons mentionnés précédemment et la pose des lambourdes contre le cuvelage, ont été opérés en deux cent vingt-quatre heures, savoir : en soixante-huit heures par cinq mineurs, et en cent cinquante-six heures par huit mineurs.

Suspension du cuvelage au moyen de lignes de tirants en fer. — Indépendamment des liens de suspension du cuvelage à l'assise $a'' b''$ dont il vient d'être question, on leur a associé huit lignes continues de tirants en fer fixées, de deux pans en deux pans, contre les différents cadres au moyen de vis à bois de $0^m,015$ de diamètre, logées dans des lignes de trous circulaires losangés dont l'écartement était de $0^m,30$. Ces tirants étaient formés de bandes de fer plat de $0^m,10$ de largeur sur $0^m,015$ d'épaisseur, assemblées par traits de Jupiter. Ils étaient terminés, à chaque extrémité, par des pièces en forme de **T** qui servaient à les fixer, d'une part, au siége inférieur de la passe, et, de l'autre, aux côtés correspondants de l'assise $a'' b''$. La tête de ces dernières pièces, de $0^m,03$ d'épaisseur, était percée de trois trous circulaires pour y loger les vis à bois de $0^m,025$ de diamètre.

Mode d'assemblage des tirants en fer et manière d'en opérer la tension. — L'assemblage des différentes pièces constituant ces tirants de suspension est représenté figures 98, 99 et 100. La figure 98 est une élévation latérale de l'un des assemblages des tronçons de tirants de 4 mètres de longueur ; la figure 99 est une élévation de sa face postérieure appliquée contre le cuvelage, et la figure 100 une élévation de sa face antérieure. Quant à la figure 101, elle représente, en coupe longitudinale, les clefs, en forme de coin, qui servaient à produire la tension des deux tronçons assemblés, en les chassant de chaque côté, à coups de marteau, dans la mortaise a (fig. 98), régnant au milieu du joint d'assemblage.

Pour faciliter, sous l'action du serrage des clefs, l'ouverture transversale de la mortaise a, des deux boulons b et c, qui réunissaient les deux pièces assemblées, l'un b était à tête fraisée dans l'épaisseur du fer de la pièce supérieure, comme devant s'appliquer contre le cuvelage, et traversait une mortaise oblongue d formant coulisse dans la pièce inférieure, tandis que l'autre c était logé dans deux mortaises semblables d' pratiquées en regard l'une de l'autre dans les deux pièces, ainsi que le représentent suffisamment les figures 98, 99 et 100 ; il en résultait que les deux parties de l'assemblage pouvaient glisser l'une sur l'autre, par l'effet du serrage des clefs, et produire une tension suffisante de chaque ligne de tirants, fixée à la fois au siége inférieur de la passe de cuvelage et à l'assise de la tourelle en briques de la tête du puits. Une fois cette tension obtenue sur toute la longueur de la ligne de tirants, on fixait les différents tronçons qui la constituaient aux cadres de cuvelage, au moyen des vis à bois dont nous avons parlé précédemment.

Accident produit par l'insuffisance de liaison des tirants au siége inférieur. — La pose de ces huit lignes de tirants en fer contre le cuvelage de la première passe, opérée à la suite du brandissage, pendant l'une des absences momentanées que nous étions obligé de faire de temps en temps, rappelé par nos travaux du Grand-Hornu, a été faite d'une manière incomplète, en ce sens qu'on a cru pouvoir se dispenser de les terminer, à leur partie inférieure, par une pièce à T pour les relier au siége inférieur par trois boulons de $0^m,025$ de diamètre, au lieu d'une simple vis à bois de $0^m,015$ de diamètre, qui a servi à fixer l'extrémité de chacune d'elles à cette trousse. Il en est résulté, quelques jours après, à la reprise du fonçage, un petit accident, dû au desserrement des siéges et à la rupture de quelques-unes des vis à bois inférieures, occasionnés par la nature mouvante du terrain supérieur, qui n'avait pas permis de pousser le picotage aussi loin qu'on l'eût désiré, pour ne pas trop faire céder les parois latérales. L'accident n'a eu, du reste, aucune conséquence de quelque importance, et tout s'est borné à un léger desserrement de quelques côtés des siéges et des premiers cadres de cuvelage dont les joints se sont un peu agrandis. On s'est empressé alors de renforcer le système de suspension du cuvelage, en y adaptant de suite quatre lignes de tire-bouts de pompes terminées par des pièces en fer, au moyen desquelles on les a fixées, d'une part, par boulons, aux siéges inférieurs, et, d'autre part, à deux forts sommiers en chêne, établis sur patins en bois, avec consoles (fig. 58 et 58 *bis*), dans l'intérieur du cadre d'assise de la tonne de briques de la tête du puits.

Si nous avons cru devoir signaler cette circonstance, c'est uniquement pour montrer que, dans l'exécution de travaux semblables, aucune précaution ne doit être négligée ; car, si les tirants en fer n'avaient pas été suffisamment tendus et reliés sur toute leur longueur au cuvelage, le simple oubli que nous avons rapporté aurait pu donner lieu au desserrement de toute la passe de cuvelage d'une manière irremédiable.

Durée du fonçage et de la construction de la première passe de cuvelage. Coût de ces travaux. — Les travaux de fonçage et l'établissement de la première passe de cuvelage de 21^m,19 de hauteur, commencés le 19 décembre 1854, ont été terminés le 15 mars 1855.

Ils ont coûté 42,178 fr. 52 c., savoir :

DÉTAIL.	POUR MAIN-D'ŒUVRE.		OBJETS et MATÉRIAUX DIVERS.		TOTAL.	
Surveillance..................	1,433	05	»	»	1,433	05
Fonçage...................	5,696	24	8,773	37	14,469	61
Picotage..................	1,414	69	1,417	27	2,851	96
Cuvellement...............	1,473	86	7,468	02	8,941	88
Brandissage...............	1,488	29	550	43	1,838	72
Suspension de cuvelage........	552	34	1,438	92	1,791	26
Service des machines à vapeur.	1,140	28	9,607	58	10,747	86
Service des ateliers...........	87	66	356	32	423	98
Montant des dépenses....	12,786	41	29,391	91	42,178	52
Soit, par mètre courant.	»	»	»	»	1,990	48

Reprise du fonçage et établissement de la seconde passe de cuvelage de 10ᵐ,03 de hauteur. — A la suite de la dernière opération dont il a été parlé précédemment, consistant dans la pose de huit tirants en fer contre les pans du cuvelage établi, auquel ils ont été fixés au moyen de vis à bois espacées de 0ᵐ,30 en 0ᵐ,30, après les avoir tendus convenablement, ainsi que nous l'avons indiqué, on a nettoyé le fond du puits et repris le fonçage.

Importance des eaux affluentes. — La quantité d'eau affluente correspondait alors au fonctionnement simultané des deux jeux de pompes, à raison de trois impulsions et demie de leurs pistons par minute.

Fonçage et établissement du boisage provisoire. — Le fonçage a été opéré de la même manière qu'à la partie supérieure du puits, en pénétrant dans le terrain au-dessous de la plate-trousse de la première passe de cuvelage; on a attaqué d'abord le terrain au centre du puits, et ensuite on l'a ramené graduellement jusqu'aux parois, auxquelles on a donné une légère inclinaison, à partir des faces internes de la plate-trousse supérieure, de manière à pouvoir établir un premier membre de 4ᵐ,10 de diamètre intérieur sur une banquette arasée de niveau à 0ᵐ,40 au-dessous de ce cadre de cuvelage. Avant la pose du premier membre, on a eu soin, comme à la partie supérieure du puits, de garnir les parois de ce dernier au moyen de stiffles jointives dont le pied était engagé de quelques centimètres dans le terrain du fond, et la tête maintenue sous les côtés de la plate-trousse par de petits patins en bois cloués à cette dernière. Après la pose de niveau, l'assemblage d'équerre, et le coignetage de ce premier membre contre les stiffles du pourtour du puits, on l'a relié par trente-deux porteurs à la plate-trousse, qu'on avait enchaînée elle-même par trente-deux molles-bandes au siége immédiatement supérieur.

On a repris ensuite le fonçage de la même manière, en dessous du premier membre, et posé un deuxième membre de 4ᵐ,20 de diamètre au cercle inscrit, à 0ᵐ,40 du précédent, après avoir préalablement garni les parois de stiffles jointives, engagées par un bout derrière les côtés de celui-ci, et par l'autre dans le terrain du fond, sur quelques centimètres de profondeur. La pose du second membre a été suivie de la même série d'opérations que l'avait été celle du premier, et on a continué ainsi de suite le fonçage et la pose de nouveaux membres dont le diamètre croissait de 0ᵐ,10 de l'un au suivant, jusqu'au septième. Le diamètre intérieur de ce dernier se trouvant porté à 4ᵐ,70, le puits avait acquis une section suffisante pour pouvoir y établir ultérieurement le cuvelage et le bétonnage par derrière, sans être obligé de démonter le boisage provisoire, que la faible consistance du terrain forçait de laisser en place.

On a alors enfoncé le puits verticalement, en continuant la pose d'une nouvelle série de membres de $4^m,70$ de diamètre intérieur et dont l'écartement variait de $0^m,40$ à $0^m,50$, suivant le degré de consistance du terrain des parois. Tous ces membres étaient successivement reliés entre eux, comme les premiers, par trente-deux lignes de porteurs fixées dans le voisinage des angles ; et, pour augmenter la rigidité de tout le système, aussitôt que quatre ou cinq membres se trouvaient établis, on clouait, contre les faces internes des côtés correspondants, deux lignes de lambourdes qu'on avait soin d'entre-croiser, de losanger avec celles qui les précédaient.

De même que pour la partie supérieure du puits, lorsque le terrain du fond devenait plus mou, on y enfonçait à l'avance des palplanches jointives, et on opérait ensuite le fonçage du puits et le stifflage de ses parois, en avant de ces palplanches, comme nous l'avons déjà indiqué.

Nature du terrain et reconnaissance par un trou de sonde de la position des bleus. — A la suite de la pose du quatrième membre, les marnes constituant le fonds du puits, de blanches qu'elles s'étaient montrées jusque-là, ont paru légèrement bleuir. Cette circonstance a fait supposer qu'on se rapprochait de la couche argilo-sableuse, dite les *bleus*, située à la base du premier niveau. On a voulu s'en assurer, en pratiquant un trou de sonde de mine au fond du puits, et on a atteint cette couche à $6^m,40$ au-dessous de la plate-trousse de la première passe de cuvelage.

On a repris le fonçage et on ne l'a interrompu qu'à $1^m,05$ en dessous du huitième membre placé, par suite de la rencontre d'assises beaucoup plus solides et moins fendillées que celles traversées jusque-là.

Etablissement d'un cariou. — On s'est décidé à profiter de cette circonstance pour établir, dans cette partie du puits, un cariou semblable à celui dont nous avons décrit la construction, pages **46** et suivantes, dans le but de s'en servir pour y recueillir toutes les sources supérieures, en les forçant ensuite à prendre leur écoulement vers la partie centrale de la fosse, pour ne pas mouiller et déliter les parois inférieures, quand on arriverait à la couche de bleus dans laquelle on était décidé à placer les siéges de picotage de la seconde passe de cuvelage.

Voici comment il a été procédé à la préparation de l'emplacement du cariou : En dessous du huitième membre, et sur $0^m,90$ de hauteur, on a aplani les parois et on les a stifflées jointivement, à l'aplomb des faces internes de ce cadre; on a posé au pied de ces stiffles un faux-membre, c'est-à-dire un membre composé de côtés de 0^m,09 à 0^m,10 d'équarrissage, mais constitué comme les membres ordinaires. Après avoir assemblé et boulonné les côtés de ce faux-membre, on l'a relevé et serré au moyen de coins contre les stiffles, à une certaine hauteur, pour l'empêcher de gêner les ouvriers quand ceux-ci seraient occupés à picoter le cadre de cuvelage qu'on allait poser par-dessous, pour en former le fond du cariou.

On a ensuite repris le fond du puits qu'on a encore légèrement approfondi, en ramenant le terrain du centre à la circonférence et à l'aplomb des parois supérieures garnies des stiffles dont nous venons de parler. On a préparé une banquette horizontale sur tout le pourtour de la fosse; on y a assemblé par-dessus, de niveau et d'équerre à tous les angles, un cadre de cuvelage de 0^m,27 de largeur sur 0^m,24 de hauteur qu'on a picoté, après avoir posé par derrière et garni de mousse des madrilles en bois blanc, comme lorsqu'il s'est agi du picotage du faux-siége du premier cariou décrit pages 46 et suivantes. Après avoir achevé entièrement le cariou, on l'a relié par des porteurs au faux-membre supérieur, qui avait été enchaîné lui-même par des lambourdes aux côtés du huitième membre, avant la reprise du dernier fonçage.

Nature du terrain traversé à la reprise du fonçage. — On a alors continué l'approfondissement du puits, en pénétrant dans une marne argileuse d'un blanc bleuâtre, formant transition entre les marnes blanches supérieures et la couche de *bleus* inférieure qu'on n'allait pas tarder à atteindre. La consistance de ce nouveau terrain était notablement supérieure à celle du précédent. On y est descendu d'environ 0^m,70 en dessous du cariou, et on a ramené le terrain du centre aux parois, qu'on a garnies de stiffles jointives, de manière à donner à cette partie du puits un diamètre de 4^m,40. Le pied des stiffles était engagé dans le terrain du fond, sur quelques centimètres de profondeur, et leur tête maintenue contre les parois par de petits patins en bois cloués sous les côtés du cadre formant le fond du cariou. Après avoir préparé une banquette horizontale au pied de ces stiffles de 0^m,70 de longueur, on y a posé un membre, le onzième, de 4^m,40 de diamètre extérieur, qu'on y a serré, comme tous les précédents, au moyen de coins en bois, et relié par trente-deux lambourdes au cadre du cariou.

On a repris ensuite le fonçage de la même manière en dessous de ce membre, en continuant à descendre verticalement sur le même

diamètre. On a encore garni les parois de stiffles jointives de 0^m,70 de
longueur, et on a posé le douzième membre au pied de ces stiffles,
dont les têtes avaient été engagées et serrées par des coins derrière
les côtés du onzième.

*Rencontre des bleus ; nature de ce terrain, et projet d'y établir l'assise
du cuvelage du premier niveau.* — On a relié ces deux membres par
trente-deux lambourdes clouées à l'intérieur, et on a enfin atteint
les bleus dont la tête se trouvait située à 1^m,40 en dessous du cariou,
le terrain, à partir de ce dernier cadre, s'étant montré sans eau et
ayant passé insensiblement, sans stratification, à cette nouvelle roche.

La tête des *bleus* était formée d'une argile marneuse bleuâtre légèrement sablonneuse et se délitant très-vite au contact de l'eau. Notre
intention était d'y pénétrer suffisamment pour y établir les siéges de
picotage destinés à former l'assise de la seconde passe de cuvelage,
et de construire cette assise de manière à la rendre complétement
imperméable à l'eau du premier niveau, condition qui nous parut
indispensable pour pouvoir traverser cette couche de terrain, dont la
nature ne permettait pas d'y laisser affluer les sources supérieures.

Nous nous sommes donc décidé à l'entamer sur une profondeur
suffisante pour y établir dix siéges de picotage superposés et picotés
à *ferme*, bien convaincu qu'avec une telle assise les eaux du premier
niveau seraient complétement arrêtées et emprisonnées derrière le
cuvelage supérieur.

Pénétration dans les bleus. — En conséquence, le fonçage a été repris et conduit comme précédemment. On a d'abord pénétré dans les
bleus sur 0^m,70 de profondeur; on a ramené le terrain du centre à
la circonférence ; dressé et garni les parois de stiffles jointives verticales de 0^m,70 de longueur, et posé au pied de ces stiffles le treizième
membre, de 4^m,40 de diamètre extérieur comme les précédents ; on
l'a ensuite relié au membre supérieur par trente-deux planches
clouées, deux à deux, contre chacun de leurs côtés correspondants.

Importance des sources supérieures. — La quantité d'eau affluente,
provenant entièrement des couches de marne supérieures, correspondait alors au fonctionnement des deux jeux de pompes, à raison
de 4 à 4 1/2 impulsions de leurs pistons par minute.

Continuation du fonçage dans les bleus dont la nature s'améliore. —
On a continué le fonçage dans les bleus devenus plus compacts,
quoique légèrement fendillés encore, mais aussi plus sablonneux
qu'à la tête. A 0^m,70 en dessous du treizième membre, on a ramené
le terrain du centre à la circonférence, dressé verticalement les parois, garni celles-ci de stiffles jointives, et posé au pied de ces der-

nières le quatorzième membre, également de 4^m,40 de diamètre extérieur. On a coigneté le membre au pied des stiffles et continué encore l'enfoncement sur 0^m,60 de profondeur, en pénétrant dans une argile beaucoup plus compacte qu'auparavant, dans laquelle nous nous sommes décidé à faire préparer la place de la plate-trousse de la seconde passe de cuvelage.

Les eaux supérieures, recueillies dans le cariou, avaient été, pendant toute la durée du dernier fonçage, constamment éloignées des parois, pour ne pas déliter le terrain, en les conduisant jusqu'au fond du puits au moyen de gaînes en bois, terminées par un boyau de cuir qu'on allongeait au fur et à mesure de l'approfondissement de la fosse.

Préparation de l'emplacement de la plate-trousse de la seconde passe de cuvelage. — L'emplacement de la plate-trousse a été effectué en taillant les parois à l'aplomb des faces internes des côtés du quatorzième membre, et en ne préparant qu'une face du prisme à la fois, pour ne pas donner le temps au terrain, mis à nu, de se déliter et de se crevasser sous l'action des quelques minces filets d'eau qui avaient pu trouver issue derrière le picotage du cariou supérieur. On avait eu soin, du reste, de recueillir, le plus possible, ces légères venues d'eau dans de petites gouttières en bois qu'on avait placées et disposées en conséquence contre les parois supérieures au-dessous du cariou ; et là où, malgré tout, il s'en montrait encore quelques-unes coulant sur le terrain mis à découvert au-dessous du quatorzième membre, on maintenait la paroi par quelques planches verticales dont on engageait les têtes derrière les côtés du membre.

Pose et coignetage de la plate-trousse, après avoir démonté le quatorzième membre. — Une banquette horizontale ayant été préparée sur le pourtour du fond du puits, à 0^m,60 en dessous du quatorzième membre, et à 10^m,03 en dessous de la passe de cuvelage supérieure, pour recevoir la plate-trousse, on y a posé et assemblé les côtés de ce cadre de cuvelage de 0^m,24 de hauteur sur 0^m,22 d'épaisseur. On l'a mis parfaitement de niveau et d'équerre à l'aplomb des angles des siéges supérieurs, et on s'est mis en mesure de le picoter, en passant par la série d'opérations que nous avons décrite page 54, pour la plate-trousse de la passe de cuvelage précédente.

Nécessité d'empêcher l'imbibition du terrain des parois et dispositions adoptées. — Mais après avoir procédé au coignetage du cadre et démonté ensuite le quatorzième membre dont les côtés, trop rapprochés du point où devait être opéré le picotage, auraient gêné les mineurs pour frapper librement sur la tête des aiguilles à picoter, on s'est aperçu que, malgré toutes les précautions prises pour rendre les parois du puits complétement étanches, celles-ci étaient encore légèrement mouillées et susceptibles de se déliter pendant l'achèvement de l'opération, assez profondément pour faire craindre une imbibition trop grande du terrain, de nature à compromettre la solidité des nouvelles parois qu'on devait préparer ultérieurement, pour l'emplacement des siéges de picotage.

On avait eu l'idée, tout d'abord, d'établir un second cariou à la tète des bleus, c'est-à-dire dans un terrain absolument sans eau, et d'y rassembler ensuite toutes les venues supérieures que n'avait pu recueillir le premier ; mais le temps qu'aurait nécessairement demandé l'établissement de ce nouveau cariou, pendant lequel les parois se seraient imbibées profondément, y a fait renoncer. On a préféré ne pas continuer davantage les opérations constituant le picotage de la plate-trousse, et on a immédiatement suspendu le recepage des coins déjà commencé, pour faire préparer de suite l'emplacement des siéges, dont les premiers devaient être composés de côtés de 0^m,24 de hauteur, sur 0^m,30 d'épaisseur.

Préparation de l'emplacement des siéges de picotage. — On a alors immédiatement procédé à l'élargissement du puits, place par place, en démontant graduellement le treizième membre, c'est-à-dire, en désassemblant ses côtés un à un, et maintenant provisoirement dans leur position, au moyen de strucans, ceux auxquels on ne touchait pas encore. A mesure que la paroi du puits, sur chaque face du prisme, était préparée à la distance exigée pour l'emplacement des siéges, on la garnissait de planches verticales jointives, de 1^m,80 de hauteur, sur un côté desquelles, celui qui devait s'appliquer contre le terrain, on avait fixé, à la surface, une couche uniforme de mousse au moyen d'un enduit de goudron bouillant. Aussitôt la place d'une planche préparée, on s'empressait d'appliquer cette dernière contre le terrain, en l'y serrant au moyen de coins en bois, après l'avoir fait pénétrer de 0^m,03 à 0^m,04 dans une rainure pratiquée vers le bas, derrière le picotage de la plate-trousse, et vers le haut, dans l'assise même contre laquelle était fixé le douzième membre. On passait ensuite à l'emplacement d'une nouvelle planche, qui faisait suite à la première, et on opérait tout à fait de la même manière pour l'appliquer contre le terrain.

Quand le pourtour du puits a ainsi été revêtu de ces planches jointives, on les a serrées fortement contre le terrain, au moyen d'un faux-membre assemblé à leur pied et qu'on a ensuite relevé aux deux tiers de leur hauteur. En opérant de cette façon, on comprend

que les parois ont été entièrement recouvertes avant que le terrain
n'ait eu le temps de s'imbiber d'eau et de se déliter.

Quelques planchettes, disposées ensuite convenablement au-dessous du douzième membre, là où apparaissaient encore quelques
minces filets d'eau, servaient à les conduire et à les diriger vers l'intérieur du puits, en avant des planches verticales formant le revêtement des nouvelles parois, en les empêchant de pénétrer par les
joints jusqu'au terrain latéral.

*Picotage de la plate-trousse. — Pose et picotage des trois premiers
sièges.* — A la suite de ces diverses opérations, on a continué le recepage des coins de la plate-trousse, et procédé à son picotage de la
manière que nous avons déjà décrite. On a pris ensuite la mesure du
déversement et du hors-niveau de ses différents côtés, fait à la surface les corrections nécessaires sur les côtés correspondants du premier siége; puis descendu, posé, assemblé et picoté celui-ci, identiquement comme nous l'avons déjà indiqué pages 54 et 55. Nous ne
reviendrons donc pas sur cette série d'opérations qu'on peut suivre,
du reste, pas à pas, en consultant le registre de fonçage qui en fait
connaître tous les détails.

On a ensuite posé successivement, et picoté de la même manière,
trois siéges semblables au-dessus du premier, après avoir eu soin de
mettre en concordance parfaite, à l'aide de broches en fer, les trous
de renvoi de niveau, au nombre de cinq pour chaque siége.

*Etat dans lequel se présentait la partie inférieure du puits, à la suite
du coignetage du quatrième siége.* — La figure 102 est une coupe verticale de la partie inférieure du puits passant par le centre, et qui
montre la position relative des diverses trousses picotées et du boisage provisoire, au moment du recepage des coins du quatrième
siége, précédant le picotage proprement dit.

C est la plate-trousse inférieure;

D, E, F et G, les quatre premiers siéges : les trois premiers entièrement picotés, et le quatrième simplement coigneté;

i, i... est la série de trous de renvoi de ces siéges, en concordance
parfaite;

P, P sont les planches verticales de 1^m,80 de hauteur, garnies
d'une couche de mousse par derrière et formant le revêtement intérieur jointif des parois du puits. Le pied de ces planches est engagé
de 0^m,03 à 0^m,04 dans le terrain inférieur, derrière le picotage de la
plate-trousse, et la tête dans le terrain supérieur, derrière les côtés
du douzième membre H. Le faux-membre dont il a été parlé précédemment et qui maintenait contre le terrain les stiffles P, P, à peu

près aux deux tiers de leur hauteur, avait été démonté et enlevé pour pouvoir effectuer convenablement le picotage du troisième siége, en laissant une hauteur suffisante pour le jeu du marteau de picotage.

S',S'... sont des stiffles ordinaires jointives de 0^m,70 de longueur, garnissant les parois de la fosse derrière le onzième membre B et le douzième H ; et S, S... sont des stiffles de même longueur, formant le revêtement du pourtour de la fosse, derrière le onzième membre B et le cadre du fond du cariou A ;

L,L... sont les lignes de lambourdes clouées contre les faces internes des membres et du cadre A, pour les relier entre eux.

Elargissement du puits au-dessus du douzième membre qui a été enlevé, et changement de position des stiffles engagées derrière ce membre. — La figure 102 montre que pour pouvoir picoter convenablement le quatrième siége G, il devenait nécessaire de démonter le douzième membre H, dont la position, trop rapprochée de ce siége, eût été un obstacle au jeu du marteau des picoteurs, et d'élargir même le puits au-dessus de ce membre jusqu'à portée du onzième, en vue du picotage des siéges suivants.

On a alors démonté, une à une, les stiffles S', S'...; puis on a entaillé convenablement le pourtour de la fosse, c'est-à-dire la *torche* de terrain qu'elles garnissaient. On a ensuite remplacé ces stiffles par d'autres plus longues S",S"..., en tassant par derrière une couche de mousse, et on a engagé ces dernières, d'une part, derrière l'extrémité supérieure des planches P, P.., et d'autre part, derrière les côtés du onzième membre B; ce qui leur a naturellement fait prendre une certaine inclinaison sur le puits, conforme à celle qu'on venait de donner en conséquence à la torche de terrain dont elles formaient le revêtement.

Picotage du quatrième siége ; pose et picotage du cinquième ; pose et coignetage du sixième. — A la suite de cette modification apportée aux parois du puits, on a picoté le quatrième siége de la même manière que les précédents.

On a passé ensuite à la pose du cinquième, toujours de même hauteur que les premiers, mais dont treize côtés seulement avaient 0^m,50 d'épaisseur, et les trois autres 0^m,33, pour les mettre en regard d'une partie du puits où la section se trouvait un peu agrandie. On a ensuite picoté ce cinquième siége, absolument de la même manière que les quatre premiers ; puis on a posé, assemblé et coigneté le sixième, de 0^m,33 d'épaisseur et de même hauteur que les précédents.

Préparation de l'emplacement des quatre derniers siéges ; dispositions adoptées. — Nous nous trouvions en ce moment au Grand-Hornu, où nous avions pensé pouvoir nous rendre sans inconvénient, pendant la durée des opérations concernant la pose et le picotage des derniers siéges, qui nous paraissaient devoir se faire dans des conditions tout à fait ordinaires et normales. Mais, contre notre attente, il n'en a pas été ainsi ; car ces opérations ont produit des effets fâcheux qu'il importe de signaler, pour montrer une fois de plus les inconvénients auxquels donnent lieu, dans ces sortes de travaux, certaines dispositions adoptées sans en avoir bien pesé à l'avance toutes les conséquences.

La hauteur à laquelle se trouvait établi le sixième siége, par rapport au boisage provisoire de la torche de terrain supérieur, était telle qu'il devenait encore une fois nécessaire de démonter les stiffles S'', S''...., et d'entailler verticalement les parois qu'elles garnissaient pour préparer la place que devaient occuper les quatre derniers siéges, formant une épaisseur de cadres superposés de $0^m,96$. On a alors enlevé, une à une, les stiffles S'', S''...., entaillé verticalement les parois au-dessus du sixième siége, et on a ensuite garni ces dernières de deux rangées de madriers en bois blanc de $0^m,03$ d'épaisseur sur $0^m,48$ de largeur, qu'on a posées de champ, l'une au-dessus de l'autre, après avoir recouvert chaque madrier, à la surface, du côté où il devait être appliqué contre le terrain, d'une couche de mousse de $0^m,03$ à $0^m,04$ d'épaisseur bien uniforme, au moyen d'un enduit de goudron bouillant. Les madriers composant chaque rangée se touchaient par leurs extrémités coupées à onglet, en formant des joints verticaux correspondant à ceux des côtés des siéges : et ces deux rangées de planches superposées étaient reliées entre elles par trente-deux molles-bandes, clouées sur les faces internes du prisme droit qu'elles constituaient. Quant aux angles du prisme formé par la réunion des seize madriers de chaque rangée, leur ouverture était maintenue invariable, au moyen de petites équerres en fer plat clouées à l'intérieur, à la base et au sommet. A mesure qu'on mettait chaque madrier dans la position qu'il devait occuper, en regard du côté correspondant du sixième siége, on le maintenait momentanément dans cette position, au moyen de petits montants en bois placés en avant, entre le siége et le cadre du cariou supérieur, et qu'on enlevait ensuite, quand tous les madriers avaient été reliés aux angles par les équerres en fer dont il vient d'être question.

Picotage du sixième siége. Pose et picotage du septième siége, et accident qui en a été la conséquence. — A la suite de ces diverses opérations, on a repris le picotage du sixième siége, qu'on a effectué de la même manière que ceux des précédents.

On a ensuite posé, assemblé et picoté de la même façon le septième siége, également de 0^m,33 d'épaisseur. Mais après l'achèvement de cette dernière opération, on s'est aperçu, ce qu'il aurait été facile de prévoir à l'avance, que les faces du prisme droit, formé par la superposition des deux rangées horizontales de madriers dont il vient d'être question, n'avaient plus conservé leur position verticale primitive, mais s'étaient inclinées vers l'intérieur, par suite de l'action du picotage du septième siége contre leur base.

Disposition adoptée pour parer à l'obliquité des parois, et picoter le huitième siége. — Comme il n'y avait plus alors possibilité d'effectuer le picotage du huitième siége, également de 0^m,33 d'épaisseur, contre une paroi ainsi obliquée, voici le moyen qu'on s'est décidé à employer pour parer à cet inconvénient :

On a appliqué contre cette paroi une nouvelle série de seize madriers, posés également de champ, mais taillés obliquement du côté où la jonction avec les premiers devait se faire, et conservant leur autre face verticale, pour constituer la nouvelle paroi contre laquelle le picotage du huitième siége allait être opéré. Mais on ne s'attendait pas à la conséquence inévitable qui allait forcément résulter d'une telle disposition.

Picotage du huitième siége et soulèvement de quelques-uns de ses côtés. — En effet, pendant l'exécution même du picotage du huitième siége, on ne tarda pas à s'apercevoir que plusieurs de ses côtés se soulevaient, non-seulement à l'extrados, mais même à l'intrados, en s'éloignant des côtés correspondants du septième siége. Ce soulèvement n'était pas uniforme, et produisait un certain bombement des côtés, dans le sens de la longueur, sur sept à huit à peu près ; quelques-uns de ces côtés avaient été relevés en formant au-dessus du septième siége un joint à l'intrados dont l'ouverture avait atteint jusqu'à 0^m,02 par places. On s'est trouvé alors dans la nécessité d'interrompre le picotage avant qu'il eût acquis le degré de dureté que permettait d'obtenir la résistance du terrain des parois latérales.

Le soulèvement des côtés du huitième siége avait certainement été produit par l'obliquité du joint des deux rangées de madriers, appliquées l'une contre l'autre derrière ce cadre. En effet, la pression latérale, exercée par l'action du picotage contre ces madriers revêtant la paroi du puits, avait fait glisser les derniers placés sous la face inclinée des premiers, en redressant ceux-ci et en soulevant à la fois le picotage et les côtés correspondants du siége.

Marche à suivre à la première manifestation du relèvement du siége. — Il aurait fallu immédiatement, aussitôt qu'on s'est aperçu de ce fâcheux effet, couper l'un des côtés du siége, démonter celui-ci et reconstituer de nouvelles parois, non plus avec deux rangées superposées de madriers posés de champ, mais avec une série de planches droites garnies de mousse par derrière, absolument comme on l'avait fait pour les six premiers siéges, en engageant le pied de ces stiffes derrière le picotage du septième siége, et serrant leurs têtes contre le terrain, à l'aide d'un faux-membre qu'on aurait placé au-dessous du cadre du cariou supérieur. La pose et le picotage des trois derniers siéges auraient été alors opérés naturellement et sans inconvénient, comme cela avait eu lieu pour les six premiers.

Pose et picotage immédiats des neuvième et dixième siéges; conséquences qui en sont résultées. — Mais au lieu d'agir de cette façon, on a supposé que le huitième siége finirait par se rasseoir sur le septième, pendant l'exécution du picotage des neuvième et dixième siéges de $0^m,35$ d'épaisseur. On s'est alors contenté de poser et de picoter ces deux derniers sans toucher aux parois; de sorte que, non-seulement le huitième siége ne s'est pas rassis sur le septième, ainsi qu'on s'y attendait à tort, mais les neuvième et dixième se sont soulevés à leur tour de la même façon.

Heureusement que cet état de choses n'était pas de nature à empêcher de retenir, derrière le cuvelage, toutes les eaux supérieures du premier niveau, puisqu'on pouvait toujours compter sur l'existence d'une assise complétement imperméable, formée par les sept premiers siéges exactement superposés. Le seul inconvénient qui s'en est suivi a été la création, entre les trois siéges supérieurs, de joints de $0^m,02$ d'ouverture que nous avons fait complétement fermer, à notre arrivée sur les lieux, à la suite du brandissage de la seconde passe de cuvelage, de la manière qui sera indiquée ultérieurement.

Établissement du cuvelage de la seconde passe, et moyen de se procurer l'eau nécessaire pour délayer le rebourrage, pendant l'exécution du cuvellement du puits dans les bleus. — Après l'achèvement du dernier picotage, celui du dixième siége, on l'a recouvert d'une légère couche de béton hydraulique, et on a procédé au cuvellement de la seconde passe, en suivant la même marche que pour la première, après avoir posé, sur les trous de renvoi de niveau du dixième siége, les clapets en cuivre destinés à les fermer, en s'opposant ainsi à la descente des eaux supérieures, à la reprise du fonçage. Cependant, comme on pensait que la traversée des bleus s'effectuerait probablement sans eau, on a jugé utile de se ménager la possibilité de s'en procurer facilement, en l'empruntant au premier niveau, pour pouvoir délayer convenablement le rebourrage du cuvelage de cette partie du puits. A cet effet, on a garni de clapets seulement trois des cinq trous de renvoi de niveau du dixième siège. Quant aux deux autres, bouchés provisoirement par des broches transversales en fer, qu'on avait chassées dans des trous horizontaux pratiqués dans l'épaisseur du siége, en regard et au travers des premiers, on les avait surmontés de deux petites gaînes verticales en bois, logées au milieu même de la masse du rebourrage. On a ensuite allongé ces gaînes, à mesure qu'on s'élevait avec le cuvelage, de manière à leur faire atteindre la partie supérieure de la passe, derrière les clefs, pour y puiser l'eau dont on pouvait avoir besoin plus tard pour la passe de cuvelage inférieure. On conçoit que pour faire alors usage de cette eau, puisée à la partie supérieure de la seconde passe de cuvelage, en la faisant descendre par la série continue de trous de renvoi des différents siéges, dont ces gaînes formaient le prolongement, il devait suffire de faire disparaître les broches transversales dont il vient d'être question, et de les remplacer par d'autres broches en bois de même calibre, mais plus courtes, ne traversant pas les trous de renvoi de niveau en question.

Les figures 103, 104 et 105 représentent la coupe transversale d'un côté du dixième siége, faite suivant le plan des axes des deux sortes de trous dont il vient d'être fait mention, et dans trois situations différentes : la première, quand le siége vient d'être façonné ; la seconde, quand le trou de renvoi de niveau a, surmonté de sa gaîne b, est bouché par la broche transversale c ; et la troisième, quand la broche c a été remplacée par une broche plus courte d, laissant libre la communication, de haut en bas, par les trous de renvoi de niveau.

Moyen d'établir ou d'interrompre à volonté la communication, par les trous de renvoi de niveau, des différentes passes de cuvelage. — Avant d'aller plus loin, nous ferons remarquer que la position exacte des axes des trous de renvoi de niveau des différents siéges avait été marquée, à l'avance, par un trait vertical tracé sur les faces internes des côtés de ces cadres, afin de rendre toujours possible, au besoin, la fermeture de ces trous au-dessous des clapets supérieurs chaque fois qu'on en reconnaîtrait la nécessité. Il devait suffire, pour l'obtenir alors, de pratiquer sur ces traits verticaux un trou de tarière horizontal, prolongé au travers du siége jusqu'un peu au delà du trou vertical de renvoi, et de chasser ensuite à fond du premier une broche en bois de même calibre. Cette précaution n'a pas été superflue, ainsi que nous le montrerons plus loin.

Epaisseur du cuvelage de la seconde passe, et composition du rebourrage. — La seconde passe de cuvelage de $10^m,03$ de hauteur, y compris $2^m,64$ de trousses picotées, a été formée de cadres de cuvelage de

0^m,17 d'épaisseur, enchevêtrés les uns dans les autres, comme ceux de la première passe. L'espace libre, de 0^m,17 à 0^m,18 de largeur, existant entre ce cuvelage et le boisage provisoire qu'on a laissé en place, à l'exception des quelques membres supérieurs qui ont été démontés, a été rempli de béton ou rebourrage composé de deux parties de chaux hydraulique de Tournai éteinte et d'une partie de cendres de houille, employées telles qu'on les retirait des cendriers des fourneaux des générateurs.

Démontage des membres supérieurs et enlèvement des stiffles placées derrière. — Les quatre membres supérieurs seulement du boisage provisoire ont été démontés, et pièce par pièce, à cause de la nature mouvante du terrain des parois, en maintenant les côtés restés provisoirement en place au moyen de strucans.

Élargissement du puits pour la pose du cuvelage et du rebourrage. — Le terrain, derrière chacun des côtés démontés, était ensuite excavé sur une largeur suffisante pour la pose du cuvelage et du rebourrage. A mesure qu'une face de la fosse avait été entaillée suffisamment, on posait en avant le côté du coffre de cuvelage correspondant ; on reliait celui-ci par deux petites planchettes au côté du cadre immédiatement inférieur ; on tassait par derrière le rebourrage, et on passait à la face voisine, sur laquelle on agissait de la même manière. On continuait ensuite à opérer de la même façon, à l'égard des autres faces du puits, en complétant la pose du coffre de cuvelage et du rebourrage.

Tentative de relèvement des siéges supérieurs. Pose des clefs de la seconde passe de cuvelage. — Avant de placer les clefs de la passe, on a essayé, mais sans grand succès, de resserrer les joints des siéges supérieurs qui, on se le rappelle, s'étaient un peu ouverts à la suite de la rupture de quelques vis à bois, fixant les tirants en fer de suspension au cuvelage supérieur. Cette tentative a été opérée au moyen des vis de pression représentées figure 46 *bis*, qu'on a fait agir entre la plate-trousse supérieure et l'avant-dernier coffre de cuvelage de la seconde passe.

La pose des clefs de la passe a été effectuée tout à fait comme celle des clefs de la passe supérieure, après avoir donné aux différents côtés de ce dernier cadre de cuvelage une hauteur correspondante à l'ouverture qu'ils étaient destinés à fermer. Chacun des côtés du cadre était introduit dans le vide qu'il devait occuper, en le saisissant à l'aide d'une agrafe à deux pointes implantée dans sa face interne, et qui servait ainsi de poignée pour le manœuvrer et l'amener dans la position définitive qu'il devait occuper sous la plate-trousse supérieure. Quant au dernier côté, on l'introduisait d'abord derrière le cuvelage, en le logeant dans une petite cavité creusée à l'avance dans le terrain et appelée *saquebout*, et en le rappelant ensuite, comme les autres, dans la position définitive qu'il devait occuper, pour fermer complétement la passe de cuvelage. Les clefs étaient, comme on le voit, le seul coffre de cuvelage non rebourré.

Brandissage des joints de la seconde passe de cuvelage, et exécution de travaux accessoires. — A la suite de la pose des clefs, on a procédé au brandissage des joints horizontaux du cuvelage de la seconde passe, en commençant d'abord à 2 mètres en dessous des clefs, et en s'élevant ensuite graduellement jusqu'à la tête de la passe, comme on l'avait fait pour la première. On s'est même élevé quelque peu le long de celle-ci pour y brandir plusieurs joints qui suintaient légèrement, qui *pleuraient*, suivant l'expression consacrée par les mineurs. On est redescendu ensuite aux clefs de la seconde passe qu'on a serrées complétement, et on a attaqué enfin successivement tous les joints inférieurs qu'on a *brandis à ferme*, jusques et y compris celui du premier cadre de cuvelage et du dixième siége.

En opérant ce brandissage, tout à fait de la même manière que celui de la passe précédente, on a exécuté la série de travaux accessoires que nous avons déjà décrite page 65, à l'occasion de cette première passe.

Démontage des lambourdes de suspension du cuvelage supérieur, et pose de seize tirants en fer sur toute la hauteur du cuvelage établi. — En même temps, on a démonté toutes les lignes de lambourdes de suspension du cuvelage de la première passe, et on les a remplacées par huit lignes de tirants en fer semblables à celles qui recouvraient déjà huit pans de ce cuvelage. On a ensuite prolongé ces nouvelles lignes de tirants de suspension, ainsi que les huit anciennes, jusqu'au premier siége de la seconde passe, en les fixant aux différents côtés de celui-ci, au moyen de pièces en forme de T qui y ont été réunies chacune par trois vis à bois de $0^m,025$ de diamètre. Les seize lignes de tirants ont ensuite été convenablement tendues, de la manière que nous avons décrite page 65, et on les a fixées définitivement contre le cuvelage de la seconde passe, au moyen de vis à bois losangées, de $0^m,015$ de diamètre, dont l'écartement était de $0^m,30$ comme pour la passe précédente. Chacun des seize pans du cuvelage établi se trouvait ainsi complétement suspendu, sur toute sa hauteur, par une forte ligne de tirants en fer, au côté correspondant de l'assise de la tourelle en briques de la tête du puits.

Fermeture des joints des siéges soulevés. — A la suite de l'établissement de cette suspension du cuvelage, on s'est mis en mesure de fermer complétement les joints, fortement ouverts, de quelques côtés des huitième, neuvième et dixième siéges de la passe inférieure. Notre maître mineur nous avait proposé, pour obtenir cette fermeture de joints, de les picoter horizontalement. Mais nous n'avons pas cru devoir adopter un tel expédient, persuadé que les joints seraient difficilement rendus étanches de cette façon, et qu'on se trouverait exposé à les voir se rouvrir ultérieurement, quand le tassement du terrain, résultant des exploitations inférieures, amènerait forcément un certain desserrement du cuvelage par les mouvements qu'il y produirait.

Nous avons préféré encastrer dans chacun de ces joints deux planchettes superposées et taillées en forme de coin, en les y chassant alternativement l'une au-dessus de l'autre. Nous avons donc fait descendre deux charpentiers dans la fosse, avec leur banc de travail et leurs outils, et nous avons surveillé nous-même la confection de ces planches en chêne, dont l'épaisseur a été déterminée par l'ouverture du joint qu'elles étaient destinées à remplir. La fermeture des joints a été ainsi opérée d'une manière complète sans déparer le cuvelage à l'intérieur du puits, comme un picotage horizontal l'aurait fait ; et tout s'est borné à l'apparition de nouveaux joints horizontaux, semblables aux autres, qu'on pouvait, par conséquent, brandir de la même façon, si un desserrement ultérieur se manifestait dans les siéges.

Fermeture des trous de renvoi de niveau des siéges qui donnaient issue à une partie des eaux supérieures. — A la suite de cette dernière opération, le fond du puits ayant été nettoyé, on s'est aperçu qu'une quantité d'eau d'une certaine importance se faisait jour derrière la plate-trousse inférieure. Nous avons pensé qu'elle provenait des trous de renvoi de niveau qui traversaient toute la série de siéges supérieurs, et dont la fermeture, par les clapets posés sur le dernier de ces cadres, n'était pas suffisamment hermétique. Nous avons résolu d'y obvier immédiatement en faisant forer horizontalement ces siéges, en regard des trous de renvoi de niveau, et de boucher ces derniers complétement, au moyen de broches transversales en bois, comme il a été indiqué page 78. Cette opération a parfaitement réussi, et la quantité d'eau qui s'est fait jour alors derrière la plate-trousse était pour ainsi dire inappréciable, puisqu'elle ne s'élevait pas à plus de 14 hectolitres par heure. Le premier niveau était donc complétement passé, et toute la nappe d'eau supérieure entièrement retenue derrière le cuvelage établi.

Durée des travaux de fonçage et d'établissement de la seconde passe de cuvelage. Dépense occasionnée. — Le fonçage du puits et l'établissement complet de la seconde passe de cuvelage de 8^m,03 de hauteur, avec tous les travaux accessoires que nous avons énumérés ci-dessus, ont duré du 17 mars au 15 mai 1855, et ont coûté 29,269 fr. 81 c., savoir :

DÉTAIL.	POUR MAIN-D'ŒUVRE.		POUR objets et matériaux divers.		TOTAL.	
Surveillance........................	930	»	»	»	930	»
Fonçage............................	2,592	67	3,641	93	6,234	60
Picotage............................	3,197	73	3,547	68	6,745	44
Cuvellement........................	354	50	3,106	45	3,440	95
Brandissage........................	1,493	61	312	72	1,806	33
Suspension du cuvelage.............	766	05	1,171	56	1,937	61
Service des machines à vapeur......	1,013	80	6,932	40	7,946	20
Service des ateliers................	26	43	202	28	228	71
Montant des dépenses..............	10,354	79	18,915	02	29,269	81
Soit, par mètre courant............	»	»	»	»	2,918	22

Traversée des bleus.

Reprise du fonçage et établissement de la troisième passe de cuvelage de 7^m,70 de hauteur. — Le fonçage du puits dans la couche d'argile sablonneuse, appelée les bleus, à la tête de laquelle on avait établi les siéges de picotage de la passe précédente, a été opéré identiquement comme pour les couches supérieures de marne blanche.

Nécessité de maintenir les parois du puits étanches. — Seulement, comme cette argile sablonneuse était de nature à se déliter très-rapidement au contact de l'eau, il importait au plus haut point de ne pas laisser couler le long des parois du puits, pendant la traversée de cette couche, les quelques minces filets d'eau qui avaient trouvé issue derrière les côtés de la plate-trousse supérieure, bien que leur importance ne s'élevât pas à plus de 14 hectolitres par heure, ainsi que nous l'avons dit précédemment.

Établissement d'un premier cariou au-dessous de la plate-trousse supérieure. — Nous nous sommes donc décidé à établir, le plus près possible de la plate-trousse, un cariou construit comme ceux dont il a été question lors du passage du premier niveau, et à y recueillir les eaux, à leur sortie même de la passe précédente, pour les éloigner ensuite des parois du puits pendant l'approfondissement de ce dernier.

On a alors repris le fonçage, sur 1 mètre à 1^m,17 environ, et élargi graduellement, en descendant, la section du puits dont on a garni les parois de stiffles jointives de 1^m,05 de longueur, recouvertes, du côté où elles s'appliquaient contre le terrain, d'une couche de mousse bien uniforme fixée par le procédé que nous avons déjà indiqué. La tête de ces stiffles, dont le pied était enfoncé de quelques centimètres dans le terrain inférieur, était maintenue contre la paroi au moyen de petits patins en bois cloués sous les côtés de la plate-trousse, qu'on avait reliée par trente-deux molles-bandes au siége immédiatement supérieur. Au pied des stiffles, on a préparé une banquette horizontale sur laquelle on a posé un cadre de cuvelage ordinaire de 0^m,19 d'épaisseur et de 0^m,24 de hauteur, qu'on a assemblé de niveau et d'équerre aux angles, en mettant ceux-ci en concordance parfaite, au moyen de seize fils à plomb, avec les angles de la plate-trousse supérieure.

Ce cadre de cuvelage, de 4^m,10 de diamètre au cercle inscrit, étant destiné à être picoté pour en former le fond du cariou, on y a immédiatement procédé, en adoptant toutes les dispositions mentionnées pages 47 et 48. On a ensuite construit entièrement le cariou, en le reliant par trente-deux molles-bandes à la plate-trousse supérieure, et on a disposé convenablement au-dessous de celle-ci quelques gouttières pour rassembler les venues d'eau qui se faisaient jour derrière les côtés de ce dernier cadre, et les conduire dans l'intérieur même du cariou.

Continuation du fonçage. — On a alors repris le fonçage en dessous du cariou, en élargissant graduellement la section du puits, et garnissant ses parois de stiffles jointives de 0^m,65 à 0^m,70 de longueur, fixées au moyen de patins en bois sous le cadre supérieur, et pénétrant de quelques centimètres dans le terrain inférieur. Au pied de ces stiffles et à 0^m,65 en dessous du cariou, on a préparé une banquette horizontale sur laquelle on a posé un premier membre ordinaire de 4^m,10 de diamètre au cercle inscrit. On a assemblé de niveau et d'équerre les côtés du membre; on l'a coigneté contre les stiffles, et on l'a ensuite relié par trente-deux porteurs au cadre du cariou.

Mais on n'a pas tardé à s'apercevoir que ce cariou perdait une partie de ses eaux; et, comme le terrain inférieur ne changeait pas de nature, on s'est décidé à reprendre le fonçage et à ne le suspendre qu'à 1^m,05 au-dessous du premier membre, pour construire un nouveau cariou à cette profondeur.

Construction d'un nouveau cariou en dessous du premier, et enchaînement de tous les cadres de boisage au cuvelage supérieur. — On a alors ramené le terrain du centre à la circonférence et à l'aplomb des faces externes du premier membre ; on a garni les parois du puits de stiffles jointives recouvertes d'une couche de mousse par derrière, et on a préparé, au pied de ces planches verticales, une banquette arasée de niveau, sur laquelle on a posé un nouveau cadre de cuvelage semblable au premier; on l'a assemblé, mis de niveau et d'équerre aux angles, et on l'a ensuite picoté, pour en former le fond d'un nouveau cariou qu'on a construit comme le précédent, après avoir posé et assemblé au-dessus du cadre un faux-membre, qui a été ensuite relevé à une certaine hauteur et coigneté contre les stiffles formant le revêtement des parois du puits. Avant d'achever le cariou, on a élevé au-dessus du cadre picoté trente-deux montants qu'on a cloués contre les faces internes du faux-membre, et qu'on a reliés, comme des porteurs ordinaires, aux côtés du membre supérieur. Après l'achèvement du cariou, on en a recouvert le fond d'une couche de béton hydraulique, et on a relié entre eux tous les cadres déjà établis en dessous de la passe de cuvelage supérieure, par trente-deux lignes de lambourdes clouées contre les faces internes de leurs côtés correspondants, ainsi que le représente la figure 106, qui est une coupe verticale de cette partie du puits, passant par l'axe.

Continuation du fonçage et de la construction du boisage provisoire. — On a alors repris le fonçage, en élargissant graduellement la section du puits et en garnissant ses parois de stiffles jointives, au pied desquelles on a posé et assemblé un deuxième membre de $4^m,20$ de diamètre au cercle inscrit, sur une banquette arasée de niveau à $0^m,85$ en dessous du cariou. Après avoir coigneté ce membre, on l'a relié au cadre du second cariou par trente-deux porteurs, et on a repris ensuite le fonçage de la même manière que précédemment.

A $0^m,80$ en dessous du deuxième membre, on en a posé et assemblé un troisième de $4^m,30$ de diamètre au cercle inscrit, qu'on a serré contre le pied des stiffles jointives dont on avait continué à garnir les parois du puits, et on a relié ensuite ce membre au précédent par trente-deux porteurs.

Dispositions prises pour la création d'un troisième cariou. — Malgré l'existence de deux carioux, rassemblant les petites venues d'eau supérieures qui se trouvaient ainsi éloignées des parois, on s'est aperçu que ces dernières se mouillaient encore un peu par places. Or, comme le terrain, sans changer de nature, devenait cependant plus compacte, on s'est décidé à y pénétrer encore sur une profondeur d'un mètre en dessous du troisième membre, pour construire un nouveau cariou destiné à assécher complètement les parois, et permettre de préparer convenablement, un peu plus bas, l'emplacement d'une plate-trousse et de quatre siéges de picotage dont on voulait former l'assise de la troisième passe de cuvelage.

Rencontre de sources jaillissantes de fond qui ne permettent pas de construire un cariou. — Mais après avoir effectué ce dernier approfondissement du puits, pendant qu'on était occupé à ramener le terrain, du centre aux parois, dont quelques-unes avaient déjà été garnies de stiffles jointives avec couche de mousse par derrière, pour l'établissement du nouveau cariou, on a atteint, sur un côté, une large crevasse qui a donné issue à une source importante. Celle-ci s'est fait jour, en soulevant le terrain de la paroi du puits où la crevasse s'est montrée, c'est-à-dire vers l'une des extrémités du compartiment d'extraction. Quelques instants après l'apparition de cette première source, on en a été chercher une seconde, mais moins importante, vers l'autre extrémité du compartiment d'extraction.

En continuant à creuser le fond du puits au point où la première source s'est montrée, on s'est aperçu que la crevasse qui lui donnait issue et dans laquelle on pouvait parfaitement plonger le bras, paraissait descendre à une assez grande profondeur. Quant à l'eau qui en sortait, elle avait une saveur sulfureuse des plus prononcées. On avait donc déjà affaire à des sources jaillissantes provenant du second niveau.

Importance des sources affluentes. — Par conséquent, il n'y avait plus lieu de songer à l'établissement d'un nouveau cariou pour recueillir les eaux affluentes, dont l'importance correspondait alors au fonctionnement d'un des jeux de pompes, à raison de quarante-huit coups de piston par heure, au lieu de six qui avaient suffi jusque-là à assécher complétement le fond du puits.

Continuation du fonçage et de la pose du boisage provisoire. — Au lieu d'un cadre en chêne préparé pour un cariou, on s'est décidé à poser, au pied des stiffles formant le revêtement des parois du puits, un quatrième membre de $4^m,40$ de diamètre au cercle inscrit, et on l'a relié ensuite au troisième par trente-deux porteurs.

On a ensuite repris le fonçage, en opérant toujours de la même manière, et, à $0^m,75$ en dessous du quatrième membre, on en a posé un cinquième de $4^m,50$ de diamètre au cercle inscrit, qu'on a relié au précédent par trente-deux porteurs. On a ensuite cloué trente-deux nouvelles lignes de lambourdes contre les faces internes du second cariou et celles des troisième, quatrième et cinquième membres.

Considérations qui ont engagé à ne pas donner trop d'extension à la troisième passe de cuvelage. — Les parois du puits dans le compartiment d'extraction se montraient très-fissurées, surtout dans le voisinage de la crevasse qui donnait issue à la première source jaillissante inférieure rencontrée précédemment. Il n'y avait donc plus possibilité d'établir avec succès un nouveau cariou, pour retenir les petites venues d'eau supérieures et les éloigner des parois pendant la préparation de l'emplacement des siéges de picotage.

D'un autre côté, l'apparition des sources jaillissantes du fond indiquait qu'on se rapprochait sensiblement de la nappe d'eau inférieure, et qu'il n'y avait plus lieu de descendre beaucoup plus bas pour l'établissement des siéges de picotage de la troisième passe de cuvelage, qu'il importait de construire, le plus tôt possible, pour garantir les parois du puits et les soustraire à l'action des eaux, quand le second niveau se ferait jour par le soulèvement du terrain inférieur.

La construction de cette nouvelle passe de cuvelage devait être opérée aussi, sans trop tarder, pour pouvoir *couper* en deux parties les jeux de pompes, devenus déjà fort longs, et faire une *répétition* des colonnes, en établissant la bâche de réception des parties mobiles, ou jeux du fond, sur des patins fixés aux siéges mêmes de la passe en question.

Continuation du fonçage pour préparer l'emplacement des trousses de picotage. — Toutes ces considérations nous ont engagé à reprendre le fonçage pour préparer immédiatement l'emplacement de la platetrousse, et ensuite celui des quatre siéges de picotage de la troisième passe de cuvelage.

On a alors approfondi le puits de $0^m,80$ en dessous du cinquième membre, et à l'aplomb des faces internes de ce membre, c'est-à-dire sur un diamètre de $4^m,50$.

Le terrain traversé étant plus mou qu'auparavant, on l'a garni, sur tout le pourtour du puits, de stiffles jointives à têtes clouées sous les côtés du cinquième membre, et on a ensuite posé, au pied de ces stiffles, un faux-membre de $0^m,40$ sur $0^m,40$ d'équarrissage qu'on y a assemblé. On a ensuite relevé ce faux-membre à une certaine hauteur; on l'a coigneté contre les stiffles, et on l'a enfin relié au cinquième membre par des lambourdes clouées contre les faces internes de ses côtés et contre celles des porteurs établis entre les quatrième et cinquième membres. La figure 106, qui est une coupe verticale de cette partie du puits, passant par l'axe, rend parfaitement compte de ces diverses dispositions : A et B sont les deux premiers carioux établis sous le cuvelage supérieur; E, la crevasse qui donnait issue à la plus grosse source de fond ; C, D, F, G, H, les premier, deuxième, troisième, quatrième et cinquième membres ; OO le faux-membre inférieur serrant les stiffles verticales S,S, appliquées contre le terrain ; P,P, les porteurs établis entre les quatrième et cinquième membres; l,l..., les lambourdes clouées contre ces porteurs et les côtés du faux-membre OO ; et l',l', les lambourdes qui relient tous les membres et cadres supérieurs à la plate-trousse de la seconde passe de cuvelage.

Préparation de la place de la plate-trousse. — Après la pose des lambourdes de suspension du faux-membre OO aux porteurs supérieurs, on a repris le fonçage qu'on a poussé jusqu'à la profondeur de $7^m,70$ en dessous de la plate-trousse de la passe précédente, et à $0^m,80$ au-dessous des stiffles S, S... ; on a ramené le terrain, devenu plus consistant, du centre du puits à la circonférence, et on a garni les parois de stiffles jointives engagées derrière le pied des planches supérieures S, S...

Pose et assemblage des côtés de la plate-trousse ; coignetage et picotage de ce cadre. — On a enfin préparé une banquette horizontale au pied des dernières stiffles placées, et on y a posé la plate-trousse de la troisième passe de cuvelage, dont la hauteur des côtés était de $0^m,24$, et leur épaisseur de $0^m,22$.

On a assemblé de niveau et d'équerre les côtés du cadre, et mis ses angles en concordance parfaite avec les angles correspondants de la plate-trousse supérieure, au moyen des seize fils à plomb qu'on y avait fixés. On a ensuite posé de champ, derrière chacun des seize côtés du cadre, un madrier en bois blanc de $0^m,03$ d'épaisseur, qu'on a maintenu en position verticale au moyen de coins en bois disposés comme nous l'avons indiqué page 47, en ménageant, d'un côté, l'espace vide destiné à recevoir la couche ordinaire de mousse de $0^m,025$ d'épaisseur, et, de l'autre, celui que devait occuper le picotage. On a ensuite tassé la mousse derrière les madriers, coigneté la trousse, et on l'a enfin picotée, d'abord avec des picots carrés, et ensuite avec des picots octogonaux en bois blanc, comme on l'avait fait pour les plates-trousses des deux autres passes de cuvelage.

Après avoir pris la mesure du déversement et du hors-niveau des côtés du cadre pour faire à la surface les corrections nécessaires sur les côtés du premier siége, on s'est mis en mesure de préparer l'emplacement des quatre siéges de picotage de la passe, dont les deux premiers devaient avoir $0^m,30$ d'épaisseur, et les deux autres $0^m,33$.

Dimensions des côtés des siéges de picotage. — Quant à la hauteur des côtés de chacun de ces siéges, elle devait être de $0^m,24$, comme celle de tous les autres siéges et plates-trousses dont nous avons fait usage pour la seconde fosse de Marles.

Préparation de l'emplacement des siéges de picotage. — Pour préparer l'emplacement que devaient occuper les quatre siéges de la troisième passe de culevage, on a d'abord coupé toutes les planches droites garnissant les parois du puits au-dessus de la plate-trousse, en les entaillant à ras de la face supérieure de ce cadre, et en les détachant une à une, ainsi que les stiffles supérieures correspondantes S, S..., après avoir démonté pièce à pièce le faux-membre OO, pendant qu'on maintenait momentanément en place, au moyen de strucans, les côtés auxquels on ne touchait pas encore. A chaque planche qu'on enlevait, on entaillait immédiatement par derrière la paroi du puits, sur une profondeur déterminée par l'épaisseur des siéges à placer et l'espace à réserver pour le picotage, et on appliquait ensuite contre le terrain une planche droite de $1^m,40$ de longueur, garnie d'une couche de mousse par derrière, en engageant le pied de cette planche dans le terrain inférieur, et la tête derrière le cinquième membre H, sur quelques centimètres de profondeur.

Comme la crevasse qui donnait issue à la forte venue d'eau dont il a été question précédemment descendait verticalement en suivant la paroi du puits, elle devait forcément rester béante derrière les siéges de picotage qu'on allait établir. Pour empêcher le bris du terrain aux alentours sous l'action du picotage, on a entaillé, aussi régulièrement que possible, les parois de cette crevasse, et on y a logé une pièce de bois qui la remplissait exactement sur toute la hauteur des siéges, et formait ainsi un point d'appui résistant par derrière.

Pose et picotage des siéges de la troisième passe de cuvelage. — Aussitôt que tout le pourtour du puits a été ainsi entaillé, place par place, et garni successivement de planches droites jointives avec mousse par derrière, de la manière que nous venons d'indiquer précédemment, on a procédé à la pose et au picotage successifs de chacun des quatre siéges, en opérant identiquement comme nous l'avons indiqué pour les passes de cuvelage supérieures. Seulement, là où l'espace compris entre les côtés des siéges et les planches verticales constituant le revêtement des parois du puits était trop considérable pour permettre de faire usage de madrilles ordinaires, on en a placé de plus épaisses, de manière à ne laisser toujours entre elles et les côtés des siéges, au moment du coignetage de ces derniers, qu'un vide de $0^m,035$ à $0^m,040$ de largeur, exigé par le picotage.

Cuvellement du puits. — Le cuvellement du puits, sur toute la hauteur de la troisième passe, a été opéré identiquement comme pour les précédentes, en laissant en place le boisage provisoire, quand le cuvelage pouvait passer librement à l'intérieur, et que le vide ménagé derrière était suffisant pour y loger le rebourrage. Dans le cas contraire, le boisage provisoire était enlevé graduellement, le terrain des parois entaillé convenablement, et le reste de l'opération conduit comme nous l'avons déjà indiqué.

Épaisseur du cuvelage. — Le cuvelage posé sur les siéges de la troisième passe a été composé de cadres de $0^m,19$ d'épaisseur, sur une hauteur de $5^m,50$, et ensuite de cadres de $0^m,17$ d'épaisseur, sur 1 mètre de hauteur.

Brandissage. — Le brandissage des joints horizontaux du cuvelage de la troisième passe a été également opéré, comme celui des précédentes, en suivant tout à fait la même marche.

Suspension du cuvelage. — A la suite du brandissage, on a opéré la suspension du cuvelage de la troisième passe, en prolongeant, jusqu'au siége inférieur de cette passe, les seize lignes de tirants en fer qui existaient déjà depuis l'assise de la tonne de briques de la tête du puits jusqu'au siége inférieur de la seconde passe. Les pièces à T, fixées aux côtés de ce dernier cadre et qui formaient la base des seize lignes de tirants en fer, en ont été détachées, les tirants allongés par une addition de nouveaux tronçons, et enfin ces pièces à T replacées à la partie inférieure des nouveaux tirants; on a ensuite fixé ces pièces contre les faces internes des côtés du siége inférieur de la troisième passe; puis on a procédé à la tension des derniers tronçons ajoutés, et on a enfin attaché ceux-ci au cuvelage, absolument de la même manière que pour la passe supérieure. Quelques-unes des pièces à T, terminant les tirants de suspension, qui auraient pu gêner pour la pose de la bâche de répétition des pompes, n'ont même été fixées au siége inférieur qu'après l'établissement de cette bâche.

Durée des travaux de fonçage et d'établissement de la troisième passe de cuvelage. — Les travaux de fonçage et d'établissement de la troisième passe de cuvelage de $7^m,70$ de hauteur, commencés le 15 mai 1853, ont été terminés le 16 juin de la même année.

La dépense occasionnée par ces travaux a été de 16,075 fr. 03 c., savoir :

DÉTAIL.	POUR MAIN-D'ŒUVRE.		POUR objets et matériaux divers.		TOTAL.	
Surveillance............................	510	»	»	»	510	»
Fonçage................................	1,921	59	2,785	85	4,707	24
Picotage...............................	1,489	58	1,314	15	2,803	74
Cuvellement...........................	642	45	2,937	19	3,579	64
Brandissage...........................	651	60	248	28	899	88
Suspension du cuvelage...............	171	50	568	91	740	44
Service des machines à vapeur........	509	75	2,239	94	2,749	67
Service des ateliers..................	»	»	84	48	84	48
Montant des dépenses.................	5,896	25	10,178	78	16,075	03
Soit, par mètre courant..............	»	»	»	»	2,087	67

Établissement d'une répétition des jeux de pompes. — La longueur acquise par les deux jeux de pompes qui avaient servi jusque-là à l'épuisement des eaux rencontrées pendant la durée des travaux de fonçage, l'approche du second niveau dont quelques sources jaillissantes s'étaient déjà fait jour dans l'intérieur du puits, nous engagèrent à profiter de l'établissement de la dernière passe de cuvelage pour y construire le réservoir ou bâche de réception des eaux, en *coupant* chacun des jeux de pompes en deux parties : la première devait se composer d'un jeu mobile établi sur le fond du puits et destiné à s'allonger à mesure de l'approfondissement de ce dernier; la seconde, au contraire, devait constituer un jeu fixe puisant dans une bâche les eaux que lui verserait le jeu mobile, pour les élever ensuite jusqu'à la galerie d'écoulement située dans le voisinage de la surface.

Adjonction d'un troisième jeu de pompe aux deux jeux existants. — N'ayant à notre disposition aucun élément d'appréciation de l'importance des eaux du second niveau, mais prévoyant cependant qu'elle devait être considérable, d'après le débit du sondage pratiqué, plusieurs années auparavant, à quelques centaines de mètres du puits en percement, nous avons jugé utile d'adjoindre aux deux jeux de pompes de $0^m,50$ de diamètre, qui nous avaient servi jusque-là, un troisième jeu de $0^m,36$ de diamètre, en nous bornant, pour le moment, à construire seulement la partie fixe de la répétition de ce troisième jeu, nous réservant d'établir ultérieurement la seconde partie ou jeu mobile sur le fond du puits, quand le besoin s'en ferait sentir.

Construction des jeux fixes de la répétition. — Les trois jeux fixes ont alors été élevés au-dessus du fond d'une bâche de répétition, construite à l'intérieur même du cuvelage, sur le siége supérieur de la troisième passe.

Bâche de réception des eaux des jeux mobiles. — Le fond de cette bâche se composait de quatre forts sommiers jointifs en chêne de $0^m,50$ de hauteur, reposant sur de gros patins en chêne avec consoles par-dessous, boulonnés contre les faces internes des siéges supérieurs de la passe. La face antérieure de la bâche, élevée sur le premier de ces sommiers, était formée de forts madriers en chêne superposés, établis en travers du cuvelage, et maintenus contre les cadres de celui-ci au moyen de patins qui y étaient fixés par des vis à bois. Quant aux autres faces de la bâche, c'était le cuvelage même qui les constituait. Tous les joints du fond de la bâche ont été brandis absolument comme des joints ordinaires de cuvelage, pour les rendre complétement imperméables. Il en a été de même de ceux formés par la réunion de sa face antérieure et du cuvelage.

Asséchement du fond du puits pendant la construction de la répétition des pompes. — Pendant la construction de cette bâche de répétition, et des trois jeux fixes élevés au-dessus des sommiers qui en formaient le fond, on a conservé l'un des deux jeux primitifs placés à l'intérieur du puits, pour épuiser les eaux qui y avaient encore accès par les crevasses dont le terrain inférieur était en quelque sorte criblé.

Suspension des jeux mobiles. — Les parties mobiles des trois colonnes de pompes à répétition, devant être suspendues au-dessus du fond du puits par des lignes de tirants en bois et fer, comme l'avaient été les deux jeux primitifs, par suite de la nature mouvante du terrain qui restait encore à traverser, on a établi de nouveaux sommiers de suspension, encastrés, comme ceux représentés figures 27 et 28, dans l'intérieur même du cuvelage, en les faisant reposer sur de forts patins avec consoles, fixés contre les faces internes du siége supérieur de la seconde passe de cuvelage au moyen de vis à bois.

Détails de l'établissement de la répétition fournis par le registre de fonçage, et remplacement ultérieur des jeux de pompes ainsi disposés. — Le registre de fonçage, annexé à ce mémoire, renfermant tous les détails de la construction de cette répétition de colonnes de pompes, nous croyons inutile d'y insister davantage, d'autant plus que les circonstances ultérieures, ainsi qu'on le verra plus loin, ont rendu insuffisants, pour la traversée de la seconde nappe d'eau, les trois jeux de pompes établis et disposés de cette façon. On a dû alors les démonter complétement et les remplacer par quatre jeux de pompes de $0^m,50$ de diamètre, pour lesquels la section du puits ne permettait pas d'établir de répétition. Ces quatre derniers jeux de pompes ont, du reste, largement suffi pour l'épuisement complet des eaux affluentes, malgré la grande hauteur qu'ils ont fini par atteindre par suite de l'approfondissement du puits. En tout cas, s'il en eût été autrement, nous les aurions facilement remplacés par deux jeux de pompes de 0^m,75 de diamètre qu'on aurait pu alors établir à répétition, de la manière indiquée ci-dessus.

Durée de l'établissement de la répétition des pompes et dépense occasionnée. — Quoi qu'il en soit, la répétition des colonnes de pompes dont il vient d'être question a été opérée du 16 juin 1855 au 4 juillet suivant.

Elle a occasionné une dépense de 5,359 fr. 50 c., savoir :

Détail.	Montant.	
Surveillance.	255 fr.	» c.
Main-d'œuvre.	2,850	22
Service des machines à vapeur.	229	50
Service des ateliers.	22	68
Matériaux divers.	2,002	10
En tous frais.	5,359 fr.	50 c.

Reprise du fonçage et établissement de la quatrième passe de cuvelage de 10^m,22 de hauteur. Epuisement des eaux au début du travail. — A la suite de l'opération que nous venons de faire connaître, on a repris le fonçage, en ne faisant fonctionner que l'un des jeux de pompes de 0^m,50 de diamètre pour l'épuisement des eaux, le second jeu ayant été tenu en réserve, pour le mettre en marche en cas de besoin seulement. Ce second jeu, dans sa partie mobile, était néanmoins allongé comme le premier à mesure de l'approfondissement du puits. Quant au jeu de 0^m,36 qui ne se composait encore que de la partie fixe élevée au-dessus du fond de la bâche de réception des eaux, il était naturellement condamné à rester inactif, puisque le montage de sa partie mobile avait été ajourné. A la reprise du fonçage, les eaux étaient tenues basses au fond du puits, en imprimant au jeu de 0^m,50 en fonctionnement une vitesse de piston correspondant à 0,60 d'impulsion par minute.

Nature du terrain. — Le terrain dans lequel on a commencé à pénétrer était une argile sablonneuse, assez consistante, sur une certaine étendue de la section du puits, mais délitée et ébouleuse, sur l'une des parois et au pied de cette dernière, là où continuait à régner la crevasse qui donnait issue à la forte venue d'eau rencontrée précédemment vers la fin du fonçage.

Creusement et boisage du puits. — On a d'abord approfondi le puits sur 0ᵐ,80 en dessous de la dernière plate-trousse, en élargissant graduellement sa section. On a garni les parois de stiffles jointives, et, sur une banquette arasée de niveau au pied de ces stiffles, on a posé et coigneté un premier membre de 4ᵐ,10 de diamètre au cercle inscrit. On a relié les côtés de ce membre à ceux de la plate-trousse par huit porteurs ordinaires, et on a repris le fonçage et le stifflage des parois du puits de la même manière que précédemment.

A 0ᵐ,80 en dessous du premier membre, on en a posé et coigneté un second de 4ᵐ,20 de diamètre au cercle inscrit. On a relié ensuite le premier membre au siége immédiatement supérieur par trente-deux molles-bandes, et les deux membres entre eux par trente-deux porteurs.

Consistance et nature du terrain. — Le terrain des parois, quoique fort délité et crevassé d'un côté, dans le compartiment d'extraction, se soutenait encore assez bien quand la paroi correspondante venait d'être mise à découvert; mais au fond du puits, et surtout sous le jeu de pompe en marche (le second ne reposait pas sur le terrain et était tenu suspendu sur ses lignes de tirants), il était assez mou et crevassé. La venue d'eau dont il a été parlé ci-dessus, qui avait continué jusque-là à se faire jour au pied de l'une des parois, sourdait alors du fond du puits et continuait à déliter le terrain. Celui-ci se composait d'une masse argileuse à texture compacte, sillonnée de crevasses dans tous les sens.

Importance des eaux affluentes. — Le maintien des eaux basses exigeait, à ce moment du travail, un fonctionnement du jeu de pompe en marche à raison de 0,65 d'impulsion de son piston par minute. L'importance des sources affluentes n'avait donc pas sensiblement augmenté depuis la reprise du fonçage, à partir de la plate-trousse supérieure.

Continuation du fonçage et du boisage. — Après la pose des porteurs entre les deux premiers membres, on a continué à approfondir le puits sur 0ᵐ,80 de profondeur, de la même manière que précédemment, en garnissant toujours ses parois de stiffles jointives à mesure qu'elles étaient mises à découvert. Après avoir préparé, au pied des stiffles, la banquette destinée à recevoir un troisième membre de 4ᵐ,30 de diamètre au cercle inscrit, on a enfoncé encore le fond du puits de 0ᵐ,15 à 0ᵐ,20 sous les jeux de pompes, pour y établir un puisard, et permettre de les descendre sur le terrain.

Irruption des eaux du second niveau et suspension du fonçage. — Mais, pendant qu'on était occupé à ce dernier approfondissement, les eaux du second niveau ont fait irruption dans la fosse, en soulevant le terrain du fond jusqu'au deuxième membre placé, en renversant sur le côté le jeu de pompe en marche, et en s'élevant à une certaine hauteur le long des parois du puits, derrière les planches qui garnissaient ces dernières. Comme les sources jaillissantes ne trouvaient pas alors une assez large issue pour se déverser dans l'intérieur de la fosse par les joints de ces planches, elles ont monté jusqu'aux siéges de la passe de cuvelage supérieure, et ont affouillé le terrain derrière ces cadres, en faisant même tomber une partie de leur picotage, ainsi que nous l'avons constaté quand il a été possible d'aborder le fond.

Au moment de l'irruption du second niveau, l'une des pompes ayant été jetée sur le côté, on a dû naturellement suspendre la marche de la machine d'épuisement et abandonner le fond du puits. Les eaux se sont alors élevées, dans l'intérieur de celui-ci, jusqu'à 10 mètres près de l'assise de la tonne de briques de son embouchure, pendant le temps qu'on était occupé à atteler les trois jeux fixes établis sur le fond de la bâche de répétition, et à décrocher les tiges des deux jeux mobiles de 0^m,50 reposant sur le terrain.

Dispositions adoptées pour aborder le fond du puits. — Rappelé en toute hâte du Grand-Hornu, où nous étions retourné depuis quelque temps, nous avons trouvé, à notre arrivée sur les lieux, le niveau d'eau maintenu à la hauteur de la bâche de répétition, par les trois jeux fixes ou jeux du jour, marchant à raison de 6,56 impulsions de leurs pistons par minute.

Nous avons immédiatement fait préparer la colonne mobile du jeu de 0^m,36, qu'on a montée dans l'intérieur même du puits, et ensuite descendue sur le fond au moyen d'un emmouflage simple, tel qu'il est représenté figure 54. On a également redressé le jeu mobile de 0^m,50 qui avait été renversé ; on a réparé ses vis de suspension qui avaient été en partie pliées et tordues, et on a ensuite attelé à la machine les trois jeux mobiles du fond.

Au bout d'un certain temps de fonctionnement des trois jeux de pompes à répétition, les venues d'eau ont pu être maîtrisées, et il nous a été possible d'aborder le fond du puits.

Dégâts produits par les eaux. — Nous y avons alors constaté : que le dernier cuvelage établi n'avait pas bougé ; qu'une vaste excavation existait dans l'une des parois du puits, derrière la plate-trousse de la troisième passe, et s'étendait jusque derrière le second siége, dont une partie du picotage avait même été entraînée par les eaux, et que le fond de la fosse, soulevé, avait amené les débris du terrain jusqu'au niveau du second membre placé, en déformant celui-ci complétement, et le premier partiellement.

Réparation des parties endommagées du boisage provisoire. — On a alors immédiatement construit un échafaudage sur le second membre, et rempli à ferme l'excavation du terrain, derrière la plate-trousse et les deux premiers siéges de la passe supérieure, au moyen de fascines qu'on y a tassées. On a cloué en même temps sur le cuvelage supérieur, entre ses lignes de tirants en fer, des lambourdes s'étendant sur toute sa hauteur et sur les dix siéges de la base de la seconde passe, pour les relier encore plus complétement. On a ensuite étayé, au moyen de strucans, les côtés du premier membre, et enfoncé par derrière des palplanches obliques et jointives de 1^m,60 de longueur, semblables à celles représentées figure 69, en démontant graduellement, au fur et à mesure de la pose de ces palplanches, les porteurs et les molles-bandes qui reliaient le premier membre à la plate-trousse. Sur ce premier membre, destiné à être démonté, on en a ensuite posé et assemblé un second, et on l'a coigneté contre les palplanches.

Les têtes de ces palplanches, enfoncées entre l'arête inférieure des côtés de la plate-trousse à l'intrados, et l'arête supérieure des côtés correspondants de l'ancien premier membre à l'extrados, ayant été chassées jusqu'à fleur de la face inférieure du premier de ces cadres, on les a forcées à pénétrer par-dessous et à s'y maintenir. On s'est servi, à cet effet, d'un faux-membre qu'on a posé et assemblé sur le nouveau membre placé, et qu'on a ensuite relevé à une certaine hauteur, en repoussant ainsi la partie supérieure des palplanches contre les parois du puits. A la suite de cette opération, on a relié le nouveau membre supérieur à la plate-trousse par trente-deux porteurs, et fixé à ces derniers les côtés du faux-membre, au moyen d'agrafes d'échelles représentées figure 65.

On a alors démonté l'échafaudage établi sur le second membre inférieur déformé, et posé sous les côtés de celui-ci des *quilles* ou montants pour les soutenir, et des strucans en travers pour les étayer; puis on a opéré à l'égard de cet ancien membre, destiné à être démonté ultérieurement, absolument comme on l'avait fait pour le premier qui se trouvait dans le même cas. Ainsi on a enfoncé par derrière des palplanches obliques, qu'on a fait descendre jusque au-dessous de l'ancien premier membre; on a posé et assemblé sur le second un nouveau membre, qu'on a serré au moyen de coins contre les palplanches; puis on a posé et assemblé au-dessus de ce dernier un faux-membre qu'on a relevé ensuite à une certaine hauteur, en forçant ainsi les têtes des palplanches à venir s'appliquer contre le terrain des parois du puits.

On a alors démonté, pièce à pièce, les anciens membres déformés, et relié les nouveaux entre eux ainsi qu'aux siéges supérieurs, par trente-deux porteurs et trente-deux lambourdes intermédiaires. La figure 107, qui est une coupe verticale, passant par l'axe, représente suffisamment toutes ces dispositions pour un côté du puits.

Le fond du puits correspondait à celui qu'avait atteint l'ancienne fosse au moment de son écroulement. — Les opérations dont il est ici question constituaient une réparation des parois inférieures du puits endommagées par les eaux, faite sur des points correspondant au niveau de ceux qu'avait atteints l'ancienne fosse et qu'elle n'avait pas dépassés, puisqu'elle s'était écroulée et comblée complétement à la suite de l'irruption des eaux du second niveau. En attaquant le fond du puits, nous allions donc pénétrer dans terrain encore vierge, sur la nature duquel nous ne possédions que des notions extrèmement vagues et tout à fait incertaines.

Déblaiement et boisage du fond du puits. — Nous avons commencé par déblayer le terrain soulevé au-dessus du point où nous étions parvenu, au moment du jaillissement des sources inférieures. Il se composait de blocs et de fragments plus petits, appartenant à la masse argilo-sableuse telle que nous l'avions trouvée jusque-là, et formant un véritable amas de déblais. A mesure qu'on enlevait ces détritus, on rétablissait contre les parois du puits les anciennes stiffles inférieures à l'ancien deuxième membre, maintenant démonté, et qui avaient été dérangées et renversées par les sources jaillissantes; on les replaçait dans leur ancienne position, en engageant et serrant leurs têtes, au moyen de coins, derrière les côtés du membre supérieur et en avant de palplanches obliques qu'on avait enfoncées préalablement autour de ce membre, partout où le terrain des parois s'était montré mouvant.

Dès que le nouveau stifflage des parois du puits a été opéré, on a posé au pied des planches qui le constituaient, et à $0^m,80$ au-dessous du membre supérieur, un troisième membre de $4^m,30$ de diamètre au cercle inscrit, qu'on a coigneté, après l'avoir assemblé de niveau et d'équerre aux angles; puis on a enfoncé, comme précédemment, derrière les côtés de ce membre, une série de palplanches obliques aussi jointives que possible, qu'on a chassées aussi avant que la nature du terrain inférieur le permettait, en ayant soin de faire descendre la tête de ces palplanches au moins jusqu'à l'affleurement de la face inférieure du second membre, pour pouvoir ensuite la forcer à s'appliquer contre la paroi du puits. On y est parvenu à l'aide d'un faux-membre qu'on a posé au-dessus du troisième, comme on en avait placé un au-dessus du précédent ; on a ensuite relevé ce faux-membre à une certaine hauteur, en forçant ainsi la partie supérieure des palplanches à s'appliquer contre le terrain ou contre les stiffles restées en place. On a ensuite relié le troisième membre au second par trente-deux porteurs, et terminé ainsi la réparation complète des parois endommagées par les eaux du second niveau, en les reconstituant comme le représente la figure 107 : A est la plate-trousse de la passe de cuvelage supérieure ; B, C, D, les trois premiers nouveaux membres dont deux ont remplacé les anciens déformés ; E, E..., les faux-membres intermédiaires ; S, S..., les stiffles appliquées contre le terrain ; r, r..., les palplanches obliques, et P, P..., les porteurs reliant les membres entre eux.

Passage du second niveau.

Reprise du fonçage. — A la suite de la réparation qui précède, on a repris le fonçage du puits en élargissant graduellement sa section, et en garnissant ses parois de stiffles jointives, comme on l'avait fait auparavant.

Importance des sources affluentes. Nature du terrain. — A ce moment du travail, les trois jeux de pompes fonctionnaient à raison de 6,56 impulsions de piston par minute pour maintenir les eaux basses.

Le terrain dans lequel on s'enfonçait était excessivement ébouleux et mouvant : il se composait de fragments désagrégés d'argile sableuse se délitant très-rapidement au contact de l'eau, et empâtant des blocs, quelquefois très-volumineux, de marne d'un gris bleuâtre, mais sur lesquels l'action des eaux était sans influence.

Boisage des parois. — En arrivant aux parois du puits, le terrain s'en détachait même très-souvent jusqu'aux palplanches qu'on avait enfoncées à l'avance derrière les côtés du membre supérieur. Dans ce cas, on avait soin, en posant les stiffles légèrement inclinées, destinées à constituer les parois de la fosse, de remplacer le terrain qui s'éboulait par derrière, au moyen de gros blocs de marne, de déchets de bois et même de fascines qu'on tassait entre ces stiffles et les palplanches.

Après avoir ainsi garni tout le pourtour du puits de stiffles fixées et serrées, la plupart contre une paroi artificielle constituée comme nous venons de l'indiquer, on a posé et assemblé, au pied de ces

7

stiffles, un quatrième membre de 4^m,40 de diamètre au cercle inscrit, sur une banquette arasée de niveau à 0^m,80 au-dessous du troisième. On a serré les côtés du nouveau membre contre le pied des stiffles, et on a ensuite enfoncé par derrière une série de palplanches jointives de 1^m,60 de longueur, qu'on a inclinées et chassées dans le terrain inférieur, en les forçant à y pénétrer le plus profondément possible, ainsi que le représente la figure 70. On a coupé les têtes de ces palplanches dépassant la face supérieure du quatrième membre, et posé sur ce dernier un faux-membre qu'on a ensuite relevé et serré, au moyen de coins, contre les stiffles supérieures, vers le milieu de leur longueur, pour les empêcher de fléchir sous l'action des poussées latérales du terrain.

Continuation du fonçage et du boisage des parois. — On a ensuite relié le quatrième membre au troisième, et repris le fonçage de la même manière que précédemment.

La même série d'opérations a continué successivement à chaque approfondissement du puits de 0^m,80 environ. On garnissait d'abord les parois de stiffles jointives, en comblant les vides par derrière, au moyen de blocailles et de fascines; puis on posait un nouveau membre d'un diamètre de 0^m,10 supérieur à celui du précédent, sur une banquette arasée de niveau au pied de ces stiffles, contre lesquelles on le coignetait; on enfonçait ensuite une série de palplanches jointives derrière les côtés de ce membre, en les forçant à descendre le plus profondément possible dans le terrain inférieur, et en recepant les têtes de celles qui auraient pu être un obstacle à la pose ultérieure des porteurs destinés à relier les membres; on posait et assemblait sur le dernier membre placé un faux-membre qu'on relevait ensuite et coignetait contre les stiffles, et, enfin, on reliait les deux derniers membres posés, au moyen de porteurs. De plus, quand quatre ou cinq membres étaient placés, indépendamment des porteurs qui les reliaient entre eux, on clouait sur leurs faces internes trente-deux lignes de lambourdes s'entre-croisant, se losangeant avec celles fixées sur les parties supérieures, en formant une série de lignes brisées, comme nous l'avons déjà indiqué. Le diamètre des membres employés dans cette partie du fonçage a été en croissant jusqu'au septième, qui avait 4^m,70 au cercle inscrit. A partir de ce dernier, le puits a été enfoncé sur une section constante, c'est-à-dire verticalement.

Les figures 70 et 71 rendent suffisamment compte de toutes ces dispositions. La première représente, à sa partie supérieure, une élévation et une coupe verticale de l'intérieur d'une moitié du puits

avec les lignes de porteurs et de lambourdes. Sa partie inférieure,
dans laquelle on a supprimé ces liens pour permettre de mieux voir
les autres détails du boisage provisoire, en forme le complément.
Quant à la figure 71, elle représente en coupe et en projection horizontales toute une section de cette partie du puits.

$m. m...$ sont les différents membres ou cadres de boisage ; $n. n...$,
les faux-membres intermédiaires serrant le milieu des stiffles $s.s...$,
contre les parois du puits ; $r. r...$, les palplanches jointives enfoncées à l'avance derrière les membres ; I,I..., les blocailles et fascines
remplissant les vides formés par le détachement du terrain, en avant
des palplanches et derrière les stiffles ; $p.p...$, les porteurs ; et $l. l...$,
les lignes de lambourdes servant à relier tous les membres et les
sièges supérieurs.

Amélioration de la consistance du terrain. — Sous le huitième
membre, le terrain s'est montré plus consistant et n'a pas permis
aux palplanches d'y pénétrer. Aussi, n'en a-t-on enfoncé aucune
derrière ce membre. Mais sous le neuvième membre, le terrain s'est
encore présenté ébouleux sur un côté. On s'est contenté alors d'enfoncer quelques palplanches à cet endroit.

*Transition des bleus aux marnes inférieures et continuation du fon-
çage.* — A $0^m,25$ en dessous du neuvième membre, on a atteint un
terrain encore très-fissuré, mais solide, et qui n'avait pas été soulevé
par les eaux jaillissantes. C'était la tête de l'assise formant le passage
des bleus aux marnes grises renfermant la seconde nappe d'eau ou
niveau inférieur. On y a pénétré sur $0^m,74$ de profondeur, et posé le
dixième membre, après avoir garni les parois de stiffles jointives.
Les palplanches devenaient naturellement inutiles et n'auraient pas
pu, du reste, pénétrer dans ce nouveau terrain. Dans le voisinage du
dixième membre, ce terrain continuait à être solide, mais seulement sur une partie de la section du puits ; car dans le compartiment
d'extraction il était encore très-fissuré et ébouleux, surtout au pied
de la crevasse qui donnait issue à la forte source atteinte vers la fin
du fonçage de la troisième passe, et qui n'avait pas quitté la paroi
du puits où elle s'était montrée tout d'abord.

*Rencontre des couches de marnes grises renfermant le second niveau.
Fonçage dans ce nouveau terrain pour y préparer la place de la plate-
trousse de la quatrième passe de cuvelage.* — A $0^m,85$ en dessous du
dixième membre, on a atteint la tête des marnes grises renfermant
le second niveau. Ce terrain, quoique très-fissuré encore, paraissait
néanmoins beaucoup plus consistant que le dernier traversé. Cette
circonstance nous a fait prendre la détermination d'y pénétrer suffi-

samment, pour y préparer l'emplacement d'une plate-trousse et de trois siéges de picotage destinés à former la base de la quatrième passe de cuvelage.

On a alors posé sur la tête même de ces marnes un faux-membre de $0^m,10$ sur $0^m,10$ d'équarrissage, après avoir préparé la banquette horizontale destinée à le recevoir, au pied des stiffles dont on avait revêtu les parois du puits.

On a ensuite repris le fonçage et pénétré de $1^m,05$ dans les marnes grises inférieures, en ramenant le terrain, du centre à la circonférence et à l'aplomb des faces externes du faux-membre. On a garni les parois, du côté où le terrain se montrait fissuré, de planches droites dont les têtes ont été engagées et serrées, au moyen de coins, derrière les côtés du faux-membre supérieur. On était alors arrivé à une profondeur de $55^m,38$, mesurée à partir de l'embouchure du puits, ou à celle de $10^m,22$, en dessous de la plate-trousse de la troisième passe de cuvelage.

Pose et picotage de la plate-trousse. — A cette profondeur, on a préparé, sur le fond du puits et au pied des stiffles précédentes, une banquette horizontale sur laquelle on a posé et assemblé de niveau la plate-trousse de la quatrième passe de cuvelage. Ce cadre, dont les côtés avaient $0^m,24$ de hauteur sur $0^m,22$ d'épaisseur, a ensuite été mis en concordance parfaite, au moyen de seize fils à plomb, avec le cuvelage supérieur, et picoté, en effectuant la série d'opérations que nous avons décrite dans des circonstances semblables, au sujet des passes précédentes. Nous croyons donc inutile d'y revenir.

Importance des eaux affluentes.—L'importance des eaux affluentes, au moment du picotage de la plate-trousse, correspondait à une marche des trois jeux de pompes, à raison de 8,5 impulsions de piston parminute.

Préparation de l'emplacement des siéges de picotage. — A la suite de cette opération, on a entaillé les parois du puits jusqu'à la hauteur du dixième membre, après avoir démonté, pièce à pièce, le faux-membre placé en dessous de celui-ci, en maintenant provisoirement en place, au moyen de strucans, ceux de ses côtés auxquels on ne touchait pas encore. Le puits a été élargi d'une quantité correspondant à l'épaisseur des siéges de picotage, qu'on allait successivement placer au-dessus de la plate-trousse, et qui était pour les deux premiers de $0^m,33$, et pour le troisième de $0^m,33$.

Le terrain, fort crevassé sur la majeure partie du pourtour de la fosse, et même ébouleux sur quelques points, a été attaqué graduellement, en ne préparant à la fois que la place que devait occuper chacune des planches jointives dont on allait former le revêtement des parois. Aussitôt qu'une place était ainsi préparée, on y appliquait une planche droite correspondante, garnie préalablement, à la surface, d'une couche de mousse uniforme de $0^m,03$ à $0^m,04$ d'épaisseur, au moyen d'un enduit de goudron bouillant, et on la maintenait ensuite contre le terrain au moyen de strucans placés en travers de la fosse.

Dans les parois où le terrain se montrait le plus fissuré, avant de les recouvrir par les planches droites dont nous venons de parler, si quelques fragments de la roche s'en détachaient, on taillait régulièrement la cavité ainsi produite, et on y logeait, de manière à la remplir exactement, une pièce de bois façonnée en conséquence et dont on avait garni les faces postérieure et latérales d'une couche de mousse, appliquée, comme précédemment, au moyen de goudron bouillant.

A la suite de la pose de toutes les planches droites destinées à former le revêtement des parois du puits derrière les siéges, on a assemblé, sur la plate-trousse, un faux-membre qu'on a ensuite relevé à une certaine hauteur et coigneté fortement contre ces planches, pour permettre de démonter tous les strucans qui les maintenaient provisoirement en place et qui auraient gêné les mineurs dans le travail de picotage auquel on allait procéder.

La préparation de l'emplacement des siéges de picotage, telle que nous venons de la décrire, ne s'est pas faite sans difficultés, eu égard à la nature du terrain, très-fissuré, qui ne se délitait pas, mais se fragmentait fréquemment sous l'action des sources s'échappant des parois. Aussi, devons-nous rendre hommage à l'habileté des ouvriers qui l'exécutaient et à l'expérience du maître mineur à qui étaient confiées la surveillance et la conduite de ce travail. On pourra se faire une idée assez exacte de la complication des détails d'une telle opération, si on veut bien prendre la peine de se reporter au registre de fonçage, qui permet d'en suivre toutes les phases.

Pose et picotage des siéges. — Quoi qu'il en soit, à la suite de cette opération, on a procédé à la pose et au picotage successifs des trois siéges, en effectuant, pour chacun d'eux, toute la série d'opérations que nous avons décrite au sujet des siéges des passes de cuvelage supérieures. Nous croyons donc inutile de reproduire ces détails.

Cuvellement du puits. — Après la pose des cinq clapets de retenue, sur les trous de renvoi de niveau du troisième siége, opérée comme nous l'avons déjà indiqué, on a procédé au cuvellement du puits, en suivant la marche adoptée pour les autres passes de cuvelage.

Épaisseur du cuvelage. — Le cuvelage employé se composait de cadres de $0^m,21$ d'épaisseur, et ensuite de cadres de $0^m,19$. Les premiers ont été établis sur une hauteur de $4^m,26$, et les seconds sur une hauteur de 5 mètres, s'étendant jusqu'à la plate-trousse supérieure qu'on a démontée et remplacée par un autre cadre, eu égard au dérangement que lui avaient fait subir les sources jaillissantes du second niveau.

Démontage du boisage provisoire pour faire la place du rebourrage. — L'espace nécessaire pour l'emplacement du rebourrage, derrière le cuvelage, a été obtenu en démontant les membres et fauxmembres, ainsi que les porteurs et lambourdes, partout où l'insuffisance de section l'exigeait Dans les parties supérieures, on a même dû enlever les stiffles des parois et couper les palplanches qui gênaient, pour entailler ensuite le terrain et former l'emplacement du cuvelage et du rebourrage.

En égard à l'énorme masse d'eau affluente qui se déversait à flots par-dessus le cuvelage établi, on conçoit que le cuvellement de cette partie du puits ne s'opérait pas sans difficultés. Aussi était-il nécessaire de s'empresser, aussitôt qu'une pièce de cadre venait d'être posée, de la relier par des planchettes au côté immédiatement inférieur, pour l'empêcher d'être soulevée et déplacée par les eaux.

Brandissage et travaux accessoires. — Le brandissage des joints horizontaux du dernier cuvelage établi a été opéré en suivant la même marche que pour les passes supérieures. Ainsi, on a commencé à l'attaquer en se plaçant à $2^m,50$ en dessous des clefs, et en remontant graduellement jusqu'à celles-ci. On s'est même élevé quelque peu dans la passe supérieure, pour y brandir plusieurs joints qui faisaient eau. On est ensuite redescendu graduellement, depuis les clefs jusqu'aux siéges inférieurs de la passe, en faisant en même temps les travaux accessoires dont il a été parlé quand il s'est agi du brandissage du cuvelage supérieur, consistant dans la pose des échelles, la reconstruction de la cloison à claire-voie du royon, et le rétablissement des guidonnages des pompes, démontés pendant l'exécution du cuvellement du puits.

Suspension du cuvelage. — A la suite du brandissage, on a allongé les seize lignes de tirants en fer de suspension du cuvelage supérieur, en opérant comme on l'avait fait précédemment. Ainsi, on a démonté les pièces à T qui en formaient la base ; on a ajouté de nouveaux tronçons aux lignes supérieures ; on a réuni les pièces à T à l'extrémité inférieure de ces tronçons ; on a boulonné ensuite ces pièces contre les côtés du premier siége de la passe, et on a enfin fixé les nouveaux tirants contre le cuvelage, après les avoir tendus convenablement, comme nous l'avons déjà indiqué.

Durée du fonçage et de l'établissement de la quatrième passe de cuvelage. Dépense. — Les travaux de fonçage et de construction de la quatrième passe de cuvelage de 10^m,22 de hauteur, commencés le 4 juillet 1855, ont été terminés le 29 août suivant.

La dépense occasionnée par ces travaux s'est élevée à 40,312 fr. 24 c., savoir :

DÉTAIL.	POUR MAIN-D'ŒUVRE.		POUR objets et matériaux divers.		TOTAL.	
Surveillance....................	510	»	»	»	510	»
Fonçage........................	4,434	33	4,248	85	8,683	18
Picotage.......................	1,789	15	1,369	40	3,158	55
Cuvellement....................	975	71	5,276	78	6,252	49
Brandissage....................	719	86	183	86	903	72
Suspension du cuvelage.........	378	44	578	70	957	14
Service des machines à vapeur...	1,465	42	18,162	86	19,628	28
Service des ateliers...........	»	»	218	88	218	88
Montant des dépenses...........	10,272	91	30,039	33	40,312	24
Soit, par mètre courant........	»	»	»	»	3,944	44

Établissement de la cinquième passe de cuvelage de 5^m,70 de hauteur. — Importance des eaux affluentes, à la reprise du fonçage. — Au moment de la reprise du fonçage, qui a eu lieu après avoir relié par trente-deux molles-bandes en fer les côtés correspondants de la plate-trousse et du premier siége, les eaux étaient tenues basses en faisant marcher les trois jeux de pompes à raison de 5,4 impulsions de piston par minute.

Le percement du puits a été opéré comme précédemment, en élargissant graduellement sa section à partir de la plate-trousse, et ramenant le terrain, du centre à la circonférence, de manière à pouvoir poser un premier membre de 4^m,10 de diamètre au cercle inscrit à 0^m,70 en dessous de ce cadre de cuvelage, après avoir garni les parois de stiffles jointives.

Augmentation des eaux affluentes. — Mais, arrivé à cette profondeur, on a atteint une nouvelle source de fond, qui s'est fait jour en crevant le terrain de la paroi, dans le compartiment d'extraction; de sorte que les eaux n'ont pu être mises bas qu'en faisant marcher les trois jeux de pompes à raison de 8,6 impulsions par minute, tout d'abord, et ensuite à 7,8.

Nature du terrain. — Le terrain de la paroi, du côté de la venue d'eau, était très-crevassé et se cassait en une multitude de petits fragments qui se détachaient d'eux-mêmes, pendant qu'on dressait le pourtour du puits pour y appliquer les stiffles jointives dont il vient d'être question.

Plan et coupe de la partie inférieure du puits. — Les figures 108 et 109, qui représentent en plan et en coupe verticale cette partie du puits, montrent suffisamment l'état des lieux : une moitié ABC du pourtour de la fosse, comprenant une grande partie du compartiment d'extraction (trait à terres) EAB, était formée de marnes grises très-fendillées, ou, pour mieux dire, composée d'une multitude de fragments. Aussi la pression des eaux a-t-elle agi facilement sur ce terrain : elle l'a excavé en dessous de la plate-trousse, à peu près comme le montre la figure 109. Le point où l'excavation était le plus prononcée était en A, sur une profondeur de $0^m,60$. Il en sortait une source considérable, s'échappant d'une crevasse, qui apparaissait en même temps dans le fond du puits et descendait plus avant. Quant à la partie ADC du pourtour du puits, elle était en terrain très-solide et non fissuré.

Boisage des parois. — En plaçant les stiffles contre le terrain sur la partie ABC du pourtour du puits, on a eu soin de combler les vides par derrière, au moyen de planchettes ou de déchets de bois, et de laisser un espace libre entre les joints pour donner une issue facile aux eaux.

A la suite de la pose des stiffles, on a placé le premier membre à leur pied, sur une banquette arasée de niveau ; on l'a mis en concordance parfaite avec la plate-trousse supérieure ; on l'a coigneté fortement contre les stiffles, et on l'a ensuite relié par trente-deux porteurs à la plate-trousse.

Continuation du fonçage. — On a repris le fonçage de la même manière que précédemment, en le poussant jusqu'à $0^m,75$ au-dessous du premier membre, dans un terrain encore très-fendillé, du côté du compartiment d'extraction, mais dont les fragments, plus volumineux, avaient moins de tendance qu'auparavant à se détacher des parois, sous l'action des eaux affluentes.

Rencontre d'une nouvelle source. — Pendant qu'on était occupé à ramener le terrain du centre à la circonférence, à cette dernière profondeur on a encore atteint une nouvelle source qui a forcé d'imprimer aux trois jeux de pompes une vitesse correspondante à 9 impulsions de piston par minute. Mais, au bout de quelque temps de fonctionnement, le nombre d'impulsions du piston de la machine d'épuisement est redescendu à 8,4 par minute.

Continuation du boisage des parois et du fonçage. — Après avoir garni les parois de stiffles jointives, on a posé au pied de ces dernières, sur une banquette horizontale, le deuxième membre de 4^m,20 de diamètre au cercle inscrit; on l'a assemblé de niveau et d'équerre aux angles; on l'a coigneté contre les stiffles, relié par trente-deux porteurs au précédent, et enfin on a cloué, contre les côtés des deux cadres et ceux du premier siége supérieur, un certain nombre de lambourdes pour les rendre plus solidaires.

On a ensuite repris le fonçage, qu'on a poussé jusqu'à 1 mètre en dessous du second membre, en augmentant graduellement la section du puits, et garnissant les parois de stiffles, au pied desquelles on a posé le troisième membre de 4^m,30 de diamètre au cercle inscrit.

Nature du terrain traversé. — Le terrain dans lequel on a ainsi pénétré s'est présenté, même dans le compartiment d'extraction, dans des conditions de solidité beaucoup plus grande qu'auparavant. Les crevasses qui le traversaient étaient beaucoup moins nombreuses et plus serrées que dans les assises supérieures.

Continuation du boisage des parois. — Au-dessus du troisième membre, on a posé un faux-membre qu'on a ensuite relevé et serré contre les stiffles, vers le milieu de leur longueur, pour en augmenter la rigidité; puis on a relié le deuxième et le troisième membre par trente-deux porteurs, comme on l'avait fait à l'égard du second et du premier.

Interruption du fonçage pour réparer un tire-bout cassé. — A la suite de cette dernière opération, on a dû interrompre le fonçage pour reprendre les fragments d'un tire-bout de pompes qui s'était rompu et qu'on a réparé. Après avoir mis bas les eaux, on est redescendu au fond du puits, et on a recommencé l'enfoncement. A 0^m,80 en dessous du troisième membre, on a posé le quatrième de 4^m,40 de diamètre au cercle inscrit, en effectuant la même série d'opérations que précédemment.

Amélioration continue du terrain. — Le terrain traversé continuait à s'améliorer : il était toujours crevassé, mais les fissures, dont les parois étaient colorées en rouge par de l'oxyde de fer, étaient fermées et même très-serrées.

Accroissement, et ensuite diminution des eaux affluentes. — Les sources affluentes allant toujours croissant, on a dû faire fonctionner les trois jeux de pompes jusqu'à 10 impulsions de piston par minute. Pendant qu'on était occupé à stiffler les parois du puits, avant la pose du quatrième membre, la machine d'épuisement marchait à raison de 9,5 impulsions de piston par minute; la vitesse a ensuite diminué par suite de l'asséchement, de l'*exhaure* du terrain, et le nombre d'impulsions est redescendu à 8,6 par minute.

Sur le quatrième membre, on a posé un faux-membre, et on a ensuite relevé et serré ce dernier contre les stiffles des parois, vers le milieu de leur longueur, comme on l'avait fait à l'égard du précédent.

Le fond du puits avait atteint les points où s'est produit, en 1866, le mouvement qui a déterminé l'éboulement du cuvelage. — On était alors arrivé à peu près au point où, comme nous le montrerons plus loin, s'est produit dans le cuvelage, vers la fin de mars 1866, un mouvement qui s'est accentué et étendu sur une certaine hauteur pendant toute la durée du mois suivant, en déterminant ensuite l'éboulement de la fosse, à la fin de ce dernier mois.

Continuation du boisage et du fonçage. L'amélioration continue du terrain a fait décider la construction d'un cariou. — Après avoir posé les trente-deux porteurs du quatrième au troisième membre, relié ces deux cadres aux précédents par trente-deux lignes de lambourdes, on a repris le fonçage qu'on a poussé de nouveau sur une profondeur de $0^m,85$, en traversant un terrain très-solide et presque sans fissures. On s'est alors décidé à y construire un cariou pour rassembler toutes les venues d'eau supérieures, et permettre de préparer par-dessous, dans les meilleures conditions, la place de la plate-trousse et des siéges de picotage de la cinquième passe de cuvelage.

Préparation de la place du cariou et sa construction. — On a donc élargi graduellement la section du puits en descendant, préparé une banquette horizontale sur le fond, pour recevoir le cadre de cuvelage destiné à former la base du cariou, posé et picoté ce cadre, et enfin achevé le cariou, en effectuant la série d'opérations que nous avons décrite dans des circonstances semblables, lorsqu'il s'est agi de l'établissement des premières passes de cuvelage.

Reprise du fonçage. Terrain très-solide aux parois. Importance des eaux affluentes. — Après l'achèvement du cariou, on a repris le fonçage et pénétré dans un terrain presque compacte, qui n'était traversé que par quelques crevasses donnant issue à des sources de peu d'importance. La marche de la machine d'épuisement correspondait alors à 9,1 impulsions de piston par minute.

Préparation de l'emplacement de la plate-trousse de la cinquième passe. — On est descendu verticalement dans ce terrain jusqu'à $1^m,70$ en dessous du cariou, point où on a préparé, sur le pourtour du puits, une banquette horizontale destinée à recevoir la plate-trousse. On a ensuite entaillé convenablement le pourtour du puits, et appliqué contre le terrain des planches droites, pour le soutenir pendant la durée du picotage de la plate-trousse, mais seulement sur les points où se montraient les quelques fissures dont nous venons de parler, et uniquement par surcroît de précautions, car les marnes grises au milieu desquelles on se trouvait constituaient des parois très-solides.

Rencontre d'une nouvelle source jaillissante au fond du puits, qui en a brisé le terrain. — A la suite de cette dernière opération, et avant de poser la plate-trousse sur la banquette préparée pour la recevoir, on a essayé de faire descendre d'une vingtaine de centimètres les jeux mobiles reposant sur le fond du puits ; mais pendant qu'on était occupé à creuser le fond du puits autour de ces jeux, pour en former le puisard ou potia, on a été chercher une nouvelle source jaillissante très-forte, qui s'est fait jour en soulevant le terrain et en brisant la banquette préparée pour la plate-trousse.

La quantité d'eau affluente s'est trouvée ainsi augmentée très-notablement, et a exigé la mise en marche du quatrième générateur, tenu en réserve jusque-là. On n'a même pu pénétrer au fond du puits qu'en imprimant à la machine d'épuisement une vitesse correspondant à 11 impulsions de son piston par minute.

Perturbations apportées dans la marche des pompes et des générateurs par la vitesse excessive imprimée à la machine d'épuisement. — Cette vitesse excessive n'a pas tardé à amener de graves perturbations dans le fonctionnement des pompes, ainsi que dans l'état des générateurs, qui ont été naturellement plus ou moins surchauffés. Nous allons les mentionner successivement dans l'ordre où elles se sont produites : le terrain du fond du puits ayant été soulevé par les eaux jaillissantes, et la banquette du pourtour, préparée pour recevoir la plate-trousse, ayant été brisée en même temps, on a dû construire au-dessus des déblais un échafaudage, pour y asseoir un premier siége de picotage qu'on se proposait de substituer à la plate-trousse.

Interruption des travaux du fond, par suite d'une disjonction d'un séau de pompe de sa tige centrale. — A la suite de l'établissement de cet échafaudage, on a commencé à entailler et à égaliser les parois pour y préparer l'emplacement du siége. Mais on a dû interrompre cette dernière opération, par suite de l'élévation des eaux dans l'intérieur du puits, due à un accident survenu dans la marche d'un jeu de pompe fixe de $0^m,50$ de diamètre, dont le séau s'est détaché de sa tige centrale ou croix de séau, restée emmanchée au bout du tire-bout.

Moyen employé pour parer à l'accident. — Pour ne pas perdre trop de temps en cherchant à reprendre et à retirer le séau tombé au fond de la travaillante, on s'est contenté de le remplacer par un nouveau séau, après avoir raccourci le tire-bout de toute l'épaisseur du premier.

Reprise de l'épuisement et nouvelle interruption. — On a alors remis en marche la machine d'épuisement; mais, quelque temps après, le secret d'un jeu mobile de $0^m,50$ a cessé de fonctionner. On a donc dû suspendre de nouveau l'épuisement pour renouveler le secret en question. A la suite de cette dernière opération, on a remis en marche les pompes, et on a fini par mettre bas les eaux sur le fond du puits.

Reprise des travaux de fonçage. Nouvelle interruption causée par insuffisance de vapeur. — On a alors repris le travail d'entaillement des parois pour la préparation de l'emplacement des sièges de picotage; mais la vitesse de la machine d'épuisement s'étant ralentie, par suite de l'insuffisance de vaporisation, due à des fuites nombreuses qui s'étaient déclarées dans les joints de l'un des générateurs récemment réparé, on a été obligé de mettre ce dernier hors feu, et les ouvriers ont été forcés de remonter à la surface avant d'avoir achevé l'opération commencée.

Nouvelles tentatives d'asséchement du puits, suivies d'accidents. — A partir de ce moment, il n'a plus été possible de maintenir les eaux basses, par suite de l'insuffisance de vaporisation des générateurs disponibles. On a bien essayé de faire marcher la machine d'épuisement avec les trois générateurs en feu, mais des accidents successifs, produits dans le fonctionnement des pompes, et dus à la vitesse excessive de la machine, qui battait jusqu'à onze coups de piston par minute, n'ont pas permis de continuer plus longtemps.

Bris de deux secrets; leur extraction. — Le secret du jeu mobile de $0^m,36$ a d'abord cessé de fonctionner. On l'a retiré de l'intérieur de la pompe, en le saisissant par son anse, à l'aide du crochet de la chaîne de la corde de l'un des cabestans (fig. 44); on a reconnu qu'il était cassé, et on l'a remplacé.

On s'est remis ensuite en marche; mais on s'est aperçu presque immédiatement que l'un des jeux mobiles de $0^m,50$ perdait presque toutes ses eaux. On a alors arrêté la machine, visité le séau et le secret de ce jeu, et constaté que c'était le secret qui s'était brisé; on l'a remplacé et repris l'épuisement.

Perturbations apportées dans le fonctionnement d'un secret par une ancienne crête restée dans la pompe; moyen employé pour parer à cet accident et extraire la crête. — Mais, au bout d'une heure de marche, on a reconnu que le nouveau secret fonctionnait très-mal; il se soulevait à chaque levée du piston et retombait ensuite violemment sur le siége de l'aspirante. Cette circonstance tenait à ce que la crête, ou cercle en fer *m n* (fig. 13), servant à maintenir en place le manchon, ou garniture en cuir K, d'un ancien secret, était restée dans le gobelet de l'aspirante. Pour parer à cet inconvénient et tâcher de retirer de la pompe la crête en question, on a eu recours à un expédient qui a parfaitement réussi. Après avoir retiré de la pompe le dernier secret placé, on en a enlevé la crête et le manchon en cuir K, et on s'est borné à les remplacer par une garniture de filasse entourant le corps du secret, espérant qu'en redescendant ce dernier dans le gobelet de l'aspirante, il s'emmancherait de lui-même dans la crête restée sur le siége: c'est en effet ce qui a eu lieu, ainsi qu'on l'a constaté ultérieurement.

On s'est alors remis de nouveau en marche, mais sans parvenir à faire baisser le niveau des eaux en dessous des collets des aspirantes des jeux du fond, la machine d'épuisement n'ayant pu fonctionner à plus de 9,5 impulsions de piston par minute, par suite du manque de vapeur; car les générateurs en feu n'étaient plus qu'au nombre de trois, et encore l'un d'eux se trouvait dans de mauvaises conditions, à cause des fuites nombreuses qui s'y étaient déclarées.

Réfection des générateurs; visite des engins d'épuisement, et réparation des pièces défectueuses. — Dans l'impossibilité de rien faire de sérieux avec de tels éléments, on s'est décidé à suspendre la marche des travaux, à réparer les deux générateurs en mauvais état, à profiter de cet intervalle pour visiter tous les séaux et secrets des différents jeux fixes, et renouveler ceux qui seraient trouvés défectueux.

Tentative de reprise du séau resté au fond d'une travaillante. — En même temps, on a tenté de reprendre le séau démanché et resté au fond de la travaillante de l'un des jeux fixes de 0^m,50 dont il a été question précédemment, mais sans pouvoir y parvenir, par suite d'une nouvelle rupture, celle de la tête du tire-bout du jeu fixe de 0^m,36 qu'on avait fait marcher à douze impulsions par minute, avec le jeu voisin de 0^m,50 disponible. Cette grande vitesse imprimée aux deux jeux de pompes avait eu pour but d'amener le niveau d'eau jusqu'à la bâche de répétition, et de permettre ainsi de déboulonner l'aspirante du second jeu de 0^m,50 laissé inactif, pour pouvoir reprendre le séau resté sur le secret de ce jeu.

Après avoir réparé la tête du tire-bout brisée, on a encore une fois essayé de reprendre l'épuisement avec les deux générateurs disponibles, comme on l'avait déjà tenté vainement auparavant. Mais on n'a pas été plus heureux cette fois que la première, car les généra-

teurs se sont mis à fuir si abondamment, de tous côtés, que force a
été de s'arrêter de nouveau.

*Renforcement des tirants d'attache des tire-bouts au plateau de la
machine d'épuisement.* — On a profité de cet arrêt d'une huitaine de
jours, nécessité par la réfection des générateurs, pour renouveler tous
les tirants d'attache des tire-bouts de pompes au plateau inférieur de
la tige du piston de la machine d'épuisement, en les remplaçant par
de plus forts.

Extraction du séau démanché de l'intérieur de la pompe. — A la suite
de la réfection de tous les générateurs, on a repris l'épuisement, et
on est parvenu, sans faire de nouveaux efforts, à retirer de la travaillante le séau démanché qui y était resté. Comme le jeu de pompe
en question fonctionnait très-mal, et que des chocs violents se produisaient dans l'intérieur de la travaillante, on a voulu en constater
la cause, en visitant le séau de cette pompe. On a ramené alors non-
seulement ce séau, mais l'ancien qui s'était retourné et emmanché sur le bout arrondi de la croix *e* du premier (fig. 19 et 20).
La cause des chocs insolites qui s'étaient produits dans la travaillante, pendant la marche, se trouvait dès lors parfaitement expli-
quée.

On a encore une fois essayé de faire baisser le niveau des eaux dans
l'intérieur du puits, mais il a été impossible de l'amener jusqu'au
fond, car les générateurs se sont mis à fuir de nouveau avec une telle
intensité, par suite de la détérioration des tôles de coup de feu, qu'on
a encore été obligé de s'arrêter.

Renouvellement des tôles de coup de feu des générateurs. — Les travaux ont alors été interrompus du 6 octobre au 10 décembre 1855,
pour renouveler toutes les tôles défectueuses.

Reprise de l'épuisement. — A cette dernière date, tous les générateurs se trouvant réparés, on a remis en activité la machine d'épuisement, en lui imprimant une vitesse correspondant à 9 impulsions de piston par minute. On est parvenu alors à faire baisser le
niveau d'eau dans l'intérieur du puits jusqu'à la bâche de répétition
des pompes.

*Extraction de l'intérieur d'un corps de pompe d'une crête de secret
restée dans le gobelet de l'aspirante.* — On a profité de cette circonstance pour retirer de l'intérieur du jeu de pompe mobile de 0^m,50
le secret dont on avait remplacé la garniture en cuir par de la filasse,
pour tâcher de saisir la crête en fer d'un ancien secret, restée dans
le gobelet de l'aspirante. On y a parfaitement réussi, et le secret ramené à la surface se trouvait emmanché dans la vieille crête en

question. Après avoir renouvelé ce secret, on a attelé les trois jeux du fond à la machine et repris l'épuisement des eaux. Mais, au bout de quelques instants de marche, le nouveau secret fonctionnant d'une manière très-irrégulière, a fait supposer qu'une détérioration quelconque s'y était produite. On a donc jugé utile de le visiter, en se contentant de battre les eaux jusqu'au niveau de la bâche de répétition des pompes, au moyen des trois jeux fixes supérieurs, après avoir dételé les trois autres.

Extraction des fragments d'un secret brisé de l'intérieur du corps de pompe. — On a d'abord essayé de reprendre le secret au moyen du crochet de la chaîne de l'une des cordes du cabestan; mais on n'a ramené à la surface que l'anse B du secret et sa tige centrale G (fig. 13); la queue inférieure F, détachée de cette dernière, était tombée au fond de l'aspirante. On a retiré ensuite de la pompe le plateau D et le corps du secret J, au moyen du poinçon à ailettes (fig. 50), en opérant comme nous l'avons indiqué pages 34 et 35. Quant à la queue F du secret, elle a été retirée de l'aspirante au moyen de la fourche à griffes (fig. 49), en agissant également comme il est indiqué pages 34 et 35.

Rupture d'une fourche d'accrocheture de tire-bout. Extraction des débris. — A la suite du renouvellement du secret dont il vient d'être question, on a repris le *battage* des eaux; mais une nouvelle rupture, celle d'une fourche de tire-bout, n'a pas tardé à se produire. Après avoir retiré de la pompe le bout inférieur du tire-bout rompu et le séau qui y était emmanché au moyen du crochet étrier (fig. 51), en opérant de la manière mentionnée page 35, et fait les réparations nécessaires, on s'est encore remis une fois en marche.

Interruption définitive de l'épuisement pour augmenter la puissance de ses moyens d'action, et faire une addition à la batterie des générateurs. — Mais la vitesse excessive qu'il fallait imprimer à la machine, d'une manière continue pour mettre les eaux basses, et les ruptures fréquentes qui devaient forcément s'ensuivre, nous ont engagé à ne pas persister plus longtemps dans ces vaines tentatives, d'autant plus que de nouvelles fuites se déclaraient à chaque instant dans les joints des générateurs, naturellement un peu surchauffés.

Nous nous sommes donc décidé à nous armer d'une manière plus puissante en pompes et en générateurs. En conséquence, nous avons résolu, pour utiliser tout le matériel que nous possédions, de démonter la répétition des pompes, d'établir sur le fond du puits quatre jeux de pompes mobiles de 0^m,50 de diamètre, mais d'un seul jet jusqu'au déversoir de l'embouchure de la galerie d'écoulement, et enfin de faire construire un cinquième générateur de 70 chevaux de force environ.

Motifs qui nous ont guidé dans les changements à apporter au système d'épuisement. — Les quatre jeux de pompes de $0^m,50$ qu'il s'agissait d'établir ne pouvaient naturellement pas être formés à répétition de colonnes, la section du puits étant insuffisante pour cela. Nous savions bien, à l'avance, que la grande longueur qu'allaient acquérir graduellement les colonnes donnerait lieu à quelques inconvénients ; mais nous comptions être de beaucoup plus fort, en moyens d'épuisement, que les circonstances ne l'exigeraient, et avoir toujours au moins un jeu en réserve pour parer à tous les accidents. Au surplus, nous étions toujours sûr, en cas de besoin, de pouvoir recourir à des pompes d'un plus grand diamètre, et d'établir alors ces dernières à répétition, comme les premières. Si nous n'en passions pas par là immédiatement, c'est, nous le répétons, que nous tenions à ne pas aggraver les charges déjà si considérables de la Compagnie, en utilisant de suite tout le matériel existant, dans la prévision qu'il serait suffisant pour parer à toutes les éventualités.

Démontage des anciens jeux de pompes et érection des nouveaux. — On s'est donc mis immédiatement à l'œuvre, en démontant les anciens jeux de pompes, et en les remplaçant par quatre nouveaux de $0^m,50$ de diamètre, élevés sur le fond du puits, et suspendus de la même manière que l'avaient été les premiers.

On a d'abord commencé par faire baisser le niveau d'eau dans l'intérieur du puits, le plus bas possible, pour pouvoir démonter les guidonnages des jeux mobiles, et permettre de soulever ceux-ci en les remontant facilement jusqu'au point où était située la bâche de répétition, les trois jeux fixes devant ensuite largement suffire pour maintenir les eaux au même point.

A la suite de cette opération, on a dételé les trois jeux mobiles du fond, et fait marcher uniquement les trois jeux fixes supérieurs, en tenant la nappe d'eau au niveau de la bâche de répétition. Le jeu mobile de $0^m,36$ a d'abord été retiré hors de l'eau, au moyen de l'emmouflage simple représenté figure 54, puis démonté et renvoyé à la surface. On a ensuite opéré de la même manière sur les jeux mobiles de $0^m,50$, qu'on a soulevés hors de l'eau au moyen des emmouflages doubles, représentés figures 55, 56 et 57 ; on a fait quelques modifications à leurs aspirantes dans le but de les renforcer, en cerclant les gobelets au moyen de frettes en fer serrées par boulons ; on a changé les tirants et engins de suspension qui n'étaient plus assez forts, et on a enfin redescendu les deux jeux sur le fond du puits, dans leur ancienne position.

Modifications apportées aux engins de suspension. — Les anciens colliers de suspension ont été conservés ; seulement, le mode d'attache des tirants à ces colliers a été changé. On a supprimé les anciennes tiges I,I (fig. 28), et on les a remplacées par de nouvelles accrochetures en forme de T (fig. 110 et 111), terminées à leur partie supérieure par un œillet, pour y fixer le tirant de suspension correspondant. L'extrémité inférieure de l'accrocheture, engagée entre les pattes des deux mâchoires du collier de suspension (fig. 26), était traversée avec celles-ci par les deux boulons de jonction qui servaient ainsi à y suspendre la pompe, comme le représente la figure 111.

Pour éviter le ballottement des lignes de tirants de suspension qui allaient prendre une grande extension, et pour ménager l'emplacement disponible, déjà fort restreint, on a forcé ces tirants sur plusieurs points de leur hauteur à se rapprocher, le plus possible, de la colonne de pompe. A cet effet, on a saisi et boulonné ces tirants t,t entre les pattes de petits colliers en fer c,c, embrassant la pompe p, ainsi que le représente la figure 112.

Démontage de la bâche de répétition. — Quand les deux premiers jeux mobiles de $0^m,50$, redescendus sur le fond du puits, ont été allongés par additions de soulevantes jusqu'au-dessus du point où se trouvait établie la bâche de répétition, on a procédé au démontage de cette dernière, dont la face antérieure, dévissée préalablement avant d'être atteinte par les eaux, a pu ensuite être facilement enlevée. Quant au fond de la bâche, formé de sommiers de $0^m,30$ de hauteur, on l'a retiré de l'eau, pièce à pièce. Comme le niveau de la nappe d'eau, maintenu le plus possible par la marche des trois jeux de pompes fixes de l'ancienne répétition, se trouvait naturellement un peu plus élevé que les sommiers qu'il s'agissait de démonter, les mineurs, pour lier et soulever ces derniers, étaient obligés, la plupart du temps, de se tenir dans l'eau à mi-corps. Néanmoins, le démontage complet de la bâche a été opéré avec facilité et sans inconvénient.

Allongement des deux jeux du fond. — On a ensuite continué à *recharger* les deux jeux du fond, en les allongeant jusqu'à l'embouchure de la galerie d'écoulement, pendant que le niveau de la nappe d'eau était maintenu au-dessous des points où se tenaient les mineurs, par les trois jeux fixes de l'ancienne répétition qui puisaient alors en plein puits.

Interruption du montage des jeux de pompes pour construire les

8

galeries de déversement des eaux. — A la suite de cette dernière opération, on a suspendu complétement la marche de la machine d'épuisement, pour prendre toutes les mesures nécessaires au déversement des eaux des quatre nouveaux jeux de pompes de $0^m,50$, dans la galerie d'écoulement de la tête du puits.

Les dispositions qu'il s'agissait d'adopter consistaient dans le percement, au travers de la tonne de briques de la tête du puits, de deux petites galeries transversales, et dans le raccordement de celles-ci avec la galerie d'écoulement. Deux des jeux de pompes à établir devaient verser leurs eaux directement dans la galerie principale d'écoulement, et les deux autres, dans ces petites galeries transversales, ainsi que le représente la figure 113, qui est un plan de la tête du puits renfermant les quatre nouvelles pompes n°s 1, 2, 3 et 4, leurs sommiers et vis de suspension, en même temps que celui de la galerie principale d'écoulement ABC et des galeries latérales DEF et GHI.

Reprise du démontage des anciens jeux et de la construction des nouveaux. — A la suite de l'exécution de ces galeries transversales, on a remis en marche la machine d'épuisement, avec les deux jeux mobiles de $0^m,50$ récemment montés et l'un des jeux fixes de $0^m,50$ de l'ancienne répétition.

On a alors facilement mis bas les eaux jusqu'aux points où se trouvait l'ancienne bâche de répétition; puis on a démonté complétement le second jeu fixe de $0^m,50$ laissé inactif, et le jeu de $0^m,36$ placé à côté.

On a élevé au-dessus de la nappe d'eau le troisième jeu mobile de $0^m,50$, en le constituant sur une longueur qui permettait de le descendre à son tour au fond du puits, et de l'allonger ensuite jusqu'à la galerie d'écoulement, comme on l'avait fait à l'égard des deux premiers.

A la suite de ces opérations, on s'est trouvé armé de trois jeux de pompes de $0^m,50$ de diamètre, allant directement du fond du puits à la galerie d'écoulement. On était ainsi en mesure de maintenir facilement le niveau des eaux en dessous du point où l'on avait construit et descendu, sur le fond du puits, la partie inférieure du troisième jeu. Le démontage du troisième jeu fixe de $0^m,50$, de l'ancienne répétition, s'est alors fait sans la moindre difficulté, et l'on a ensuite procédé à la construction et à la descente du quatrième ou dernier jeu mobile de $0^m,50$, sur le terrain du fond du puits; et on l'a enfin allongé, à son tour, jusqu'à la galerie d'écoulement, de la même manière que les deux premiers.

Plan des nouveaux jeux avec tous les engins de suspension. — La figure 114 représente en plan la tête du puits, avec ces quatre jeux de pompes, leurs sommiers et vis de suspension, ainsi que leurs bottes rivantes *b,b…* qui étaient destinées à soulager les tirants, en supportant une partie du poids des jeux, pendant la descente des colonnes sur le terrain, par suite de l'approfondissement du puits.

Le registre de fonçage renfermant tous les détails de démontage de l'ancienne répétition de pompes et de la construction des quatre nouveaux jeux mobiles de $0^m,50$ de diamètre, nous croyons inutile d'y insister davantage ici. Nous nous bornerons à mentionner : qu'eu égard au surcroît de longueur des colonnes de pompes, on a dû renouveler tous les emmanchements de tire-bouts et de séaux, en les renforçant.

Nouveaux emmanchements de tire-bouts et de séaux. — La figure 115 représente, en élévations, les nouveaux emmanchements adoptés et qui n'ont pu être utilisés qu'à la reprise des travaux de fonçage, par suite de retards apportés à leur confection.

Reprise de l'épuisement et visite du fond du puits. — A la suite des changements opérés dans le système d'épuisement, et de l'addition faite aux moyens de production de vapeur tels que nous venons de les faire connaître, on a remis en marche la machine d'épuisement avec ses quatre nouveaux jeux de pompes, en lui imprimant une vitesse correspondant à 6 impulsions de piston par minute, ce qui a permis enfin d'aborder le fond du puits, le 17 février 1856.

Absence complète de dégâts dans l'intérieur du puits. — On a pu alors constater qu'aucun dérangement ne s'était produit, ni dans le boisage provisoire, ni dans le terrain inférieur resté à découvert pendant la longue période de chômage qui venait d'avoir lieu. Un simple éboulis insignifiant qui existait au pied de l'emplacement destiné à recevoir la plate-trousse, dans le compartiment d'extraction, était le seul dégât amené par les eaux.

Reprise des travaux au fond du puits. — On a immédiatement renouvelé les couvertures d'étoupes, clouées à l'intérieur du boisage provisoire pour conduire les eaux supérieures le long des parois du puits, et qui se trouvaient naturellement pourries à la suite d'un aussi long séjour dans l'eau ; on a ensuite déblayé le fond du puits et creusé d'une trentaine de centimètres sous les jeux de pompes, pour les faire descendre en dessous du point où allait être placée la plate-trousse de la cinquième passe de cuvelage.

Nouvelle interruption des travaux par suite de ruptures d'emmanchements de tire-bouts. Extraction des fragments de tire-bouts et d'un séau démanché. — Mais, pendant qu'on était occupé à l'exécution de cet approfondissement, des ruptures d'emmanchements de tire-bouts des pompes se sont produites par suite de l'insuffisance de section de joints d'assemblage, en interrompant encore une fois les travaux de fonçage. Comme on ne possédait pas encore les nouveaux emmanchements représentés figure 115, dont le constructeur avait retardé la livraison, on a dû se borner, en les attendant, à réparer les anciens, pendant qu'on retirait de l'intérieur des pompes, au moyen du ceps représenté figure 53, les fragments de tire-bouts rompus, et au moyen du crochet étrier (fig. 51), un séau démanché, en agissant ainsi qu'il est indiqué pages 35 et 36.

Achèvement de l'emplacement de la plate-trousse. — A la suite des réfections des pièces brisées, on a repris le travail du fond du puits, en construisant d'abord un nouvel échafaudage sur l'ancien pour y établir la plate-trousse, et en achevant ensuite l'emplacement de cette dernière, déjà commencé au moment où les nombreux accidents décrits précédemment avaient forcé de l'abandonner.

Comme les parois du puits, dans le voisinage des parties fissurées, étaient naturellement un peu délitées, à la suite de la longue interruption des travaux, on les a entaillées à nouveau, en y creusant une excavation de 2 mètres de largeur sur 0^m,80 de profondeur jusqu'au terrain ferme. On a ensuite appliqué contre cette partie des parois, à mesure qu'elle était mise à découvert, des planches droites clouées au cariou supérieur et maintenues en place par des strucans, pour l'empêcher de subir l'action des eaux.

Pose de la plate-trousse interrompue par de nouvelles ruptures d'emmanchements de tire-bouts. — Puis on a procédé à la pose de la plate-trousse sur l'échafaudage établi au fond du puits. Mais de nouvelles ruptures d'emmanchements de tire-bouts de pompes ont encore une fois forcé d'abandonner les travaux.

On a alors profité de ce nouvel arrêt pour remplacer tous les emmanchements trop faibles par les derniers commandés qui venaient enfin d'être expédiés.

On a ensuite repris l'épuisement et achevé la pose de la plate-trousse de 0^m,24 de hauteur sur 0^m,25 d'épaisseur, qui s'est trouvée établie à 5^m,70 au-dessous de celle de la passe précédente.

Remplissage du vide existant dans une paroi. — A la suite de la pose de la plate-trousse, on a rempli l'excavation taillée précédemment dans une paroi du compartiment d'extraction, au moyen de pièces de bois, façonnées sur des dimensions correspondantes, et recouvertes d'une couche de mousse sur les faces qui devaient être appliquées

contre le terrain. Ces pièces de bois superposées s'élevaient, derrière
la plate-trousse, jusqu'aux points que devait atteindre la face supérieure du premier siége de picotage. On les a serrées fortement contre
le terrain, et on a tassé à ferme de la mousse dans tous les joints, de
manière à former une paroi solide et imperméable.

Picotage de la plate-trousse. — On a ensuite placé les madrilles et
la mousse derrière les côtés de la plate-trousse, procédé au coignetage de ce cadre, et enfin à son picotage, en passant par toute la série d'opérations décrite pour les passes de cuvelage supérieur.

Pose et picotage du premier siége. — A la suite de cette opération,
on a placé immédiatement le premier siége de $0^m,33$ d'épaisseur, et on
l'a picoté également de la même manière que les siéges des passes
précédentes.

Constitution d'une paroi résistante derrière les siéges supérieurs. —
On a ensuite retaillé les parois supérieures de l'excavation faite précédemment sur un côté du compartiment d'extraction ; on y a logé de
nouvelles pièces de bois garnies de mousse, au-dessus des premières,
et obtenu ainsi sur ces points une paroi suffisamment résistante pour
le picotage qui allait suivre.

Pose et picotage des derniers siéges. — Un second siége de $0^m,33$ d'é-
paisseur, un troisième et un quatrième de $0^m,34$, et un cinquième de
$0^m,35$ ont enfin été successivement posés et picotés au-dessus du
premier, en opérant tout à fait comme il a déjà été indiqué. Il en a
été de même de la pose des clapets de retenue sur les trous de renvoi
de niveau du cinquième siége.

Cuvellement du puits. — Le cuvelage, établi au-dessus du cinquième siége de picotage, se composait, sur une hauteur de $1^m,80$,
de cadres de $0^m,24$ d'épaisseur, et, sur une hauteur de $2^m,46$, de cadres de $0^m,22$ et $0^m,21$ d'épaisseur. Le cuvellement et la pose du rebourrage derrière ces cadres ont été opérés identiquement comme
pour les passes supérieures, en démontant successivement le boisage
provisoire, et en retaillant ensuite les parois, partout où la section du
puits était insuffisante.

Brandissage et suspension du cuvelage. — Le brandissage des joints
du cuvelage, et ensuite l'allongement des tirants de suspension, ont
été effectués également comme pour les passes supérieures.

*Durée des travaux de fonçage et d'établissement de la cinquième passe
de cuvelage de $5^m,70$ de hauteur. Dépense.* — Les travaux de fonçage
et d'établissement de la cinquième passe de cuvelage, de $5^m,70$ de
hauteur, commencés le 29 août 1855, ont été suspendus le 1er octobre
suivant, puis repris le 31 mars 1856, et enfin terminés le 20 avril sui-

vant. Les causes de ces diverses interruptions ont été mentionnées précédemment.

La dépense occasionnée par ces travaux s'est élevée à 37,960 fr. 21 c., savoir :

DÉTAIL.	POUR MAIN-D'ŒUVRE		POUR objets et matériaux divers.		TOTAL.	
Surveillance....................	1,285	84	»	»	1,285	84
Fonçage........................	5,596	76	4,299	42	7,696	18
Picotage.......................	1,698	38	2,189	62	3,888	»
Cuvellement	849	19	3,061	78	3,910	97
Brandissage....................	424	62	124	69	549	31
Suspension du cuvelage.........	212	31	304	13	516	44
Service des machines à vapeur..	2,108	87	17,722	76	19,831	63
Service des ateliers...........	»	»	281	84	281	84
En tous frais.........	9,975	97	27,984	24	37,960	21
Soit, par mètre courant....					6,659	68

Durée des modifications apportées au système d'épuisement, des réparations des générateurs et de quelques travaux divers. — Le démontage de la répétition des premiers jeux de pompes, le montage des nouveaux jeux mobiles, la réfection des générateurs et quelques travaux divers effectués en même temps, ont été entrepris le 10 octobre 1855, interrompus le 10 mars 1856, repris le 14 mars suivant, et enfin terminés le 30 mars 1856.

Ils ont occasionné une dépense de 54,815 fr. 09 c., savoir :

DÉTAIL.	POUR MAIN-D'ŒUVRE		POUR objets et matériaux divers.		TOTAL.	
Surveillance....................	2,673	68	»	»	2,673	68
En démontage de la répétition des pompes.....................	9,833	55	»	»	9,833	55
Service des machines à vapeur........	8,152	27	29,067	37	37,219	64
Travaux extraordinaires et divers......	»	»	4,541	44	4,541	44
Service des ateliers..................	»	»	546	78	546	78
En tous frais.........	20,659	50	34,155	59	54,815	09

Reprise du fonçage et établissement de la sixième passe de cuvelage de 4ᵐ,05 de hauteur. Importance des eaux affluentes. — A la suite des opérations qui précèdent, relatives à la suspension du cuvelage de la cinquième passe, on a nettoyé le fond du puits et repris le fonçage, les eaux étant tenues basses par un fonctionnement des quatre jeux de pompes à raison de 4,1 impulsions de piston par minute.

Boisage des parois du puits. — L'enfoncement du puits a été pratiqué de la même manière qu'à la suite de l'établissement des passes de cuvelage supérieures, en l'élargissant graduellement en descendant, à partir de la plate-troûsse, de manière à pouvoir poser un premier membre de 4^m,10 de diamètre au cercle inscrit, à 0^m,80 en dessous de ce cadre de cuvelage. Seulement, comme le terrain des parois, en dessous de la plate-troûsse et aux deux extrémités d'une crevasse oblique traversant le puits, avait été fort délité et même excavé assez profondément par les sources abondantes qui sortaient de cette crevasse, on avait eu soin, avant la pose des tirants de suspension de la passe de cuvelage supérieure, d'enfoncer quelques palplanches en avant des excavations pour s'opposer à leur extension lors du prochain approfondissement. Il a donc été absolument indispensable, à la reprise du fonçage, de garnir de stiffles tout le pourtour du puits et de combler complétement, derrière ces planches, les vides existant dans les parois au moyen de blocs de marne et de déchets de bois. A la suite de la pose du premier membre au pied des stiffles, on a assemblé par-dessus un faux-membre qu'on a ensuite relevé et serré fortement contre ces planches, pour en maintenir la rigidité du côté où le terrain était délité.

Continuation du fonçage dans un terrain très-résistant, qui a permis de supprimer la suspension des pompes. — On a alors continué le fonçage de la même manière que précédemment, en traversant des marnes grises très-dures formant des parois très-solides. A 0^m,85 en dessous du premier membre, on en a posé un second de 4^m,20 de diamètre au cercle inscrit, au pied des stiffles dont on avait garni les parois par surcroît de précaution ; puis on a élevé au-dessus de ce cadre un faux-membre qu'on a serré, à son tour, contre les stiffles, à peu près vers le milieu de leur longueur, comme on l'avait fait pour le précédent.

Le terrain du fond du puits étant très-dur et très-compacte, on a jugé inutile de continuer à suspendre les jeux de pompes ; on a donc décroché leurs lignes de tirants de suspension, et on a laissé les colonnes de pompes reposer sur le fond du puits.

On a repris ensuite le fonçage dans le même terrain, toujours très-dur et très-compacte au fond du puits, mais encore un peu délité aux parois, et seulement dans le voisinage de la crevasse dont il a été parlé précédemment, qui continuait à se montrer en descendant.

Rencontre d'un banc très-consistant dans lequel on a établi un cariou.
— A 0^m,70 en dessous du second membre, on a rencontré un joint de stratification presque horizontal sous lequel le terrain paraissait très-dur et consistant. On s'est disposé à y établir un cariou pour recueillir toutes les venues d'eau supérieures, afin de préparer en dessous l'emplacement de la plate-trousse et des siéges de picotage de la sixième passe de cuvelage. On a donc commencé à ramener le terrain, du centre à la circonférence, et à garnir les parois de stiffles jointives, avec mousse par derrière, pour préparer au pied de ces stiffles l'emplacement du cariou ; mais, pendant qu'on était occupé à cette dernière opération, les eaux, descendant le long des parois, ont délité le terrain sur 2 à 3 mètres de largeur. On y a appliqué des planches droites clouées contre le membre supérieur, et rempli la petite excavation produite par derrière au moyen de déchets de bois ; puis on a préparé, au pied des stiffles, une banquette horizontale sur laquelle on a posé et assemblé le cadre de cuvelage destiné à former le fond du cariou. On a picoté ce cadre, de la manière déjà indiquée, construit le cariou, et repris ensuite le fonçage, la machine fonctionnant alors à raison de 4,5 impulsions par minute avec les quatre jeux de pompes, pour maintenir les eaux basses.

Le terrain du fond du puits s'est encore soulevé, mais sans dérangement des parois. — A 0^m,50 en dessous du cariou, le fond de la fosse s'est encore soulevé sous l'action des eaux jaillissantes, sans que cependant les parois aient subi la moindre altération. On a continué à pénétrer dans le terrain soufflé, dans lequel les jeux de pompes, qui n'étaient plus suspendus, s'enfonçaient très-rapidement : deux d'entre eux se sont même inclinés vers la partie centrale, en glissant sur le terrain qui s'excavait, pour ainsi dire, de lui-même. On s'est opposé à cette tendance des jeux de pompes à perdre leur position verticale, en les arc-boutant au moyen de strucans placés entre les colonnes.

On a continué à pénétrer au travers du terrain soufflé sur une profondeur de 0^m,80, et on a atteint le joint de stratification par lequel se faisait jour la source qui avait soulevé le fond du puits. Au-dessous de ce joint ouvert, on a atteint un banc très-solide qu'on a percé, et on y est descendu jusqu'à 1^m,70 de profondeur, mesurée à partir du cariou.

Préparation de l'emplacement de la plate-trousse. — A cette profondeur, on a préparé, sur le pourtour du puits, la banquette horizontale destinée à recevoir la plate-trousse, la machine d'épuisement fonctionnant alors avec une vitesse correspondant à 4,8 et 4,9 impulsions de piston par minute.

Pose et picotage de la plate-trousse. — On a ensuite entaillé convenablement les parois du puits, dans un terrain très-solide, pour former l'emplacement de la plate-trousse ; puis on a posé et assemblé ce cadre de $0^m,25$ d'épaisseur, et on l'a enfin picoté de la manière décrite précédemment.

Préparation de la place des siéges. Pose et picotage de ces cadres. — On a ensuite préparé au-dessus de la plate-trousse l'emplacement de deux siéges de $0^m,34$ d'épaisseur, en remplissant, au moyen de morceaux de bois garnis de mousse, une petite excavation qui s'était produite dans les parois, au voisinage d'une crevasse, pendant la durée du picotage précédent. On a enfin assis sur la plate-trousse et picoté de la manière habituelle les deux siéges de la sixième passe de cuvelage.

Cuvellement du puits. Épaisseur du cuvelage. Brandissage. — A la suite de cette dernière opération, on a procédé au cuvellement du puits, en suivant identiquement la marche adoptée pour la passe supérieure. On a d'abord posé sur le dernier siége $2^m,83$ de cuvelage de $0^m,25$ d'épaisseur, et, ensuite par-dessus, $0^m,50$ de cuvelage de $0^m,24$ d'épaisseur.

Le brandissage des joints du cuvelage établi a été opéré absolument de la même manière que pour la passe précédente, en procédant en même temps à l'exécution des travaux accessoires déjà indiqués.

Suspension du cuvelage. — On a ensuite opéré la suspension des seize pans de cuvelage établis, comme on l'avait fait pour ceux de la passe supérieure.

Durée du fonçage et de l'établissement de la sixième passe de cuvelage. Dépense. — Les travaux de fonçage et d'établissement de la sixième passe de cuvelage ont été exécutés du 21 avril au 12 mai 1856, pour une hauteur de $4^m,05$, mesurée de la base de la plate-trousse à celle de la passe supérieure.

La dépense occasionnée par ces travaux s'est élevée à 18,658 fr. 37 c., savoir :

DÉTAILS.	SALAIRES et MAIN-D'OEUVRE		POUR objets et matériaux divers.		TOTAL.	
Surveillance............................	582	48	»	»	582	48
Fonçage..............................	1,402	68	970	31	2,372	99
Picotage.............................	841	46	918	42	1,759	88
Cuvellement..........................	561	19	2,486	46	3,047	65
Brandissage..........................	420	80	95	25	516	05
Suspension de cuvelage...............	280	59	223	75	504	34
Service des machines à vapeur........	792	92	8,940	83	9,733	75
Service des ateliers	»	»	141	23	141	23
En tous frais.........	4,882	12	13,776	25	18,658	57
Soit, par mètre courant...	.....	....	.....	....	4,697	»

Reprise du fonçage et établissement de la septième passe de cuvelage de 7^m,57 de hauteur. Asséchement du puits par deux jeux de pompes. Creusement et boisage du puits. — A la reprise du fonçage, les quatre jeux de pompes ne fonctionnant plus qu'à raison de 2 impulsions de leurs pistons par minute, pour maintenir les eaux basses, on a jugé utile d'en dételer deux, en ne conservant en activité que les deux autres, les numéros 2 et 4 (fig. 114), dont la vitesse de fonctionnement correspondait alors à 3,5 ou 4 impulsions par minute.

Après avoir relié les côtés de la plate-trousse au siége supérieur par trente-deux molles-bandes, et fait quelques opérations accessoires, relatées au registre de fonçage, on a attaqué le fond du puits.

Projet de construction d'un cariou pour recueillir les eaux d'une source sortant d'une crevasse ouverte dans les parois du puits. — On est d'abord descendu de 0^m,90 en dessous de la plate-trousse, en marchant comme on l'avait fait pour les passes précédentes, c'est-à-dire en élargissant graduellement la section du puits, pour placer un premier cadre de boisage de 4^m,10 de diamètre au cercle inscrit, au point où l'on était arrivé. Comme le terrain du fond et des parois paraissait très-solide, on avait l'intention d'employer pour ce premier membre un cadre de cuvelage, afin de le picoter et d'en former le fond d'un cariou, en se plaçant, pour établir ce dernier, au-dessous du joint de stratification, légèrement incliné, dont il a été parlé précédemment, de manière à recueillir les eaux d'une source qui sortait de ce joint sous la plate-trousse supérieure. Ce joint EAB, représenté en plan et en élévation figure 116, n'était ouvert qu'à sa partie supérieure par où l'eau s'échappait ; à l'ouest, sur la partie AOB, il était caché derrière la plate-trousse CD, et l'eau sortait principalement des points A et B; vers l'est, le joint descendait brusquement et y était presque fermé. Il présentait quelques solutions de continuité sur l'étendue de son circuit, faisant croire qu'il n'était pas, à proprement parler, un véritable joint de stratification, mais une simple crevasse, en communication avec le joint d'un nouveau banc, très-dur et très-résistant, atteint au fond du puits et dans lequel on se proposait d'établir le cariou.

Impossibilité de construire le cariou, le terrain des parois s'étant délité sous l'action d'une nouvelle source jaillissante. — On a donc pénétré dans le nouveau banc pour y faire la place du cariou; mais pendant qu'on égalisait les parois, le terrain du fond du puits s'est soulevé, en donnant issue à une source jaillissante. Le terrain s'est brisé jusqu'à la crevasse précédente, à 1ᵐ,50 environ au-dessous de la plate-trousse, et l'une des parois du puits, sur 3 mètres de largeur environ, s'est complétement délitée jusque dans le voisinage de ce cadre de cuvelage. Dans de telles conditions, il n'y avait plus possibilité d'établir le cariou dont nous venons de parler.

Boisage des parois. — On s'est contenté d'appliquer des stiffles contre la paroi délitée, et de poser au pied de ces planches un membre de 4ᵐ,10 de diamètre intérieur, situé à 1ᵐ,10 en dessous de la plate-trousse. On l'a coigneté fortement contre les stiffles et le terrain solide du reste du pourtour du puits; on a assemblé par-dessus un faux-membre qu'on a ensuite relevé et serré contre les stiffles, vers le milieu de leur longueur.

A la suite de cette opération, on a jugé utile d'augmenter la liaison des cadres de cuvelage de la passe supérieure, dans le compartiment d'extraction, et de soulager en même temps les tirants en fer qui les suspendaient aux siéges de la cinquième passe. A cet effet, on a cloué, entre les tirants de suspension et sur toute la hauteur de ce cuvelage, plusieurs lignes de lambourdes s'étendant depuis le premier siége de la sixième passe jusqu'au dernier de la cinquième.

Extraction de secrets de l'intérieur des jeux de pompes, et d'une pièce de fer tombée dans une aspirante. — On a ensuite renouvelé les secrets des deux jeux de pompes en marche, dont le fonctionnement laissait à désirer. On a d'abord essayé de les retirer de l'intérieur des pompes, mais sans y parvenir, au moyen des crochets des cordes de cabestans. On a eu alors recours à la fourche à griffes (fig. 49), qui les a enlevés sans difficulté. Mais comme on avait laissé tomber une pièce de fer au fond de l'un de ces jeux de pompes, en retirant le secret, on a dû dételer ce jeu et le remplacer par l'un des autres tenus en réserve. On a alors mis bas les eaux, puis dévissé l'aspirante au fond de laquelle était tombée la pièce de fer en question ; on a fait pivoter cette aspirante autour de la travaillante supérieure, et on l'a enfin débarrassée de cet objet qui aurait été un obstacle au fonctionnement du jeu de pompe.

Continuation du fonçage ; rencontre d'une nouvelle source qui a forcé de mettre en activité les quatre pompes. — On a ensuite repris le fonçage, en descendant à $0^m,85$ au-dessous du premier membre placé. Pendant qu'on était occupé à dresser les parois, pour poser un second membre de $4^m,20$ de diamètre au cercle inscrit, le terrain du fond du puits s'est encore soulevé sous l'action d'une nouvelle source jaillissante.

Comme la marche des deux jeux de pompes en fonctionnement ne suffisait plus alors pour maintenir les eaux basses, malgré une vitesse correspondant à 6 1/2 et 7 impulsions de leurs pistons par minute, on s'est décidé à atteler en même temps les deux autres jeux. Les quatre pompes ont pu ainsi facilement assécher le fond du puits, en battant environ quatre coups de piston par minute.

On a déblayé le fond du puits du terrain soufflé, dressé les parois, posé le second membre, et on l'a relié au premier par trente-deux porteurs.

Nature du terrain s'améliorant en profondeur. — Le terrain du fond du puits était très-cassé sur une profondeur de $0^m,60$ environ. En y faisant pénétrer une pince de mineur, on a rencontré, à cette profondeur, un nouveau banc paraissant plus solide et plus gras. Quant aux parois du puits, elles étaient en terrain très-solide, excepté sur un côté où elles se montraient plus fendillées : c'était au-dessous du point où la dernière source rencontrée avait jailli.

On a continué le fonçage, et à $0^m,85$ en dessous du second membre, on en a posé un troisième de $4^m,30$ de diamètre au cercle inscrit, après avoir garni de stiffles la partie des parois du puits où le terrain était le moins solide. Après avoir coigneté et relié le membre au précédent par trente-deux porteurs, on a repris le fonçage. Le terrain était toujours brisé au fond du puits, mais très-solide aux parois, excepté du côté de la dernière source où il était un peu plus fendillé. Néanmoins, l'ensemble s'améliorait notablement, à mesure qu'on descendait plus avant. Aussi nous sommes-nous décidé à établir un cariou à un mètre en dessous du troisième membre.

Établissement d'un cariou. — En conséquence, à $3^m,80$ en dessous de la plate-trousse, on a préparé une banquette horizontale pour recevoir le cadre du cariou de $0^m,22$ d'épaisseur sur $0^m,24$ de hauteur, après avoir entaillé convenablement les parois et y avoir appliqué, sur les parties où le terrain était le plus fissuré, des planches droites jointives garnies d'une couche de mousse par derrière. On a posé et picoté le cadre, absolument comme on l'avait déjà fait dans des circonstances semblables, et construit ensuite complétement le cariou.

Reprise du fonçage et nature du terrain. — A la suite de cette opération, on a repris le fonçage, en pénétrant au travers d'un banc cassé et divisé dans tous les sens par des fissures, plus ou moins ouvertes, qui livraient passage aux eaux. Les parois étaient toujours en terrain solide, à l'exception d'un côté, à l'est du compartiment d'extraction, où existait une crevasse verticale dans laquelle on pouvait facilement introduire une pince de mineur, sur 1^m,50 de profondeur. Le terrain, dans le voisinage de cette crevasse qui donnait de l'eau, était naturellement un peu délité.

Après avoir dressé les parois et garni de stiffles la partie crevassée, on a posé, à 0^m,85 en dessous du cariou, un quatrième membre de 4^m,40 de diamètre au cercle inscrit, et on l'a relié ensuite au cadre du cariou par trente-deux porteurs.

On a continué le fonçage dans un terrain toujours crevassé, mais plus solide que le précédent, et aussi moins aquifère; on a opéré comme précédemment, en garnissant de stiffles le côté des parois où le terrain était crevassé, et en posant ensuite sur une banquette arasée de niveau, à 0^m,85 du dernier membre, un nouveau membre de 4^m,50 de diamètre au cercle inscrit, ainsi que les trente-deux porteurs correspondants. Au-dessous de ce cinquième membre, la nature du terrain continuait à s'améliorer, et les parois, toujours solides, n'étaient que faiblement délitées dans le voisinage des crevasses qui donnaient issue aux eaux affluentes.

On a continué l'enfoncement du puits, en traversant un banc très-solide dans lequel on s'est décidé à préparer l'emplacement de la plate-trousse et des siéges de picotage de la septième passe. Le terrain inférieur s'est bien encore un peu soulevé; mais l'état des parois n'en a subi aucune altération, et s'est maintenu dans d'excellentes conditions pour y établir un picotage efficace.

Préparation de la place de la plate-trousse ; pose et picotage de ce cadre. — On a donc entaillé convenablement le pourtour du puits, préparé une banquette horizontale, à deux mètres environ en dessous du dernier membre placé et à 7^m,57 du cuvelage supérieur, posé et picoté la plate-trousse de 0^m,27 d'épaisseur, absolument comme celles des passes précédentes.

Préparation de la place des siéges ; pose et picotage de ces cadres. — On a ensuite retaillé, à largeur convenable, les parois du puits au-dessus de la plate-trousse, et enfin posé et picoté successivement deux siéges de 0^m,34 d'épaisseur, en passant par la série d'opérations que nous avons décrite pour les passes supérieures.

Cuvellement du puits. Épaisseur du cuvelage. — Après la pose des clapets de renvoi de niveau, sur les trous correspondants du dernier siége picoté, on a procédé au cuvellement du puits et à la pose du rebourrage derrière le cuvelage, en suivant la même marche que pour la passe supérieure. Le premier cuvelage, placé sur une hauteur de 1 mètre, se composait de cadres de 0^m,27 d'épaisseur, et le second, sur une hauteur de 5^m,61, de cadres de 0^m,25 d'épaisseur[1].

Brandissage et exécution de travaux accessoires. — A la suite de la pose des clefs de la passe, on a procédé au brandissage des joints du cuvelage, en suivant identiquement la marche adoptée pour les passes supérieures, et en effectuant en même temps les opérations accessoires dont il a déjà été question, telles que la pose des échelles, la reconstruction des guidonnages des pompes et celle de la cloison du royon.

Pendant la durée de ce brandissage, on a aussi exécuté au fond du puits un petit trou de sonde de mine, pour s'assurer de l'épaisseur de terrain aquifère qui restait encore à traverser. On trouvera au registre de fonçage les indications fournies par ce trou de sonde.

Descente et rechargement des jeux de pompes. Renouvellement de leurs secrets qui étaient fort usés. — Après l'exécution de tous ces travaux, on a creusé un peu sous les jeux de pompes pour les faire descendre et permettre de procéder ensuite à leur allongement ou rechargement. Les jeux numéros 1 et 2 (fig. 114) ne donnaient plus d'eau, tellement leurs secrets étaient usés, et les deux autres jeux, situés sur un

---

[1] *Appréciation du travail exécuté et des difficultés de percement par des ingénieurs étrangers.* — Le puits de Marles, à l'époque où ce dernier travail s'exécutait, était visité par plusieurs ingénieurs compétents : MM. Chalmeton, ingénieur-directeur des mines de Bességes (Gard), et M. Bouchet, ingénieur civil des mines. Nous croyons utile de faire connaître la manière dont était appréciée par ces messieurs la partie du puits déjà exécutée, au milieu des difficultés que nous avions eu à vaincre. Nous pensons ne pouvoir mieux faire que de reproduire les termes mêmes de la lettre de l'ingénieur de la compagnie de Marles, qui nous faisait part, au Grand-Hornu, où nous étions retourné depuis quelques jours, de la visite des ingénieurs dont il vient d'être question. Voici la partie du contenu de sa lettre qui a trait à cette visite :

« M. de Brissac et son ingénieur (M. Chalmeton), accompagnés d'une autre personne et de M. Bouchet, sont venus ce matin visiter la fosse. Ils sont descendus (même M. de Brissac), et ils sont sortis vraiment émerveillés des difficultés du travail et de la manière dont tout est établi. »

même côté du plateau de la machine d'épuisement, ne pouvaient fonctionner qu'en rendant la marche de cette machine très-saccadée et très-irrégulière. On a donc dû procéder au renouvellement des secrets endommagés. La sortie de ces secrets hors des jeux de pompes ne s'est pas faite sans difficultés, tellement leur adhérence aux siéges des aspirantes était devenue considérable, par suite de l'énorme poids d'eau des colonnes de pompes qu'ils avaient eu à supporter. Il a été même impossible d'arracher un secret de son siége, au moyen des crochets des cordes de cabestans qui se seraient rompues sous l'effort à exercer si on l'eût poussé plus loin qu'on ne l'a fait. Un morceau de bois s'étant logé entre le plateau supérieur D et le corps J du secret (fig. 13), on ne pouvait pas non plus déterminer l'arrachement du secret, en saisissant sa tige centrale G, sous les écrous *aa*, au moyen de la fourche à griffes (fig 49), comme on le faisait habituellement. On a dû alors avoir recours à la fourche à crochet (fig. 46), en opérant comme il est indiqué page 34, et on a réussi parfaitement de cette façon à enlever le secret par son anse B.

L'un de ces secrets était fort endommagé : le cuir du clapet avait été complétement déchiqueté par des clous et des morceaux de fer, qui s'étaient introduits accidentellement dans l'intérieur de la pompe et s'étaient ensuite, pour ainsi dire, imprimés dans le bronze du plateau D, comme si l'on avait martelé ce dernier.

Suspension du cuvelage. — Après avoir remis en bon état les jeux de pompes défectueux, on a procédé à l'allongement des seize lignes de tirants en fer qui suspendaient les six passes de cuvelage supérieures à l'assise de la tonne de briques de la tête du puits. On a prolongé ces lignes de tirants de suspension jusqu'au siége intérieur de la septième passe, en opérant comme on l'avait fait pour les passes supérieures.

Durée des travaux de fonçage et d'établissement de la septième passe de cuvelage. Dépense. — Les travaux de fonçage et d'établissement de la septième passe de cuvelage, de $7^m,57$ de hauteur, commencés le 13 mai 1856, ont été complétement terminés le 12 juin suivant.

Ils ont occasionné une dépense de 23,588 fr. 28 c., savoir :

DÉTAIL.	SALAIRES et MAIN-D'OEUVRE		POUR objets et matériaux divers.		TOTAL.	
Surveillance.........................	707	50	»	»	707	50
Fonçage..............................	2,067	29	2,279	04	4,546	33
Picotage.............................	689	08	959	17	1,648	25
Cuvellement..........................	918	80	5,543	20	6,262	»
Brandissage..........................	344	52	110	64	455	16
Suspension de cuvelage...............	229	71	384	31	614	02
Service des machines à vapeur........	839	60	8,611	43	9,451	03
Service des ateliers.................	»	»	103	99	103	99
En tous frais........	5,796	50	17,791	78	23,588	28
Soit, par mètre courant...					3,116	02

Reprise du fonçage et établissement de la huitième passe de cuvelage de 10ᵐ,30 de hauteur. Importance des eaux affluentes. — Après avoir relié, comme précédemment, la plate-trousse de la septième passe au siége supérieur, par trente-deux molles-bandes en fer, on a repris le fonçage en ne conservant en activité que deux jeux de pompes (les n°s 1 et 3, fig. 114), qui fonctionnaient alors à raison de 2,7 à 3 impulsions de leurs pistons par minute.

Nature du terrain. Boisage des parois. — Le terrain se présentait dans d'excellentes conditions de solidité; il était encore un peu fissuré aux parois, mais les crevasses étaient presque fermées. Par surcroît de précautions et pour empêcher les parois de se déliter sous l'action des eaux, dans le voisinage de la plate-trousse, on les a stifflées complétement; puis à 0ᵐ,70 en dessous de ce cadre, on a posé un premier membre auquel on l'a relié par trente-deux porteurs. On a continué à élargir graduellement le puits en descendant, et à 0ᵐ,80 en dessous du premier membre, on en a posé un second de 4ᵐ,20 de diamètre au cercle inscrit, en reliant ensuite ces deux cadres par trente-deux porteurs.

Le terrain traversé était toujours très-solide, quoique fissuré encore; mais les crevasses, dont quelques-unes donnaient de l'eau, étaient très-serrées et constituaient de véritables *limés* (joints de clivage).

On a continué l'approfondissement du puits, et à un mètre en dessous du second membre, on en a posé un troisième de 4ᵐ,30 de diamètre intérieur, après avoir stifflé les parois; on l'a ensuite relié au précédent par trente-deux porteurs.

A un mètre au-dessous du troisième membre, on a atteint un banc de marne beaucoup plus argileuse et, par conséquent, plus grasse que celle qu'on avait traversée jusque-là.

Exécution d'un sondage de mine au fond du puits, pour rechercher la couche de dièves qu'on supposait exister vers la base du terrain crétacé. Nature du terrain traversé, et absence de dièves. — Après avoir entaillé les parois au-dessus de ce dernier banc, pour y asseoir un quatrième membre de $4^m,40$ de diamètre au cercle inscrit, on a jugé utile d'exécuter au fond du puits un trou de mine pour rechercher la position de l'assise qualifiée de *dièves* sur la coupe de sondage représentée figure 1.

Le trou de sonde a donné de l'eau jusqu'à la profondeur de $1^m,80$; et, à $3^m,50$, il a atteint le *tourtia*, mais sans rencontrer de dièves.

Avant d'arriver au tourtia, on a bien traversé une couche de marne plus argileuse que celle sur laquelle on s'était établi; mais ce n'était pas du tout la couche d'argile plastique qu'on espérait rencontrer. Ces nouvelles marnes argileuses ressemblaient plutôt à celles que les mineurs du Couchant de Mons désignent sous le nom de *fortes-toises*[1].

[1] L'absence d'une couche de dièves à la base du puits de Marles, signalée par nous à l'administrateur de la compagnie, au moment où nous étions seulement en mesure de pouvoir l'affirmer, à la suite des indications fournies par le trou de sonde de mine pratiqué au fond de ce puits, avait produit chez lui une vive déception, eu égard à l'espérance qu'il avait toujours conservée de la voir apparaître, conformément aux indications mentionnées sur la coupe (fig. 1) du sondage exécuté quelques années auparavant, à quelques centaines de mètres de ce puits, sous la direction des inventeurs du charbonnage, qui lui avaient cédé leurs droits. Aussi, dans sa réponse à notre communication, s'exprimait-il de manière à nous faire supposer que nous étions pour quelque chose dans la contrariété qu'il venait d'éprouver. Nous nous sommes empressé, par notre lettre officielle du 5 juillet 1856, de repousser énergiquement les reproches formulés, qui ne pouvaient nous atteindre d'aucune façon, puisque nous nous étions borné à lui communiquer les faits que nous venions de constater, en désaccord avec toutes les espérances fondées jusque-là sur des indications erronées auxquelles nous étions complétement étranger.

Qu'il nous soit permis de reproduire ici même les termes de notre réponse, parce qu'ils font connaître une fois de plus comment s'est produite notre intervention dans la construction de la seconde fosse de Marles, et de quelle manière elle nous a été réclamée par notre chef, feu M. E. Rainbeaux, administrateur de la société des usines et mines du Grand-Hornu :

« Je reçois votre lettre du 4 courant, qui me cause infiniment de peine. Comme je ne mérite en aucune façon les reproches que vous m'adressez, je dois vous avouer, monsieur, qu'il m'est excessivement pénible de les recevoir.

« Je comprends votre vive contrariété de ne pas voir arriver de dièves à Marles ; mais que j'en subisse les conséquences, c'est ce à quoi j'étais loin de m'attendre.

« J'ai trop de confiance dans votre justice pour ne pas être convaincu que vous reconnaîtrez que vos reproches sont tout à fait immérités, et que je devais espérer

Continuation du fonçage. Construction d'un cariou. — Quoi qu'il en soit, après la pose du quatrième membre à un mètre en dessous du troisième, on a repris le fonçage en taillant les parois du puits verticalement jusqu'à $0^m,85$ en dessous du dernier membre placé, et on y a préparé une banquette horizontale destinée à recevoir un cadre de cuvelage qu'on a ensuite picoté pour en former le fond d'un cariou.

Nature du terrain traversé à la reprise du fonçage. — A la suite de la construction complète du cariou dans lequel toutes les eaux supérieures, descendant le long des parois, ont été recueillies, on a continué l'enfoncement du puits verticalement, en traversant des marnes argileuses légèrement bleuâtres, mais toujours un peu fissurées par place, sans cependant donner d'eau. A $2^m,08$ en dessous du cariou, la partie inférieure du trou de sonde, qu'on avait pratiqué récem-

tout autre chose, d'après la manière dont je me suis acquitté de la mission que vous m'aviez confiée.

« Permettez-moi de reprendre les faits dès l'origine :

« Il y a deux ans environ, vous me chargez de construire une fosse, à la suite de l'écroulement d'une première, dans un pays tout à fait ou presque tout à fait inconnu pour moi, et vous me remettez entre les mains la coupe des terrains traversés par la fosse écroulée, et la coupe d'un sondage fait à 600 mètres de là, par M. Degousée, sous la direction et la surveillance de l'ancien ingénieur de la Compagnie, sondage qui a été poussé dans le terrain houiller jusqu'à la profondeur de $121^m,94$.

« Tels sont les éléments *et les seuls* sur lesquels *je devais forcément me baser*, soit pour connaître l'épaisseur des terrains à traverser, soit la nature desdits terrains.

« Raisonnablement, pouvais-je avoir, je ne dirai pas un motif plausible, mais même l'ombre d'un motif pour suspecter l'exactitude des documents remis entre mes mains ?

« Si le sondage porte qu'à $89^m,09$ on a atteint une couche de dièves de $2^m,97$ d'épaisseur, et par-dessous une couche de tourtia de $2^m,95$, je n'avais pas à faire de rêve, comme vous le dites, sur l'existence de ces dièves ; mais je devais compter sur elles, comme vous-même l'aviez toujours fait, même avant que je m'occupasse de vos intérêts de Marles, puisque vous deviez avoir cette coupe entre les mains dès le commencement de la première fosse. Je devais donc, comme vous, comme tous ceux à qui on avait donné connaissance des faits constatés par le sondage, espérer, compter sur l'existence desdites dièves, tant que la profondeur à laquelle on prétendait les avoir rencontrées n'était pas atteinte.

« Arrivé à cette profondeur et inspectant le terrain atteint, je vous dis : « Ce ne « sont pas là des dièves, mais bien de simples marnes argileuses plus ou moins fis- « surées. » Que pouvais-je, qu'avais-je à faire d'autre ? . . . .

« Non, monsieur, permettez-moi de vous le dire, je ne mérite aucun reproche. J'ai fait tout ce que je pouvais, tout ce que je devais faire, et si la coupe du sondage porte des indications inexactes, indications qu'il ne pouvait me venir à l'esprit de suspecter comme telles, tant qu'on n'était pas arrivé à la profondeur mentionnée par ladite coupe, je n'en puis rien, absolument rien.

« Marles, le 5 juillet 1851. »

ment au fond du puits, ne donnait plus d'eau. A 2^m,40 en dessous du cariou, les marnes argileuses, dans lesquelles on avait pratiqué le dernier approfondissement, passaient insensiblement et sans apparence de stratification, à des marnes plus grises, plus grenues et un peu sableuses, dont l'épaisseur était de 1^m,20.

Vers la base de ces dernières marnes, elles étaient pénétrées par-ci par-là de points de chlorite ; et, à un mètre plus bas, la masse, très-chloritée, plus sableuse, avait l'aspect d'un grès terreux désagrégé, ou d'un calcaire grenu.

Après avoir traversé cette dernière assise de marne argileuse, encore légèrement fissurée, mais ne renfermant pas d'eau, du moins en quantité appréciable, on est descendu jusqu'au grès houiller, en perçant une dernière couche appartenant au système crétacé. Cette dernière assise, qui n'était autre que la couche appelée *tourtia* par les mineurs du Nord, avait 0^m,50 d'épaisseur, et se fondait, pour ainsi dire, avec la précédente sans apparence de joint de stratification. Sa partie supérieure, sur 0^m,10 à 0^m,15 d'épaisseur, était un véritable conglomérat renfermant des galets, des blocs quartzeux, les uns arrondis et les autres irréguliers, des rognons de quartz et des nodules ferrugineux et quartzeux. Ce conglomérat passait ensuite insensiblement, par gradations, à une masse argilo-sableuse très-chloritée qui descendait jusque sur le terrain houiller.

Importance des eaux affluentes, en arrivant à la base du terrain crétacé. Nécessité de renouveler fréquemment les garnitures des séaux et secrets des pompes. — En arrivant sur le grès houiller, les deux jeux de pompes en marche fonctionnaient à raison de 5 à 4 impulsions de leurs pistons par minute, pour maintenir les eaux basses. La grande longueur des colonnes de pompes, qui dépassait 80 mètres, exigeait un renouvellement fréquent des cuirs des séaux et secrets, dont l'usure étaient naturellement très-rapide sous l'action d'un poids d'eau aussi considérable. C'était là le seul inconvénient un peu sérieux qui se produisait dans le fonctionnement des jeux de pompes.

Nécessité de former une assise très-solide et imperméable aux eaux, à la base du cuvelage. — La présence, dans les derniers bancs du terrain crétacé, de fissures, fermées, il est vrai, mais descendant néanmoins jusqu'au grès houiller, rendait indispensable l'établissement, à la base du cuvelage, d'une grande épaisseur de siéges de picotage, pour former un assise d'une solidité exceptionnelle et d'une imperméabilité absolue. Aussi nous sommes-nous décidé à y placer huit siéges superposés, et à rendre le picotage de ces derniers aussi dur que possible, circonstance qu'il était facile de réaliser, eu égard à la solidité des parois du puits, qui formaient des points d'appui inébranlables.

Préparation de la place des siéges ; pose et picotage de ces derniers.— En conséquence, on a préparé sur le fond du puits, à 10^m,30 au-dessous du cuvelage supérieur, une banquette horizontale sur laquelle on a posé une plate-trousse de 0^m,30 d'épaisseur, qu'on a ensuite picotée à ferme, comme un véritable siége, en suivant la marche adoptée pour les passes supérieures.

On a ensuite entaillé convenablement les parois du puits, posé et picoté successivement, au-dessus de ce premier cadre, sept siéges également de 0^m,24 de hauteur.

Épaisseur des siéges de picotage. — L'épaisseur de ces différents siéges était : pour les deux premiers, de 0^m,33 ; pour les deux suivants, de 0^m,34, et pour les trois derniers de 0^m,35. La pose et le picotage de tous ces siéges ont été effectués en suivant toute la série d'opérations décrite précédemment, et qui se trouve mentionnée au registre de fonçage.

Absence de trous de renvoi de niveau dans les siéges. — Tous les siéges dont il vient d'être question, devant former la base du cuvelage, ne possédaient naturellement pas de trous de renvoi de niveau, comme ceux des passes supérieures.

Cuvellement du puits. Épaisseur du cuvelage. — Après avoir pris le déversement et le hors-niveau du dernier siége picoté, et fait, à la surface, les corrections nécessaires sur les côtés du premier coffre de cuvelage, pour rendre sa face supérieure parfaitement de niveau dans tous les sens, on a procédé au cuvellement du puits. Cette opération ayant été complétement exécutée de la même manière que pour les passes supérieures, nous croyons inutile d'y insister davantage. Nous nous bornerons à indiquer que tous les cadres de cuvelage de cette dernière passe avaient 0^m,27 d'épaisseur.

Brandissage — Le brandissage des joints du cuvelage de la huitième passe a été également opéré en suivant la marche adoptée pour les passes précédentes.

Durée des travaux de fonçage et d'établissement de la huitième passe de cuvelage. — Les travaux de fonçage et d'établissement de la huitième passe de cuvelage, de 10^m,30 de hauteur, commencés le 13 juin 1856, ont été terminés complétement le 6 août suivant.

Ils ont occasionné une dépense de 33,655 fr. 81 c., savoir :

DÉTAIL.	SALAIRES et MAIN-D'ŒUVRE		POUR objets et matériaux divers.		TOTAL.	
Surveillance..........................	850	»	»	»	850	»
Fonçage.............................	4,492	70	2,077	15	6,569	85
Picotage.............................	1,797	08	3,686	23	5,483	31
Cuvellement.........................	898	53	8,159	76	9,058	29
Brandissage.........................	898	53	166	27	1,064	80
Service des machines à vapeur........	1,251	81	9,250	43	10,502	24
Service des ateliers...................	»	»	147	32	147	32
En tous frais........	10,168	65	23,487	16	33,655	81
Soit, par mètre courant...	....	.....	....	.....	3,267	55

Travaux complémentaires exécutés à la suite de l'établissement de la huitième passe de cuvelage.—A la suite du brandissage de la huitième passe de cuvelage, on a procédé au démontage des seize lignes de tirants en fer appliquées contre le cuvelage supérieur, qui devenaient inutiles avec une base aussi solide que celle que possédait ce cuvelage ; on a fermé, par des broches en chêne, les trous de vis des tirants ouverts dans les cadres du cuvelage ; on a opéré le démontage des jeux de pompes et la reconstruction d'un seul jeu de $0^m,50$ de diamètre, établi à répétition, pour servir ultérieurement à l'épuisement, si on rencontrait des eaux en certaine abondance dans le terrain houiller ; on a procédé à un nouveau brandissage de tous les joints du cuvelage supérieur, à la construction d'une cloison, à joints fermés, destinée à former la séparation définitive des compartiments d'extraction, d'épuisement et de descenderie ; enfin, on a construit complétement cette descenderie, au moyen d'échelles inclinées, placées à répétition les unes au-dessus des autres, avec des hourds intermédiaires, à joints ouverts, pour le passage du courant d'air destiné à alimenter les travaux souterrains. La dépense de ces travaux complémentaires s'est élevée à 12,880 fr. 81 c., savoir :

DÉTAIL.	SALAIRES et MAIN-D'ŒUVRE		POUR objets et matériaux divers.		TOTAL.	
Surveillance..........................	517	»	»	»	517	»
Brandissage général et travaux divers..	7,349	88	1,269	43	8,619	31
Service des machines à vapeur........	1,004	06	1,996	68	3,000	74
Service des ateliers...................	»	»	743	76	743	76
En tous frais..........	8,870	94	4,009	87	12,880	81

Durée de ces travaux. — Ces derniers travaux, commencés immédiatement après l'achèvement du brandissage des joints de la huitième passe de cuvelage, ont été complétement terminés le 15 octobre 1856.

Considérations finales. — A cette dernière date, notre tâche se trouvait entièrement remplie, et le puits de Marles, complétement exécuté jusqu'au terrain houiller, ainsi que le représente, en plan, en coupe verticale et en élévation, la figure 117, constituait, dans son cuvelage, un prisme droit régulier dont les seize arêtes intérieures formaient autant de lignes droites parfaitement verticales. A partir de ce moment, nos fonctions se sont bornées à celles d'ingénieur-conseil de la Compagnie de Marles, chargé, en cette qualité, de visiter ses travaux d'exploitation, à des intervalles qui variaient habituellement, suivant les circonstances, de six semaines à deux mois, et de donner à l'ingénieur-directeur de cette société nos avis, chaque fois qu'il les réclamait pour l'exécution de mesures importantes incombant à sa direction.

Pendant les dix années qu'a fonctionné le puits dont nous venons de décrire la construction, jamais aucun dérangement ne s'était manifesté dans le cuvelage établi, ainsi que l'ont constaté **MM.** les ingénieurs du gouvernement qui l'ont visité, et, jusqu'au 28 avril 1866, jamais notre attention n'a été appelée, par ceux que la chose concernait, sur aucun incident relatif à ce cuvelage. Mais à cette dernière date, rappelé en toute hâte du Grand-Hornu par l'ingénieur-directeur de la Compagnie de Marles, qui nous faisait annoncer qu'il considérait la fosse comme perdue, à la suite d'un fort mouvement opéré dans son cuvelage et remarqué la veille seulement, vers six heures et demie du matin, nous nous sommes rendu immédiatement sur les lieux, où nous sommes arrivé malheureusement trop tard pour opérer aucun travail de sauvetage, devenu, du reste, impossible, par suite de l'état dans lequel nous avons trouvé le puits, ainsi que nous le montrerons au chapitre suivant.

Récapitulation générale des frais de premier établissement. — En attendant, nous croyons devoir récapituler ici les frais de premier établissement de ce puits, d'abord pour le passage des niveaux jusqu'au terrain houiller, et ensuite pour l'installation des machines et appareil divers que sa construction a nécessités, et enfin pour la partie creusée au-dessous de la surface jusqu'aux terrains aquifères.

Le passage des niveaux, l'établissement du cuvelage sur toute l'épaisseur des terrains aquifères, le montage d'un jeu de pompe à répétition pour servir ultérieurement à l'épuisement, et enfin la con-

struction de la descenderie ou *goyau*, ont coûté 314,753 fr. 47 c.,
savoir :

Détail.	Montant.	
Frais de surveillance.	10,234 fr.	55 c.
— de fonçage.	55,079	98
— de picotage.	28,019	07
— de cuvellement.	44,493	87
— de brandissage, non compris celui qui a été opéré à la suite du passage des niveaux, en même temps que la construction du jeu de pompe définitif et de celle de la descenderie.	8,035	97
— de suspension de cuvelage.	7,061	22
— de construction d'une répétition de trois jeux de pompes [1].	4,852	52
— de démontage de cette répétition et de son remplacement par quatre colonnes de pompes d'un seul jet [1]. . .	44,379	19
— de service des machines à vapeur. . . .	151,036	54
— de service des ateliers.	2,943	45
— de brandissage général, de construction du jeu de pompe définitif devant servir ultérieurement à l'épuisement ; de construction du goyau ou compartiment des pompes et de la descenderie (travaux opérés à la suite du passage des niveaux [1]).	8,619	31
Total pour 74ᵐ,76 de puits cuvelé.	314,753	47
Soit, par mètre courant de puits cuvelé. . . .	4,210	18

A ces frais, si on joint ceux concernant les travaux qui ont précédé le creusement du puits dans les terrains aquifères, ainsi que les acquisitions d'engins et appareils faites pendant la durée du fonçage, et qui s'élèvent à 90,712 fr. 64 c., on trouvera que l'établissement complet de ce puits jusqu'au terrain houiller a coûté 405,466 fr. 08 c.

Ces derniers frais peuvent se décomposer comme suit :

Nature de frais.	Sommes.	
Frais généraux.	12,766 fr.	98 c.
Bure n° 2 proprement dite.	12,954	87
A reporter.	25,721 fr.	85 c.

---

[1] Dans les sommes portées pour l'exécution de ces divers travaux ne figurent naturellement pas celles qui concernent la surveillance, le service des machines et des ateliers, ces dernières se trouvant déjà portées, d'autre part, à ces spécialités de services.

Nature de frais.	Sommes.	
Report.	25,721 fr.	85 c.
Installation ⎰ Machine d'épuisement.	21,531	38
des ⎱ — d'extraction.	5,222	10
moteurs. ⎰ — alimentaire.	1,471	38
Générateurs (3 anciens et 2 nouveaux). . . .	19,551	03
Engins d'épuisement neufs.	10,757	31
Galerie d'écoulement reconstruite en partie.	4,461	83
Halde du puits.	599	11
Chantier pour cuvelage (adjonction).	2	80
Construction et modifications d'ateliers. . . .	604	20
— — de magasins. .	114	46
— — de chemins. . .	4	50
Services des ateliers.	690	66
Total.	90,712	61

Nous avons pensé être agréable aux jeunes ingénieurs qui n'ont pas encore eu l'occasion de diriger l'exécution de travaux de la nature de ceux dont nous venons de donner la description, en réunissant, dans les annexes qu'on trouvera à la suite de ce Mémoire, tous les détails des journées, salaires et objets de consommation divers, relatifs à chaque spécialité d'opérations pratiquées pour le passage des niveaux de la seconde fosse de Marles.

CHAPITRE II.

ÉBOULEMENT DE LA TÊTE DU PUITS, DIX ANS APRÈS
SA CONSTRUCTION.

Situation des travaux d'exploitation à l'époque de notre dernière visite. — A l'époque où nous avons visité, pour la dernière fois, les travaux d'exploitation du puits de Marles, dit puits Saint-Émile, c'est-à-dire le 21 mars 1866, il se trouvait enfoncé jusqu'à la profondeur de 250 mètres.

Deux étages d'exploitation s'y trouvaient établis : l'un situé à la profondeur de 175 mètres, et l'autre à celle de 225 mètres. Ils sont tous les deux représentés sur la coupe verticale de ce puits, fig. 118.

Étage de 175 mètres. — Le premier, qui servait à l'exploitation des veines Nelly, Élisa, Victoria, Cécilia, Emma et Hortense, a été ouvert au commencement de l'année 1858.

Les premières veines n'ont été exploitées, à cette époque, que sur une très-faible étendue dans le voisinage du puits. Les plans et projections verticales, fig. 119, 120 et 121, des travaux ouverts dans les veines Nelly, Élisa et Victoria, pendant les années 1858 et 1859, montrent, en effet, que l'exploitation de ces veines n'a commencé à prendre une certaine extension qu'en s'éloignant du puits, de chaque côté, c'est-à-dire vers le nord et l'ouest magnétiques.

Veine Nelly. — La première veine, rencontrée à une trentaine de mètres, à l'ouest du puits, s'est présentée en plateure très-peu inclinée vers l'est magnétique. Sa *costresse* ou galerie d'allongement, ouverte dans le voisinage des points de rencontre du *bouveau* ou galerie à travers bancs par laquelle cette veine a été coupée, y forme une courbe en fer à cheval dont les deux branches, après avoir pris deux directions opposées, vers le nord et vers le sud, se sont ensuite rapprochées et ont continué à courir presque parallèlement vers le nord. La première branche, celle de droite, ouverte d'abord en plateure, n'a pas tardé à rencontrer un dressant presque vertical dans lequel elle a ensuite été continuée. La seconde, au contraire, est constamment restée dans une veine en plateure, dont l'inclinaison a été très-faible aux

approches du puits, et qui s'est ensuite relevée sensiblement en avançant vers le nord, où sa costresse est venue buter contre une faille
très-puissante, après avoir atteint, à partir du puits, un développement de près de 1,200 mètres. En mars 1866, cette costresse, qui
avait déjà marché en faille sur une assez grande longueur, n'avait
pas encore rencontré la veine rejetée.

La première branche, après avoir atteint un développement d'environ 600 mètres, à partir du puits, en marchant vers le nord, mais
en restant constamment en dressant, avait également traversé une
grande épaisseur de faille; elle se trouvait, en 1866, établie dans une
nouvelle plateure très-dérangée, et avait fini même par se perdre
contre une puissante faille, ainsi que le représente la figure 122,
qui est un plan d'ensemble des costresses des veines exploitées à l'é-
tage de 175 mètres.

Veines Élisa et Victoria. — Les veines Élisa et Victoria, exploitées
en 1858, en dressants, de chaque côté du puits, n'y avaient eu, à
cette époque, que des travaux d'une très-faible importance, ainsi
que le représentent les figures 120 et 121. Depuis lors, ces travaux,
comme ceux ouverts dans Nelly, n'ont pris une certaine extension
en hauteur qu'en s'éloignant notablement du puits; les costresses de
ces veines ont suivi également des allures à peu près parallèles à
celle de la costresse de Nelly, ainsi que le représente la figure 122.

*Les travaux d'exploitation des trois veines précédentes de l'étage
de 175 mètres n'ont pu exercer d'action sur le cuvelage, en 1866.*
— La faible importance des travaux ouverts dans ces trois veines
aux approches du puits, surtout dans les dressants, l'époque éloignée à laquelle ils remontent, puisqu'ils datent des premiers mois
de l'année 1858, montrent qu'ils n'ont pu, en aucune façon, être
pour quelque chose dans les causes qui ont produit la déformation du
cuvelage de cette fosse, en avril 1866; car le tassement des terrains
supérieurs résultant de ces exploitations était opéré entièrement depuis trop longtemps pour qu'on puisse songer un seul instant à le
faire entrer en ligne de compte à cet égard.

En outre, qu'on veuille bien remarquer que les lignes de cassures
produites par les exploitations des plateures de ces veines, n'ont
même pu atteindre le cuvelage du puits à l'époque où elles se sont
ouvertes; car on sait que celles de la base de ces sortes d'exploitations sont toujours situées dans des plans normaux à ceux des veines,
et celles du sommet, dans des plans verticaux ou à peu près, eu égard
à la faible inclinaison de ces plateures.

Veine Cécilia. — Postérieurement à l'époque où ces trois premières veines ont été mises en exploitation, on en a coupé une quatrième, la veine Cécilia, à environ 90 mètres du puits, par un bouveau dirigé à peu près vers l'est magnétique. La costresse ouverte dans cette dernière veine est également représentée sur la figure 122 : sa branche de droite, en partant du puits, est en dressant, et celle de gauche en plateure.

Ces travaux n'ont pu avoir d'action sur le cuvelage, en 1866. — Les travaux exécutés dans le dressant ont eu une étendue insignifiante, et n'ont été pratiqués que sur quelques mètres de hauteur; ce n'étaient, à proprement parler, que de simples travaux d'exploration. Quant à ceux de la plateure, la distance considérable à laquelle ils se trouvaient éloignés du puits, l'époque reculée à laquelle ont été ouverts les plus voisins de ce dernier, puisqu'ils datent de six à sept ans, ne permettent pas non plus de les considérer comme ayant pu avoir la moindre action sur le cuvelage, en 1866.

Les travaux des veines Emma et Hortense n'ont pu agir sur le cuvelage. — A plus forte raison n'y a-t-il pas lieu de ranger parmi les causes de déformation de ce cuvelage les exploitations opérées à l'est et au nord-ouest du puits, dans les veines Emma et Hortense, qui en sont à une distance trop considérable, ainsi que le représente la figure 122.

Conclusion relative aux travaux de l'étage de 175 mètres. — Il reste donc parfaitement démontré qu'aucune des exploitations de l'étage de 175 mètres n'a pu exercer la moindre action sur le cuvelage du puits, en 1866; les unes, parce qu'elles ont eu une trop faible extension dans le voisinage de ce puits, et remontent, du reste, à une date trop éloignée de celle de la catastrophe, et les autres, parce qu'elles se trouvent situées à des distances trop considérables de cette fosse.

Étage de 225 mètres. Ces travaux sont ceux dont l'influence s'est fait sentir sur le cuvelage du puits, en 1866. — Mais il n'en est pas de même des travaux de l'étage de 225 mètres. Ces derniers, ouverts à la fin de l'année 1865, dans le dressant de la veine Nelly, dont l'épaisseur est d'environ 1^m,60, et l'inclinaison au sud-ouest, c'est-à-dire vers le puits, d'environ 81°, sont bien, en effet, ceux qui ont donné lieu à un tassement des terrains supérieurs, auquel doit être attribué le dérangement du cuvelage produit en 1866.

Description des travaux et des moyens d'épuisement. — Les figures 123 et 124 représentent ces travaux en projections horizontale et verticale.

A est le puits d'extraction; B, le puits aux échelles ou *touret* de descenderie et d'aérage; C,C, les accrochages ou recettes du puits d'extraction ; D et E, deux bouveaux ou galeries à travers bancs, dont la première a atteint le dressant de Nelly en F, et la seconde en G ; HJ est la costresse ou galerie d'allongement, telle qu'elle était ouverte dans le dressant de Nelly, le 21 mars 1866, époque de notre dernière visite des travaux de cet étage. En H, elle est venue mourir contre une faille, et en J, elle a atteint la plateure de la veine dans laquelle elle a ensuite été continuée jusque vers K ; M est un touret ou petit puits d'aérage qui avait été foncé dans le dressant de Nelly, à partir de l'étage supérieur ; M′ est un autre touret pratiqué également en veine, mais en contre-bas de la costresse HJK, pour l'établissement des réservoirs ou *burquets* des pompes ; NP est un massif en ferme, laissé en regard du puits d'extraction pour le préserver : il a 7 mètres de hauteur entre la costresse inférieure HJK et la galerie d'aérage supérieure QR ; la hauteur de la première de ces voies était de 1^m,80, et celle de la seconde de 1^m,20.

Toute la partie de la figure **124** recouverte de hachures représente la veine en ferme.

Les eaux du fond étaient épuisées au moyen d'un jeu de pompe élévatoire de 0^m,36 de diamètre, qui les versait dans un réservoir établi à l'étage de 175 mètres, où elles étaient ensuite prises et élevées au jour, en même temps que celles de cet étage supérieur, par un jeu de pompe élévatoire de 0^m,50 de diamètre, disposé en colonnes à répétition, d'une cinquantaine de mètres de hauteur chacune. Les colonnes supérieures étaient établies dans l'intérieur même du *goyau* du cuvelage, et la dernière versait directement ses eaux dans la galerie d'écoulement qui avait servi au même usage, lors du fonçage du puits.

Développement des travaux d'exploitation de l'étage de 225 mètres. — Le 21 mars 1866, date de notre dernière visite de l'étage de 225 mètres, le développement de ses travaux d'exploitation était très-faible, ainsi qu'il résulte de l'inspection des figures 123 et 124, et du contenu de notre lettre officielle du 23 mars, adressée, avant de quitter Marles, à l'administrateur de la Compagnie, pour lui rendre compte de nos observations.

Voici, en effet, ce que nous lui disions au sujet de cet étage :

« Le dressant de Nelly est exploité par 8 *maintenages* (gradins de 2^m,50 de hauteur). Il est venu mourir, d'un côté, contre une faille qu'on perce par la costresse ; et, de l'autre côté, on vient d'atteindre le plat de nord dans lequel il y a deux tailles ouvertes. — Très-belle et très-riche veine qui fournit actuellement, par nuit, environ 700 hectolitres de houille. — On va actuellement développer son exploitation, et chercher à atteindre Élisa par un bouveau partant de l'autre extrémité de la costresse du dressant. »

Ainsi donc, le 21 mars 1866, c'est-à-dire environ six semaines avant la catastrophe, les travaux inférieurs ne fournissaient, par vingt-quatre heures, que 700 hectolitres de houille produits par l'abattage d'une veine de $1^m,60$ d'épaisseur. D'un côté du puits, ils consistaient en cinq gradins d'un développement total de front de taille de $12^m,50$ de hauteur, et, de l'autre côté, en trois gradins ayant ensemble un front de taille de $7^m,50$, et en deux tailles, en plateure, présentant un développement total de front de 15 à 20 mètres. Le développement de ces travaux d'exploitation n'avait donc, pour ainsi dire, aucune importance.

État du cuvelage le 21 mars 1866. — Quant au cuvelage, il était absolument dans le même état qu'à la suite de sa construction, et aucun agent de la Compagnie de Marles n'a éveillé notre attention sur quoi que ce soit ayant trait à cette partie du puits.

Communications subséquentes de l'ingénieur de la mine ne mentionnant aucun fait relatif au cuvelage. — Rentré au Grand-Hornu, le 24 mars 1866, nous y avons reçu successivement des lettres de l'ingénieur de la Compagnie de Marles, en date des 30 mars, 7 avril, 10, 11, 14, 15, 17, 18 et 21 avril suivants, qui nous faisaient part de la marche des travaux d'exploitation et d'incidents divers relatifs au personnel secondaire, mais rien, absolument rien, dans ces lettres, n'avait rapport au cuvelage du puits, qui était passé complétement sous silence.

Communication du 29 avril nous annonçant le mouvement du cuvelage remarqué la veille seulement. — C'est seulement le 29 avril, vers dix heures et demie du matin, que nous avons reçu de cet ingénieur une lettre, datée de Marles de la veille, qui nous en faisait part pour la première fois. Voici le contenu de cette lettre :

« Nous nous sommes aperçu ce matin d'un fort mouvement au cuvelage de Marles, vers la profondeur de 56 mètres. Il y a deux pans de cuvelage qui sont repoussés notablement vers l'intérieur, sur une hauteur de près de 5 mètres.

« J'ai immédiatement fait arrêter le trait (car l'une des cages ne passait plus qu'en frottant très-fort), et on a commencé les travaux de consolidation au moyen de longues clames verticales et d'équerres aux angles.

« J'espère que nous pourrons finir ces travaux pour lundi prochain.

« L'endroit où ce mouvement a eu lieu correspond à la tête de la cinquième passe de cuvelage, où, pendant le passage du niveau, il y avait trois jeux de pompes marchant à neuf coups par minute. »

Le reste de la lettre ne renfermait plus que des détails concernant les travaux d'exploitation.

Réflexions que nous suggère la communication précédente. — Notre première impression, à la lecture du contenu de cette lettre, a été un assez vif étonnement. Nous ne comprenions pas comment un aussi fort mouvement dans le cuvelage avait pu se produire aussi subitement, sans être annoncé assez longtemps à l'avance par des signes précurseurs, qui se manifestent toujours en pareille circonstance. En effet, quand un cuvelage subit l'action d'un mouvement quelconque, produit par des poussées latérales inégales des terrains environnants, des indices, qui ne trompent jamais l'œil exercé d'un praticien expérimenté, l'annoncent toujours un certain temps à l'avance. Ainsi, d'abord les joints des cadres commencent à se desserrer, produisent des fuites d'eau (pichoux), qui se renouvellent fréquemment si on se borne à les brandir; puis, la disjonction des côtés des cadres continuant, le cuvelage se déforme insensiblement, graduellement, mais jamais brusquement dans des proportions aussi considérables que celles qu'on venait de nous signaler, même quand il s'agit de puits placés au milieu de couches de sables mouvants.

Il y avait donc là, pour nous, une énigme que nous ne parvenions pas à comprendre.

Cependant, après quelques instants de réflexion, remarquant la quiétude d'esprit dans laquelle on se trouvait en nous écrivant cette lettre, nous entretenant de toute autre chose que d'un événement de nature grave, nous avons pensé qu'on s'était borné à nous faire part d'un simple fait accidentel sans importance, puisqu'on parlait de l'espoir de voir les travaux de consolidation terminés le surlendemain, pour reprendre l'extraction de la houille momentanément interrompue. Nous avons donc supposé qu'on avait fait usage, probablement par inadvertance, d'expressions exagérées, en se servant des mots : « Fort mouvement du cuvelage, et cage d'extraction qui ne passait plus dans cette partie du puits qu'en frottant très-fort. » Nous étions dès lors pleinement rassuré, d'autant plus que nous avons été souvent témoin, au Grand-Hornu, de pareils mouvements sans que jamais ils aient eu rien de compromettant pour les cuvelages des puits où ils se sont produits, parce que, saisis à l'origine de leurs manifestations, et combattus par les moyens rationnels que la pratique indique, on est toujours parvenu à les maîtriser avec la plus complète efficacité.

Ainsi, l'un des puits de ce charbonnage, le n° 12, dont le cuvelage établi, en 1839 et 1840, sur 77 mètres de hauteur, au milieu de terrains très-ébouleux et très-aquifères et dont la section intérieure est un prisme régulier de 15 côtés, a subi, dans les années suivantes, une succession de mouvements des plus prononcés. En 1852, l'axe du cuvelage était dévié de la verticale de $0^m,449$, et, en 1866, cette déviation n'était plus que de $0^m,1334$. Or, il est bien certain qu'à l'origine, ce cuvelage, construit à peu de chose près par le personnel même dont nous nous sommes servi pour l'établissement de celui de la fosse de Marles, avait son axe situé complétement dans la verticale. Si donc, depuis lors, cet axe, de vertical qu'il était, s'est brisé en s'inclinant sensiblement, et ensuite en se relevant, c'est que le tassement des terrains supérieurs, dû aux exploitations des couches de houille opérées dans le voisinage du puits, a agi sur lui, en modifiant d'abord sa position primitive, et en l'y ramenant ensuite, à peu de chose près. Ces déviations successives et en sens contraire de l'axe du cuvelage ont eu lieu sans altérer sensiblement la section de ce dernier, eu égard à la nature des moyens mis en œuvre pour résister à l'action inégale des poussées latérales, dès l'apparition des premiers symptômes précurseurs des mouvements du terrain aquifère. En effet, nous avons constaté, à la fin de l'année 1866, que le diamètre du cuvelage, qui était de $2^m,94$ dans tous les sens, au moment de la construction de ce dernier, n'avait subi, depuis la tête jusqu'à la base du niveau, qu'un accroissement de longueur de $0^m,02$, et encore sur un seul côté, car, sur l'autre, il n'a pas varié.

Quelques étais ou strucans, placés de suite, en travers du puits contre les pièces de cuvelage montrant une tendance à s'avancer vers l'intérieur, en sortant de leurs épaulements, de leurs onglets, ont toujours suffi pour s'opposer à l'action de poussées latérales inégales, jusqu'au moment où l'affaissement des terrains était opéré, et les mouvements qui en résultaient entièrement calmés.

Quand les angles du cuvelage avaient accusé en même temps une tendance à se modifier en déformant la section intérieure du puits, on était toujours parvenu à s'y opposer en fixant d'abord, à l'intérieur des cadres, quelques agrafes à deux pointes, implantées dans les faces internes des côtés contigus, et en les remplaçant, à la suite de la pose des strucans, par quelques équerres en fer qui rendaient ainsi ces angles tout à fait invariables [1]. Conjointement avec les strucans et les équerres en fer, on avait aussi employé parfois des

[1] Comme exemple des mouvements que produisent dans les cuvelages des puits de mines les exploitations inférieures établies dans leur voisinage, et des moyens mis en œuvre pour combattre ces mouvements, en empêchant la déformation et, par suite, la chute des cuvelages, nous pouvons encore citer le puits n° 10 du

clames verticales boulonnées contre les pièces des cadres, lorsque les circonstances exigeaient l'enchaînement de ceux-ci les uns aux autres. Enfin, dans les terrains de nature ébouleuse, jamais on n'avait attaqué des parties de cuvelage dérangées, pour les démonter et les reconstruire, sans avoir préalablement suspendu toute la partie supérieure des cadres intacts à des points d'attache invariables de la surface, ainsi que nous l'avons fait, du reste, pendant toute la durée du passage des niveaux de la fosse de Marles (voir chap. I).

Sécurité dans laquelle nous nous trouvions, dans la persuasion qu'on aurait opéré de même à Marles, en présence d'un mouvement du cuvelage. — Or, nous savions que l'ingénieur-directeur de la Compagnie de Marles avait été témoin de l'emploi de mesures analogues, pendant la durée du fonçage, pour s'opposer aux mouvements de terrains que nous avions eu à combattre. Nous pensions donc qu'il ne pouvait point les avoir oubliés, et qu'il n'avait pas pu surtout perdre de vue les pres-

---

Grand-Hornu, situé à 13^m,55 de distance du puits n° 12, mesurée d'axe en axe.

Le puits n° 10 se trouve à peu de chose près sur l'aval-pendage des couches traversées par le puits n° 12. Le passage de son niveau a donc présenté les mêmes difficultés que celui du puits n° 12. Le terrain crétacé, surtout dans les parties supérieures, s'y est montré très-ébouleux et en même temps très-aquifère. L'établissement du cuvelage, dont la section intérieure est un carré de 1^m,95 de côté, a été opéré en 1829, et sa hauteur est de 79 mètres, c'est-à-dire à peu de chose près la même que celle du cuvelage de la fosse de Marles. Eh bien, nous venons, en 1867, de constater que l'axe du cuvelage du puits n° 10 se trouve dévié de la verticale de 0^m,387, depuis la tête jusqu'à la base du niveau. Cette déviation qui, à une époque antérieure, était même beaucoup plus considérable, n'a pas eu d'autres causes qu'une succession de mouvements produits dans l'intérieur même des cadres et dus aux tassements des terrains, qui se sont manifestés à la suite des exploitations inférieures établies dans le voisinage du puits. On a toujours combattu ces mouvements avec un succès complet, en s'opposant à la déformation des cadres et à la rupture de leurs côtés au moyen d'étrésillons posés en travers, pour résister à l'action des poussées latérales, et au moyen d'équerres en fer, boulonnées dans les angles de ces cadres sur les pièces de cuvelage qui menaçaient de sortir de leurs épaulements, de leurs onglets. Aujourd'hui même, il y a quatre-vingt-onze équerres en fer boulonnées dans les angles qui menaçaient de se déformer, et trente-neuf strucans ou étrésillons posés en travers des côtés des cadres qui avaient une tendance à rompre sous l'action des poussées latérales, et c'est à l'aide de ces moyens que ce puits, utilisé uniquement, depuis un certain nombre d'années, pour l'aérage et pour le parcours des ouvriers, a pu être maintenu debout. Quelques-uns même des étrésillons qui empêchent la rupture des côtés des cadres et, par suite, la chute du cuvelage, y sont placés déjà depuis une dizaine d'années. La quantité d'eau que recèle le terrain situé derrière le cuvelage ainsi arc-bouté est tellement considérable qu'on a dû ajourner jusqu'ici sa réfection, en attendant que les moyens d'épuisement du charbonnage permettent d'entreprendre cette réparation, et c'est au moyen seul des étrésillons qu'il a été possible d'éviter l'éboulement du puits.

criptions contenues dans notre lettre du 25 janvier 1855, rapportées page 44, lorsqu'à propos d'un dérangement survenu dans quelques membres ou cadres de boisage provisoire, nous lui recommandions instamment, aussitôt que des poussées latérales inégales se produiraient contre le boisage, de s'y opposer au moyen de strucans ou étais transversaux appliqués entre les côtés des cadres. Au surplus, nous savions que le registre de fonçage se trouvait encore entre ses mains, et qu'il pouvait, à l'instant même, y chercher les renseignements à l'égard desquels sa mémoire aurait pu lui faire défaut.

Ayant ainsi envisagé toutes ces considérations, la lecture de la lettre de l'ingénieur de la Compagnie de Marles, en date du 28 avril, dont nous venons de reproduire le contenu, avait fini par nous laisser sans inquiétude, soit que le mouvement signalé fût sans importance, comme nous étions porté à le croire, tant à cause de la soudaineté avec laquelle on nous disait l'avoir aperçu, que par l'espoir manifesté de tout réparer pour pouvoir reprendre le surlendemain l'extraction de la houille momentanément interrompue, soit que le dérangement du cuvelage fût même plus considérable, persuadé que, dans ce cas, on avait dû l'attaquer sans perdre une minute (car les minutes se comptent en pareille circonstance), avec les moyens rationnels indiqués par la pratique et conformes aux principes que nous avons émis précédemment.

Nouvelle communication de l'ingénieur de la Compagnie, qui considère la fosse comme perdue. Refus d'y croire. — Malheureusement, la sécurité dans laquelle nous étions ne fut pas de longue durée. En effet, le même jour, 29 avril, une heure et demie après la réception de la lettre dont nous venons de parler, un agent supérieur de la Compagnie de Marles, dépêché en exprès, le matin même, par l'ingénieur de cette Compagnie, nous aborda en nous disant que ce dernier l'envoyait nous chercher, en toute hâte, en nous déclarant qu'il considérait la fosse de Marles comme perdue.

L'annonce d'une pareille nouvelle, mise en présence des termes mêmes de la lettre que nous venions de recevoir, nous parut si étrange, que nous n'en voulions rien croire, tellement l'exagération nous semblait manifeste. Aussi notre premier mouvement fut-il de déclarer que cet ingénieur avait certainement perdu la tête.

Nous ne pouvions admettre qu'une fosse qui nous avait coûté tant de peine et d'efforts à établir, qui avait fonctionné pendant dix ans sans nécessiter jamais la moindre réparation, pouvait disparaître subitement du jour au lendemain. Il y avait là quelque chose que nous ne pouvions parvenir à comprendre, malgré tout ce qu'on nous disait. On avait beau nous déclarer que plusieurs pièces de cuvelage s'étaient détachées dans la soirée précédente, nous ne pouvions admettre qu'un tel fait fût de nature à compromettre un puits, si on avait eu la précaution d'y porter remède sur-le-champ. Nous ajoutions que, peu de temps auparavant, six pièces de cuvelage s'était déplacées au puits numéro 12 par suite d'altération de la nature du bois lors du passage par le Grand-Hornu de l'ingénieur même de la Compagnie de Marles, sans entraîner une interruption d'extraction de plus d'une demi-journée, malgré la nature ébouleuse des terrains, parce qu'on n'avait pas perdu une minute, en attaquant subitement les points endommagés. Mais on nous répondait constamment que l'ingénieur de la Compagnie de Marles nous attendait avec la plus vive anxiété; qu'il était venu le matin même réveiller l'exprès, en l'obligeant à partir de suite, pour nous ramener *sur-le-champ*, en nous annonçant de la manière la plus formelle que la fosse était réellement perdue.

Départ pour Marles et premières communications relatives au personnel employé. — En présence d'une telle insistance, nous sommes parti immédiatement pour Marles, où nous sommes arrivé le même jour à dix heures du soir.

En abordant le carreau du puits, notre première question adressée au personnel supérieur de la mine a été de nous enquérir de quelle sorte d'ouvriers on faisait usage pour la réparation du cuvelage, sachant par expérience que le sang-froid et l'habileté du travailleur sont, en pareille circonstance, de toute première nécessité; car quelque capable que soit un ingénieur, quelque judicieuses que soient les mesures prescrites par lui, il n'a rien à attendre d'efficace, s'il n'a à sa disposition que des ouvriers craintifs et peu habitués à ces sortes de travaux.

Aussi, nous avons été péniblement surpris d'apprendre qu'un porion, ouvrier d'élite que nous avions fait venir du Grand-Hornu pour travailler en qualité de chef de poste, lors du passage des niveaux, n'avait pu être utilisé, parce qu'on le disait retenu chez lui pour cause de blessures. Deux autres de ses anciens camarades du fonçage, dont nous avions également apprécié l'intelligence à cette époque-là, faisaient bien partie des travailleurs. Seulement, ils nous ont appris ultérieurement qu'ils n'avaient commencé à travailler que la veille, vers minuit, c'est-à-dire deux heures après la chute des pièces de cuvelage.

Enfin, on nous apprit qu'un porion, faisant partie des travailleurs, montrait de la mauvaise volonté et paraissait plutôt faire peur à ses camarades que les encourager. Nous avons conseillé de le renvoyer immédiatement et de le remplacer par un autre employé de la Compagnie, qui avait également travaillé pendant le fonçage, et dont nous avions eu l'occasion d'apprécier le courage et le dévouement. Nous avons ensuite été très-heureux d'avoir eu la pensée de faire utiliser ce brave homme, qui s'est signalé ultérieurement par un beau dévouement envers ses camarades, dont nous parlerons plus loin.

Première descente; constatations effectuées; indication de la marche à suivre pour réparer le cuvelage. — À la suite de ces pourparlers, engagés et terminés très-rapidement, nous avons fait remonter à la surface les ouvriers occupés au travail de réparation du cuvelage, pour nous servir du cuffat ou tonneau dans lequel ils étaient placés, et qui était le seul moyen permettant d'approcher des lieux en péril; car on nous apprit que la veille, au moment de la chute des pièces de cuvelage, le plancher volant de la fosse, sur lequel les travailleurs étaient établis, avait été retiré de l'intérieur du compartiment d'extraction, et que, depuis lors, il avait été impossible de le faire passer de nouveau à l'endroit où le cuvelage était dérangé. Les guides des cages avaient été repoussés en avant par ce cuvelage, et les clames qu'on avait tâché d'y appliquer, sans pouvoir les fixer complétement, avaient été relevées et courbées au-dessus du puits par des pièces de cuvelage tombées vingt-quatre heures avant notre arrivée; de telle sorte qu'un obstacle, infranchissable au plancher volant et même au cuffat des ouvriers, ne permettait plus d'atteindre les points où existait une solution de continuité dans le cuvelage.

Nous nous sommes donc placé dans le cuffat pouvant contenir au plus trois personnes, et nous sommes descendu dans l'intérieur du puits, accompagné de l'ingénieur de la mine et du maître-porion.

En descendant, nous avons remarqué que le cuvelage, dans toute la partie supérieure du puits, ne présentait aucun symptôme de dérangement. Seulement, en arrivant à portée des points en réparation, ce cuvelage commençait à être légèrement desserré, et quelques fuites d'eau se faisaient jour par les joints; mais en approchant de la partie mouvementée, c'est-à-dire de la tête de la cinquième passe, ces fuites d'eau s'étaient étendues considérablement; dans cette dernière passe, l'énorme masse d'eau qui s'en échappait était telle qu'il devenait impossible d'apercevoir les points d'où s'étaient détachées plusieurs pièces de cuvelage, la veille. Les eaux, imparfaitement conduites le long des parois, par quelques couvertures de toile d'étoupes qu'on avait clouées contre le cuvelage dérangé, et les clames appliquées sur ce dernier étant recourbées par leur extrémité inférieure au-dessus du puits, ne nous permettaient pas de descendre plus bas. Nous n'étions, du reste, éclairé dans cette partie du puits que par une lanterne suspendue entre les chaînettes du cuffat dans lequel nous étions placé; car il était impossible de s'y maintenir avec des lampes à feu découvert qui auraient été éteintes, à l'instant même, par les flots d'eau s'échappant des joints du cuvelage.

Nous n'avons pu, dès lors, apprécier l'état du cuvelage dérangé qu'en passant la main derrière les couvertures de toile d'étoupes qui le recouvraient. Ce moyen, si imparfait qu'il fût, nous permit cependant de constater que, sur deux pans de ce cuvelage, plusieurs pièces de cadres étaient en fort surplomb les unes au-dessus des autres, et formaient ainsi une situation des plus graves, d'autant plus qu'il y avait déjà vingt-quatre heures que des torrents d'eau s'échappaient par les vides laissés par les pièces inférieures tombées en entraînant des masses énormes de terrain.

Pour comble, le puits était devenu inabordable pour y exécuter aucun travail sérieux, et, depuis le moment où la chute des pièces s'était produite, on s'était borné à clouer contre les pans de cuvelage voisins de ceux dérangés, quelques lambourdes jointives, et sur ces derniers quelques mètres carrés de couvertures de toile d'étoupes, pour tâcher de conduire contre les parois les eaux qui jaillissaient des joints des cadres fortement ouverts.

Il fallait donc, de toute nécessité, commencer par désobstruer le puits, en enlevant les clames qui gênaient le passage du plancher volant; car, sans être d'aucune utilité, ces clames aggravaient singulièrement la situation, par la position forcée que leur avaient fait prendre les pièces de cuvelage tombées la veille, en ne permettant pas d'aborder les vides par où s'échappait le terrain entraîné par les eaux, et qu'il était indispensable de boucher au plus vite.

Nous avons donc conseillé d'arracher immédiatement les clames suspendues au cuvelage, et de couper en même temps les portions de guides des cages en surplomb, qui formaient également obstacle au passage du plancher de la fosse, que notre intention était de faire redescendre au plus tôt, pour y établir les travailleurs et utiliser alors le cuffat au service de ces derniers.

Explications données aux ouvriers sur les mesures préliminaires à prendre. — En arrivant à la surface, nous avons fait comprendre aux porions et aux ouvriers qu'il n'y avait plus une minute à perdre, si on voulait encore faire quelque chose d'utile pour sauver la fosse, dans laquelle on n'avait employé jusque-là ni étrésillons, ni moyens de suspension du cuvelage supérieur. Nous les avons donc engagés vivement à se presser de désobstruer le puits, pour nous permettre d'arriver à la base du cuvelage mouvementé, afin de nous opposer à la continuation de la chute du terrain, notre intention étant d'étayer et d'enchaîner ensuite ce cuvelage, pour procéder enfin à la reconstruction des parties endommagées.

Nous sommes resté à la tête du puits en communication avec les travailleurs, et chaque fois qu'ils arrivaient à la surface, pour se sécher et se renouveler, nous ne cessions de les encourager, en les suppliant de se hâter au plus vite. Mais, malgré tous les efforts des ouvriers, l'avancement du travail commandé était loin de marcher à notre gré, et toute la nuit se passa sans pouvoir parvenir à détacher les clames pendantes au cuvelage dérangé.

Seconde descente; nouvelles constatations; inductions que nous en avons tirées. — Le lendemain matin, voulant nous assurer de ce qu'on avait réellement pu exécuter pendant le reste de la nuit, et désirant constater le nombre et la position des vides existant à la base du cuvelage mouvementé, nous avons fait de nouveau remonter les ouvriers à la surface, pour nous replacer dans leur cuffat. Nous sommes alors descendu une seconde fois dans la fosse, avec l'ingénieur et le maître-porion de la mine.

Dans cette nouvelle descente, nous avons constaté que les clames, dont on n'était parvenu à détacher que quelques boulons, étaient toujours dans la même position ; et, comme on avait pu mieux conduire les eaux que précédemment, le long des parois, au moyen de nouvelles couvertures de toile d'étoupes, il nous a alors été possible d'apercevoir les vides existant à la partie inférieure du cuvelage dérangé. Il y en avait trois, situés à peu près à 3^m,50 en dessous des sièges supérieurs, et correspondant aux trois côtés contigus d'un cadre de cuvelage dont les autres étaient restés en place. L'un de ces vides A, B, C, représentés sur la coupe transversale (fig. 125) de cette partie du puits, se trouvant très-rapproché de la cloison du goyau, ou compartiment des pompes E et des échelles D, dans lequel le cuvelage ne montrait encore aucun symptôme de dérangement, nous avons pensé que cet état de choses ne se maintiendrait vraisemblablement plus longtemps, et que les joints des cadres ne tarderaient pas à s'y desserrer également, puisque le terrain continuant à être entraîné par les eaux, en s'échappant par les ouvertures A, B, C, devait avoir produit derrière le cuvelage un vide considérable. Quant aux clames FF', elles occupaient, au-dessus des ouvertures A, B, C, la position que représente la figure 126, qui est une coupe verticale de cette partie du compartiment d'extraction.

La situation était donc des plus critiques, et le puits n'était toujours pas accessible en dessous des vides A, B, C qu'il aurait été si important d'obstruer au plus tôt, pour arrêter l'écoulement du terrain. Aussi notre espoir de conjurer le danger disparaissait-il de plus en plus, et notre anxiété était à son comble.

Dernier moyen tenté pour aborder les lieux en péril. — Mais voulant à tout prix tâcher de sauver la fosse, s'il en était temps encore, nous avons prescrit de laisser là les clames, de se placer dans le goyau un peu en dessous des points correspondants aux vides A, B, C, et d'y établir un échafaudage, en le prolongeant ensuite jusqu'au-dessus du compartiment d'extraction, après avoir démonté une course de 2 mètres de planches de la cloison du royon, sans toucher aux traverses de ce dernier qui arc-boutaient le cuvelage.

Écroulement du cuvelage. — Malheureusement, pendant qu'on était occupé à l'exécution de cette dernière mesure, le vide énorme produit derrière le cuvelage par l'entraînement du terrain, ayant atteint son apogée, les cadres se mirent en mouvement et le puits s'écroula.

Détails de la catastrophe. — En ce moment, 30 avril, vers onze heures et demie du matin, nous nous trouvions à l'embouchure du puits avec l'ingénieur et le maître-porion de la mine, lorsque le bruit du cuvelage tombant se fit entendre. En même temps un cri de détresse, poussé par les travailleurs pour se faire remonter, nous fit comprendre qu'il n'y avait pas une minute à perdre. Nous avons donc prescrit immédiatement au machiniste de retirer du puits, au plus vite, le cuffat contenant les deux ouvriers occupés dans le compartiment d'extraction, et presque au même instant nous les avons vus apparaître hors de tout danger. Nous nous sommes ensuite précipité au secours de leurs camarades restés dans le goyau ; mais en arrivant à la tête des échelles nous avons eu le bonheur de les voir aborder à la surface, sains et saufs.

L'un des premiers ouvriers sortis du compartiment d'extraction, le nommé Clinquart, que nous avions fait appeler la nuit précédente, à notre arrivée sur les lieux, nous expliqua ce qui s'était passé dans l'intérieur du puits au moment où il avait dû le quitter. Il nous dit que le cuvelage s'étant mis en mouvement, en se détachant des parois, au-dessus des siéges de picotage de la passe supérieure (quatrième passe), plusieurs pièces étaient tombées de chaque côté du cuffat dans lequel lui et son camarade se trouvaient placés ; que leurs lampes s'étant alors éteintes, sous l'action des eaux jaillissantes, il avait senti, d'une main, le cuffat serré entre le cuvelage et une traverse de la cloison du goyau courbée par la pression ; qu'il avait saisi, de l'autre main, la lanterne dont il était muni pour éclairer ses camarades du goyau qui se trouvaient alors sans lumière, en leur criant : « Sauvez-vous ! » puis, qu'il avait enfin donné le signal entendu par nous de la surface, après avoir reconnu que ses camarades du goyau étaient parvenus à fuir par les échelles.

Nous sommes heureux de pouvoir signaler la belle conduite de cet ouvrier qui, se sentant emprisonné, n'a songé qu'à faciliter à ses camarades le moyen de se sauver, avant de s'occuper de son propre salut.

Après la fuite des ouvriers, la fosse a continué à se décuveler progressivement et par intermittences plus ou moins prolongées, ainsi qu'on le reconnaissait par une succession d'intervalles de repos et de bruits saccadés, plus ou moins intenses, qui se produisaient quand une ou plusieurs pièces de cuvelage, se détachant des cadres, rebondissaient de paroi en paroi, en tombant au fond du puits.

Nous avons laissé aux ouvriers le temps de se calmer, et nous les avons ensuite interrogés, les uns après les autres, pour recueillir tous les détails de ce qui s'était passé sous leurs yeux, au moment où le cuvelage avait commencé à se mettre en mouvement. Nous leur avons demandé si nous pourrions encore compter sur eux, dans le cas où nous jugerions utile d'adopter de nouvelles mesures de sauvetage. Nous les avons trouvés très-hésitants, et nous avons fini par acquérir la conviction que ceux qui se montraient le plus résolus n'auraient marché qu'à contre-cœur si nous eussions voulu tirer parti de leur bonne volonté.

Cependant nous ne pouvions nous résigner à abandonner la fosse sans tenter un nouvel effort ; car, arrivé seulement depuis quelques heures, dans le courant de la nuit précédente, nous ignorions encore une foule d'incidents antérieurs, dont nous n'avons eu connaissance qu'à la suite de la catastrophe et même longtemps après.

Nous pensions donc qu'un puits ne pouvait être ainsi condamné, sans qu'un ingénieur allât constater lui-même s'il n'y avait réellement plus rien à entreprendre pour le sauver. L'intérêt de la Compagnie de Marles, celui de la nombreuse population industrieuse qui s'était établie dans le voisinage de cette fosse, comptant sur sa longue existence, nous paraissaient commander cette dernière visite. Nous avons donc résolu de l'entreprendre.

Vers trois heures et demie de l'après-midi, quand nous avons supposé que toute la partie de cuvelage où le mouvement s'était déclaré pouvait se trouver complétement déblayée, et nous permettre de constater la nature et l'étendue des éboulements, en courant le moins de danger possible, nous sommes descendu dans la fosse avec le maître-porion, qui a bien voulu nous accompagner. Nous avions eu le soin de faire suspendre, au-dessous du cuffat qui nous contenait une lanterne pour nous éclairer, dans la prévision que nos lampes s'éteindraient sous l'action des eaux jaillissantes supérieures.

Nous sommes d'abord descendus très-lentement, pour nous assurer de l'état du cuvelage supérieur, qui nous parut n'avoir point encore éprouvé de dérangement. Mais, à mesure que nous nous rapprochions des points où les éboulements continuaient à se produire, quelques pichoux commençaient à se faire jour par les joints du cuvelage, et nos lampes s'éteignirent. Il ne nous restait, pour nous éclairer, que la lanterne suspendue par une cordelette à $2^m,50$ environ au-dessous du cuffat, qui nous précédait ainsi dans la fosse.

A l'aide de cette lanterne, nous avons pu voir la tête des éboulements et y pénétrer. Nous avons alors reconnu que le cuvelage inférieur avait disparu presque complétement, et qu'il ne restait en place que quelques cadres et quelques pièces de cuvelage suspendues par-ci par-là, retenues encore contre les parois par les guidonnages des pompes et les bois d'échelles.

L'excavation qui existait autour de nous dans le terrain nous parut considérable, et les parois, mises à nu, nous permirent de constater que nous nous trouvions dans les bleus. Les cinquième et quatrième passes de cuvelage n'existaient donc plus, et nous nous trouvions sous les siéges de picotage de la troisième. Nous avons lancé en avant notre lanterne, pour mesurer la largeur de l'excavation, sans pouvoir atteindre la paroi du puits.

Aucun travail humain n'y était donc plus possible, et nous n'avions plus qu'à nous retirer, d'autant plus que des signes de desserrement du cuvelage supérieur commençant à se manifester, il y aurait eu imprudence à rester plus longtemps dans cette position.

Nous avons alors donné le signal de nous remonter, et, en arrivant à la surface, nous avons pris sur nous la responsabilité de l'abandon de la fosse, en prescrivant aux ouvriers de s'en tenir éloignés d'une cinquantaine de mètres, en attendant l'arrivée de M. l'ingénieur du Gouvernement, à qui seul appartenait le droit de prendre telle mesure de sécurité qu'il jugerait convenable.

Enquête administrative. — Une lettre expédiée en conséquence à ce haut fonctionnaire, par l'ingénieur de la Compagnie de Marles, le 30 avril dans la soirée, ne put parvenir à son adresse que dans la journée du lendemain. Le 2 mai, nous trouvant sans réponse, nous avons fait télégraphier, à Arras, à M. l'ingénieur du corps impérial des mines du Pas-de-Calais, et nous avons reçu sa visite dans la soirée du même jour.

Il commença alors immédiatement son enquête, et constata que les éboulements se rapprochaient sensiblement de la surface. Il se rendit ensuite autour des bâtiments, et sur l'emplacement de l'ancien puits comblé depuis le mois de juin 1854. A la suite d'un examen attentif, il reconnut qu'aucune cassure, fraîchement ouverte, n'existait encore dans le sol, nulle part.

Éboulement de la tête du puits, des bâtiments et des machines. — Vers minuit, la tête du puits s'éboula complétement. Toutes les maçonneries d'alentour, une partie du bâtiment des chaudières, situé à côté, furent renversées, le bâtiment en planches ou hangar du puits s'écroula ; la charpente des molettes, le cylindre d'épuisement et tous les engins placés au-dessous disparurent en quelques instants. En même temps, un vaste cratère d'éboulement de 30 à 35 mètres de diamètre et de 10 à 11 mètres de profondeur, dont on ne put apprécier l'étendue qu'à la pointe du jour, s'ouvrit dans le sol autour de l'axe du puits. Le sol lui-même se fissura tout autour de ce cratère jusqu'à 10 ou 15 mètres au delà de ses bords.

Une demi-heure environ, à la suite de l'éboulement de la tête du puits, le bâtiment de la machine d'extraction, situé à une dizaine de mètres environ par derrière, s'écroula à son tour presque complétement, en déterminant la rupture d'un certain nombre de pièces de cette machine, telles que les colonnes, les entablements et les tuyaux à vapeur.

Suite de l'enquête administrative constatant qu'aucune corrélation n'existait entre les deux fosses. — A la pointe du jour, nous avons accompagné M. l'ingénieur du Gouvernement sur l'emplacement de l'ancien puits, pour y continuer son enquête. A la suite de l'examen le plus attentif et le plus scrupuleux, ce haut fonctionnaire put constater, ainsi que nous lui en avions donné l'assurance la veille, eu égard à l'épaisseur du massif de terrain laissé entre les deux puits, qu'aucune fissure ne s'était ouverte dans le sol, ni sur l'emplacement de l'ancienne fosse ni dans son voisinage. M. l'ingénieur au corps impérial des mines du Pas-de-Calais s'empressa alors de nous déclarer que, pour lui, aucune corrélation n'existait entre les deux puits. Il eut ensuite l'occasion, quelques jours après cette première visite, de reconnaître que l'état des lieux était resté identiquement dans les conditions où il l'avait laissé.

A la suite de cet événement, nous avons tenu à rester sur les lieux, pour nous assurer constamment que toutes les mesures de sécurité prescrites par l'administration étaient rigoureusement observées, et nous n'avons quitté Marles qu'après l'achèvement de l'enquête ouverte par M. l'ingénieur du Gouvernement.

CHAPITRE III.

—

I. Examen des causes.

Considérations préliminaires. — Avant d'aborder l'étude des matières qui va faire l'objet de ce chapitre, nous devons exprimer tous nos regrets de nous trouver dans l'obligation impérieuse de parler de la première fosse, à la construction de laquelle nous sommes resté complétement étranger. Le peu que nous en avons dit jusqu'ici se trouve renfermé dans les limites les plus restreintes, et nous n'y avons touché que par la plus extrême nécessité. Notre plus grand désir eût été de la passer complétement sous silence, si des considérations de l'ordre le plus élevé ne nous avaient pas forcé d'en agir autrement. En effet, nous savons qu'on a blâmé l'emplacement adopté pour la seconde fosse, en avançant qu'à la suite d'un échec, on n'aurait pas dû se placer dans la même localité pour y opérer un nouveau fonçage.

Nous avons reproduit, dans l'Introduction de ce Mémoire, les propres termes d'une lettre de M. Émile Rainbeaux ne laissant aucun doute sur la manière dont notre intervention à Marles a été réclamée par lui, et ceux de notre lettre officielle du 5 juillet 1856 (voir pages 129 et suivante), desquels il résulte qu'en établissant un nouveau fonçage à Marles, nous ne faisions qu'exécuter les ordres de notre supérieur, de notre chef du Grand-Hornu, qui nous envoyait dans un pays *tout à fait* ou *presque tout à fait inconnu* pour nous, où nous nous sommes rendu, comme nous serions allé dans toute autre localité où il lui aurait plu de réclamer le concours de notre expérience. Nous ne pouvons cependant laisser peser sur sa mémoire la responsabilité d'un acte qu'on présente comme entaché de légéreté, et nous sommes en mesure de prouver, jusqu'à la dernière évidence, que non-seulement on s'est complétement trompé en émettant une pareille assertion, mais que notre chef a fait, au contraire, un acte de sage administration en créant la seconde fosse de Marles, puisqu'il est parvenu à sauvegarder les intérêts de sa Compagnie, que nous avons fait connaître dans notre Introduction, et que rien, absolument rien, ne s'opposait au choix de la localité adoptée.

Nous avons déjà mentionné la communication par laquelle M. Rainbeaux nous faisait connaître, au sujet de l'écroulement de la première fosse, l'opinion d'un homme éminent qui fait loi en fait de travaux de mines, celle de feu M. Juncker, inspecteur général au corps impérial des mines, de laquelle il résultait que, pour M. Junker, un éboulement aussi subit et aussi complet ne pouvait tenir qu'à la nature des dispositions prises qui ne s'était plus trouvée en rapport avec celle des difficultés rencontrées. En présence d'une telle appréciation, venant d'un tel juge, il n'y avait donc pas lieu, pour M. Rainbeaux, de renoncer à placer un second puits dans la même localité et de la considérer comme condamnée par la science et par l'expérience.

Les quelques lignes que nous avons consacrées, pages 11, 12 et 13, à la description de la première fosse et des circonstances au milieu desquelles s'est produit son écroulement, montrent que l'ingénieur illustre dont nous avons rapporté l'opinion a deviné, *à priori*, avec la perspicacité d'un praticien consommé, les faits tels qu'ils se sont réellement passés. En effet, on a vu qu'il s'agissait d'une fosse d'un grand diamètre ($4^m,50$ au cercle inscrit), et d'un cuvelage à 22 pans, c'est-à-dire à 6 pans de plus que ceux des autres fosses exécutées jusqu'ici dans le Nord et le Pas-de-Calais. Or, une fosse établie dans de telles conditions, ayant des cadres de cuvelage de vingt-deux côtés, par conséquent présentant moins d'onglet, d'épaulement que ceux des autres puits, pouvait très-bien être exécutée dans des circonstances ordinaires, avec des terrains solides et peu aquifères ; mais sa construction devait présenter bien des difficultés dans des terrains mouvants comme ceux de Marles, et renfermant des sources aussi abondantes.

De plus, qu'on veuille bien se reporter à tout ce que nous avons dit de la seconde fosse, traversant les mêmes terrains, et qu'on nous dise si l'écroulement du cuvelage de la première n'était pas inévitable, forcé, quand elle a atteint les sources jaillissantes du second niveau, ce cuvelage ne se trouvant pas suspendu à des points d'attache invariables, comme l'a été constamment celui que nous avons établi dans la seconde, à mesure de son érection. Si la fosse n'eût pas croulé alors (et on a vu que sa chute était forcée, par suite de l'existence d'une vaste excavation que les sources jaillissantes avaient formée derrière le cuvelage inférieur), il était impossible qu'elle se maintînt debout pendant la traversée des terrains mouvants inférieurs.

M. Juncker avait donc parfaitement saisi, du premier coup, les causes de l'éboulement de cette fosse. Nous demandons alors s'il y avait la moindre induction à tirer d'un tel fait, commandant impérieusement d'abandonner la localité et de n'y plus créer de fosse ? Qu'on veuille bien remarquer aussi que c'est seulement pendant la traversée des terrains inférieurs, en dessous des points où n'avait pu pénétrer la première fosse, que les véritables difficultés ont réellement commencé pour nous. Mais toutes ces difficultés ont été vaincues, et nous sommes parvenu à créer une fosse qui a fonctionné pendant dix ans, sans que jamais on ait eu besoin de faire la moindre réparation à son cuvelage, ainsi que l'ont constaté officiellement MM. les ingénieurs du Gouvernement.

Nous sommes donc obligé d'avouer que nous ne comprenons pas sur quelle base repose le reproche articulé de légèreté. Nous le comprendrions, si on n'eût pas réussi. Il y aurait eu alors véritablement imprévoyance et présomption blâmables. Mais enfin on a réussi. Des difficultés très-grandes, il est vrai, ont surgi lors de l'établissement de la fosse dans des terrains vierges que la première n'avait pu aborder. Mais enfin, on les a vaincues, et on a atteint le but. Où y a-t-il alors reproche de légèreté à formuler, soit contre l'administrateur de la Compagnie, soit contre l'ingénieur-constructeur de la fosse ?

Si des localités devaient être condamnées, soit parce qu'on n'a pas su y établir une première fosse, soit parce qu'il s'y présente de très-grandes difficultés de fonçage, il y aurait à désespérer des progrès de l'art des mines et de la pratique des ingénieurs.

Il faudrait à tout jamais condamner, par exemple, les tentatives de traversée des puissantes couches de sable mouvant, là où elles existent. Mais nous ne pensons pas que, jusqu'ici, des autorités incontestables aient eu la pensée de dire : « Il y a impossibilité de s'établir là, il y aurait imprévoyance et présomption à faire des études et des tentatives dans ce but. » Loin de là, nous pensons tout le contraire, et nous avons la conviction la plus absolue que les progrès incessants de la science et de la pratique permettront un jour de vaincre ces immenses difficultés, et d'aborder les gîtes recouverts par ces dépôts meubles, en y créant des puits, qu'on saura aussi bien maintenir debout que ceux dont on a su, jusqu'à présent, assurer la conservation au milieu de couches de même nature, mais moins puissantes, ou plus voisines de la surface.

Que des difficultés considérables de fonçage relatives, soit à la nature mouvante, friable des terrains, soit à la grande quantité d'eau qu'ils recèlent, exigent qu'on soit plus attentif, qu'on ne s'endorme pas quand des mouvements commencent à se dessiner dans les cuvelages des puits construits au milieu de telles conditions, nous le comprenons parfaitement, et nous partageons pleinement cette manière de voir. Mais que ces difficultés vaincues soient le prétexte d'un grief formulé sur l'emplacement choisi pour y créer des puits, qui fonctionnent pendant dix ans sans nécessiter aucune réparation, nous sommes obligé d'avouer que nous ne le comprenons plus.

On nous dira peut-être : « Mais le puits dont vous parlez est tombé. » Nous ne le nions pas. Mais nous pensons en avoir déjà suffisamment dit pour montrer amplement que tout puits, placé même au milieu de conditions beaucoup moins mauvaises que celles de Marles, et qui serait traité comme l'a été la dernière fosse tombée, aboutirait forcément à la même conclusion, c'est-à-dire à l'écroulement.

Nous allons compléter cette démonstration, d'une manière que nous espérons ne devoir laisser prise à aucune objection, par tout ce qui nous reste à y ajouter. C'est là, du reste, une véritable question d'art, qui intéresse tous les ingénieurs et tous ceux qui s'occupent de travaux de mines. Les considérations de personnes doivent donc complétement disparaître, et l'intérêt de l'art des mines exige que nous mettions en lumière tout ce qui nous reste à dire pour achever de faire connaître la vérité sur une œuvre à laquelle nous avons consacré tant de peines et d'efforts, et que nous avions eu le bonheur de mener à bonne fin.

Le mouvement du cuvelage, tel qu'il a été constaté à la fin d'avril 1866, n'a pu prendre subitement une pareille extension. Des signes précurseurs ont dû l'annoncer un certain temps à l'avance. — Un fort mouvement s'est déclaré dans le cuvelage de la seconde fosse de Marles, en repoussant notablement, vers l'intérieur, deux pans de la cinquième passe (fig. 117), sur une hauteur de 5 mètres, et on l'aurait seulement aperçu le 28 avril 1866, vers six heures et demie du matin, quand il avait pris une extension aussi considérable, c'est-à-dire lorsque l'une des cages d'extraction ne pouvait plus passer, dans cette partie du puits, qu'en frottant très-fort contre les pièces repoussées en avant et formant saillie sur la fosse !

Nous demanderons d'abord aux praticiens au courant des travaux de niveaux si jamais ils ont vu de pareils effets se produire aussi instantanément, sans être annoncés à l'avance par aucun signe précurseur?

Nous sommes convaincu qu'ils répondront tous négativement, en déclarant que, même pour les puits situés au milieu des couches de sable mouvant, rien de pareil ne s'est montré jusqu'ici. Au contraire, diront-ils, toujours un premier mouvement du cuvelage d'un puits est précédé de signes précurseurs, tels que des pichoux ou fuites d'eau qui se déclarent, à diverses reprises, par suite d'un commencement de desserrement des joints des cadres, occasionné par l'ébranlement des terrains derrière le cuvelage; puis l'action des terrains mis en mouvement, le plus souvent d'une manière inégale, autour du cuvelage, commence par produire une première déformation des cadres, d'abord très-peu prononcée, et qui s'accentue ensuite de plus en plus, en finissant par devenir irrésistible, si on ne s'empresse pas de s'y opposer par les moyens mentionnés pages 142 et suivantes.

A Marles, les choses ont donc dû forcément se passer de cette façon, et nous montrerons plus loin que c'est bien, en effet, une pareille situation qui s'est produite tout d'abord, en se prolongeant même pendant un long espace de temps, jusqu'au moment où l'on s'est trouvé forcé d'y porter remède, mais d'une manière encore trop lente, et par des moyens de consolidation trop imparfaits pour pouvoir être de la moindre efficacité.

Examen des causes auxquelles a été attribué le mouvement du cuvelage. — En attendant, nous allons passer en revue toutes les causes mises en avant jusqu'ici pour expliquer le mouvement qui s'est opéré dans le cuvelage, et nous indiquerons celle à laquelle il a été réellement dû.

Ces causes sont les suivantes :

1° Une corrélation qui se serait établie entre le cuvelage du puits et l'ancienne fosse située à 51 mètres de distance.

2° La nature friable, ou prétendue telle, des terrains situés derrière la partie du cuvelage où le mouvement s'est produit.

3° L'usure et la fatigue qu'auraient éprouvées les canaux souterrains (fissures de la roche) pendant la longue durée d'établissement de la cinquième passe de cuvelage, et dues à des hausses et à des baisses successives du niveau des eaux dans l'intérieur du puits, par suite des modifications apportées aux engins d'épuisement.

4° Le tassement des terrains produit à la suite des exploitations souterraines, pratiquées dans le voisinage du puits.

5° Enfin, le développement donné à ces exploitations.

Première cause. Toute corrélation entre l'ancien et le nouveau puits était impossible. — Nous ne comprenons pas qu'on ait pu admettre, un seul instant, l'existence d'une corrélation entre les deux fosses. En effet, si on y avait réfléchi, on se serait aperçu que l'ancien puits, éboulé presque subitement, quand il n'avait encore atteint qu'une profondeur d'une soixantaine de mètres, comblé et tassé à ferme depuis douze ans, ne pouvait pas avoir produit tout à coup une action sur le nouveau; car si une corrélation avait pu jamais exister entre les deux puits, ce n'eût pas été au bout de douze ans que ses effets se seraient manifestés subitement, mais bien pendant la construction même du dernier. Or, rien de pareil ne s'est produit alors. La corrélation était donc impossible.

D'un autre côté, on n'a pas remarqué que le point où le mouvement s'est déclaré, dans le cuvelage de la seconde fosse, se trouve situé à une dizaine de mètres en contre-bas du fond de la première. Par conséquent, il n'y avait pas lieu d'admettre, un seul instant, que cette première fosse pouvait avoir exercé la moindre action sur la partie inférieure du cuvelage de la seconde.

Enfin, nous avons mentionné les constatations opérées de la manière la plus attentive et la plus consciencieuse par M. l'ingénieur du Gouvernement, avant et après l'écroulement de la tête de la seconde fosse, desquelles il résulte qu'aucune fissure ne s'est ouverte dans le sol, à la suite de cet événement, ni sur l'emplacement, ni dans le voisinage de la première fosse. Or, comme le sol s'est fissuré tout autour du cratère d'éboulement de la tête du second puits, jusqu'à une distance de 10 à 15 mètres, même du côté opposé à l'ancienne fosse, là où n'existait aucun puits, nous sommes bien en droit de conclure que les constatations dont il est ici question sont une nouvelle preuve décisive et sans réplique qu'aucune corrélation n'a jamais existé entre ces deux puits.

Deuxième cause. Les marnes grises dans lesquelles le mouvement s'est produit sont très-dures, très-résistantes et non susceptibles de se déliter au contact de l'eau. — Les assises de marnes grises, derrière les points où le cuvelage a commencé à se déranger, n'étaient pas, à proprement parler, des terrains friables. Elles constituaient, au contraire, une roche solide quoique fissurée, mais résistante et non susceptible de se déliter au contact de l'eau. A la partie supérieure seule de la passe, dans le compartiment d'extraction, et immédiatement sous la plate-trousse de la quatrième passe, les fissures de la roche étaient assez rapprochées pour permettre à cette dernière de se désagréger et d'être entraînée par les eaux; mais encore fallait-il qu'un mouvement s'y fût produit déjà depuis un certain temps, et que, par suite de la déformation des cadres, sur lesquels on n'aurait pas agi pour s'y opposer, des pièces de cuvelage se fussent détachées des parois, en livrant passage pendant un intervalle plus ou moins prolongé à l'énorme masse d'eau renfermée derrière cette partie du cuvelage de la fosse. C'est bien, en effet, de cette façon que les choses se sont passées, et tout le terrain supérieur de la cinquième passe, puis celui de l'assise dans laquelle les siéges de la quatrième étaient établis, et enfin celui existant sur toute la hauteur de cette dernière, dont la nature était très-mouvante, ont eu tout le temps d'être entraînés dans la fosse par l'énorme courant d'eau qui s'y est fait jour pendant trente-six à trente-sept heures, sans qu'il fût possible de boucher l'orifice d'écoulement, *par suite de la nature des dispositions adoptées le 28 avril pour la consolidation du cuvelage.* Mais quand tous ces derniers faits se sont successivement et inévitablement déroulés dans l'ordre où nous venons de les présenter, le mouvement primitif du cuvelage était produit depuis longtemps; par conséquent, ce dernier ne pouvait pas avoir été déterminé par une friabilité du terrain qui, du reste, n'existait pas sur les points où il a pris naissance.

La friabilité des terrains n'a jamais été une cause de l'écroulement des puits, même quand elle existe au plus haut degré. — D'ailleurs, il est impossible d'admettre, avec raison, que la friabilité des terrains soit une cause déterminante des mouvements qui s'opèrent dans les cuvelages des puits un certain nombre d'années à la suite de la construction et du fonctionnement de ceux-ci; car, s'il en était ainsi, on se demanderait comment les puits établis au milieu des terrains friables au suprême degré, en plein sable boulant, se maintiennent debout? Cependant, on sait parfaitement qu'il existe des puits placés dans de telles conditions, et jamais on n'a entendu dire qu'elles en ont occasionné l'écroulement un certain nombre d'années après leur construction.

Le mouvement qui s'est produit sur une certaine partie du cuvelage de la cinquième passe de la seconde fosse de Marles n'a donc pas eu pour cause la friabilité des terrains.

Troisième cause. L'usure et la fatigue des canaux souterrains n'existent pas quand un cuvelage est fermé. — Nous ne pouvons admettre que le mouvement du cuvelage, produit dans la fosse plus de dix ans après la traversée des terrains dont il est ici question, ait pu être le résultat d'usure et de fatigue qu'auraient éprouvées alors ces terrains, qui se sont très-bien maintenus à cette époque-là. Pour nous, comme pour tous les praticiens au courant des travaux de niveaux, lorsqu'un cuvelage est fermé, les fissures de la roche, les canaux souterrains remplis d'eau ne sont pas plus usés, fatigués au bout de dix, vingt, trente, cent ans que le premier jour. Et il est impossible de supposer, avec quelque apparence de raison, que dans une fosse comme celle de Marles, surtout vers les points où le mouvement du cuvelage s'est produit, les quelques fuites d'eau ou pichoux qui ont pu se déclarer par les joints des cadres, à des intervalles plus ou moins éloignés, aient pu être de nature à user, à fatiguer les fissures d'un terrain où l'on a été obligé, pour le traverser, de faire usage de quatre jeux de pompes de $0^m,50$ de diamètre et de 3 mètres de course, fonctionnant à 6 impulsions de piston par minute. Il est donc inutile de nous appesantir davantage sur l'examen de cette cause, mise en avant pour expliquer le mouvement du cuvelage de la seconde fosse de Marles; ce que nous venons de dire suffit pour en faire apprécier la valeur.

Quatrième cause. Le tassement des terrains supérieurs, dû aux travaux d'exploitation, a été la seule cause du mouvement du cuvelage. — Le tassement des terrains supérieurs produit par les travaux d'exploitation, à la suite de l'ouverture des excavations souterraines, est la seule cause déterminante du mouvement qui s'est opéré dans le cuvelage de la cinquième passe de la seconde fosse de Marles, pendant toute la durée du mois d'avril 1866. On sait, en effet, qu'à la suite de l'ouverture d'une certaine étendue d'excavations dans les couches de houille mises en exploitation, un tassement des terrains supérieurs, auquel les mineurs donnent le nom de *fardeau*, ne tarde pas à se produire, à écraser plus ou moins les galeries souterraines, et à serrer les remblais placés en arrière du front des tailles ou gradins constituant les chantiers d'exploitation.

Mode d'action du fardeau sur les bâtiments de la surface et sur les puits de mines. — Un mouvement de descente de ces terrains supérieurs commence donc à s'opérer en se propageant graduellement de bas en haut, jusqu'à la surface, suivant certaines lignes de cassures extrêmes, déterminées par l'inclinaison des veines, et modifiées plus ou moins par les failles et les fissures naturelles qui existent déjà dans les gîtes. Si ces lignes de cassures, dues aux exploitations, rencontrent le cuvelage d'un puits, en se propageant de bas en haut, elles agissent sur lui, absolument de la même manière que sur les bâtiments placés à la surface, sur l'étendue de la zone qu'elles embrassent.

Or, on sait qu'aussitôt que les premiers effets du tassement des terrains commencent à se faire sentir à la surface, de légères crevasses apparaissent dans le sol, et se propagent ensuite graduellement au travers des fondations des bâtiments supérieurs, en s'étendant, de proche en proche, dans l'épaisseur des murs de ces derniers. Le tassement des terrains continuant naturellement à augmenter d'intensité, mais toujours graduellement, les crevasses du sol et des murs des bâtiments, très-peu ouvertes au début, s'agrandissent de plus en plus, et finissent par prendre une telle extension que l'étaiement de ces bâtiments devient souvent indispensable pour en empêcher l'écroulement.

Tout se passe identiquement, de la même manière, sur le cuvelage d'un puits, et il ne saurait en être autrement.

Lorsque le mouvement de descente des terrains supérieurs sur les excavations souterraines, en se propageant obliquement de bas en haut, atteint le cuvelage, celui-ci, au point de rencontre, tend à se briser, à se déformer sous l'action inégale des poussées latérales qui s'exercent autour des cadres. Un premier cadre, celui qui se trouve atteint par les premières lignes de cassures, en subit d'abord l'effet : il se desserre, et des fuites d'eau se déclarent par ses joints; ensuite, l'action de descente des terrains continuant à s'opérer d'un côté, une première déformation de ce cadre s'ensuit forcément, et augmente graduellement d'intensité si l'on ne s'y oppose pas. La première assise de terrain, mise en mouvement d'un côté du puits, en descendant vers le bas, ne tarde pas à être suivie par l'assise immédiatement supérieure, qui agit à son tour, de la même manière, sur le second cadre de cuvelage derrière lequel elle se trouve située. La même action continue à se propager, de proche en proche, dans les assises supérieures, et le mouvement du cuvelage s'étend en montant de cadre en cadre.

A la suite d'un premier tassement des terrains, un nouveau se produit et agit à son tour sur les cadres déjà dérangés, en les déformant de plus en plus, si rien n'est établi à l'intérieur du puits pour s'y opposer, et cet état de choses continue à s'accentuer jusqu'à ce que l'affaissement des terrains soit entièrement opéré.

Tout se passe donc graduellement et progressivement; mais jamais un mouvement considérable du cuvelage ne se produit tout à coup, et surtout dans des proportions aussi vastes que celles constatées le 28 avril 1866, à six heures et demie du matin, dans l'intérieur du puits de Marles, vers la profondeur de 56 mètres.

Le mouvement du cuvelage du puits de Marles, aperçu le 28 avril 1866, avait dû forcément prendre naissance longtemps auparavant. — Pour avoir acquis de telles proportions, il fallait donc forcément qu'un tel mouvement fût le produit d'une accumulation successive d'effets qui n'ont pas été remarqués tout d'abord, ou auxquels on ne s'est pas opposé, parce qu'on n'en comprenait ni la signification ni la gravité.

Cinquième cause. Le développement des travaux qui ont occasionné le mouvement était sans importance; par conséquent, ce dernier devait être très-faible à l'origine. — Cela est si vrai, que le développement des travaux auxquels se rattache ce mouvement était insignifiant; car nous avons montré que les exploitations de l'étage de 175 mètres, ouvertes dans le voisinage du puits, en 1858, étaient à la fois d'une étendue trop restreinte autour de ce dernier et d'une date trop éloignée de celle de la catastrophe, pour qu'on pût supposer un seul instant l'existence de la moindre action de leur part sur le cuvelage, en avril 1866. On sait, en effet, qu'à une si faible profondeur, il suffisait de quelques mois seulement pour que les lignes de cassures, dues au tassement des terrains supérieurs aux exploitations, eussent atteint la hauteur des points correspondant à ceux où le mouvement du cuvelage s'est manifesté.

Les travaux de l'étage de 225 mètres sont donc les seuls qui ont agi sur les terrains supérieurs, voisins des points où le mouvement du cuvelage s'est opéré, et, par conséquent, c'est à eux seuls que doit être attribuée la cause du dérangement de ce cuvelage. Or, on a vu, page 140, par le compte rendu de notre dernière visite de ces travaux, faite le 21 mars 1866, qu'ils avaient un développement excessivement restreint. Leur action sur le cuvelage a donc dû, par cela même, être excessivement faible.

Comment alors expliquer un mouvement pareil à celui qu'on a aperçu, le 28 avril, à six heures et demie du matin ?

Le mouvement n'est devenu si considérable que parce qu'on l'a laissé s'accentuer pendant trop longtemps, sans rien faire pour s'y opposer. — Il n'y a pas d'autre réponse à cette question que celle que nous avons déjà faite : C'est que forcément, indubitablement, le mouvement datait de loin; c'est qu'on lui avait donné tout le temps nécessaire pour se développer et s'accentuer de plus en plus; c'est qu'après lui avoir laissé prendre de telles proportions, il a bien fallu à la fin tâcher d'y remédier, quand l'extraction de la houille devenait impossible, par suite de l'énorme frottement de la cage contre le cuvelage de cette partie du puits.

Les déclarations d'ouvriers de la mine corroborent cette démonstration. — Les choses se sont bien en réalité passées de cette façon, et il ne pouvait en être autrement, d'après tout ce que nous venons de dire. Les déclarations d'ouvriers de la mine, parvenues entre nos

mains, vers la fin de juillet 1866, confirment, du reste, complètement cette appréciation, la seule admissible pour expliquer un tel
mouvement.

Bien que nous n'attachions pas à des déclarations d'ouvriers, aussi
sincères qu'elles nous paraissent, plus d'importance qu'elles ne com-
portent, nous croyons cependant utile de faire connaître celles que
nous possédons, pour mettre en lumière les faits antérieurs à notre
intervention à Marles, au moment de l'éboulement de la fosse, et
que nous n'avons pas été à même de constater *de visu*.

Ces déclarations, données librement sans qu'aucune pression ait
été exercée sur leurs auteurs, qui ne sont en aucune façon sous notre
dépendance, et dont la plupart nous étaient inconnus à l'époque où
elles ont été produites, montrent l'état des choses antérieur à la catastrophe entièrement conforme à notre exposé, le seul rationnel,
le seul admissible pour des praticiens au courant des travaux de niveaux. Néanmoins, nous ne considérerons ces déclarations que comme
un complément, comme une corroboration pratique de tout ce que
nous avons démontré, et qui n'en conserverait pas moins toute sa
valeur, sans réfutation sérieuse possible, quand bien même rien n'y
serait ajouté.

*Déclarations des anciens brandisseurs montrant les phases qu'a sui-
vies le mouvement du cuvelage.* — Les premières déclarations, datées
du 22 juillet 1866, signées par les deux anciens brandisseurs de la
fosse, et légalisées par les maires des communes du Pas-de-Calais
qu'habitaient ces ouvriers à cette époque, nous disent :

Que depuis le 31 mars 1866, des pichoux (fuites d'eau) se déclaraient fréquemment dans les joints de la passe de cuvelage qui s'est
ensuite dérangée [1] ; que l'une des pièces d'un cadre de cuvelage (vrai-

---

[1] Indépendamment de ces pichoux, qui se déclaraient fréquemment dans les
joints du cuvelage de la cinquième passe, pendant toute la durée du mois d'avril et
surtout dans les derniers jours qui ont précédé la catastrophe, nous avons appris,
longtemps après cet événement et tout à fait fortuitement, car jamais ni dans sa
correspondance très-volumineuse que nous avons entre les mains, ni verbalement,
l'ingénieur de la mine ne nous avait fait part de ce fait, que, déjà depuis un certain
laps de temps, par suite d'un petit desserrement de certains joints du cuvelage, dû
sans nul doute à un léger affaissement en masse de tous les terrains situés aux alentours du puits, comme il s'en produit dans le voisinage de tous les puits de mine, et
surtout par suite de la manière dont les brandisseurs étaient payés, il se déclarait,
tantôt par-ci, tantôt par-là et sur toute la hauteur des niveaux, quelques pichoux
qu'on brandissait ensuite tant bien que mal, car les ouvriers affectés à ce brandissage
étaient payés, nous a-t-on appris, à raison de 1 franc par chaque pichou brandi.
Or, il est bien certain qu'avec un aussi singulier mode de payement, les brandisseurs

semblablement l'une de celles qui se sont détachées du cuvelage, le 28 avril, à dix heures et demie du soir) était déjà sortie de son épaulement le 31 mars précédent, et présentait alors son joint vertical fortement ouvert; que ce dernier fait a été signalé par l'un d'eux au porion chargé de la surveillance du cuvelage et des pompes; enfin, que le cuvelage de la partie dérangée a été ensuite fortement déchiré et coupé sur une hauteur d'une dizaine de mètres environ, par les oreilles de la cage, ainsi qu'ils l'ont remarqué, le 28 avril, en travaillant à la réparation de la passe mouvementée.

Ainsi donc, d'après ces déclarations, la disjonction du cuvelage a commencé à s'opérer le 31 mars, sous l'action inégale des poussées latérales, due à la descente du terrain sur un côté de la section du puits, c'est-à-dire dans le compartiment d'extraction faisant face aux exploitations de l'étage de 225 mètres, et c'est seulement le 28 avril suivant qu'on a cherché à s'opposer au mouvement! Le 31 mars, une pièce de cuvelage, vraisemblablement la pièce A (fig. 117 et 118) sur laquelle agissait le mouvement, se trouvant d'une épaisseur trop grande ($0^m,24$) pour rompre sous l'effort exercé

n'étaient pas le moins du monde intéressés à brandir *à ferme* les pichoux, mais à faire en quelque sorte semblant de les brandir, pour avoir le plus souvent possible occasion de recommencer la même opération, afin de pouvoir ainsi toucher un nouveau salaire.

Si l'on nous eût fait part de cette circonstance, il nous eût été facile de nous expliquer la reproduction un peu trop fréquente de pichoux qu'il fallait empêcher, et nous aurions bien certainement conseillé de payer non plus *par pichou brandi*, mais bien *à la semaine*, comme au Grand-Hornu, un brandisseur spécial intéressé à avoir toujours le moins de travail possible à effectuer et, par conséquent, à faire consciencieusement le brandissage de tous les pichoux, chaque fois qu'il s'en serait déclaré dans le cuvelage, pour ne pas se trouver obligé de recommencer aussi souvent la même opération. Enfin, nous aurions facilement reconnu la cause de pichoux se déclarant, tantôt à une place et tantôt à une autre, mais sans cependant affecter plus souvent telle partie spéciale des niveaux que telle autre. Nous en aurions facilement conclu que, sans annoncer l'approche d'un dérangement local du cuvelage, la reproduction de ces pichoux en des points différents indiquait qu'un léger desserrement d'un certain nombre de joints, sur toute la hauteur de ce cuvelage, s'opérait à la suite d'un affaissement général des terrains autour du puits, dû aux exploitations voisines, et nous aurions bien certainement conseillé de faire alors ce qui se fait partout et toujours en pareille circonstance, un certain nombre d'années à la suite de la mise en exploitation d'un puits à niveaux, c'est-à-dire d'interrompre pendant quelques semaines le service de ce puits et de *repasser* alors les joints du cuvelage en les resserrant, en les brandissant à nouveau et à ferme, en partant de la tête et en descendant jusqu'à la base des niveaux. Mais, nous le répétons, jamais aucune communication, de quelque nature que ce soit, de la part de ceux que la chose concernait, ne nous a été faite à cet égard.

par le terrain contre elle, avait été repoussée par l'une de ses extrémités vers l'intrados du cuvelage, et par l'autre du côté de l'extrados.

La surveillance locale ne comprenant pas le danger n'a rien fait pour s'y opposer. — La surveillance locale, mise au courant du fait par l'un des brandisseurs, n'en a malheureusement pas tenu compte, ne se doutant pas des conséquences désastreuses qu'un tel oubli allait amener, en donnant au mouvement tout le temps nécessaire pour s'accentuer et se développer au plus haut point, quand il aurait été si important d'enrayer sa première action. Il s'agissait, en effet, d'un niveau exigeant une surveillance attentive et commandant d'avoir recours immédiatement, en cas de dérangement du cuvelage, aux mesures de précaution rationnelles sanctionnées par la pratique, puisqu'on connaissait l'énorme masse d'eau renfermée dans les terrains au milieu desquels la cinquième passe était établie, et la nature mouvante des terrains correspondants à la quatrième. Il fallait donc empêcher le mouvement de s'étendre et de se propager jusque dans le cuvelage de cette quatrième passe, en ne restant pas un mois entier sans rien entreprendre pour le combattre.

Les mesures les plus simples, prises au début, auraient cependant suffi pour enrayer le mouvement et pour se mettre à l'abri de tout danger, en ne donnant même lieu qu'à une interruption d'extraction de très-courte durée.

Moyens auxquels on aurait dû avoir recours dès l'apparition des premiers symptômes du mouvement, pour l'enrayer. — Deux étais transversaux ou strucans G et I (fig. 125), appliqués, d'une part, contre les pièces de cuvelage en voie de dérangement, et arc-boutés, d'autre part, contre le guide opposé H de l'une des cages, qui se trouvait fixé contre la cloison du goyau et qu'on aurait également étayé lui-même, du côté opposé, par un troisième strucan J placé par derrière dans le goyau, auraient suffi pour empêcher les pièces de sortir davantage de leurs épaulements. On aurait relié en même temps les extrémités de ces pièces de cuvelage aux côtés voisins du même cadre, d'abord par des agrafes à deux pointes, et ensuite par des équerres en fer qu'on aurait boulonnées contre les faces internes de ces pièces.

Une surveillance attentive exercée pendant quelque temps sur les côtés correspondants des cadres de cuvelage supérieurs et inférieurs aurait permis de s'assurer si le mouvement progressait et agissait sur eux à leur tour. Aux premiers symptômes de l'action inégale des poussées latérales sur ces cadres, des mesures semblables à celles que nous venons d'indiquer auraient dû leur être appliquées immédiatement.

Enfin, en même temps que ces dispositions auraient été prises, si l'on se fût aperçu que le mouvement était de nature à s'étendre sur une certaine hauteur de cadres, il aurait fallu, sans tarder, suspendre par quelques tirants en fer, à l'assise de la tonne de briques de la tête du puits, tout le cuvelage situé au-dessus des siéges de la quatrième passe, pour le mettre complétement à l'abri d'éboulements ultérieurs qui auraient pu se déclarer dans la cinquième. Il suffisait de se borner, pour cette suspension, aux pans de cuvelage du compartiment d'extraction, ceux du goyau se trouvant déjà convenablement étayés et reliés sur toute la hauteur de ce compartiment, par la cloison séparative et les traverses dont elle était composée, ainsi que par les cadres de guidonnages de la maîtresse-tige et des pompes, par les sommiers des pompes, les paliers, bois d'échelles et la cloison à claire-voie qui divisait le goyau en deux compartiments.

Telles sont, à notre avis, les mesures qu'auraient dû adopter immédiatement, dès l'apparition des premiers symptômes du mouvement, ceux-là mêmes qui avaient été constamment témoins de dispositions analogues prises tant de fois, sous notre direction, pendant toute la durée du fonçage, pour combattre l'action des poussées latérales, et préserver alors le cuvelage et le boisage provisoire inférieur de tout dérangement.

Non-seulement rien de semblable n'a été fait, mais quand le mouvement du cuvelage s'accentuait de plus en plus, sur une hauteur croissante, en donnant à chaque instant des signes manifestes de son action, par le desserrement des joints des cadres, qui produisaient de nombreux pichoux, on se contentait de brandir ces derniers sans en comprendre la signification.

Les déclarations des anciens brandisseurs de la fosse que nous avons reproduites précédemment ne laissent déjà aucun doute à cet égard.

Déclarations de mineurs constatant l'état du cuvelage, avant le 28 *avril.* — Nous avons également celles d'autres mineurs affirmant que, pendant les huit ou dix derniers jours du mois d'avril, des pichoux se déclaraient fréquemment dans la cinquième passe de cuvelage; tous ces ouvriers disent en même temps avoir remarqué parfaitement, en remontant par les cages, que l'une d'elles avait laissé des traces de son passage dans le cuvelage de cette partie du puits.

Déclarations des machinistes sur ce qui se passait dans l'intérieur du cuvelage, huit jours avant le 28 *avril.* — Enfin, nous possédons celles des deux mécaniciens conducteurs de la machine d'extraction (celui de jour et celui de nuit) desquelles il résulte que, pendant les huit jours qui ont précédé le 28 avril, l'une des cages d'extraction frottait tellement fort contre le cuvelage de la cinquième passe, qu'ils étaient obligés, pour la faire passer librement dans cette partie du puits, d'imprimer à leur machine une grande vitesse. Ces deux dernières déclarations, datées du 23 juillet 1866, l'une de Marles et l'autre de Lapugnoi, lieux de résidence des signataires, portent avec elles leurs commentaires. Il est donc inutile de rien y ajouter. Nous nous bornerons à dire que nous possédons également les déclarations de deux témoins, devant qui l'un de ces mécaniciens a affirmé qu'il avait prévenu le chef porion, plusieurs fois avant le 28 avril, de l'énorme frottement de la cage contre le cuvelage, mais que ce dernier lui avait toujours répondu : « Nous n'avons pas le temps de nous occuper de cela maintenant: c'est du charbon qu'il nous faut extraire avant tout. » Voilà comment la gravité de la situation était comprise plusieurs jours avant le 28 avril ! Tout le monde comprendra cependant que, même à cette époque si tardive, si l'on n'eût pas été aveuglé par une fatale quiétude d'esprit, rien n'eût été plus simple que de sauver la fosse, en y appliquant le remède commandé par les circonstances.

État de dérangement du cuvelage constaté le 28 avril; mesures de consolidation adoptées au début de la catastrophe. — Voyons maintenant si l'on a été mieux inspiré le 28 avril, quand le frottement de la cage contre le cuvelage était devenu tel qu'il fallait bien s'arrêter, puisqu'il n'y avait plus possibilité de marcher, et si l'on a bien pris alors les mesures que commandait la gravité de la situation.

A six heures et demie du matin, les deux brandisseurs du cuvelage vinrent prévenir le maître porion que l'une des cages d'extraction ne pouvait presque plus passer sur un point de la fosse. Ce dernier s'y rendit immédiatement constater le fait. Il en prévint l'ingénieur de la mine qui s'y rendit à son tour. On convint alors de faire immédiatement remonter tous les ouvriers de la mine, à qui on fit dire qu'un dérangement survenu à la machine d'extraction forçait de s'arrêter.

Beaucoup de ces ouvriers, rendus très-défiants par les signes précurseurs qui leur avaient annoncé déjà depuis un certain nombre de jours qu'un mouvement s'opérait dans le cuvelage, ne voulurent pas ajouter foi au prétexte imaginé, et abandonnèrent à la hâte les chantiers, en y laissant même une partie de leurs vêtements, tellement ils étaient pressés de se sauver.

On les fit sortir de la mine presque tous par les cages d'extraction;

quelques-uns seulement, les ouvriers occupés au percement des galeries en roche de l'étage inférieur, prirent la voie des échelles, en remontant par le goyau où le cuvelage n'avait éprouvé aucun dérangement. Vers neuf heures et demie du matin, les derniers ouvriers étaient arrivés au jour.

On décrocha alors les cages d'extraction ; on enroula entièrement l'un des câbles autour de sa bobine en l'y fixant ; on suspendit à l'autre câble un petit cuffat au moyen duquel on se rendit dans le compartiment d'extraction, y constater l'état du cuvelage dérangé, après avoir descendu, à l'aide de la corde du cabestan, le plancher volant de la fosse en dessous des pans repoussés vers l'intérieur. A la suite de toutes les constatations qu'on jugea convenable d'opérer dans cette partie du puits, on convint de placer deux clames de 5 mètres de longueur sur les pans dérangés, et ensuite des équerres en fer boulonnées dans les angles de ces derniers.

Des ordres furent alors immédiatement donnés en conséquence aux ateliers pour préparer, forer les clames et approprier leurs boulons d'attache. Mais c'est seulement vers quatre heures du soir que tout s'est trouvé prêt à être mis en œuvre et qu'on a commencé la pose des clames sur le cuvelage. Il y avait donc eu *neuf heures et demie* de perdues inutilement, pendant lesquelles aucune mesure de consolidation n'avait été appliquée au cuvelage.

Nous n'avons eu connaissance de toutes ces pertes de temps qu'après la chute de la fosse. Jusque-là, nous ne nous trouvions, pour nous renseigner sur les faits antérieurs à cet événement, qu'en présence des affirmations du personnel supérieur de la mine, préoccupé uniquement du soin de montrer qu'il n'était pour rien dans les causes qui avaient amené une telle catastrophe, et que, par conséquent, la responsabilité en devait être imputée soit à l'emplacement adopté, soit à la construction même du puits. On nous affirmait donc itérativement et sans hésitation : « Que le dérangement du cuvelage s'était produit instantanément comme un véritable coup de foudre, et qu'aussitôt le mouvement constaté, on l'avait attaqué sans perdre de temps, en faisant, pour sauver la fosse, tout ce qu'il avait été humainement possible de faire. »

Nous avons déjà prouvé surabondamment, par tous les faits que nous avons mis en lumière, l'inexactitude, l'inanité de la première assertion, qui ne supporte pas l'examen, et qui est en contradiction manifeste avec tout ce qui s'est produit d'analogue jusqu'ici dans l'exploitation des mines. Nous n'allons pas tarder à montrer également, en indiquant tout ce qui pouvait être fait, même le 28 avril, pour sauver la fosse, et qui n'a pas été fait, que la seconde assertion a tout autant de valeur que la première pour des praticiens au courant des travaux de niveaux.

Vers dix heures du soir, les clames étaient posées, mais non boulonnées complétement contre le cuvelage ; on avait fixé cinq boulons à l'une et quatre à l'autre. L'un des mineurs occupés à la pose de ces clames remonte à la surface pour se rendre aux ateliers y chercher une clef destinée à serrer à fond les boulons. Pendant ce temps, un pichou se déclare dans les joints du cuvelage supérieur ; deux autres mineurs s'y rendent au moyen du cuffat, pour en opérer le brandissage. A la suite de cette opération, le cuvelage dérangé s'ébranle ; deux ou trois pièces de la base sortent de leurs épaulements et tombent dans la fosse, en livrant passage à des torrents d'eau qui désagrégent le terrain et l'entraînent au fond[1]. Mais en se détachant des parois, les pièces de cuvelage soulèvent l'extrémité inférieure des clames, qui n'était pas encore boulonnée, la replient au-dessus de la fosse, en faisant alors agir ces clames comme levier sur les pièces supérieures auxquelles elles étaient fixées, et qu'elles attirent ainsi en avant, comme le représente la figure 126. Le bruit du torrent d'eau qui s'échappe par les vides du cuvelage, le courant d'air énorme que cette trombe établit dans la fosse, épouvantent les ouvriers, et ceux-ci se sauvent en toute hâte. On s'empresse de remonter le plancher volant, déjà serré entre les guides des cages par le cuvelage repoussé sur la fosse, et on n'a plus alors à sa disposition que le cuffat pour aborder les lieux en péril, sans même pouvoir atteindre les vides produits par le détachement des pièces de cuvelage, par où des masses énormes de terrain s'écoulaient entraînées par les eaux ;

[1] Nous nous sommes demandé bien souvent si la chute de ces premières pièces de cuvelage de la base de la passe mouvementée n'avait point été déterminée par un amoindrissement de l'épaisseur de ces pièces, dans lesquelles on aurait inconsidérément coupé, entaillé la partie faisant saillie sur la fosse, pour permettre à la cage de passer, à la suite de la réfection de cette partie du puits. Mais nous n'avons pu recueillir aucun renseignement certain à cet égard. Cependant, il nous paraît probable qu'on a dû exercer une action quelconque sur ces pièces faisant saillie, car puisqu'elles s'opposaient au libre passage de la cage, et qu'on espérait pouvoir reprendre la marche de l'extraction le surlendemain, 30 avril, à la suite de la réfection, nous sommes forcément amené à nous demander comment la pose de clames sur le cuvelage mouvementé pouvait faire disparaître la saillie, qui formait précisément obstacle à la continuation de cette marche de l'extraction. La question ne pourra vraisemblablement être résolue que lorsqu'on relèvera la fosse, lorsqu'on pourra aller chercher au fond du puits les premières pièces tombées le 28 avril. On saura alors, oui ou non, si elles portent des traces d'une action quelconque exercée sur elles.

car on n'avait malheureusement pas établi d'échafaudages en dessous de ces points dès le commencement de l'opération, et la position des clames recourbées par-dessus ne permettait plus d'y arriver avec le cuffat.

Tout le reste de la nuit et la journée suivante ont donc été employés à exécuter, au moyen de ce cuffat, les quelques opérations mentionnées au chapitre II, dont nous avons pu constater les faibles résultats à notre arrivée sur les lieux, vingt-quatre heures après la chute des pièces de cuvelage.

II. Moyens auxquels on pouvait recourir le 28 avril pour sauver la fosse.

Voici maintenant, suivant nous, ce qu'il y avait à faire, le 28 avril, à six heures et demie du matin, pour sauver la fosse, quand on venait de reconnaître l'impossibilité de continuer l'extraction, par suite de l'énorme frottement de l'une des cages contre le cuvelage.

Il aurait fallu, sans perdre une minute alors (car, nous le répétons, les minutes se comptent en pareil cas), faire remonter tous les ouvriers de la mine par les échelles, en gagnant ainsi tout le temps qu'on a perdu sans pouvoir travailler dans le compartiment d'extraction, pendant que les ouvriers se servaient des cages pour sortir du puits.

On aurait dû alors décrocher immédiatement les cages, substituer un cuffat à l'une d'elles, et s'en servir de suite pour clouer des patiniats contre les faces internes des siéges de la cinquième passe de cuvelage, afin d'y encastrer des traverses sur lesquelles on aurait établi ensuite deux échafaudages dans l'intérieur du compartiment d'extraction. Le premier de ces échafaudages, construit à l'intérieur même du premier siége de la passe, aurait été un simple hourd de sûreté; le second, établi à 1 mètre plus haut, dans l'intérieur même du cinquième siége, aurait été destiné à recevoir les travailleurs pour opérer la réparation du cuvelage dérangé.

Pendant le temps qu'on aurait été occupé dans l'intérieur du puits, il aurait fallu faire préparer, à la surface, quelques lignes de tirants en fer destinées, comme nous l'indiquerons tout à l'heure, à suspendre, à l'assise de la tonne de briques supérieure, tout le cuvelage établi au-dessus du dernier siége de la quatrième passe du compartiment d'extraction.

A la suite de la pose des patiniats dont il vient d'être question, et

après s'être assuré, au moyen d'un appel nominal et du registre de
contrôle, que tous les ouvriers étaient sortis de la mine, il aurait
fallu *saigner* le niveau inférieur et le *décharger*, en pratiquant, à
l'aide du cuffat, dans le compartiment d'extraction, trois trous de
tarière horizontaux de $0^m,03$ à $0^m,035$ de diamètre, au travers des
clefs de la sixième passe. A la suite de cette opération, on aurait posé
les traverses et les planches destinées à constituer les deux échafaudages dont nous venons de parler, et les travailleurs se seraient
établis sur le dernier. Ces ouvriers auraient dû immédiatement enchaîner entre eux tous les côtés des cadres de cuvelage, au moyen
d'agrafes à deux pointes a, a... (fig. 127), en les implantant dans
les faces internes des pièces, au-dessus des angles. En même temps,
d'autres ouvriers, établis dans le goyau, y auraient exécuté les
mêmes opérations sur toute la partie correspondante du cuvelage de
la cinquième passe.

Pour ne pas perdre de temps, il aurait fallu, pendant la pose des
agrafes sur les angles du cuvelage du compartiment d'extraction,
procéder à l'étaiement du cuvelage dérangé, au moyen de strucans,
en y employant d'autres travailleurs. Ces strucans ou étais transversaux auraient dû être appliqués entre les pans de cuvelage mouvementés et la cloison du goyau, déjà arc-boutée elle-même, du côté
opposé, par les bois de guidonnages des pompes, ceux de la maîtresse-
tige, les traverses de la cloison à claire-voie séparant le compartiment
des échelles de celui des pompes, et enfin par les bois et paliers de
la descenderie. Si l'on eût jugé que cet arc-boutement de la cloison
du goyau fût insuffisant, il aurait été facile de l'augmenter au moyen
de quelques strucans posés derrière ceux du compartiment d'extraction, entre cette cloison et le cuvelage opposé. Une simple planche,
enlevée à la cloison du goyau, aurait permis de s'assurer exactement
de la position à donner à ces étais supplémentaires.

La pose des strucans, dans le compartiment d'extraction, aurait
pu être opérée très-rapidement et très-facilement, de la manière suivante :

Soient AB et BC les bases des deux pans de cuvelage avancés vers
l'intérieur, comme le représente la coupe horizontale du puits,
fig. 127, prise à ce niveau ; D et E les guides de la cage Z qui ne
pouvait presque plus passer dans cette partie du puits ; FG la cloison
du goyau, clouée contre des traverses HJ... établies à l'intérieur du
cuvelage, de 2 mètres en 2 mètres ; K la colonne de pompe ; L la
maîtresse-tige ; L′L′... les cadres de guidonnages de la pompe ;
MM.... ceux de la maîtresse-tige ; NN la cloison à claire-voie sépa-

rant le compartiment des pompes de celui des échelles PP...; et QQ... les paliers de la descenderie.

Contre le milieu du pan de cuvelage AB, et contre le guide D, on aurait posé deux madriers verticaux R,R' très-épais, et formant semelles sur toute la hauteur de la partie mouvementée. Entre ces deux madriers, on aurait chassé à frottement, et de mètre en mètre, des strucans SS'.... Entre le guide D et un nouveau madrier R″, appliqué contre le pan BC, on aurait également chassé à frottement, de mètre en mètre, d'autres strucans TT'...., en s'élevant du bas vers le haut de la passe mouvementée. Contre le guide D, on aurait cloué sur les traverses de la cloison du goyau quelques patins en bois VV..., pour empêcher ce guide de glisser sous l'effort des strucans; on se serait également opposé au glissement des madriers R et R″, au moyen de patins U et I... cloués contre le cuvelage, en avant des madriers R et R″, et sur ceux-ci en avant des strucans SS',TT'.... Enfin, on aurait pu augmenter la résistance de la cloison du goyau, déjà arc-boutée, comme nous l'avons dit, en y appliquant derrière le guide D, et de mètre en mètre, des étais supplémentaires XX, appuyés par leur autre extrémité contre le cuvelage de ce compartiment.

Avec des ouvriers actifs et habitués à ces sortes de travaux, nous sommes convaincu qu'en commençant à six heures et demie du matin, toutes les opérations que nous venons de décrire auraient pu être terminées complétement le même jour, vers six heures du soir. Nous demanderons alors si la fosse ne se serait pas trouvée, par cela même, mise à l'abri de tout danger. Pour nous, nous répondrons avec la plus ferme conviction que le cuvelage dérangé, ainsi enchaîné et arc-bouté, pouvait rester dans cette situation, aussi longtemps qu'on l'eût voulu, sans bouger.

On aurait eu alors tout le temps nécessaire pour procéder à la suspension du cuvelage supérieur et le mettre complétement à l'abri d'éboulements, pendant la reconstruction de la partie inférieure mouvementée.

Si nous avions été chargé d'y présider, voici comment nous eussions opéré :

Nous aurions d'abord appliqué sept lignes de tirants en fer sur les sept pans du cuvelage du compartiment d'extraction, en reliant complétement les sept côtés du siége inférieur de la quatrième passe aux côtés correspondants de l'assise de la tourelle en briques de la tête du puits. En même temps, nous aurions établi, dans l'intérieur même du goyau, quatre autres lignes de tirants, appliquées seulement de deux pans en deux pans. Le cuvelage du goyau se trouvait déjà tellement enchaîné et arc-bouté, par les cloisons, les bois de guidonnages, les paliers, les bois d'échelles, etc., placés en travers de ce compartiment, dans tous les sens et sur toute sa hauteur, qu'il eût été complétement inutile d'y adapter un plus grand nombre de lignes de tirants en fer. Il aurait même suffi de se borner à n'appliquer, sur le cuvelage de ce compartiment, que des lignes de tirants allant du siége inférieur de la quatrième passe au dixième siége ou siége supérieur de la seconde, pour obtenir un degré de suspension ne laissant rien à désirer.

Aussitôt que la suspension du cuvelage supérieur aurait été établie, comme nous venons de l'indiquer, nous aurions fait fermer, par des broches transversales, les trous de décharge du niveau inférieur pratiqués au travers des clefs de la sixième passe, dans le compartiment d'extraction, pour arrêter l'écoulement des eaux sur les travaux d'exploitation, et nous permettre ensuite de vider complétement ces derniers, à l'aide des pompes, avant d'entreprendre la reconstruction de la partie de cuvelage dérangée.

Avant de commencer cette dernière opération, nous aurions fait interrompre toute communication de la cinquième passe avec les passes inférieures, en bouchant, par des broches transversales, les trous de renvoi de niveau de l'un des siéges de la première, ainsi qu'il est représenté figure 104, pour nous opposer à l'ascension dans cette passe des sources jaillissantes inférieures, pendant toute la durée de la réparation.

Mode de reconstruction de la partie dérangée, qui aurait dû suivre l'application des mesures de consolidation et de précaution mentionnées précédemment. — Nous aurions ensuite opéré le décuvellement et la reconstruction de la partie de cuvelage dérangée, pièce à pièce, en partant du bas et marchant vers le haut. Nous aurions d'abord fait couper la première pièce inférieure A B, que nous aurions enlevée, ainsi que sa voisine BC et les deux pièces immédiatement supérieures. Nous aurions posé à nouveau la pièce BC dans l'emplacement convenable, ainsi qu'une autre pièce en remplacement de AB coupée, de manière à reconstituer le premier cadre de cuvelage dans sa situation primitive, en ayant soin d'enchaîner ses deux nouveaux côtés aux anciens, au moyen d'agrafes à deux pointes implantées dans leurs faces internes au-dessus des angles. Après la pose de ces deux nouveaux côtés du premier cadre, qui aurait naturellement exigé, pour être exécutée, le démontage du premier strucan inférieur appliqué contre chaque pan de cuvelage endommagé, et le raccourcissement, au fourmoi-hardi, des madriers formant semelles par derrière, on aurait continué à couper et à enlever successivement les pièces immédiatement supérieures, et à les remplacer, en opérant exactement de la même façon. Nous serions ainsi arrivé, de pièce en pièce, jusqu'à celles de la tête de la partie dérangée, que nous aurions fait enlever et replacer de la même manière que les clefs d'une passe. La cinquième passe de cuvelage se serait trouvée ainsi complétement rétablie dans sa situation primitive, et on n'aurait plus eu à opérer que le brandissage général des joints de ses différents cadres, qui se serait fait de la manière que nous avons décrite au chapitre Ier.

Conclusions. — De l'exposé qui précède, il résulte donc que, même le 28 avril, on aurait pu incontestablement sauver la fosse, si l'on eût agi alors sans perdre de temps, en faisant usage des moyens rationnels que nous venons d'indiquer, et qui ont toujours été sanctionnés par la pratique.

Quant à la possibilité d'opérer ce sauvetage, huit jours auparavant, lorsque le frottement de la cage contre le cuvelage était devenu tel, que les mécaniciens étaient obligés, pour la forcer à franchir cette partie du puits, de lui imprimer une vitesse considérable, nous pensons que poser la question, c'est la résoudre.

A plus forte raison n'y a-t-il pas lieu de se demander s'il était possible de s'opposer au dérangement du cuvelage dès le 31 mars, quand le personnel supérieur de la mine venait d'être prévenu par les brandisseurs de la fosse qu'un mouvement commençait à s'y dessiner.

Nous sommes donc en droit de déclarer que si la fosse de Marles est tombée, c'est qu'on n'a rien fait, rien à temps, et rien de sérieux le dernier jour, pour s'y opposer. Et si l'homme éminent, si l'illustre ingénieur dont nous avons rapporté l'opinion sur les causes de l'écroulement de la première fosse de Marles vivait encore, nous avons la conviction la plus absolue que, sur un simple exposé des faits relatifs à la seconde, il n'aurait pas hésité à déclarer de suite, avec sa haute autorité, que, pour lui, un éboulement aussi subit et aussi considérable survenu dans le cuvelage d'un puits fonctionnant depuis dix ans sans avoir nécessité jamais la plus minime réparation, n'a pu être que le résultat d'un défaut de prévoyance et de précautions, dû à l'absence de moyens capables de le maintenir intact.

CHAPITRE IV.

L'envahissement des travaux du puits éboulé par les eaux des deux niveaux constitue une situation fâcheuse pour les travaux du nouveau puits de la Compagnie de Marles. — L'irruption des eaux des deux niveaux dans les travaux d'exploitation du puits éboulé, notamment dans ceux de l'étage de 175 mètres, qui s'étendent à une très-grande distance au nord-ouest de cette fosse, ainsi que le représente le plan d'ensemble des costresses ou galeries d'allongement de cet étage (fig. 128), constitue une situation fâcheuse pour les nouveaux chantiers d'exploitation qui viennent d'être ouverts à la base du troisième puits de la Compagnie, dit puits Saint-Firmin, situé sur le territoire de la commune d'Auchel.

En effet, quoique ces nouveaux travaux du puits Saint-Firmin soient encore très-éloignés des galeries submergées, ouvertes dans les plateures des veines Nelly, Élisa, Victoria, Emma et Hortense du puits Saint-Émile, leur développement va naturellement prendre une extension croissante qui les rapprochera forcément de plus en plus des excavations envahies par les eaux.

En second lieu, si l'on considère que les premières veines, actuellement exploitées au bas du puits Saint-Firmin, ont tous les caractères des veines Emma et Hortense du puits Saint-Emile, on sera amené à penser qu'elles pourraient bien être identiques, et qu'un rejet ou faille de grande épaisseur existe probablement entre les deux puits.

Enfin, nous ferons remarquer qu'il y a deux ans environ on a été chercher une forte venue d'eau à la base du puits Saint-Firmin, en pénétrant dans un banc de grès vierge, sur une profondeur extrêmement faible, et que cette source, qui fournissait, à l'origine, un débit d'environ 3,000 hectolitres d'eau par vingt-quatre heures, en livre encore aujourd'hui environ 1,500 hectolitres. Ce banc de grès n'a été, pour ainsi dire, qu'effleuré; il doit donc être extrêmement fissuré, et ses crevasses naturelles, remplies d'eau, doivent s'étendre à une très-grande distance du puits, en le mettant ainsi en communication avec des sources très-éloignées. D'autres bancs de grès, non encore recoupés par les travaux du puits Saint-Firmin, peuvent donc présenter des caractères analogues et se trouver en communication, à grande distance, avec les travaux du puits Saint-Émile.

Par conséquent, il y a lieu de redouter la rencontre, tôt ou tard, soit par des failles, soit par les fissures naturelles du gîte, de larges cassures qui pourraient établir une infiltration des eaux du puits Saint-Émile dans les travaux du puits Saint-Firmin, servant aujourd'hui à l'exploitation de la houille, et constituant la seule ressource de la Compagnie de Marles, dans les circonstances actuelles.

Or, si l'on veut bien remarquer l'importance que doit avoir la masse d'eau renfermée dans les galeries du puits Saint-Émile, dont la plupart étaient ouvertes sur de grandes dimensions, puisqu'elles servaient au transport intérieur au moyen de chevaux, et si l'on veut en même temps envisager l'énorme pression qui agit sur cette masse d'eau, on en conclura forcément qu'il deviendra un jour urgent, pour la Compagnie de Marles, de se mettre à l'abri d'une pareille éventualité. Nous allons lui en indiquer les moyens : ce sera l'objet du présent chapitre.

Le rétablissement du puits éboulé est le seul moyen de se mettre à l'abri de tout danger. — La seule mesure efficace à prendre par la Compagnie de Marles, pour se mettre à l'abri de tout danger, et pour recouvrer en même temps une étendue considérable de sa concession, qui serait perdue à tout jamais si l'on restait dans l'état de choses actuel, c'est de relever et de rétablir complétement le puits Saint-Émile éboulé. Nous ne nous dissimulons pas les immenses difficultés qu'une telle reconstruction présentera, mais nous avons la ferme conviction que l'art des mines saura en triompher et mener à bonne fin une œuvre de tout premier ordre, qu'on pourra considérer, à juste titre, comme l'une de celles qui auront exigé le plus d'intelligence, de science pratique et d'énergie indomptable de la part de ceux qui en seront chargés. Nous allons démontrer la possibilité d'exécution de ce travail.

Démonstration de la possibilité de relever le puits éboulé. — Le mouvement de terrain qui a commencé à agir sur le cuvelage de la fosse de Marles, vers la fin de mars 1866, s'est fait sentir d'abord sur les cadres voisins des siéges de picotage de la cinquième passe, puis s'est propagé, de proche en proche, dans les cadres supérieurs, et enfin a continué à s'étendre jusqu'aux siéges de la quatrième. Toute la partie inférieure du cuvelage, à partir des siéges de la cinquième passe jusqu'à la base du niveau inférieur, est donc restée entièrement en dehors de la zone d'action du mouvement, le plan des cassures extrêmes des terrains, dues à leur affaissement, n'ayant atteint le puits qu'en des points supérieurs à ces siéges de picotage. D'un autre côté, l'éboulement du cuvelage de la cinquième passe a permis aux sources de fond du second niveau de se déverser dans l'intérieur du puits, en s'y écoulant soit par les fissures naturelles du terrain mises à jour, soit par les trous de renvoi de niveau des siéges de cette passe. Par conséquent, ces sources jaillissantes n'ont pu exercer aucune action sur le cuvelage qui les avait tenues emprisonnées jusque-là et qui s'est trouvé ainsi déchargé. Ce cuvelage a donc dû forcément rester en place, et toute la partie inférieure de la fosse, à partir des siéges de la cinquième passe jusqu'au fond, est intacte.

Pour rétablir complétement le puits dans sa situation primitive, il suffirait donc d'en reconstruire la partie supérieure, sur une profondeur d'une soixantaine de mètres, mesurée à partir de la surface, en allant poser un nouveau cuvelage au-dessus des siéges de picotage de la cinquième passe restés en place. Mais il faut pour cela pouvoir retrouver le centre du puits très-approximativement, non-seulement en se basant sur des points de repère fournis par les constructions établies à la surface, mais même sur des indications certaines puisées au milieu des terrains éboulés. Or, nous avons suivi pas à pas toutes les phases de l'éboulement, depuis le moment où nous avons effectué notre dernière descente dans la fosse, c'est-à-dire le 30 avril, vers trois heures et demie de l'après-midi, jusqu'à celui de l'écroulement de la tête du puits, qui a eu lieu dans la nuit du 2 au 3 mai, vers minuit. Eh bien, nous avons parfaitement remarqué, comme ont pu le faire, du reste, toutes les personnes qui en ont été témoins, que le puits se décuvelait progressivement, mais conservait ses siéges de picotage (du moins ceux des passes supérieures), ainsi que son boisage provisoire, dont une partie seulement, celui de la tête des passes, avait été démontée à l'époque du cuvellement. En jetant des paquets d'étoupes enflammées dans l'intérieur de la fosse, on apercevait tout d'abord les siéges de picotage de la seconde passe restés en place; puis derrière ces siéges, faisant saillie sur la fosse, par suite de la disparition du cuvelage supérieur qui les avait abandonnés, apparaissait le boisage provisoire resté en place et qui, vu de la tête du puits, simulait tellement bien la forme du cuvelage, qu'on aurait pu croire à l'existence de ce dernier, si l'on n'eût pas remarqué la saillie des siéges inférieurs.

Le même état de choses s'est ensuite présenté pour la première passe ou passe supérieure, dans les derniers instants qui ont précédé la chute de la tête du puits : les siéges de cette passe, mis à découvert par la disparition du cuvelage, apparaissaient dans la situation où ils se trouvaient pendant l'exécution même de leur picotage, et le boisage primitif se montrait par derrière, de manière à faire croire à l'existence d'une passe encore garnie de son cuvelage, si l'on n'eût pas remarqué la saillie des siéges et entendu le bruit de l'écoulement des eaux, à grande vitesse, qui se rapprochait sensiblement de la tête du puits.

Ces diverses phases de l'éboulement du puits, dont nous avons été témoin, nous permettent d'avancer, avec certitude, que l'éboulement des terrains, sur toute la hauteur du cuvelage tombé, n'a pris une grande extension que là où n'existait plus le boisage provisoire dont les parois étaient garnies, c'est-à-dire à la tête des première et seconde passes, et sur l'épaisseur des bleus. La tête de cette masse argilo-sableuse, garantie par la saillie des dix siéges formant la base de la seconde passe, n'a même guère dû subir l'action du courant d'eau du premier niveau, qui débordait au-dessus du dixième siége ou siége supérieur. Ces dix siéges, picotés dans un terrain très-ferme, n'ont donc dû éprouver qu'un très-léger affaissement, et doivent se trouver vraisemblablement, à peu de chose près, dans la position où on les a établis. Il en est de même du boisage des parois supérieures, qui sera resté dans sa situation primitive, comme nous le remarquions en jetant des étoupes enflammées dans l'intérieur du puits. Quant aux siéges de la passe supérieure, qui se trouvaient établis dans des couches de marne peu résistantes, nous n'oserions pas affirmer qu'ils fussent restés en place, bien que nous les ayons aperçus encore quelques heures seulement avant la chute de la tête du puits. Cependant, aussitôt qu'ils se sont trouvés déchargés du cuvelage supérieur, qui s'en est détaché à la suite d'un premier affaissement, il n'y avait plus guère d'autre cause d'écroulement de ces siéges qu'une vaste excavation qui se serait faite par-dessous, dans le terrain mis à nu à l'époque du cuvellement de la passe inférieure. Mais cette excavation aura-t-elle eu le temps de se produire avant l'écroulement de la tête du puits, qui a produit dans le sol un cratère de 30 à 35 mètres de diamètre et de 10 à 11 mètres de profondeur, dont le cube, si l'on y joint celui des maçonneries supérieures, a suffi pour combler entièrement la fosse? Il y a autant de probabilités pour l'affirmative que pour la négative. Mais une partie du boisage provisoire de la première passe, que nous avons encore aperçue deux heures avant la fin de la catastrophe, sera certainement restée en place, et il est plus que probable qu'on la retrouvera dans sa situation primitive, ainsi que les siéges de picotage de la seconde passe, quand on pourra pénétrer au milieu des éboulements. Il sera donc alors possible de retrouver le centre du puits, à peu de chose près, et de se guider sur sa position, pour descendre plus bas, à la recherche des siéges de picotage de la cinquième passe de cuvelage demeurés complétement intacts, dans la situation où on les a établis lors du fonçage.

Moyen d'aborder l'intérieur du puits éboulé. — Mais y a-t-il encore possibilité d'aborder l'intérieur de ce puits éboulé et comblé, au milieu duquel se trouvent entassés pêle-mêle, dans tous les sens, des pompes, des sommiers, des échelles, des paliers, des cloisons, les molettes et leur charpente, ainsi que la machine d'épuisement tout entière? Nous n'hésitons pas à répondre affirmativement, à une condition cependant, et que nous considérons comme indispensable : c'est de parvenir à l'assécher préalablement jusqu'à la base des éboulements, en le débarrassant complétement des eaux qui l'envahissent, tant de celles du premier niveau que de celles de la tête du second ou niveau inférieur.

Or, nous avons la ferme conviction qu'il est possible d'atteindre ce but, en faisant usage de puissants moyens d'épuisement établis dans le voisinage du puits éboulé, et prenant leurs eaux au-dessous des points inférieurs à l'éboulement.

Nous avons, en effet, constaté bien souvent, lors du fonçage, la grande perméabilité des terrains renfermant le premier niveau, et celle de la tête des marnes grises qui constituent les terrains aquifères inférieurs ou second niveau. Tous ces terrains sont très-fissurés et très-spongieux, ainsi que nous l'avons montré dans la description du passage des niveaux formant l'objet du chapitre 1er. Nous avons toujours remarqué que chaque fois qu'on mettait à jour de nouvelles sources, augmentant tout à coup, et quelquefois d'une manière très-notable, la quantité d'eau affluente, celle-ci ne tardait pas à diminuer sensiblement, lorsqu'on pouvait maintenir d'une manière continue le fonctionnement des pompes qui servaient à l'épuiser. Les terrains qui recélaient ces eaux finissaient donc par s'assécher, par *s'exhaurer* sur une grande étendue, de chaque côté du puits.

Si donc on parvenait, par un moyen quelconque, à maintenir d'une manière continue un épuisement puissant dans le voisinage du puits, en y attirant toutes les eaux supérieures jusqu'au-dessous des points où se termine l'éboulement en profondeur, il est certain qu'on finirait par assécher, par exhaurer complétement toutes ces couches aquifères, et qu'il serait alors possible d'aborder l'intérieur du puits éboulé, et d'y descendre jusqu'au cuvelage resté en place, c'est-à-dire jusqu'aux siéges de picotage de la cinquième passe.

Creusement de deux nouveaux puits, pour y attirer et épuiser toutes les eaux renfermées dans les parties éboulées de l'ancien puits. — Eh bien, nous sommes convaincu qu'il est parfaitement possible d'atteindre un tel but. En effet, il suffirait de créer deux autres puits dans le voisinage du premier, de les approfondir jusqu'au-dessous de la base des éboulements, et d'y amener enfin toutes les eaux supérieures au milieu desquelles se trouvent ces derniers. On n'aurait plus alors qu'à rejeter ces eaux à la surface, d'une manière continue, au moyen de pompes très-puissantes, et à les déverser dans la Clarence au moyen de l'ancienne galerie d'écoulement, qui serait prolongée jusqu'à l'orifice des deux nouveaux puits.

Le fonçage de ces nouveaux puits devrait être opéré de manière à laisser intact entre eux et les parties éboulées des anciens, de chaque côté desquels ils seraient construits, un massif de terrain ferme d'une cinquantaine de mètres d'épaisseur, pour éviter toute corrélation nuisible, comme nous l'avons fait nous-même quand nous avons présidé à la construction du puits Saint-Émile.

L'établissement de ces nouveaux puits, basé sur toutes les indications qui précèdent, relatives au fonçage de la fosse éboulée, se ferait à coup sûr et sans grandes difficultés, puisqu'on connaîtrait à l'avance tous les éléments de leur construction, et qu'on saurait exactement à quelle limite leur approfondissement devrait être poussé, pour y rencontrer les assises de terrains convenables à l'érection de leurs diverses passes de cuvelage.

On pourrait creuser chacun de ces nouveaux puits en se servant, pour y épuiser les sources affluentes, de deux jeux de pompes de $0^m,75$ de diamètre et de 3 mètres de course, dont on établirait les colonnes à répétition de la manière mentionnée au chapitre 1er. Avec un système d'épuisement aussi puissant, établi suivant toutes les règles de l'art, on exhaurerait inévitablement, et avec la plus grande facilité, tous les terrains supérieurs, à des distances considérables des puits en percement.

Lorsqu'on atteindrait par ceux-ci des points un peu inférieurs à ceux de la base de l'éboulement de l'ancien puits, c'est-à-dire correspondant à une profondeur de soixante et quelques mètres, si l'on craignait, contrairement à nos convictions, qu'il ne restât encore une certaine hauteur d'eau au-dessus du cuvelage intact de ce puits éboulé, il serait facile de s'en débarrasser en lui donnant écoulement sur les nouveaux.

Percement de deux galeries à la base des nouveaux puits pour les mettre en communication avec l'ancien. — A cet effet, il suffirait de creuser vers la base de ces derniers, et dans la direction du premier, deux galeries horizontales au milieu des premières assises de marnes grises renfermant le second niveau. Lorsque ces galeries, boisées solidement, atteindraient le voisinage de l'ancien puits, on en suspendrait le percement et on les mettrait en communication avec celui-ci par quelques trous de sonde pratiqués horizontalement, au travers du massif de terrain laissé intact, de chaque côté de l'éboulement, sur quelques mètres d'épaisseur.

On attirerait alors facilement, par ces trous de sonde, toutes les eaux renfermées dans la partie du puits éboulé. En même temps, pour exhaurer complétement, et d'une manière continue, tous les terrains supérieurs renfermant le premier niveau, on donnerait une décharge factice à celui-ci sur les deux nouveaux puits, revêtus de leur cuvelage jusqu'à la tête des marnes grises inférieures. Il suffirait, pour produire cette décharge du premier niveau, de lui donner un écoulement sur les deux nouveaux puits, en perçant, à la base, le cuvelage qui l'aurait emprisonné jusque-là, et dont les siéges de picotage occuperaient une position correspondante à celle des siéges de picotage de l'ancien puits.

En admettant que la base du cuvelage du premier niveau, dans les deux nouveaux puits, fut formée, comme dans l'ancien puits, de dix siéges de picotage superposés, on aurait eu soin, en posant ces derniers, de ne pas recouvrir de clapets leurs trous de renvoi de niveau, en se bornant à établir par-dessus des caisses en bois percées de trous latéralement, et d'y masser, sur 1 ou 2 mètres de hauteur et sur tout le pourtour du siége supérieur, un lit de blocailles non susceptibles de se déliter au contact de l'eau, et formant un véritable filtre destiné à s'opposer à la descente du rebourrage supérieur, tout en permettant à la colonne d'eau située derrière le cuvelage de le traverser et de s'écouler par les trous de renvoi des siéges. Pendant la traversée des bleus inférieurs, pour éviter la descente des eaux supérieures par les trous de renvoi de niveau, on aurait eu soin également de boucher transversalement ces derniers, à chaque siége, ainsi qu'il est représenté figure 104.

Ces dispositions ayant ainsi été prises, comme nous venons de l'indiquer, il suffirait donc, pour établir une décharge continue du premier niveau, dans chaque puits, d'y déboucher, par un trou de tarrière horizontal, les trous de renvoi du siége supérieur formant la base du cuvelage établi sur toute la hauteur de ce premier niveau.

Les eaux s'écoulant alors par les ouvertures transversales pratiquées au travers de ce siége supérieur, seraient reçues dans un cariou couvert, construit *ad hoc*, à l'intérieur même de ce cadre, et conduites par des gaînes en bois jusqu'au fond du puits.

Au bout d'un certain temps de fonctionnement de ce nouveau régime dans chaque nouveau puits, nous sommes convaincu que les parties éboulées de l'ancien seraient mises à sec, et qu'on pourrait alors l'aborder sans inconvénient, pour le vider jusqu'au niveau du cuvelage resté en place, c'est-à-dire jusqu'aux siéges de picotage de la cinquième passe, où le mouvement primitif a pris naissance. On n'aurait plus alors qu'à poser un nouveau cuvelage sur ces anciens siéges, et à l'élever jusqu'à la tête du premier niveau, en laissant en place, par derrière, tout le boisage dont les parois auraient été garnies en descendant, pour atteindre la base de l'éboulement.

Moyen d'attaque du puits éboulé, à la suite de l'assèchement des terrains supérieurs, en y établissant un boisage provisoire très-solide et d'une rigidité complète. — Ce boisage provisoire devrait être très-soigné et suspendu, à mesure de son exécution, à des points d'attache invariables pris à la surface. Comme il devrait être établi sur une grande hauteur et posséder des cadres d'un grand diamètre, il devrait être construit très-solidement et présenter une rigidité complète dans toutes ses parties. L'exécution de ce boisage serait, à vrai dire, l'opération la plus délicate et qui exigerait le plus de soins, de toutes celles entreprises en vue de la réparation complète du puits éboulé.

Indication sommaire du mode de réparation du puits éboulé. — Voici, d'une manière générale, comment nous procéderions à la reconstruction de la fosse, si nous étions chargé de la direction de cette opération :

Après nous être entouré d'un personnel d'élite, composé de maîtres mineurs, de maîtres charpentiers de tout premier ordre, d'ouvriers très-habiles, exercés dans des travaux de ce genre, et que nous aurions soin d'intéresser au succès de l'entreprise, par des primes proportionnelles basées sur l'importance de leurs fonctions et le degré de capacité que chacun d'eux nous présenterait, indépendamment des salaires fixes que nous leur allouerions pour toute la durée du temps du travail, nous procéderions d'abord à l'exécution des nouveaux puits, jusqu'à une profondeur de 60 et quelques mètres, correspondante à des points situés à un niveau un peu inférieur à celui de la tête du cuvelage resté en place dans le puits éboulé.

Nous cuvellerions ces nouveaux puits graduellement, absolument de la même manière que l'ancienne fosse dont nous avons décrit le fonçage au chapitre 1er ; mais nous ne poserions le cuvelage, dans chacun d'eux, que jusqu'à la tête des marnes grises renfermant le second niveau, c'est-à-dire jusqu'aux points correspondants à ceux où se trouvaient établis les siéges de picotage de la quatrième passe écroulée de l'ancien puits, nous bornant à garnir les parois inférieures d'un simple boisage provisoire solidement établi, pour rendre possible l'asséchement de tous les terrains environnants, au moyen des quatre jeux de pompes, en fonctionnement dans ces nouveaux puits, et qui seraient constitués comme nous l'avons indiqué précédemment.

Aussitôt que l'exhaure des terrains supérieurs serait suffisamment établi, à l'aide des dispositions que nous avons indiquées plus haut, nous attaquerions l'ancienne fosse, à partir de la surface, de la manière suivante :

Mode de suspension du boisage provisoire à établir dans l'intérieur du puits éboulé en voie de déblaiement. — Au-dessus de son emplacement, nous fixerions d'abord la position de son axe très-approximativement, au moyen des points de repère que nous offriraient les anciennes constructions restées debout à la surface.

Nous établirions ensuite, au-dessus de l'emplacement de cette vieille fosse, quatre poutres ou fermes parallèles, en tôle et fer, d'une cinquantaine de mètres de longueur, reliées entre elles par des entretoises, et analogues à celles qui supportent les tabliers des ponts ou des viaducs de chemins de fer, construits au-dessus des fleuves et des vallées de grande largeur. Ces poutres ou fermes reposeraient, par leurs extrémités, sur des tasseaux jointifs établis, de chaque côté de l'ancien cratère d'éboulement de la tête du puits, sur le terrain ferme, et s'y étendraient sur une longueur de 7 à 8 mètres, de manière à former un vaste empâtement, à la surface, complétement à l'abri des éboulements.

Au-dessus de ces fermes métalliques, nous établirions une charpente composée de très-forts sommiers superposés et entre-croisés, reliés entre eux par de forts boulons, et constituant un massif creux ayant à l'intérieur la forme d'un prisme droit régulier à seize côtés, de 6 mètres de diamètre au cercle inscrit, dont l'axe formerait le prolongement supposé de celui du puits éboulé. Cette forme prismatique de l'intérieur du massif de charpente devrait correspondre exactement à celle de l'intérieur des cadres du boisage provisoire que nous établirions ensuite successivement au milieu des éboulements, à mesure que nous y pénétrerions, en vidant le puits en question.

Construction du boisage provisoire. — Les premiers cadres de ce boisage devraient être composés de pièces en chêne de $0^m,50$ sur $0^m,50$ d'équarrissage, assemblées entre elles à mi-bois et réunies par de forts boulons. Ces cadres devraient être reliés entre eux par des lignes verticales de forts porteurs, établies dans le voisinage des angles, et suspendus à la charpente dont nous venons de parler, par de gros tirants en fer et par deux cloisons à claire-voie posées en croix à l'intérieur, à mesure de l'approfondissement du puits au milieu des éboulements.

Nous n'avancerions dans l'intérieur du puits éboulé qu'en nous y faisant précéder par de fortes palplanches jointives, pénétrant dans le terrain derrière les cadres, et disposées tout à fait comme celles dont nous nous sommes servi pour la traversée des dernières assises des bleus, lors du fonçage de cette fosse. Enfin, nous garnirions les parois du puits, derrière les cadres et en avant des palplanches, de fortes stiffles verticales, posées de la manière qui a déjà été indiquée dans le chapitre premier consacré au fonçage.

Extraction de la machine d'épuisement et des appareils qui se trouvent ensevelis au milieu des éboulements, à peu de distance de la surface. — Avant de cloisonner le puits, nous retirerions du milieu des éboulements la machine d'épuisement restée à une faible profondeur; car après la chute de la tête de cette fosse, et avant l'ascension des eaux dans l'intérieur du cratère d'éboulement qui s'y était formé, nous avons parfaitement vu poindre, au fond de ce dernier, l'un des angles du plateau Q (fig. 6) de la tige du piston de cette machine. Celle-ci, au moment de l'écroulement, s'est donc renversée et a été arrêtée dans sa descente, à quelques mètres seulement de profondeur, par les remblais qui remplissaient déjà entièrement le puits, et qui provenaient des maçonneries supérieures et du terrain d'alentour. Il est probable également que les forts sommiers de l'ancienne charpente de la tête du puits, et les grosses pièces de fonte, telles que les molettes, les plaques de fondations de la machine d'épuisement, etc., tombées les dernières, doivent se trouver dans le voisinage de la surface, par la même raison. On pourrait donc les retirer facilement, sans être obligé de descendre à une profondeur de quelque importance.

Établissement de deux cloisons à l'intérieur du boisage provisoire. — A la suite de l'extraction de ces divers objets, nous poserions, à l'intérieur de notre boisage provisoire, les deux cloisons à claire-voie dont il vient d'être question. Elles seraient entre-croisées suivant deux diamètres perpendiculaires, et composées chacune de traverses assemblées à mi-bois et établies de $1^m,60$ à $1^m,60$ de distance les unes des autres. Nous clouerions sur ces traverses des lambourdes semblables à celles qui constituaient la cloison à claire-voie dont nous avons fait usage lors du fonçage, pour séparer le compartiment d'extraction de celui des pompes. Seulement, les traverses de nos deux cloisons, au lieu d'être assises sur les membres comme l'étaient celles de la cloison du fonçage, serviraient à supporter ces cadres et à étayer leurs côtés ; elles auraient leurs extrémités entaillées à mi-bois, de manière à saisir les côtés des membres par-dessous, et à se trouver encastrées à l'intérieur de ces cadres auxquels elles seraient boulonnées fortement.

Ces traverses viendraient ainsi en aide aux lignes de porteurs pour tenir suspendus, à la charpente de la surface, tous les cadres de boisage, en même temps qu'elles formeraient, à l'intérieur de ceux-ci, de véritables étais transversaux, les empêchant de se déformer sous l'action des poussées latérales.

Elles seraient, en outre, reliées entre elles, vers les extrémités, par des lignes de tirants en fer prolongées jusqu'à la surface, et fixées par de forts écrous aux sommiers constituant la charpente de la tête du puits. Chaque ligne de tirants en fer pourrait être composée de tronçons logés dans des trous pratiqués dans l'épaisseur des traverses, et saisis par-dessus et par-dessous au moyen d'écrous et de flottes de serrage, de manière à constituer une série de tirants partiels losangés, dont les axes seraient aussi rapprochés que possible les uns des autres.

Les traverses correspondantes des deux cloisons seraient assemblées l'une sur l'autre à mi-bois et traversées au milieu de leur longueur, c'est-à-dire suivant l'axe du puits, par une ligne continue de tirants en fer, qui serait prolongée jusqu'à la surface et suspendue à un fort sommier transversal établi au-dessus de la charpente de la tête du puits. Cette dernière ligne de tirants en fer serait également composée de tronçons qu'on réunirait les uns aux autres, à mesure de la pose des traverses, soit au moyen d'assemblages à vis, soit au moyen d'assemblages à enfourchement.

Division du puits en quatre compartiments. — Le puits se trouvant ainsi divisé en quatre compartiments semblables correspondant aux quatre secteurs égaux de la section intérieure, on en consacrerait deux, opposés par le sommet, à l'extraction des déblais et de l'ancien matériel, qu'on retrouverait en pénétrant au milieu des éboulements. On emploierait dans ce but deux machines d'extraction établies de chaque côté du puits, en regard des compartiments dont il vient d'être question, et deux forts cabestans desservant les deux autres compartiments qui renfermeraient, en même temps, les échelles fixées verticalement contre les cadres du boisage, comme lors du fonçage.

Motifs d'adoption d'un grand diamètre pour déblayer et boiser le puits éboulé. — Nous avons adopté 6 mètres pour le diamètre intérieur des membres constituant notre boisage provisoire, au lieu de $4^m,70$ qui était celui des plus grands employés au fonçage. Nous avons été amené à nous servir de cadres d'un aussi grand diamètre, par les considérations suivantes : d'une part, nous avons dû tenir compte de l'augmentation d'épaisseur à donner aux nouveaux membres, aux stiffles et aux palplanches, que nous aurions à employer; d'autre part, nous avons voulu nous mettre à l'abri d'erreurs pouvant résulter de la position supposée de l'axe du puits, qui ne pourra être constatée exactement que lorsqu'on atteindra des parties de l'ancien boisage provisoire restées en place, d'anciens siéges de picotage, tels que ceux de la base de la seconde passe qu'on retrouvera, sinon complétement, dans les assises résistantes de terrain où ils ont été fortement picotés, du moins partiellement, eu égard aux circonstances relatées précédemment. Par conséquent, si l'on fait usage dans les parties supérieures du puits, comme nous pensons que cela doit être, de membres de $0^m,30$ sur $0^m,30$ d'équarrissage, de palplanches de $0^m,04$ d'épaisseur, de stiffles de $0^m,03$, le diamètre de la fosse, en terrain nu, devra être porté à $6^m,80$, au lieu de $5^m,15$ qu'il était dans les endroits les plus larges, lors du fonçage.

On voit par là de quelle utilité sera l'établissement de deux fortes cloisons dans l'intérieur du boisage provisoire, pour lui donner la plus grande rigidité possible, et l'empêcher de se déformer sous l'action des poussées latérales, qui agiront, du reste, avec beaucoup moins d'énergie que lors du fonçage, puisqu'on n'abordera le puits que lorsque tous les terrains supérieurs éboulés auront été complétement asséchés.

Reconstruction du cuvelage écroulé. — Quoi qu'il en soit, lorsqu'on atteindra les siéges de picotage de la cinquième passe, on pourra immédiatement procéder à la pose du cuvelage, en laissant en place, bien entendu, derrière celui-ci, tout le boisage provisoire, pour soutenir le terrain des parois, à l'exception des cloisons qu'on démontera graduellement, à mesure qu'on s'élèvera dans l'intérieur du puits avec ce nouveau cuvelage. On établira alors un véritable bétonnage, entre le cuvelage et le boisage provisoire, de manière à remplir exactement les vides intermédiaires, en ayant soin de laisser monter la nappe d'eau dans l'intérieur du puits, pour amener une solidification rapide de ce bétonnage.

Opérations qui devront suivre le rétablissement du cuvelage.—Enfin, lorsqu'on atteindra la tête du niveau supérieur, on établira au-dessus du cuvelage une tourelle en maçonnerie, reposant sur un fort grillage encastré dans le terrain ferme; puis on remblayera, par derrière, jusqu'à la surface, et on procédera finalement au brandissage général, en descendant.

Il ne restera plus alors qu'à vider complétement le puits jusqu'au fond, après y avoir rétabli un jeu de pompes à répétition de colonnes, qu'on prolongera, en descendant, pour épuiser les eaux inférieures. Ce dernier déblaiement du puits ne présentera plus aucune difficulté, puisque les eaux des deux niveaux auront été emprisonnées de nouveau derrière le cuvelage.

A la suite de la pose du cuvelage dans l'ancien puits, on bouchera les trous de décharge ouverts dans l'un des siéges de picotage de la base du niveau supérieur des nouveaux puits; on remblayera à ferme les deux galeries creusées vers le bas de ces derniers, et on procédera ensuite à la pose du cuvelage de leur partie inférieure, restée simplement boisée jusque-là. Enfin, on achèvera le passage complet du second niveau, par ces deux nouveaux puits, qu'on prolongera ensuite dans le terrain houiller, pour en tirer parti ultérieurement. On aura alors trois puits, dont deux pourront être consacrés à l'extraction de la houille, et le troisième à l'épuisement et à l'aérage des travaux d'exploitation.

Telle est, suivant nous, la marche à suivre par la Compagnie des mines de Marles, si elle veut se mettre à l'abri de tout danger dans l'avenir, et recouvrer en même temps une grande partie de sa concession qui se trouverait complétement perdue si elle laissait les choses dans l'état actuel. On voit qu'en l'adoptant, non-seulement cette Compagnie rentrera en possession de tous ses anciens moyens de production, mais les augmentera encore considérablement, par l'adjonction de deux nouveaux puits à celui qu'elle retrouvera.

Résumé. — Dans tout ce que nous venons de dire, nous n'avons pu naturellement fournir que des indications générales et sommaires, sur les moyens à employer pour procéder au rétablissement complet du puits éboulé, les détails d'exécution devant faire, de la part des personnes qui seront chargées de la direction de ce travail, l'objet d'études dont les bases sont entièrement connues et ne laissent aucune prise à l'imprévu. Notre but unique était de montrer que,

quelque grandes que soient les difficultés d'exécution d'une telle
œuvre, l'art des mines est parfaitement en mesure d'en venir à
bout, et nous serions heureux, malgré l'insuffisance de l'exposé qui
précède, d'être parvenu à faire partager nos convictions aux ingénieurs compétents à qui nous nous adressons, sur la possibilité de
mener à bonne fin une entreprise de cette importance.

ANNEXES

Tableau des dépenses du passage des niveaux de la seconde fosse de Marles.

DÉTAIL.		JOURNÉES.	SALAIRES.		TOTAUX. JOURNÉES.	TOTAUX. SALAIRES.	
	Surveillance...	»	10,234	55	»	10,234	55
Creusem^t ou fonçage.	Mineurs.......	4,950 75	13,624	14			
	Aides-mineurs.	1,625 50	2,602	64			
	Divers........	5,089 75	9,777	28	11,664 »	26,004	06
Picotage..........	Mineurs.......	2,464 50	6,739	09			
	Aides-mineurs.	1,157 25	1,824	93			
	Divers........	2,172 »	4,053	13	5,793 75	12,617	15
Cuvellement.......	Mineurs.......	1,261 75	3,462	62			
	Aides-mineurs.	353 75	574	08			
	Divers........	1,464 »	2,617	55	3,079 50	6,654	25
Brandissage........	Mineurs.......	2,948 »	7,804	77			
	Aides-mineurs.	1,588 25	2,257	75			
	Divers........	2,064 »	3,729	19	6,400 25	13,791	71
Suspension de cuvel.	Mineurs.......	507 »	1,363	57			
	Aides-mineurs.	61 75	101	06			
	Divers........	471 »	926	31	1,039 75	2,390	94
Etablissement de la répétition de pompes	Mineurs.......	2,265 »	6,534	36			
	Aides-mineurs.	104 50	190	90			
	Divers........	3,099 75	5,958	51	5,469 25	12,683	77
Service des moteurs.							
Machine d'épuisement	Machinistes....	1,876 »	4,261	70			
	Graisseurs.....	569 50	512	59			
Machine d'extract..	Machinistes ...	1,161 75	2,648	85			
	Chauffeurs.....	1,982 50	4,568	63			
	Divers........	2,622 »	6,516	49	8,211 75	18,508	26
Service des ateliers.							
Charpenterie.......	Ouvriers divers	14 25	36	02			
Forge.............	Idem........	29 »	78	07	43 25	114	09
Total général..................					41,701 50	102,998	76

FONÇAGE.

Objets d'approvisionnement et de consommation.	Sommes.		Totaux.	
Bois. . . . . . — Chêne.	807 fr.	10 c.		
Orme.	3,984	55		
Bois blanc.	52	14		
Sapin.	1,748	05		
Hêtre.	75	36		
Planches et madriers en chêne. . . .	240	74		
— — en orme. . . .	5,145	45		
— — en bois blanc. .	1,663	52		
Planches en sapin.	713	16		
Dosses en orme.	278	»		
— en bois blanc.	52	80		
— en saule.	16	»		
Madriers en sapin.	92	40		
Feuillets en orme.	3	15		
— en bois blanc.	181	05		
— en saule.	78	40		
— en sapin.	8	74		
Gîtes en sapin.	15	»		
Echelles et échelons en chêne. . . .	463	45		
Broches de bois blanc.	213	72		
Manches d'outils.	152	86		
Coins et picots en chêne.	135	92		
— — en bois blanc. . . .	88	90		
— — en saule.	58	»		
Coins en orme.	22	40		
Lattes en bois blanc.	23	48		
Gîtes en orme.	305	08		
Dosses en sapin.	76	30	16,693 fr.	66 c.
Métaux . . . — Fer laminé.	952 fr.	23 c.		
— spaté.	161	27		
— de Suède.	416	64		
Fers divers.	1,358	88		
Acier.	78	91		
Pointes.	199	55		
Pelles.	201	24		
Vis.	7	10		
Pinces.	2	25		
Zinc et fer blanc.	15	08		
Plomb et étain.	14	92		
Rivets.	14	95		
Clous.	1,189	40		
Tôle et cuivre.	16	52	4,608	94
Cordages . . — Cordeau goudronné.	131 fr.	56 c.		
Ficelle.	1	50		
Chanvre.	163	46		
Traits.	414	08		
Corde plate.	850	»	1,560	60

A reporter . . . . . 22,863 fr. 20 c.

Objets d'approvisionnement et de consommation.	Sommes.		Totaux.	
Report			22,865 fr. 20 c.	
Corps gras. — Huile de quinquet	1,146 fr.	42 c.		
— de pied de bœuf	14	11		
Suif	252	82		
Savon vert	103	04	1,516	39
Divers. — Charbon	1,510 fr.	71 c.		
Coton et mèches	40	11		
Déchet de coton	53	59		
Goudron	79	17		
Boucles	»	60		
Couvertures de toile d'étoupes	355	37		
Sacs en toile	69	10		
Mousse	20	15		
Fagots	13	50		
Lanternes	9	23		
Balais et essuie-mains	5	85		
Burettes en fer blanc	1	16		
Lampes de mineurs	62	56		
Quinquets	3	75		
Cuir fort	690	56		
Rondelles en gutta-percha	504	28		
Dépréciation des agrès, outils et us-tensiles	1,265	41		
Mannes et bodets en osier	22	43		
Esprit de sel (*acide muriatique*)	»	88		
Marmites en fer blanc	2	88		
Couleur	4	54		
Transport d'outils	»	70	4,696	33
Total du fonçage			29,075 fr. 92 c.	

PICOTAGE.

	Sommes.		Totaux.	
Bois. — Bois de siéges	8,807 fr.	08 c.		
Planches et feuillets en bois blanc	558	84		
Planches en orme	»	»		
Feuillets en saule	15	40		
Madriers en bois blanc	50	58		
Bois blanc	10	97		
Manches d'outils	74	52		
Coins et picots en bois blanc	436	22		
— — en saule	1,494	88		
Picots en chêne	487	05		
Lattes en orme	27	79		
Planches en chêne	75	20	12,058 fr.	55 c.
Métaux. — Fers divers	38 fr.	84 c.		
Fer de Suède	698	93		
Acier	66	74		
Clapets de siéges	120	»		
Clous	7	13	931	64
A reporter			12,970 fr. 17 c.	

Objets d'approvisionnement et de consommation.	Sommes.	Totaux.
Report.		12,970 fr. 17 c.
Cordages. . — Cordeau goudronné.	21 fr. 68 c.	21 68
Corps gras. — Huile de quinquet.	534 fr. 26 c.	
Huile de pied de bœuf.	5 60	
Suif.	166 80	
Savon vert.	48 42	755 08
Divers. . . . . — Charbon.	722 fr. 65 c.	
Coton et mèches.	17 73	
Mèches de quinquet.	» 66	
Déchet de coton.	26 36	
Goudron et couleur.	52 17	
Couvertures de toile d'étoupes. . . .	106 54	
Mousse.	188 »	
Mannes et bodets en osier.	38 47	
Lanternes.	3 13	
Balais et essuie-mains.	2 67	
Burette en fer-blanc (réparation). . .	» 27	
Lampes de mineurs.	2 63	
Quinquets.	3 43	
Dépréciation des agrès, outils et us-		
tensiles.	322 35	
Cuir fort.	135 17	
Esprit de sel (*acide muriatique*). . .	» 44	
Rondelles en gutta-percha.	12 34	1,654 99
Total du picotage.		15,401 fr. 92 c.

<h2 style="text-align:center">CUVELLEMENT.</h2>

	Sommes.	Totaux.
Bois. . . . . . — Bois de cuvelage.	35,712 fr. 68 c.	35,712 fr. 68 c.
Métaux. . . . — Clous.	4 fr. 55 c.	4 55
Matériaux. . . — Chaux ordinaire	634 fr. 80 c.	
— hydraulique.	227 »	
Cendre de chaux.	97 90	
— de houille.	180 »	1,139 70
Corps gras. — Huile de quinquet.	292 fr. 98 c.	
— de pied de bœuf.	1 65	
Suif.	55 70	
Savon vert.	25 25	375 58
Divers. . . . . — Charbon.	380 fr. 17 c.	
Coton et mèches.	10 77	
Déchet de coton.	13 49	
Lanternes.	2 68	
A reporter.	407 fr. 11 c.	37,252 fr. 51 c.

Objets d'approvisionnement et de consommation.	Sommes.		Totaux.	
Report.	407 fr. 11 c.		37,232 fr. 51 c.	
Balais et essuie-mains.	1	45		
Esprit de sel (*acide muriatique*). . .	»	22		
Couvertures de toile d'étoupes. . . .	48	05		
Burette en fer-blanc (réparation).. .	»	54		
Lampes de mineurs.	»	84		
Quinquets..	»	45		
Cuir fort.	90	88		
Couleur..	1	08		
Marmites en fer-blanc.	4	22		
Mannes et bodets en osier..	31	57		
Dépréciation des agrès, outils et us-tensiles..	15	45		
Rondelles en gutta-percha.	8	67	607	15
Total du cuvellement.			37,839 fr. 64 c.	

BRANDISSAGE.

		Sommes.		Totaux.	
Bois.	— Manches d'outils..	38 fr. 75 c.		38 fr. 75 c.	
Métaux.. . .	— Fer laminé.	25 fr. 60 c.			
	Fers divers..	47	72		
	Fer de Suède.	41	98		
	Acier..	24	80		
	Clous..	99	99	208	09
Corps gras. —	Huile de quinquet.	566 fr. 08 c.			
	— de pied de bœuf.	2	19		
	Suif.	156	16		
	Savon vert.	31	57	756	»
Divers. . . —	Charbon.	535 fr. 90 c.			
	Coton et mèches.	26	08		
	Déchet de coton.	20	94		
	Lanternes..	2	26		
	Balais et essuie-mains.	2	20		
	Couvertures de toile d'étoupes. . . .	30	66		
	Cuir fort.	72	02		
	Mannes et bodets en osier.	2	96		
	Lampes de mineurs (réparation).. .	»	62		
	Quinquets (réparation).	1	64		
	Burette en fer-blanc (réparation).. .	»	54		
	Calfats.	1,102	47		
	Rondelles en gutta-percha.	5	29		
	Dépréciation des agrès, outils et us-tensiles..	55	35	1,858	73
	Total du brandissage.			2,861 fr. 57 c.	

SUSPENSION DE CUVELAGE.

Objets d'approvisionnement et de consommation.	Sommes.	Totaux.
Bois. . . . . . — Orme.	150 fr. 44 c.	
Planches en bois blanc.	4 20	154 fr. 64 c.
Métaux. . . — Fer laminé.	4,056 fr. 00 c.	
Fer de Suède.	12 13	
Fers divers.	7 59	
Clous et pointes.	12 63	4,088 44
Corps gras. — Huile de quinquet.	158 fr. 74 c.	
— de pied de bœuf.	4 52	
Suif.	29 54	
Savon vert.	10 16	182 96
Divers. . . . . — Charbon.	181 fr. 76 c.	
Coton et mèches.	5 08	
Déchet de coton.	5 86	
Lanternes et balais.	1 46	
Burettes, lampes et quinquets (réparation).	1 57	
Essuie-mains.	» 23	
Dépréciation des agrès, outils et ustensiles.	25 75	
Cuir fort et couvertures de toile d'étoupes.	20 56	
Rondelles en gutta-percha.	2 28	
Couleur et acide muriatique.	» 52	
Mannes et bodets en osier.	1 37	244 24
Total de la suspension de cuvelage. . . .		4,670 fr. 28 c.

TRAVAUX DIVERS ET EXTRAORDINAIRES.

	Sommes.	Totaux.
Bois. . . . . . — Chêne.	550 fr. 53 c.	
Orme.	344 54	
Gîtes en orme.	96 79	
Sapin.	443 50	
Planches et madriers en orme. . . .	520 52	
Hêtre.	72 96	
Broches de bois blanc.	40 »	
Manches d'outils.	10 05	
Feuillets en bois blanc.	44 38	
Planches en sapin.	4 26	
Feuillets en saule.	1 05	
Planches et madriers en bois blanc.	89 16	1,987 fr. 25 c.
À reporter.		1,987 fr. 25 c.

Objets d'approvisionnement et de consommation.		Sommes.	Totaux.
	Report.		1,987 fr. 25 c.
Métaux . . . —	Fer laminé	1,272 fr. 28 c.	
	Fer spaté	3 35	
	Fers divers	450 51	
	Fer de Suède	146 07	
	Pointes	36 77	
	Clous	114 02	
	Pelles	18 33	
	Mèches de vilebrequin	1 60	
	Acier	30 67	2,073 60
Cordages . . —	Chanvre	64 fr. 62 c.	
	Traits	59 50	
	Cordeau de fils à plomb et calfats . .	37 96	162 08
Corps gras . —	Huile de quinquet	555 fr. 92 c.	
	Suif	20 40	
	Savon vert	2 15	
	Huile de lin	79 20	657 67
Divers . . . —	Charbon	749 fr. 11 c.	
	Coton et mèches	10 41	
	Couvertures et déchet de coton . . .	80 54	
	Balais et lanternes	1 15	
	Rondelles en gutta-percha	42 »	
	Transport de pompes	161 28	
	Lampes de mineurs et divers . . .	51 43	
	Cuir fort	531 50	
	Goudron	34 »	
	Minium et blanc de céruse	1 52	1,662 94
	Total des travaux divers et extraordinaires . .		6,543 fr. 54 c.

SERVICE DES MOTEURS.

		Sommes.	
Bois . . . . . —	*Machine d'épuisement.* — Planches en bois blanc	14 fr. 80 c.	
	Lattes en bois blanc	1 20	
	Gîtes en orme	1 20	
	Madriers en bois blanc	11 70	
	Feuillets en saule	19 25	
Divers . . . . —	Manches d'outils	14 70	
	Planches en bois blanc	100 80	
	Feuillets en bois blanc	26 05	
	Orme	133 63	
	Planches en orme	208 »	
	Lattes en orme	7 20	
	Planches en sapin	9 88	
	A reporter	548 fr. 41 c.	

Objets d'approvisionnement et de consommation.	Sommes.		Totaux.	
Report.....	548 fr.	41 c.		
Dosses en sapin..............	»	70		
Lattes en bois blanc..........	25	80		
Sapin.................	9	20		
Dosses en bois blanc..........	1	20		
Gîtes en sapin et orme.........	4	65	589 fr.	96 c.
Métaux.. . . — *Machine d'épuisement.* — Plomb...	16 fr.	64 c.		
Fers divers..............	66	»		
Minium.................	11	90		
Tôle.................	29	76		
Pointes...............	8	84		
Fer au bois.............	9	60		
Zinc.................	6	57		
Acier.................	60	49		
Tuyaux en cuivre..........	59	40		
Fer spaté..............	1	56		
Machine d'extraction. — Blanc de céruse................	4	45		
Fers divers.............	14	»		
Minium..............	6	87		
Pelles...............	1	56		
Soudure d'étain..........	10	49		
Zinc..............	3	60		
Divers. . . . — Étain..............	18	81		
Plomb.............	54	09		
Clous.............	2	23		
Blanc de céruse.........	21	41		
Fers divers...........	224	84		
Minium............	15	94		
Pelles.............	73	33		
Tôle.............	5,080	98		
Pointes............	25	36		
Soudure d'étain.........	8	99		
Tournure de fonte........	12	»		
Zinc.............	8	76		
Rivets.............	283	36		
Transport de tournure de fonte, de rivets et de tôle..........	82	»	4,223	83
Matériaux.. — *Machine d'épuisement.* — Pannes en verre................	3 fr.	50 c.		
Divers. . . . — Briques réfractaires.........	1,063	53		
— ordinaires.........	37	85		
Chaux hydraulique........	71	»		
Carreaux en terre.........	4	24		
Sable.............	7	20		
Pannes en verre..........	20	»	1,207	32
A reporter..........			6,021 fr.	11 c.

Objets d'approvisionnement et de consommation.	Sommes.	Totaux.
Report		6,021 fr. 11 c.
Cordages. . — *Machine d'épuisement.* — Chanvre. .	93 fr. 76 c.	
Cordeau.	10 25	
Machine d'extraction, — Chanvre. .	43 58	
Divers. . . . — Chanvre.	115 95	
Cordeau de fils à plomb.	5 06	268 58
Corps gras. — *Machine d'épuisement*. — Huile de quinquet.	605 fr. 98 c.	
Huile de pied de bœuf.	661 64	
— de lin.	5 16	
Suif.	261 44	
Savon vert.	10 75	
Machine d'extraction. — Huile de quinquet.	162 42	
Huile de pied de bœuf.	220 16	
— de lin.	2 41	
Suif.	76 93	
Savon vert.	7 94	
Divers. . . . — Huile de quinquet.	277 58	
— de pied de bœuf.	297 58	
— de lin.	37 31	
Suif.	81 25	
Savon vert.	15 98	
Chandelles.	410 54	2,830 67
Divers. . . . — *Machine d'épuisement.* — Charbon. .	87,661 fr. 29 c.	
Dépréciation des moteurs.	548 11	
Machine d'extraction. — Charbon. .	12,315 27	
Divers. — Charbon.	514 49	
Mastic.	409 80	
Gaines.	160 66	
Frais de séjour des ouvriers chaudronniers.	965 66	
Esprit de sel *(acide muriatique)*. . .	1 05	
Couvertures de toile d'étoupes. . . .	1 80	
Dépréciation des moteurs.	501 20	
Divers.	502 95	105,411 92
Total pour le service des moteurs.		112,532 fr. 28 c.

SERVICE DES ATELIERS.

	Sommes.	Totaux.
Bois. . . . . — *Charpenterie.* — Manches d'outils. .	1 fr. 78 c.	
Madriers en hêtre.	22 »	
Gîtes et madriers en sapin.	225 89	
Forge. — Manches d'outils.	69 37	
Planches en bois blanc.	1 40	320 44
À reporter		320 fr. 44 c.

Objets d'approvisionnement et de consommation.	Sommes.	Totaux.
Report.		520 fr. 44 c.
Métaux. . . . — *Charpenterie.* — Fer.	19 fr. 05 c.	
Acier.	4 10	
Outils.	532 64	
Forge. — Fer.	78 45	
Acier.	127 36	
Outils.	279 16	840 76
Corps gras. — *Charpenterie* — Huile de quinquet. .	166 fr. 78 c.	
Suif.	1 70	
Forge. — Huile de quinquet. . . .	110 65	
Savon vert.	9 96	239 07
Divers. . . . . — *Charpenterie.* — Divers.	16 fr. 76 c.	
Forge. — Charbon.	1,336 75	
Divers.	25 78	1,379 29
Total pour le service des ateliers.		2,829 fr. 56 c.

RÉCAPITULATION.

Salaires.

Détail.		Sommes.
Surveillance.		10,234 fr. 55 c.
Fonçage.		26,004 06
Picotage.		42,617 15
Cuvellement.		6,654 23
Brandissage.		13,791 71
Suspension de cuvelage.		2,590 94
Etablissement de la répétition de pompes.		12,683 77
Service des moteurs. { Machine d'épuisement. . . 4,774 fr. 29 c.		
— d'extraction. . . 2,648 85		18,508 26
Divers. . . . . 11,085 12 }		
Service des ateliers. { Charpenterie. 56 02		
Forge. . . . . 78 07 }		114 09
Total.		102,998 fr. 76 c.

Objets d'approvisionnement et de consommation.

Détail.		Sommes.
Fonçage.		29,075 fr. 92 c.
Picotage.		15,401 92
Cuvellement.		37,839 64
Brandissage.		2,861 57
Suspension de cuvelage.		4,670 28
Travaux divers et extraordinaires.		6,543 54
Service des moteurs. { Machine d'épuisement. . . 90,176 fr. 79 c.		
— d'extraction. . . 12,899 68		112,532 28
Divers. . . . . 9,455 81 }		
Service des ateliers. { Charpenterie. 790 70		
Forge. . . . . 2,058 86 }		2,829 56
Total.		211,754 fr. 71 c.
En tous frais.		314,753 47

REGISTRE DE FONÇAGE

Cette copie du Registre de fonçage en est la reproduction intégrale.
On s'est borné à y modifier les expressions et les phrases les moins
correctes, leur rédaction n'ayant pas été conçue en vue de l'impression, au moment où elle a été entreprise.

DATES.	ORDRE DES POSTES, 1 jour. — n. nuit.	NOMS DES SURVEILLANTS.	1° Nombre de mineurs. 2° Nombre d'aides-mineurs.	TRAVAIL EFFECTUÉ. Enfoncement. — Mètres.	Cuvelage.	N° des membres.	Boudissage.	Temps pour l'allongement des pompes. — Heures.	RETARDS OCCASIONNÉS. Durée. — Heures.	NATURE ET CAUSE.	EFFETS DES MACHINES d'extraction. Quantité de terres extraite par poste. — Coffres.	Consommation de charbon par jour. — Hectolitres.	d'épuisement. Nombre de jeux de pompe en activité.	Nombre de coups de pompes par minute.	Quantité d'eau extraite par minute. Hectolitres.	Consommation de charbon par jour. — Hectolitres.
1854	Profond^r du puits jusqu'au niveau.			9.00												
19 déc.	1er j.	A		0.15												
	2e »	B		0.45												
	3e »	C														
	1re n.	A				1er										
	2e »	B														
	3e »	C														
20 déc.	1er j.	A		0.55												
	2e »	B		0.25												
	3e »	C				2e										
	1re n.	B														
	2e »	A		0.20												
	3e »	C		0.40											50 p. heure id.	
21 déc.	1er j	A				3e										
	2e »	B														
	3e j.	C														
	1re n.	A		0.50												
	2e »	B														
	3e »	C				4e										
22 déc.	1er j.	A														
	2e »	B														
	3e »	C														
	1re n.	A														
	2e »	B		0.55												
	3e »	C				5e										
23 déc.	1er j.	A														
	2e »	B														
	3e »	C														
	1re n.	A														
	2e »	B		0.49												
	3e »	C				6e										
1855 11 janv.	1er j.	A											1	3	5	
	2e »	B		0.40									1	3	5	
	3e »	C		0 15									1	3	5	
	1re n.	A											1	3	5	
	2e »	B				7e			1/2	Défaut de fonctionnement du secret, à cause d'un morceau de bois retenu sous le séau.						
	3e »	C		0.25									1	3	5	
12 janv.	1er j.	A		0.50									1	3	5	
	A reporter....			13.44												

OBSERVATIONS.

Détail des travaux et incidents. — Nature du terrain.

—

1854, 19 *décembre*. 1er poste. — On a nettoyé le fond du puits et commencé l'enfoncement, en extrayant les terres par un treuil et les eaux au cabestan. Marne fendillée, tendre; peu d'eau.

2e poste. — Continué l'enfoncement.

3e poste. — On a préparé la place du 1er membre, auquel on a donné 4m,10 de diamètre intérieur; on a ensuite commencé à l'assembler.

4e poste. — On a terminé l'assemblage du 1er membre, que l'on a ensuite amené à la position convenable.

5e poste. — Des stiffles ont été placées contre le terrain, fixées derrière le membre par des coins, et à la partie supérieure par des patiniats cloués sous le cadre en sapin inférieur au cadre d'assise.

6e poste. — On a posé des porteurs entre ce 1er membre et le cadre de sapin; le nombre de ces porteurs est de trente-deux, c'est-à-dire de deux à chaque côté de membre. On a ensuite relié le membre au cadre d'assise par des tirants en fer.

20 *décembre*. 1er poste. — Repris l'enfoncement.

2e poste. — Enfoncé de 0m,25, et préparé le terrain pour recevoir un second membre.

3e poste. — On a placé le 2e membre d'un diamètre intérieur de 4m,20.

4e poste. — On a fait le stifflage entre le 1er et le second membre, en logeant les extrémités des stiffles derrière ces membres et les serrant contre le terrain au moyen de coins.

5e poste. — Cloué les porteurs, du 1er membre au 2e, et enfoncé de 0m,20.

6e poste. — Enfoncé de 0m,40. La quantité d'eau, qui avait augmenté graduellement depuis le commencement du travail, était alors d'environ 50 hectolitres par heure.

21 *décembre*. 1er et 2e postes. — Après avoir égalisé le terrain, on a placé un 3e membre de 4m,30; posé les stiffles et les porteurs entre celui-ci et le précédent.

3e, 4e et 5e postes. — On a enfoncé de 0m,50 et préparé la place d'un nouveau membre; la quantité d'eau augmente et le terrain se délite davantage dans l'eau.

6e poste. — Un 4e membre de 4m,40 de diamètre intérieur a été placé.

22 *décembre*. 1er poste. — On a posé les stiffles entre les 3e et 4e membres.

2e, 3e, 4e et 5e postes. — Les 2e et 3e postes de jour, 1er et 2e de nuit ont enfoncé sur 0m,55 de profondeur, et préparé la place du 5e membre.

6e poste. — Le 5e membre, de 4m,50 de diamètre intérieur, a été placé.

23 *décembre*. 1er poste. — On a fait le stifflage entre le 4e et le 5e membre et placé les porteurs.

2e, 3e, 4e et 5e postes. — Après avoir enfoncé de 0m,49, on a commencé le placement du 6e membre, d'un diamètre de 4m,60.

6e poste. — Le 6e membre établi, on a stifflé le terrain entre les 5e et 6e membres, et cloué les porteurs. Le travail a été alors abandonné à cause de l'affluence des eaux, pour monter les jeux de pompes.

1855, 11 *janvier* 1855. 1er poste. — Reprise du travail avec un jeu de pompes. Démontage des hourds (échafaudages) et nettoiement du puits, pendant lequel on a fait descendre le jeu de pompe reposant sur le fond du puits de 0m,45.

2e poste. — On a enfoncé de 0m,40. Trois coups de pompe par minute; la pompe aspirant de l'air, on ne peut guère évaluer le volume extrait qu'à un tiers environ du volume théorique, c'est-à-dire de 5 hectolitres à 5 1/2 par minute. — Marne très-fendillée, très-grasse et empâtant des rognons plus durs. Terrain mou, se délitant très-vite au contact de l'eau; on a été chercher, à l'ouest, une coupe (crevasse) qui livre un filet d'eau.

3e poste. — On a continué l'enfoncement jusqu'à la profondeur du scamelage (premier creusement au centre du puits) fait par le poste précédent, et, pendant qu'on envoyait les terres à la surface, on a placé deux traverses de refend du trait à terres, ainsi que les planches de ce refend. Même terrain.

4e poste. — On a stifflé les parois du puits. A la fin de ce poste, il ne restait plus que quelques stiffles à placer.

5e poste. — On a posé les dernières stiffles et placé un membre, en égalisant le terrain à mesure qu'on assemblait les pièces. Quand il ne restait plus qu'une pièce à placer, un morceau de bois a été entraîné sous le secret; ce qui a occasionné un dérangement de marche. En retirant le séau, pour y remédier, une secousse a fait retomber le morceau de bois. Le retard a été d'une demi-heure. (Diamètre du membre 4m,70.)

6e poste. — On a achevé de serrer le membre contre le terrain et repris l'enfoncement. Même terrain; pas d'apparence d'augmentation d'eau.

12 *janvier*. 1er poste. — On a enfoncé pendant toute la durée de ce poste. Terrain mou, comme précédemment.

REGISTRE DE FONÇAGE.

DATES.	ORDRE DES POSTES. j. jour. — n. nuit.	NOMS DES SURVEILLANTS.	1° Nombre de mineurs. 2° Nombre d'aides-mineurs.	TRAVAIL EFFECTUÉ. Enfoncement — Mètres.	Cuvelage.	N°s des membres.	Brandissage.	Temps pour l'allongement des pompes — Heures.	RETARDS OCCASIONNÉS. Durée — Heures.	NATURE ET CAUSE.
	Report de la profondeur.......			13,44						
12 janv.	2e »	B.								
	3e »	C.				8e				
	1re n.	A.		0,60						
	2e »	B.								
	3e »	C.				9e				
13 janv.	1er j.	A.								
	2e »	B.								
	3e »	C.								
	1re n.	A.								
	2e »	B.								
	3e »	C.								
14 janv.	1er j.	A.						2		
	2e »	B.						4		
	3e »	C.								
	1re n.	A.						2		
	2e »	B.		0,58						
	3e »	C.				10e				
15 janv.	1er j.	A.								
	2e »	B.								
	3e »	C.								
	1re n.	A.		0,60		11e				
	2e »	B.								
	3e »	C.		0,25						
	A reporter....			15,47						

DATES.	ORDRE DES POSTES.	NOMS DES SURVEILLANTS.	EFFETS DES MACHINES — d'extraction. Quantité de terres extraite par poste. — Cuffats.	Consommation de charbon par jour. — Hectolitres.	d'épuisement. Nombre de jeux de pompe en activité.	Nombre de coups de pompes par minute.	Quantité d'eau extraite par minute. Hectolitres.	Consommation de charbon par jour. — Hectolitres.
	Report de la profondeur.......							
12 janv.	2e »	B.			1	3	5.5	
	3e »	C.			1	3	5.5	
	1re n.	A.			1	3	5.5	
	2e »	B.			1	3	5.5	
	3e »	C.			1	3	5.5	
13 janv.	1er j.	A.			1	3	5.5	
	2e »	B.			1	3	5.5	
	3e »	C.			1	3	5 5	
	1re n.	A.			1	3	5.5	
	2e »	B.			1	3	5.5	
	3e »	C.			1	3	5.5	
14 janv.	1er j.	A.			1	3	5.5	
	2e »	B.			1	3	5.5	
	3e »	C.			1	3	5.5	
	1re n.	A.			1	3	6	
	2e »	B.			1	3	6	
	3e »	C.			1	3	6	
15 janv.	1er j.	A.			1	3	6	
	2e »	B.			1	3	6	
	3e »	C.			1	3	6.5	
	1re n.	A.			1	3	6.5	
	2e »	B.			1	3	6.5	
	3e »	C.			1	3	6.5	
	A reporter....							

OBSERVATIONS.

Détail des travaux et incidents. — Nature du terrain.

2e poste. — Les parois du puits, sur la partie enfoncée par les postes précédents, ont été garnies de stiffles. A la fin de ce poste, il ne restait plus qu'une stiffle à placer.

3e poste. — Terminé le stifflage et placé le 8e membre du même diamètre que le précédent.

4e poste. — On a mis les coins derrière le membre et cloué les porteurs; puis on a repris l'enfoncement. Le terrain devenait de plus en plus mauvais.

5e poste — Il a été procédé au stifflage; mais les stiffles ordinaires, de la hauteur qui sépare les membres, d'axe en axe, étaient repoussées vers l'intérieur de la fosse par la pression du terrain qui devenait très-mouvant. On a été forcé d'en faire faire d'un mètre de longueur, afin de pouvoir enfoncer leur extrémité inférieure dans le terrain.

6e poste. — On a achevé le placement de ces stiffles et commencé à assembler le 9e membre.

13 *janvier*. 1er poste. — Le 9e membre a été entièrement établi, non sans difficultés, car la pression du terrain avait ramené les stiffles vers l'intérieur.

2e poste. — Avant de reprendre l'enfoncement, le terrain étant fort mouvant, on a jugé nécessaire d'enfoncer dans ce dernier des palplanches jointives de 1^m,40 de longueur, s'appuyant vers le haut contre la face intérieure de l'avant-dernier membre et passant derrière le dernier. Ce poste a été entièrement livré à ce travail. Les palplanches paraissaient entrer sans déviation dans le terrain.

3e poste. — On a terminé l'enfoncement des palplanches, et on a commencé à clouer les porteurs entre les 8e et 9e membres; pour cela, à l'endroit de chaque porteur, on a dû entailler un peu à la partie supérieure des palplanches, et alors, comme celles-ci cessaient de s'appuyer sur l'avant-dernier membre, ou n'y portaient plus que sur une partie de leur largeur, on chassait des coins par derrière pour maintenir, autant que possible, leur position inclinée.

4e poste. — On a posé les derniers porteurs, et, vu la nature du terrain, on a relié entre eux et au cadre d'assise tous les membres placés jusqu'alors, par des lambourdes clouées sur les milieux des pièces de membres.

5e poste. — On a terminé le lambrage par lambourdes, et cloué l'extrémité des palplanches sur l'avant-dernier membre. Enfin, on a fait une partie du hourd pour la manœuvre des vis tirants.

6e poste. — Placé une traverse et des lambourdes de refend du trait à terres et fait le potia (puisart), pour descendre le second jeu de pompe (vers le centre, à droite), qu'on désignera par le n° 2.

14 *janvier*. 1er poste. — On a descendu le jeu de pompe n° 2, fait un hourd pour le rechargement, et on y a ajouté une soulevante de 2 mètres.

2e poste. — On a placé sur le jeu de pompe n° 2 une seconde soulevante et un dégorgeoir.

3e poste. — Les jeux de pompes, d'abord suspendus par des bottes rivantes, ont été accrochés aux vis de suspension, et le tire-bout a été attelé au jeu de pompe n° 2. Un versoir en bois a été établi pour soutenir le sac en cuir du dégorgeoir de ce jeu.

4e poste. — Les deux jeux de pompes ont fonctionné ensemble pendant quelques instants; on a ensuite retiré le séau du jeu de pompe n° 1, pour ne laisser que le n° 2 en activité; ensuite, on a rechargé le jeu de pompe n° 1 d'une soulevante et terminé l'hourd pour la manœuvre des vis tirants. On recommençait l'enfoncement lorsque l'heure du 2e poste de nuit est arrivée.

5e poste. — On a enfoncé de 0^m,58. Le terrain paraît devenir plus solide.

6e poste. — On a dû couper un certain nombre de palplanches qui avaient dévié vers l'intérieur, et les remplacer par des stiffles. La place du 10e membre a été préparée, et plusieurs pièces de ce membre assemblées. Le jeu de pompe n° 1 a été descendu de 0^m,10.

15 *janvier*. 1er poste. — On a terminé la pose du 10e membre, et on l'a coigneté; puis on a enfoncé trente-quatre palplanches, comme précédemment. Le terrain est plus dur et les palplanches pénètrent difficilement.

2e poste. — Les deux jeux de pompes ont été descendus : le n° 1 de 0^m,50, le n° 2 de 0^m,10; pendant ce temps, on continuait d'enfoncer des palplanches; à la fin du poste, il restait environ un tiers du pourtour du puits à garnir de ces palplanches.

3e poste. — Achevé l'enfoncement des palplanches, et cloué les porteurs dont cinq restent encore à placer; on a aussi approfondi le potia du jeu n° 2 de 0^m25, et enfoncé d'une égale hauteur sur près de la moitié de la section de la fosse.

4e et 5e postes. — On a enfoncé de 0^m,60 en dessous du dernier membre, coupé les palplanches qui avaient dévié, et assemblé le 11e membre dont on avait préparé la place. (Les deux postes de nuit ont été réunis en un ou par erreur dans ce tableau.)

6e poste. — Le 11e membre a été amené dans la position convenable; on a stifflé entre le 10e et le 11e membre et cloué sept porteurs. Pendant ce temps, on a enfoncé de 0^m,25, et fait descendre le jeu marchant (n° 2).

REGISTRE DE FONÇAGE.

DATES.	ORDRE DES POSTES. (j. jour. — n. nuit.)	NOMS DES SURVEILLANTS.	1° Nombre de mineurs. 2° Nombre d'aides-mineurs.	TRAVAIL EFFECTUÉ. Enfoncement. — Mètres.	Cuvelage.	Nos des nombres.	Brandissage.	Temps pour l'allongement des pompes. — Heures.	RETARDS OCCASIONNÉS. Durée. — Heures.	Nature et cause.	EFFETS DES MACHINES. d'extraction. Quantité de terres extraite par poste. — Cuffats.	Consommation de charbon par jour. — Hectolitres.	d'épuisement. Nombre de jeux de pompe en activité.	Nombre de coups de pompes par minute.	Quantité d'eau extraite par minute. Hectolitres.	Consommation de charbon par jour. — Hectolitres.
	Report de la profondeur......			15.47												
16 janv.	1er j.	A.		0.55									1	3	6.5	
	2e »	B.											1	4	7	
	3e »	C.				12e							1	4	7	
	1re n.	A.						5/4					1	4	7	
	2e »	B.	5.1	0.50				4					1	4	7	
	3e »	C.	5.1	0.10									1	4	7	
17 janv.	1er j.	A.	5.1			13e							1	4	7	
	2e »	B.	5.1	0.59									1	5 à 6	10 à 12	
	3e »	C.	5.1													
	1re n.	A.	5.1			14e										
	2e »	B.	5.1	0.55												
	3e »	C.	5.1													
18 janv.	1er j.	A.	5.1			15e							1	5	12	
	2e »	B.	5.1	0.60									1	5	12	
	3e »	C.	5.1					4	1/4	Défaut au secret (le secret s'était encrassé de terres); arrêt de la machine.			1	5	12	
	1re n.	A.	5.1			16e							1	5	12	
	2e »	B.	5.1										1	5	12	
	3e »	C.	5.1	0.55									1	5	12	
19 janv.	1er j.	A.	5.1										1	5	12	
	2e »	B.	5.1			17e							1	5	12	
	3e »	C.	5.1	0.25					2	La machine a cessé de fonctionner pour permettre de retirer le secret du jeu n° 1. Ce secret ne fonctionnait plus, ce qui avait été constaté la veille. — On croyait le retirer aisément; il n'en a pas été ainsi.			1	5	12	
	1re n.	A.	5.1	0.15					1 1/2				1	5	12	
	2e »	B.	5.1								5		1	5	12	
	A reporter....			19.11												

OBSERVATIONS.

Détail des travaux et incidents. — Nature du terrain.

16 *janvier*. 1er poste. — On a placé le reste des porteurs et prolongé l'enfoncement jusqu'à $0^m,60$ en dessous du dernier membre, en même temps qu'on faisait descendre le jeu n° 2 et qu'on plaçait une échelle. Le terrain n'est plus aussi mouvant. Il se compose toujours d'une marne fendillée, mais moins grasse et se délitant moins dans l'eau.

2e poste. — On a préparé la place du 12e membre et stifflé une partie du pourtour du puits en dessous du 11e membre.

3e poste. — Le stifflage terminé, on a procédé à l'établissement du 12e membre ; on l'a assemblé et mis en place ; il reste à le serrer par des coins. Pendant ce travail, le jeu de pompe n° 1 a été descendu de $0^m,15$.

4e poste. — On a mis les coins et les porteurs en même temps qu'on faisait le potia du jeu de pompe n° 1, sur $0^m,35$ de profondeur, et qu'on descendait ce jeu ; on a ensuite commencé à le recharger.

5e poste. — Pendant que l'on terminait le rechargement du jeu n° 1, on a enfoncé de $0^m,50$. Le jeu de pompe n° 1 a été mis en activité, et on a retiré le tire-bout de la pompe n° 2.

6e poste. — Ce poste a continué l'enfoncement sur $0^m,10$, et garni de stiffles presque tout le pourtour du puits ; il a descendu le jeu n° 1 de $0^m,15$, et placé une traverse de refend du trait à terres.

17 *janvier*. 1er poste. — Les dernières stiffles posées, le 13e membre a été placé, ainsi que quelques porteurs.

2e poste. — On a placé le reste des porteurs et enfoncé de $0^m,59$; le terrain est plus fragmentaire et se délite aisément. Il vient une quantité d'eau sensiblement plus forte que l'on peut évaluer de 10 à 12 hectolitres par minute ; la pompe donne cinq ou six coups, mais en humant (en aspirant de l'air.)

3e poste. — On a ramené le fond de la fosse (égalisé et enlevé les terres). On a ensuite stifflé tout le pourtour de la fosse.

4e poste. — On a placé le 14e membre, cloué les porteurs et posé quatre traverses de guidonnages pour les deux pompes.

5e poste. — Enfoncé de $0^m,55$. — Marne maigre, très-fendillée et peu consistante.

6e poste. — Préparé la place du 15e membre et stifflé les parois du puits, sauf une faible partie.

18 *janvier*. 1er poste. — On a placé les dernières stiffles, établi le 15e membre et cloué les porteurs. On reprenait l'enfoncement lorsque l'heure du poste suivant est arrivée.

2e poste. — On a enfoncé de $0^m,60$. Même terrain.

3e poste. — On a préparé la place d'un nouveau membre et stifflé environ les 3/4 du pourtour de la fosse. Pendant ce travail, on a rechargé et fait marcher le jeu n° 2 ; mais après avoir retiré le tire-bout du jeu n° 1, le secret du jeu n° 2 a manqué ; on a remis immédiatement le jeu n° 1 en activité.

4e poste. — On a terminé le stifflage et placé le dernier membre, sauf la clef. En même temps, on retirait le secret du jeu n° 1 qui s'était encrassé de terres, et après nettoiement et réparation, on l'a descendu dans la pompe n° 2, qui a commencé à marcher de nouveau à huit heures, au moment où le secret du jeu n° 1 venait également à manquer.

5e poste. — A ce poste, on a achevé le placement du 16e membre ; ce qui a nécessité le déplacement de quelques stiffles qui gênaient. On a cloué environ la moitié des porteurs, posé une traverse de refend du trait à terres. Enfin, on a envoyé cinq à six cuffats de terres à la surface.

6e poste. — On a enfoncé de $0^m,55$, et descendu la pompe n° 2 de la même quantité ; cloué ensuite sept lambourdes sur les traverses de refend du trait à terres.

19 *janvier*. 1er poste. — On a placé le reste des porteurs du 15e au 16e membre, et préparé la place du 17e, en garnissant de stiffles les parois du puits, ce qui a été fait sur presque tout le pourtour. D'un côté, où le terrain était un peu plus ébouleux, on a enfoncé des palplanches de $1^m,50$ de longueur, derrière le 16e membre.

2e poste. — On a placé les dernières stiffles et établi le 17e membre ; on a cloué seize porteurs et posé deux traverses de guidonnages des pompes.

3e poste. — Enfoncé d'environ $0^m,25$. Les deux dernières heures de ce poste ont été consacrées à travailler à retirer le secret du jeu n° 1 ; mais on n'y est pas parvenu.

4e poste. — Après avoir tenté encore pendant environ un demi-heure de retirer le secret du jeu n° 1, on a abandonné ce travail pour le reprendre le lendemain pendant le jour. On a remis la machine en marche, et l'on a continué l'enfoncement jusqu'à $0^m,40$ en dessous du dernier membre.

5e poste. — On a continué à poser les stiffles, en égalisant le terrain au fur et à mesure.

DATES.	ORDRE DES POSTES, j. jour. — n. nuit.	NOMS DES SURVEILLANTS.	1° Nombre de mineurs. 2° Nombre d'aides-mineurs.	TRAVAIL EFFECTUÉ.					RETARDS OCCASIONNÉS.		EFFETS DES MACHINES					
											d'extraction		d'épuisement.			
				Enfoncement. — Mètres.	Cuvelage.	Nos des membres.	Brandissage.	Temps pour l'allongement des pompes. — Heures.	Durée. — Heures.	NATURE ET CAUSE.	Quantité de terres extraite par poste. — Cuffats.	Consommation de charbon par jour. — Hectolitres.	Nombre de jeux de pompe en activité.	Nombre de coups de pompes par minute.	Quantité d'eau extraite par minute. Hectolitres.	Consommation de charbon par jour. — Hectolitres.
	Report de la profondeur........			19.11												
19 janv.	3e n.	C.	5.1			18e					8		1	7	21	
20 janv.	1er j.	A.	5.1										1	7	20	
	2e »	B.	5.1	0.55							16		1	7	20	
	3e »	C.	5.1								6		2	3 1/2	20	
	1re n.	A.	5.1			19e					5		2	3 1/2	20	
	2e »	B.	5.1								11		2	3 1/2	20	
	3e »	C.	5.1	0.50							30		2	3 1/2	20	
21 janv.	1er j.	A.	5.1								13		2	3 1/2	20	
	2e »	B.	5.1			20e					10		2	3 1/2	20	
	3e »	C.	5.1					4	4	Retard dans le travail du fond pour le rechargement des jeux de pompes et le remplacement du secret du numéro 2.			2	3 1/2	20	
	1re n.	A.	5.1						1/2 à 1				2	3 1/2	20	
	2e »	B.	5.1										2	3 1/2	20	
	3e »	C.	5.1								4		2	3 1/2	20	
22 janv.	1er j.	A.	5.1	0 40							14		2	3 1/2	20	
	2e »	B.	5.1	0.15							16		2	3 1/2	20	
	3e »	C.	5.1			21e					4		2	3 1/2	20	
	1re n	A.	5.1	0.30							6		2	3 1/2	20	
	2e »	B.	5.1	0.10							16		2	3 1/2	20	
	3e »	C.	5.1	0.20							9		2	3 1/2	20	
	A reporter.....			21.31												

OBSERVATIONS.

Détail des travaux et incidents. — Nature du terrain.

6ᵉ poste. — On a creusé le potia et continué d'égaliser le terrain pour préparer la place d'un nouveau membre. Pendant ce travail, il est survenu, au sud-ouest, une forte venue d'eau qui a soulevé le terrain et qui, au bout d'un certain temps, après avoir perdu de sa violence, a laissé le terrain labouré et brisé. En tous les autres points de la fosse, le terrain paraît assez solide. Après avoir envoyé au jour les terres que l'eau avait amenées, on a placé le 18ᵉ membre.

20 *janvier*. 1ᵉʳ poste. — Posé des coins derrière ce membre ; enfoncé douze palplanches au sud-ouest, et placé les porteurs ; pendant ce temps, on faisait descendre le jeu nᵒ 1 jusqu'au fond.

2ᵉ poste. — 0ᵐ,55 d'enfoncement ; huit stiffles ont été placées, et le jeu nᵒ 1 descendu de 0ᵐ,20.

3ᵉ poste. — Pendant les deux postes précédents, on a retiré le secret du jeu nᵒ 1, avec beaucoup de difficultés ; on a dû, au moyen d'un levier en fer, passé dans un trou de l'aspirante, lui imprimer de fortes secousses, pour parvenir à le dégager ; la crête du séau s'était déplacée et mise en travers ; on l'a remplacée par une crête plus forte, et l'on a remis le secret ainsi modifié. Le commencement de ce poste a été occupé à replacer ce secret et le tirebout ; ce qui a obligé d'arrêter quelques instants la machine, et a causé un retard d'une demiheure. Les deux jeux de pompes ont alors été mis en activité, et les ouvriers du fond ont garni de stiffles les parois du puits, et préparé presque entièrement la place d'un nouveau membre.

4ᵉ poste. — On a terminé le placement des stiffles et posé le 19ᵉ membre ; il était presque coigneté, lorsque l'heure du poste suivant est arrivée. Les palplanches enfoncées au sud-ouest, du côté de la venue d'eau, n'ont pas dévié et ont donné beaucoup de facilité pour l'établissement des stiffles en ce point.

5ᵉ poste. — On a mis les derniers coins et posé les porteurs. On a creusé le potia et descendu la pompe de 0ᵐ,11. La venue d'eau sort actuellement du nord-ouest, c'est-à-dire du côté de l'ancienne fosse, et paraît toujours jaillir du fond.

6ᵉ poste. — Enfoncé de 0ᵐ,50 et descendu les pompes : le nᵒ 1 de 0ᵐ,16, le nᵒ 2 de 0ᵐ,07. On a placé quelques stiffles, en égalisant le terrain. La consistance du terrain est restée la même ; mais il paraît plus mou au fond du potia.

21 *janvier*. 1ᵉʳ poste. — On a placé les dernières stiffles et préparé la place du membre ; pendant la durée de ce poste, la venue d'eau s'est déplacée plusieurs fois pour se fixer enfin du côté de l'ancienne fosse ; elle sort des mézières (parois).

2ᵉ poste. — La venue d'eau avait déplacé quelques stiffles qu'on a remplacées ; on a envoyé des terres à la surface, placé le 20ᵉ membre, et serré ce membre par des coins.

3ᵉ poste. — On a rechargé les pompes et changé le secret du jeu nᵒ 2 qui ne fonctionnait pas bien. Le cuir s'était déplacé.

4ᵉ poste. — Terminé le travail commencé au poste précédent ; cloué les porteurs du 19ᵉ au 20ᵉ membre, posé quelques planchettes pour conduire les eaux, et une traverse de refend du trait à terres. Remonté les vis tirants pour se préparer à mettre des tirants de suspension.

5ᵉ poste. — On a mis les boîtes rivantes de suspension du jeu nᵒ 2 au-dessus du collet, et fait descendre ce jeu ; et on a commencé le même travail au jeu nᵒ 1.

6ᵉ poste. — La pompe nᵒ 1 a été descendue ; on a creusé le potia et envoyé des terres à la surface.

22 *janvier*. 1ᵉʳ poste. — On a repris l'enfoncement qui a été effectué sur 0ᵐ,40. Comme le terrain devenait, en certains points, un peu mouvant, par l'affluence des eaux qui divisaient la marne en fragments très-ténus, on a enfoncé en ces points des palplanches (au nombre de trente-quatre), derrière le dernier membre. Pendant la durée de ce poste, on s'occupait à mettre les tirants de suspension des deux jeux.

2ᵉ poste. — On a enfoncé de 0ᵐ,15 et ramené le terrain ; et, comme on s'apercevait, dans ce travail, que quelques parties des parois étaient ébouleuses, avant d'enlever les terres des mézières, on a encore enfoncé environ trente palplanches derrière le 20ᵉ membre. Alors seulement, on a ramené les mézières, et garni de stiffles près de la moitié du pourtour du puits. La quantité d'eau paraît diminuer un peu.

3ᵉ poste. — On a achevé de poser les stiffles ; puis on a placé le 21ᵉ membre.

4ᵉ poste. — Posé les coins derrière le membre ; cloué huit porteurs ; enfoncé de 0ᵐ,30, et descendu les pompes d'autant.

5ᵉ poste. — Cloué une dizaine de porteurs, et enfoncé des palplanches derrière le 21ᵉ membre, pendant qu'on creusait le potia et qu'on faisait descendre les pompes de 0ᵐ,10 : les eaux arrivent de tous les points des parrois ; le terrain est mou et se délite au contact de l'eau, avec facilité.

6ᵉ poste. — On a cloué le reste des porteurs, après avoir enfoncé environ trente palplanches, pendant qu'on creusait le potia et faisait descendre les pompes de 0ᵐ,20 ; on a commencé à ramener le terrain et placé quelques stiffles.

DATES.	ORDRE DES POSTES, j. jour. — n. nuit.	NOMS DES SURVEILLANTS.	1° Nombre de mineurs. 2° Nombre d'aides-mineurs.	TRAVAIL EFFECTUÉ. Enfoncement. — Mètres.	Cuvelage.	Nos des numéros.	Remblayage.	Temps pour l'allongement des pompes. — Heures.	RETARDS OCCASIONNÉS. Durée. — Heures.	NATURE ET CAUSE.	EFFETS DES MACHINES d'extraction. Quantité de terres extraite par poste. — Cuffats.	Consommation de charbon par jour. — Hectolitres.	d'épuisement. Nombre de jeux de pompe en activité.	Nombre de coups de pompes par minute.	Quantité d'eau extraite par minute. Hectolitres.	Consommation de charbon par jour. — Hectolitres.
	Report de la profondeur......			21 31												
25 janv.	1er j.	A.	5.4								6		2	5 1/2	20	
	2e »	B.	5.4			22e					10		2	5 1/2	20	
	3e »	C.	5.4										2	3 1/2	20	
	1re n.	A.	5.4								4		2	5 1/2	20	
	2e »	B.	5.4	0.50							20		2	5 1/2	20	
	3e »	C.	5.4								6		2	5 1/2	20	
24 janv.	1er j.	A.	5.4			23e					5		2	4 1/2	25 à 30	
	2e »	B.	5.4										2	4 1/2	25 à 30	
	3e »	C.	5.4										2	4 1/2	25 à 30	
	1re n.	A.	5.4										2	4 1/2	25 à 30	
	2e »	B.	5.4										2	4 1/2	25 à 30	
	3e »	C.	5.4										2	4 1/2	25 à 30	
25 janv.	1er j.	A	5.4										2	4 1/2	25 à 30	
	2e »	B.	5.4										2	4 1/2	25 à 30	
	3e »	C.	5.4					2	2	Retard dans le travail de l'intérieur. La machine, ne marchant qu'avec un jeu, pendant le rechargement du jeu n° 2, et donnant sept coups par minute, n'était pas suffisante pour tenir les eaux basses; à plus de sept coups, la machine donnait de fortes secousses. Les eaux ont monté jusqu'en haut de la travaillante.	4		2	4 1/2	25 à 30	
	1re n.	A.	5.4					2 1/2		Idem pendant le rechargement du jeu n° 1.			2	4 1/2	25 à 30	
	2e »	B.	5.4										2	4 1/2	25 à 30	
	3e »	C.	5.4	0.30							14		2	4 1/2	25 à 30	
26 janv.	1er j.	A.	5.4	0.20							14		2	5	30 à 35	
	2e »	B.	5.4								11		2	5	30 à 35	
	A reporter....			22 31												

OBSERVATIONS

Détail des travaux et incidents. — Nature du terrain.

23 *janvier*. 1er poste. — Achevé de ramener les mézières et de les garnir de stiffes; placé un nouveau membre.

2e poste. — On a amené le 22e membre à la position convenable, après avoir coupé quelques stiffes qui gênaient et les avoir remplacées par d'autres; enfoncé environ vingt-cinq palplanches derrière ce membre, pendant qu'on creusait le potia et qu'on descendait les pompes de 0m,15. On a aussi nettoyé le bac (bâche) où les pompes déversent leurs eaux.

3e poste. — Enfoncé le reste des palplanches et mis quelques porteurs.

4e poste. — Cloué le reste des porteurs; placé une traverse de refend du trait à terres et les lambourdes de ce refend; posé une bille de guidonnages des pompes, et creusé le potia.

5e poste. — 0m,50 d'enfoncement pendant lequel on a fait descendre les pompes de 0m,20. Le terrain se présente plus dur dans le fond; la marne est beaucoup moins fendillée.

6e poste. — On a creusé le potia et fait descendre les pompes de 0m,50. Même observation, quant au terrain. Les mézières ont été garnies de stiffes. Pendant ce poste, on a constaté que plusieurs membres, du 17e au 21e, s'étaient inclinés du côté de l'ancienne fosse, et que plusieurs pièces de membres, par suite de ce mouvement, s'étaient fendues longitudinalement, au niveau de l'entaille d'assemblage. Au point où le mouvement s'est arrêté, du 14e au 16e membre, quelques porteurs se sont détachés en partie, en brisant l'arrête des membres.

24 *janvier*. 1er poste. — On a mis les dernières stiffes et posé le 23e membre. La quantité d'eau a augmenté graduellement.

2e poste. — Après avoir coigneté le 23e membre et placé les porteurs, on a commencé à relier entre eux tous les membres, au moyen de lambourdes clouées sur ces membres, précaution nécessitée par le mouvement qui s'est opéré dans le boisage. Pour faire ce dernier travail, on a été obligé de couper les extrémités supérieures des palplanches aux points où s'appliquaient les lambourdes, et de supprimer quelques porteurs, pour les remplacer par d'autres.

3e poste. — Cloué dix à douze lambourdes, et remplacé quelques porteurs.

4e poste. — Cloué une douzaine de lambourdes, après avoir fait, à cet effet, un hourd à une certaine hauteur dans le puits.

5e poste. — Cloué douze à quinze lambourdes; remplacé quelques porteurs et renouvelé des stiffes qui étaient descendues et avaient laissé le terrain à découvert.

6e poste. — Cloué dix lambourdes, et remplacé les porteurs qui avaient été arrachés, lors du mouvement qui s'était fait dans le boisage.

25 *janvier*. 1er poste. — Cloué dix lambourdes et ôté quelques planches du trait à terres, pour permettre de placer des poussarts transversaux destinés à consolider les membres endommagés.

2e poste. — Placé trois poussarts de consolidation aux membres: 14e, 15e et 16e; cloué quelques lambourdes et remplacé sept porteurs.

3e poste. — Cloué quelques lambourdes, et remis des porteurs qu'on avait ôtés pour faire place aux poussarts. Posé une traverse au-dessus des poussarts pour y fixer des planches destinées à guider le cuffat descendant; on a ensuite creusé le potia et fait descendre les pompes de 0m,20. Vers quatre heures, on a commencé à recharger le jeu no 2.

4e poste. — On a mis des rallonges au tire-bout du jeu no 2, et rechargé le jeu no 1 dont on a également allongé le tire-bout. Vers huit heures et demie, on reprenait le travail de l'intérieur: on a cloué cinq planches de guide pour le cuffat descendant, au-dessus des poussarts.

5e poste. — On a posé une traverse en dessous des poussarts, et on y a fixé des planches pour servir de guides au cuffat montant; on a remis deux porteurs déplacés, et allongé les fils à plomb pour l'enfoncement.

6e poste. — L'enfoncement a été repris et effectué sur 0m,50. Les pompes ont été descendues d'autant. On a enfoncé quatorze palplanches au nord, où le terrain paraît moins solide. Ce terrain se compose de gros blocs de marne dure et maigre, empâtés dans une marne grasse que l'eau délaye facilement.

26 *janvier*. 1er poste. — On a enfoncé de 0m,20, et descendu les pompes de 0m,15; à mesure qu'on creusait vers le centre, on reconnaissait que l'eau détachait des blocs de certains points des parois; c'est pourquoi on a encore enfoncé environ trente-huit palplanches derrière le 23e membre.

2e poste. — A mesure qu'on ramenait le terrain, on a encore enfoncé quelques palplanches où le besoin s'en faisait sentir, et on a garni de stiffes la moitié du pourtour du puits.

REGISTRE DE FONÇAGE.

DATES.	ORDRE DES POSTES, j. jour. - n. nuit.	NOMS DES SURVEILLANTS.	1° Nombre de mineurs, 2° Nombre d'aides-mineurs.	TRAVAIL EFFECTUÉ. Enfoncement. - Mètres.	Cuvelage.	Nos des membres.	Brandissage.	Temps pour l'allongement des pompes. - Heures.	RETARDS OCCASIONNÉS. Durée. Heures.	NATURE ET CAUSE.	EFFETS DES MACHINES. d'extraction. Quantité de terres extraite par poste. - Cuffats.	Consommation de charbon par jour. - Hectolitres.	d'épuisement. Nombre de jeux de pompe en activité.	Nombre de coups de pompes par minute.	Quantité d'eau extraite par minute. Hectolitres.	Consommation de charbon par jour. - Hectolitres.
	Report de la profondeur....			22.51												
26 janv.	3e j.	C.	5.1			24e								5	30 à 35	
	1re n.	A.	5.1								6		2	5	30 à 35	
	2e »	B.	5.1	0.42							17		2	5	30 à 35	
	3e »	C.	5.1	0.18							15		2	5	30 à 35	
27 janv.	1er j.	A.	5.1								22	10	2	5	30 à 35	70
	2e »	B.	5.1			25e					5		2	5	30 à 35	
	3e »	C.	5.1								5		2	5	30 à 35	
	1re n.	A.	5.1	0.20							16		2	5	30 à 35	
	2e »	B.	5.1	0.50							13		2	5	30 à 35	
	3e »	C.	5.1								10		2	5	30 à 35	
28 janv.	1er j.	A.	5.1								6	11	2	5	30 à 35	79
	2e »	B.	5.1			26e					5		2	5	30 à 35	
	3e »	C.	5.1								6		2	5	30 à 35	
*	1re n.	A.	5.1	0.35							24		2	5	30 à 35	
	2e »	B.	5.1	0.20							16		2	5	30 à 35	
	3e »	C.	5.1								12		2	5	30 à 35	
29 janv.	1er j.	A.	5.1			27e					4	12	2	5	30 à 35	88
	2e »	B.	5.1					4	4	Retard dans le travail du fond. On a rechargé les deux jeux de pompes ; la machine, ne marchant qu'avec un jeu et s'arrêtant par intervalles, ne suffisait pas à tenir les eaux basses.						
	3e »	C.	5.1	0.20				1/4	1	Retard dans le travail du fond. Après avoir placé le tire-bout du jeu n° 1, on a fait marcher les deux jeux : les eaux étaient basses à trois heures.	5		2	5	30 à 35	
	4e »	A.	5.1	0.50							25		2	5	Id.	
	A reporter,....			24.46												

OBSERVATIONS

Détail des travaux et incidents. — Nature du terrain.

3e poste. — On a terminé le stifflage des parois, posé et coigneté le 24e membre, et cloué une partie des porteurs.

4e poste. — Après avoir posé les derniers porteurs, au nombre de vingt-quatre, on a consolidé, pour plus de sûreté, au moyen de poussarts, les 20e et 21e membres, qui, comme il est dit plus haut, s'étaient un peu inclinés : on a cloué des lambourdes sur ces poussarts, pour guider la marche du cuffat, et on a travaillé au potia.

5e poste. — On a enfoncé de $0^m,42$, et fait descendre les pompes de la même quantité. La marne, quoique toujours fendillée, est d'une nature solide et permet de marcher sans palplanches, et, en quelques points, sans stiffles préalables ; un ouvrier de l'ancienne fosse dit qu'on n'y a rencontré d'aussi bon terrain que vers la base des blancs (base du premier niveau).

6e poste. — Continué l'enfoncement sur $0^m,18$, et commencé à ramener le terrain à ce niveau, en plaçant des stiffles contre les parois ; à l'endroit d'une coupe, on a enfoncé cinq palplanches ; le potia a été creusé de $0^m,25$ pour faire descendre les pompes.

27 *janvier*. 1er poste. — On a continué à ramener le terrain, en mettant des stiffles contre les parois : terrain assez solide ; plus de la moitié du pourtour du puits peut n'être garnie de stiffles qu'après l'établissement du membre.

2e poste. — On a placé le 25e membre, après avoir égalisé le terrain, et on a cloué la moitié des porteurs ; stiffé les parois restées à découvert ; descendu les pompes de $0^m,15$.

3e poste. — Ajouté quelques coins derrière le membre et fixé les derniers porteurs ; placé une traverse et des planches de refend du trait à terres ; travaillé au potia.

4e poste. — Pendant qu'on plaçait deux billes de guidonnages des pompes, on a enfoncé de $0^m,20$, et descendu la pompe n° 2 d'autant.

5e poste. — On a enfoncé de $0^m,30$, et stiffé la moitié du pourtour de la fosse.

6e poste. — On a continué à ramener le terrain et posé quelques stiffles ; puis, après avoir assemblé une partie du membre, on n'a pu achever, le membre étant trop grand.

28 *janvier*. 1er poste. — Le chef charpentier avait négligé d'avertir qu'on était arrivé à des membres plus grands, pour recevoir du cuvelage de $0^m,17$: ces membres devaient avoir $0^m,04$ de plus de diamètre que les précédents ; on a donc élargi la place du membre, remis des stiffles, et placé trois porteurs.

2e poste. — A ce poste, on a achevé d'élargir la place du membre ; mais en essayant ensuite de le poser, on a reconnu qu'il était encore beaucoup trop grand ; on l'a remonté au jour, et l'on a vu que le diamètre était de plus de 5 mètres, au lieu d'être de $4^m,70$. (Le chef charpentier en rejette la faute sur son collègue, qui aurait donné de mauvaises indications aux ouvriers, pour faire le patron des membres.) On l'a immédiatement raccourci ; et, pendant ce temps, les mineurs ont été occupés à ôter les rallonges en fer des tirants de suspension, pour mettre des tirants en bois. Enfin, on a placé le 26me membre.

3e poste. — On a coigneté le 26e membre, cloué dix-huit porteurs, et fixé dix lambourdes destinées à relier les cinq derniers membres entre eux ; en même temps, on posait les tirants de suspension en bois.

4e poste. — On a enfoncé d'environ $0^m,35$, descendu la pompe n° 1 de $0^m,30$, et la pompe n° 2 de $0^m,58$; fixé six lambourdes pour relier les membres, et cloué dix-sept porteurs.

5e poste. — Enfoncé d'environ $0^m,20$, et préparé la place du 27e membre, en garnissant les mézières de stiffles ; ce qui a été fait, sur près de la moitié du pourtour du puits.

6e poste. — On a continué à ramener le terrain, et on a commencé la pose du membre ; mais la place était trop petite d'environ $0^m,06$; on a procédé à l'agrandissement de cette dernière.

29 *janvier*. 1er poste. — Terminé la préparation de la place du membre ; on a placé ce membre, et on l'a serré par des coins, dont quelques-uns restaient à poser.

2e poste. — On a rechargé les deux jeux de pompes ; le tire-bout du jeu n° 1 restait à placer. Le séau qu'on avait retiré avait sa garniture en gutta-percha déchirée près de la crête ; un autre séau était préparé. (La gutta-percha durait depuis le commencement du travail.)

3e poste. — Remis le séau, le tire-bout du jeu n° 1 et sa rallonge ; on a descendu les deux jeux de $0^m,40$, et le travail du fond a été repris vers quatre heures et demie. On a enfoncé de $0^m,20$, pendant qu'on mettait les dernières stiffles au 27e membre, et qu'on posait quelques planchettes de conduite des eaux.

4e poste. — Enfoncé de $0^m,30$, et ramené une partie de terrain, pendant qu'on plaçait quatorze porteurs au 27e membre et qu'on descendait les deux jeux : le n° 1 de $0^m,30$, et le n° 2 de $0^m,35$.

REGISTRE DE FONÇAGE.

DATES.	ORDRE DES POSTES, j. jour. — n. nuit.	NOMS DES SURVEILLANTS.	1° Nombre de mineurs. 2° Nombre d'aides-mineurs.	TRAVAIL EFFECTUÉ. Enfoncement. — Mètres.	Cuvelage.	N° des membres.	Brandissage.	Temps pour l'allongement des pompes — Heures.	RETARDS OCCASIONNÉS. Durée. — Heures.	NATURE ET CAUSE.	EFFETS DES MACHINES. d'extraction. Quantité de terres extraite par poste. — Cuftats.	Consommation de charbon par jour. — Hectolitres.	d'épuisement. Nombre de jeux de pompe en activité.	Nombre de coups de pompes par minute.	Quantité d'eau extraite par minute. Hectolitres.	Consommation de charbon par jour. — Hectolitres.
	Report de la profondeur......			24.46												
29 janv.	2e n.	B.	5 1								15		2	5	55	
	3e »	C.	5.1			28e					12		2	5	55	
30 janv.	1er j.	A.	5.1								4	12	2	5	55	88
	2e »	B.	5.1	0.35							10		2	5	55	
	3e »	A.	5.1	0.20							13		2	5	55	
	1re n.	B.	5.1								8		2	5	55	
	2e »	C.	5.1								14		2	5	55	
	3e »	A.	5.1			29e					6		2	5	55	
31 janv.	1er j	B.	5.1	0.20							11	11	2	5	55	79
	2e »	C	5 1	0.30							14		2	5	55	
	3e »	A.	5.1					2 1/2	2 1/2	Retard dans le travail du fond. On a procédé à l'allongement des pompes, en arrêtant entièrement la machine d'épuisement.						
	1re n.	B	5 1					2	4	Retard dans le travail du fond. On a terminé le rechargement des pompes; la machine a marché vers huit heures.			2	5	55	
	2e »	C.	5.1					3					2	5	55	
	3e »	A.	5.1								7		2	5	55	
1er févr.	1er j.	B.	5 1								6	13	2	6	42	97
	2e »	C.	5.1	0.55							10		2	6	42	
	3e »	A.	4.1								4		2	6	42	4
	1er n.	B.	5.1								8		2	6	42	
	2e »	C.	5.1								7		2	6	42	
	3e »	A.	5.1			30e					5		2	6	42	
	A reporter....			25.86												

OBSERVATIONS

Détail des travaux et incidents. — Nature du terrain.

5e poste. — On a stifflé; ramené le terrain, en stifflant les mézières; ce qui a été effectué sur près de la moitié du pourtour du puits; on a aussi descendu les deux jeux de $0^m,10$ dans le fond du potia. Le terrain paraît plus tendre, et se compose d'une marne un peu plus grasse, au nord-est, près de l'échelle. Le terrain des parois se compose d'une marne très-dure, sur près d'un mètre de largeur; le reste du pourtour est plus fendillé, et il se trouve, près de la marne dure, une coupe de terrain dont les parois se délitent aisément.

6e poste. — On a achevé de ramener le terrain sans avoir besoin de stiffler; posé douze planches de conduite des eaux, et placé le 28e membre.

30 *janvier*. 1er poste. — On a stifflé une partie des parois du puits restée à découvert, ôté quelques stiffles placées auparavant et qui n'étaient pas assez serrées contre le terrain; coigneté, en grande partie, ce membre; placé douze porteurs.

2e poste. — Enfoncé de $0^m,35$, et fait descendre les deux jeux d'autant; cloué dix-huit porteurs. Le terrain se compose encore de marne dure et sèche, toujours assez fendillée; la partie tendre et grasse, rencontrée au fond du potia, n'était qu'une deçoive (marne tendre formant un joint de stratification, ou remplissant une fissure).

3e poste. — Continué l'enfoncement sur $0^m,20$; fait descendre les jeux de $0^m,12$; achevé de coigneter le membre supérieur; on a commencé à ramener le terrain. Terrain renfermant, par places, de gros blocs très-crevassés, et dans d'autres, une marne très-tendre et fendillée, le tout sillonné de coupes renfermant de la marne grasse fondant dans l'eau.

4e poste. — On a descendu la pompe n° 2 de $0^m,20$, et la pompe n° 1 de $0^m,15$; enfoncé quelques palplanches en certains points où le terrain se délayait facilement dans l'eau; commencé ensuite à ramener le terrain et à mettre des stiffles; placé une traverse de refend; on allait clouer les lambourdes.

5e poste. — Ramené le terrain et placé des stiffles sur les trois quarts du pourtour du puits; le terrain paraît plus lié, et ne plus contenir de gros blocs.

6e poste. — Achevé de ramener le terrain; placé le 29e membre et environ vingt-quatre stiffles, et chassé quelques coins derrière le membre. Du dessus du cadre d'assise de la tonne de briques au-dessous du 29e membre, il y a $17^m,50$.

31 *janvier*. 1er poste. — On a coigneté le membre, et on l'a mis de niveau; cloué neuf porteurs, et fait descendre les deux pompes de $0^m,20$. Le terrain paraît devenir plus massif du côté de l'ancienne fosse.

2e poste. — On a creusé le potia de $0^m,30$, fait descendre les deux jeux de pompes de $0^m,25$ et cloué les porteurs; envoyé quatorze cuffats de terres à la surface.

3e poste. — Ramené un peu le terrain; le terrain s'est beaucoup amélioré : il se compose d'une marne beaucoup moins fendillée, surtout du côté de l'ancienne fosse, où le banc de marne est homogène et solide. Sur le reste du pourtour du puits, il y a encore quelques coupes de marne fragmentaire; mais on croit pouvoir y placer des sièges; c'est pourquoi on n'a ramené le terrain que sur un diamètre de $4^m,34$. A trois heures et demie, les ouvriers sont remontés pour allonger les pompes.

4e poste. — Les eaux n'étaient pas encore basses à la fin de ce poste; les ouvriers ont été occupés à nettoyer la surface de l'eau, et à dévisser un des tirants pour lui donner la même tension qu'à l'autre tirant de la même pompe.

5e poste. — Les eaux n'étaient pas encore basses; on a commencé par nettoyer le puits d'alimentation; on n'a travaillé au fond de la fosse qu'à une heure du matin. Commencé à ramener le terrain, en vue de placer des sièges, et préalablement un membre provisoire à $0^m,30$ plus bas que le dernier membre.

1er *février*. 1er poste. — Il restait une pièce du membre provisoire à placer; on l'a placée, et stifflé trois quarts du pourtour du puits; descendu les deux jeux de pompes de $0^m,07$, pour les laisser reposer sur le terrain.

2e poste. — On a creusé le potia et fait descendre les pompes de $0^m,35$; le terrain redevient très-fragmentaire.

3e poste. — On a fixé des lambourdes contre les quatre derniers membres, et l'on a envoyé quatre cuffats de terres à la surface. On a alors suspendu l'enfoncement, le terrain n'étant pas assez solide pour recevoir des sièges. On va donc ôter le boisage provisoire, qu'on avait établi dans ce but, pour remettre la fosse à la même section qu'auparavant.

4e poste. — Après avoir mis deux poussarts transversaux, on a ôté le membre provisoire et commencé à démettre les stiffles, à remettre la fosse à grandeur, et à placer de nouvelles stiffles contre les parois, environ sur la moitié du pourtour de la fosse.

5e poste. — On a remis deux nouveaux poussarts pour continuer à remonter les stiffles; il ne restait plus qu'une douzaine de stiffles à remplacer.

6e poste. — Placé les dernières stiffles; égalisé le terrain; assemblé le membre, et rempli les vides, derrière le membre, par des planches. Il reste à coigneter le membre.

DATES.	ORDRE DES POSTES, J. jour. — n. nuit.	NOMS DES SURVEILLANTS.	1° Nombre de mineurs. 2° Nombre d'aides-mineurs.	TRAVAIL EFFECTUÉ. Enfoncement. — Mètres.	Cuvelage.	Nos des membres.	Brandissage.	Temps pour l'allongement des pompes. — Heures.	RETARDS OCCASIONNÉS. Durée. — Heures.	NATURE ET CAUSE.	EFFETS DES MACHINES. d'extraction. Quantité de terres extraite par poste. — Cuffats.	Consommation de charbon par jour. — Hectolitres.	d'épuisement. Nombre de jeux de pompe en activité.	Nombre de coups de pompes par minute.	Quantité d'eau extraite par minute. Hectolitres.	Consommation de charbon par jour. — Hectolitres.
	Report de la profondeur........			25 86												
2 févr.	1er j.	B.	5.1	0.10							6	15	2	6	42	97
	2e »	C.	5.1	0.10							15		2	6	42	
	3e »	A.	5.1								20		2	6	42	
	1re n.	B.	5.1			31e					6		2	6	42	
	2e »	C.	5.1								5		2	6	42	
	3e »	A.	5.1	0.50							16		2	6	42	
3 févr.	1er j.	B.	5.1	0 20							18	15	2	6	42	97
	2e »	C.	5.1								14		2	6	42	
	3e »	A.	5.1	0.25		32e							2	6	42	
	1re n.	B.	5.1	0.32							14		2	6	42	
	2e »	C.	5.1								11		2	6	42	
	3e »	A.	5.1								11		2	6	42	
4 févr.	1er j.	B.	5.1			33e						12	2	6	42	85
	2e »	C.	5.1										2	6	42	
	3e »	A.	5.1										2	6	42	
	1re n.	B.	5.1										Id.	Id.	Id.	
	2e »	C.	5.1										2	6	42	
	3e »	A.	5.1										2	6	42	88
5 févr.	1er j.	B.	5.1									12	2	6	42	
	2e »	C.	5.1										2	6	42	
	3e »	A.	5.1										2	6	42	
	1re n.	B.	5.1										2	6	42	
	2e »	C.	5.1										2	6	42	
	3e »	A.	5.1										2	6	42	
	A reporter....			27 15												

OBSERVATIONS

Détail des travaux et incidents. — Nature du terrain.

2 *février*. 1er poste. — On a coigneté le membre, placé les porteurs, sauf deux qui étaient trop courts, et descendu les pompes de 0m,10 ; envoyé six cuffats de terres à la surface.

2e poste. — Creusé le potia ; commencé à ramener le terrain à 0m,55 en dessous du 30e membre, et placé une douzaine de porteurs ; pendant ce temps, on posait deux billes de guidonnages des pompes. Dans le fond du potia, la marne paraît plus grasse.

3e poste. — Continué à ramener le terrain en plaçant des stifles contre les parties moins résistantes des parois ; la moitié environ de celles-ci pourra se soutenir seule jusqu'après l'établissement du membre ; ce membre va être fait en chêne, parce qu'on se dispose à y attacher les tirants destinés à suspendre le boisage.

4e poste. — Descendu la pompe n° 1 de 0m,30, et la pompe n° 2 de 0m,20 ; on a été obligé de ramener une partie de la fosse, quelques stifles avançant trop vers l'intérieur ; ce qui a retardé la pose du membre qu'on n'a fait qu'assembler.

5e poste. — On a coigneté le membre, posé deux traverses de guidonnages des pompes, et cloué une partie des porteurs.

6e poste. — On a enfoncé de 0m,30 et descendu les jeux d'autant.

3 *février*. 1er poste. — On a enfoncé de 0m,20 et fait descendre les pompes d'autant ; commencé à ramener le terrain et placé des stifles sur près des trois quarts du pourtour du puits ; cloué dix-sept porteurs au membre supérieur.

2e poste. — On a achevé de ramener le terrain, en posant des stifles contre les parois ; on a creusé le potia, et fait descendre les deux jeux de pompes de 0m,20.

3e poste. — On a placé le 32e membre, et on l'a coigneté ; recommencé l'enfoncement.

4e poste. — On a creusé le potia et descendu les pompes de 0m,52 ; placé une bille de refend du trait à terres ; commencé à ramener le terrain, et posé six stifles ; cloué quinze porteurs.

5e poste. — On a ramené le terrain, et placé des stifles.

6e poste. — On a achevé de ramener le terrain, et posé trente-cinq stifles.

4 *février*. 1er poste. — On a placé le membre, et on l'a coigneté.

2e poste. — On se dispose à placer des tirants en bois, au nombre de quatre, pour soutenir tous les membres jusqu'à celui en chêne, en les reliant à l'assise de la tonne ; on va fixer à cette assise les sommiers que doivent traverser ces tirants. On a commencé, pour cela, un hourd au niveau de cette assise.

3e poste. — Fixé à l'assise de la tonne quatre patiniats destinés à supporter les sommiers auxquels doivent s'attacher les tirants, à la partie supérieure ; ôté des planches de hourds pour le passage des tirants, et descendu deux bouts de tirants.

4e poste. — On a descendu un des tirants et les deux sommiers qu'on a posés pour y suspendre ensuite ces tirants ; un de ces derniers y a été alors suspendu.

5e poste. — On a suspendu les trois derniers tirants, et ajouté une rallonge à l'un de ces derniers, après avoir fait un hourd à cet effet. On a cloué quatre patins aux sommiers supérieurs.

6e poste. — On a descendu les trois derniers bouts de tirants que l'on a assemblés avec les parties déjà suspendues ; on a ensuite renvoyé les planches du hourd qui avait été fait au poste précédent.

5 *février*. 1er poste. — On a descendu les deux sommiers inférieurs ; on les a forés et on y a fiché les tirants que l'on a serrés ; on a commencé à défaire les hourds, lorsque l'heure du poste suivant est arrivée.

2e poste. — Les tirants n'étaient pas assez rapprochés des parois ; on a déplacé un des sommiers inférieurs pour le forer à nouveau, et on a donné aux tirants une position qui ménage mieux l'espace libre du puits ; on a rétabli ensuite les hourds de guidonnages des pompes, qui avaient été démontés pour donner passage aux tirants.

3e poste. — Mis quatre strucans aux côtés du membre à démonter (l'avant-dernier), pour faire la place d'un faux-siège de cariou ; ôté les porteurs dudit membre, et relié le membre supérieur au membre inférieur par de petites lambourdes ; tout était prêt à la fin du poste pour démonter le membre.

4e poste. — On a commencé à déplacer l'avant-dernier membre, en ôtant les planches de 0m,60 de longueur, pour les remplacer par des planches de 1m,20 ; on a placé treize de ces dernières, et tassé de la mousse par derrière.

5e poste. — On a continué à déplacer l'avant-dernier membre, et on a garni les parois de stifles de 1m,20 de longueur, derrière lesquelles on tassait de la mousse ; quatorze stifles ont été posées.

6e poste. — Enlevé des stifles de 0m,60, et remplacé ces stifles par d'autres de 1m,20 de longueur, avec mousse tassée derrière ; on a ainsi stiflé à nouveau trois côtés et demi.

DATES.	ORDRE DES POSTES. (j. jour. — n. nuit.)	NOMS DES SURVEILLANTS.	1. Nombre de mineurs. 2. Nombre d'aides-mineurs.	Enfoncement. — Mètres	Cuvelage.	N.° des membres.	Brasquissage.	Temps pour l'allongement des pompes. — Heures.	Durée. — Heures.	NATURE ET CAUSE.	Quantité de berlines extraite par poste. — Coffois.	Consommation de charbon par jour. — Hectolitres.	Nombre de jeux de pompe en activité.	Nombre de coups de pompes par minute.	Quantité d'eau extraite par minute. Hectolitres.	Consommation de charbon par jour. — Hectolitres.
	Report de la profondeur......			27.15												
6 févr.	1er j.	B.	5.1									13	2	6	42	87
	2e »	C.	5.1										2	6	42	
	3e »	A.	5.1										2	6	42	
	1re n.	B	5.1										2	6	42	
	2e »	C.	5.1										2	6	42	
	3e »	A.	5.1										2	6	42	
7 févr.	1er j.	B	5.1									12	2	6	42	85
	2e »	C.	5.1	0.25							5		2	6	42	
	3e »	A.	5.1										2	6	42	
	1re n.	B	5.1										2	6	42	
	2e »	C.	5.1								7		2	6	42	
	3e »	A.	5.1	0.25					3/4	Retard dans le travail du fond. Défaut de vapeur.	9		2	6	42	
8 févr.	1er j.	B	5.1								15	13	2	6,5	45	92
	2e »	C.	5.1			34e				1er faux-membre.	5		2	6,5	45	
	3e »	A.	5.1	0.30							10		2	6,5	45	
	1re n.	B.	5.1	0.35							15		2	6,5	45	
	2e »	C.	5.1								9		2	6,5	45	
	3e »	A.	5.1	0.25							8		2	6,5	45	
9 févr.	1er j	B.	5.1			35e				* 2e faux-membre.	4	13	2	6,5	45	97
	2e »	C.	5.1								6		2	6,5	45	
	3e j.	A.	5.1	0.20							12		2	6,5	45	
	1re n.	B.	5.1	0.20							8		2	6,5	45	
	A reporter...			28.95												

OBSERVATIONS.

Détail des travaux et incidents. — Nature du terrain.

6 *février*. 1er poste. — On a démis cinq pièces de membre et placé dix-neuf planches de 1^m,20, avec mousse derrière.

2e poste. — On a mis les dernières stiffles (une huitaine); on a ensuite nettoyé le fond du puits, et renvoyé à la surface les pièces du membre déplacé.

3e poste. — Placé le faux-siége pour cariou et des madriers en bois blanc par derrière, avec mousse; commencé à serrer le cadre par des coins placés dans les angles et au milieu des côtés.

4e poste. — On a coigneté la trousse; pendant la dernière heure, on a commencé à picoter.

5e poste. — Picoté le faux-siége du cariou.

6e poste. — Picoté le faux-siége du cariou.

7 *février*. 1er poste. — On a continué à picoter; l'eau paraissait traverser le picotage en deux points, où le travail n'est pas entièrement achevé.

2e poste. — Picoté pendant deux heures encore; puis on a descendu les deux jeux de pompes de 0^m,25.

3e poste. — Rechargé les deux jeux et placé au n° 1 un tire-bout en bois, travail achevé en cinq heures et demie; déplacé ensuite la botte du jeu n° 2, pour la mettre au-dessus du collet de la pompe, quand celui-ci reste plus bas. Le chef de poste est descendu ensuite visiter tout le pourtour de la fosse, à mesure que les eaux baissaient, pour voir si tout était en ordre; quand la machine s'est remise en marche, il y avait encore dix membres à découvert.

4e poste. — Déplacé d'abord la botte du jeu n° 1 pour la mettre au-dessus du collet; les eaux ont été basses à huit heures et demie; on a alors descendu les planches du cariou, et on en a placé huit, pendant qu'on enfonçait encore quelques picots derrière le faux-siége.

5e poste. — On a terminé la pose des planches du cariou; vers minuit et demi, on a élargi le potia et envoyé sept cuffats de terres à la surface.

6e poste. — On a creusé au potia de 0^m,25, et on a descendu les deux jeux de pompes d'autant; il y a eu trois quarts d'heure de retard, pendant lesquels, le fond de la fosse, ayant été envahi par les eaux, les ouvriers ont dû l'abandonner. Cette circonstance a été produite par le manque de vapeur, dû à l'inattention d'un chauffeur, qui a été, par suite, amendé.

8 *février*. 1er poste. — On a ramené le terrain à environ 0^m,50 au-dessous du dernier membre sur lequel repose le faux-siége du cariou.

2e poste. — Égalisé tout le pourtour des parois du puits; placé un faux-membre et des stiffles provisoires, pour maintenir les parois.

3e poste. — Approfondi le potia de 0^m,50, et descendu les deux jeux de pompes d'autant. On a achevé le placement des stiffles provisoires derrière le faux-membre, pour garantir le terrain sur la hauteur de l'emplacement destiné à recevoir les siéges de picotage; on a allongé de 2 mètres les tirants de suspension des deux jeux de pompes, qui reposent à ferme sur le terrain. Celui-ci est devenu beaucoup plus consistant, et même très-dur par places; au fond du potia, il est encore un peu mou, et du côté du trait à terres, il se montre encore très-fendillé.

4e poste. — Creusé le potia de 0^m,55, et descendu les pompes d'autant; le terrain se maintient bien, sauf du côté du trait à terres, où il est encore assez fendillé.

5e poste. — On a arasé le terrain dans le fond, pendant qu'on mettait des stiffles provisoires derrière le faux-membre.

6e poste. — Descendu les deux jeux de 0^m,25; mis des stiffles provisoires contre les parois; il restait encore trois de celles-ci à stiffler, à la fin du poste.

9 *février*. 1er poste. — Approfondi sur la moitié de la section du puits, et placé des stiffles provisoires sur le pourtour, pour garantir le terrain qui reste toujours bon et s'améliore même du côté du trait à terres; les jeux reposent toujours sur le fond, et on a rallongé les tirants du jeu n° 1 de 2 mètres; placé le second membre, à l'exception de deux côtés qui restent à poser.

2e poste. — Achevé le placement du faux-membre, et coigneté ledit membre; redressé une portion du faux-membre supérieur qui n'était pas de niveau; le terrain paraît un peu plus mou dans le fond; le jeu de pompe n° 1 avait une tendance à s'enfoncer; ce qui a forcé de faire tendre un peu les tirants.

3e poste. — Creusé au potia, et descendu les deux jeux de pompes de 0^m,20. Continué à enfoncer le potia; suspendu huit fils à plomb à l'assise de la tonne de briques; terrain très-solide du côté de l'ancienne fosse, et un peu moins du côté opposé; il est très-mauvais sur environ 2 mètres, à l'ouest, où il est excessivement exfolié, en très petits fragments; à l'est, sous l'échelle, il est également fort crevassé, mais beaucoup moins exfolié.

4e poste. — On a descendu les deux jeux de 0^m,20, après avoir creusé le potia en conséquence; ramené le terrain, et enfoncé douze palplanches dans le trait à terres, à l'endroit où le terrain était le plus mauvais.

DATES.	ORDRE DES POSTES. j. jour. — n. nuit.	NOMS DES SURVEILLANTS.	1° Nombre de mineurs. 2° Nombre d'aides-mineurs.	TRAVAIL EFFECTUÉ. Enfoncement. — Mètres.	Cuvelage.	N.os des membres.	Brandissage.	Temps pour l'allongement des pompes. — Heures.	RETARDS OCCASIONNÉS. Durée. — Heures.	NATURE ET CAUSE.	EFFETS DES MACHINES. d'extraction. Quantité de terres extraite par poste. — Cuffats.	Consommation de charbon par jour. — Hectolitres.	d'épuisement. Nombre de jeux de pompe en activité.	Nombre de coups de pompe par minute.	Quantité d'eau extraite par minute. Hectolitres.	Consommation de charbon par jour. — Hectolitres.
	Report de la profondeur......			28.95												
9 févr.	2e n.	C.	5.1								8		2	6.5	45	
	3e n.	A.	5.1								3					
10 févr.	1er j.	B.	5.1									13	2	6.5	45	92
	2e »	C.	5.1										2	6.5	45	
	3e »	A.	5.1										2	6.5	45	
	1re n.	B.	5.1										2	6.5	45	
	2e »	C.	5.1										2	6.5	45	
	3e »	A.	5.1										2	6.5	45	
11 févr.	1er j	B.	5.1								3	12	2	6.25	69	88
	2e »	C.	5.1										2	6.25	69	
	3e »	A.	5.1										2	6.25	69	
	1re n.	B.	5.1								2 1 2 3		2	6.25	69	
	2e »	C.	5.1										2	6.25	66	
	3e »	A.	5.1										2	6.25	69	
12 févr.	1er j.	B.	5.1								2 1 2 3	11	2	6.25	69	84
	2e »	C.	5.1										2	6.25	69	
	3e »	A.	5.1										2	6.25	69	
	1re n	B.	5.1								1		2	6.25	69	
	2e »	C.	5.1										2	6.25	69	
	3e »	A.	5.1										2	6.25	69	
13 févr.	1er j.	B.	5.1									12	2	6.25	69	88
	2e »	C.	5.5										2	6.25	69	
	3e »	A.	5.5										2	6.25	69	
	1re n.	B.	5.5										2	6.25	69	
	2e »	C.	5.3										2	6.25	69	
	3e »	A.	5.3										2	6.25	69	
14 févr.	1er j.	B.	5.3									13	2	6.25	69	92
	2e »	C.	5.3								32 heures de picotage.			2	6.25	69	
	3e »	A.	5.3										2	6.25	69	
	1re n.	B.	5.3										2	6.25	69	
	2e »	C.	5.5										2	6.25	69	
	3e »	A.	5.3										2	6.25	69	
15 févr.	1er j.	B.	5.5									12	2	6.25	69	88
	2e »	C.	5.3										2	6.25	69	
	3e »	A.	5.3										2	6.25	69	
	1re n.	B.	5.5										2	6.25	69	
	A reporter....			28.95												

OBSERVATIONS

Détail des travaux et incidents. — Nature du terrain.

5e poste. — On a préparé la place de la plate-trousse, et placé des stiffles de $0^m,60$, pour garantir le terrain.

6e poste. — On a terminé la préparation de la place de la plate-trousse, en garnissant les parois de stiffles, à l'exception de trois places où le terrain était bon.

10 *février*. 1er poste. — On a encore un peu égalisé le terrain ; ensuite on a assemblé la plate-trousse (de $0^m,17$ d'épaisseur).

2e poste. — Amené la plate-trousse dans la position convenable ; on l'a mise ensuite de niveau ; posé huit madriers derrière ladite plate-trousse, et commencé à y mettre des coins.

3e poste. — On a coigneté la trousse : il reste encore quelques coins à mettre ; on a ôté un membre pour enfoncer les coins et picots au marteau.

4e poste. — Achevé le coignetage, et commencé le picotage de la trousse.

5e poste. — On a continué le picotage de la plate-trousse.

6e poste. — On a continué le picotage de la plate-trousse.

11 *février*. 1er poste. — On a continué le picotage de la plate-trousse.

2e poste. — On a continué le picotage de la plate-trousse. Pendant la dernière heure de ce poste, on a mis trois strucans pour maintenir le membre supérieur que l'on se dispose à désassembler par parties, pour garnir le terrain de stiffles avec mousse par derrière ; on a également placé trois porteurs dans le même but.

3e poste. — Placé dix stiffles avec mousse, après avoir égalisé les parois.

4e poste. — Placé dix stiffles avec mousse, en égalisant, au fur et à mesure, les parois de la fosse ; mis deux strucans pour maintenir les pièces du membre supérieur désassemblé.

5e poste. — Posé quinze stiffles avec mousse.

6e poste. — Posé quatorze stiffles avec mousse.

12 *février*. 1er poste. — Posé seize stiffles avec mousse ; il reste encore cinq côtés à garnir.

2e poste. — Posé quinze stiffles avec mousse.

3e poste. — Posé quatorze stiffles avec mousse ; il ne restait plus qu'environ cinq planches (stiffles) à placer.

4e poste. — Placé cinq stiffles avec mousse ; à huit heures, on descendait les pièces de la trousse à picoter que l'on a assemblées (1er siége de picotage).

5e poste. — On a placé les planches à picoter (madrilles) et la mousse, et mis les premiers coins aux angles des pièces de la trousse.

6e poste. — On a coigneté le siége ; il reste à recouper les têtes des coins, et à en placer encore quelques-uns dans les vides ; ensuite on sera prêt à picoter.

13 *février*. 1er poste. — On a picoté le siége, après avoir recoupé la tête des coins.

2e poste. — On a picoté ; on a mis tous picots carrés ; seulement, à la fin du poste, on s'est servi de picots ronds (picots octogonaux).

3e poste. — On a picoté le siége (picots ronds, partie en bois tendre, et partie en chêne).

4e poste. —   Id.   Id.

5e poste. —   Id.   Id.

6e poste. —   Id.   Id.

14 *février*. 1er poste. — On a picoté le siége (avec quelques picots en bois tendre, et presque tous picots en chêne). On a pris la mesure du déversement du siége vers l'intérieur, afin de corriger sur le siége suivant l'effet de ce déversement, en entaillant obliquement la face inférieure de ce dernier siége.

2e poste. — On a picoté le siége (presque tous picots en chêne).

3e poste. — On a terminé le picotage du premier siége. A trois heures, on a commencé à descendre les pièces du deuxième siége ; à la fin du poste, ce siége était assemblé. On a mis sur la tête du picotage du premier siége un peu de béton.

4e poste. — On a mis les planches à picoter avec de la mousse derrière ; pour rendre la place à picoter partout de même largeur, aux endroits où l'espace était le plus grand, on a placé deux et même trois planches ; à la fin du poste, on a mis quelques coins aux angles des pièces.

5e poste. — On a commencé à coigneter la trousse, travail que l'on a achevé vers la fin du poste.

6e poste. — On a mis dans les angles quelques picots, à la grosse aiguille, pour amener la trousse à sa position. On a enfin recoupé la tête des coins.

15 *février*. 1er poste. — On a recoupé les coins qui dépassaient le niveau supérieur de la trousse ; puis on a commencé à picoter avec les grosses aiguilles.

2e poste. — On a picoté à la grosse aiguille (picots carrés).

3e poste. —   Id.   Id.

4e poste. —   Id.   Id.

REGISTRE DE FONÇAGE.

DATES.	ORDRE DES POSTES, 1 jour. — 2 nuit.	NOMS DES SURVEILLANTS.	1° Nombre de mineurs. 2° Nombre d'aides-mineurs.	TRAVAIL EFFECTUÉ — Enfoncement — Mètres.	Cuvelage.	N° des membres.	Brandissage.	Temps pour l'affouillement des pompes. — Heures.	RETARDS OCCASIONNÉS — Durée. — Heures.	NATURE ET CAUSE.	EFFETS DES MACHINES d'extraction — Quantité de terres extraite par poste. — Chariots.	Consommation de charbon par jour. — Hectolitres.	d'épuisement — Nombre de jeux de pompe en activité.	Nombre de coups de pompes par minute.	Quantité d'eau extraite par minute. Hectolitres.	Consommation de charbon par jour. — Hectolitres.
	Report de la profondeur.......			28.93												
15 févr.	2e n.	C.	5.5										2	6,25	69	
	3e »	A.	5.5										2	6,25	69	
16 févr.	1er j.	B.	5.5								12		2	6,25	69	88
	2e »	C.	5.5							32 heures de picotage.			2	6,25	69	
	3e »	A.	5.5										2	6,25	69	
	1re n.	B.	5.5										2	6,25	69	
	2e »	C.	5.5										2	6,25	69	
	3e »	A.	5.5										2	6,25	69	
17 févr.	1er j	B.	5.5								12		2	6,25	69	85
	2e »	C.	5.5										2	6,25	69	
	3e »	A.	5.5						4	34 heures de picotage.			2	6,25	69	
	1re n.	B.	5.5										2	6,25	69	
	2e »	C.	5.5										2	6,25	69	
	3e »	A.	5.5										2	6 1/4	69	
18 févr.	1er j.	B.	5.5								10		2	6 1/4	69	75
	2e »	C.	5.5		24								2	6 1/4	69	
	3e »	A.	5.5										2	6 1/4	69	
	1re n.	B.	5.5		22								2	6 1/4	69	
	2e »	C.	5.5		22								2	6 1/4	69	
	3e »	A.	5.5										2	6 1/4	69	
19 févr.	1er j.	B.	5.5						4	Retard dans le travail de cuvellement par suite d'un défaut au secret du jeu n° 2.	10		2	6 1/4	69	70
	2e »	C.	5.5										2	6 1/4	69	
	3e »	A.	5.5		16								2	6 1/4	69	
	A reporter....			28.93												

OBSERVATIONS

Détail des travaux et incidents. — Nature du terrain.

5e poste. — Continué le picotage; on a employé des picots ronds en bois tendre, quelques-uns en chêne.

6e poste. — Continué le picotage; on a employé des picots ronds en bois tendre, quelques-uns en chêne.

16 *février*. 1er poste. — Continué, partie avec des picots en bois tendre, et partie en chêne.

2e poste. — Picoté avec picots en chêne.

3e poste. — Picoté avec picots en chêne; le picotage a été terminé à midi; on a ensuite recoupé les picots.

4e poste. — On a descendu et assemblé le troisième siége; à la fin de ce poste, on était prêt à placer les planches à picoter. Ainsi que le précédent, le troisième siége a été dressé un peu hors d'équerre sur la face inférieure, pour corriger l'effet du déversement produit sur le second siége par le picotage; le troisième siége a 0^m,35 d'épaisseur, de sorte qu'il recouvre le picotage du second, du moins en partie; l'épaisseur de plusieurs pièces a dû être réduite un peu (ce qui a été fait d'avance), pour ménager une place suffisante pour le picotage.

5e poste. — On a mis les planches avec de la mousse derrière.

6e poste. — On a picoté avec des picots carrés. Pendant ce poste, il s'est mis un morceau de bois sous le secret du jeu n° 1; les ouvriers ont eu un retard d'environ un quart d'heure; le chef de poste est allé à la machine, et l'ayant fait marcher plus rapidement, le morceau de bois est retombé.

17 *février*. 1er poste. — On a picoté avec picots carrés.

2e poste. — On a picoté avec picots carrés.

3e poste. —   Id.

4e poste. — On a picoté à la petite aiguille avec picots ronds en bois tendre, et quelques-uns en chêne.

5e poste. — On a picoté avec picots ronds en bois tendre et en chêne.

6e poste. —   Id.

18 *février*. 1er poste. — On a encore picoté le troisième siége jusqu'à la fin de ce poste, pendant qu'on recoupait les coins et picots.

2e poste. — On a placé les clapets de siége et les boîtes de recouvrement. Le premier coffre de cuvelage préparé d'avance, pour corriger le déversement et le léger dénivellement des trousses, a été placé: pour cela, il a été nécessaire de retoucher un peu à la face supérieure du troisième siége. Outre les seize pièces du premier coffre de cuvelage, huit autres pièces ont été placées: en tout, par conséquent, vingt-quatre.

3e poste. — On a rembourré derrière le cuvelage avec du béton contenant 1/3 de chaux, 1/3 de marnes, 1/3 de cendres de houille; on en a employé quatre cuffats; on a ensuite nettoyé le fond du puits, ôté les broches d'aspirantes et les bodeis (paniers en osier); après quoi, on a cloué huit patiniats, posé quatre billes pour remonter le hourd de cuvellement et démonté le hourd inférieur.

4e poste. — Terminé le hourd de cuvellement; posé vingt-deux pièces de cuvelage et démonté le cariou.

5e poste. — Placé derrière le cuvelage six cuffats de béton, et posé vingt-deux pièces de cuvelage.

6e poste. — On a commencé à démonter les quatre tirants de suspension du boisage provisoire; et pendant ce temps, on a placé trois cuffats de rembourrage derrière le cuvelage et cloué huit patiniats pour un nouveau hourd de cuvellement. Les deux sommiers inférieurs de suspension du boisage ont été envoyés au jour.

19 *février*. 1er poste. — En arrivant à leur poste, les ouvriers ont remarqué un dérangement dans la marche de la pompe n° 2: les eaux ont monté jusqu'à la partie supérieure de l'aspirante; on a augmenté la vitesse de la machine, et la pompe n° 2 a repris sa marche ordinaire. A sept heures et demie, les eaux étaient basses; mais, les pièces de cuvelage n'étant pas liées, le coffre supérieur s'est dérangé, et on a dû le remplacer; ensuite, on a fait le rembourrage derrière le cuvelage avec du béton. Seize planches ont été enfin clouées sur le cuvelage, pour le relier. Aussitôt que le chef-porion a appris le dérangement de la pompe n° 2, il a ordonné de relier immédiatement le cuvelage; mais avant qu'on eût eu le temps de l'effectuer, les eaux avaient atteint la partie supérieure de ce dernier.

2e poste. — On a continué à démonter les tirants de suspension du boisage; les quatre bouts inférieurs de ces tirants ont été remontés au jour, ainsi qu'un des bouts supérieurs.

3e poste. — Remonté le reste des tirants et les sommiers supérieurs auxquels ils étaient fixés. On a posé seize pièces de cuvelage et deux cuffats de béton.

DATES.	ORDRE DES POSTES. (j. jour — n. nuit.)	NOMS DES SURVEILLANTS.	1° Nombre de mineurs. 2° Nombre d'aides-mineurs.	Enfoncement. — Mètres.	Cuvelage.	Nos des membres.	Brandisage.	Temps pour l'allongement des pompes. — Heures.	Durée. — Heures.	NATURE ET CAUSE.	Quantité de terres extraite par poste. — Cuffats.	Consommation de charbon par jour. — Hectolitres.	Nombre de jeux de pompe en activité.	Nombre de coups de pompe par minute.	Quantité d'eau extraite par minute. Hectolitres.	Consommation de charbon par jour. — Hectolitres.
	Report de la profondeur......			28.95												
19 févr.	1re n.	B.	5.5											2	6 1/4	69
	2e »	C.			19									2	6 1/4	69
	3e »	A.	5.3		25									2	6 1/4	69
20 févr.	1er j.	B.	5		16							10	2	5 1/2	55	72
	2e »	C.	5		28											
	3e »	A.	5		20											
	1re n.	B.	5		16											
	2e »	C.	5		20											
	3e »	A.	5		25											
21 févr.	1er j.	B.	5		1							8	2	5 1/2	55	70
	2e »	C.	5		16											
	3e »	A.	5		35											
	1re n.	B.	5		24											
	2e »	C.	5		3											
	3e »	A.	5		32											
22 févr.	1er j.	B.	5		17							7	2	5 1/2	55	55
	2e »	C.	5		31											
	3e »	A.	5		20									2	5 1/2	55	
	1re n.	B.	5		23											
	2e »	C.	5		31											
	3e »	A.	5		25											
23 févr.	1er j.	B.	5		16							6	2	5 1/2	55	44
	A reporter....			28.95												

OBSERVATIONS.
Détail des travaux et incidents. — Nature du terrain.

4° poste. — Relevé le hourd de cuvellement, et fermé soigneusement un hourd inférieur, pour empêcher les déchets de bois de le traverser et venir ainsi compromettre la marche des pompes. On a cloué de petites lambourdes d'enchaînement de cuvelage, renvoyé au jour une traverse et des lambourdes du trait à terres.

5° poste. — Placé huit cuffats de béton et dix-neuf pièces de cuvelage.

6° poste. — Placé quatre cuffats de béton et vingt-cinq pièces de cuvelage.

Cloué huit patiniats pour relever le hourd de cuvellement. De deux à quatre heures du matin, le chef de coupe, accompagné d'un ouvrier, est allé nettoyer la pompe d'alimentation qui avait cessé de fonctionner, depuis que les broches d'aspirantes ont été ôtées. La machine peut marcher un peu plus lentement, et même s'arrêter par intervalles, pendant quelques minutes. Le nombre de coups peut être évalué approximativement à cinq et demi.

20 *février*. 1ᵉʳ poste. — Placé huit cuffats de béton et seize pièces de cuvelage ; relié deux coffres de cuvelage par de petites lambourdes, et commencé un nouveau hourd. Deux billes ont été placées.

2° poste — Posé les deux dernières billes du hourd, et fait le plancher de ce hourd ; placé huit cuffats de béton et vingt-huit pièces de cuvelage. Pendant ce poste, le chef-porion a corrigé un petit dénivellement des pièces de cuvelage ; on a renvoyé au jour des planches servant à la conduite des eaux.

3° poste. — Placé huit cuffats de béton et vingt pièces de cuvelage ; cloué huit patiniats pour relever le hourd.

4° poste. — On a mis quatre cuffats de béton et posé seize pièces de cuvelage ; on a ensuite relié, par de petites planchettes, les deux coffres supérieurs et posé les billes et planches du hourd de cuvellement.

5° poste. — On a placé six cuffats de rebourrage ; posé vingt pièces de cuvelage ; renvoyé à la surface quatre cuffats de bois et planches de guidonnages billes, et planches de refend du trait à terres. Le cuvelage est à 5ᵐ 50 au-dessus des sièges.

6° poste. — Placé huit cuffats de béton et vingt-cinq pièces de cuvelage.

21 *février*. 1ᵉʳ poste. — Cloué huit patiniats pour un nouveau hourd, et mis sept cuffats de béton derrière le cuvelage ; posé une pièce de cuvelage, et cloué trente-deux planchettes d'enchaînement.

2° poste. — Remonté le hourd ; placé seize pièces de cuvelage et deux cuffats de béton.

3° poste. — Placé trente-cinq pièces de cuvelage et onze cuffats de rebourrage ; cloué trente et une planchettes d'enchaînement du cuvelage. Il y a environ 6 mètres de cuvelés au-dessus des sièges.

4° poste. — Cloué huit patiniats pour relever le hourd de cuvellement ; placé vingt-quatre pièces de cuvelage et huit cuffats de béton ; cloué trente planchettes pour relier les pièces de cuvelage.

5° poste. — Posé trois pièces de cuvelage et un cuffat de béton ; renvoyé à la surface six cuffats de bois et planches consistant en deux strucans, deux billes de guidonnages avec planches, une traverse et des planches de refend du trait à terres.

6° poste. — Placé trente-deux pièces de cuvelage et dix cuffats de béton derrière le cuvelage ; cloué six planchettes d'enchaînement.

22 *février*. 1ᵉʳ poste. — Posé dix-sept pièces de cuvelage, douze cuffats de béton, quarante-deux planchettes d'enchaînement et huit patiniats pour remonter le hourd.

2° poste. — Remonté le hourd ; renvoyé à la surface un cuffat de bois consistant en planchettes de conduite des eaux ; posé trente et une pièces de cuvelage, et placé derrière le cuvelage trois cuffats de rebourrage.

3° poste. — Placé vingt pièces de cuvelage ; il reste une pièce de cuvelage de 0ᵐ,17 à poser ; après quoi, on fera usage de cuvelage de 0ᵐ,15 ; 8 mètres sont cuvelés au-dessus des sièges ; il reste 12ᵐ,50 à cuveler avec le cuvelage de 0ᵐ,15. Pendant ce poste, on a mis huit cuffats de rebourrage et remonté une échelle. Le chef-porion a rétabli complétement le niveau du dernier coffre.

4° poste. — Placé la dernière pièce de 0ᵐ,17, vingt-deux pièces de 0ᵐ,15, cinq cuffats de béton et seize planchettes d'enchaînement ; renvoyé au jour une traverse de refend, une bille de guidonnages et un strucan, ainsi que les planches de refend et de guidonnages ; cloué huit patiniats.

5° poste. — Remonté le hourd et renvoyé à la surface une bille de guidonnages ; placé trente et une pièces de cuvelage et cinq cuffats de béton.

6° poste. — Posé vingt-cinq pièces de cuvelage, dix cuffats de rebourrage, et seize planchettes d'enchaînement du cuvelage.

23 *février*. 1ᵉʳ poste. — Placé seize pièces de cuvelage, huit cuffats de béton et seize planchettes ; cloué les patiniats pour un nouveau hourd.

DATES.	ORDRE DES POSTES, j. jour. — n. nuit.	NOMS DES SURVEILLANTS.	1° Nombre de mineurs. 2° Nombre d'aides-mineurs.	TRAVAIL EFFECTUÉ.					RETARDS OCCASIONNÉS.		EFFETS DES MACHINES					
				Enfoncement. — Mètres.	Cuvelage.	Nos des membres.	Brunissage.	Temps pour l'allongement des pompes. — Heures.	Durée. — Heures.	NATURE ET CAUSE.	d'extraction — Quantité de terres extraite par poste. — Cuffats.	Consommation de charbon par jour. — Hectolitres.	d'épuisement — Nombre de jeux de pompe en activité.	Nombre de coups de pompes par minute.	Quantité d'eau extraite par minute. Hectolitres.	Consommation de charbon par jour. — Hectolitres.
	Report de la profondeur......			28 93												
23 févr.	2e j.	C.	5		35											
	3e »	A.	5		35											
	1re n.	B.	5		16											
	2e »	C.	5		12								2	2 1/2	25	
	3e »	A.	5		44											
24 févr.	1er j.	B.	5		17							4	2	2 1/2	25	51
	2e »	C.	5		45								2	1 1/2	13	
	3e »	A.	5		14											
	1re n.	B.	5		32											
	2e »	C.	5		45											
	3e »	A.	5		17											
25 févr.	1er j.	B	5		32						15	15	2	1 1/2	13	9
	2e »	C.	5		21											
	3e »	A.	5		26											
	1re n.	B.	5		16											
	2e »	C.	5		30											
	3e »	A.	5		11											
26 févr.	1er j.	B.	5		17							15				
	2e »	C.	4		24											
	3e »	A.	5		32											
	1re n.	B.	5		15											
	2e »	C.	4		16											
	A reporter....			28 93												

OBSERVATIONS.
Détail des travaux et incidents. — Nature du terrain.

2e poste. — Remonté le hourd de cuvellement; renvoyé au jour des bois de guidonnages, et placé trente-cinq pièces de cuvelage.

3e poste. — Posé trente-cinq pièces de cuvelage, huit cuffats de rebourrage et vingt planchettes d'enchaînement du cuvelage; cloué huit patiniats pour un nouveau hourd.

4e poste. — Placé seize pièces de cuvelage, douze cuffats de rebourrage et quarante-huit planchettes.

5e poste. — Relevé le hourd; remonté au jour trois strucans, une traverse de refend, deux billes de guidonnages, les planches de refend et de guidonnages; on a ensuite placé douze pièces de cuvelage. Le chef de poste a constaté que les eaux pouvaient être mises basses en vingt minutes, la machine marchant à six coups par minute, et que les eaux ne revenaient à niveau du cuvelage qu'en trente minutes. Le nombre de coups de piston, par minute, peut donc être évalué aux deux cinquièmes de six, c'est-à-dire à deux et demi environ.

6e poste. — Placé quarante-quatre pièces de cuvelage, huit cuffats de rebourrage et trente-deux planchettes; démonté et renvoyé une échelle à la surface.

24 février. 1er poste. — Posé dix-sept pièces de cuvelage, huit cuffats de béton et seize planchettes; cloué huit patiniats et relié le hourd de cuvellement.

2e poste. — Placé quarante-cinq pièces de cuvelage, sept cuffats de béton et trente-deux planchettes d'enchaînement du cuvelage. On a constaté que les eaux étaient mises basses en quinze minutes, par la machine marchant à six coups et demi par minute, et qu'elles restaient une heure pour remonter; le travail de la machine correspond donc à moins d'un coup et demi par minute. Lorsque les eaux arrivaient à quelques mètres du fond, elles baissaient derrière le cuvelage, ce qui provient du passage de l'eau par les joints et, peut-être aussi, derrière les sièges. On a recommandé aux ouvriers de ne pas laisser descendre l'eau derrière le cuvelage, en arrêtant assez tôt la machine. Le rebourrage se faisait moins bien lorsqu'il n'y avait pas d'eau en avant du cuvelage.

3e poste. — Posé quatorze pièces de cuvelage, dix cuffats de béton, vingt-cinq planchettes et huit patiniats. Pendant ce poste, on a vérifié le niveau des pièces de cuvelage, et retouché un peu à six d'entre elles.

4e poste. — Posé trente-deux pièces de cuvelage et six cuffats de béton; remonté à la surface une traverse, les lambourdes du trait à terres et un hourd de guidonnages. Relevé le hourd de cuvellement, au commencement du poste.

5e poste. — Posé quarante-trois pièces de cuvelage et sept cuffats de rebourrage.

6e poste. — Posé dix-sept pièces de cuvelage, onze cuffats de béton et soixante planchettes d'enchaînement; on a cloué ensuite huit patiniats et remonté le hourd.

25 février. 1er poste. — Terminé le hourd de cuvellement; renvoyé à la surface une traverse de refend du trait à terres; placé trente-deux pièces de cuvelage et un cuffat de béton.

2e poste. — Placé vingt et une pièces de cuvelage, neuf cuffats de béton et quarante planchettes d'enchaînement. A la fin du poste, on a relevé le hourd, après avoir cloué les patiniats.

3e poste. — Placé vingt-six pièces de cuvelage et deux cuffats de béton. L'eau ne monte plus derrière le cuvelage; de sorte qu'on a été obligé de verser de l'eau sur le béton pour le tasser; cloué huit patiniats pour un nouveau hourd. La machine d'épuisement marche encore à de longs intervalles, et à un coup par deux minutes, pour fournir l'eau au puits alimentaire.

4e poste. — Relevé le hourd; placé seize pièces de cuvelage et six cuffats de béton; renvoyé à la surface une échelle, une traverse et des lambourdes du trait à terres.

5e poste. — Démonté le 5e membre; placé trente pièces de cuvelage et sept cuffats de béton.

6e poste. — Placé onze pièces de cuvelage et huit cuffats de béton. Le travail a éprouvé un peu de retard, dû à quelques pièces de cuvelage qui étaient mal dressées.

26 février. 1er poste. — Remonté le hourd; placé ensuite dix-sept pièces de cuvelage et cinq cuffats de rebourrage; démonté une partie du 4e membre et des porteurs.

2e poste. — Achevé le démontage du 4e membre; posé vingt-quatre pièces de cuvelage et quatre cuffats de béton. Le chef-porion a corrigé, pendant ce poste, une petite dénivellation des pièces. (Un ouvrier absent.)

3e poste. — Placé trente-deux pièces de cuvelage et six cuffats de béton; démonté et renvoyé à la surface le 3e membre et les porteurs.

4e poste. — Placé quinze pièces de cuvelage et quatre cuffats de béton; renvoyé au jour une traverse du trait à terres, des lambourdes de refend et des pilots de guidonnages des pompes; ensuite on a cloué des patiniats, et relevé le hourd de cuvellement.

5e poste. — Placé seize pièces de cuvelage et cinq cuffats de béton; démonté une échelle et le 2e membre; ôté quelques lambourdes en fer du 1er membre. (Un ouvrier absent.)

| | | | | TRAVAIL EFFECTUÉ. | | | | | RETARDS OCCASIONNÉS. | | EFFETS DES MACHINES | | | | | |
| | | | | | | | | | | | d'extraction. | | d'épuisement. | | | |
DATES.	ORDRE DES POSTES, j: jour. — n: nuit.	NOMS DES SURVEILLANTS	1° Nombre de mineurs. 2° Nombre d'aides-mineurs.	Enfoncement. — Mètres.	Cuvelage.	N° des membres.	Boutissage.	Temps pour l'allongement des pompes. — Heures.	Durée. — Heures.	NATURE ET CAUSE.	Quantité de terres extraite par poste. — Cuffats.	Consommation de charbon par jour. — Hectolitres.	Nombre de jets de pompe en activité.	Nombre de coups de pompes par minute.	Quantité d'eau extraite par minute. — Hectolitres.	Consommation de charbon par jour. — Hectolitres.
	Report de la profondeur......			28.93												
26 févr.	5e n.	A.	5		50							15				
27 févr.	1er j.	B.	5		16											
	2e »	C.	4		20											
	3e »	A.	5		*											
	1re n.	B.	5		9											
	2e »	C.	4				4ʰ									
	3e »	A.	5				4									
28 févr.	1er j.	B.	5				4					8				
	2e »	C.	5				4									
	3e »	A.	5				4									
	1re n.	B.	5				4									
	2e »	C.	5				4									
	3e »	A.	5				4									
1er mars	1er j	B.	5				4									5
	2e »	C.	5				4									
	3e »	A.	5				4									
	1re n.	B.	5				4									
	2e »	C.	5				4									
	3e »	A.	5				4									
2 mars	1er j.	B.	5				4					4				28
	2e »	C.	5				4									
	3e »	A.	5				4									
	1re n.	B.	7.1				4									
	2e »	C.	8				4									
	3e »	A.	7.1				4									
3 mars	1er j.	B.	8				4					4				20
	2e »	C.	7.1				4									
	3e »	A.	8				4									
	1re n.	B.	7.1				4									
	2e »	C.	8				4									
	3e »	A.	7.1				4					5				25
4 mars	1er j.	B.	8				4									
	2e »	C.	7.1				4									
	3e »	A.	8				4									
	1re n.	B.	7.1				4									
	A reporter....			28.93												

* 16 pièces et 7 clefs.

OBSERVATIONS

Détail des travaux et incidents. — Nature du terrain.

6ᵉ poste. — Oté les dernières lambourdes en fer du 1ᵉʳ membre, et démonté ce membre. Trente pièces de cuvelage ont été placées, ainsi que deux cuffats de béton.

27 *février*. 1ᵉʳ poste — On a posé seize pièces de cuvelage, pour quelques-unes desquelles on a dû entailler un peu dans le terrain.
Placé un cuffat de béton ; démis une partie de l'assise en sapin et démoli une partie de la maçonnerie en dessous de l'assise principale.
2ᵉ poste. — Achevé le démontage de l'assise en sapin et la démolition de la maçonnerie en dessous de l'assise principale ; posé vingt pièces de cuvelage et quatre cuffats de béton. Après avoir remonté un hourd sur des ablocs, le chef-porion a remis les pièces de cuvelage de niveau. (Un ouvrier absent.)
3ᵉ poste. — Posé seize pièces de cuvelage et sept clefs.
4ᵉ poste. — Placé les neuf dernières pièces de clefs, et renvoyé au jour les planches du hourd établi sur ablocs. Neuf jours et demi ont été consacrés au cuvellement de la première passe, y compris quelques travaux accessoires.
5ᵉ poste. — Descendu le hourd à environ 4 mètres en dessous de l'assise de la tonne de briques, et commencé à brandir.
6ᵉ poste. — Descendu le hourd à environ 4 mètres en dessous de l'assise de la tonne de briques, et commencé à brandir.

28 *février*. 1ᵉʳ poste. — On a arrêté la machine d'extraction, et le service se fait au cabestan pour les pièces lourdes, et à la main, avec une petite corde, pour les pièces légères. Le feu de la chaudière en activité a été couvert.
2ᵉ poste. — Idem.
3ᵉ poste. — Au commencement de ce poste, le hourd a été remonté de 1ᵐ,50.
4ᵉ poste. —   Id.   Id.
5ᵉ poste. —   Id.   Id.
6ᵉ poste. —   Id.   Id.

1ᵉʳ *mars*. 1ᵉʳ poste. — Brandi. Le brandissage a été opéré jusqu'à l'assise, à partir d'un hourd, à 3 mètres en dessous de cette assise, les clefs se trouvant suffisamment serrées. On va reprendre le brandissage, en descendant et en repassant tous les joints sur les 3 mètres brandis.
2ᵉ poste. — Brandi en descendant. Pendant ce poste, on a aussi posé une traverse de refend du trait à terres.
3ᵉ poste. — Brandi ; posé une traverse de refend et descendu des lambourdes pour relier à l'assise, par les angles, sur une hauteur de quatre coffres, les pièces qui ne doivent pas recevoir de tirants en fer.
4ᵉ poste. — Posé quatorze lambourdes pendant que l'on brandissait.
5ᵉ poste. — Posé les deux dernières lambourdes d'enchaînement, onze lambourdes de refend du trait à terres, et brandi.
6ᵉ poste. — Brandi et descendu le hourd. Posé des planches de guidonnages des pompes.

2 *mars*. 1ᵉʳ poste. — Pendant le brandissage, on a achevé le hourd de guidonnages des pompes.
2ᵉ poste. — Brandi.
3ᵉ poste. — Idem.
4ᵉ poste — Brandi et posé six lambourdes de 4 mètres, au milieu des pièces qui ne doivent pas recevoir de tirants en fer.
5ᵉ poste. — Brandi et cloué deux lambourdes de 4 mètres.
6ᵉ poste. — Brandi.

3 *mars*. 1ᵉʳ poste. — Brandi et posé une traverse de refend du trait à terres.
2ᵉ poste. — Brandi et cloué les lambourdes de refend.
3ᵉ poste. — Brandi et cloué deux patiniais pour une bille d'entre-fend du trait à terres.
4ᵉ poste. — Brandi et posé une bille de refend du trait à terres et une bille de guidonnages.
5ᵉ poste. — Brandi et placé deux billes de guidonnages.
6ᵉ poste. — Brandi, après avoir descendu le hourd, et terminé, pendant ce poste, le plancher de guidonnages. On a cloué cinq lambourdes de suspension.

4 *mars*. 1ᵉʳ poste. — Brandi. Placé trois lambourdes de suspension du cuvelage et dix lambourdes du refend du trait à terres.
2ᵉ poste. — On a brandi.
3ᵉ poste. — On a brandi ; posé une traverse, et dix lambourdes de refend du trait à terres.
4ᵉ poste. — Brandi.

REGISTRE DE FONÇAGE.

DATES.	ORDRE DES POSTES (j. jour. — n. nuit.)	NOMS DES SURVEILLANTS.	1° Nombre de mineurs. 2° Nombre d'aides-mineurs.	Enfoncement — Mètres.	Cuvelage.	N° des cembres.	Brandissage.	Temps pour l'albaugement des pompes — Heures.	Durée — Heures.	Nature et cause.	Quantité de terres extraite par poste — Cuffats.	Consommation de charbon par jour — Hectolitres.	Nombre de jeux de pompe en activité.	Nombre de coups de pompes par minute.	Quantité d'eau extraite par minute. Hectolitres.	Consommation de charbon par jour — Hectolitres.
	Report de la profondeur........			28.93												
4 mars.	2e n	C.	8				4									
	3e »	A.	7.1				4									
5 mars.	1er j.	B.	8				4				9					36
	2e »	C.	7.1				4									
	3e »	A.	8				4									
	1re n.	B.	7.1				4									
	2e »	C.	8				4									
	3e »	A.	7.1				4									
6 mars.	1er j.	B.	8				4				6					26
	2e »	C.	7.1				4									
	3e »	A.	8				4									
	1re n.	B.	7.1				4									
	2e »	C.	8				4									
	3e »	A.	7.1				4									
7 mars.	1er j.	B.	8				4				8					39
	2e »	C.	7.1				4									
	3e »	A.	8				4									
	1re n.	B.	7.1				4									
	2e »	C.	8				4									
	3e »	A.	7.1				4									
8 mars.	1er j.	B.	8				4				9		2	2 1/2 à 3	25	41
	2e »	C.	7.1				4									
	3e »	A.	8				4									
	1re n.	B.	7.1				4									
	2e »	C.	8				4									
	3e »	A.	7.1				4									
9 mars.	1er j.	B.	8				4				6					29
	2e »	C.	7.1				4			224 heures de brandissage, dont 68 à 5 ouvriers et 156 à 8 ouvriers, pendant lesquelles on a fait des travaux accessoires.						
							224									
	3e »	A.	5													
	1re n.	B.	5													
	2e »	C.	5													
	3e »	A.	5													
10 mars	1er j.	B.	5													36
	2e »	C.	5													
	3e »	A.	5													
	1re n.	B.	5													
	2e »	C.	5													
	3e »	A.	5													
11 mars									24	Suspension du travail de la bure. Le travail devait être arrêté pour réparations à faire aux machines.						4
12 mars	1er j.	B.	5													55
	2e »	C.	5													
		A reporter....		28.93												

OBSERVATIONS.

Détail des travaux et incidents. — Nature du terrain.

5e poste. — Brandi.

6e poste. — Brandi et descendu le hourd vers la fin du poste.

5 *mars*. 1er poste. — Brandi ; placé une bille et dix lambourdes de refend du trait à terres, ainsi qu'une bille de guidonnages.

2e poste. — Brandi.

3e poste. — Brandi, et renvoyé à la surface les billes et planches du hourd, un autre hourd se trouvant établi plus bas.

4e poste. — Brandi et fait un plancher de guidonnages.

5e poste. — Brandi, et cloué sept lambourdes de suspension du cuvelage.

6e poste. — Brandi ; posé la huitième lambourde de suspension et une traverse du refend du trait à terres. Vers la fin du poste, on a descendu le hourd.

6 *mars*. 1er poste. — Brandi et cloué dix lambourdes du refend du trait à terres.

2e poste. — Brandi.

3e poste. — Brandi, et posé une bille de refend du trait à terres avec ses dix lambourdes ; établi deux billes de guidonnages, et descendu le hourd de brandissage.

4e poste. — Brandi.

5e poste. — Brandi, et cloué huit lambourdes de suspension du cuvelage.

6e poste. — Brandi, et descendu le hourd.

7 *mars*. 1er poste. — Brandi, et posé une traverse du refend du trait à terres.

2e poste. — Brandi.

3e poste. — Brandi, et descendu le hourd. Le brandissage est arrivé à 15 mètres au-dessous de l'assise de la tonne de briques.

4e poste. — Brandi, et cloué huit lambourdes de suspension.

5e poste. — Brandi, et placé une traverse de refend du trait à terres, avec ses dix lambourdes et deux traverses de guidonnages.

6e poste. — Brandi et descendu le hourd.

8 *mars*. 1er poste. — Brandi ; le brandissage est parvenu à 17 mètres au-dessous de la tonne de briques.

2e poste. — Descendu le hourd et brandi.

3e poste. — Brandi ; posé une bille et dix lambourdes de refend.

4e poste. — Brandi.

5e poste. — Brandi, et posé huit lambourdes de suspension.

6e poste. — Brandi.

9 *mars*. 1re poste. — Brandi ; nettoyé le hourd inférieur et envoyé les terres à la surface ; posé une bille de refend et une de guidonnages.

2e poste. — On a achevé le brandissage.

Etablissement des hourds de refend du trait à terres, des échelles et des lambourdes de suspension.

3e poste. — Renvoyé à la surface les bois du dernier hourd ; nettoyé le fond du puits, et envoyé cinq cuffats de terres à la surface. Commencé à défaire un hourd de guidonnages, dont les patiniats se trouvaient au milieu des pièces de cuvelage, à la place que doivent occuper les tirants.

4e poste. — Défait et rétabli ce hourd ; remonté un nouveau hourd, près de l'assise de la tonne de briques, pour placer les tirants.

5e poste. — Placé trois tirants de suspension.

6e poste. — Placé un tirant et mis des vis à bois à ceux déjà placés.

10 *mars*. 1er poste. — Placé quatre tirants.

2e poste. — Fait un hourd dans le trait à terres, pour le placement des premières rallonges de tirants ; placé une de ces rallonges.

3e poste. — Recoupé les bords des patiniats de plusieurs hourds, lesquels gênaient pour le placement des rallonges ; mis des vis à bois aux tirants.

4e poste. — Placé deux rallonges de tirants.

5e poste. — Placé trois rallonges de tirants.

6e poste. — Placé deux rallonges de tirants, et pris la mesure des dernières rallonges, qui doivent aller jusqu'à la plate-trousse.

11 *mars*. — On a accordé aux ouvriers de ne pas travailler aujourd'hui, dimanche.

12 *mars*. 1er poste. — On a placé trois rallonges de tirants de suspension du cuvelage, et, pendant ce temps, on a brandi encore quelques joints.

2e poste. — Mis les dernières rallonges, et commencé à placer les vis à bois destinées à fixer les tirants au cuvelage.

DATES.	ORDRE DES POSTES. (j. jour. — n. nuit.)	NOMS DES SURVEILLANTS.	1.º Nombre de mineurs. 2.º Nombre d'aides-mineurs.	Enfoncement. — Mètres.	Curvelage.	N.bre des mesures.	Brandissage.	Temps pour l'allongement des pompes. — Heures.	Durée. — Heures.	NATURE ET CAUSE.	Quantité de terres extraite par poste. — Cuffats.	Consommation de charbon par jour. — Hectolitres.	Nombre de jeux de pompe en activité.	Nombre de coups de pompes par minute.	Quantité d'eau extraite par minute. — Hectolitres.	Consommation de charbon par jour. — Hectolitres.
Report de la profondeur........				28.95												
12 mars	3e j.	A.	5													
	1re n.	B.	5													
	2e »	C.	5													
	3e »	A.	5													
13 mars									24	Suspension du travail de la bure. Réparations aux machines.						5
14 mars									24	Idem.						5
15 mars									24	Idem.						14
16 mars									24	Idem.						14
17 mars	1er j.	B.	3.2						4	Retard dans le travail intérieur. La clame d'attache d'une des cordes de contre-poids de la maîtresse-tige a dû être remplacée; elle était posée un peu en dehors du plan de la poulie; par suite de cette position, la corde montait sur le rebord de la poulie; de plus, la corde serrait trop fort entre les rebords de la gorge de la poulie.		7				53
	2e »	C.	5													
	3e »	A.	5.1								6		2	3 1/2	35	
	1re n.	B.	5.2	0.40							10					
	2e »	C.	5								8	9				66
	3e »	A.	5.1								8		1	7	35	
18 mars	1er j.	B.	5.2			1er			4	Retard dans le travail du fond. La pompe n° 2 a manqué, et, en voulant retirer le tire-bout, le crochet de la chaîne du cabestan s'est cassé; par suite, le séau est retombé sur le secret, qui a été brisé; en même temps l'aspirante a été fortement fendue en deux endroits.						
	2e »	C.	5						4	Idem.						
	3e »	A	5.1						4	Retard dans le travail du fond. On suppose que la résistance qu'on a éprouvée, en voulant retirer le tire-bout, provient d'un poids de fil à plomb qu'un charpentier a laissé tomber dans la pompe en travaillant à l'établissement des poulies de contre-poids, et qui se sera logé entre le séau et la travaillante.						
	1re n	B.	5.2													
	2e »	C.	5													
A reporter....				29.35												

OBSERVATIONS.

Détail des travaux et incidents. — Nature du terrain.

3e poste. — Une des dernières rallonges, dépassant la plate-trousse de quelques centimètres, a été renvoyée à la surface pour être recoupée ; et on l'a replacée ensuite après modification.

4e poste. — Placé quelques vis à bois et les clefs destinées à donner la tension aux dernières rallonges.

5e poste. — Placé des vis à bois ; pendant ce temps, on a descendu huit dernières lambourdes de suspension, et posé deux de ces lambourdes.

6e poste. — Mis les dernières vis à bois, et cloué les six lambourdes restantes ; après quoi, on a renvoyé les hourds inutiles à la surface.

13 *mars*. — Chômage.

14 —   Id.

15 —   Id.

16 —   Id.

17 *mars*. 1er poste. — Renvoyé à la surface un hourd existant dans le trait à terres, et qui avait été fait pour le placement des tirants ; cloué six lambourdes d'entre-fend, qui avaient été ôtées pour l'établissement des hourds. On a aussi brandi quelques joints verticaux à la tête du cuvelage.

2e poste. — Changé la clame d'attache d'une des cordes de contre-poids de la maîtresse-tige, et buriné les rebords d'une des poulies.

3e poste. — Terminé le travail précédent. La machine a été remise en marche à deux heures et demie.

4e poste. — On a enfoncé d'environ $0^m,25$ et fait descendre les deux jeux de pompes : le n° 1 de $0^m,25$, et le n° 2 de $0^m,20$. Pendant ce temps, on a établi un hourd de guidonnages.

5e poste. — Continué l'enfoncement sur $0^m,20$, et fait descendre les deux jeux de pompes d'autant.

6e poste. — Ramené le terrain sur une partie du pourtour de la fosse, et posé quatorze stifiles.

18 *mars*. 1er poste. — Ramené le terrain et garni les parois de stifiles sur l'espace de onze côtés.

2e poste. — Après avoir encore mis des stifiles sur deux côtés, on a posé le 1er membre, et on l'a serré par des coins. Ce membre a $4^m,10$ de diamètre intérieur.

3e poste et 4e poste. — On a voulu retirer le séau du jeu n° 2 qui avait cessé de fonctionner. La rupture du crochet de la chaîne du cabestan a occasionné la chute du séau sur le secret ; celui-ci a été brisé, et l'aspirante fendue. On a tout disposé pour changer l'aspirante ; on a alors ôté l'aspirante dont on a extrait le séau, après avoir coupé sa garniture en gutta-percha qui s'était retournée. Une nouvelle aspirante a été descendue par le trait à terres, où on l'avait fait passer par une ouverture faite à l'entre-fend, en se servant simultanément du cabestan et de la machine d'extraction.

5e poste. — On a replacé la nouvelle aspirante après avoir ôté une bille de refend du trait à terres qui gênait la manœuvre. Ce travail terminé, on a refait le lambrage d'entre-fend au point où l'on avait dû faire passer l'aspirante.

DATES.	DURÉE DES POSTES. (1° jour. — 2° nuit.)	NOMS DES SURVEILLANTS.	1° Nombre de mineurs. 2° Nombre d'aides-mineurs.	Enfoncement. — Mètres.	Cuvelage.	N°s des membres.	Brandissage.	Temps pour l'allongement des pompes. — Heures.	Durée. — Heures.	NATURE ET CAUSE.
	Report de la profondeur.....			29.55						
18 mars	3° n.	A.	3.1						2	Retard dans le travail du fond. On suppose que la résistance qu'on a éprouvée, en voulant retirer le tire-bout, provient d'un poids de fil à plomb qu'un charpentier a laissé tomber dans la pompe en travaillant à l'établissement des poulies de contre-poids, et qui se sera logé entre le seau et la travaillante.
19 mars	1er j.	B.	3.2					1 1/2	1 1/2	Idem.
	2e »	C.	3	0.30						
	3e »	A.	3.1							
	1re n.	B.	3.2	0.10						
	2e »	C.	3							
	3e »	A.	3.1			2e				
20 mars	1er j.	B.	3.2	0.25						
	2e »	C.	3							
	3e »	A.	3.1	0.20						
	1re n.	B.	3.1							
	2e »	C.	3.1			3e				
	3e »	A.	3.1	0.25						
21 mars	1er j.	B	3.1	0.20						
	2e »	C.	3.1							
	3e »	A.	3.1							
	1re n.	B.	3.1							
	2e »	C.	3.1							
	3e »	A.	3.1	0.30						
22 mars	1er j.	B.	3.1							
	A reporter....			30.95						

EFFETS DES MACHINES

DATES.	DURÉE DES POSTES.	NOMS DES SURVEILLANTS.	Quantité de terres extraite par poste. — Cuffats.	Consommation de charbon par jour. — Hectolitres.	Nombre de jeux de pompe en activité.	Nombre de coups de pompe par minute.	Quantité d'eau extraite par minute. Hectolitres.	Consommation de charbon par jour. — Hectolitres.
18 mars	3° n.	A.	4					
19 mars	1er j.	B.	3	6				49
	2e »	C.	4		2	3 1/2	35	
	3e »	A.	12		2	3 1/2	35	
	1re n.	B.	12		2	3 1/2	35	
	2e »	C.	6		2	3 1/2	35	
	3e »	A.	5		2	3 1/2	35	
20 mars	1er j.	B.	6	7	2	3	30	53
	2e »	C.			2	3	30	
	3e »	A.	12		2	3	30	
	1re n.	B.	7		2	3	30	
	2e »	C.			2	3	30	
	3e »	A.	9		2	3	30	
21 mars	1er j.	B	19	8	2	3	30	57
	2e »	C.	6		2	3	30	
	3e »	A.	8		2	3	30	
	1re n.	B.			2	3	30	
	2e »	C.			2	3	30	
	3e »	A.	7		2	3	30	
22 mars	1er j.	B.	9	9	2	3.4	34	61

OBSERVATIONS.

Détail des travaux et incidents. — Nature du terrain.

6e poste. — Après avoir rétabli la bille de refend du trait à terres et les lambourdes déplacées par le poste précédent, on a cloué vingt-deux porteurs entre le 1er membre et les sièges de la première passe ; creusé le potia.

19 *mars*. 1er poste. — Au commencement de ce poste, on a cloué les derniers porteurs, et creusé le potia pendant qu'on se préparait à remettre un nouveau secret et un nouveau séau au jeu n° 2, et qu'on disposait tout pour le rechargement des deux jeux. À sept heures et demie, on commençait le rechargement du jeu n° 2, ce qui a été terminé vers neuf heures. Ensuite on a placé le secret et le tire-bout.

2e poste. — On a rechargé le jeu n° 1. La machine a marché vers midi ; les eaux étaient basses à une heure. On a creusé le potia et porté l'enfoncement à 0m,30 en dessous du jeu n° 1.

3e poste. — Descendu le jeu n° 1 de 0m,30, et le n° 2 de 0m,15. Élargi le potia creusé précédemment. Pendant ce temps, on suspendait les jeux par les bottes rivantes, pour l'allongement des tirants.

4e poste. — Après avoir fait descendre les deux jeux de 0m,10, on a ramené le terrain et garni deux côtés de stiffles. Le terrain paraît plus tendre dans le fond.

5e poste. — Continué à ramener le terrain et stifflé dix côtés des parois.

6e poste. — Ramené le terrain et achevé le stifflage ; placé le 2e membre, d'un diamètre intérieur de 4m,20.

20 *mars*. 1er poste. — Amené le 2e membre à la place convenable, après avoir remis quelques stiffles qui avaient été déplacées par le poste précédent, parce qu'elles avançaient trop dans l'intérieur de la fosse ; serré le membre contre le terrain et cloué quinze porteurs ; creusé le potia. Le compteur Evrard a été installé à la machine d'épuisement, et fonctionne depuis le 19 mars, à sept heures du matin.

2e poste. — On a allongé les tirants de suspension du jeu n° 2 ; cloué les derniers porteurs entre le 1er et le 2e membre. Repris l'enfoncement et fait descendre les jeux de 0m,25.

3e poste. — Continué l'enfoncement, et fait descendre le jeu n° 2 de 0m,10 ; commencé à ramener le terrain à 0m,45 du 2e membre, et placé sept stiffles.

4e poste. — Achevé de ramener le fond de la fosse et de garnir les parois de stiffles ; remplacé une lambourde d'entre-fend qui était brisée.

5e poste. — Placé le 3e membre ; serré ce membre contre le terrain, et cloué les porteurs, à l'exception de six.

6e poste. — On a enfoncé et fait descendre les deux jeux de pompes : le n° 1 de 0m,35 et le n° 2 de 0m,25. Placé une bille et des lambourdes de refend du trait à terres. Le terrain se compose de blocs d'une marne encore assez dure, séparés par des parties de terrain plus tendre et fendillé ; la couleur en est légèrement jaunâtre. Dans le fond du potia, le terrain prend une teinte bleuâtre et devient plus gras ; il est possible que ce soit le commencement des bleus.

21 *mars*. 1er poste. — Enfoncé de 0m,20, et fait descendre les deux jeux de pompes : le n° 1 de 0m,40 et le n° 2 de 0m,20. Le terrain est moins bon que celui dans lequel se trouvent établis les deux premiers membres ; il se compose de marne un peu jaunâtre, très-fendillée ; et la marne grasse, un peu bleuâtre, rencontrée précédemment, paraît n'être qu'une déçoive qui se délaye extrêmement vite dans l'eau.

2e poste. — Cloué seize molles-bandes en fer plat, pour relier les deux premiers membres au siège, et ramené la moitié du fond de la fosse, en garnissant les parois de stiffles. Ces stiffles ont été faites un peu plus longues, parce que, le terrain étant plus ébouleux, on a voulu enfoncer leurs extrémités un peu plus profondément.

3e poste. — Cloué les dernières molles-bandes ; achevé de ramener le terrain et placé trente-cinq stiffles.

4e poste. — Placé les quelques dernières stiffles ; posé et coigneté le 4e membre, d'un diamètre intérieur de 4m,40.

5e poste. — On a mis les porteurs et cloué deux lambourdes destinées à relier les membres au siège. Pendant ce poste, on a fait un trou de sonde jusqu'aux bleus, qui ont été rencontrés à 6m,40 en dessous de la plate-trousse.

6e poste. — On a descendu le jeu n° 1 de 0m,17, et le jeu n° 2 de 0m,27, après avoir creusé le potia. Pendant ce temps, on a cloué sept lambourdes, pour relier les quatre premiers membres au siège.

22 *mars*. 1er poste. — Cloué sept lambourdes et placé trois porteurs. Creusé un peu au potia en dessous des pompes, pour donner la tension aux tirants ; élargi le potia creusé précédemment.

DATES.	ORDRE DES POSTES. (j. jour — n. nuit.)	NOMS DES SURVEILLANTS.	1° Nombre de mineurs. 2° Nombre d'aides-mineurs.	TRAVAIL EFFECTUÉ — Enfoncement. — Mètres.	Cuvelage.	Nos des membres.	Brandissage.	Temps pour l'allongement des pompes. — Heures.	RETARDS OCCASIONNÉS — Durée. — Heures.	NATURE ET CAUSE.	EFFETS DES MACHINES — d'extraction : Quantité de terres extraite par poste. — Cuffats.	Consommation de charbon par jour. — Hectolitres.	d'épuisement : Nombre de jeux de pompe en activité.	Nombre de coups de pompes par minute.	Quantité d'eau extraite par minute. Hectolitres.	Consommation de charbon par jour. — Hectolitres.
	Report de la profondeur.......			50.93												
22 mars	2e j.	C.	5.4	0.15		5e					5		2	5.4	54	
	5e »	A.	5.1								10		2	5.4	54	
	1re n.	B.	5.1	0.50							1		2	4.5	45	
	2e »	C.	5.4	0.20							9		2	4.5	45	
	3e »	A.	5.1								15		2	4.5	45	
											6	8	2	4.5	45	57
23 mars	1er j.	B.	5.1						2	Retard dans la marche régulière du travail. Difficulté de placer le 6e membre, par suite du soulèvement du terrain.	2		2	4.5	45	
	2e »	C.	5.1													
	3e »	A.	5.1					3 1/2	1/2	Retard dans la marche régulière du travail. Fixé provisoirement le 6e membre.			2	4.5	45	
	1re n.	B.	5.1					5 1/4	3 1/2	Retard dans le travail régulier. On a dû recommencer l'enfoncement, à cause du soulèvement du terrain.	1		2	4.7	47	
	2e »	C.	5.1	0.10					4	Idem.	10		2	4.7	47	
	3e »	A.	5.1						1 1/2	Retard dans le travail intérieur, par suite de la rupture du tirant d'attache du tire-bout du jeu n° 1 au plateau.	2		2	5	50	
24 mars	1er j.	B.	5.1						4	Idem.		8	2	5	50	57
	2e »	C.	5.1						4	Idem.			2	5	50	
	3e »	A.	5.1						1 1/2	Pour mettre les eaux basses.	5		2	5	50	
	1re n.	B.	5.1			6 e					4		2	5	50	
	2e »	C.	5.1										2	5	50	
	3e »	A.	5	0.20							6		2	5	50	
25 mars	1er j.	B.	5.1	0.25							6	10	2	5	50	70
	2e »	C.	5.1	0.15							10		2	4.75	47.50	
	3e »	A.	5.1								8		2	4.75	47.50	
	1re n.	B.	5.1			7e					6		2	4.75	47.50	
	2e »	C.	5.1	0.10							4		2	4.75	47.50	
	3e »	A.	5.1										2	4.75	47.50	
	À reporter....			52.38												

OBSERVATIONS.

Détail des travaux et incidents. — Nature du terrain.

2ᵉ poste. — Descendu les deux jeux de pompes de 0ᵐ,15, et commencé à ramener le terrain, en garnissant les parois de stiffles. Le terrain se compose de blocs de marne jaunâtre, présentant des coupes de marnes grasses se délayant facilement dans l'eau.

3ᵉ poste. — Ramené le terrain du fond de la fosse, en garnissant les parois de stiffles. Posé le 5ᵉ membre qui reste à serrer contre le terrain, et creusé le potia.

4ᵉ poste. — Serré le membre contre le terrain, et cloué vingt-huit porteurs.

5ᵉ poste. — Placé les deux derniers porteurs ; enfoncé de 0ᵐ,30, et descendu les pompes d'autant. Même terrain

6ᵉ poste. — Enfoncé de 0ᵐ,20 ; ramené une partie du fond de la fosse, et posé trente-six stiffles.

23 *mars*. 1ᵉʳ poste. — Placé des stiffles sur un côté de la fosse, à mesure qu'on ramenait le terrain. Il reste à placer quelques stiffles. Pendant ce poste, la quantité d'eau a augmenté notablement, par suite de pichoux qui se sont déclarés aux sièges, et d'une venue arrivant du fond du puits.

2ᵉ poste. — Placé les dernières stiffles, et descendu le 6ᵉ membre ; on n'a pu parvenir à le placer : l'eau avait soulevé le terrain du fond ; et non-seulement il ne restait plus assez d'espace entre ce membre et celui immédiatement supérieur, mais il n'y avait plus assez de place, suivant le diamètre de la fosse, les membres allant en grandissant, et l'inclinaison des stiffles étant calculée pour laisser environ 0ᵐ,40 entre le 5ᵉ et le 6ᵉ membre.

3ᵉ poste. — Avant de ramener de nouveau le terrain, pour placer le 6ᵉ membre, les pompes étant descendues à leur extrême limite, on s'est décidé à recharger ces pompes, après avoir fixé provisoirement quinze pièces du 6ᵉ membre, au moyen de poussarts, posés entre elles et le 5ᵉ membre, afin de tenir en place les stiffles. A trois heures environ, la machine était arrêtée, et on commençait le rechargement du jeu n° 2, qui a été terminé à six heures.

4ᵉ poste. — On a rechargé le jeu n° 1. La machine a été remise en marche à huit heures du soir. Les eaux étant basses à neuf heures vingt-cinq minutes, les ouvriers sont descendus et ont recommencé l'enfoncement : le jeu de pompe n° 2 a été descendu de 0ᵐ,10. La machine donnait huit coups par minute, pendant qu'on mettait les eaux basses.

5ᵉ poste. — Enfoncé de 0ᵐ,40, et descendu le jeu n° 1 de 0ᵐ,30, et le n° 2 de 0ᵐ,40. (On ne marque dans la colonne d'enfoncement, que 0ᵐ,10, parce qu'on soustrait, de la quantité réellement enfoncée, celle dont le terrain s'était soulevé.)

6ᵉ poste. — On a mis une bille de refend et des planchettes de conduite des eaux. Descendu le jeu n° 2 de 0ᵐ,15. Vers quatre heures et demie, on se préparait à faire la place du 6ᵉ membre, lorsque le tirant d'attache du tire-bout du jeu n° 1 au plateau, s'est rompu et est venu arrêter le travail.

24 *mars*. 1ᵉʳ poste. — On a placé les boîtes rivantes du jeu n° 2 au-dessus d'un collet de pompe.

2ᵉ poste. — A la fin de ce poste, on a replacé le tirant réparé.

3ᵉ poste. — Les eaux ont été basses à trois heures et demie ; on a cloué six lambourdes de refend et ramené le terrain à 0ᵐ,50 en dessous du 5ᵉ membre, en déplaçant les stiffles qui étaient avancées vers l'intérieur de la fosse.

4ᵉ poste. — On a achevé de ramener le terrain, en déplaçant quelques stiffles ; assemblé et mis en place le 6ᵉ membre, d'un diamètre de 4ᵐ,70.

5ᵉ poste. — On a coignété et mis les porteurs.

6ᵉ poste. — On a enfoncé de 0ᵐ,20, et descendu les deux jeux de pompes de 0ᵐ,15.

25 *mars*. 1ᵉʳ poste. — Enfoncé de 0ᵐ,25, et descendu d'autant les jeux. On a enfoncé quelques palplanches du côté du jeu n° 1, où le terrain est plus mauvais.

2ᵉ poste. — On a descendu les deux jeux de 0ᵐ,15, en élargissant le potia fait par le poste précédent.

3ᵉ poste. — On a ramené le terrain et stifflé les parois sur dix faces.

4ᵉ poste. — Achevé de ramener le terrain et de stiffler les parois ; assemblé treize pièces du 7ᵉ membre.

5ᵉ poste. — Posé les dernières pièces du membre ; après avoir amené celui-ci à la position convenable, on l'a serré contre le terrain. Descendu les deux jeux de pompes de 0ᵐ,10.

6ᵉ poste. — On a posé vingt-neuf porteurs entre le 6ᵉ et le 7ᵉ membre, et cloué douze lambourdes, pour relier ce dernier avec les précédents.

Travail effectué et retards

DATES.	ORDRE DES POSTES, j. jour. — n. nuit.	NOMS DES SURVEILLANTS.	1° Nombre de mineurs. 2° Nombre d'aides-mineurs.	Enfoncement. — Mètres.	Cuvelage.	Nos des membres.	Brandissage.	Temps pour l'allongement des pompes. — Heures.	Durée. — Heures.	NATURE ET CAUSE.
		Report de la profondeur......		59.58						
26 mars	1er j.	B.	5.1	0.15						
	2e »	C.	5.1	0.25						
	3e »	A.	5.1	0.10						
	1re n.	B.	5.1							
	2e »	C.	5.1							
	3e »	A.	5.1							
27 mars	1er j.	B.	5.1			8e				
	2e »	C.	5.1	0.35						
	3e »	A.	5.1	0.35						
	1re n.	B.	5.1							
	2e »	C.	5.1	0.10						
	3e »	A.	5.1							
28 mars	1re j.	B.	5.1							
	2e »	C.	5.1					4		
	3e »	A.	5.1							
	1er n.	B.	5.1							
	2e »	C.	5.1							
	3e »	A.	5.1							
29 mars	1er j.	B.	5.1	0.25						
	2e »	C.	5.1							
	3e »	A.	5.1							
	A reporter....			53.93						

Effets des machines

DATES.	ORDRE DES POSTES.	NOMS.	Nombre.	Quantité de terres extraites par poste. — Cuffats.	Consommation de charbon par jour. — Hectolitres.	Nombre de jeux de pompe en activité.	Nombre de coups de pompes par minute.	Quantité d'eau extraite par minute. Hectolitres.	Consommation de charbon par jour. — Hectolitres.
26 mars	1er j.	B.	5.1	4	10	2	5	50	75
	2e »	C.	5.1	12		2	5	50	
	3e »	A.	5.1	10		2	5	50	
	1re n.	B.	5.1	9		2	5	50	
	2e »	C.	5.1	10		2	5	50	
	3e »	A.	5.1	6		2	5	50	
27 mars	1er j.	B.	5.1	4	10	2	4.47	44.70	75
	2e »	C.	5.1	9		2	4.47	44.70	
	3e »	A.	5.1	9		2	4.47	44.70	
	1re n.	B.	5.1	14		2	4.51	45.10	
	2e »	C.	5.1	9		2	4.51	45.10	
	3e »	A.	5.1	6		2	4.51	45.10	
28 mars	1re j.	B.	5.1	5	7	2	7.48	44.8	55
	2e »	C.	5.1			2	7.48	44.8	
	3e »	A.	5.1	4		2	7.48	44.8	
	1er n.	B.	5.1	6		2	7.48	44.8	
	2e »	C.	5.1	2		2	7.48	44.8	
	3e »	A.	5.1	4		2	7.48	44.8	
29 mars	1er j.	B.	5.1	10	9	2	4.13	41.3	06
	2e »	C.	5.1	4		2	4.13	41.3	
	3e »	A.	5.1	10		2	4.13	41.3	

OBSERVATIONS.

Détail des travaux et incidents. — Nature du terrain.

26 *mars*. 1er poste. — Après avoir mis les quatre dernières lambourdes destinées à relier le 7e membre aux supérieurs, on a creusé le polia, et fait descendre le jeu no 2 de 0m,15. Les pichoux survenus aux siéges, dans la matinée du 25 mars, continuaient à donner beaucoup d'eau, dont on garantissait les ouvriers par des couvertures de toile d'étoupe. Comme on se dispose à brandir légèrement ces pichoux, pour ne pas fatiguer inégalement les tirants, on s'est décidé à établir des tirants supplémentaires en bois, du côté où l'on doit brandir. Le chef du poste a commencé à fixer à l'assise de la tonne de briques les patins qui doivent supporter les sommiers auxquels seront attachés ces tirants supplémentaires.

2e poste. — Descendu les deux jeux de pompes : le no 1 de 0m,27, et le no 2 de 0m,17. Le terrain paraît s'améliorer. Pendant ce poste, on a achevé de fixer les patins à l'assise de la tonne de briques.

3e poste. — Enfoncé le polia, et descendu la pompe no 1 de 0m,20, et la pompe no 2 de 0m,10. Allongé les tirants de la pompe no 2.

4e poste. — Commencé à ramener le terrain et placé des stifles sur un quart environ du pourtour du puits. Le chef de coupe a fait un hourd pour brandir les siéges, et commencé à brandir, ce qu'on a voulu essayer, sans avoir recours aux tirants, pour ne plus perdre de temps.

5e poste. — Continué à ramener le terrain, et posé quinze stifles; pendant ce temps, deux ouvriers ont brandi les siéges.

6e poste. — Achevé de ramener le terrain. A la fin de ce poste, il restait encore quelques stifles à placer; on a continué à brandir légèrement les siéges.

27 *mars*. 1er poste. — Placé les dernières stifles; assemblé et coigneté le 8e membre; cloué douze porteurs.

2e poste. — Repris l'enfoncement, et fait descendre les deux jeux de pompes : le no 1 de 0m,36, et le no 2 de 0m,28. Le brandissage opéré aux siéges a arrêté, en grande partie, les pichoux; on a alors pu remarquer que, sur les trois pièces où ces pichoux avaient donné le plus d'eau, il s'était produit un petit mouvement de descente, et que le joint de ces pièces avec les pièces supérieures s'était élargi un peu; ce joint était de 0m,008 à 0m,010 au milieu. On a jugé prudent de mettre les tirants supplémentaires; ce qui a été fait pendant les deux postes précédents, par le chef-porion, aidé d'un ouvrier.

3e poste. — Descendu le jeu no 2 de 0m,40, et le no 1 de 0m,25, après avoir enfoncé d'environ 0m,35. Le fond du polia paraît formé d'un banc solide dans lequel on se dispose à établir un cariou. Pendant ce poste, les tirants supplémentaires de suspension ont été fixés aux siéges par des vis à bois.

4e poste. — Commencé à ramener le terrain, en agrandissant le polia sur toute la circonférence; posé une bille et les lambourdes du refend du trait à terres.

5e poste. — Descendu les deux jeux de pompes de 0m,10, et continué à ramener le terrain.

6e poste. — Ramené le terrain et garni les parois de stifles sur huit côtés; ces parois avaient été taillées à fleur du 8e membre, et les stifles employées avaient 0m,90 de longueur.

28 *mars*. 1er poste. — On a mis vingt-quatre dernières stifles de 0m,90, pour garantir les parois, et commencé l'élargissement du fond de la fosse, pour faire la place du cariou.

2e poste. — Pendant ce poste, on a rechargé les deux jeux de pompes. La machine a été remise en marche à une heure trente-cinq minutes.

3e poste. — A trois heures, les eaux étaient basses. En attendant, les ouvriers ont été occupés à faire deux guidonnages, pour démettre les bottes des deux jeux de pompes. Au jeu no 1, les bottes ont été replacées au-dessus d'un collet. Les ouvriers ont ensuite repris leur travail du fond; ils ont ramené, à grandeur suffisante, les parois en dessous du 8e membre, sur trois côtés et demi, et ils les ont garnies de stifles. Les deux jeux de pompes ont été descendus de 0m,10, et les tirants du jeu no 1 allongés.

4e poste. — Continué à ramener les parois, en les garnissant de stifles, dont quelques-unes restent à placer.

5e poste. — Placé les dernières stifles, et assemblé presque entièrement un faux-membre destiné à maintenir les stifles pendant qu'on place le cariou.

6e poste. — Posé les dernières pièces du faux-membre, et serré ce faux-membre contre le terrain; ce faux-membre devait être relevé à une certaine hauteur, pour laisser une place suffisante pour le picotage du cariou. Par suite d'ordre mal transmis au chef de poste, le faux-membre a été laissé à la partie inférieure, sans place suffisante pour le cariou.

29 *mars*. 1er poste. — Creusé le polia, et descendu les deux jeux de pompes de 0m,25.

2e poste. — Relevé et coigneté le faux-membre; cloué seize porteurs en planches, pour le relier au 8e membre.

3e poste. — Posé sept pièces du cariou avec planches et mousse, à mesure qu'on préparait la place.

DATES.	ORDRE DES POSTES. (1ᵉ jour. — n. nuit.)	NOMS DES SURVEILLANTS.	1º Nombre de mineurs, 2º Nombre d'aides-mineurs.	TRAVAIL EFFECTUÉ. Enfoncement. — Mètres.	Cuvelage.	Nᵒˢ des membres.	Brandissage.	Temps pour l'allongement des pompes. — Heures.	RETARDS OCCASIONNÉS. Durée. — Heures.	NATURE ET CAUSE.	EFFETS DES MACHINES. d'extraction. Quantité de terres extraite par poste. — Cuffats.	Consommation de charbon par jour. — Hectolitres.	d'épuisement. Nombre de jeux de pompe en activité.	Nombre de coups de pompe par minute.	Quantité d'eau extraite par minute. — Hectolitres.	Consommation de charbon par jour. — Hectolitres.
	Report de la profondeur......			35.93												
29 mars	1ʳᵉ n.	B.	5.1								2		2	4.13	41.5	
	2ᵉ »	C.	5.1								3.3		2	4.13	41.5	
	3ᵉ »	A.	5.1								5		2	4.13	41.5	
30 mars	1ᵉʳ j.	B.	5.1				·			* 10ᵉ membre (carion).		7	2	4.13	41.5	58
	2ᵉ »	C.	5.1										2	4.13	41.3	
	3ᵉ »	A.	5.1										2	4.13	41.5	
	1ʳᵉ n.	B.	5.1										2	4.13	41.5	
	2ᵉ »	C.	5.1										2	4.13	41.3	
	3ᵉ »	A.	5.1										2	4.13	41.5	
31 mars	1ᵉʳ j.	B.	5.1									10	2	4.13	41.5	70
	2ᵉ »	C.	5.1	0.15							4		2	4.13	41.3	
	3ᵉ »	A.	5.1	0.35							14		2	4.13	41.5	
	1ʳᵉ n.	B.	5.1								8		2	4.13	41.3	
	2ᵉ »	C.	5.1								9		2	4.18	41.5	
	3ᵉ »	A.	5.1	0.20		11ᵉ					5		2	4.13	41.3	
1ᵉʳ avril	1ᵉʳ j.	B.	5.1	0.15							14	9	2	4.13	41.5	66
	2ᵉ »	C.	5.1	0.50							14		2	4.13	41.5	
	3ᵉ »	A.	5.1	0.10							7		2	4.13	41.5	
	1ʳᵉ n.	B.	5.1								7		2	4.13	41.5	
	2ᵉ »	C.	5.1	0.10		12ᵉ					9		2	4.13	41.5	
	3ᵉ »	A.	5.1	0.25							8		2	4.13	41.5	
2 avril	1ᵉʳ j.	B.	5.1	0.10							12	8	2	4.13	41.5	56
	2ᵉ »	C.	5.1										2	4.13	41.5	
	3ᵉ »	A.	5.1					2 1/2					2	4.13	41.5	
	1ʳᵉ n.	B.	5.1									·	2	4.13	41.5	
	2ᵉ »	C.	5.1	0.20		13ᵉ					5		2	4.13	41.5	
	3ᵉ »	A.	5.1	0.50							9		2	4.13	41.5	
3 avril	1ᵉʳ j.	B.	5.1	0.40							13	9	2	4.38	43.8	66
	2ᵉ »	C.	5.1	0.18							8		2	4.58	45.8	
	A reporter....			36.41												

OBSERVATIONS.

Détail des travaux et incidents. — Nature du terrain.

4ᵉ poste. — Préparé la place de quatre pièces du cariou, et posé ces pièces avec planches et mousse.

5ᵉ poste. — Placé cinq pièces du cariou. Le terrain se compose de marne grise, très-bonne derrière les pompes, un peu plus fendillée du côté de l'échelle, et très-ébouleuse dans le trait à terres.

6ᵉ poste. — Disposé trois poussarts entre le cariou et le faux-membre, contre un pan de stiffles qui paraissait s'avancer sur la fosse. Travaillé au potia.

30 *mars.* 1ᵉʳ poste. — Après avoir rappelé la pièce de clef du cariou, on a serré celui-ci contre le terrain, au moyen de coins ; on a ensuite recoupé la tête de ces coins.

2ᵉ poste. — Picoté le cariou ; démis le faux-membre, pour faciliter cette opération.

3ᵉ poste. — Picoté le cariou.

4ᵉ poste. —   Id.

5ᵉ poste. —   Id.

6ᵉ poste. —   Id.

31 *mars.* 1ᵉʳ poste. — Picoté le cariou jusqu'à neuf heures ; placé six planches du cariou.

2ᵉ poste — Posé les dernières planches du cariou, et cloué seize porteurs entre celui-ci et le membre immédiatement supérieur. Envoyé quatre cuffats de terres, descendu le jeu n° 2 de $0^m,15$, et le n° 1 de $0^m,10$.

3ᵉ poste. — Creusé le potia, et descendu les deux jeux de $0^m,55$. Les marnes passent à des argiles légèrement bleuâtres.

4ᵉ poste. — Ramené le terrain et mis des stiffles de $0^m,70$ de longueur sur à peu près la moitié du pourtour du puits.

5ᵉ poste. — Achevé de ramener le terrain, en stifflant les parois.

6ᵉ poste. — Placé un membre de $4^m,40$ de diamètre extérieur, afin de ne pas trop entailler les parois, en prévision des siéges à picoter, à établir prochainement. Descendu les deux jeux de pompes de $0^m,20$.

1ᵉʳ *avril.* 1ᵉʳ poste. — On a enfoncé de $0^m,15$, et fait descendre les pompes d'autant. On a allongé les tirants de suspension des pompes.

2ᵉ poste. — Enfoncé de $0^m,30$, et descendu les deux jeux d'autant.

3ᵉ poste. — Descendu le jeu n° 1 de $0^m,15$, et ramené le terrain, en garnissant de stiffles les parois, ce qui a été fait sur un tiers environ du pourtour du puits.

4ᵉ poste. — On a achevé de ramener et de stiffler le terrain, et posé une partie d'un nouveau membre.

5ᵉ poste. — Placé le membre et creusé le potia.

6ᵉ poste — Enfoncé de $0^m,25$, et fait descendre les jeux de pompes d'autant. A $1^m,40$ en dessous du cariou, le terrain est passé aux bleus, par une transition insensible et sans décoive apparente. Ces bleus sont des argiles marneuses, un peu sablonneuses, renfermant par places des rognons, et d'autres fois des parties très-dures, mais fondues dans la masse ; terrain encore légèrement fendillé en certains points, ou traversé par de petits limés ; bon quand il est sec, mais se délitant très-vite par l'action de l'eau, même en faible quantité.

2 *avril.* 1ᵉʳ poste. — Fait descendre les pompes de $0^m,10$, et commencé à ramener et à stiffler le terrain.

2ᵉ poste. — Ramené le terrain et garni quatorze côtés de stiffles ; il reste encore un côté à stiffler.

3ᵉ poste. — On a encore mis huit stiffles ; puis on a procédé au rechargement des jeux de pompes, qui a commencé vers trois heures et demie, pour faire cette opération de jour.

4ᵉ poste. — On a rechargé le jeu de pompe n° 1. La machine a été remise en marche à huit heures ; les eaux étaient basses à dix heures. Pendant l'épuisement, on a fait deux guidonnages à la tête des pompes, pour démettre les bottes rivantes ; et on a mis les bottes du jeu n° 1 au-dessus d'un collet.

5ᵉ poste — Descendu les deux jeux de pompes : le n° 1 de $0^m,20$, et le n° 2 de $0^m,15$, et fait un potia de $0^m,20$, après avoir placé et coigneté le membre. Pendant qu'on faisait descendre les jeux, on a cloué trente et une planchettes pour réunir ce membre au précédent.

6ᵉ poste. — Enfoncé de $0^m,30$, et descendu les jeux de pompes d'autant.

3 *avril.* 1ᵉʳ poste. — Enfoncé de $0^m,10$, en descendant les jeux, et commencé à ramener le fond de la fosse à $0^m,60$ du dernier membre. Le terrain devient très-compacte, quoique encore légèrement fendillé par places, et la matière argileuse contient plus d'éléments sablonneux.

2ᵉ poste. — Continué à ramener le terrain du fond de la fosse jusque près des parois. Pendant qu'on approfondissait encore le potia de $0^m,18$, et qu'on faisait descendre les jeux de pompes, le n° 1 de $0^m,18$, et le n° 2 de $0^m,20$, on a placé deux gaines en bois au cariou pour conduire les eaux.

DATES.	ORDRE DES POSTES. j. jour. — n. nuit.	NOMS DES SURVEILLANTS.	1° Nombre de mineurs. 2° Nombre d'aides-mineurs.	TRAVAIL EFFECTUÉ. Enfoncement. — Mètres.	Cuvelage.	N°s des membres.	Revêtissage.	Temps pour l'allongement des pompes. — Heures.	RETARDS OCCASIONNÉS. Durée. — Heures.	NATURE ET CAUSE.	EFFETS DES MACHINES. d'extraction. Quantité de terres extraite par poste. — Cuffats.	Consommation de charbon par jour. — Hectolitres.	d'épuisement. Nombre de jeux de pompe en activité.	Nombre de coups de pompe par minute.	Quantité d'eau extraite par minute. — Hectolitres.	Consommation de charbon par jour. — Hectolitres.
	Report de la profondeur......			36.41												
3 avril.	3e j.	A.	5.1								9		2	4.58	45.80	
	1re n.	B.	5.1	0.40		14e					6		2	4.58	45.80	
	2e »	C.	5.1	0.22							11		2	4.58	45.80	
	3e »	A.	5.1	0.30							7		2	4.58	45.80	
4 avril.	1er j.	B.	5.1								10	10	2	4.16	41.60	70
	2e »	C.	5.1								6		2	4.16	41.60	
	3e »	A.	5 1								4		2	4.16	41.60	
	1re n.	B.	4.1										2	4.16	41.60	
	2e »	C.	5.1										2	4.10	41.60	
	3e »	A.	5.1										2	4.16	41.60	
5 avril.	1er j.	B.	5.1									10	2	4.16	41.60	70
	2e »	C.	5.1										2	4.16	41.60	
	3e »	A.	5.1										2	4.16	41.60	
	1re n.	B.	4 1										2	4.16	41.60	
	2e »	C.	5 1										2	4 16	41 60	
	3e »	A.	5.1										2	4.46	41.60	
6 avril.	1er j.	B.	4.1									9	2	4.16	41.60	60
	2e »	C.	5.1										2	4.16	41.60	
	3e »	A.	5.1										2	4.1	41	
	1re n.	B.	4.1										2	4.1	41	
	2e »	C.	5 1										2	4.1	41	
	3e »	A.	5.1										2	4.1	41	
7 avril.	1er j.	B.	4.1										2	4.1	41	
	2e »	C.	5 1										2	4.1	41	
	3e »	A.	5.1										2	4.1	41	
	À reporter....			37.03												

OBSERVATIONS.

Détail des travaux et incidents. — Nature du terrain.

3e poste. — Taillé les parois et garni tout le pourtour de stiffles. Même terrain.

4e poste. — Posé et coigneté un nouveau membre; approfondi le potia, et descendu les jeux de pompes : le n° 1 de 0^m,10 et le n° 2 de 0^m,05.

5e poste. — Enfoncé, et descendu les pompes de 0^m,22.

6e poste. — Enfoncé, et descendu les pompes de 0^m,30.

4 *avril*. 1er poste. — Ramené le terrain de la fosse à 0^m,60 en dessous du membre; placé des boulteriaux (montants) en dessous des collets de pompes, sur les sommiers de suspension, pour soutenir les jeux.

2e poste. — Ramené le terrain; égalisé les parois, pour préparer la place de la plate-trousse, ce qui a été fait sur huit côtés. Placé quelques planches pour soutenir le terrain, et quelques gouttières pour éloigner des parois quelques petits filets d'eau. Environ 0^m,60 de terrain sont à découvert au-dessous du dernier membre; ce terrain, dans lequel vont être établis la plate-trousse et presque les deux siéges inférieurs de picotage, est le même que plus haut; mais il est plus compacte et plus argileux.

3e poste. — Terminé la préparation de la plate-trousse, et placé six pièces de cette dernière.

4e poste. — Posé les dix dernières pièces de la plate-trousse, en égalisant encore un peu les parois, là où cela était nécessaire. (Un ouvrier absent.)

5e poste. — Terminé l'assemblage de la plate-trousse, et mis des coins pour commencer à la serrer contre le terrain.

6e poste. — Coigneté la plate-trousse et démis le membre immédiatement supérieur, pour faciliter cette opération. Commencé à recouper les coins.

5 *avril*. 1er poste. — Recoupé la tête des coins et picoté. On s'aperçoit que le terrain, au-dessus de la plate-trousse, subit de plus en plus l'action de l'eau et se délaye très-facilement, et qu'il n'y aura pas moyen de préparer la place des siéges sans garantir les parois par des planches verticales avec mousse par derrière, établies sur la hauteur des siéges. On songe à établir un second cariou au-dessous du premier; mais on y renonce à cause du temps qu'il exigerait, et pendant lequel le terrain pourrait se déliter davantage.

2e poste. — Picoté encore un peu la plate-trousse; déplacé deux pièces du dernier membre, que l'on a maintenu en place par des strocans; ôté les stiffles sur la largeur de ces deux pièces et sur la hauteur de deux membres, pour les remplacer par des planches de 1^m,70 environ, allant de la plate-trousse à l'avant-dernier membre, pour soutenir le terrain sur la place des siéges, planches qui sont destinées à rester, et qu'on aura soin de garnir de mousse par derrière. On a taillé les parois, et arrangé la place sur la longueur de deux côtés pour recevoir ces planches.

3e poste. — Posé des planches sur les places préparées, en les engageant par leurs extrémités un peu derrière la plate-trousse et derrière l'avant-dernier membre, où on les serre fortement contre le terrain par des coins; on a mis de la mousse derrière ces planches; et aux endroits où le terrain, en se délitant, présentait de petites cavités, le vide était rempli par des planches rembourrées de mousse. A la tête de l'emplacement, se trouve un banc solide. En bas, le terrain se délite plus qu'à la partie supérieure.

4e poste. — Continué le travail précédent, après avoir ôté de nouvelles parties du dernier membre.

5e poste. — Idem.

6e poste. — Idem.

6 *avril*. 1er poste. — Idem.

2e et 3e poste. — Idem. Pour mettre la mousse derrière la dernière planche, on l'a étendue préalablement sur la face postérieure de celle-ci, qui avait été enduite de goudron.

4e poste. — Posé, aux deux tiers environ de la hauteur des planches que l'on vient d'établir, un faux-membre serré contre elles, pour les empêcher de se courber vers l'intérieur, par l'effet du picotage que l'on va commencer à la partie inférieure.

5e poste. — Recepé les coins et picots de la plate-trousse; assemblé sur cette dernière les pièces du premier siége de picotage.

6e poste. — Amené le siége à la position convenable; posé par derrière les madrilles et la mousse, et placé les derniers coins aux angles.

7 *avril*. 1er poste. — Coigneté le siége, ce qui a été terminé à huit heures et demie; picoté ensuite avec picots carrés.

2e poste. — Picoté avec picots carrés.

3e poste. — Idem.

DATES.	ORDRE DES POSTES. j. jour. — n. nuit.	NOMS DES SURVEILLANTS.	1° Nombre de mineurs. 2° Nombre d'aides-mineurs.	TRAVAIL EFFECTUÉ. Enfoncement. — Mètres.	Cuvelage.	N°s des membres.	Brandissage.	Temps pour l'allongement des pompes. — Heures.	RETARDS OCCASIONNÉS. Durée. — Heures.	NATURE ET CAUSE.	Quantité de terres extraite par poste. — Coffats.	Consommation de charbon par jour. — Hectolitres.	Nombre de jeux de pompe en activité.	Nombre de coups de pompes par minute.	Quantité d'eau extraite par minute. Hectolitres.	Consommation de charbon par jour. — Hectolitres.
		Report de la profondeur.......		37.03												
7 avril.	1re n.	B.	4.5										2	4.1	41	
	2e »	C.	5.5										2	4.1	41	
	3e »	A.	5.3										2	4.1	41	
8 avril.	1er j.	B.	5.5									10	2	4.5	45	70
	2e »	C.	5.3										2	4.5	45	
	3e »	A.	4.3										2	4.5	45	
	1re n.	B.	5.3										2	4.5	45	
	2e »	C.	5.3										2	4.5	45	
	3e »	A.	4.3										2	4.5	45	
9 avril.	1er j.	B.	5.5									10	2	4.55	45.5	70
	2e »	C.	5.5										2	4.55	45.5	
	3e »	A.	4.3										2	4.55	45.5	
	1re n.	B.	5.3										2	4.55	45.5	
	2e »	C.	5.3										2	4.55	45.5	
	3e »	A.	4.3										2	4.55	45.5	
10 avril.	1er j.	B.	5.5									9	2	4.63	46.3	66
	2e »	C.	5.5										2	4.63	46.3	
	3e »	A.	4.3										2	4.63	46.3	
	1re n.	B.	5.3										2	4.63	46.3	
	2e »	C.	5.5										2	4.63	46.3	
	3e »	A.	4.5										2	4.63	46.3	
11 avril.	1er j.	B.	5.3									8	2	4.47	44.7	62
	2e »	C.	5.3										2	4.47	44.7	
	3e »	A.	4.3										2	4.47	44.7	
	1re n.	B.	5.5										2	4.47	44.7	
	2e »	C.	5.5										2	4.47	44.7	
	3e »	A.	4.3										2	4.47	44.7	
12 avril.	1er j.	B.	5.3									9	2	4.1	41	66
	2e »	C.	5.3										2	4.1	41	
	3e »	A.	4.3										2	4.1	41	
	1re n.	B.	5.5										2	4.1	41	
	2e »	C.	5.5										2	4.1	41	
	3e »	A.	4.3										2	4.1	41	
13 avril.	1er j.	B.	5.3									9	2	4.1	41	66
	2e »	C.	5.3										2	4.1	41	
	3e »	A.	4.3										2	4.1	41	
	1re n.	B.	5.3										2	4.1	41	
	2e »	C.	5.3							3			2	4.1	41	
	3e »	A.	4.3										2	4.1	41	
14 avril.	1er j.	B.	5.3									8	2	3.8	38	62
		A reporter....		37.03												

OBSERVATIONS.

Détail des travaux et incidents. — Nature du terrain.

4ᵉ poste. — Picoté avec picots ronds, en bois tendre.
5ᵉ poste. —   Id.
6ᵉ poste. —   Id.

8 *avril.* 1ᵉʳ poste. —   Id.
2ᵉ poste. —   Id.
3ᵉ poste. — Picoté avec picots en chêne.
4ᵉ poste. —   Id.
5ᵉ poste. —   Id.
6ᵉ poste. — Picoté avec picots en chêne. Le picotage du premier siége a été terminé à six heures.

9 *avril.* 1ᵉʳ poste. — Recepé le picotage ; brandi avec de la mousse les joints des planches, à l'endroit que doit occuper le deuxième siége : placé quatre pièces de ce dernier, sur lesquelles on a corrigé le déversement produit sur le premier siége par l'effet du picotage.
2ᵉ poste. — Assemblé les autres pièces du deuxième siége que l'on a amené dans la position qu'il doit occuper.
3ᵉ poste. — Placé les madrilles et la mousse, ainsi que les premiers coins.
4ᵉ poste. — Coigneté la trousse, et relevé le faux-membre, pour commencer le picotage.
5ᵉ poste. — Fait un hourd sur ablocs pour faciliter le picotage ; commencé le picotage avec picots carrés, vers deux heures et demie.
6ᵉ poste. — Picoté.

10 *avril.* 1ᵉʳ poste. — Picoté.
2ᵉ poste. — Picoté.
3ᵉ poste. — Picoté, partie avec picots carrés, et partie avec picots ronds.
4ᵉ poste. — Picoté avec picots ronds.
5ᵉ poste. — Picoté avec picots en chêne.
6ᵉ poste. —   Id.   id.

11 *avril.* 1ᵉʳ poste. — Picoté avec picots en chêne. Terminé le picotage vers huit heures ; recepé ensuite les picots, et pris la mesure du déversement pour le corriger sur le siége suivant.
2ᵉ poste. — Assemblé le troisième siége.
3ᵉ poste. — Mis les madrilles et la mousse, et commencé à coigneter le siége.
4ᵉ poste — Coigneté le siége ; on a démis le faux-membre, et on l'a renvoyé à la surface. Commencé le picotage, vers neuf heures, avec picots carrés.
5ᵉ poste. — Picoté avec picots carrés ; relevé le membre immédiatement supérieur, pour faciliter le picotage.
6ᵉ poste. — Picoté avec picots carrés.

12 *avril.* 1ᵉʳ poste. — Picoté avec picots carrés.
2ᵉ poste. — Picoté avec picots ronds en bois tendre.
3ᵉ poste. —   Id.
4ᵉ poste. —   Id.
5ᵉ poste. — Picoté avec picots ronds en bois tendre jusqu'à minuit ; après quoi, on s'est servi de picots en chêne.
6ᵉ poste. — Picoté avec picots en chêne.

13 *avril.* 1ᵉʳ poste. — Picoté avec picots en chêne ; pendant ce temps, on a pris la mesure du déversement, pour le corriger sur le quatrième siége, et recepé le picotage.
2ᵉ poste. — Achevé de receper le picotage ; nettoyé le fond du puits ; ôté les broches d'aspirantes, et fait un hourd sur patins ; après quoi, on a procédé à l'établissement du quatrième siége dont on a posé dix pièces.
3ᵉ poste. — Terminé l'assemblage des pièces du quatrième siége ; posé les madrilles et la mousse, et mis les premiers coins.
4ᵉ poste. — Coigneté entièrement le siége ; commencé à démettre les stiffes de la torche immédiatement supérieure à l'emplacement actuel des siéges ; tassé de la mousse derrière les planches qui garnissaient cet emplacement, et replacé les stiffes en logeant leurs extrémités derrière les planches et le membre qui se trouvent en dessous du cariou, après avoir entaillé suffisamment les parois.
5ᵉ poste. — Terminé le placement des stiffes ; cette opération ayant été faite pour faciliter le picotage, celui-ci a été commencé à une heure et demie, avec picots carrés.
6ᵉ poste. — Picoté avec picots carrés.

14 *avril.* 1ᵉʳ poste. — Picoté avec picots carrés.

DATES.	ORDRE DES POSTES, j. jour. — n. nuit.	NOMS DES SURVEILLANTS	1° Nombre de mineurs. 2° Nombre d'aides-mineurs.	TRAVAIL EFFECTUÉ. Enfoncement. — Mètres.	Cuvelage.	N° des membres.	Remblaiage.	Temps pour l'établissement des pompes. — Heures	RETARDS OCCASIONNÉS. Durée. — Heures.	NATURE ET CAUSE.	EFFETS DES MACHINES. d'extraction. Quantité de terres extraite par poste. — Caffins.	Consommation de charbon par jour. — Hectolitres.	d'épuisement. Nombre de jeux de pompe en activité.	Nombre de coups de pompes par minute.	Quantité d'eau extraite par minute. Hectolitres.	Consommation de charbon par jour. — Hectolitres.
	Report de la profondeur........			37.03												
14 avril.	2e j.	C.	5.3										2	3.8	58	
	3e »	A.	5.3										2	3.8	58	
	1re n.	B.	5.3										2	3.8	58	
	2e »	C.	5.3										2	3.8	58	
	3e »	A.	5.3										2	3.8	58	
15 avril.	1er j.	B.	5.3									9	2	3.47	34.7	61
	2e »	C.	5.3										2	3.47	34.7	
	3e »	A.	5.3										2	3.47	34.7	
	1re n.	B.	5.3										2	3.47	34.7	
	2e »	C.	5.3										2	3.47	34.7	
	3e »	A.	5.3										2	3.47	34.7	
16 avril.	1er j.	B.	5.3									8	2	3.58	35.8	57
	2e »	C.	5.3										2	3.58	35.8	
	3e »	A.	5.3										2	3.58	35.8	
	1re n.	B.	5.3										2	3.58	35.8	
	2e »	C.	5.3										2	3.58	35.8	
	3e »	A.	5.3										2	3.58	35.8	
17 avril.	1er j.	B.	5.3									9	2	3.5	35	65
	2e »	C.	5.3										2	3.5	35	
	3e »	A.	5.3										2	3.5	35	
	1re n.	B.	5.3										2	3.5	35	
	2e »	C.	5.3										2	3.5	35	
	3e »	A.	5.3										2	3.5	35	
18 avril.	1er j.	B.	5.3									8	2	3.55	35.5	57
	2e »	C.	5.3										2	3.55	35.5	
	3e »	A.	5.3										2	3.55	35.5	
	1re n.	B.	5.3										2	3.55	35.5	
	2e »	C.	5.3										2	3.55	35.5	
	3e »	A.	5.3										2	3.55	35.5	
19 avril.	1er j.	B.	5.3									8	2	3.60	36	57
	2e »	C.	5.3										2	3.60	36	
	3e »	A.	5.3										2	3.60	36	
	1re n.	B.	5.3										2	3.60	36	
	2e »	C.	5.3										2	3.60	36	
	3e »	A.	5.3										2	3.60	36	
20 avril.	1er j.	B.	5.3									9	2	3.50	35	61
	2e »	C.	5.3										2	3.50	35	
	3e »	A.	5.3										2	3.50	35	
	1re n.	B.	5.3										2	3.50	35	
	2e »	C.	5.3										2	3.50	35	
	3e »	A.	5.3										2	3.50	35	
	A reporter....			37.03												

OBSERVATIONS.

Détail des travaux et incidents. — Nature du terrain.

2ᵉ poste. — Picoté avec picots carrés.
3ᵉ poste. — Picoté avec picots ronds en bois tendre.
4ᵉ poste. —   Id.
5ᵉ poste. — Picoté avec picots en bois tendre; commencé à minuit avec picots en chêne.
6ᵉ poste. — Picoté avec picots en chêne.

15 *avril.* 1ᵉʳ poste. — Picoté avec picots en chêne.
2ᵉ poste. — Recepé le picotage, et placé six pièces du cinquième siége.
3ᵉ poste. — Assemblé le cinquième siége et placé les madrilles avec de la mousse.
4ᵉ poste. — Terminé le placement des madrilles ; commencé le picotage à huit heures et demie, avec picots carrés.
5ᵉ poste. — Picoté avec picots carrés.
6ᵉ poste. —   Id.

16 *avril.* 1ᵉʳ poste. — Picoté avec picots carrés.
2ᵉ poste. — Picoté avec picots ronds en bois tendre.
3ᵉ poste. —   Id.
4ᵉ poste. —   Id.
5ᵉ poste. — Picoté avec picots ronds en bois tendre jusqu'à minuit ; employé ensuite des picots en chêne.
6ᵉ poste. — Picoté avec picots en chêne.

17 *avril.* 1ᵉʳ poste. — Picoté avec picots en chêne; pendant ce poste, on a pris la mesure du déversement, pour le corriger sur les pièces du sixième siége.
2ᵉ poste. — Recepé le picotage, et placé le sixième siége.
3ᵉ poste. — Mis les madrilles avec mousse, et commencé le coignetage.
4ᵉ poste. — Terminé le coignetage et recepé les coins.
5ᵉ poste. — Les stifles qui soutiennent le terrain, au-dessous de la place des six premiers siéges, gênant pour le picotage du sixième, on a commencé à les ôter graduellement, et à préparer en même temps la place des septième, huitième, neuvième et dixième siéges, en entaillant suffisamment le terrain et le garnissant de deux rangées de planches horizontales de 0ᵐ 48 de largeur, avec mousse placée derrière, sur enduit de goudron. Pendant ce poste, quatre madrilles de la rangée inférieure ont été placées ; on les maintient provisoirement par des montants en bois allant du sixième siége au membre immédiatement supérieur.
6ᵉ poste. — Posé neuf madrilles.

18 *avril.* 1ᵉʳ poste. — Posé les trois dernières madrilles de la rangée inférieure, et cloué des équerres pour fixer ces madrilles. On a ensuite fait un hourd, posé la rangée supérieure de madrilles; commencé à démettre le membre qui maintient les stifles, en appliquant contre les planches restées en place des siruenus.
2ᵉ poste. — Posé six madrilles, et déplacé une nouvelle partie du membre.
3ᵉ poste. — Posé dix madrilles, et commencé à poser des stifles allant du cariou à ces madrilles, pour garautir la partie du terrain restant à découvert.
4ᵉ poste. — Terminé le placement des stifles; repris le picotage du sixième siége, vers douze heures et demie, avec picots carrés.
5ᵉ poste. — Picoté avec picots carrés.
6ᵉ poste. —   Id.

19 *avril.* 1ᵉʳ poste. — Picoté avec picots carrés.
2ᵉ poste. — Picoté avec picots carrés.
3ᵉ poste. — Picoté avec picots ronds en bois tendre.
4ᵉ poste. —   Id.
5ᵉ poste. — Picoté avec picots en chêne.
6ᵉ poste. —   Id.

20 *avril.* 1ᵉʳ poste. — Picoté avec picots en chêne jusqu'à huit heures ; recepé ensuite le picotage, et mis trois pièces du septième siége.
2ᵉ poste. — Placé le septième siége.
3ᵉ poste. — Posé les madrilles avec mousse; coigneté le siége, et commencé à receper les coins.
4ᵉ poste. — Achevé de receper les coins et commencé le picotage avec picots carrés.
5ᵉ poste. — Picoté avec picots carrés.
6ᵉ poste. —   Id.

DATES.	ORDRE DES POSTES. (j. jour. — n. nuit.)	NOMS DES SURVEILLANTS.	1° Nombre de mineurs. 2° Nombre d'aides-mineurs.	TRAVAIL EFFECTUÉ — Enfoncement. — Mètres.	Cuvelage.	N.ᵒˢ des membres.	Brandissage.	Temps pour l'allongement des pompes. — Heures.	RETARDS OCCASIONNÉS — Durée. — Heures.	NATURE ET CAUSE.	EFFETS DES MACHINES (d'extraction) — Quantité de terres extraite par poste. — Cuffats.	Consommation de charbon par jour. — Hectolitres.	EFFETS DES MACHINES (d'épuisement) — Nombre de jeux de pompe en activité.	Nombre de coups de pompes par minute.	Quantité d'eau extraite par minute. Hectolitres.	Consommation de charbon par jour. — Hectolitres.
	Report de la profondeur.......			37,03												
21 avril.	1er j.	B.	5.5									9	2	5,50	55	61
	2e »	C.	5.5										2	5,50	55	
	3e »	A.	5.5										2	5,50	55	
	1re n.	B.	5.5										2	5,50	55	
	2e »	C.	5.5										2	5,50	55	
	3e »	A.	5.5										2	5,50	55	
22 avril.	1er j.	B.	5.5									9	2	5,8	58	61
	2e »	C.	5.5										2	5,8	58	
	3e »	A.	5.5										2	5,8	58	
	1re n.	B.	5.5										2	5,8	58	
	2e »	C.	5.5										2	5,8	58	
	3e »	A.	5.5										2	5,8	58	
23 avril.	1er j.	B.	5.5									9	2	5,5	55	61
	2e »	C.	5.5										2	5,5	55	
	3e »	A.	5.5										2	5,5	55	
	1re n.	B.	5.5										2	5,5	55	
	2e »	C.	5.5										2	5,5	55	
	3e »	A.	5.5										2	5,5	55	
24 avril.	1er j.	B.	5.5									8	2	5,5	55	57
	2e »	C.	5.5										2	5,5	55	
	3e »	A.	5.5										2	5,5	55	
	1re n.	B.	5.5										2	5,5	55	
	2e »	C.	5.5										2	5,5	55	
	3e »	A.	5.5										2	5,5	55	
25 avril.	1er j.	B.	5.5									8	2	5,54	55,4	57
	2e »	C.	5.5										2	5,54	55,4	
	3e »	A.	5.5										2	5,54	55,4	
	1re n.	B.	5.5										2	5,54	55,4	
	2e »	C.	5.5										2	5,54	55,4	
	3e »	A.	5.5										2	5,54	55,4	
26 avril.	1er j.	B.	5.5									9	2	5,54	55,4	61
	2e »	C.	5.5										2	5,54	55,4	
	3e »	A.	5.5										2	5,54	55,4	
	1re n.	B.	5.5										2	5,54	55,4	
	2e »	C.	5.5										2	5,54	55,4	
	3e »	A.	5.5										2	5,54	55,4	
	A reporter....			37,03												

OBSERVATIONS.

Détail des travaux et incidents. — Nature du terrain.

---

21 *avril*. 1er poste. — Picoté avec picots carrés.
  2e poste. —   Id.
  3e poste. — Picoté avec picots ronds en bois tendre.
  4e poste. —   Id.
  5e poste. — Picoté avec picots en chêne.
  6e poste. —   Id.

22 *avril*. — 1er poste. — Picoté avec picots en chêne, et recepé le picotage. Pendant ce poste, on a pris la mesure du déversement, pour le corriger sur le siége suivant.
  2e poste. — Pendant ce poste, deux charpentiers ont raboté la tête du picotage, en avant des madrilles, à la place du huitième siége. Comme ces madrilles se sont pliées et inclinées vers l'intérieur, par l'effet du picotage du septième siége, on a préparé des planches taillées en coin, pour les appliquer contre elles, et présenter une face verticale au picotage du huitième siége.
  3e poste. — Posé le huitième siége et les madrilles. Terminé presque entièrement le coignetage.
  4e poste. — Après achèvement du coignetage, on a picoté avec picots carrés.
  5e poste. — Picoté avec picots carrés.
  6e poste. —   Id.

23 *avril*. 1er poste. — Picoté avec picots carrés.
  2e poste. — Picoté avec picots ronds en bois tendre.
  3e poste. —   Id.
  4e poste. —   Id.
  5e poste. — Picoté avec picots en chêne.
  6e poste. —   Id.

24 *avril*. 1er poste. — Picoté avec picots en chêne. Commencé à receper le picotage. Le huitième siége s'est soulevé sur une étendue de six à sept pièces de siége, immédiatement après le coignetage : ce fait s'était déjà présenté pour d'autres siéges qui, pendant le cours du picotage, étaient redescendus à leur position primitive ; il n'en a pas été de même du neuvième siége, pour lequel l'ouverture des joints a été en grandissant, et s'est trouvée de 0m,02 au maximum, à la fin du picotage.
  2e poste. — Achevé de receper le picotage, et assemblé le neuvième siége.
  3e poste. — Posé les madrilles avec de la mousse, et fait le coignetage du siége.
  4e poste. — Terminé le coignetage et commencé, vers huit heures et demie, le picotage avec picots carrés.
  5e poste. — Picoté avec picots carrés.
  6e poste. —   Id.

25 *avril*. 1er poste. — Picoté avec picots carrés.
  2e poste. — Picoté avec picots ronds en bois tendre.
  3e poste. —   Id.
  4e poste. —   Id.
  5e poste. — Picoté avec picots en chêne.
  6e poste. — Achevé le picotage avec picots en chêne ; le neuvième siége s'est encore trouvé soulevé de 4 à 0m,005, à la fin du picotage ; les chefs de coupe prétendent qu'on ne s'est aperçu d'aucun mouvement auparavant.

26 *avril*. 1er poste. — Après avoir recepé le picotage, on a assemblé six pièces de siége.
  2e poste. — Posé les dix dernières pièces du dixième siége, et commencé à mettre les madrilles avec la mousse.
On remarque que le neuvième siége a continué à se soulever depuis l'achèvement du picotage ; l'ouverture du joint a atteint près de 0m,02.
  3e poste. — Achevé de mettre des madrilles et opéré le coignetage du siége. Celui-ci s'est encore soulevé légèrement après le coignetage.
  4e poste. — Après avoir recepé les coins, on a commencé à démonter le carion qui gênait pour le picotage.
  5e poste. — Retaillé le cadre du carion, en ne lui laissant que l'épaisseur des membres. On a placé des couvertures de toile d'étoupes, pour mettre les ouvriers à l'abri de l'eau, et commencé à picoter avec picots carrés.
  6e poste. — Picoté avec picots carrés.

DATES.	ORDRE DES POSTES. (j. jour — n. nuit.)	NOMS DES SURVEILLANTS.	1° Nombre de mineurs. 2° Nombre d'aides-mineurs.	TRAVAIL EFFECTUÉ. Enfoncement. — Mètres.	Cuvelage.	N°s des membres.	Brandissage.	Temps pour l'allongement des pompes. — Heures.	RETARDS OCCASIONNÉS. Durée. — Heures.	Nature et cause.	EFFETS DES MACHINES. d'extraction. Quantité de terres extraite par poste. — Coffats.	Consommation de charbon par jour. — Hectolitres.	d'épuisement. Nombre de jeux de pompe en activité.	Nombre du coups de pompes par minute.	Quantité d'eau extraite par minute. Hectolitres.	Consommation de charbon par jour. — Hectolitres.
	Report de la profondeur......			37.03												
27 avril.	1er j.	B.	5.5									8	2	3.40	34	57
	2e »	C.	5.3										2	3.40	34	
	3e »	A.	5										2	3.40	34	
	1er n.	B.	5										2	3.40	34	
	2e »	C.	5										2	3.40	34	
	3e »	A.	5										2	3.40	34	
28 avril.	1er j.	B.	5									8	2	3.40	34	57
	2e »	C.	5										2	3.40	34	
	3e »	A.	5										2	3.40	34	
	1er n.	B.	5										2	3.40	34	
	2e »	C.	5										2	3.40	34	
	3e »	A.	5										2	3.40	34	
29 avril.	1er j.	B.	5									9	2	3.45	34.5	61
	2e »	C.	5										2	3.45	34.5	
	3e »	A.	5										2	3.45	34.5	
	1er n.	B.	5										2	3.45	34.5	
	2e »	C.	5										2	3.45	34.5	
	3e »	A.	5										2	3.45	34.5	
30 avril.	1er j.	B.	5									9	2	3.4	34	61
	2e »	C.	5										2	3.4	34	
	3e »	A.	5										2	3.4	34	
	1er n.	B.	5										2	3.4	34	
	2e »	C.	5										2	3.4	34	
	3e »	A.	5										2	3.4	34	
1er mai.	1er j.	B.	5									6	2	1.84	18.4	44
	2e »	C.	5										2	1.84	18.4	
	3e »	A.	5										2	1.84	18.4	
	1er n.	B.	8										2	1.84	18.4	
	2e »	C.	7.1										2	1.84	18.4	
	3e »	A.	8										2	1.84	18.4	
2 mai.	1er j.	B.	7.1									5	2	0.14	1.40	17
	2e »	C.	8										2	0.14	1.40	
	A reporter......			57.03												

OBSERVATIONS.

Détail des travaux et incidents. — Nature du terrain.

27 *avril*, 1er poste. — Picoté avec picots carrés.

2e poste. — Picoté avec picots ronds. Le siége, qui avait d'abord paru se rasseoir sur le précédent, s'est soulevé de nouveau ; et comme on avait tenté de l'enchaîner par des agrafes au précédent, il commençait à soulever celui-ci.

3e poste. — On a encore picoté un peu ; mais comme le siége continuait à se soulever, on a terminé le picotage à quatre heures et demie ; on a alors pris la mesure du déversement, pour commencer immédiatement le cuvellement. Les clapets de siége ont été placés, excepté sur deux trous, fermés par des broches transversales et destinés à fournir de l'eau, au besoin, pour le cuvellement de la passe suivante ; ils ont été laissés ouverts et surmontés d'une petite gaîne en bois destinée à être prolongée jusqu'aux clefs.

4e poste. — Posé douze pièces de cuvelage.

5e poste. — Placé quatorze pièces de cuvelage et quatre cuffats de rebourrage hydraulique.

6e poste. — Posé dix-neuf pièces de cuvelage et mis les patiniats pour relever le hourd ; placé huit cuffats de béton.

28 *avril*. 1er poste. — Relié les pièces de cuvelage déjà placées, par de petites planchettes. Placé six cuffats de béton hydraulique. Prolongé les gaînes des trous de renvoi, et renvoyé à la surface une traverse et dix lambourdes de refend.

2e poste. — Posé vingt-sept pièces de cuvelage et dix cuffats de rebourrage hydraulique. Cloué vingt planchettes pour relier les pièces de cuvelage entre elles.

3e poste. — Posé vingt-cinq pièces de cuvelage, neuf cuffats de béton hydraulique, et fixé des patiniats pour relever le hourd.

4e poste. — On a mis six cuffats de béton hydraulique ; remonté le hourd et relié le cuvelage par des planchettes. Prolongé les gaînes des trous de renvoi ; renvoyé à la surface une bille et dix lambourdes d'entre-fend, un cuffat de vieux bois et une échelle.

5e poste. — Posé vingt-sept pièces de cuvelage, sept cuffats de béton, et cloué vingt-cinq planchettes d'enchaînement du cuvelage.

6e poste. — Placé douze pièces de cuvelage et quatre cuffats de béton ; ôté des porteurs et lambourdes.

29 *avril*. 1er poste. — Posé quinze pièces de cuvelage et cloué deux patiniats ; relevé le hourd, et cloué des planchettes d'enchaînement du cuvelage ; renvoyé à la surface un hourd de guidonnages, une bille et les lambourdes de refend du trait à terres.

2e poste. — On a placé huit pièces de cuvelage et démis un membre.

3e poste. — Placé vingt pièces de cuvelage, sept cuffats de béton, et renvoyé à la surface un cuffat de vieux bois.

4e poste. — Posé seize pièces de cuvelage et cinq cuffats de béton ; démonté deux membres, et renvoyé ces pièces à la surface.

5e poste. — Placé dix pièces de cuvelage, et ôté les porteurs pour démettre un nouveau membre ; cloué six patiniats, et placé quatre cuffats de béton derrière le cuvelage.

6e poste. — Posé quinze pièces de cuvelage et six cuffats de béton ; ôté huit pièces de membre et trente-deux porteurs.

30 *avril*. 1er poste. — Relevé le hourd ; posé huit pièces de cuvelage, deux cuffats de béton et ôté onze pièces de membre. Le terrain, du côté de la pompe no 1, est très-mauvais ; ce qui fait qu'on n'ôte qu'une pièce à la fois, en maintenant le reste par des strucans.

2e poste. — Posé huit pièces de cuvelage et démis six pièces d'un membre ; placé six cuffats de béton derrière le cuvelage.

3e poste. — Placé quinze pièces de cuvelage et deux cuffats de rebourrage ; renvoyé à la surface dix pièces de membre.

4e poste. — Posé six pièces de cuvelage et dix clefs ; placé deux cuffats de béton et de déchets de briques derrière le cuvelage et les clefs.

5e poste. — Placé les cinq dernières clefs et renvoyé un hourd à la surface. Avant de poser les clefs, on a exercé une pression sous le cuvelage supérieur, au moyen d'une vis de pression. Cette première pression a produit un mouvement de 0m,01.

6e poste. — Commencé à brandir à 2 mètres au-dessous des clefs et en remontant.

1er *mai*, 1er poste. — Brandi en remontant.
2e poste. —   Id.
3e poste. —   Id.
4e poste. —   Id.
5e poste. —   Id.
6e poste. —   Id.

2 *mai*. 1er poste. —   Id.
2e poste. —   Id.

DATES.	ORDRE DES POSTES. (j. = jour, n. = nuit)	NOMS DES SURVEILLANTS.	1° Nombre de mineurs. 2° Nombre d'aides-mineurs.	TRAVAIL EFFECTUÉ. Enfoncement. — Mètres.	Cuvelage.	N° des moellons.	Braudissage.	Temps pour l'allongement des pompes. — Heures.	RETARDS OCCASIONNÉS. Durée. — Heures.	NATURE ET CAUSE.	EFFETS DES MACHINES. d'extraction. Quantité de terres extraite par poste. — Coffres.	Consommation de charbon par jour. — Hectolitres.	d'épuisement. Nombre de jeux de pompe en activité.	Nombre de coups de pompes par minute.	Quantité d'eau extraite par minute. Hectolitres.	Consommation de charbon par jour. — Hectolitres.
	Report de la profondeur......			37.03												
2 mai.	3e j.	A.	7.1										2	0.14	1.40	
	1er n.	B.	8										2	0.14	1.40	
	2e »	C.	7.1										2	0.14	1.40	
	3e »	A.	8									*	2	0.14	1.40	
3 mai.	1er j.	B.	7.1									3	2	0.14	1.40	17
	2e »	C.	8										2	0.14	1.40	
	3e »	A.	7.1										2	0.14	1.40	
	1er n.	B.	8										2	0.14	1.40	
	2e »	C.	7.1										2	0.14	1.40	
	3e »	A.	8										2	0.14	1.40	
4 mai.	1er j.	B.	7.1									5	2	0.10	1	17
	2e »	C.	8										2	0.10	1	
	3e »	A.	7.1										2	0.10	1	
	1er n	B.	8										2	0.10	1	
	2e »	C.	7.1										2	0.10	1	
	3e »	A.	8										2	0.10	1	
5 mai.	1er j.	B.	7.1									5	2	0.07	0.7	17
	2e »	C.	8										2	0.07	0.7	
	3e »	A.	7.1										2	0.07	0.7	
	1er n.	B.	5										2	0.07	0.7	
	2e »	C.	5										2	0.07	0.7	
	3e »	A.	5										2	0.07	0.7	
6 mai.	1er j.	B.	5									5	2	0.07	0.7	17
	2e »	C.	5										2	0.07	0.7	
	3e »	A.	5										2	0.07	0.7	
	1er n.	B.	4										2	0.07	0.7	
	2e »	C.	5										2	0.07	0.7	
	3e »	A.	5										2	0.07	0.7	
7 mai.	1er j.	B.	5									2	2	0.07	0.7	15
	2e »	C.	5										2	0.07	0.7	
	3e »	A.	5										2	0.07	0.7	
	1er n.	B.	5										2	0.07	0.7	
	2e »	C.	5										2	0.07	0.7	
	3e »	A.	5										2	0.07	0.7	
8 mai.	1er j.	B.	5									2	2	0.07	0.7	15
	2e »	C.	5										2	0.07	0.7	
	3e »	A.	5										2	0.07	0.7	
	1er n.	B.	5										2	0.07	0.7	
	2e »	C.	5										2	0.07	0.7	
	3e »	A.	5										2	0.07	0.7	
9 mai.	1er j.	B.	5									2	2	0.07	0.7	15
	A reporter....			37.03												

OBSERVATIONS.

Détail des travaux et incidents. — Nature du terrain.

3e poste. — Brandi à la plate-trousse de la première passe.

4e poste. — Fait un hourd à environ 1m,60 au-dessus des sièges de la première passe, et brandi pour resserrer les joints des sièges.

5e poste. — Brandi au-dessus des sièges de la première passe.

6e poste. — Pendant que les mineurs ont commencé à démettre les bouts inférieurs des tirants en fer, les charpentiers sont allés corriger les petites défectuosités de la jonction des deux passes de cuvelage.

3 mai. 1er poste. — Brandi en dessous des sièges de la première passe, en descendant.

2e poste. —   Id.

3e poste. —   Id.

4e poste. — Démis et renvoyé à la surface quatre bouts de tirants de suspension, pour y faire souder des assemblages.

5e poste. — Brandi en descendant.

6e poste. — Brandi en descendant ; posé une bille et dix lambourdes d'entre-fend.

4 mai. 1er poste. — Brandi et descendu le hourd.

2e poste. — Brandi.

3e poste. — Brandi et posé une bille d'entre-fend et des lambourdes.

4e poste. — Brandi.

5e poste. — Id.

6e poste. — Brandi ; mis une bille d'entre-fend et des lambourdes.

5 mai. 1er poste. — Brandi ; on est arrivé à 1m,50 près des sièges.

2e poste. — Brandi.

3e poste. — Id.

4e poste. — Pendant ce poste, on a fait un hourd à la partie inférieure, pour y établir les charpentiers qui ont retaillé les saillies produites sur les sièges par suite de déversement.

5e poste. — Démis huit tirants en bois de la première passe de cuvelage, pour les remplacer par des tirants en fer. Placé un de ces derniers.

6e poste. — Démis huit tirants en bois ; posé deux tirants en fer et fixé neuf vis à bois, après avoir percé les trous dans les pièces de cuvelage.

6 mai. 1er poste. — Placé un tirant en fer, et ôté neuf tirants en bois ; renvoyé à la surface les tirants en fer démis dans le poste précédent.

2e poste. — Ôté dix tirants en bois et placé trois tirants en fer ; un hourd a été fait dans le trait à terres pour le placement de ces derniers.

3e poste. — Posé quatre tirants en fer.

4e poste. — Placé huit tirants en fer ; un neuvième tirant avait été placé et a été renvoyé à la surface, parce qu'il était un peu trop long.

5e poste. — Posé quatre tirants en fer, et brandi quelques joints qui donnaient de l'eau.

6e poste. — Placé trois tirants en fer, et brandi.

7 mai. 1er poste. — Mis un tirant en fer, et brandi quelques joints dans la partie supérieure du cuvelage ; pris la mesure exacte de tous les tirants qui restent à poser.

2e poste. — Brandi quelques joints, après avoir fait un hourd dans le trait à terres.

3e poste. — Brandi quelques joints.

4e poste. — Brandi quelques joints. Placé les pièces en forme de T qui terminent, à la partie inférieure, huit des tirants de suspension.

5e poste. — Brandi quelques joints dans le trait à terres.

6e poste. —   Id.

8 mai. 1er poste. — Brandi, et placé neuf tirants en fer.

2e poste. — Brandi et placé six tirants en fer dans le trait à terres.

3e poste. — Monté un hourd pour brandir quelques joints dans le trait à terres, et mis un tirant en fer.

4e poste. — Brandi, et posé les parties inférieures de huit tirants.

5e poste. — On a fait un hourd dans le trait à terres, et brandi pendant tout le poste.

6e poste. —   Id.   Id.

9 mai. 1er poste. — Brandi, et percé horizontalement des trous au travers du cinquième siège, c'est-à-dire en dessous de ceux soulevés. Ces trous, traversant ceux de renvoi du siège, sont destinés à fermer ces derniers par des broches, de manière à empêcher l'eau supérieure d'y passer.

DATES.	ORDRE DES POSTES. (À jour. — n nuit.)	NOMS DES SURVEILLANTS.	1° Nombre de mineurs. 2° Nombre d'aides-mineurs.	TRAVAIL EFFECTUÉ. Enfoncement. — Mètres.	Cuvelage.	Nos des membres.	Brandissage.	Temps pour l'allongement des pompes. — Heures.	RETARDS OCCASIONNÉS. Durée. — Heures.	NATURE ET CAUSE.	EFFETS DES MACHINES. d'extraction. Quantité de terres extraite par poste. — Coffrets.	Consommation de charbon par jour. — Hectolitres.	d'épuisement. Nombre de jeux de pompe en activité.	Nombre de coups de pompes par minute.	Quantité d'eau extraite par minute. Hectolitres.	Consommation de charbon par jour. — Hectolitres.
	Report de la profondeur.......			37.05												
9 mai.	2e j.	C.	5										2	0.07	0.7	
	3e »	A.	5										2	0.07	0.7	
	1er n.	B.	5										2	0.07	0.7	
	2e »	C.	5										2	0.07	0.7	
	3e »	A.	5										2	0.07	0.7	
10 mai.	1er j.	B.	5									2	2	0.07	0.7	12
	2e »	C.	5										2	0.07	0.7	
	3e »	A.	5										2	0.07	0.7	
	1er n.	B.	5										2	0.07	0.7	
	2e »	C.	5										2	0.07	0.7	
	3e »	A.	5										2	0.07	0.7	
11 mai.	1er j.	B.	5									2	2	0.07	0.7	14
	2e »	C.	5										2	0.07	0.7	
	3e »	A.	5										2	0.07	0.7	
	1er n.	B.	5										2	0.07	0.7	
	2e »	C.	5										2	0.07	0.7	
	3e »	A.	5										2	0.07	0.7	
12 mai.	1er j.	B.	5									2	2	0.07	0.7	14
	2e »	C.	5										2	0.07	0.7	
	3e »	A.	5										2	0.07	0.7	
	1er n.	B.	5										2	0.07	0.7	
	2e »	C.	5										2	0.07	0.7	
	3e »	A.	5										2	0.07	0.7	
13 mai.	1er j.	B.	5									2	2	0.08	0.80	12
	2e »	C.	5										2	0.08	0.80	
	3e »	A.	5										2	0.08	0.80	
	1er n.	B.	5										2	0.08	0.80	
	2e »	C.	5										2	0.08	0.80	
	3e »	A.	5										2	0.08	0.80	
14 mai.	1er j.	B.	5									2	2	0.08	0.80	12
	2e »	C.	5										2	0.08	0.80	
	3e »	A.	5										2	0.08	0.80	
	1er n.	B.	5										2	0.07	0.70	
	2e »	C.	5										2	0.07	0.70	
	3e »	A.	5										2	0.07	0.70	
15 mai.	1er j.	B.	5									3	2	0.08	0.80	19
		A reporter....		37.05												

OBSERVATIONS.

Détail des travaux et incidents. — Nature du terrain.

2e poste. — Brandi.

3e poste. —   Id.

4e poste. — Brandi les joints des siéges, pendant que les charpentiers posaient, du côté où les joints se sont soulevés, des planches à onglet de la forme exacte des joints, et en deux parties superposées, lorsque le joint était plus ouvert à l'extérieur qu'à l'intérieur. Une de ces planches ayant été placée, on a commencé à brandir par-dessous, de manière à ne laisser apparent qu'un joint horizontal.

5e poste. — Continué à brandir les siéges, et à fermer les joints des siéges soulevés.

6e poste. — Brandi, et terminé la pose des planches dans les joints.

10 mai. 1er poste. — Brandi les siéges.

2e poste. —   Id.

3e poste. —   Id.

4e poste. —   Id.

5e poste. —   Id.

6e poste. —   Id.

11 mai. 1er poste. —   Id.

2e poste. —   Id.

3e poste. —   Id.

4e poste. — Terminé le brandissage des grands joints.

5e poste. — Nettoyé le fond du puits, et arrangé le hourd pour le travail des charpentiers, qui ont commencé à forer des trous horizontaux passant par les trous de renvoi, afin de pouvoir boucher ceux-ci par des broches et arrêter les petites venues d'eau que l'on remarque en dessous de la plate-trousse, et qu'on soupçonne venir des trous de renvoi. Brandi en divers points où l'on apercevait de petites venues d'eau.

6e poste. — Brandi et foré des trous de broches.

12 mai. 1er poste. —   Id.

2e poste. —   Id.

3e poste. — Brandi, et foré des trous de broches. Les cinq siéges inférieurs sont forés.

4e poste. — Relevé le hourd. Brandi et foré des trous de broches.

5e poste. — Brandi et foré des trous de broches.

6e poste. — Fixé par des vis à bois les extrémités supérieures des tirants, dans les pans où il n'y a que des broches de renvoi. Continué à brandir.

13 mai. 1er poste. — Brandi, et foré des trous de broches.

2e poste. — Posé des broches et commencé à donner la tension aux huit tirants par des clefs chassées dans les assemblages.

3e poste. — Fixé les extrémités inférieures des huit derniers tirants ; placé quelques cales aux assemblages, à leur partie inférieure, et commencé à nettoyer le fond du puits.

4e poste. — Posé encore quelques grosses vis à bois, pour fixer les extrémités inférieures des tirants ; et terminé le calage des assemblages, pour donner aux tirants la tension voulue.

5e poste. — Relié les tirants au cuvelage, par des vis à bois placées de distance en distance.

6e poste. — Mis des vis à bois.

14 mai. 1er poste. — Mis des vis à bois.

2e poste. —   Id.

3e poste. —   Id.

4e poste. —   Id.

5e poste. —   Id.

6e poste. —   Id.

15 mai. 1er poste. — Placé les dernières vis à bois ; renvoyé à la surface les hourds du trait à terres ; fait deux hourds de guidonnages, et remplacé, par des broches en bois, les deux broches en fer placées dans le dixième siége, pour se procurer de l'eau au besoin, car on suppose qu'elles ne forment pas une fermeture hermétique. La venue d'eau n'a pas diminué, par suite de ce changement. On avait remarqué précédemment que la venue se faisait jour, derrière la plate-trousse, lorsque tous les trous de broches étaient bouchés, et qu'elle disparaissait presque entièrement au fond, lorsqu'on lui ouvrait un passage libre par les trous de broches. Cette circonstance tient sans doute à une fermeture incomplète des trous de renvoi par les broches. On s'est décidé à ouvrir un trou de broche au neuvième siége, pour y créer un passage à la venue. La quantité d'eau qui vient encore du fond après cette opération est insignifiante relativement à celle qui passe par le trou de broche, et les deux ensemble ne s'élèvent pas à plus de 14 hectolitres par heure, volume qui a été calculé d'après la hauteur dont l'eau est montée en un temps donné.

DATES.	ORDRE DES POSTES, j. jour. — n. nuit.	NOMS DES SURVEILLANTS.	1° Nombre de mineurs. 2° Nombre d'aides-mineurs.	TRAVAIL EFFECTUÉ. Enfoncement. — Mètres.	Cuvelage.	Nos des membres.	Brandissage.	Temps pour l'allongement des pompes. — Heures.	RETARDS OCCASIONNÉS. Durée. — Heures.	NATURE ET CAUSE.	EFFETS DES MACHINES. d'extraction. Quantité de terres extraite par poste. — Cuffats.	Consommation de charbon par jour. — Hectolitres.	d'épuisement. Nombre de jeux de pompe en activité.	Nombre de coups de pompes par minute.	Quantité d'eau extraite par minute. Hectolitres.	Consommation de charbon par jour. — Hectolitres.
	Report de la profondeur.......			37.05												
15 mai.	2e j.	C.	5								4		2	0.08	0.80	
	3e »	A.	5	0.60							8		1	0.11	0.55	
	1er n.	B.	5	0.25							10		1	0.11	0.55	
	2e »	C.	5	0.17							7		1	0.11	0.55	
	3e »	A.	5	0.15							5		1	0.11	0.55	
16 mai.	1er j.	B.	5								9	3	1	0.10	0.50	17
	2e »	C.	5								4		1	0.10	0.50	
	3e »	A.	5								6		1	0.10	0.50	
	1er n.	B.	5								11		1	0.10	0.50	
	2e »	C.	5								1		1	0.10	0.50	
	3e »	A.	5										1	0.10	0.50	
17 mai.	1er j.	B.	5.2									2	1	0.10	0.50	13
	2e »	C.	5.2										1	0.10	0.50	
	3e »	A.	5.2										1	0.10	0.50	
	1er n.	B.	5.2								5		1	0.10	0.50	
	2e »	C.	5.2	0.40							15		1	0.10	0.50	
	3e »	A.	5.2	0.25							14		1	0.10	0.50	
18 mai.	1er j.	B.	5.2	0.18							11	3	1	0.10	0.50	17
	2e »	C.	5.2								9		1	0.10	0.50	
	3e »	A.	5.2								8		1	0.10	0.50	
	1er n.	B.	5.2			1er					5		1	0.12	0.60	
	2e »	C.	5.2								8		1	0.12	0.60	
	3e »	A.	5.2	0.45							12		1	0.12	0.60	
19 mai.	1er j.	B.	5.2	0.30							21	10	1	0.12	0.60	5
	2e »	C.	5.2	0.30							8		1	0.12	0.60	
	3e »	A.	5.2								13		1	0.12	0.60	
	1er n.	B.	5.2								10		1	0.12	0.60	
	2e »	C.	5.2								6		1	0.12	0.60	
	3e »	A.	5.2								8		1	0.12	0.60	
20 mai.	1er j.	B.	5.2			2e				* Cariou.	5	10	1	0.12	0.60	5
	2e »	C.	5.2								12		1	0.12	0.60	
	3e »	A.	5.2	0.30												
	A reporter....			40.58												

OBSERVATIONS.

Détail des travaux et incidents. — Nature du terrain.

2e poste. — Envoyé à la surface quatre cuffats de bois et des planches de hourds ; relié la plate-trousse au premier siége par trente-deux molles-bandes en fer ; nettoyé le fond, et envoyé à la surface quatre cuffats de terres.

3e poste. — Enfoncé d'environ 0m,60 ; descendu le jeu no 1 de 0m,25, et le no 2 de 0m,46. Allongé les tirants de ce dernier ; à quatre heures, on a dételé le jeu no 1.

4e poste. — Enfoncé de 0m,25, et descendu les jeux d'autant, en élargissant le potia creusé précédemment. Pendant ce poste, on a rechargé les deux jeux de pompes.

5e poste. — Enfoncé de 0m,17, et fait descendre les jeux de pompes d'autant ; fait un guidonnage à la tête du jeu no 1.

6e poste. — Creusé le potia de 0m,45, et descendu le jeu no 1 d'autant ; replacé les bottes du jeu no 1, et mis une bille et neuf lambourdes de refend du trait à terres.

16 mai. 1er poste. — Creusé le potia, et fait descendre le jeu no 2 de 0m,35, et le no 1 de 0m,10 ; commencé à ramener le pourtour de la fosse, et retaillé les parois sur un pan, pour y mettre des stiffles de 1 mètre de hauteur, au bas desquelles on établira un cariou.

2e poste. — Ramené et stifflé les parois sur cinq pans ; les stiffles sont garnies de mousse, sur la face de derrière, au moyen d'un enduit de goudron ; elles s'inclinent de manière à ménager, vers le bas, la place d'un cariou de 4m,10 de diamètre intérieur.

3e poste. — Ramené le terrain et stifflé sur quatre pans.

4e poste. — Ramené et stifflé les parois de la fosse sur six pans.

5e poste. — Terminé le stifflage qui restait à effectuer sur un pan ; posé le cariou, et mis ce cariou de niveau et d'équerre.

6e poste. — Coigneté le cariou, en mettant de petites madrilles avec mousse, aux endroits les plus larges.

17 mai. 1er poste. — Recoupé la tête des coins du cariou, et commencé le picotage.

2e poste. — Picoté le cariou.

3e poste. — Picoté le cariou : ce travail terminé, on a fixé les planches des bords du cariou.

4e poste. — On a mis des planches, de la plate-trousse au cariou, pour conduire toutes les eaux dans ce dernier. Pendant cette opération, on a élargi le potia.

5e poste. — Enfoncé le potia de 0m,40, et fait descendre les pompes d'autant.

6e poste. — Enfoncé de 0m,25, et descendu le jeu no 1 de 0m,22, et le no 2 de 0m,25.

18 mai. 1er poste. — Enfoncé, et descendu les jeux de 0m,18 ; cloué vingt-six molles-bandes, pour relier la plate-trousse au cariou.

2e poste. — Ramené le terrain et préparé sept faces, garnies de planches jointives, au bas desquelles on doit mettre un membre de 4m,20 de diamètre intérieur, à 0m,80 en dessous du cariou. Pendant ce travail, on a cloué les six dernières molles-bandes de la plate-trousse au cariou.

3e poste. — Ramené et stifflé huit faces des parois de la fosse.

4e poste. — Stifflé le dernier côté des parois ; posé et coigneté le membre.

5e poste. — Posé vingt-quatre porteurs, du membre au cariou, une bille et quatre lambourdes d'entre-fend du trait à terres. Commencé à élargir le potia.

6e poste. — Approfondi le potia de 0m,45 en dessous du jeu no 1 et de 0m,25 sous le jeu no 2, et descendu les deux jeux ; cloué six porteurs.

19 mai. 1er poste. — Enfoncé de 0m,50 sous le jeu no 1, et de 0m,40 sous la pompe no 2. Descendu d'autant les jeux, et élargi le potia.

2e poste. — Descendu le jeu no 1 de 0m,50, et le no 2 de 0m,40, après avoir creusé le potia en conséquence. Fait un hourd de guidonnages et rechargé la pompe no 2, qui a été remise en marche vers la fin du poste.

3e poste. — Ramené le fond de la fosse, et retaillé les parois, à l'aplomb de l'intérieur du membre. Pendant ce poste, on a rechargé le jeu no 1.

4e poste. — Ramené le terrain, et préparé cinq faces, avec planches verticales et mousse, pour l'établissement du cariou.

5e poste. — Préparé cinq faces des parois, en les stifflant avec planches verticales et mousse.

6e poste. — Stifflé les six dernières faces, et égalisé le terrain du fond, pour recevoir le cariou.

20 mai. 1er poste. — Placé le cariou.

2e poste. — Coigneté le cariou, en faisant usage de petites madrilles avec mousse aux endroits les plus larges.

3e poste. — Enfoncé de 0m,50, pour faciliter le picotage du cariou, et descendu le jeu no 2 de 0m,10. On a également brandi quelques joints à la tête du cuvelage.

DATES.	ORDRE DES POSTES, j.=jour — n.=nuit.	NOMS DES SURVEILLANTS.	1° Nombre de mineurs. 2° Nombre d'aides-mineurs.	TRAVAIL EFFECTUÉ. Enfoncement. — Mètres.	Cuvelage.	Nos des membres.	Brandissage.	Temps pour l'enfoncement des pompes. — Heures.	RETARDS OCCASIONNÉS. Durée. — Heures.	Nature et cause.	EFFETS DES MACHINES. d'extraction. Quantité de houille extraite par poste. — Caffats.	Consommation de charbon par jour. — Hectolitres.	d'épuisement. Nombre de jours de pompe en activité.	Nombre de coups de pompes par minute.	Quantité d'eau extraite par minute. Hectolitres.	Consommation de charbon par jour. — Hectolitres.
			Report de la profondeur......	40.38												
20 mai.	1er n.	B.	5.2										1	0.12	0.60	
	2e »	C.	5.2										1	0.12	0.60	
	3e »	A.	5.2										1	0.12	0.60	
21 mai.	1er j.	B.	5.2									12	1	0.12	0.60	6
	2e »	C.	5.2										1	0.12	0.60	
	3e »	A.	5.2			2e *				* Faux-membre.			1	0.12	0.60	
	1er n.	B.	5.2										1	0.12	0.60	
	2e »	C.	5.2										1	0.12	0.60	
	3e »	A.	5.2								5		1	0.12	0.60	
22 mai.	1er j	B.	5.2	0.50							10	12	1	0.12	0.60	6
	2e »	C.	5.2	0.55							11		1	0.12	0.60	
	3e »	A.	5.2								12		1	0.12	0.60	
	1er n.	B.	5.2								11		1	0.12	0.60	
	2e »	C.	5.2			2e					6		1	0.12	0.60	
	3e »	A.	5.2	0.40							14		1	0.12	0.60	
23 mai.	1er j.	B.	5.2	0.58							9	12	1	0.10	0.50	6
	2e »	C.	5.2	0.30							13		1	0.10	0.50	
	3e »	A.	5.2								14		1	0.10	0.50	
	1er n.	B.	5.2								12		1	0.10	0.50	
	2e »	C.	5.2			3e					7		1	0.10	0.50	
	3e »	A.	5.2								6		1	0.10	0.50	
24 mai.	1er j.	B.	5.2	0.20							11	17	1	0.11	0.55	8
	2e »	C.	5.2	0.20							11		1	0.11	0.55	
	3e »	A.	5.2	0.30							10		1	0.11	0.55	
	1er n.	B.	5.2								8		1	0.11	0.55	
	2e »	C.	5.2	0.20							15		1	0.11	0.55	
	3e »	A.	5.2								14		1	0.11	0.55	
25 mai.	1er j.	B.	5.2								6	17	1	0.10	0.50	8
	2e »	C.	5.2			4e					4		1	0.10	0.50	
			A reporter....	42.91												

OBSERVATIONS.

Détail des travaux et incidents. — Nature du terrain.

4e poste. — Picoté le cariou.
5e poste. —   Id.
6e poste. —   Id.

21 *mai.* 1er poste. — Picoté le cariou.
2e poste. — Picoté le cariou.
3e poste. — Picoté le cariou jusqu'à quatre heures; posé le faux-membre entre le cariou et le membre précédent. Pendant ce poste, on a rechargé le jeu n° 1.
4e poste. — Mis vingt porteurs s'appuyant sur le cariou; cloué ce membre et le faux-membre; posé huit lambourdes.
5e poste. — Cloué le reste des lambourdes et trois porteurs. Les charpentiers ont posé les planches des bords du cariou.
6e poste. — Cloué les derniers porteurs, pendant que les charpentiers fixaient les quatre dernières planches des bords du cariou.
Enduit de suif tous les joints, et posé sur le fond du cariou une couche de mortier hydraulique. Nettoyé le fond du puits, et renvoyé les planches du fond à la surface.

22 *mai.* 1er poste. — Creusé le potia; descendu le jeu de pompe n° 1 de $0^m,50$, et le n° 2 de $0^m,55$.
2e poste. — Descendu les jeux de pompes de $0^m,55$; creusé le potia, et commencé à ramener le fond de la fosse.
3e poste. — Ramené le fond de la fosse; retaillé les parois à grandeur sur trois faces, que l'on a garnies de stiffles.
4e poste. — Ramené et stifflé neuf faces.
5e poste. — Ramené les dernières faces, et terminé le stifflage; posé le membre. Le coignetage était presque achevé à la fin du poste.
6e poste. — Mis encore quelques coins; élargi et approfondi le potia; descendu le jeu n° 1 de $0^m,10$, et le n° 2 de $0^m,30$.

23 *mai.* 1er poste. — Enfoncé, et descendu le jeu n° 1 de $0^m,58$, et le n° 2 de $0^m,23$; cloué trente-deux porteurs.
2e poste. — Descendu les deux jeux de pompes de $0^m,30$, après avoir enfoncé d'autant.
3e poste. — Élargi le potia, et ramené le terrain jusqu'à l'aplomb du dernier membre posé.
4e poste. — Ramené les parois et stifflé onze faces.
5e poste. — Stifflé les cinq dernières faces; posé et assemblé le membre, d'un diamètre de $4^m,40$.
6e poste. — Coigneté le membre et fixé les porteurs; creusé et élargi le potia, et descendu le jeu n° 1 de $0^m,08$.

24 *mai.* 1er poste. — Approfondi d'environ $0^m,50$, et descendu les jeux de pompes : le n° 1 de $0^m,50$, le n° 2 de $0^m,19$.
2e poste. — Approfondi de $0^m,20$, et fait descendre les pompes d'autant; allongé les tirants de suspension du jeu de pompe n° 1, et rechargé ce jeu. A la fin de ce poste, il s'est déclaré une forte venue d'eau dans l'angle du trait à terres, près de l'échelle, un peu en dessous du dernier membre; cette venue a soulevé le terrain de la paroi. On va enfoncer d'un mètre en dessous du membre, pour faire la place d'un nouveau cariou.
3e poste. — On a remis le tire-bout du jeu n° 1 qui venait d'être rechargé, et on a mis ce jeu en marche, tandis que le n° 2 a été décroché. Enfoncé, et descendu le jeu n° 1 de $0^m,30$.
4e poste. — Creusé le potia du jeu n° 2, et descendu ce jeu de $0^m,45$; cloué quatorze lambourdes, pour relier les deux derniers membres avec le cariou. La venue d'eau a augmenté notablement.
5e poste. — Approfondi de $0^m,20$, et fait descendre le jeu de pompe d'autant; aplani le fond de la fosse. Fait un plancher, et commencé à ramener le terrain. A la fin de ce poste, il s'est déclaré une seconde venue, dans l'angle opposé du trait à terres : elle est beaucoup moins importante que la première; celle-ci sort d'une large crevasse où l'on peut plonger le bras, et qui semble venir du bas. L'eau qui en sort a une saveur sulfureuse, de sorte qu'il est très-probable qu'elle vient du deuxième niveau.
6e poste. — Ramené les parois sur quatre faces, et garni ces parois de stiffles qui étaient préparées pour le cariou et recouvertes de mousse sur un côté. On a commencé le stifflage au point de la grosse venue; et, comme celle-ci descendait à mesure qu'on détachait des terres de la paroi, il n'y avait plus d'espoir de la retenir par un cariou; on s'est donc décidé à employer un simple membre.

25 *mai.* 1er poste. — Ramené et stifflé onze côtés des parois; on a rechargé le jeu n° 2.
2e poste. — Terminé le stifflage des parois du puits; posé et coigneté presque entièrement un nouveau membre d'un diamètre de $4^m,50$ intérieur, et placé une bille d'entre-feud.

DATES.	ORDRE DES POSTES, j. jour. — n. nuit.	NOMS DES SURVEILLANTS.	1° Nombre de mineurs. 2° Nombre d'aides-mineurs.	TRAVAIL EFFECTUÉ. Enfoncement. — Mètres.	Cuvelage.	N°ˢ des membres.	Brandissage.	Temps pour l'alignement des pompes. — Heures.	RETARDS OCCASIONNÉS. Durée. — Heures.	NATURE ET CAUSE.	EFFETS DES MACHINES — d'extraction. Quantité de terres extraite par poste. — Cuffats.	Consommation de charbon par jour. — Hectolitres.	d'épuisement. Nombre de jeux de pompe en activité.	Nombre de coups de pompes par minute.	Quantité d'eau extraite par minute. Hectolitres.	Consommation de charbon par jour. — Hectolitres.
	Report de la profondeur......			42.91												
25 mai.	5ᵉ j.	A	5.2	0.10							7		1	0.10	0,5	
	1ᵉʳ n.	B.	5.2	0 25							14		1	0.10	0,5	
	2ᵉ »	C.	5.2	0.50							16		1	0.10	0,5	
	5ᵉ »	A.	5.2	0.10							13		1	0.10	0 5	
26 mai.	1ᵉʳ j.	B	5.2								10	17	1	0.80	4	8
	2ᵉ »	C.	5.2								11		1	0.80	4	
	5ᵉ »	A.	5 2			5ᵉ							1	0.80	4	
	1ᵉʳ n.	B	5.2	0.54							9		1	0.80	4	
	2ᵉ »	C.	5.2	0.25							21		1	0.80	4	
	3ᵉ »	A.	5.2	0.40							8		1	0.80	4	
27 mai.	1ᵉʳ j.	B.	5.2	0.10							6	17	1	0.86	4.5	8
	2ᵉ »	C.	5.2								8		1	0.86	4.5	
	5ᵉ »	A.	5.2								6		1	0.86	4.5	
	1ᵉʳ n.	B	5.2			6ᵉ					5		1	0.86	4.5	
	2ᵉ »	C	5.2	0.16							15		1	0.86	4 5	
	5ᵉ »	A.	5.2	0.25							7		1	0.86	4.5	
28 mai.	1ᵉʳ j.	B.	5.2	0 40							15	17	1	0.48	2.4	8
	2ᵉ »	C.	5.2								9		1	0.48	2 4	
	5ᵉ »	A.	5.2								9		1	0.48	2.4	
	1ᵉʳ n	B.	5.2								6		1	0.48	2.4	
	2ᵉ »	C.	5 2								2		1	0.48	2.4	
	5ᵉ »	A.	5.2										1	0.48	2.4	
29 mai.	1ᵉʳ j.	B.	5.2									17	1	0.48	2.4	8
	2ᵉ »	C.	5.2										1	0.48	2.4	
	A reporter....			45 24												

OBSERVATIONS.

Détail des travaux et incidents. — Nature du terrain.

3ᵉ poste. — Terminé le coignetage du membre : cloué les porteurs, pour le relier avec le membre précédent, et mis les lambourdes de refend du trait à terres ; descendu le jeu nᵒ 1 de 0ᵐ,10.

4ᵉ poste. — Enfoncé, et descendu les jeux de pompes : le nᵒ 1 de 0ᵐ,25, et le nᵒ 2 de 0ᵐ,10.

5ᵉ poste. — Enfoncé le potia, et descendu les deux jeux de pompes de 0ᵐ,30.

6ᵉ poste. — Enfoncé de 0ᵐ,10, et descendu les jeux de pompes d'autant ; commencé à ramener les parois, et stifflé un côté sur une hauteur de 0ᵐ,90.

26 mai. 1ᵉʳ poste. — Ramené et stifflé neuf faces des parois.

2ᵉ poste. — Stifflé les cinq dernières, et aplani le fond de la fosse, pour y poser un nouveau membre d'un diamètre intérieur de 4ᵐ,60 ; posé sept pièces de ce membre. On a allongé les tirants de suspension des pompes.

3ᵉ poste. — Placé le membre, et cloué les porteurs, pour le réunir au précédent ; fixé ensuite les lambourdes, pour relier les deux derniers membres placés avec le membre supérieur. On va enfoncer pour préparer la place de la plate-trousse et des siéges d'une nouvelle passe de cuvelage ; les venues d'eau ont continué à descendre à mesure de l'enfoncement.

4ᵉ poste. — Enfoncé de 0ᵐ,34, et descendu les pompes d'autant. Le terrain est devenu subitement très-mou dans le trait à terres ; néanmoins, ce caractère ne s'étend pas jusqu'aux parois, qui restent solides, et ne se délitent pas sensiblement dans l'eau ; seulement, la grosse venue rend un peu ébouleuse la paroi d'où elle sort.

5ᵉ poste. — Enfoncé de 0ᵐ,25, et fait descendre le jeu nᵒ 1 de 0ᵐ,30, et le nᵒ 2 de 0ᵐ,25.

6ᵉ poste. — Approfondi de 0ᵐ,10, et descendu le jeu nᵒ 1 de 0ᵐ,10, et le nᵒ 2 de 0ᵐ,25. Placé une bille de refend du trait à terres, et rechargé le jeu nᵒ 2 qu'on a mis en marche, vers la fin du poste.

27 mai. 1ᵉʳ poste. — Approfondi, et descendu les jeux de pompes de 0ᵐ,10, et élargi le potia. Quatre hommes ont été occupés, pendant une très-grande partie du poste, à retirer le tire-bout du jeu nᵒ 1, et à descendre les jeux, les vis tirants devenant très-difficiles à manœuvrer. Cloué deux lambourdes de refend du trait à terres.

2ᵉ poste. — Ramené le fond de la fosse à 0ᵐ,80 du membre, et retaillé une partie des parois sur un diamètre de 4ᵐ,66, c'est-à-dire à peu près à l'aplomb du dernier membre ; stifflé quatre faces des parois du puits.

3ᵉ poste. — Retaillé les parois du puits et stifflé dix côtés. Pendant ce poste, le jeu nᵒ 1 a été rechargé.

4ᵉ poste. — Achevé le stifflage des parois ; assemblé et placé un petit membre ; celui-ci était presque entièrement coigneté à la fin du poste.

5ᵉ poste. — Cloué seize lambourdes du petit membre aux porteurs qui relient les deux membres précédents. Creusé ensuite le potia, et descendu le jeu nᵒ 2 de 0ᵐ,16.

6ᵉ poste. — Descendu les deux jeux de pompes : le nᵒ 1 de 0ᵐ,21, le nᵒ 2 de 0ᵐ,18, après avoir approfondi de 0ᵐ,25.

28 mai. 1ᵉʳ poste. — Fait un approfondissement de 0ᵐ,40, et descendu les jeux de pompes : le nᵒ 1 de 0ᵐ,45, et le nᵒ 2 de 0ᵐ,40.

2ᵉ poste. — Elargi le potia et égalisé le fond de la fosse ; fait ensuite un potia. Commencé à ramener les parois, pour faire la place de la plate-trousse ; garni cinq côtés des parois du puits de planches droites. La venue d'eau est descendue jusqu'au fond : elle sort de la paroi entre les planches (les planches sont engagées à la partie supérieure, derrière celles placées plus haut).

3ᵉ poste. — Garni six faces des parois du puits de planches droites, et nettoyé le fond du potia ; refait le plancher.

4ᵉ poste. — Terminé le stifflage, et égalisé la place de la plate-trousse.

5ᵉ poste. — Placé quinze pièces de la plate-trousse, et suspendu quatre nouveaux fils à plomb aux angles de la plate-trousse de la deuxième passe.

6ᵉ poste. — Placé la dernière pièce de la plate-trousse, et commencé à la mettre d'équerre et de niveau.

29 mai. 1ᵉʳ poste. — Achevé d'amener la plate-trousse à la position convenable, et fait le coignetage.

2ᵉ poste. — Recépé les coins, et picoté avec picots carrés.

DATES.	ORDRE DES POSTES, j. jour. – n. nuit.	NOMS DES SURVEILLANTS.	1° Nombre de mineurs. 2° Nombre d'aides-mineurs.	TRAVAIL EFFECTUÉ.					RETARDS OCCASIONNÉS.		EFFETS DES MACHINES — d'extraction		EFFETS DES MACHINES — d'épuisement			
				Enfoncement. — Mètres.	Cuvelage.	Nos des membres.	Brandissage.	Temps pour l'allongement des pompes. — Heures.	Durée. — Heures.	NATURE ET CAUSE.	Quantité de terres extraite par poste. — Tuffais.	Consommation de charbon par jour. — Hectolitres.	Nombre de jeux de pompe en activité.	Nombre de coups de pompes par minute.	Quantité d'eau extraite par minute. — Hectolitres.	Consommation de charbon par jour. — Hectolitres.
	Report de la profondeur......			45.24												
29 mai.	5ᵉ j.	A.	5.2										1	0.48	2.4	
	1ᵉʳ n.	B.	5.2										1	0.48	2.4	
	2ᵉ »	C.	5.2								2		1	0.48	2.4	
	3ᵉ »	A.	5.2								2		1	0.48	2.4	
30 mai.	1ᵉʳ j.	B.	5.2								4	17	1	0.5	2.5	8
	2ᵉ »	C.	5.2								6		1	0.5	2.5	
	3ᵉ »	A.	5.2								4		1	0.5	2.5	
	1ᵉʳ n.	B.	5.2								5		1	0.5	2.5	
	2ᵉ »	C.	5.2								4		1	0.5	2.5	
	3ᵉ »	A.	5.2										1	0.5	2.5	
31 mai.	1ᵉʳ j.	B.	5.2									16	1	0.5	2.5	8
	2ᵉ »	C.	5.2										1	0.5	2.5	
	3ᵉ »	A.	5.2										1	0.5	2.5	
	1ᵉʳ n.	B.	5.2										1	0.5	2.5	
	2ᵉ »	C.	5.2										1	0.5	2.5	
	3ᵉ »	A.	5.2										1	0.5	2.5	
1ᵉʳ juin.	1ᵉʳ j.	B.	5.2									17	1	0.5	2.5	8
	2ᵉ »	C.	5.2										1	0.5	2.5	
	3ᵉ »	A.	5.2										1	0.5	2.5	
	1ᵉʳ n.	B.	5.2									.	1	0.5	2.5	
	2ᵉ »	C.	5.2										1	0.5	2.5	
	3ᵉ »	A.	5.2										1	0.5	2.5	
2 juin.	1ᵉʳ j.	B.	5.2									17	1	0.67	3.35	8
	2ᵉ »	C.	5.2										1	0.67	3.35	
	3ᵉ »	A.	5.2										1	0.67	3.35	
	1ᵉʳ n.	B.	5.2										1	0.67	3.35	
	2ᵉ »	C.	5.2										1	0.67	3.35	
	3ᵉ »	A.	5.2										1	0.67	3.35	
3 juin.	1ᵉʳ j.	B.	5.2									14	1	0.63	3.15	15
	2ᵉ »	C.	5.2										1	0.63	3.15	
	3ᵉ »	A.	5.2										1	0.63	3.15	
	1ᵉʳ n.	B.	5.2										1	0.63	3.15	
	2ᵉ »	C.	5.2										1	0.63	3.15	
	3ᵉ »	A.	5.2										1	0.63	3.15	
4 juin.	1ᵉʳ j.	B.	5.2									15	1	0,65	3.15	10
	A reporter....			45.24												

OBSERVATIONS.

Détail des travaux et incidents. — Nature du terrain.

3ᵉ poste. — Picoté avec picots ronds.

4ᵉ poste. — Picoté avec picots ronds ; recepé ensuite le picotage.

5ᵉ poste. — Commencé la préparation de la place des siéges, en recoupant les planches droites engagées derrière la plate-trousse, et ôtant les planches supérieures qui maintiennent un petit membre. Dans ce travail, on a procédé par parties, en soutenant le petit membre par des poussaris; lorsqu'on a découvert une partie des parois, on retaille à profondeur convenable, et on y pose des planches droites garnies de mousse, ayant 1ᵐ,40 de hauteur. On a mis cinq de ces dernières planches à proximité du point où passe la crevasse qui a amené la forte venue d'eau : là, se trouvait un petit vide dans la paroi, dont on a pris les dimensions, pour le faire remplir au moyen d'une pièce de bois.

6ᵉ poste. — Posé des planches droites avec mousse sur deux faces et demie, après avoir rempli le vide de la crevasse par une pièce de bois.

30 *mai.* 1ᵉʳ poste. — Posé des planches droites sur trois faces et demie.

2ᵉ poste. — Id.

3ᵉ poste. — Garni quatre faces des parois du puits de planches droites.

4ᵉ poste. — Terminé le placement des planches droites, et assemblé le petit membre destiné à les maintenir.

5ᵉ poste. — Relevé le petit membre un peu au-dessus du milieu des planches; on l'a coigneté dans cette position. Recepé le picotage de la plate-trousse ; placé deux pièces du premier siége, et nettoyé le fond du puits. Pendant ce poste, un charpentier a retouché à la plate-trousse, afin de la mettre entièrement de niveau.

6ᵉ poste. — Assemblé le premier siége, et commencé à le mettre d'équerre.

31 *mai.* 1ᵉʳ poste. — Mis le siége d'équerre; fait le coignetage, et commencé le picotage avec picots carrés.

2ᵉ poste. — Picoté avec picots carrés.

3ᵉ poste. — Id.

4ᵉ poste. — Picoté avec picots ronds en bois tendre.

5ᵉ poste. — Id.

6ᵉ poste. — Id.

1ᵉʳ *juin.* 1ᵉʳ poste. — Id.

2ᵉ poste. — Picoté avec picots en chêne.

3ᵉ poste. — Picoté avec picots en chêne. Pendant ce poste, deux charpentiers ont été occupés à retoucher à la face supérieure du siége, pour la mettre parfaitement de niveau.

4ᵉ poste. — Les charpentiers ont terminé la pose de niveau du premier siége. On a pris la mesure du déversement; et, à mesure qu'on le corrigeait sur le deuxième siége, on plaçait les pièces de ce siége.

5ᵉ poste. — Posé les dernières pièces du deuxième siége ; on a mis ce dernier d'équerre, et posé les madrilles avec mousse.

6ᵉ poste. — On a coigneté le siége, en ayant soin, pendant cette opération, d'amener tous les angles à l'aplomb de ceux des siéges de la deuxième passe.

2 *juin.* 1ᵉʳ poste. — Après avoir démis le petit membre qui maintenait les planches droites, on a recoupé les coins et picoté avec picots carrés.

2ᵉ poste. — Picoté avec picots carrés.

3ᵉ poste. — Picoté avec picots carrés jusqu'à quatre heures ; ensuite, avec picots ronds en bois tendre.

4ᵉ poste. — Picoté avec picots ronds.

5ᵉ poste. — Id.

6ᵉ poste. — Picoté avec picots en chêne.

3 *juin.* 1ᵉʳ poste. — Picoté avec picots en chêne ; les charpentiers ont mis le siége de niveau.

2ᵉ poste. — Pris le déversement, et posé huit pièces du troisième siége.

3ᵉ poste. — Posé les dernières pièces du siége et les madrilles. Coigneté le siége.

4ᵉ poste. — Posé un petit membre contre les planches immédiatement supérieures aux planches droites de siége, et ôté le membre placé à la tête de ces dernières planches.

5ᵉ poste. — Picoté avec picots carrés.

6ᵉ poste. — Id.

4 *juin.* 1ᵉʳ poste. — Picoté avec picots carrés jusqu'à huit heures et demie ; après quoi, on a fait usage de picots ronds.

DATES.	ORDRE DES POSTES, 1. jour — n. nuit.	NOMS DES SURVEILLANTS.	1° Nombre de mineurs. 2° Nombre d'aides-mineurs.	Enfoncement. — Mètres.	Cuvelage.	N.° des membres.	Remblaissage.	Temps pour l'allongement des pompes. — Heures.	RETARDS OCCASIONNÉS Durée. Heures.	NATURE ET CAUSE.	Quantité de terres extraite par poste. — Cuffats.	Consommation de charbon par jour. — Hectolitres.	Nombre de jour de pompe en activité.	Nombre de coups de pompes par minute.	Quantité d'eau extraite par minute. — Hectolitres.	Consommation de charbon par jour. — Hectolitres.
	Report de la profondeur.....			45.24												
4 juin.	2e j.	C.	5.2										1	0.63	5.15	
	3e »	A.	5.2										1	0.63	5.15	
	1er n.	B.	5.2										1	0.63	5.15	
	2e »	C.	5.2										1	0.63	5.15	
	3e »	A.	5.2										1	0.63	5.15	
5 juin.	1er j.	B.	5.2									12	1	0.63	5.15	10
	2e »	C.	5.2										1	0.63	5.15	
	3e »	A.	5.2										1	0.63	5.15	
	1er n.	B.	5.2										1	0.63	5.15	
	2e »	C.	5.2										1	0.63	5.15	
	3e »	A.	5.2										1	0.63	5.15	
6 juin.	1er j.	B.	5.2									14	1	0.63	5.15	10
	2e »	C.	5.2										1	0.63	5.15	
	3e »	A.	5.2										1	0.65	5.15	
	1er n.	B.	5.2										1	0.63	5.15	
	2e »	C.	5.2										1	0.63	5.15	
	3e »	A.	5.2										1	0.65	5.15	
7 juin.	1er j.	B.	5.2									17	1	0.63	5.15	10
	2e »	C.	5										1	0.63	5.15	
	3e »	A.	5										1	0.65	5.15	
	1er n.	B.	5										1	0.63	5.15	
	2e »	C.	5										1	0.63	5.15	
	3e »	A.	5										1	0.63	5.15	
8 juin.	1er j.	B.	5									17	1	0.63	5.15	10
	2e »	C.	5										1	0.63	5.15	
	3e »	A.	5										1	0.63	5.15	
	1er n.	B.	5										1	0.63	5.15	
	2e »	C.	5										1	0.63	5.15	
	3e »	A.	5										1	0.65	5.15	
9 juin.	1er j.	B.	5									15	1	0.63	5.15	10
	2e »	C.	5										1	0.63	5.15	
	3e »	A.	5										1	0.63	5.15	
	1er n.	B.	5										1	0.63	5.15	
	2e »	C.	5										1	0.63	5.15	
	3e »	A.	5										1	0.63	5.15	
	A reporter....			45.24												

OBSERVATIONS.

Détail des travaux et incidents. — Nature du terrain.

2° poste. — Picoté avec picots ronds.
3° poste. —   Id.
4° poste. — Picoté avec picots en chêne.
5° poste. —   Id.
6° poste. — Picoté avec picots en chêne. Pendant ce poste, deux charpentiers ont été occupés à mettre le siége de niveau, et on a recoupé la tête des picots.

5 *juin*. 1ᵉʳ poste. — On a picoté encore un peu, pendant que les charpentiers terminaient leur travail et qu'on prenait la mesure du déversement pour le corriger sur le quatrième siége.
2° poste. — Posé les pièces du quatrième siége et six madrilles. Quelques planches droites étant un peu repliées vers l'intérieur, on les a repoussées par des strucans, afin de pouvoir placer les madrilles.
3° poste. — Après avoir placé les dernières madrilles, on a coigneté le siége, recepé les coins et relevé le hourd pour le picotage.
4° poste. — Picoté avec picots carrés.
5° poste. —   Id.
6° poste. — Picoté avec picots carrés jusqu'à cinq heures ; après quoi, on a employé des picots ronds.

6 *juin*. 1ᵉʳ poste. — Picoté avec picots ronds.
2° poste. —   Id.
3° poste. — Picoté avec picots en chêne.
4° poste. —   Id.
5° poste. — Picoté avec picots en chêne. Recepé le picotage, et nivelé le siége.
6° poste. — Pendant ce poste, on a pris la mesure du déversement, relevé le hourd et posé quatre premières pièces de cuvelage.

7 *juin*. 1ᵉʳ poste. — Posé les douze dernières pièces du premier cadre de cuvelage ; et on les a mises d'aplomb avec la passe supérieure.
2° poste. — Posé vingt pièces de cuvelage, six cuffats de béton hydraulique, et ôté un petit membre.
3° poste. — Placé seize pièces de cuvelage et du béton ; posé quatre billes pour relever le hourd.
4° poste. — Démis un membre et relevé le hourd ; posé une pièce de cuvelage.
5° poste. — Posé vingt pièces de cuvelage et six cuffats de béton. Pendant ce poste, on a posé des canards pour activer l'aérage, qui était alors très-faible.
6° poste. — Mis seize pièces de cuvelage et du béton ordinaire ; posé un canard et commencé à démettre un membre.

8 *juin*. 1ᵉʳ poste. — Mis seize pièces de cuvelage et du béton ordinaire ; posé un canard, et commencé à démettre un membre.
2° poste. — Démis un membre ; posé quatre pièces de cuvelage et un cuffat de béton.
3° poste. — Posé six pièces de cuvelage, et cloué huit patiniats pour relever le hourd ; replacé trois canards dont la pose était défectueuse.
4° poste. — Posé deux canards et le coude, sept pièces de cuvelage et trois cuffats de béton.
5° poste. — Placé vingt-deux pièces de cuvelage et deux cuffats de béton ; relevé le hourd ; démis une bille de refend et une de guidonnages.
6° poste. — Posé vingt-deux pièces de cuvelage et cinq cuffats de béton ; démis un membre, les porteurs et les lambourdes en dessous du cariou.

9 *juin*. 1ᵉʳ poste. — Placé vingt pièces de cuvelage et quatre cuffats de béton ; cloué huit patiniats, et posé les billes d'un nouveau hourd.
2° poste. — Démonté le cariou et ôté une bille de refend. Placé quatre pièces de cuvelage.
3° poste. — Posé trente-quatre pièces de cuvelage et quatre cuffats de béton ; démis le faux-membre au-dessous du cariou. Deux charpentiers ont retouché un peu aux pièces de cuvelage, pour les remettre de niveau.
4° poste. — Démis vingt-quatre porteurs et dix-huit lambourdes ; posé vingt pièces de cuvelage et trois cuffats de béton ; cloué huit patiniats pour un nouveau hourd.
5° poste. — Démis et renvoyé un membre à la surface. Posé dix huit pièces de cuvelage et un cuffat et demi de béton.
6° poste. — Relevé le hourd ; posé vingt-trois pièces de cuvelage, et enlevé les planches qui garnissaient le pourtour du puits au-dessous du cariou.

DATES.	ORDRE DES POSTES, j. jour. — n. nuit.	NOMS DES SURVEILLANTS.	1° Nombre de mineurs. 2° Nombre d'aide-mineurs.	TRAVAIL EFFECTUÉ. Enfoncement. — Mètres.	Cuvelage.	N°s des membres.	Boundissage.	Temps pour l'allongement des pompes. — Heures.	RETARDS OCCASIONNÉS. Durée. — Heures.	NATURE ET CAUSE.	Quantité de terres extraites par poste. — Cuffats.	Consommation de charbon par jour. — Hectolitres.	Nombre de jeux de pompe en activité.	Nombre de coups de pompe par minute.	Quantité d'eau extraite par minute. Hectolitres.	Consommation de charbon par jour. — Hectolitres.
	Report de la profondeur......			15.24												
10 juin.	1er j.	B.	5								14		1	0.65	3.15	15
	2e »	G.	5										1	0.65	3.15	
	3e »	A.	5										1	0.65	3.15	
	1er n.	B.	5										1	0.65	3.15	
	2e »	C.	5										1	0.65	3.15	
	3e »	A.	5										1	0.65	3.15	
11 juin.	1er j.	B.	5								15		1	0.65	3.15	10
	2e »	C.	5										1	0.65	3.15	
	3e »	A.	5										1	0.65	3.15	
	1er n.	B.	5										1	0.65	3.15	
	2e »	G.	5										1	0.65	3.15	
	3e »	A.	5										1	0.65	3.15	
12 juin.	1er j.	B.	5								10		1	0.65	3.15	8
	2e »	C.	5										1	0.65	3.15	
	3e »	A.	5										1	0.65	3.15	
	1er n.	B.	5										1	0.65	3.15	
	2e »	G.	5										1	0.65	3.15	
	3e »	A.	5										1	0.65	3.15	
13 juin.	1er j.	B.	5								10		1	0.65	3.15	8
	2e »	C.	5										1	0.65	3.15	
	3e »	A.	5										1	0.65	3.15	
	1er n.	B.	5										1	0.65	3.15	
	2e »	C.	5										1	0.65	3.15	
	3e »	A.	5										1	0.65	3.15	
14 juin.	1er j.	B.	5								10		1	0.65	3.15	6
	2e »	G.	5										1	0.65	3.15	
	3e »	A.	5.2										1	0.65	3.15	
	1er n.	B.	5.2										1	0.65	3.15	
	2e »	C.	5.2										1	0.65	3.15	
	3e »	A.	5.2										1	0.65	3.15	
15 juin	1er j.	B.	5.2								10		1	0.45	4.50	6
	2e »	C.	5.2										1	0.45	4.50	
	3e »	A.	5.2										1	0.45	4.50	
	1er n.	B.	5.2										1	0.45	4.50	
	2e »	C.	5.2										1	0.45	4.50	
	3e »	A.	5.2										1	0.45	4.50	
16 juin.	1er j.	B.	5.2								17		1	0.45	2.25	10
	2e »	C.	5.2										1	0.45	2.25	
	3e »	A.	5.2										1	0.45	2.25	
	1er n.	B.	5.2										1	0.45	2.25	
	2e »	C.	5.2										1	0.45	2.25	
	3e »	A.	5.2										1	0.45	2.25	
	A reporter....			45.24												

OBSERVATIONS

Détail des travaux et incidents. — Nature du terrain.

10 *juin*. 1er poste. — Ôté les lambourdes et molles-bandes qui reliaient le cariou à la deuxième passe ; mis un cuffat de rebourrage, et démonté le cariou.
2e poste. — Placé vingt pièces de cuvelage et trois cuffats de rebourrage.
3e poste. — Posé vingt-trois pièces de cuvelage et deux cuffats de béton ; démis et renvoyé des stiffles à la surface.
4e poste. — Placé dix-huit pièces de cuvelage, y compris quatre clefs et un cuffat de béton.
5e poste. — Posé onze clefs et un cuffat de béton.
6e poste. — Mis la dernière pièce de clef ; placé la broche au trou percé dans l'un des sièges de la deuxième passe ; renvoyé le hourd de cuvellement à la surface.

11 *juin*. 1er poste. — Brandi un peu au-dessous des sièges de la troisième passe, pour serrer les clefs contre la deuxième passe.
2e poste. — Idem.
3e poste. — Fait un hourd à 2 mètres en dessous des clefs, et brandi.
4e poste. — Brandi.
5e poste. — Brandi et descendu le hourd.
6e poste. — Brandi.

12 *juin*. 1er poste. — Brandi.
2e poste. — Brandi.
3e poste. — Brandi et fait un hourd.
4e poste. — Brandi.
5e poste. — Brandi, et posé deux billes d'entre-fend et deux lambourdes.
6e poste. — Brandi.

13 *juin*. 1er poste. — Brandi.
2e poste. — Brandi, et mis une traverse d'entre-fend.
3e poste. — Brandi.
4e poste. — Brandi, et fait un hourd.
5e poste. — Brandi.
6e poste. — Brandi.

14 *juin*. 1er poste. — Brandi.
2e poste. — Brandi, et descendu le hourd ; posé une bille de refend, neuf lambourdes et quatre billes de guidonnages.
3e poste. — Brandi.
4e poste. — Brandi.
5e poste. — Brandi.
6e poste. — Brandi, et descendu le hourd.

15 *juin*. 1er poste. — Brandi.
2e poste. — Brandi.
3e poste. — Descendu le hourd et terminé le brandissage.
4e poste. — Fait un hourd à la tête de la troisième passe, et posé trois tirants de suspension.
5e poste. — Posé cinq tirants de suspension.
6e poste. — Posé quatre tirants de suspension.

16 *juin*. 1er poste. — Posé deux tirants de suspension ; il reste à en placer deux, pour lesquels on attend que la bâche de répartition des pompes soit établie. On a démonté le hourd à la tête de la troisième passe ; puis on a commencé à fixer les extrémités inférieures des tirants.
2e poste. — Posé et fixé, au moyen de vis, les parties inférieures des dix tirants ; on a dû faire raccourcir deux de ces pièces qui étaient trop longues.
3e poste. — Placé trente-deux vis à bois, et démis un tirant de suspension pour le faire allonger et faire raccourcir le T, pour que le joint soit plus bas et n'entrave pas la pose du bac (bâche).
4e poste. — Posé les clefs d'assemblage, et placé trente-huit vis à bois.
5e poste. — Fait un hourd et placé des vis à bois.
6e poste. — Posé trente-huit petites vis pour fixer les tirants.

DATES.	ORDRE DES POSTES. j. jour. — n. nuit.	NOMS DES SURVEILLANTS.	1° Nombre de mineurs. 2° Nombre d'aides-mineurs.	TRAVAIL EFFECTUÉ. Enfoncement. — Mètres.	Curelage.	Nbre des membres.	Brandissage.	Temps pour l'allongement des pompes. — Heures.	RETARDS OCCASIONNÉS. Durée. — Heures.	NATURE ET CAUSE.	EFFETS DES MACHINES. d'extraction. Quantité de terres extraite par poste. — Cuffats.	Consommation de charbon par jour. — Hectolitres.	d'épuisement. Nombre de jeux de pompe en activité.	Nombre de coups de pompes par minute.	Quantité d'eau extraite par minute. Hectolitres.	Consommation de charbon par jour. — Hectolitres.
	Report de la profondeur......			45.24												
17 juin.	1er j.	B.	5								13		1	0.44	2.20	12
	2e »	C.	5										1	0.44	2.20	
	3e »	A.	4										1	0.44	2.20	
	1er n.	B.	5										1	0.44	2.20	
	2e »	C.	5										1	0.44	2.20	
	3e »	A.	4										1	0.44	2.20	
18 juin.	1er j.	B.	5								15		1	0.41	2.05	10
	2e »	C.	5										1	0.41	2.05	
	3e »	A.	4										1	0.41	2.05	
	1er n.	B.	5										1	0.41	2.05	
	2e »	C.	5										1	0.41	2.05	
	3e »	A.	4										1	0.41	2.05	
19 juin.	1er j.	B.	5								14		1	0.41	2.05	10
	2e »	C.	5										1	0.41	2.05	
	3e »	A.	4										1	0.41	2.05	
	1er n	B	5										1	0.41	2.05	
	2e »	C.	5										1	0.41	2.05	
	3e »	A.	4										1	0.41	2.05	
20 juin.	1er j.	B.	5								12		1	0.41	2.05	8
	2e »	C.	5										1	0.41	2.05	
	3e »	A.	4										1	0.41	2.05	
	1er n.	B.	5										1	0.37	1.85	
	2e »	C.	5										1	0.37	1.85	
	3e »	A.	4										1	0.37	1.85	
21 juin.	1er j.	B.	5								12		1	0.37	1.85	8
	2e »	C.	5										1	0.37	1.85	
	3e »	A.	5										1	0.37	1.85	
	1er n.	B.	5										1	0.37	1.85	
	2e »	C.	5										1	0.37	1.85	
	A reporter....			45.24												

OBSERVATIONS.

Détail des travaux et incidents. — Nature du terrain.

17 *juin*. 1ᵉʳ poste. — Renvoyé deux bourds ; ôté les patiniats du bourd du trait à terres ; recoupé la tête des vis d'assemblage et mis des patins aux assemblages dans le trait à terres, pour que les cuffats ne viennent pas s'y accrocher. Dévissé les boîtes du jeu n° 1 ; renvoyé à la surface le dégorgeoir et huit soulevantes.

2ᵉ poste. — Renvoyé à la surface huit soulevantes et les boîtes.

3ᵉ poste. — Démonté les tirants de suspension du jeu n° 1, et complété le guidonnage, pour maintenir en place la travaillante et une soulevante qui restent de ce jeu. Creusé le polia à la place qu'occupera le jeu du fond.

4ᵉ poste. — Transporté la pompe n° 1 à la place qu'elle doit occuper comme pompe du fond.

5ᵉ poste. — Placé et vissé cinq patiniats pour le bac de la répétition.

6ᵉ poste. — Posé sept vis de patiniats et descendu un sommier du fond du bac ou bâche de répétition.

18 *juin*. 1ᵉʳ poste. — Posé le premier sommier du fond du bac, après l'avoir fait retailler par les charpentiers ; descendu le second sommier et recoupé également ce sommier qui était trop long (toutes les pièces du bac, faites au jour sur un modèle de la fosse, se sont trouvées trop longues, probablement parce que la pression qui s'exerce sur le cuvelage diminue un peu le diamètre de la fosse).

2ᵉ poste. — On a descendu les deux derniers sommiers du fond du bac, et on les a mis à longueur.

3ᵉ poste. — Mis en place les sommiers du fond du bac avec leurs vis.

4ᵉ poste. — On a posé la première pièce latérale du bac, et on l'a fixée par les vis qui traversent les sommiers du fond, et par des patins cloués à ses extrémités sur le cuvelage. Commencé à fixer des patins en forme de console sous les patiniats du fond du bac.

5ᵉ poste. — Achevé de placer les patins en dessous des patiniats du bac ; fait un petit cariou au-dessus du fond du bac, pour retenir les petites venues d'eau du cuvelage, et commencé à brandir le fond du bac.

6ᵉ poste. — Brandi le fond du bac. Pendant ce poste, les ouvriers qui n'étaient pas occupés à brandir fixaient, par des vis, les consoles en dessous des patiniats du bac.

19 *juin*. 1ᵉʳ poste. —   Id.   id.

2ᵉ poste. — Achevé de brandir le fond du bac. Les charpentiers, vers la fin du poste, ont posé une pièce latérale du bac.

3ᵉ poste. — On a mis quatre pièces du bac et deux patiniats latéraux qu'on a commencé à fixer par des vis.

4ᵉ poste. — Démonté les deux pièces à T qui terminent les deux tirants de suspension, non encore prolongés jusqu'au fond ; descendu une rallonge de tirants ; pendant l'exécution de ce travail, on a mis les dernières vis aux patins latéraux, en avant du bac, et on a coigneté entre ces patins et le bac.

5ᵉ poste. — Descendu et accroché la rallonge du dernier tirant de suspension, et commencé à brandir le bac.

6ᵉ poste. — Brandi le bac.

20 *juin*. 1ᵉʳ poste. — Achevé de brandir le bac ; accroché les deux pièces en forme de T à l'extrémité des deux derniers tirants ; on les a fixées par de grosses vis ; posé les clefs d'assemblage, et commencé à placer les petites vis.

2ᵉ poste. — On a mis les dernières vis aux tirants de suspension, et démonté les planches, pour descendre les pompes des jeux supérieurs.

3ᵉ poste. — Descendu deux aspirantes dans le bac.

4ᵉ poste. — Mis en place les deux premières aspirantes, et descendu la troisième, que l'on a mise également en place.

5ᵉ poste. — Descendu et fixé une des grosses travaillantes.

6ᵉ poste. — Posé la seconde travaillante ; fait un guidonnage pour assujettir le tout, et descendu la troisième travaillante.

21 *juin*. 1ᵉʳ poste. — Dévissé et revissé deux travaillantes, parce que les boulons employés d'abord n'étaient pas assez longs. Descendu et fixé une soulevante.

2ᵉ poste. — Placé deux patiniats pour soutenir les sommiers de suspension des jeux supérieurs, et fixé ces patiniats par des vis à bois.

3ᵉ poste. — Placé et fixé deux autres patiniats ; posé, en dessous de ceux-ci, quatre patins porteurs, en forme de console ; foré dans ces derniers sept trous de vis à bois.

4ᵉ poste. — Posé quatre patiniats et vingt vis à bois.

5ᵉ poste. — Placé cinq patins porteurs en dessous des patiniats et une vis à bois.

DATES.	ORDRE DES POSTES, j. jour — n. nuit.	NOMS DES SURVEILLANTS.	1° Nombre de mineurs. 2° Nombre d'aide-mineurs.	Enfoncement. — Mètres.	Cuvelage.	N°s des membres.	Brandissage	Temps pour l'enlèvement des pompes. — Heures.	Durée. — Heures.	NATURE ET CAUSE.	Quantité de terres extraite par poste. — Cuffats.	Consommation de charbon par jour. — Hectolitres.	Nombre de jets de pompe en activité.	Nombre de coups de pompes par minute.	Quantité d'eau extraite par minute. — Hectolitres.	Consommation du charbon par jour. — Hectolitres.
	Report de la profondeur.......			45.24												
21 juin.	3e n.	A.	4										1	0.57	1.85	
22 juin.	1er j.	B.	5									12	1	0.57	1.85	8
	2e »	C.	5										1	0.57	1.85	
	3e »	A.	4										1	0.57	1.85	
	1er n.	B.	5										1	0.57	1.85	
	2e »	C.	5										1	0.57	1.85	
	3e »	A.	4										1	0.57	1.85	
23 juin.	1er j.	B.	5									12	1	0.57	1.85	8
	2e »	C.	4										1	0.57	1.85	
	3e »	A.	5										1	0.57	1.85	
	1er n.	B.	5										1	0.57	1.85	
	2e »	C.	4										1	0.57	1.85	
	3e »	A.	5										1	0.57	1.85	
24 juin.	1er j	B	5									10	1	0.55	1.65	5
	2e »	C.	4										1	0.55	1.65	
	3e »	A.	5										1	0.55	1.65	
	1er n.	B.	5										1	0.55	1.65	
	2e »	C.	4										1	0.55	1.65	
	3e »	A.	5										1	0.55	1.65	
25 juin.	1er j.	B	5									12	1	0.55	1.65	8
	2e »	C.	4										1	0.55	1.65	
	3e »	A.	5										1	0.55	1.65	
	1er n.	B.	5										1	0.55	1.65	
	2e »	C.	4										1	0.55	1.65	
	3e »	A.	5										1	0.55	1.65	
26 juin.	1er j	B.	5									10	1	0.55	1.65	8
	2e »	C.	4										1	0.55	1.65	
	3e »	A.	5										1	0.55	1.65	
	1er n.	B	5										1	0.55	1.07	
	2e »	C.	4										1	0.55	1.65	
	3e »	A.	5										1	0.55	1.65	
27 juin.	1er j.	B.	5									10	1	0.55	1.65	8
	A reporter....			45.24												

OBSERVATIONS

Détail des travaux et incidents. — Nature du terrain.

6ᵉ poste. — Posé deux soulevantes.

22 *juin*. 1ᵉʳ poste. — Serré les vis de ces deux soulevantes et fixé trois fils à plomb pour monter les pompes.

2ᵉ poste. — Descendu le gros sommier de suspension des jeux supérieurs, et attaché deux patiniats pour les sommiers de suspension des jeux du fond.

3ᵉ poste. — Pendant qu'on travaillait à la pose du sommier, on a mis deux nouveaux patiniats pour les sommiers de suspension des jeux du fond, et vingt vis à bois pour fixer ces patiniats.

4ᵉ poste. — Posé les quatre petits sommiers transversaux reposant sur le gros sommier et sur des patins; placé huit patiniats porteurs et seize vis à bois.

5ᵉ poste. — On a mis les boulons qui réunissent les petits sommiers au gros; fait un hourd et descendu une soulevante.

6ᵉ poste. — Posé deux soulevantes, et serré les vis d'une troisième.

23 *juin*. 1ᵉʳ poste. — Commencé un guidonnage; descendu deux soulevantes et vissé l'une d'elles.

2ᵉ poste. — Terminé le guidonnage, et descendu une soulevante que l'on a fixée, ainsi qu'une autre descendue par le poste précédent.

3ᵉ poste. — Fait un guidonnage.

4ᵉ poste. — Fait un hourd et posé trois tirants de suspension.

5ᵉ poste. — Descendu un tirant de suspension, et mis le collier à un des jeux.

6ᵉ poste. — Travaillé aux tirants de suspension qu'on ne peut parvenir à fixer, la place entre les jeux étant insuffisante; placé le collier du petit jeu.

24 *juin*. 1ᵉʳ poste. — Renvoyé au jour le collier du petit jeu dont le diamètre est trop faible. Les charpentiers percent d'autres trous pour les tirants de suspension, pendant que les mineurs brandissent de petites venues d'eau dans le cuvelage. A la fin de ce poste, on a placé et vissé deux tirants.

2ᵉ poste. — Placé deux autres tirants de suspension; posé deux abloes sur les sommiers transversaux qui embrassent le petit jeu, afin de pouvoir relever les boîtes de celui-ci au-dessus des têtes de vis des tirants des gros jeux, ce qui a été nécessité par le déplacement de ces tirants.

3ᵉ poste. — Placé les boîtes rivantes du petit jeu et ses tirants de suspension, qui ont dû être allongés, par suite de l'existence des abloes qu'on a mis en dessous des boîtes.

4ᵉ poste. — Posé deux soulevantes et fait un guidonnage.

5ᵉ poste. — Posé une soulevante; on en a déplacé une, parce qu'elle n'était pas d'aplomb, et on l'a remise dans la position qu'elle doit occuper.

6ᵉ poste. — Posé une soulevante, et fait un guidonnage.

25 *juin*. 1ᵉʳ poste. — Démis deux soulevantes non d'aplomb; on en a replacé une.

2ᵉ poste. — Placé d'aplomb et vissé la seconde soulevante démontée. La difficulté que l'on a éprouvée pour mettre ces soulevantes dans la position convenable provient de ce que leurs collets ne sont pas bien droits.

3ᵉ poste. — Descendu une soulevante, et fait un guidonnage.

4ᵉ poste. — Descendu trois soulevantes, et fixé deux d'entre elles.

5ᵉ poste. — Vissé une soulevante et fait un guidonnage.

6ᵉ poste. — Descendu et fixé une soulevante, et fait un hourd.

26 *juin*. 1ᵉʳ poste. — Posé deux soulevantes : l'une d'elles ne se trouvant pas d'aplomb, on l'a déplacée.

2ᵉ poste. — Replacé cette soulevante; descendu et vissé une autre soulevante.

3ᵉ poste. — Fait un guidonnage, et établi un hourd près du bac, destiné aux charpentiers qui, pendant ce poste, ont posé au-dessus des trous d'aspirantes un plancher à claire-voie, pour empêcher le passage des débris de bois ou autres objets pouvant venir encrasser les pompes.

4ᵉ poste. — Descendu le dégorgeoir de la pompe nᵒ 1 du fond; renvoyé au jour les hourds devenus inutiles.

5ᵉ poste. — Remonté la soulevante qui restait sur le jeu du fond, et posé le dégorgeoir.

6ᵉ poste. — On a posé deux soulevantes sur les jeux supérieurs, et on les a vissées.

27 *juin*. 1ᵉʳ poste. — Resserré les vis des pompes. Pendant ce temps, on a démonté le plancher qui se trouvait à la tête du puits sur les anciens sommiers de suspension, et on a pris la mesure des sommiers de guidonnages à placer pour les jeux supérieurs.

REGISTRE DE FONÇAGE.

DATES.	ORDRE DES POSTES, j. jour — n. nuit.	NOMS DES SURVEILLANTS.	1° Nombre de mineurs. 2° Nombre d'aides-mineurs.	TRAVAIL EFFECTUÉ. Enfoncement. — Mètres.	Cuvelage.	Nos des membres.	Brandissage.	Temps pour l'allongement des pompes. — Heures.	RETARDS OCCASIONNÉS. Durée. — Heures.	NATURE ET CAUSE.	EFFETS DES MACHINES. d'extraction. Quantité de terres extraite par poste. — Cuffats.	Consommation de charbon par jour. — Hectolitres.	d'épuisement. Nombre de jeux de pompe en activité.	Nombre de coups de pompes par minute.	Quantité d'eau extraite par minute. Hectolitres.	Consommation de charbon par jour. — Hectolitres.
	Report de la profondeur......			45.24												
27 juin.	2e j.	C.	4										1	0.33	1.65	
	3e »	A.	5										1	0.33	1.65	
	1er n.	B.	5										1	0.33	1.65	
	2e »	C.	4										1	0.33	1.65	
	3e »	A.	5										1	0.33	1.65	
28 juin.	1er j.	B.	5									10	1	0.33	1.65	5
	2e »	C.	4										1	0.33	1.65	
	3e »	A.	5										1	0.33	1.65	
	1er n.	B.	5										1	0.33	1.65	
	2e »	C.	4										1	0.33	1.65	
	3e »	A.	5										1	0.33	1.65	
29 juin.	1er j.	B	5									10	1	0.33	1.65	6
	2e »	C.	4										1	0.33	1.65	
	3e »	A.	5										1	0.33	1.65	
	1er n.	B.	5										1	0.30	1.50	
	2e »	C.	5										1	0.30	1.50	
	3e »	A.	4										1	0.30	1.50	
30 juin.	1er j.	B.	5									16	1	0.30	1.50	8
	2e »	C	5										1	0.30	1.50	
	3e »	A.	4										1	0.30	1.50	
	1er n.	B.	5										1	0.30	1.50	
	2e »	C.	5										1	0.30	1.50	
	A reporter....			45.24												

OBSERVATIONS

Détail des travaux et incidents. — Nature du terrain.

2e poste. — Resserré les vis des pompes; posé deux canards, pour conduire les eaux du dégorgeoir dans le bac.

3e poste. — Posé trois billes pour faire le plancher de rechargement des jeux du fond; ôté une bille d'entre-fend et les lambourdes; et renvoyé ces bois à la surface pour préparer, dans l'entre-fend, un passage aux pompes que l'on descendra par le trait à terres jusqu'à ce niveau.

4e poste. — Descendu de 0m,50 l'ancien jeu de pompe n° 2 marchant encore, afin de le laisser reposer sur le fond du puits, pour pouvoir ôter les tirants de suspension et le démonter; démis un tirant; renvoyé à la surface l'ancien sommier de suspension du milieu, et placé un sommier de guidonnages.

5e poste. — Placé une soulevante du jeu de 0m,50, et posé le second sommier de guidonnages.

6e poste. — Placé et vissé les dégorgeoirs des jeux de 0m,50, et posé une soulevante du petit jeu; placé sur les sommiers deux traverses destinées à supporter les bottes du petit jeu.

28 *juin.* 1er poste. — Placé deux conduits en bois à l'entrée de la galerie d'écoulement, pour recevoir l'eau des dégorgeoirs des pompes supérieures; fait un hourd pour travailler aux joints de la tête des tiges des pompes.

2e poste. — Placé et attelé le tire-bout du jeu n° 2 du jour, et fait marcher ce jeu pour pouvoir démonter l'ancien jeu n° 2; ôté une pièce de tire-bout de ce dernier.

3e poste. — Ôté le tire-bout de l'ancien jeu n° 2, et commencé à démonter ce jeu; renvoyé à la surface le dégorgeoir et sept soulevantes; placé deux ablocs porteurs, en dessous des collets d'une pompe et reposant sur les sommiers.

4e poste. — Renvoyé à la surface neuf soulevantes.

5e poste. — Renvoyé à la surface une soulevante, et ôté une bille de refend du trait à terres, pour faire place à l'un des sommiers de suspension des jeux du fond.

6e poste. — Descendu et placé un des sommiers de suspension des jeux du fond; renvoyé à la surface trois bouts de tirants ayant servi à l'ancien jeu n° 2, ainsi que la vis de suspension.

29 *juin.* 1er poste. — Descendu et placé le second sommier de suspension; attelé le tire-bout du jeu n° 1 au plateau de la machine d'épuisement, et fait marcher ce jeu au lieu du n° 2, parce qu'on a remarqué qu'une des soulevantes de ce dernier perdait beaucoup d'eau par une clouure.

2e poste. — Ôté le dégorgeoir et deux soulevantes du jeu n° 2 supérieur, pour remplacer la seconde soulevante qui était crevassée près de la clouure; remis deux soulevantes que l'on a vissées presque complétement; pour faire ce travail, un des sommiers de guidonnages a dû être déplacé.

3e poste. — Terminé le vissage de la deuxième soulevante, et replacé le dégorgeoir du jeu n° 2 supérieur. Rétabli le sommier de guidonnages dans sa position, et les pièces de bois transversales. Posé six ablocs porteurs en dessous des collets de pompes, sur les sommiers de guidonnages, et renvoyé deux hourds à la surface.

4e poste. — Mis les deux dernières pièces de tire-bout à chacun des jeux nos 1 et 2 du fond, et fait un guidonnage au tire-bout du jeu n° 2.

5e poste. — Fait un hourd et établi un guidonnage au tire-bout du jeu de pompe n° 1.

6e poste. — Placé la dernière pièce de tire-bout du jeu n° 2 du fond; établi un guidonnage à ce tire-bout, et commencé un deuxième guidonnage au même jeu.

30 *juin.* 1er poste. — Posé les deux dernières pièces de tire-bout du jeu n° 1 du fond; terminé le guidonnage commencé au jeu n° 2, et préparé les pièces d'un guidonnage du tire-bout du jeu n° 1.

2e poste. — Achevé ce guidonnage, et pris les mesures pour un nouveau guidonnage du tire-bout du jeu n° 1, après avoir posé une bille transversale pour supporter ce guidonnage; remis le canard du dégorgeoir du jeu n° 1 du fond que l'eau, en montant, avait déplacé, et cloué ce canard.

3e poste. — Achevé le guidonnage commencé; renvoyé à la surface six billes d'un hourd devenu inutile par l'établissement des guidonnages de tire-bout sur lesquels on pourra établir des planches; renvoyé également à la surface cinq cuffats de planches de hourd, et placé les tire-bouts du jeu n° 3 supérieur.

4e poste. — Posé quatre sommiers transversaux pour les vis de suspension des deux gros jeux du fond, et placé trois vis de suspension.

5e poste. — Placé la quatrième vis de suspension, et commencé l'entaille de la maîtresse-tige, pour opérer sa jonction avec le tire-bout du petit jeu du fond, après avoir ôté quatre boulons de la grande tige à fourche.

DATES.	ORDRE DES POSTES. (1er jour. — 2e nuit.)	NOMS DES SURVEILLANTS.	1° Nombre de mineurs. 2° Nombre d'aides-mineurs.	TRAVAIL EFFECTUÉ.					RETARDS OCCASIONNÉS.		EFFETS DES MACHINES — d'extraction		EFFETS DES MACHINES — d'épuisement			
				Enfoncement. — Mètres.	Cuvelage.	N.os des membres.	Boisage.	Temps pour l'allongement des pompes. — Heures.	Durée. — Heures.	Nature et cause.	Quantité de berres extraite par poste. — Cuffats.	Consommation de charbon par jour. — Hectolitres.	Nombre de jeux de pompe en activité.	Nombre de coups de pompes par minute.	Quantité d'eau extraite par minute. Hectolitres.	Consommation de charbon par jour. — Hectolitres.
Report de la profondeur.......				45.24												
30 juin.	3e n.	A.	4										1	0.50	1.50	
1er juill.	1er j.	B.	3									12	1	0.50	1.50	8
	2e »	C.	4										1	0.50	1.50	
	3e »	A.	5										1	0.50	1.50	
	1er n.	B.	3										1	0.50	1.50	
	2e »	C.	4										1	0.50	1.50	
	3e »	A.	5										1	0.50	1.50	
2 juillet	1er j.	B.	3									14	1	0.55	1.50	8
	2e »	C.	4										1	0.55	1.50	
	3e »	A.	5										1	0.55	1.50	
	1er n.	B.	3										1	0.56	1.80	
	2e »	C.	4										1	0.56	1.80	
	3e »	A.	5										1	0.56	1.80	
3 juillet	1er j.	B.	3									14	1	0.56	1.80	8
	2e »	C.	4										1	0.56	1.80	
	3e »	A.	5										1	0.56	1.80	
	1er n.	B.	3										1	0.56	1.80	
	2e »	C.	4										1	0.56	1.80	
	3e »	A.	5										1	0.56	1.80	
4 juillet	1er j.	B.	3									16	1	0.60	3	10
	2e »	C.	4										1	0.60	3	
	3e »	A.	5										1	0.60	3	
	1er n.	B.	3								2		1	0.60	3	
	2e »	C.	4	0.25					1/2	Retard dans l'enfoncement. Rupture de l'assemblage ou accrocheture de la tête du tire-bout du jeu de pompe n° 1.	14		1	0.60	3	
	3e »	A.	5	0.35							10		1	0.60	3	
5 juillet	1er j.	B.	3.2	0.35				1er			7	14	1	0.60	3	8
	2e »	C.	4.2								14		1	0.67	3.35	
	3e »	A.	5.2								9		1	0.67	3.35	
A reporter....				46.49												

OBSERVATIONS.

Détail des travaux et incidents. — Nature du terrain.

6ᵉ poste. — Descendu la première pièce du tire-bout du petit jeu du fond. Terminé l'entaille de la maîtresse-tige, et foré un trou de boulon.

1ᵉʳ *juillet*. 1ᵉʳ poste. — Foré neuf trous de boulons, et mis dix boulons à l'assemblage de la maîtresse-tige avec le tire-bout du petit jeu.

2ᵉ poste. — Ajouté deux pièces à ce tire-bout; assemblé ces pièces et fait un guidonnage.

3ᵉ poste. — Placé le dégorgeoir au petit jeu supérieur, et commencé un hourd sur les dégorgeoirs des jeux supérieurs. Pendant ce temps, on a remplacé les cordes de contre-poids.

4ᵉ poste. — Terminé le hourd, et ajouté vingt-six pièces aux contre-poids d'équilibre.

5ᵉ poste. — Fait un guidonnage au tire-bout du petit jeu; mis deux boulons d'assemblage à la dernière pièce de ce tire-bout.

6ᵉ poste. — Fait un hourd, pour travailler à l'établissement d'un guidonnage de retenue au tire-bout du petit jeu. Pris les mesures des pièces de ce guidonnage, et placé les patiniats.

2 *juillet*. 1ᵉʳ poste. — Établi ce guidonnage.

2ᵉ poste. — Descendu le tire-bout du jeu n° 1 du fond et le séau; pris la mesure des portes à établir dans le refend du trait à terres, pour la manœuvre des pompes.

3ᵉ poste. — Changé la position des vis de suspension qui n'étaient pas bien placées, et mis les deux tirants de suspension du jeu n° 1 du fond.

4ᵉ poste. — Placé les tirants de suspension du jeu n° 2 du fond.

5ᵉ poste. — Posé une échelle de descente à l'orifice de la fosse, l'accès de l'ancienne échelle étant rendu difficile par la position des tire-bouts. Commencé un plancher de communication entre ces échelles.

6ᵉ poste. — Terminé ce plancher; posé des planches sur les divers guidonnages de tire-bouts; commencé un hourd, pour la manœuvre des vis de suspension.

3 *juillet*. 1ᵉʳ poste. — Terminé ce hourd.

2ᵉ poste. — Fait le hourd de rechargement des jeux de pompes; posé les patins de retenue au tire-bout du petit jeu.

3ᵉ poste. — Fait un plancher en dessous des sommiers de guidonnages des jeux supérieurs, pour établir des sommiers transversaux formant des guidonnages de retenue des tire-bouts des jeux nᵒˢ 1 et 2. Posé un de ces sommiers transversaux.

4ᵉ poste. — Posé un autre sommier de retenue, et mis les patins au tire-bout du jeu n° 1.

5ᵉ poste. — Placé le dernier sommier de retenue, deux traverses et les patiniats du jeu de pompe n° 2.

6ᵉ poste. — Placé les deux derniers boulons aux patins de retenue; renvoyé à la surface les planches de hourd; posé une porte dans l'entre-fend du trait à terres, pour la manœuvre des pompes.

4 *juillet*. 1ᵉʳ poste. — Démis cette porte qui n'était pas bien placée; on l'a remise dans la position qu'elle doit occuper, et on a posé la seconde porte.

2ᵉ poste. — Cloué des lambourdes d'entre-fend dans l'intervalle des portes; descendu un petit sommier de traverse, pour suspendre le petit jeu du fond.

3ᵉ poste. — Mis les deux sommiers de traverse, pour la suspension du petit jeu du fond; placé les vis de suspension de ce jeu, et remis cinq courroies au sac du dégorgeoir du jeu n° 1.

4ᵉ poste. — On a mis six vis aux tirants de suspension du cuvelage; cloué trente-deux molles-bandes, de la plate-trousse au premier siége, et nettoyé le fond de la fosse; renvoyé à la surface quatre cuffats de débris de planches.

5ᵉ poste. — Repris l'enfoncement; descendu le jeu n° 1 de 0ᵐ,25, et le n° 2 de 0ᵐ,05.

6ᵉ poste. — Descendu le jeu n° 1 de 0ᵐ,35, et le n° 2 de 0ᵐ,10; vers cinq heures, l'assemblage ou accrocheture de la tête du tire-bout du jeu n° 1 du jour s'est brisé, et le tire-bout est retombé sur le secret. On a attelé immédiatement le jeu n° 2. Le terrain paraît assez solide, sauf à l'endroit de la venue d'eau, où il est un peu ébouleux.

5 *juillet*. 1ᵉʳ poste. — Descendu le jeu n° 2 de 0ᵐ,43, et commencé à ramener le terrain à 0ᵐ,95 de la plate-trousse; retaillé les parois et posé cinq stiffles. Une deuxième venue s'est déclarée en dessous du jeu n° 2 supérieur.

2ᵉ poste. — Ramené le terrain, et stifflé neuf faces des parois de la fosse.

3ᵉ poste. — Ramené et stifflé les sept dernières faces des parois du puits, et posé le 1ᵉʳ membre, sauf la clef.

DATES.	ORDRE DES POSTES. 1° jour. — 2° nuit.	NOMS DES SURVEILLANTS.	1° Nombre de mineurs. 2° Nombre d'aides-mineurs.	TRAVAIL EFFECTUÉ. Enfoncement. — Mètres.	Cuvelage.	N° des membres.	Brandissage.	Temps pour l'allongement des pompes. — Heures.	RETARDS OCCASIONNÉS. Durée. — Heures.	Nature et cause.	EFFETS DES MACHINES. d'extraction. Quantité de terres extraite par poste. — Cuffats.	Consommation de charbon par jour. — Hectolitres.	d'épuisement. Nombre de jeux de pompe en activité.	Nombre de coups de pompes par minute.	Quantité d'eau extraite par minute. Hectolitres.	Consommation de charbon par jour. — Hectolitres.
	Report de la profondeur......			46.19												
5 juillet	1er n.	B.	3.2										1	0.67	3.35	
	2e »	C.	4.2	0.80							9					
	3e »	A.	3.2										1	0.67	3.35	
6 juillet	1er j.	B.	3.2								8	16	1	0.67	3.35	12
	2e »	C.	4.2								17		1	0.7	3.50	
	3e »	A.	3.2								10		1	0.7	3.30	
	1er n.	B.	3.2										1	0.7	3.50	
	2e »	C.	4.2	0.80							14		1	0.7	3.50	
	3e »	A.	3.2								16		1	0.7	3.50	
7 juillet	1er j.	B.	3.1								7	9	1	0.7	3.50	46
	2e »	C.	4.2								5		1	0.7	3.50	
	3e »	A.	3.2								12		1	0.7	3.50	
	1er n.	B.	3.2								9		1	0.7	3.50	
	2e »	C.	4.2						2 1/2	Arrêt dans le travail du fond. Irruption du 2e niveau, attelage des pompes et battage des eaux.	2		1	4.3	26	
										A une heure du matin.			3	6	84	
	3e »	A.	3.2						4	Arrêt dans le travail du fond. Battage des eaux.			3	6	84	
8 juillet	1er j.	B.	4						4	Idem.		15	3	6	84	100
	2e »	C.	5						4	Idem.			3	6	84	
	3e »	A.	4						4	Idem.			3	6	84	
	1er n.	B.	5						4	Idem.			3	6.4	90	
	2e »	C.	5						4	Idem.			3	6.4	90	
	3e »	A.	4						4	Idem.			3	6.4	90	
9 juillet	1er j.	B.	5						4	Idem.		18	3	6.4	90	112
	2e »	C.	5						4	Idem.			3	6.4	90	
	3e »	A.	4						4	Idem.			3	6.4	00	
	A reporter....			47.79												

OBSERVATIONS.

Détail des travaux et incidents. — Nature du terrain.

4ᵉ poste. — Posé la clef et coigneté le membre; cloué quatorze porteurs.

5ᵉ poste. — Cloué deux porteurs; posé une bille de refend du trait à terres et six lambourdes : descendu le jeu n° 1 de 0ᵐ,45.

6ᵉ poste. — Descendu le jeu n° 1 de 0ᵐ,10, et le n° 2 de 0ᵐ,35, et fait un hourd de guidonnages.

6 *juillet*. 1ᵉʳ poste. — Descendu le jeu n° 1 de 0ᵐ,46, et le n° 2 de 0ᵐ,35; et commencé à ramener le fond et les parois de la fosse. Le terrain est plus délité et contient des blocs durs empâtés dans la masse; toutefois, il se soutient encore bien. La première venue d'eau a gagné vers l'intérieur de la fosse, de sorte que la paroi, de ce côté, a pris plus de solidité; en revanche, le fond du potia, sous le jeu n° 1, est composé d'un terrain plus mou.

2ᵉ poste. — Descendu le jeu n° 1 de 0ᵐ,10, et planchéié huit faces des parois.

3ᵉ poste. — Planchéié huit faces et placé le 2ᵉ membre.

4ᵉ poste. — Cloué vingt-quatre molles-bandes, du deuxième siége au 1ᵉʳ membre, et cloué trente-deux porteurs, du 1ᵉʳ au 2ᵉ membre.

5ᵉ poste. — Cloué huit molles-bandes; approfondi et descendu la pompe n° 1 de 0ᵐ,35, et la pompe n° 2 de 0ᵐ,25.

6ᵉ poste. — Continué l'approfondissement; descendu le jeu n° 1 de 0ᵐ,10, et le n° 2 de 0ᵐ,35.

7 *juillet*. 1ᵉʳ poste. — Descendu les deux jeux de pompes : le n° 1 de 0ᵐ,10, et le n° 2 de 0ᵐ,20; dévissé l'aspirante n° 2 du fond pour ôter le secret qu'on n'avait pu parvenir à retirer par le haut, et qui ne fonctionnait plus convenablement.

2ᵉ poste. — Replacé l'aspirante n° 2; descendu le jeu n° 1 de 0ᵐ,15, et renvoyé à la surface une gaîne de dégorgeoir de ce jeu; allongé les tirants de suspension du jeu n° 2. Le terrain se compose de bleus compactes, mais divisés par de nombreuses fentes qui donnent issue à l'eau.

3ᵉ poste. — Ramené le terrain, à 0ᵐ,80 du dernier membre, et planchéié sept faces des parois.

4ᵉ poste. — Planchéié sept faces des parois.

5ᵉ poste. — Après avoir terminé le stifflage des parois, vers onze heures et demie, pendant qu'on descendait le jeu n° 1, et qu'on approfondissait le potia pour préparer ensuite la place du 3ᵉ membre, le second niveau est survenu, en se faisant jour : d'abord à travers les joints des stiffles, puis bientôt par le fond qu'il souleva jusqu'à la hauteur du 2ᵉ membre; la pompe n° 1 a été soulevée, et s'est inclinée sur les tirants. Les ouvriers, en remontant, s'en aperçurent et firent arrêter la machine. L'eau montant rapidement, on dételà le jeu n° 1 du fond, qui ne pouvait plus fonctionner, et on fit marcher ensemble les deux gros jeux supérieurs. Comme ces deux pompes ne suffisaient pas pour vaincre les eaux, on attela aussi le petit jeu. A une heure, les trois jeux supérieurs marchaient simultanément, à six coups par minute, et les eaux, qui avaient monté jusqu'à environ 10 mètres en dessous de l'assise de la tonne de briques, ont commencé à baisser.

6ᵉ poste. — Les eaux ont baissé jusque vers deux heures et demie; puis le niveau a paru remonter jusque vers quatre heures et demie, probablement par suite d'un ralentissement de la marche de la machine produit par le défaut de vapeur. La troisième chaudière a alors été mise à feu. A partir de quatre heures et demie, le niveau est redescendu.

8 *juillet*. 1ᵉʳ poste. — Arrêt dans le travail du fond.

2ᵉ poste. —   Id.

3ᵉ poste. — Les eaux étant descendues en dessous des vis de suspension, on a ôté une des vis du jeu n° 1 qui s'était un peu pliée, sous le poids de la pompe, au moment où celle-ci avait été soulevée; cette vis a été redressée et replacée.

4ᵉ poste. — On a retiré la deuxième vis de suspension du jeu de pompe n° 1, et on l'a replacée après réparation.

5ᵉ poste. — Arrêt dans le travail du fond.

6ᵉ poste. —   Id.

9 *juillet*. 1ᵉʳ poste. — Fait un hourd pour travailler à une soulevante des jeux supérieurs, à laquelle une fuite s'est déclarée à une cloueure. Établi un second hourd dans le trait à terres, un peu au-dessus des sommiers de suspension, afin de pratiquer une ouverture dans l'entre-fend, pour le passage de la pompe que l'on va établir au fond; ôté deux billes d'entre-fend.

2ᵉ poste. — Fait un hourd dans le trait à terres; ôté trois billes de refend et les lambourdes.

3ᵉ poste. — Élevé l'aspirante du petit jeu sur le plancher de réception des terres; et posé cette aspirante sur des boîtes, à l'orifice du puits, dans le trait à terres, pour y assembler la travaillante.

REGISTRE DE FONÇAGE.

DATES.	ORDRE DES POSTES, j. jour. — n. nuit.	NOMS DES SURVEILLANTS.	1° Nombre de mineurs. 2° Nombre d'aides-mineurs.	TRAVAIL EFFECTUÉ. Enfoncement. — Mètres.	Curelage.	Nbre des membres.	Boisage.	Temps pour l'allongement des pompes. — Heures.	RETARDS OCCASIONNÉS. Durée. — Heures.	NATURE ET CAUSE.
	Report de la profondeur.......			47.79				.		
9 juillet	1er n.	B.	5						4	Retard dans le travail du fond. Battage des eaux.
	2e »	C.	5						4	Idem.
	5e »	A.	4						4	Idem.
10 juill.	1er j.	B.	5							
	2e »	C.	5							
	5e »	A.	4							
	1er n	B.	5							
	2e »	C.	5							
	5e »	A.	4							
11 juill.	1er j.	B.	5							Au moment de l'arrêt, le chiffre du compteur est de 301579.
	2e »	C.	5							
	5e »	A.	4							
	1er n.	B.	5							
	2e »	C.	5							
	5e »	A.	4							
12 juill.	1er j.	B.	5							De 6 heures à 11 heures 4 minutes du matin, le chiffre du compteur est de 305456.
	2e »	C.	5							
	5e »	A.	4							
	1er n.	B.	5							
	2e »	C.	5							
	5e »	A.	4							
13 juill.	1er j.	B.	5							
	A reporter....			47.79						

EFFETS DES MACHINES

DATES.	ORDRE DES POSTES.	d'extraction. Quantité de terres extraite par poste. — Cuffats.	Consommation de charbon par jour. — Hectolitres.	d'épuisement. Nombre de jeux de pompe en activité.	Nombre de coups de pompe par minute.	Quantité d'eau extraite par minute. Hectolitres.	Consommation de charbon par jour. — Hectolitres.
	Report de la profondeur.......						
9 juillet	1er n.			5	6	84	
	2e »			5	6	84	
	5e »			5			
10 juill.	1er j.		15	5	6	84	100
	2e »			5	6	84	
	5e »			5	5.6	78	
	1er n			5	5.7	80	
	2e »			5	5.8	81	
	5e »			5			
11 juill.	1er j.	.	11	5	6.4	90	79
	2e »			5	6.4	90	
	5e »			5	6.4	90	
	1er n.			5	6.4	90	
	2e »			5	6.1	85	
	5e »			5	6.1	85	
12 juill.	1er j.		30	5	7	98	110
	2e »			5	7.03	98.84	
	5e »			5	7.06	98.84	
	1er n.			5	7.06	98.84	
	2e »			5	7.09	99.26	
	5e »			5	7.09	99.26	
13 juill.	1er j.		30	5	6.80	95.20	110

OBSERVATIONS

Détail des travaux et incidents. — Nature du terrain.

4e poste. — Monté la travaillante sur le même plancher ; on l'a assemblée avec l'aspirante. Descendu des rallonges de 4 mètres en fer, pour la suspension du petit jeu, et mis en place une de ces rallonges.

5e poste. — Placé la seconde rallonge ; bouché la déchirure de la soulevante qui fuyait, en appliquant une lame de gutta-percha sur cette déchirure, et la serrant par trois carcans en fer : un de ces carcans s'est brisé en le vissant.

6e poste. — Le troisième carcan a été réparé et replacé.

10 juillet. 1er poste. — Descendu la travaillante et l'aspirante du petit jeu du fond ; ajouté des rallonges aux tirants de suspension de ce jeu.

2e poste. — Placé et attelé le collier de suspension du petit jeu ; descendu le jeu sur le terrain, et commencé à dévisser le collet d'une soulevante placée sur le jeu n° 2 du fond.

3e poste. — Remonté à la surface cette soulevante ; présenté le dégorgeoir sur le petit jeu du fond ; et, comme les trous de boulons ne se rapportaient pas bien, on a remonté ce dégorgeoir au jour pour percer d'autres trous.

4e poste. — Placé les deux dégorgeoirs du petit jeu et du jeu n° 2 du fond, ainsi que le tire-bout et le seau du petit jeu.

5e poste. — Descendu le tire-bout du jeu n° 2 du fond ; mais, l'œillet d'assemblage de ce tire-bout étant trop petit, on a dû le renvoyer au jour ; on a démonté la fourche, et on l'a fait réparer.

6e poste. — On a remis la fourche au tire-bout du jeu n° 2 du fond ; on a arrangé les sacs de dégorgeoirs des jeux du fond.

11 juillet. 1er poste. — Accroché les tire-bouts des jeux du fond, après avoir mis un peu d'étoupes au dégorgeoir de la petite pompe, et placé deux bouts de canard au dégorgeoir du petit jeu et du jeu n° 2. La répétition de pompe a été mise en marche vers neuf heures.

2e poste. — Placé deux autres canards aux dégorgeoirs du jeu n° 2 et du petit jeu, et mis des rallonges de sacs. Les eaux ayant été battues jusqu'au fond, on a constaté que le cuvelage n'avait pas bougé, que le 1er membre s'était un peu dérangé en masse, d'un côté vers l'autre, et que les terres soulevées remplissaient le fond de la fosse jusqu'au niveau du 2e membre.

3e poste. — Remis une bille de refend du trait à terres, au point où l'on en avait ôté pour le passage de la travaillante du petit jeu. Vers quatre heures, l'assemblage de la tête du tire-bout du jeu n° 2 supérieur s'est brisé : on a dû arrêter le travail du fond.

4e poste. — Enlevé le couvercle du cylindre d'épuisement pour nettoyer ce dernier, et replacé ensuite le couvercle pendant qu'on opérait la jonction de la quatrième chaudière aux trois autres.

5e poste. — Travaillé à revisser le couvercle du cylindre de la machine d'épuisement. On a rétabli l'assemblage brisé de la tête du tire-bout du jeu n° 2 supérieur. La machine a repris sa marche vers une heure.

6e poste. — Mis une bille de refend et neuf lambourdes au royon du trait à terres, qu'on avait troué pour faire passer le petit jeu du fond.

12 juillet. 1er poste. — Mis deux lambourdes au refend du trait à terres vers le fond, et achevé d'en clouer d'autres. Commencé un échafaudage au-dessus du dégorgeoir des pompes du fond, pour pouvoir décrocher les tire-bouts ; et renvoyé deux cuffats de planches du fond à la surface, et deux billes d'échafaudage.

2e poste. — Rempli, avec trente petits fagots, une excavation que le courant ascensionnel avait faite derrière le 1er membre et les deux siéges supérieurs dont le picotage avait été entraîné par les eaux ; on a mis une gaine de décharge à la bâche des pompes. Mis quatre traverses sur le 2e membre pour faire un hourd.

3e poste. — Rempli à ferme, avec des fagots, une vaste excavation faite derrière la plate-trousse et les siéges du fond par les eaux ascensionnelles, qui n'ont pas pu se faire jour par les joints des stifiles, vers l'intérieur du puits.

4e poste. — Placé neuf lambourdes pour relier davantage les pans de la passe au dixième siége supérieur. Mis des stracans au 1er membre qui a des pièces à remplacer, et cloué treize lambourdes contre le cuvelage du fond.

5e poste. — Enfoncé des palplanches derrière le 1er membre sur deux côtés et demi ; et cloué dix lambourdes contre le cuvelage de la passe du fond, pour la relier davantage aux dix siéges supérieurs.

6e poste. — Enfoncé des palplanches derrière le 1er membre sur un côté et demi.

13 juillet. 1er poste. — Enfoncé dix palplanches derrière les côtés à remplacer du 1er membre ; envoyé deux cuffats de terre, et démonté trois porteurs, en avançant, et des molles-bandes. Cloué dix lambourdes au cuvelage du fond.

DATES.	ORDRE DES POSTES. j. jour. — n. nuit.	NOMS DES SURVEILLANTS.	1e Nombre de mineurs. 2e Nombre d'aides-mineurs.	TRAVAIL EFFECTUÉ. Enfoncement — Mètres.	Curelage.	N.e des membres.	Brandissage.	Temps pour l'établissement des pompes — Heures.	RETARDS OCCASIONNÉS. Durée — Heures.	Nature et cause.	EFFETS DES MACHINES d'extraction. Quantité de terres extraite par poste — Cuffats.	Consommation de charbon par jour — Hectolitres.	d'épuisement. Nombre de jeux de pompe en activité.	Nombre de coups de pompes par minute.	Quantité d'eau extraite par minute. Hectolitres.	Consommation de charbon par jour — Hectolitres.
	Report de la profondeur........			47.70												
13 juill.	2e j.	C.	5										5	6.80	95.20	
	3e »	A.	4										5	6.67	95.58	
	1er n.	B.	5										5	6.67	93.58	
	2e »	C.	5										5	6.67	95.58	
	3e »	A.	4										5	6.54	91.56	
14 juill.	1er j.	B.	5								2	30	5	6.54	91.56	110
	2e »	C.	5								2		5	6.52	91.28	
	3e »	A.	4								1		5	6.52	91.28	
	1er n.	B	5								2		5	6.52	91.28	
	2e »	C.	5										3	6.52	91.28	
	3e »	A.	4										3	6.50	89.46	
15 juill.	1er j.	B.	5									25	5	6.50	89.46	105
	2e »	C.	4										5	6.28	87.92	
	3e »	A.	5										5	6.28	87.92	
	1er n.	B.	5								7		3	6.28	87.92	
	2e »	C.	4								5		3	6.56	91.84	
	3e »	A.	5								4		3	6.56	91.84	
16 juill.	1er j.	B.	5								2	50	3	6.56	91.84	100
	2e »	C.	4.1								2		5	6.56	91.84	
	3e »	A.	5								3		5	6.50	91.84	
	1er n.	B.	5								5		5	6.44	90.16	
	2e »	C.	4 1										5	6.44	90.16	
	A reporter....			47.79												

OBSERVATIONS.

Détail des travaux et incidents. — Nature du terrain.

2e poste. — Enfoncé des palplanches derrière trois côtés déplacés du 1er membre, et cloué cinq lambourdes de 3m,50 contre le cuvelage de la passe du fond. Envoyé un cuffat de terres à la surface.

3e poste. — Enfoncé des palplanches derrière un côté du 1er membre; assemblé un membre au-dessus de celui-ci, qui sera à déplacer.

4e poste. — Coigneté le gros membre mis sur le no 1 qu'il doit remplacer, et placé un petit membre sous la plate-trousse; commencé à coigneter le petit membre.

5e poste. — Coigneté le petit membre situé sous la plate-trousse, et cloué trente-deux porteurs, de la plate-trousse au 1er membre nouveau; fixé douze agrafes d'échelles au petit membre et aux porteurs, pour les rendre solidaires. Commencé à démolir l'échafaudage qui était placé sur le 2e membre.

6e poste. — Descendu l'échafaudage qui était sur le 2e membre, et mis des quilles ou montants sous le 2e membre; placé deux strucans transversaux.

14 juillet. 1er poste. — Enfoncé douze palplanches derrière deux côtés et demi du secon membre; envoyé au jour un côté de ce membre, et ôté deux porteurs.

2e poste. — Enfoncé des palplanches de 1m,60 entre le 1er et le 2e membre, sur deux côtés et demi; on a ôté les strucans placés dans le trait à terres, puis on les a replacés derrière les jeux de pompes.

3e poste. — Enfoncé des palplanches moins une derrière deux côtés du dernier membre; démis deux côtés dudit membre; mis trois strucans nouveaux, et démis un ancien strucan.

4e poste. — Enfoncé dix-sept palplanches de 1m,60 derrière le 2e membre; ôté deux côtés de l'ancien 1er membre, quatre porteurs et un strucan; remis deux strucans qui serrent la tête des palplanches contre le 1er membre, et démis six pièces de l'ancien 1er membre.

5e poste. — Enfoncé huit palplanches entre le 1er et le 2e membre; chassé à fond tous les coins contre la tête des palplanches; ôté huit porteurs et six pièces de l'ancien 1er membre; mis quatre canards d'aérage.

6e poste. — Assemblé un membre au-dessus du second; commencé à coigneter ce nouveau 2e membre, et agrafé un canard d'aérage. Renvoyé au jour un cuffat de bois.

15 juillet. 1er poste. — On a placé un petit membre sous le 1er, pour maintenir ferme la tête des palplanches enfoncées entre le 1er et le 2e membre; placé douze porteurs entre le 2e et le 1er membre; coigneté le petit membre; et enfoncé, du côté de l'échelle et dans le trait à terres, trente palplanches de 1m,60 de longueur, derrière le 2e membre, dans un terrain très-mou.

2e poste. — Enfoncé trente-sept palplanches derrière le nouveau membre no 2.

3e poste. — Enfoncé douze palplanches derrière l'ancien 2e membre; coigneté le nouveau membre no 2, et le petit placé entre celui-ci et le no 1; cloué trente-deux lambourdes sur les deux membres et les sièges de la passe du fond; placé vingt-deux porteurs entre les membres nos 1 et 2.

4e poste. — Démonté le hourd qui était placé sur le terrain; renvoyé à la surface sept cuffats de bois; fait descendre le petit jeu de 0m,15. Mis une rangée de broches aux trois jeux. Enfoncé au milieu du puits dans un terrain composé de bancs et de blocs désagrégés.

5e poste. — Enfoncé un potia et autour des trois jeux. Mis une bille de refend du royon, et cloué trois lambourdes de royon, après en avoir démis huit provisoires.

6e poste. — Mis un long strucan et deux courts à l'ancien membre no 2; enfoncé, ou plutôt déblayé le fond du puits, et descendu les trois jeux de 0m,15.

16 juillet. 1er poste. — Mis en ordre les sacs des jeux du fond qui laissaient retomber de l'eau dans le puits. Descendu le petit jeu de 0m,10; ôté quatre côtés de l'ancien 2e membre, et placé huit planches ou stifles contre le terrain.

2e poste. — Démonté les stifles qui se trouvaient en dessous du second membre et qui étaient dérangées; on les a remplacées par de nouvelles. Démonté six côtés de l'ancien membre no 2; mis des strucans aux côtés restants, après avoir démonté des strucans qui n'étaient plus utiles.

3e poste. — Remonté les stifles placées en dessous de l'ancien membre, sur trois côtés; et enfoncé onze palplanches dans le terrain; on les a remontées derrière le no 2, là où le terrain était mouvant. On a mis dix stifles contre le terrain non ébouleux, et dix petits pieux, placés au pied de ces planches pour les maintenir, et que l'on a aussi enfoncés dans ce terrain. Placé un guidonnage au petit jeu; ôté un strucan qui maintenait en place l'ancien membre no 2, et remis un autre strucan plus avant.

4e poste. — Placé des stifles contre le terrain en dessous du 2e membre, sur six côtés; démis le dernier strucan et les derniers côtés de l'ancien 2e membre.

5e poste. — Assemblé les côtés du membre no 3.

DATES.	ORDRE DES POSTES, 1. jour. — n. nuit.	NOMS DES SURVEILLANTS.	1° Nombre de mineurs. 2° Nombre d'aides-mineurs.	TRAVAIL EFFECTUÉ. Enfoncement. — Mètres.	Couvelage.	Nos des membres.	Branchissage.	Temps pour l'allongement des pompes. — Heures.	RETARDS OCCASIONNÉS. Durée. — Heures.	NATURE ET CAUSE.	d'extraction. Quantité de terres extraites par poste. — Caffois.	d'extraction. Consommation de charbon par jour. — Hectolitres.	d'épuisement. Nombre de jeux de pompe en activité.	d'épuisement. Nombre de coups de pompes par minute.	d'épuisement. Quantité d'eau extraite par minute. Hectolitres.	Consommation de charbon par jour. — Hectolitres.
	Report de la profondeur......			47.79												
16 juill	3e n.	A.	5										5	6.44	90.16	
17 juill.	1er j.	B.	5									50	5	6.44	90.16	105
	2e »	C.	4.1										5	6.44	90.16	
	3e »	A.	5	0.50									5	6.14	85.96	
	1er n.	B.	5	0.20							10		5	6.14	85.96	
	2e »	C.	5.1	0.20							15		5	6.47	90.58	
	3e »	A.	4.2								8		5	6.47	90.58	
18 juill.	1er j.	B.	5.1								6	50	5	6.47	90.58	110
	2e »	C.	4.2								7		5	6.47	90.58	
	3e »	A.	5.1										5	6.35	88.90	
	1er n.	B	5.1	0 20							7		5	6.35	88.90	
	2e »	C.	4.2	0 20							10		5	6.61	92.54	
	3e »	A.	5.1	0 25							9		5	6.61	92.54	
19 juill	1er j	B.	5.1	0 15							8	50	5	6.61	92.54	110
	2e »	C.	4.2								12		5	6.61	92.54	
	3e »	A	5.1								5		5	6.56	91.84	
	1er n.	B.	5.1										5	6.56	91.84	
	2e »	C.	4.1										5	6.56	91.84	
	3e »	A.	5.1	0.20							5		5	6.56	91.84	
20 juill	1er j.	B.	5.1	0.15							8	20	5	6.56	91.84	100
	A reporter....			49.64												

OBSERVATIONS.

Détail des travaux et incidents. — Nature du terrain.

6ᵉ poste. — Coigneté le 3ᵉ membre dans les équerres ; placé et coigneté un petit membre au-dessus de celui-ci ; mis huit porteurs entre le 2ᵉ et le 3ᵉ membre.

17 *juillet*. 1ᵉʳ poste. — Enfoncé soixante-huit palplanches derrière le membre nᵒ 5, en garnissant ainsi neuf côtés ; placé cinq porteurs entre le 2ᵉ et le 3ᵉ membre.

2ᵉ poste. — Enfoncé trente-quatre palplanches derrière le 3ᵉ membre, et posé dix-huit porteurs.

3ᵉ poste. — Fait descendre les jeux de pompes : le nᵒ 2 de 0ᵐ,70, le nᵒ 1 de 0ᵐ,25, et le petit jeu de 0ᵐ,20.

Enfoncé au potia dans un terrain composé de blocs et de morceaux désagrégés (terrain disloqué).

4ᵉ poste. — Descendu les trois jeux de 0ᵐ,20 ; et enfoncé d'autant, dans un terrain très-désagrégé, composé d'argile fragmentaire, se délitant dans l'eau, et empâtant de gros blocs très-durs d'un gris bleuâtre, non susceptibles de se déliter, dont quelques-uns sont excessivement volumineux.

5ᵉ poste. — Descendu les trois jeux de pompes de 0ᵐ,20 ; enfoncé d'autant dans un terrain tout disloqué, composé de blocs et de fragments, plus ou moins gros et durs, empâtés dans une argile schisteuse, souvent mouvante et désagrégée, et formant comme une espèce de terris. Sous les jeux, il semble y avoir encore 0ᵐ,60 environ de terrain mou, sous lequel paraît exister du terrain dur et résistant. La venue d'eau principale vient de l'ouest.

6ᵉ poste. — Mis des stiffles contre ce terrain, en dessous du 5ᵉ membre, sur sept faces, plus deux planches. Placé un bois de refend du trait à terres et huit lambourdes, plus un bois par derrière, pour servir de guidonnages aux pompes. Descendu le jeu nᵒ 1 de 0ᵐ,10.

18 *juillet*. 1ᵉʳ poste. — Planchéié le pourtour du puits sur quatre côtés et demi, au moyen de planches de 0ᵐ,95 de longueur, dont les têtes sont engagées derrière le 5ᵉ membre. Fait un guidonnage au jeu nᵒ 1 du fond, et un demi-hourd sur le derrière, en dessous du bac ; mis deux rallonges de 2 mètres aux tirants de suspension du jeu nᵒ 1 ; descendu le petit jeu de 0ᵐ,10. Les jeux reposent maintenant sur du terrain ferme.

2ᵉ poste. — Planchéié le pourtour du puits sur trois côtés, et assemblé le 4ᵉ membre.

3ᵉ poste. — Placé et coigneté un petit membre au-dessus du 4ᵉ ; posé huit porteurs et enfoncé onze palplanches derrière le 4ᵉ membre.

4ᵉ poste. — Enfoncé huit palplanches derrière le 4ᵉ membre, là où les crevasses leur permettaient de pénétrer. Posé vingt-quatre porteurs, et renvoyé deux cuffats de planches à la surface ; démonté les versoirs qui se trouvaient sous les sacs des gros jeux du fond. Enfoncé le potia, et descendu les trois jeux de pompes de 0ᵐ,20.

5ᵉ poste. — Descendu les trois jeux de pompes de 0ᵐ,20 ; défait et refait le guidonnage du fond du petit jeu. Enfoncé dans un terrain tout disloqué et crevassé dans tous les sens ; c'est un composé de blocs dont quelques-uns, de grosseur considérable, et de fragments plus petits, d'une marne d'un gris bleuâtre, très-dure, non susceptible de se déliter, mêlée de fragments qui en remplissent les fissures, et forment parfois des lits sur lesquels reposent les blocs.

6ᵉ poste. — Descendu les trois jeux de pompes de 0ᵐ,25. Enfoncé d'autant dans le même terrain.

19 *juillet*. 1ᵉʳ poste. — Enfoncé au potia, et descendu les trois jeux de pompes de 0ᵐ,15 ; fait un hourd au-dessus de l'eau dans le fond. Commencé à garnir le pourtour de la fosse, où l'on a mis huit stiffles formant presque deux côtés ; sous les jeux, le terrain est très-mou ; on y fait pénétrer sans effort une pince de 2 mètres de longueur, entre les blocs qu'on est obligé de détacher des parois ; ce terrain est très-mouvant et ressemble à un vrai terris.

2ᵉ poste. — Planchéié le pourtour du puits sur neuf côtés et un quart.

3ᵉ poste. — Planchéié sur cinq faces, plus deux planches, en dessous du 4ᵉ membre ; assemblé et coigneté le 5ᵉ membre. Placé une bille pour guidonnages des pompes, et quatre petites traverses.

4ᵉ poste. — Placé et coigneté un petit membre entre le 4ᵉ et 5ᵉ membre ; enfoncé derrière ce dernier trente-huit palplanches.

5ᵉ poste. — Enfoncé soixante-trois palplanches derrière le 5ᵉ membre, et posé dix-huit porteurs.

6ᵉ poste. — Enfoncé dix-sept palplanches et cloué cinq porteurs ; renvoyé à la surface les planches du fond ; creusé le potia, et descendu les jeux de 0ᵐ,20.

20 *juillet*. 1ᵉʳ poste. — Cloué vingt-huit lambourdes, du 1ᵉʳ au 5ᵉ membre ; continué l'enfoncement, et descendu les jeux de pompes de 0ᵐ,15.

DATES.	ORDRE DES POSTES, j. jour. — n. nuit.	NOMS DES SURVEILLANTS.	1° Nombre de mineurs. 2° Nombre d'aides-mineurs.	TRAVAIL EFFECTUÉ. Enfoncement. — Mètres.	Cuvelage.	Nos des membrures.	Brandissage.	Temps pour l'allongement des pompes — Heures.	RETARDS OCCASIONNÉS. Durée. — Heures.	NATURE ET CAUSE.	EFFETS DES MACHINES. d'extraction. Quantité de terres extraite par poste. — Cuffats.	Consommation de charbon par jour. — Hectolitres.	d'épuisement. Nombre de jeux de pompe en activité.	Nombre de coups de pompes par minute.	Quantité d'eau extraite par minute. Hectolitres.	Consommation de charbon par jour. — Hectolitres.
	Report de la profondeur........			40.64												
20 juill.	2e j.	G	4.1								1		5	6.45	90.30	
	3e »	A	4,2										5	6.45	90.30	
	1er n.	B.	5	0.20							3		5	6.45	90.30	
	2e »	C.	4										5	5.73	80.22	
	3e »	A.	5						4	Arrêt dans le travail du fond. Réparé la machine alimentaire, et travaillé aux chaudières.			5	5.73	80.22	
21 juill.	1er j.	B.	5						4	Idem.		10	5	5.73	80.22	30
	2e »	C.	4						4	Idem.			5	5.73	80.22	
	3e »	A.	5						4	Idem.			5	5.73	80.22	
	1er n.	B.	5						4	Idem.			5	5.73	80.22	
	2e »	C.	4						4	Battage des eaux.			5	5.73	80.22	
	3e »	A.	5						4	Idem.			5	5.73	80.22	
22 juill.	1er j.	B.	4.2	0.20							6	30	5	6.56	91.84	110
	2e »	C.	5.1	0.30							10		5	6.56	91.84	
	3e »	A.	5 1	0.20							1		5	6.56	91.84	
	1er n.	B.	4.2								10		5	6.56	91.84	
	2e »	C.	5.1								5		5	6.56	91.84	
	3e »	A.	5.1										5	6.56	91.84	
23 juill.	1er j.	B.	4 2									30	5	6.8	95.2	108
	2e »	C.	5.1										5	6.8	95.2	
	3e »	A.	5 1	0.20							6		5	6.9	96.6	
	1er n.	B.	4.2	0.20							14		5	6 9	96.6	
	2e »	C.	5.1	0.25							9		5	6.9	96.6	
	3e »	A.	5 1	0.15							7		5	6.9	96.6	
24 juill.	1er j.	B	4.1								9	30	5	6.63	93	120
	A reporter....			51.54												

OBSERVATIONS.

Détail des travaux et incidents. — Nature du terrain.

2ᵉ poste. — Cloué deux lambourdes ; défait un guidonnage des pompes du fond, et enlevé un peu de terres en dessous de ces pompes, pour les laisser porter sur les tirants. A la fin de ce poste, on se préparait à recharger les pompes : on avait ôté le dégorgeoir du petit jeu.

3ᵉ poste. — Rechargé les trois jeux ; ôté le tire-bout et le séau de l'un d'eux.

4ᵉ poste. — Allongé les tire-bouts ; remis les séaux, et descendu les deux gros jeux de 0ᵐ,20.

5ᵉ poste. — Descendu le petit jeu de 0ᵐ,10 ; mis les gaînes et les sacs des dégorgeoirs. Ce travail a été terminé vers une heure. On a alors laissé monter les eaux, pour faire une réparation à la machine alimentaire, et mettre la quatrième chaudière en communication avec les autres.

6ᵉ poste. — Arrêt du travail du fond.

21 *juillet*. 1ᵉʳ poste. — Changé le séau du jeu nº 2 du jour, et retiré le tire-bout du petit jeu.

2ᵉ poste. — Renouvelé le séau du petit jeu, et retiré celui du jeu nº 1.

3ᵉ poste. — Descendu deux tirants de suspension jusqu'au niveau des eaux (lesquelles étaient arrivées à 5 mètres en dessous de l'assise de la tonne de briques), pour les tenir prêts à être posés lorsqu'on aura battu les eaux.

4ᵉ poste. — Remis le séau du jeu nº 1. La machine a été remise en marche à neuf heures vingt minutes.

5ᵉ poste. — A minuit, les eaux étaient arrivées au niveau des sommiers de suspension ; les mineurs se sont alors occupés à retailler un peu ces sommiers, pour faciliter le passage des tire-bouts ; ensuite on a attelé les jeux du fond.

6ᵉ poste. — A trois heures et demie, les eaux étaient en dessous des colliers de suspension ; on a alors allongé les tirants de suspension du jeu nº 2 ; avant la fin du poste, les eaux étaient basses.

22 *juillet*. 1ᵉʳ poste. — Allongé les tirants du petit jeu, et fait un guidonnage à celui-ci. Défait le bourd établi dans le trait à terres pour le rechargement des pompes, et commencé à creuser le potia.

2ᵉ poste. — Approfondi de 0ᵐ,30, et descendu les jeux de pompes de 0ᵐ,25 ; d'après le dire du chef de poste, le terrain est tendre et se soulève un peu.

3ᵉ poste. — Descendu les trois jeux de 0ᵐ,20, et commencé à ramener les parois ; garni six faces de stiffles. Le terrain reste dans les mêmes conditions qu'auparavant, c'est-à-dire qu'il est composé de gros blocs de marne, mélangés de plus petits fragments, le tout paraissant avoir été remué par les eaux ; du côté du jeu de pompe nº 1, il y a moins de blocs ; les fragments sont plus ténus et empâtés dans une marne argileuse très-tendre et mouvante.

4ᵉ poste. — Planchéié huit faces des parois du puits.

5ᵉ poste. — Stifflé deux faces et posé le 6ᵉ membre, après avoir aplani le terrain, à 0ᵐ,80 du dernier membre.

6ᵉ poste. — Assemblé et coigneté le 6ᵉ membre ; posé le petit membre intermédiaire entre ce dernier et le 5ᵉ membre ; cloué huit porteurs et enfoncé six palplanches.

23 *juillet*. 1ᵉʳ poste. — Enfoncé cinquante-quatre palplanches ; posé une échelle et cloué un porteur.

2ᵉ poste. — Enfoncé quarante-quatre palplanches et cloué seize porteurs ; il reste encore une face à garnir de palplanches.

3ᵉ poste. — On a essayé d'enfoncer des palplanches sur la dernière face ; mais elles refusaient d'entrer ; posé une bille de refend ; cloué six porteurs ; renvoyé les planches du fond à la surface ; repris l'enfoncement, et descendu les jeux de pompes de 0ᵐ,20.

4ᵉ poste. — Approfondi le potia, et descendu les jeux de 0ᵐ,20 ; cloué neuf lambourdes d'entre-fend, et posé un canard de décharge du bac.

5ᵉ poste. — Approfondi, et descendu les deux gros jeux de 0ᵐ,25, et le petit jeu de 0ᵐ,20. Allongé les tirants de suspension du jeu de pompe nº 1.

6ᵉ poste. — Descendu les trois jeux de 0ᵐ,15 ; démis les gaînes des dégorgeoirs, et fait un hourd au fond de la fosse. Commencé à ramener les parois, et planchéié cinq faces.

24 *juillet*. 1ᵉʳ poste. — Ramené les parois de la fosse et stifflé sur huit faces.

DATES.	ORDRE DES POSTES (j. jour — n. nuit)	NOMS DES SURVEILLANS.	1° Nombre de mineurs. 2° Nombre d'aides-mineurs.	Enfoncement — Mètres.	Curelage.	N°ˢ des membres.	Boulissage.	Temps pour l'allongement des pompes — Heures.	Retards occasionnés : Durée — Heures.	Nature et cause.	Quantité de terres extraite par poste — Cuffats.	Consommation de charbon par jour — Hectolitres.	Nombre de jeux de pompe en activité.	Nombre de coups de pompes par minute.	Quantité d'eau extraite par minute — Hectolitres.	Consommation de charbon par jour — Hectolitres.
	Report de la profondeur......			51.34												
24 juill.	2e j.	C.	5.4			7e					4		3	6.65	93	
	3e »	A.	5.1										3	6.7	94	
	1er n.	B.	4.2								1		3	6.7	94	
	2e »	C.	5.1	0.55							14		3	6.7	94	
	3e »	A.	5.1	0.30							10		3	6.6	92	
25 juill.	1er j.	B.	4.2			8e					12	30	3	7	98	110
	2e »	C.	5.1								5		3	7	98	
	3e »	A.	5.1	0.06							5		3	7.15	100	
	1er n.	B.	4.2								1		3	6.86	96	
	2e »	C.	5.1								3		3	6.86	96	
	3e »	A.	5.1										3	6.3	88	
26 juill.	1er j.	B.	4.2									50	3	6.14	86	100
	2e »	C.	5.1										3	6.14	86	
	3e »	A.	4.1										3	7	98	
	1er n.	B.	4.2	0.50							11		3	7.4	99.4	
	2e »	C.	4.1	0.20							9		3	7	98	
	3e »	A.	5.1	0.25							6		3	7	98	
27 juill	1er j.	B.	4.2			9e					7	50	3	7	98	110
	2e »	C.	5.1								13		3	7	98	
	3e »	A.	4.1										3	7.1	99.4	
	1er n.	B.	4.2	0.25							11		3	7.4	99.4	
	2e »	C.	5.1								2		3	7.05	98.7	
	3e »	A.	4.1	0.08							4		3	7.05	98.7	
28 juill.	1er j.	B	4.2	0.06							5	30	3	7.05	98.7	110
	2e »	C.	5.1	0.09									3	7.5	102	
	3e »	A.	4.1	0.06							5		3	7.5	102	
	1er n.	B.	4.2	0.10							6		3	7.5	102	
	2e »	C.	5.1	0.10							5		3	7.5	102	
	3e »	A.	4.1								8		3	7.5	102	
29 juill.	1er j.	B.	5.1			10e					14	40	3	7.9	111	130
	2e »	C.	4.1								4					
	3e »	A.	4.2								3					
	A reporter....			53.54												

OBSERVATIONS.

Détail des travaux et incidents. — Nature du terrain.

2ᵉ poste. — Stifflé les trois dernières faces ; placé et coigneté le 7ᵉ membre et un petit membre intermédiaire entre celui-ci et le 6ᵉ ; cloué deux porteurs.

3ᵉ poste. — Cloué quatre porteurs, et enfoncé des palplanches sur onze côtés des parois, derrière le dernier membre.

4ᵉ poste. — Enfoncé les dernières palplanches ; cloué vingt-cinq porteurs, et repris l'enfoncement.

5ᵉ poste. — Approfondi de 0ᵐ,35, et descendu les pompes d'autant.

6ᵉ poste. — Approfondi de 0ᵐ,30, et descendu les jeux de pompes d'autant ; défait et refait deux guidonnages. Même terrain que précédemment.

25 *juillet*. 1ᵉʳ poste. — Descendu le petit jeu de 0ᵐ,15 ; ramené le terrain et planchéié huit faces et demie.

2ᵉ poste. — Terminé le stifflage des parois ; posé et boulonné le 8ᵉ membre. Le terrain paraît devenir meilleur au fond. Posé une bille de refend et une de guidonnages.

3ᵉ poste. — Approfondi le potia de 0ᵐ,06 ; descendu les deux gros jeux de 0ᵐ,10, et le petit jeu de 0ᵐ,06. Coigneté le 8ᵉ membre aux angles ; cloué dix porteurs et fait un hourd pour allonger les tirants de suspension.

4ᵉ poste. — Terminé le coignetage du membre ; cloué vingt-deux porteurs et vingt-deux lambourdes ; travaillé au potia.

5ᵉ poste. — Cloué dix lambourdes ; élargi le potia, et posé trois billes pour établir le hourd nécessaire au rechargement des pompes.

6ᵉ poste. — Fait le hourd de rechargement. A trois heures et demie, on commençait le rechargement. On a retiré les tire-bouts du petit jeu et du jeu n° 1 ; ôté les dégorgeoirs de ces pompes, et replacé une soulevante sur le petit jeu.

26 *juillet*. 1ᵉʳ poste. — Rechargé le petit jeu et le jeu n° 1 ; allongé leurs tire-bouts ; ôté le dégorgeoir du jeu n° 2, et placé une soulevante.

2ᵉ poste. — Placé le dégorgeoir du jeu n° 2, et allongé son tire-bout ; placé les sacs et les versoirs de dégorgeoirs ; accroché les tire-bouts des jeux du fond, et renvoyé à la surface le hourd de rechargement.

3ᵉ poste. — Fait deux guidonnages de pompes, et descendu les jeux de pompes : le n° 1 de 0ᵐ,18, et le n° 2 de 0ᵐ,10, pour les laisser reposer sur le terrain ; allongé les tirants du jeu de pompe n° 2 ; mais cet allongement n'a pu être effectué entièrement pendant ce poste.

4ᵉ poste. — Approfondi de 0ᵐ,30, et allongé les tirants du jeu n° 2.

5ᵉ poste. — Descendu les jeux de 0ᵐ,25. Le terrain est devenu plus serré, moins fendillé, sauf du côté de l'échelle, où il reste très-délité et ébouleux.

6ᵉ poste. — Descendu les trois jeux de pompes de 0ᵐ,50 ; allongé les tirants du petit jeu.

27 *juillet*. 1ᵉʳ poste. — Descendu le jeu de pompe n° 1 de 0ᵐ,05 ; fait un hourd ; enfoncé onze palplanches derrière le dernier membre, du côté de l'échelle ; ramené et stifflé cinq faces des parois de ce côté.

2ᵉ poste. — Planchéié onze faces des parois.

3ᵉ poste. — Égalisé le terrain ; posé le 9ᵉ membre ; coigneté ce dernier, et cloué les porteurs.

4ᵉ poste. — Enfoncé de 0ᵐ,25 ; défait et refait deux guidonnages. On a atteint un banc solide.

5ᵉ poste. — Creusé un peu le potia ; descendu le jeu n° 1 de 0ᵐ,50, et les deux autres jeux de 0ᵐ,25 ; défait et refait deux guidonnages.

6ᵉ poste. — Enfoncé de 0ᵐ,08, et descendu les jeux d'autant ; on a ôté trois gaines de dégorgeoirs de pompes.

28 *juillet*. 1ᵉʳ poste. — Creusé le potia ; descendu le jeu n° 2 de 0ᵐ,06, et le petit jeu de 0ᵐ,20 ; fait un guidonnage.

2ᵉ poste. — Enfoncé de 0ᵐ,09 ; descendu les deux gros jeux de 0ᵐ,15, et le petit jeu de 0ᵐ,09.

3ᵉ poste. — Approfondi de 0ᵐ,06 ; descendu d'autant les jeux, et allongé les tirants du petit jeu.

4ᵉ poste. — Approfondi de 0ᵐ,10 ; défait et refait un guidonnage.

5ᵉ poste. — Enfoncé de 0ᵐ,10 ; descendu les deux gros jeux de 0ᵐ,50, et le petit jeu de 0ᵐ,28.

6ᵉ poste. — Descendu les deux gros jeux de 0ᵐ,05 ; fait un plancher au fond pour ramener les parois, et planchéié cinq faces.

29 *juillet*. 1ᵉʳ poste. — Planchéié dix faces et demie.

2ᵉ poste. — Terminé le stifflage des parois ; égalisé le terrain du fond ; posé et coigneté, en partie, le 10ᵉ membre placé sur le banc solide rencontré précédemment dans le potia. Ce membre est placé à 8 mètres de la plate-trousse ; et le banc solide sur lequel il repose forme le passage des bleus aux marnes grises.

3ᵉ poste. — Coigneté le reste du membre et cloué les porteurs ; posé une bille de refend et neuf lambourdes ; travaillé au potia.

DATES.	ORDRE DES POSTES, j. jour. — n. nuit.	NOMS DES SURVEILLANTS.	1o Nombre de mineurs, 2o Nombre d'aides-mineurs.	TRAVAIL EFFECTUÉ. Enfoncement. — Mètres.	Cavelage.	Nos des membres.	Brandissage.	Temps pour l'allongement des pompes. — Heures.	RETARDS OCCASIONNÉS. Durée. — Heures.	NATURE ET CAUSE.	EFFETS DES MACHINES d'extraction. Quantité de terres extraite par poste. — Coffats.	Consommation de charbon par jour. — Hectolitres.	d'épuisement. Nombre de jeux de pompe en activité.	Nombre de coups de pompes par minute.	Quantité d'eau extraite par minute. Hectolitres.	Consommation de charbon par jour. — Hectolitres.
	Report de la profondeur......			53.54												
29 juill.	1er n.	B.	5.1	0.06							12		5	7.9	111	
	2e »	C.	4.1	0 05							5		5	8	112	
	3e »	A.	4.2	0.10							3					
30 juill.	1er j.	B.	5.1									30	5	6.7	93.8	110
													3	4.5	60.2	
	2e »	C.	4.1										3	5.5	77	
	3e »	A.	4 2										5	8	112	
	1er n.	B.	5.1								1		5	8	112	
	2e »	C.	4 1	0.08									5	7.8	109	
	3e »	A.	4 2										5	7.8	109	
31 juill.	1er j.	B.	5.1	0.15							10	30	5	7.9	111	110
	2e »	C.	4.1	0.10							5		5	8	112	
	3e »	A.	4.2	0.05							6		5	7.7	108	
	1er n.	B.	5.1	0.20							6		5	7.8	109	
	2e »	C.	4								6		5	7.8	109	
	3e »	A.	4 2								7					
1er août.	1er j.	B.	5.1								8	30	5	7.5	105	150
	2e »	C.	5			11e							5	7.5	105	
	3e »	A.	4.2	0.30							15		5	7.5	105	
	1er n.	B.	5	0.20							7		5	7.7	108	
	2e »	C.	5.1								7		5	7.8	109	
	3e »	A.	4 2								5		5	7.8	109	
2 août.	1er j.	B.	5.1	0.25							9	30	5	7.6	106	110
	2e »	C.	5	0.10							8		5	7.6	106	
	A reporter....			55.18												

OBSERVATIONS.

Détail des travaux et incidents. — Nature du terrain.

4ᵉ poste. — Descendu le jeu nº 1 et le petit jeu de 0ᵐ,06, et approfondi d'autant. Le terrain, quoique solide. est traversé par des coupes nombreuses qui le rendent très-divisé, et donnent beaucoup d'eau.

5ᵉ poste. — Fait descendre les jeux de pompes de 0ᵐ,05, et cloué treize lambourdes pour relier les membres entre eux.

6ᵉ poste. — Cloué dix-neuf lambourdes; fait descendre le jeu nº 2 de 0ᵐ,13, le nº 1 et le petit jeu de 0ᵐ,08.

30 juillet. 1ᵉʳ poste. — Ôté les tire-bouts du jeu de pompe nº 1 et du petit jeu; on les a renvoyés à la surface, ainsi que le séau du premier.

Décroché le tire-bout du jeu nº 2; ôté le dégorgeoir du jeu de pompe nº 1; défait et refait un guidonnage, et monté un hourd dans le trait à terres pour le rechargement des jeux de pompes.

2ᵉ poste. — Rechargé le jeu de pompe nº 1 et le petit jeu; remis le tire-bout de ce dernier, et commencé le rechargement du jeu de pompe nº 2. La nouvelle soulevante était placée et vissée, à la fin du poste.

3ᵉ poste. — Terminé le rechargement du jeu de pompe nº 2; remis le tire-bout du gros jeu, et attelé de nouveau les trois pompes du fond, qui ont recommencé à fonctionner à quatre heures trois quarts; arrangé les dégorgeoirs.

4ᵉ poste. — Les eaux étaient basses à sept heures; on a descendu les trois jeux de pompes de 0ᵐ,20, et allongé les tirants de la pompe nº 2. Pendant qu'on commençait à creuser le potia, une forte venue d'eau s'est fait jour dans le trait à terres, vers neuf heures : elle sortait d'une large crevasse verticale très-profonde. Les ouvriers ont dû remonter, la machine n'ayant pu vaincre immédiatement ces eaux.

5ᵉ poste. — A dix heures, les ouvriers ont pu reprendre l'enfoncement. A minuit trois quarts, les eaux ont encore remonté, la marche de la machine s'étant sans doute ralentie par suite du manque de vapeur. On a enfoncé de 0ᵐ,08, et descendu les jeux de pompes d'autant.

6ᵉ poste. — Les eaux ayant encore remonté dès le commencement du poste, on a donné l'ordre de défaire les guidonnages des pompes placés en dessous du bac, afin que, si l'on était obligé ultérieurement de monter un quatrième jeu, on pût descendre, sans obstacle, les gros jeux du jour jusqu'au fond.

31 juillet. 1ᵉʳ poste. — Démonté un guidonnage. A sept heures et demie, les eaux étant basses, on a tenté de reprendre le travail du fond, et on a élargi et approfondi le potia.

2ᵉ poste. — Approfondi le potia, et fait descendre les jeux de pompes : le nº 1 de 0ᵐ,10, le nº 2 de 0ᵐ,20, et le petit jeu de 0ᵐ,20.

3ᵉ poste. — Continué l'approfondissement, et allongé les tirants du petit jeu.

4ᵉ poste. — Approfondi de 0ᵐ,20, et descendu les jeux de pompes d'autant; posé quatre billes de guidonnages.

5ᵉ poste. — Élargi le potia, et descendu les jeux de pompes de 0ᵐ,10. Le terrain continue à être très-fendillé, solide en dessous du bac, mais fort ébouleux dans le trait à terres et près de l'échelle, à proximité de la grosse venue d'eau qui délite les parois, vers ces points.

6ᵉ poste. — Établi un plancher sur le fond, et commencé à ramener les parois du côté où le terrain est le plus mauvais; planchéié trois faces.

1ᵉʳ août. 1ᵉʳ poste. — Ramené le reste des parois, et garni neuf faces de stiffles.

2ᵉ poste. — Stiffié les quatre dernières faces; posé et coigneté le 11ᵉ membre, à 0ᵐ,85 du 10ᵉ, et cloué les porteurs. Les parois étant ramenées à l'aplomb de la face interne du 10ᵉ membre, le 11ᵉ a un plus petit diamètre, et, vu l'amélioration du terrain, on ne lui a donné que 0ᵐ,10 d'équarrissage.

3ᵉ poste. — Posé une échelle; enfoncé d'environ 0ᵐ,30. On a atteint au fond une marne grise solide.

4ᵉ poste. — Approfondi de 0ᵐ,20; descendu le jeu nº 2 de 0ᵐ,35, et les autres jeux de 0ᵐ,30; fait et défait un guidonnage.

5ᵉ poste. — Fait un guidonnage; monté un hourd pour allonger les tirants du jeu de pompe nº 1; descendu le petit jeu de 0ᵐ,15, et les deux autres de 0ᵐ,10.

6ᵉ poste. — Travaillé à l'enfoncement; allongé les tirants de suspension du jeu nº 1; démis et remis des planches de guidonnages.

2 août. 1ᵉʳ poste. — Approfondi de 0ᵐ,25; descendu le jeu de pompe nº 2 de 0ᵐ,25, et le nº 1 de 0ᵐ,10.

2ᵉ poste. — Travaillé à l'approfondissement et à l'établissement du potia; descendu les jeux de pompes : le nº 1 de 0ᵐ,25, le nº 2 de 0ᵐ,12, et le petit jeu de 0ᵐ,25. Le terrain est tout à fait passé à la marne grise; quoique celle-ci soit fendillée encore, comme à la torche supérieure. les fentes sont cependant moins ouvertes, et la roche paraît beaucoup plus solide. On va faire, dans ce terrain, la place des sièges d'une quatrième passe.

DATES.	ORDRE DES POSTES, j. jour. — n. nuit.	NOMS DES SURVEILLANTS.	1° Nombre de mineurs. 2° Nombre d'aides-mineurs.	TRAVAIL EFFECTUÉ. Enfoncement. — Mètres.	Cuvelage.	Nos des membres.	Brandissage.	Temps pour l'allongement des pompes. — Heures.	RETARDS OCCASIONNÉS. Durée. — Heures.	NATURE ET CAUSE.	EFFETS DES MACHINES. d'extraction. Quantité de terres extraite par poste. — Cuffats.	Consommation de charbon par jour. — Hectolitres.	d'épuisement. Nombre de jeux de pompe en activité.	Nombre de coups de pompes par minute.	Quantité d'eau extraite par minute. Hectolitres.	Consommation de charbon par jour. — Hectolitres.
	Report de la profondeur......			55.18												
2 août.	3° j.	A.	4.2	0.20							8		3	7.6	106	
	1er n.	B.	5.1	0.10							10		3	8.2	115	
	2° »	C.	5								5		3	8.2	115	
	3° »	A.	4.2								5		3	8.5	116	
3 août.	1er j.	B.	4.2								9	50	3	8.5	116	158
	2° »	C.	5.1								8		3	8.2	115	
	3° »	A.	4.2								1		3	8.2	115	
	1er n.	B.	5.1								1		3	8.7	122	
	2° »	C.	5										3	8.7	122	
	3° »	A.	4.2										3	8.4	118	
4 août.	1er j.	B.	5.1									40	3	8.4	118	153
	2° »	C.	5										3	8	112	
	3° »	A.	4.2										3	8	112	
	1er n.	B.	5.1										3	8	112	
	2° »	C.	5										3	8.5	116	
	3° »	A.	4.2										3	8.5	116	
5 août.	1er j.	B.	5								1	50	3	7.70	108	150
	2° »	C.	4.2								1		3	7.70	108	
	3° »	A.	5.1								1		3	7.70	108	
	1er n.	B.	5										3	7.6	106	
	2° »	C.	4.2								1		3	7.6	106	
	3° »	A.	5						2	Retard dans le travail du fond, occasionné par un défaut au secret de la pompe n° 2, qui a permis aux eaux de monter.			3	7.6	106	
6 août.	1er j.	B.	5.1						4	Idem.		50	3	6.2	87	140
	2° »	C.	4.2								1		3	6.2	87	
	3° »	A.	5.1										3	8.5	119	
	1er n.	B.	5.1										3	8.5	119	
	2° »	C.	4.2						4	Les eaux ont monté, par suite d'un défaut au secret d'une pompe.			3	8.5	119	
	3° »	A.	5.1										3	8.5	119	
7 août.	1er j.	B.	5.1								1/2	50	3	8.5	119	150
	2° »	C.	4.2								1		3	8.5	119	
	A reporter....			55.48												

OBSERVATIONS.

Détail des travaux et incidents. — Nature du terrain.

3e poste. — Approfondi le potia d'environ 0m,20 ; descendu la pompe n° 1 de 0m,10, et les deux autres de 0m,20. Démis le versoir de dégorgeoir du jeu n° 1.

4e poste. — Descendu les jeux de pompes : le n° 1 de 0m,07, le n° 2 de 0m,08 et le petit jeu de 0m,10. Aplani, pour l'établissement de la plate-trousse.

5e poste. — Commencé à ramener le terrain ; arrangé deux faces, à l'endroit où le terrain est le moins solide, et mis des planches droites pour le maintenir.

6e poste. — Ramené cinq faces des parois du puits.

3 août. 1er poste. — Ramené cinq faces des parois du puits, en mettant des planches où le terrain était mauvais.

2e poste. — Ramené les quatre dernières faces des parois du puits.

3e poste. — Aplani le fond, pour la plate-trousse ; cloué seize fils à plomb aux angles du premier siége de la passe supérieure, et mis les bodets aux aspirantes.

4e poste. — Retaillé encore un peu les parois, et posé quatorze pièces de la plate-trousse.

5e poste. — Posé les deux dernières pièces ; travaillé à amener la plate-trousse à la position convenable.

6e poste. — Mis la plate-trousse de niveau et d'équerre, en correspondance avec les fils à plomb de la passe supérieure.

4 août. 1er poste. — Posé les madrilles et coigneté la plate-trousse.

2e poste. — Picoté avec picots carrés.

3e poste. —   Id.

4e poste. — Picoté jusqu'à huit heures avec picots carrés, ensuite avec picots ronds.

5e poste. — Terminé le picotage de la plate-trousse ; mis deux strucans au petit membre inférieur. Démis deux pièces de ce membre, et commencé à retailler les parois, jusqu'à la hauteur de l'avant-dernier membre, pour faire la place des siéges.

6e poste. — Mis des strucans et des porteurs au petit membre, dont on a démis trois nouvelles pièces. Ramené une face des parois. Le terrain étant fissuré, on a enlevé les blocs prêts à se détacher des parois, et, après avoir égalisé les faces de l'excavation, on a rempli celle-ci par une pièce de bois garnie de mousse et de la forme de cette excavation, ensuite on a posé deux planches droites contre les parois ainsi préparées.

5 août. 1er poste. — Posé cinq planches droites ; on a enlevé des parois les blocs que des fissures séparaient de la masse, et on a régularisé le vide pour y loger une pièce de bois de remplissage.

2e poste. — Préparé la place de trois pièces de remplissage ; posé deux de ces pièces, et placé cinq planches droites.

3e poste. — Ramené deux faces des parois, et mis deux planches droites ; placé deux pièces de bois de remplissage qui étaient préparées.

4e poste. — Posé quatre planches droites.

5e poste. — Posé six planches et nettoyé le fond du potia.

6e poste. — Mis une planche droite. Vers quatre heures, les eaux sont montées, et les ouvriers ont dû abandonner leur travail, après avoir garni, par des planches provisoires, les parties de terrain mises à nu ; ils se sont ensuite occupés à retirer le secret de la pompe n° 2 du fond, qui ne retenait plus ses eaux.

6 août. 1er poste. — Remonté le séau et le secret du jeu n° 2 du fond. A huit heures et un quart, la machine a été remise en marche, et à neuf heures trois quarts, les eaux étaient à plat. On a disposé les planches pour rétablir le hourd du fond.

2e poste. — Refait le hourd du fond, après avoir nettoyé le fond du potia.

3e poste. — Posé trois planches droites, et mis une pièce de remplissage ; préparé la place de deux pièces de remplissage.

4e poste. — Posé quatre planches droites ; renvoyé à la surface deux pièces de remplissage qui devaient être retaillées.

5e poste. — Pendant ce poste, et à partir de dix heures et demie, les eaux sont montées à plusieurs reprises, par suite d'un défaut au secret d'une des pompes du jour ; l'aspiration des pompes du jour étant d'ailleurs gênée, peut-être à cause d'une obstruction de la grille posée dans le bac, on a brisé cette grille. A onze heures et demie, les eaux étaient basses ; mais à minuit, elles remontèrent de nouveau, et ne furent mises à plat que vers la fin du poste. Quelques planches droites paraissant fléchir sous l'action de la poussée du terrain, on a mis des strucans pour les maintenir.

6e poste. — Placé deux planches droites et une pièce de remplissage.

7 août. 1er poste. — Posé deux planches droites et deux pièces de remplissage.

2e poste. — Mis cinq planches droites ; ôté une partie du membre, en déplaçant les strucans.

REGISTRE DE FONÇAGE.

Groupes d'en-tête : **TRAVAIL EFFECTUÉ** (Enfoncement — Cuvelage — Nos des membres — Brandissage — Temps pour l'allongement des pompes) ; **RETARDS OCCASIONNÉS** (Durée — Nature et cause) ; **EFFETS DES MACHINES** : *d'extraction* (Quantité de terres extraite, Consommation de charbon) et *d'épuisement* (Nombre de jeux de pompe, Nombre de coups de pompes, Quantité d'eau extraite, Consommation de charbon).

DATES.	ORDRE DES POSTES. j. jour — n. nuit.	NOMS DES SURVEILLANTS.	1e Nombre de mineurs. 2e Nombre d'aides-mineurs.	Enfoncement. — Mètres.	Cuvelage.	Nos des membres.	Brandissage.	Temps pour l'allongement des pompes. — Heures.	Durée. — Heures.	NATURE ET CAUSE.	Quantité de terres extraite par poste. — Coffois.	Consommation de charbon par jour. — Hectolitres.	Nombre de jeux de pompe en activité.	Nombre de coups de pompes par minute.	Quantité d'eau extraite par minute. Hectolitres.	Consommation de charbon par jour. — Hectolitres.
	Report de la profondeur......			55.48												
7 août.	3e j	A.	5.1										3	8.5	119	
	1er n	B.	5.1								1		3	8.5	119	
	2e »	C.	4.2								1/2		3	8.5	119	
	3e »	A.	5.1										5	8.5	119	
8 août.	1er j	B.	5.1									20	3	8.5	119	123
	2e »	C.	4.2										3	8.5	119	
	3e »	A.	5.1						3	Renouvellement des cordes de contre-poids qui menaçaient de rompre.			3	8.5	119	
	1er n	B.	5.1						4	Idem.			3	8.5	119	
	2e »	C.	4.2						4	Idem.			3	8.5	119	
	3e »	A.	5.1						5	Idem.			3	8.5	119	
9 août.	1er j	B.	5.1						4	Réparation et pose du tirant.		30	5	8.5	119	150
	2e »	C.	4.2						1 1/2	Battage des eaux.			5	9.5	135	
	3e »	A.	5.1										5	9.5	135	
	1er n	B.	5.5										3	9.5	135	
	2e »	C.	4.4										3	9.5	135	
	3e »	A	5.5										3	9.5	135	
10 août.	1er j	B.	5.5									30	3	9.5	135	150
	2e »	C.	4.4						1 1/2	Défaut au scrol du petit jeu du fond.			5	9.5	135	
	3e »	A.	5.5						1	Battage des eaux.			3	9.2	120	
	1er n	B.	5.5										3	7.7	108	
	2e »	C.	4.4										3	7.7	108	
	3e »	A.	5.5										3	7.7	108	
11 août.	1er j	B.	5.5									30	3	7.7	108	150
	2e »	C.	4.4										3	7.7	108	
	3e »	A.	5.5										3	7.7	108	
	1er n	B.	5.5										3	7.7	108	
	2e »	C.	4.4										3	7.7	108	
	3e »	A.	5.5										5	7.7	108	
12 août.	1er j	B.	4.4									30	3	7.6	106	150
	2e »	C.	5.5										3	7.6	106	
	3e »	A.	5.3										3	7.6	106	
	1er n	B.	4.4										3	7.6	106	
	2e »	C.	5.3										3	7.6	106	
	3e »	A	5.3										5	7.6	106	
13 août.	1er j	B.	4.4									30	3	7.6	106	150
	2e »	C.	5.5										5	7.6	106	
	3e »	A.	5.5										3	7.6	106	
	1er n.	B.	4.4										5	7.6	106	
	A reporter....			55.48												

OBSERVATIONS.

Détail des travaux et incidents. — Nature du terrain.

3e poste. — Placé deux planches droites, et préparé la place d'une pièce de remplissage ; posé deux strucans contre les planches droites, afin de pouvoir démonter les dernières pièces du petit membre.

4e poste. — Placé trois planches droites et replacé les dernières pièces du petit membre, après avoir mis cinq nouveaux strucans contre les planches droites.

5e poste. — Placé cinq planches droites.

6e poste. — Posé la dernière planche droite et une pièce de remplissage.

8 août. 1er poste. — Posé un petit membre à mi-hauteur environ des planches droites, pour les maintenir, et coigneté ce membre.

2e poste. — Assemblé le premier siége.

3e poste. — On commençait à mettre les madrilles, lorsqu'on s'est aperçu que l'une des cordes de contre-poids menaçait de rompre. On a fait arrêter le travail du fond pour pouvoir remplacer ces cordes; on a démis les anciennes cordes, et on les a retirées de leurs lâches ; dans cette opération, ces dernières se sont brisées.

4e poste. — Placé une des nouvelles cordes, après réparation d'une des lâches.

5e poste. — Placé la seconde corde. La machine a été remise en marche à minuit et demi.

6e poste. — Les eaux étaient basses à quatre heures. Les ouvriers étaient occupés à rétablir les couvertures de toile d'étoupes, lorsque, vers cinq heures, le tirant du tire-bout du jeu n° 2 du jour s'est brisé.

9 août. 1er poste. — On a ressoudé au tirant un assemblage préparé d'avance ; on a alors replacé ce tire-bout dans la position qu'il devait occuper. La machine a été remise en marche à neuf heures.

2e poste. — Les eaux étaient basses à onze heures et demie ; on a remis quelques couvertures de toile d'étoupes, et posé douze madrilles garnies de mousse.

3e poste. — Placé la dernière madrille, et coigneté le siége.

4e poste. — Picoté le siége avec picots carrés.

5e poste. —   Id.

6e poste. —   Id.

10 août. 1er poste. — Picoté avec picots en bois tendre.

2e poste. — Picoté avec picots en bois tendre. A midi et demi, le petit jeu est venu à manquer, par suite d'un défaut au secret; on a retiré et remplacé ce secret, dont la virole de l'axe était brisée. Pendant ce temps, les jeux du jour ont fonctionné à six coups par minute, pour maintenir les eaux à la hauteur du bac.

3e poste. — La machine, remise en marche à deux heures, avait mis les eaux basses à trois heures. On a picoté avec picots ronds en bois tendre.

4e poste. — Picoté avec picots ronds en bois tendre.

5e poste. —   Id.

6e poste. —   Id.

11 août. 1er poste. — Picoté avec picots ronds en bois tendre jusqu'à sept heures, et avec picots en chêne ensuite.

2e poste. — Picoté avec picots en chêne.

3e poste. — Picoté encore avec picots en chêne jusqu'à quatre heures et demie, pendant que deux charpentiers rétablissaient le niveau de la trousse et qu'on prenait la mesure du déversement; recoupé la tête des picots, et placé six pièces du deuxième siége.

4e poste. — Posé le deuxième siége et les madrilles.

5e poste. — Coigneté le siége.

6e poste. — Relevé le petit membre qui gênait l'opération du picotage, et arrangé les couvertures de toile d'étoupes.

12 août. 1er poste. — Picoté avec picots carrés.

2e poste. — Picoté avec picots carrés.

3e poste. — Picoté avec picots carrés jusqu'à quatre heures, et avec picots ronds ensuite.

4e poste. — Picoté avec picots ronds en bois tendre.

5e poste. —   Id.

6e poste. —   Id.

13 août. 1er poste. — Picoté avec picots ronds en bois tendre.

2e poste. — Picoté avec picots ronds en bois tendre.

3e poste. — Picoté avec picots en chêne.

4e poste. —   Id.

DATES.	ORDRE DES POSTES. 1 jour. — n. août.	NOMS DES SURVEILLANTS.	1° Nombre de mineurs. 2° Nombre d'aides-mineurs.	TRAVAIL EFFECTUÉ. Enfoncement. — Mètres.	Cuvelage.	Nos des membres.	Remblaisage.	Temps pour l'allongement des pompes. — Heures.	RETARDS OCCASIONNÉS. Durée. — Heures.	NATURE ET CAUSE.	EFFETS DES MACHINES. d'extraction. Quantité de terres extraite par poste. — Cuffats.	Consommation de charbon par jour. — Hectolitres.	d'épuisement. Nombre de jeux de pompe en activité.	Nombre de coups de pompes par minute.	Quantité d'eau extraite par minute. Hectolitres.	Consommation de charbon par jour. — Hectolitres.
	Report de la profondeur........			55 48												
13 août.	2e n.	C.	5.5										3	7.6	106	
	3e »	A.	4.4										3	7.6	106	
14 août.	1er j.	B.	5.5									30	3	7.6	106	130
	2e »	C.	5.5										3	7.6	106	
	3e »	A.	5.3										3	7.6	106	
	1er n.	B	4.4										3	7.6	106	
	2e »	C	5.3										3	7.6	106	
	3e »	A.	5.5										3	7.6	106	
15 août.	1er j.	B.	4.4									30	3	7.6	106	150
	2e »	C.	5.5										3	7.6	106	
	3e »	A.	5.5										3	7.6	106	
	1er n.	B	4.4										3	7.6	106	
	2e »	C.	5.5										3	7.6	106	
	3e »	A.	5.5										3	7.6	106	
16 août.	1er j.	B.	4.4									30	3	7.7	108	155
	2e »	C.	5.1										3	7.2	101	
	3e »	A.	5.2										3	7.2	101	
	1er n.	B.	4.2										3	7.2	101	
	2e »	C.	5.4										3	7.2	101	
	3e »	A.	5.1										3	7.2	101	
17 août.	1er j.	B	4									30	3	7	98	120
	2e »	C.	5										3	7	98	
	3e »	A.	5										3	7.2	101	
	1er n.	B	4										3	7.2	101	
	2e »	C	5										3	7.2	101	
	3e »	A	5										3	7.2	101	
18 août.	1er j.	B.	4									30	3	7.2	101	140
	2e »	C	4.1										3	7	98	
	3e »	A.	5										3	7	98	
	1er n.	B.	4										3	7	98	
	2e »	C.	4.1										3	7	98	
	3e »	A.	5										3	7	98	
19 août.	1er j.	B.	4.1									30	3	6.6	92	145
	2e »	C.	5										3	6.6	92	
	3e »	A.	4										3	6.6	92	
	A reporter. ...			55,48												

OBSERVATIONS.

Détail des travaux et incidents. — Nature du terrain.

5ᵉ poste. — Picoté avec picots en chêne et mis un strucan pour repousser les planches droites qui auraient gêné la pose du troisième siége. Pendant ce temps, le deuxième siége a été remis de niveau, et on a pris la mesure du déversement.

6ᵉ poste. — Recepé le picotage ; descendu et placé le troisième siége.

14 *août*. 1ᵉʳ poste. — Mis le siége d'équerre et suivant les fils à plomb ; placé dix madrilles avec mousse.

2ᵉ poste. — Posé les dernières madrilles ; renvoyé au jour les strucans ; fait ensuite un hourd, et commencé le coignetage du siége.

3ᵉ poste. — Terminé le coignetage, et picoté avec picots carrés.

4ᵉ poste. — Picoté avec picots carrés.

5ᵉ poste. —   Id.

6ᵉ poste. — Picoté avec picots ronds.

15 *août*. 1ᵉʳ poste. — Picoté avec picots ronds.

2ᵉ poste. — Picoté avec picots ronds.

3ᵉ poste. —   Id.

4ᵉ poste. —   Id.

5ᵉ poste. — Picoté avec picots en chêne.

6ᵉ poste. —   Id.

16 *août*. 1ᵉʳ poste. — Picoté avec picots en chêne. Pendant ce poste, on a mis le siége de niveau, et pris la mesure du déversement.

2ᵉ poste. — Enfoncé encore quelques picots, et recepé le picotage. On a commencé à descendre les premières pièces de cuvelage vers midi ; on en a placé huit, en s'assurant si elles étaient bien de niveau, et y retouchant au besoin.

3ᵉ poste. — Achevé la pose du premier coffre de cuvelage ; mis six cuffats de rebourrage, et cloué huit patiniats pour relever le hourd.

4ᵉ poste. — Fixé le premier coffre de cuvelage par des planchettes ; démonté les deux hourds du fond ; démis les bodets, et refait un nouveau hourd après avoir nettoyé le fond.

5ᵉ poste. — Renvoyé à la surface le petit membre qui maintenait les planches droites ; posé seize pièces de cuvelage qu'on a reliées aux précédentes par seize planchettes, et mis deux cuffats de béton derrière le cuvelage.

6ᵉ poste. — Posé dix-huit pièces de cuvelage, cinq cuffats de rebourrage, et cloué les patiniats pour relever le hourd.

17 *août*. 1ᵉʳ poste. — Achevé le hourd ; mis sept cuffats de rebourrage, et cloué seize planchettes pour ancrer le cuvelage.

2ᵉ poste. — Oté le membre placé à la tête des planches droites, ainsi que les porteurs et les lambourdes, et mis quatorze pièces de cuvelage.

3ᵉ poste. — Posé seize pièces de cuvelage et huit cuffats de béton.

4ᵉ poste. — Posé trois pièces de cuvelage et dix cuffats de béton ; démis seize porteurs et coupé vingt lambourdes.

5ᵉ poste. — Oté seize porteurs, dix lambourdes et un membre ; placé quatorze pièces de cuvelage.

6ᵉ poste. — Posé deux pièces de cuvelage ; mis neuf cuffats de béton ; cloué seize planchettes pour ancrer le cuvelage, et commencé un nouveau hourd.

18 *août*. 1ᵉʳ poste. — Achevé le hourd ; posé dix-sept pièces de cuvelage que l'on a ancrées ; mis trois cuffats de béton ; renvoyé à la surface une bille de refend, et une de guidonnages.

2ᵉ poste. — Posé dix cuffats de rebourrage et onze pièces de cuvelage qu'on a ancrées. Commencé à ôter un membre, après avoir démis les porteurs.

3ᵉ poste. — Posé seize pièces de cuvelage sur lesquelles on a corrigé une petite dénivellation, et placé quatre cuffats de béton.

4ᵉ poste. — Ancré le dernier coffre de cuvelage, et rebourré par derrière avec neuf cuffats de béton.

5ᵉ poste. — Mis neuf cuffats de béton ; relevé le hourd et posé trois pièces de cuvelage ; ôté une bille de guidonnages, une de refend et neuf lambourdes ; démis un membre.

6ᵉ poste. — Renvoyé ce membre à la surface, et quatre cuffats de stiffes et planches. Posé dix-huit pièces de cuvelage, et rebourré avec six cuffats de béton.

19 *août*. 1ᵉʳ poste. — Démis et renvoyé à la surface un petit membre et un cuffat de stiffes. Posé dix-neuf pièces de cuvelage et neuf cuffats de béton.

2ᵉ poste. — Posé huit cuffats de béton ; douze pièces de cuvelage ont été placées et ancrées ; remonté le hourd, qui était presque achevé à la fin du poste.

3ᵉ poste. — Achevé le hourd ; démis et renvoyé à la surface un membre et ses porteurs, et bon nombre de stiffes et palplanches ; posé et ancré seize pièces de cuvelage ; mis deux cuffats de béton.

REGISTRE DE FONÇAGE.

DATES.	ORDRE DES POSTES, j. jour. — n. nuit.	NOMS DES SURVEILLANTS.	1° Nombre de mineurs. 2° Nombre d'aides-mineurs.	TRAVAIL EFFECTUÉ. Enfoncement. — Mètres.	Cuvelage.	N.s des membres.	Brandissage	Temps pour l'affranchissement des pompes. — Heures.	RETARDS OCCASIONNÉS. Durée. — Heures.	NATURE ET CAUSE.	EFFETS DES MACHINES. d'extraction. Quantité de terres extraite par poste. — Cuffats.	Consommation de charbon par jour. — Hectolitres.	d'épuisement. Nombre de feux de pompe en activité.	Nombre de coups de pompes par minute.	Quantité d'eau extraite par minute. Hectolitres.	Consommation de charbon par jour. — Hectolitres.
	Report de la profondeur.......			55,48												
19 août.	1er n.	B.	4.1										5	6.6	92	
	2e »	C.	5										5	6.6	92	
	3e »	A.	4										5	6.6	92	
20 août	1er j.	B.	4.1						2	Rupture d'un tirant de tire-bœuf.		20	5	6.6	92	150
	2e »	C.	5										3	9.6	134	
	3e »	A.	4										3	9.6	134	
	1er n.	B.	4.1										5	6.7	94	
	2e »	C.	5										3	6.7	94	
	3e »	A.	4										3	6.7	94	
21 août	1er j.	B.	4.1									30	3	6.7	94	145
	2e »	C.	5										3	6.4	90	
	3e »	A.	4										3	6.4	90	
	1er n.	B.	4.1										3	6.4	90	
	2e »	C.	5										3	6.4	90	
	3e »	A.	4										3	6.4	90	
22 août.	1er j.	B.	4.1									30	3	6.4	90	120
	2e »	C.	5										3	6.4	90	
	3e »	A.	4						1				3	6.4	90	
	1er n.	B.	4.1										3	6.4	90	
	2e »	C.	5										3	6.4	90	
	3e »	A.	4										3	6.3	88	
23 août.	1er j.	B.	4.1									30	3	6.3	88	149
	2e »	C.	5										3	6.3	88	
	3e »	A.	4										3	6.2	87	
	1er n.	B.	10										3	5.8	81	
	2e »	C.	9										3	5.8	81	
	3e »	A.	10										3	5.8	81	
	A reporter....			55,48												

OBSERVATIONS.
Détail des travaux et incidents. — Nature du terrain.

4ᵉ poste. — Posé et ancré seize pièces de cuvelage, après avoir employé huit cuffats de béton au rebourrage. Démis un petit membre, et ôté les porteurs du membre immédiatement supérieur.

5ᵉ poste. — Démis le membre, qu'on a renvoyé à la surface, ainsi qu'un cuffat de stiffes ; posé un coffre de cuvelage. Employé au rebourrage huit cuffats de béton, et cloué quatre patiniats pour relever le hourd.

6ᵉ poste. — Cloué quatre patiniats et relevé le hourd, après avoir ancré le dernier coffre de cuvelage ; mis six cuffats de béton et une pièce de cuvelage.

20 août. 1ᵉʳ poste. — Mis deux cuffats de rebourrage ; posé et ancré quatorze pièces de cuvelage. A huit heures, le tirant du tire-bout du petit jeu s'étant brisé, les ouvriers ont dû remonter pendant qu'on faisait la réparation nécessaire.

2ᵉ poste. — A dix heures et demie, le tirant réparé était replacé, et la machine remise en marche ; le battage des eaux a duré jusqu'à douze heures. Deux ou trois pièces de cuvelage étaient dérangées ; on les a replacées. On a mis six cuffats de béton, et relevé le hourd.

3ᵉ poste. — Posé et ancré quatorze pièces de cuvelage et employé au rebourrage six cuffats de béton. Démis un petit membre, trente-deux lambourdes, douze porteurs et une bille de refend.

4ᵉ poste. — Ôté vingt porteurs et un membre ; mis dix-neuf pièces de cuvelage et neuf cuffats de rebourrage.

5ᵉ poste. — Posé dix-huit pièces de cuvelage et sept cuffats de béton ; cloué les patiniats pour relever le hourd.

6ᵉ poste. — Relevé le hourd ; démis un membre, une bille de refend et une de guidonnages ; renvoyé ces bois à la surface, ainsi qu'un cuffat de stiffes.

21 août. 1ᵉʳ poste. — Posé et ancré vingt-huit pièces de cuvelage ; mis sept cuffats de rebourrage ; renvoyé au jour cinq cuffats de planches, coins et stiffes.

2ᵉ poste. — Posé sept cuffats de béton et quatre pièces de cuvelage ; relevé le hourd et démis une partie d'un membre.

3ᵉ poste. — Placé et ancré sept pièces de cuvelage ; mis un cuffat et demi de béton ; achevé d'ôter le membre ; démis quatre porteurs et huit lambourdes ; retaillé le terrain sur trois faces, où l'espace n'était pas suffisant pour cuveler, après avoir dégarni ces faces de planches.

4ᵉ poste. — Mis vingt pièces de cuvelage, un cuffat de béton, et cloué huit patiniats pour relever le hourd ; retaillé et planchéié deux faces et demie du terrain pour faire place au cuvelage ; renvoyé au jour cinq cuffats de stiffes et palplanches.

5ᵉ poste. — Placé huit cuffats de béton et relevé le hourd. On a eu un retard de près d'une heure, par suite d'un défaut d'une pompe du fond qui ne prenait plus d'eau ; mais on n'a pas eu besoin de retirer le secret, la pompe ayant repris d'elle-même une meilleure marche. Le défaut s'est reproduit ensuite à une pompe du jour, et a disparu de la même manière qu'à la pompe du fond.

6ᵉ poste. — Démis un membre ; posé et ancré seize pièces de cuvelage, et mis trois cuffats de béton.

22 août. 1ᵉʳ poste. — Placé un cuffat de béton et onze pièces de cuvelage ; renvoyé un membre à la surface, et sept cuffats de porteurs et lambourdes.

2ᵉ poste. — Posé quatre cuffats de béton et seize pièces de cuvelage ; pour placer ces pièces, on a dû couper des stiffes et des palplanches sur presque tout le pourtour de la fosse ; démis le petit membre en dessous de la plate-trousse, et renvoyé ce membre au jour.

3ᵉ poste. — Placé quatre cuffats de béton ; six pièces de cuvelage et vingt planchettes d'ancrage. Coupé douze lambourdes ; démis douze molles-bandes et renvoyé à la surface six pièces de la plate-trousse. Retaillé un peu les parois du terrain.

4ᵉ poste. — Posé quatorze pièces de cuvelage et trois clefs.

5ᵉ poste. — Placé deux cuffats de rebourrage et les treize dernières pièces de clefs ; renvoyé le hourd à la surface, et garni le pourtour du cuvelage de couvertures de toile d'étoupes pour conduire les eaux venant des clefs, au début du brandissage commencé à 2ᵐ,50 environ en dessous de ces clefs.

6ᵉ poste. — Brandi, en remontant.

23 août. 1ᵉʳ poste. — Brandi, en remontant.

2ᵉ poste. — Brandi, en remontant.

3ᵉ poste. — Relevé le hourd et brandi, en remontant.

4ᵉ poste. — Brandi, en remontant.

5ᵉ poste. — Brandi à l'endroit des clefs.

6ᵉ poste. —   Id.

REGISTRE DE FONÇAGE.

DATES.	ORDRE DES POSTES, j. jour. — n. nuit.	NOMS DES SURVEILLANTS.	1° Nombre de mineurs. 2° Nombre d'aides-mineurs.	TRAVAIL EFFECTUÉ. Enfoncement. — Mètres.	Cuvelage.	Nos des membres.	Brandissage.	Temps pour l'allongement des pompes. — Heures.	RETARDS OCCASIONNÉS. Durée. — Heures.	NATURE ET CAUSE.	EFFETS DES MACHINES. d'extraction. Quantité de terres extraite par poste. — Cuffats.	Consommation de charbon par jour. — Hectolitres.	d'épuisement. Nombre de jeux de pompe en activité.	Nombre de coups de pompes par minute.	Quantité d'eau extraite par minute. Hectolitres.	Consommation de charbon par jour. — Hectolitres.
	Report de la pro-fondeur......			55.48												
24 août.	1er j.	B.	9									20	3	5.6	78	107
	2e »	C.	10										3	5.6	78	
	3e »	A.	9										3	5.6	78	
	1er n.	B.	10										3	5.6	78	
	2e »	C.	9										3	5.6	78	
	3e »	A.	10										3	5.6	78	
25 août.	1er j.	B.	9									30	3	5.6	78	120
	2e »	C.	10										3	5.6	78	
	3e »	A.	9										3	5.6	78	
	1er n.	B.	10										3	5.6	78	
	2e »	C.	9										3	5.6	78	
	3e »	A.	10										3	5.6	78	
26 août.	1er j.	B.	9									30	3	5.2	75	115
	2e »	C.	10										3	5.2	75	
	3e »	A.	7.2										3	5.2	75	
	1er n.	B.	7.2										3	5.2	75	
	2e »	C.	7.2										3	5.2	75	
	3e »	A.	7.2										3	5.2	75	
27 août.	1er j.	B.	7.2									30	3	5.4	71	135
	2e »	C.	7.2										3	5.1	71	
	3e »	A.	7.2										3	5.1	71	
	1er n.	B.	5.4										3	5.9	85	
	2e »	C.	5.4										3	5.9	85	
	3e »	A.	4.2										3	5.9	85	
28 août.	1er j.	B.	5									30	3	5.9	85	100
	2e »	C.	4										3	5.7	80	
	3e »	A.	5										3	5.7	80	
	1er n.	B.	5										3	5.7	80	
	2e »	C.	4										3	5.1	71	
	3e »	A.	5										3	5.1	71	
29 août.	1er j.	B.	5									30	3	5.5	77	140
	2e »	C.	4										3	5.5	77	
	3e »	A.	5	0.15							3		3	5.5	77	
	1er n.	B.	5								8		3	5.5	77	
	A reporter....			55.65												

OBSERVATIONS.

Détail des travaux et incidents. — Nature du terrain.

24 *août*. 1er poste. — Brandi à l'endroit des clefs et démis quatre T des tirants de suspension dans le trait à terres, pour brandir quelques joints de la troisième passe.

2e poste. — Brandi.

3e poste. — Mis sept nouvelles broches dans les trous transversaux des sièges dont quelques-uns donnaient de l'eau ; mis également neuf petites broches dans les trous des vis fixant les T qui ont été déplacés. Défait un guidonnage, et renvoyé à la surface le hourd supérieur pour commencer le brandissage, en descendant. Brandi.

4e poste. — Brandi, en descendant.

5e poste. — Brandi, en descendant ; renvoyé un hourd à la surface et mis une échelle.

6e poste. — Brandi, en descendant.

25 *août*. 1er poste. — Brandi. Posé une échelle, une bille de refend et une de guidonnages ; démonté une partie d'un hourd qu'on a renvoyée à la surface.

2e poste. — Mis les lambourdes d'entre-fend, quatre billes de guidonnages et quatre planches sur ces billes. Brandi, en descendant.

3e poste. — Brandi.

4e poste. — Brandi et renvoyé un hourd à la surface.

5e poste. — Brandi.

6e poste. — Brandi et renvoyé un hourd à la surface.

26 *août*. 1er poste. — Brandi.

2e poste. — Brandi et mis deux billes et des lambourdes d'entre-fend ; renvoyé une partie d'un hourd à la surface.

3e poste. — Brandi et renvoyé à la surface le reste du hourd.

4e poste. — Brandi.

5e poste. — Brandi.

6e poste. — Brandi et mis une bille d'entre-fend.

27 *août*. 1er poste. — Renvoyé un hourd à la surface ; mis une bille et un conduit de déversement du bac, et brandi.

2e poste. — Brandi ; on a défait le hourd et on l'a refait dans le fond, après avoir replacé les broches d'aspirantes.

3e poste. — Brandi.

4e poste. — Terminé le brandissage, et commencé un hourd pour le placement des tirants.

5e poste. — Terminé le hourd ; démis deux T des tirants de la troisième passe ; prolongé trois de ceux-ci et ajouté les T, à leur extrémité inférieure.

6e poste. — Mis six rallonges de tirants avec leurs T.

28 *août*. 1er poste. — Démis cinq T ; allongé cinq tirants de suspension auxquels on a joint quatre T. Les charpentiers ont régularisé la jonction des troisième et quatrième passes qui présentaient des différences d'affleurement insignifiantes.

2e poste. — Mis deux rallonges de tirants avec leurs T ; on a démis une échelle et on l'a replacée ; posé des conduits de déversement, et foré quatre trous de grosses vis pour fixer les tirants à la partie inférieure. Les charpentiers sont occupés à faire disparaître les petites saillies des sièges du fond.

3e poste. — Mis vingt-huit grosses vis aux T des tirants de suspension, et placé trente cales pour donner la tension aux tirants ; renvoyé à la surface le hourd du fond qui gênait pour forer les trous de vis inférieurs.

4e poste. — Mis vingt-quatre grosses vis et serré les cales ; ensuite on a mis seize petites vis.

5e poste. — On a mis quarante-neuf petites vis aux tirants de suspension.

6e poste. — Mis cinquante-deux petites vis à bois aux tirants de suspension ; fait un hourd dans le trait à terres.

29 *août*. 1er poste. — Mis des petites vis, et relevé deux hourds dans le trait à terres pour le placement de celles-ci.

2e poste. — Mis les trois dernières vis aux tirants de suspension ; remis quatre lambourdes d'entre-fend que l'on avait ôtées pour forer des trous de vis dans les angles du trait à terres. Fait deux demi-hourds en dessous du bac ; mis des conduits de déversement du bac ; cloué trois patins sur l'assemblage des tirants, et deux patiniats d'une bille d'entre-fend.

3e poste. — Pendant qu'on clouait les trente-deux molles-bandes pour relier la plate-trousse aux sièges, on a coupé six petites vis aux tirants de suspension dans le trait à terres, et placé trois longs patins pour recouvrir les assemblages ; on a mis une bille de refend et neuf lambourdes ; creusé au potia, et descendu le jeu n° 2 de 0m,20 et le n° 1 de 0m,07.

4e poste. — Descendu le petit jeu de 0m,12 et le n° 1 de 0m,10. Envoyé huit cuffats de terres à la surface.

DATES.	ORDRE DES POSTES, (j. jour — n. nuit.)	NOMS DES SURVEILLANTS.	1° Nombre de mineurs. 2° Nombre d'aides mineurs.	TRAVAIL EFFECTUÉ — Enfoncement. — Mètres.	Cuvelage.	Nos des membres.	Brandissage.	Temps pour l'allongement des pompes. — Heures.	RETARDS OCCASIONNÉS — Durée. — Heures.	NATURE ET CAUSE.	EFFETS DES MACHINES d'extraction — Quantité de terres extraites par poste. — Cuffats.	Consommation de charbon par jour. — Hectolitres.	d'épuisement — Nombre de jeux de pompe en activité.	Nombre de coups de pompes par minute.	Quantité d'eau extraite par minute. Hectolitres.	Consommation de charbon par jour. — Hectolitres.
	Report de la profondeur......			55,63												
29 août	2e n.	C.	4					4					5	5	70	
	3e »	A.	5					4					5	5	70	
30 août	1er j.	B.	5.1					4				50	5	4	56	105
	2e »	C.	4.2					2					5	8.2	114	
	3e »	A.	5.1										5	6.3	88	
	1er n.	B.	5.1	0.10							9		5	8.7	122	
	2e »	C.	4.2	0.25							10		5	8.7	122	
	3e »	A.	5.1	0.10					1	Défaut de fonctionnement des pompes de jour.	6		5	8.7	122	
31 août	1er j.	B.	5.1						4	Renouvellement des séaux et secrets de ces pompes.		50	5	8.7	122	170
	2e »	C.	4.1						4	Renouvellement des séaux et secrets de ces pompes et battage des eaux.			5	8.4	118	
	3e »	A	5.1						1	Battage des eaux.	1		5	8.4	112	
										Augmentation des venues d'eau, et insuffisance des pompes.			5	8.6	120	
	1er n.	B.	5.1										5	8.1	113	
	2e »	C.	4.1										5	7.4	104	
	3e »	A.	5.1								1 1/2		5	7.4	104	
1er sept.	1er j.	B.	4.1								5	50	5	8.5	119	170
	2e »	C.	4.1								6		5	7.8	109	
	3e »	A.	5								4		5	7.8	109	
	1er n.	B.	5.1								2		5	7.8	109	
	2e »	C.	4.1	0.15							8		5	7.8	109	
	3e »	A.	4.1	0.25									5	7.8	109	
2 sept.	1er j.	B.	4.2	0.20					2 1/2	Visite et réparation du secret du jeu no 1 qui se soulevait.	9	50	3	7.8	109	176
	2e »	C.	4.1								1		3	7.8	109	
	3e »	A.	5.1	0.15							8		5	7.8	109	
	1er n	B	4.2								9		3	8.7	122	
	2e »	C.	4.1								14		14	8.7	122	
	3e »	A.	5.1								6		6	8.7	122	
	A reporter....			56,85												

OBSERVATIONS.

Détail des travaux et incidents. — Nature du terrain.

5e poste. — Fait un hourd pour le rechargement des jeux de pompes. Vers minuit, on a commencé l'opération du rechargement des pompes, en retirant les tire-bouts du petit jeu et du jeu n° 1, en ôtant les deux dégorgeoirs de ces jeux et détélant les deux gros jeux à accro-chétures du jour ; enfin, on a descendu une soulevante du petit jeu.

6e poste. — Rechargé le petit jeu et le jeu n° 1.

30 août. 1er poste. — Rechargé le jeu n° 2 ; rallongé son tire-bout et remis le sac de dégorgeoir.

2e poste. — Attelé les trois jeux et remis les versoirs des dégorgeoirs ; renvoyé le hourd de rechargement à la surface.

3e poste. — Descendu le jeu n° 1 de 0^m,15, le n° 2 de 0^m,20, et le petit jeu de 0^m,16. Allongé les tirants du petit jeu.

4e poste. — Allongé les tirants du jeu n° 2 ; enfoncé de 0^m,10, et descendu les trois jeux d'autant : les pompes du jour ne marchaient pas régulièrement.

5e poste. — Descendu le jeu de pompe n° 1 de 0^m,25, et fait le potia de 0^m,25 des trois jeux. Les pompes du jour ne marchant pas régulièrement, il en résultait que les eaux re-tombaient du bac au fond, ce qui exigeait que la machine fonctionnât beaucoup plus vite.

6e poste. — Descendu le jeu n° 1 de 0^m,12, le n° 2 de 0^m,25, et le petit jeu de 0^m,25. On a remarqué que le terrain, du côté du trait à terres, était plus ébouleux. A cinq heures, les eaux sont montées, par suite d'un défaut de fonctionnement des pompes du jour.

31 août. 1er poste. — Renouvelé le séau du petit jeu, et retiré le séau du jeu n° 1 du jour.

2e poste. — Changé le secret du jeu de pompe n° 1 et le séau. La machine a été remise en marche vers une heure et un quart.

3e poste. — On commençait à travailler vers trois heures, lorsqu'une venue d'eau s'est fait jour en crevant le terrain contre la paroi dans le trait à terres, et en faisant monter les eaux ; renvoyé à la surface des guidonnages du dessous du bac, pour permettre de descendre les jeux du jour, dans le cas où l'on voudrait employer quatre jeux de pompes.

4e poste. — On a fait un guidonnage à la tête du bac, et renvoyé au jour un cuffat de planches : on n'a rien fait de plus, parce que les eaux ne permettaient pas de travailler au fond. Les vapeurs étant insuffisantes, on a attelé une quatrième chaudière.

5e poste. — On n'a pu travailler, les eaux n'étant pas basses, et les vapeurs se trouvant insuffisantes.

6e poste. — Les eaux ont été basses, quelques instants avant la fin du poste ; on a alors commencé à préparer la place des stifles.

1er septembre. 1er poste. — Stiflé six pans, et envoyé cinq cuffats de terres à la surface ; on a commencé ce travail du côté du trait à terres, où les parois étaient tombées, par suite de l'irruption des eaux ; le terrain y était très-cassé, et ne présentait qu'une masse de petits fragments détachés suivant des plans de clivage.

2e poste. — Planchéié six faces des parois du puits.

3e poste. — Planchéié les quatre dernières faces des parois ; posé et boulonné le 1er membre ; le dessous du membre est distant de la plate-trousse de 0^m,70.

4e poste. — Coigueté le membre et mis les porteurs ; creusé le potia.

5e poste. — Approfondi le potia, et descendu les jeux de 0^m,15.

6e poste. — Travaillé au potia ; descendu les deux gros jeux de 0^m,55, et le petit jeu de 0^m,14.

2 septembre. 1er poste. — Travaillé à l'approfondissement, et ôté les versoirs en bois des dégorgeoirs ; à la fin du poste, le secret du jeu n° 1 est venu à manquer.

2e poste. — Après réparation du secret, vers midi et demi, les ouvriers ont pu travailler au fond. On a encore remis quelques coins aux endroits où le membre paraissait le moins serré ; descendu les deux gros jeux de 0^m,17, et le petit jeu de 0^m,14.

3e poste. — Descendu le jeu n° 1 de 0^m,20, le petit jeu de 0^m,20, et le n° 2 de 0^m,12. Approfondi de 0^m,20 ; rallongé les tirants du jeu n° 1. Le terrain se montre toujours fen-dillé du côté du trait à terres ; mais les fragments deviennent plus gros.

4e poste. — Commencé à ramener le terrain et à le stifler du côté du trait à terres ; trois côtés et demi des parois ont été garnis de stifles. Pendant ce travail, une nouvelle venue d'eau s'est déclarée dans le trait à terres, du côté du jeu n° 1. Pendant quelque temps, la machine a dû marcher à plus de neuf coups par minute pour battre cette venue, qui a diminué insensiblement.

5e poste. — On a ramené le terrain sur huit faces, et on en a stiflé sept. Les eaux, qui sortaient des bancs supérieurs, se font jour actuellement au fond.

6e poste. — Stiflé six faces des parois du puits, et égalisé le terrain, à 0,^m,75 du 1er membre, pour faire la place d'un second.

REGISTRE DE FONÇAGE.

DATES.	ORDRE DES POSTES, i jour. - n nuit.	NOMS DES SURVEILLANTS.	1° Nombre de mineurs. 2° Nombre d'aides-mineurs.	TRAVAIL EFFECTUÉ.					RETARDS OCCASIONNÉS.		EFFETS DES MACHINES — d'extraction.		EFFETS DES MACHINES — d'épuisement.			
				Enfoncement. — Mètres.	Cuvelage.	N°s des membres.	Boisage.	Temps pour l'allongement des pompes. — Heures.	Durée. — Heures.	Nature et cause.	Quantité de terres extraite par poste. — Cuffats.	Consommation de charbon par jour. — Hectolitres.	Nombre de jeux de pompe en activité.	Nombre de coups de pompes par minute.	Quantité d'eau extraite par minute. Hectolitres.	Consommation de charbon par jour. — Hectolitres.
	Report de la profondeur.......			56,83												
3 sept.	1er j.	B.	4.2			2e					2	50	3	8.5	119	170
	2e »	C.	4.1								7		3.5	8.5	116	
	3e »	A.	5.1	0.10							5		3	8.4	118	
	1er n.	B.	4.2	0.25							8		3	8.3	116	
	2e »	C.	4.1	0.25							7		3.5	8.5	119	
	3e »	A.	5.1	0.15							6		3	8.5	119	
4 sept.	1er j.	B.	4.2					4				50	3	4.7	66	120
	2e »	C.	4.1					4					3	4.7	66	
	3e »	A.	5.1					4					3	4.7	66	
	1er n.	B.	4.2					1 3/4	2 3/4	Battage des eaux.			3	9	126	
	2e »	C.	4.1						4	Idem.			3	8.8	125	
	3e »	A.	5.1						4	Idem.	5		3	8.8	125	
5 sept.	1er j.	B.	4.2	0.10							7	50	3	9	126	150
	2e »	C.	4.1	0.15							14		3	9.1	127	
	3e »	A.	5.1								5		3	9.2	129	
	1er n.	B.	3.2								9		3	9.2	129	
	2e »	C.	3.1								12		3.5	9	126	
	3e »	A.	5.1			3e					2		3	9	126	
6 sept.	1er j.	B.	4.2						1/4	Rupture d'un tirant de tire-bout.	2	50	3	9.1	127	90
	2e »	C.	5.1						4	Réparation du tirant.			3	9.1	127	
	3e »	A.	5.1							Réparation du tirant, et bris d'un tuyau de prise de vapeur. Réparation de ce tuyau.						
	1er n.	B.	4.2						4	Idem.						
	2e »	C.	4.1						4	Réparation du tuyau et battage des eaux.			3	9.4	152	
	3e »	A.	5.1						4	Battage des eaux.			3	9.4	152	
7 sept.	1er j.	B.	4.2						4	Idem.		50	3	10.2	165	170
	2e »	C.	4.1						4	Battage des eaux et rupture du tirant du tire-bout du petit jeu.			3	9	126	
	3e »	A.	5.1						4	Réparation du tirant et battage des eaux.			3	9.9	139	
	1er n.	B.	4 2	0.15					1 1/2	Battage des eaux.	8		3	10.3	144	
	A reporter....			57.98												

OBSERVATIONS.

Détail des travaux et incidents. — Nature du terrain.

3 *septembre*. 1ᵉʳ poste. — Terminé le stifflage des parois; posé et coigneté le membre; cloué les porteurs et nettoyé le fond du puits.

2ᵉ poste. — Cloué six lambourdes de suspension de boisage; posé une bille et neuf lambourdes d'entre-fend, et mis des planchettes pour guider les eaux. Approfondi le potia. Le bon terrain, que l'on a continué à avoir sur une moitié de la fosse en dessous du bac, paraît prendre de l'extension du côté du trait à terres.

3ᵉ poste. — Cloué vingt-six lambourdes; descendu le jeu nº 1 de 0ᵐ,25, le nº 2 de 0ᵐ,10, et le petit jeu de 0ᵐ,20.

4ᵉ poste. — Élargi et approfondi le potia; fait un guidonnage.

5ᵉ poste. — Approfondi : descendu le jeu nº 1 de 0ᵐ,27, le nº 2 de 0ᵐ,20, et le petit jeu de 0ᵐ,22.

6ᵉ poste. — Approfondi le potia : descendu le jeu nº 1 de 0ᵐ,10, le nº 2 de 0ᵐ,20, et le petit jeu de 0ᵐ,18.

4 *septembre*. 1ᵉʳ poste. — Commencé le rechargement des jeux de pompes; ôté les broches des aspirantes; défait le guidonnage de la tête des jeux; établi un hourd dans le trait à terres pour le rechargement, et retiré les tire-bouts des trois jeux de pompes.

2ᵉ poste. — Démis les trois dégorgeoirs; placé deux bouts de soulevantes, et replacé le dégorgeoir du petit jeu.

3ᵉ poste. — Terminé l'allongement du jeu nº 1 et du jeu nº 2; remis les tire-bouts du jeu nº 1 et du petit jeu.

4ᵉ poste. — Remis le tire-bout du jeu nº 2; arrangé les sacs des dégorgeoirs et les versoirs. Attelé les trois jeux, qui ont marché sept heures trois quarts; démonté ensuite le hourd de rechargement.

5ᵉ poste. — Descendu le jeu nº 1 de 0ᵐ,05 et le nº 2 de 0ᵐ,08.

6ᵉ poste. — Les eaux étant basses à trois heures, les ouvriers ont commencé à élargir le potia; mais les eaux sont remontées bientôt après, par suite d'un ralentissement de la marche de la machine, occasionné par l'insuffisance de vapeur.

5 *septembre*. 1ᵉʳ poste. — Les eaux étaient basses à six heures; les ouvriers ont creusé le potia et descendu les jeux de pompes : le nº 1 de 0ᵐ,12, le nº 2 de 0ᵐ,10 et le petit jeu de 0ᵐ,09. On a encore eu un peu de retard, parce que les eaux sont montées.

2ᵉ poste. — Descendu le jeu de pompe nº 1 de 0ᵐ,25 et le petit jeu de 0ᵐ,15. Commencé à allonger les tirants du jeu de pompe nº 2.

3ᵉ poste. — Allongé les tirants du jeu nº 2 et du petit jeu; ramené et stifflé deux faces des parois.

4ᵉ poste. — On a ramené et stifflé six faces et demie des parois du puits.

5ᵉ poste. — Ramené sept faces et demie et stifflé quatre faces et demie.

6ᵉ poste. — Terminé le stifflage; égalisé le fond de la fosse; posé et coigneté le 2ᵉ membre, à 1 mètre de distance du second, et assemblé un petit membre intermédiaire.

6 *septembre*. 1ᵉʳ poste. — Coigneté le petit membre; cloué trente-deux porteurs et nettoyé le fond du potia. A neuf heures seize minutes, un tirant de tire-bout s'est brisé.

2ᵉ poste. — Pendant la réparation du tirant, on a travaillé à renouveler les cordes de contre-poids.

3ᵉ poste. — Remis le tirant du tire-bout : au moment de remettre la machine en marche, le tuyau de prise de vapeur s'est fendu près du collet, ce qui a fait suspendre le travail; on a profité du retard pour renouveler le seau et le secret du jeu nº 2 du jour qui ne fonctionnaient pas trop bien.

4ᵉ poste. — Continuation.

5ᵉ poste. — La machine a marché à une heure vingt minutes.

6ᵉ poste. — Continuation.

7 *septembre*. 1ᵉʳ poste. — Vers huit heures du matin, les eaux étaient descendues au niveau du bac; ensuite elles sont montées et descendues alternativement, sans que la machine pût les vaincre.

2ᵉ poste. — A dix heures, les eaux sont remontées et ont atteint la plate-trousse; on a alors démonté les guidonnages qui pourraient gêner, si le besoin exigeait de monter un quatrième jeu, et par conséquent de descendre les jeux du jour jusqu'au fond. A une heure, le tirant du tire-bout du petit jeu s'est brisé.

3ᵉ poste. — A deux heures quarante minutes, le tirant était réparé et la machine remise en marche.

4ᵉ poste. — On a fait un guidonnage à la tête des jeux. A sept heures et demie, les eaux étaient basses : on a approfondi le potia, et descendu le jeu nº 1 de 0ᵐ,12, le nº 2 de 0ᵐ,20, et le petit jeu de 0ᵐ,12. Le terrain paraît plus fendillé.

DATES.	ORDRE DES POSTES, j. jour. — n. nuit.	NOMS DES SURVEILLANTS.	1. Nombre de mineurs. 2. Nombre d'aides-mineurs.	TRAVAIL EFFECTUÉ. Enfoncement. — Mètres.	Cuvelage.	N.os des membres.	Brandissage.	Temps pour l'allongement des pompes. — Heures.	RETARDS OCCASIONNÉS. Durée. — Heures.	NATURE ET CAUSE.	EFFETS DES MACHINES. d'extraction. Quantité de terres extraite par poste. — Coffrats.	Consommation de charbon par jour. — Hectolitres.	d'épuisement. Nombre de jeux de pompe en activité.	Nombre de coups de pompes par minute.	Quantité d'eau extraite par minute. Hectolitres.	Consommation de charbon par jour. — Hectolitres.
	Report de la profondeur......			57.98												
7 sept.	2e n.	C.	4.1	0.20							16		3	9.4	152	
	3e »	A.	5.1	0.20							8		3	9.4	152	
8 sept.	1er j.	B.	4.2	0.15							6	30	3	9.4	152	170
	2e »	C.	4.1	0.10							12		3	9.4	152	
	3e »	A.	5.1								13		3	9.4	152	
	1er n.	B.	4.2			4e					4		3	9.5	133	
	2e »	C.	4.1										3	8.6	120	
	3e »	A.	5.1										3	8.6	120	
9 sept.	1er j	B.	4.1	0.20							8	30	3	8.6	120	170
	2e »	C.	5.1								5		3	9.3	130	
	3e »	A.	4.2	0.20							10		3	9.2	129	
	1er n.	B.	4.1								4		3	9.2	129	
	2e »	C.	5.1	0.15							4		3	9.1	127	
	3e »	A.	4.2	0.15							8		3	9.1	127	
10 sept.	1er j	B.	5.1	0.15							10	30	3	9.1	127	210
	2e »	C	5.1								7		3	9.1	127	
	3e »	A.	4.2								7 1/2		3	9.2	129	
	1er n	B.	5.1								4		3	9.2	129	
	2e »	C.	5.1								2		3	9.2	129	
	3e »	A.	4.2										3	9.3	130	
11 sept.	1er j.	B	5.1									30	3	8.7	122	170
	2e »	C.	5.1										3	8.8	123	
	3e »	A.	4.2										3	8.8	123	
	1er n.	B	5.1										3	8.8	123	
	2e »	C	5.1										3	8.8	123	
	3e »	A.	4.2										3	8.5	119	
12 sept.	1er j.	B.	5.1					4				50	3	8.5	119	184
	2e »	C	5.1					4					3	8.5	119	
	3e »	A.	4.2										3	8.5	119	
	1er n.	B.	5.1					1	3	Battage des eaux.			3	8.5	119	
	2e »	C	5.1	0.15					1	Idem.	6		3	9.1	127	
	3e »	A.	4.2								11		3	9.1	127	
	A reporter....			59.63												

OBSERVATIONS.

Détail des travaux et incidents. — Nature du terrain.

5ᵉ poste. — Continué l'approfondissement; descendu les deux gros jeux de 0ᵐ,15, et le petit jeu de 0ᵐ,10.

6ᵉ poste. — L'enfoncement a été continué : descendu le jeu nº 1 de 0ᵐ,23, le nº 2 de 0ᵐ,20 et le petit jeu de 0ᵐ,25.

8 *septembre*. 1ᵉʳ poste. — Descendu le jeu nº 1 de 0ᵐ,12, le nº 2 de 0ᵐ,21 et le petit jeu de 0ᵐ,15. Le terrain est traversé par de nombreux limés, qui le divisent en fragments colorés en rouge par l'oxyde de fer.

2ᵉ poste. — Descendu le jeu nº 1 et le petit jeu de 0ᵐ,10. On a ramené cinq faces du terrain, et on en a stifflé deux.

3ᵉ poste. — Stifflé sept faces.

4ᵉ poste. — Ramené et stifflé les dernières faces: commencé à assembler un nouveau membre; placé une bille et neuf lambourdes d'entre-fend.

5ᵉ poste. — Assemblé et coigneté le membre; posé un petit membre intermédiaire, et commencé à le coigneter.

6ᵉ poste. — Terminé le coignetage du petit membre; cloué les porteurs et les lambourdes.

9 *septembre*. 1ᵉʳ poste. — Approfondi en dessous des pompes d'environ 0ᵐ,20.

2ᵉ poste. — Descendu le nº 2 de 0ᵐ,20, le nº 1 et le petit jeu de 0ᵐ,15. Élargi le potia.

3ᵉ poste. — Creusé le potia, et descendu les jeux de pompes : le nº 1 de 0ᵐ,20, le nº 2 de 0ᵐ,12 et le petit jeu de 0ᵐ,19.

4ᵉ poste. — Élargi le potia; descendu le jeu de pompe nº 2 et le petit jeu de 0ᵐ,10. Allongé les tirants du jeu nº 1. Le terrain paraît plus compacte.

5ᵉ poste. — Approfondi : descendu le jeu nº 1 et le petit jeu de 0ᵐ,10, et le jeu nº 2 de 0ᵐ,05. Défait et refait un guidonnage. Le terrain est plus compacte et d'une nature à peu près uniforme, sur tout le pourtour de la fosse.

6ᵉ poste. — Approfondi : descendu le jeu nº 1 de 0ᵐ,15, le nº 2 de 0ᵐ,10, et le petit jeu de 0ᵐ,17. Même observation quant à la nature du terrain.

10 *septembre*. 1ᵉʳ poste. — Enfoncé en dessous des pompes que l'on a fait descendre, les jeux nºˢ 1 et 2 de 0ᵐ,16 et le petit jeu de 0ᵐ,06; ensuite, on a commencé à ramener le fond de la fosse. On a eu environ trois quarts d'heure de retard, par suite d'un petit arrêt de la machine d'épuisement, occasionné par la rupture de la corde du poids indicateur de la marche du piston.

2ᵉ poste. — On a commencé à retailler les parois, pour faire l'emplacement d'un cariou. Ramené trois faces et demie des parois du puits : l'une d'elles, où le terrain était un peu fragmentaire, a été garnie de planches droites.

3ᵉ poste. — Retaillé huit faces de l'emplacement du cariou, et relevé un peu les pompes dont l'aspiration était gênée.

4ᵉ poste. — Ramené quatre faces et une partie de la cinquième; nettoyé le fond du potia et redescendu les jeux.

5ᵉ poste. — Terminé la préparation de la place du cariou, en retaillant la dernière face des parois et égalisant le fond. Posé six pièces du cariou : enfoncé de la mousse dans deux crevasses du terrain, et mis les bodets en osier aux aspirantes.

6ᵉ poste. — Assemblé les pièces du cariou.

11 *septembre*. 1ᵉʳ poste. — Placé les madrilles et la mousse derrière les pièces du cariou.

2ᵉ poste. — Coigneté le cariou.

3ᵉ poste. — Picoté le cariou avec picots carrés.

4ᵉ poste. — Picoté avec picots carrés pendant presque toute la durée du poste, et avec picots ronds, vers la fin.

5ᵉ poste. — Picoté avec picots ronds.

6ᵉ poste. —   Id.

12 *septembre*. 1ᵉʳ poste. — Cloué les planches du bord du cariou; approfondi le potia de 0ᵐ,20 : descendu le jeu nº 2 et le petit jeu de 0ᵐ,05; fait et défait un guidonnage.

2ᵉ poste. — Fait le hourd de rechargement, et rechargé le petit jeu.

3ᵉ poste. — Rechargé les deux gros jeux.

4ᵉ poste. — Placé les versoirs des dégorgeoirs, et attelé les jeux du fond qui ont marché à sept heures.

5ᵉ poste. — Les eaux étaient basses à onze heures; on a creusé le potia et descendu le petit jeu, ainsi que le jeu nº 1, de 0ᵐ,15, et le nº 2 de 0ᵐ,10.

6ᵉ poste. — Élargi le potia. Le terrain est consistant sur tout le pourtour de la fosse, mais il est traversé encore par quelques crevasses.

DATES.	ORDRE DES POSTES, j. jour. — n. nuit.	NOMS DES SURVEILLANTS.	1° Nombre de mineurs. 2° Nombre d'aides-mineurs.	TRAVAIL EFFECTUÉ. Enfoncement. — Mètres.	Cuvelage.	N° des membres.	Brandissage.	Temps pour l'allongement des pompes. — Heures.	RETARDS OCCASIONNÉS. Durée. — Heures.	NATURE ET CAUSE.	EFFETS DES MACHINES. d'extraction. Quantité de terres extraite par poste. — Cuffats.	Consommation de charbon par jour. — Hectolitres.	d'épuisement. Nombre de jeux de pompes en activité.	Nombre de coups de pompes par minute.	Quantité d'eau extraite par minute. — Hectolitres.	Consommation de charbon par jour. — Hectolitres.
	Report de la profondeur........			59.63												
13 sept.	1er j.	B.	5.1	0.25							5	50	3	9.1	127	210
	2e »	C.	5.1	0.20							7		3	8.5	119	
	3e »	A.	4.2								15		3	8.5	119	
	1er n.	B.	5.1						4	Défaut à un socret; renouvellement de ce socret, et battage des eaux.	4		3	8.5	119	
	2e »	C.	5.1	0.05					1/2	Battage des eaux.	10		3	8.5	119	
	3e »	A.	4.2	0.15							9		3	8.5	119	
14 sept.	1er j.	B.	5.1	0.25							6	50	3	8.0	125	190
	2e »	C.	5.1								11		3	8.8	125	
	3e »	A.	5.1	0.24							6		3	8.8	125	
	1er n.	B.	5.1	0.16							6		3	8.8	125	
	2e »	C.	5.1								10		3	9.2	129	
	3e »	A.	5.1	0.20							9		3	9.2	129	
15 sept.	1er j.	B.	5.1	0.20							8	30	3	9.1	127	210
	2e »	C.	5.1	0.10							6		3	9.1	127	
	3e »	A.	5.1	0.10							7		3	9.1	127	
	1er n.	B.	5.1						1 1/2	Nouvelle venue d'eau, insuffisance de vapeur pour la vaincre.			3	9.1	127	
	2e »	C.	5.1						4	Battage des eaux, insuffisance de vapeur.			3	9.8	137	
	3e »	A.	5.1						4	Idem.	1		3	9.8	137	
16 sept.	1er j.	B.	5.1						2 1/2	Battage des eaux.		30	3	9.1	127	197
													3	10.6	148	
	2e »	C.	5.1							Le seau de la pompe n° 2 du jour s'est détaché du tire-bout; placement d'un nouveau seau.			3	11	154	
	3e »	A.	5.1						4	Battage des eaux; défaut à un socret du jeu n° 1 du fond, et remplacement de ce socret.			3	14	154	
	1er n.	B.	5.1						4	Battage des eaux.			3	10.5	147	
	2e »	C.	5.1						4	Battage des eaux et insuffisance de vapeur.	1		3	10.5	147	
	3e »	A.	3.1						2	Insuffisance de vapeur.			3	9.9	139	
17 sept.	1er j.	B.	5.1						4	Rupture d'un tirant de suspension de la pompe n° 1 du fond; remplacement de ce tirant.		30	3	9.9	139	170
	A reporter....			61.53												

OBSERVATIONS.

Détail des travaux et incidents. — Nature du terrain.

---

13 *septembre*. 1er poste. — Approfondi en dessous des jeux de pompes, et descendu celles-ci de 0m,25.

2e poste. — Approfondi le potia : descendu le petit jeu de 0m,20, et les deux autres de 0m,15.

3e poste. — Élargi le potia. Même terrain que précédemment, c'est-à-dire dur sur tout le pourtour de la fosse, mais malheureusement traversé encore par quelques grandes crevasses qui donnent de l'eau.

4e poste. — Les ouvriers se mettaient au travail pour enfoncer, lorsqu'un défaut de fonctionnement du secret du jeu n° 2 a obligé d'arrêter le fonçage : le secret était brisé. Après le remplacement de ce dernier, la machine a été remise en marche avec les jeux du fond.

5e poste. — Les eaux étant basses à dix heures et demie, on a descendu les jeux de pompes de 0m,05, et élargi le potia.

6e poste. — On a élargi et approfondi le potia ; descendu les jeux de pompes : le n° 1 de 0m,17, le n° 2 de 0m,16, et le petit jeu de 0m,14.

14 *septembre*. 1er poste. — Approfondi de 0m,25 ; descendu le jeu n° 1 de 0m,20, et les deux autres de 0m,25.

2e poste. — Élargi le potia. Même terrain.

3e poste. — Approfondi le potia ; descendu les jeux de pompes de 0m,24, et placé les trois versoirs du cariou.

4e poste. — Approfondi en dessous des pompes, et descendu celles-ci : le jeu n° 1 de 0m,14, le n° 2 de 0m,17, et le petit jeu de 0m,18. On a ôté deux versoirs de dégorgeoirs de pompes, et fait un guidonnage.

5e poste. — Élargi le potia.

6e poste. — Approfondi et descendu les pompes : les deux gros jeux de 0m,20, et le petit jeu de 0m,15.

15 *septembre*. 1er poste. — Enfoncé de 0m,20 et descendu les jeux de pompes : le n° 1 de 0m,13, le n° 2 de 0m,20, et le petit jeu de 0m,15.

2e poste. — Creusé le potia. pendant qu'on allongeait le tirant du jeu n° 1 et boisait une partie des parois, dans le trait à terres où le terrain se brisait.

3e poste. — Approfondi le potia et descendu les pompes de 0m,12 ; mis une échelle et fixé seize fils à plomb aux sièges de la dernière passe, pour se guider dans la préparation des places des nouveaux sièges.

4e poste. — Descendu les jeux de pompes de 0m,05, et commencé à ramener les parois de la fosse. Vers huit heures et demie du soir, une nouvelle venue d'eau s'est fait jour dans le trait à terres, en soulevant une partie de la torche qui devait supporter les sièges : les eaux sont montées.

5e poste. — Les eaux n'ont pu être mises basses. On se dispose à mettre en activité la quatrième chaudière, que l'on vient de réparer.

6e poste. — Les eaux ont été basses pendant quelques instants ; mais elles sont remontées rapidement.

16 *septembre*. 1er poste. — La quatrième chaudière fonctionnant, les eaux étaient basses à huit heures et demie. On a commencé, au niveau de la torche du fond, un hourd qui doit remplacer cette torche à l'endroit où elle a été soulevée et enlevée par les eaux.

2e poste. — On a achevé ce hourd, et on allait commencer, vers midi, à ramener les parois pour la pose d'un premier siége qui devait servir de plate-trousse, lorsque le séau du jeu de pompe n° 2 du jour s'est détaché du tire-bout. On a retiré ce dernier, et, sans chercher à retirer le séau, on en a mis un nouveau et redescendu le tire-bout qu'on a raccourci de toute l'épaisseur du séau resté dans la pompe.

3e poste. — Pendant qu'on commençait à battre les eaux, le secret du jeu n° 1 du fond est venu à manquer ; on l'a remplacé, et pendant ce temps, on a renouvelé une corde de contrepoids.

4e poste. — Continuation.

5e poste. — Les eaux ont été basses vers dix heures et demie ; mais elles ont remonté rapidement, par suite du défaut de vapeur ; les ouvriers n'ont pu travailler que quelques instants à ramener les parois.

6e poste. — Les eaux étaient basses au commencement de ce poste, et on a fait cinq faces de l'emplacement des sièges ; mais vers quatre heures, les eaux ont encore remonté, faute de vapeur : la chaudière réparée fuyait énormément ; on a dû la mettre hors feu.

17 *septembre*. 1er poste. — Pendant qu'on cherchait à battre les eaux, un tirant de suspension en bois de sapin de la pompe n° 1 s'est brisé ; on l'a remplacé.

DATES.	ORDRE DES POSTES, j. jour. – b. nuit.	NOMS DES SURVEILLANTS.	1° Nombre de mineurs, 2° Nombre d'aides-mineurs.	TRAVAIL EFFECTUÉ. Enfoncement. — Mètres.	Cuvelage.	Nos des meubles.	Brandissage.	Temps pour l'allongement des pompes. Heures.	RETARDS OCCASIONNÉS. Durée. — Heures.	NATURE ET CAUSE.	EFFETS DES MACHINES. d'extraction. Quantité de terre extraite par poste. — Cuffats.	Consommation de charbon par jour. — Hectolitres.	d'épuisement. Nombre de jeux de pompe en activité.	Nombre de coups de pompes par minute.	Quantité d'eau extraite par minute. Hectolitres.	Consommation de charbon par jour. — Hectolitres.
	Report de la profondeur......			61.53												
17 sept.	2e j	C.	5.1						4	Battage des eaux; défaut au secret du petit jeu du fond et du jeu n° 1.			3	9.9	150	
	3e »	A.	4 1						4	Nouveau défaut au secret du jeu n° 1 du fond.			3	9.9	150	
	1er n.	B.	5.1						4	Renouvellement du secret, battage des eaux.						
	2e »	C	5.1						4	Battage des eaux.			3	8.2	115	
	3e »	A.	4 1						4	Idem.			5	8.2	115	
18 sept.	1er j	B.	5.1						4	Battage des eaux et suspension du travail.			3	9.5	155	20
									20	Réparation des chaudières.						
19 sept.									24	Idem.						
20 sept.									24	Réparation des chaudières et battage des eaux pour chercher à retirer le séau du jeu n 1.			2	12	100	100
										À 2 h. 20 m. de nuit, rupture du tirant du tire-bout du petit jeu. Cet accident était réparé le 21 à 6 heures du matin.			2	9.1	76	
													2	9.1	76	
21 sept.										Reprise du battage des eaux à 6 heures du matin.			2	11.7	98	48
22 au 30			12							Réparation des chaudières aux clouures déchirées.						100
1er oct.													3			30
3 oct.										Battage des eaux.			3	9.5		60
													3	8		
4 oct.										Idem.			3	8.2		170
5 oct.										Idem.						180
													3	9		
6 oct.										Réparation des chaudières pour le remplacement de toutes les tôles de coup de feu.			3	6.7		30
	A reporter....			61.53												

OBSERVATIONS.

Détail des travaux et incidents. — Nature du terrain.

2ᵉ poste. — Au commencement de ce poste, on battait les eaux, lorsque le secret du petit jeu du fond vint à manquer. On a remplacé ce secret qui était cassé. Au commencement de la remise en marche avec le jeu du fond qui venait d'être attelé, on a remarqué que le jeu nᵒ 1 du fond perdait ses eaux. On a visité le séau et le secret : celui-ci était cassé ; on l'a remplacé.

3ᵉ poste. — A trois heures, les jeux du fond étaient attelés de nouveau, et la machine remise en marche pour battre les eaux. A quatre heures, on a remarqué un nouveau défaut au secret du jeu nᵒ 1 du fond : ce dernier se soulève à chaque coup de pompe, en retombant avec violence sur son siége. La fréquence de cet accident au jeu nᵒ 1 provient de ce que la crête d'un des secrets précédents est restée dans le goblet de l'aspirante, et n'a pu en être retirée. On a donc de nouveau remplacé le secret, en le posant sans crête, et avec de la filasse pour remplacer le cuir, espérant que la crête restée dans la pompe se fixerait d'elle-même sur le secret.

4ᵉ poste. — Ce dernier travail était terminé à huit heures quinze minutes, et les jeux du fond attelés de nouveau.

5ᵉ poste — Idem.

6ᵉ poste — Idem.

18 *septembre*. — Après plusieurs alternatives de hausse et de baisse, les eaux se maintenaient à peu près au niveau du collet de l'aspirante. Vers huit heures, les eaux remontaient encore, la machine battant environ neuf coups et demi par minute ; il y avait insuffisance de vapeur, en n'employant que trois chaudières. Comme deux de ces dernières avaient besoin d'être réparées et la troisième d'être nettoyée, on a arrêté la machine pour faire ces travaux.

19 *septembre*. — On a profité de l'arrêt pour décrocher les contre-poids, afin de raccourcir les cordes et de faire la visite des seaux et secrets des pompes du jour. La clavette qui tient le séau de la pompe nᵒ 1 était sur le point de rompre ; elle a été remplacée par une autre plus forte.

20 *septembre*. — Deux des chaudières ont été mises en activité dans le but de battre les eaux jusqu'au bac, avec deux jeux de pompes : le nᵒ 1 et le petit jeu, afin de pouvoir retirer le séau resté dans la pompe nᵒ 2. La machine a été remise en marche vers onze heures et demie du matin. De cinq à neuf heures du soir, la machine avait ralenti sa marche, faute de vapeur ; les eaux avaient une tendance à remonter : elles étaient alors un peu au-dessous des sommiers de suspension. Vers neuf heures et demie, la machine a repris sa vitesse, jusqu'à dix heures sept minutes. A deux heures vingt minutes du matin, le tirant du tire-bout du petit jeu s'est brisé : les eaux étaient alors arrivées à près de 1 mètre en dessous du collet de suspension.

21 *septembre*. — Le tirant étant réparé, on a repris le battage des eaux à six heures du matin ; mais, dans l'après-midi, les générateurs en activité fuyaient tellement par les joints sous le coup de feu, qu'on a été obligé d'arrêter de nouveau pour les réparer.

Du 22 au 30 septembre. — On a profité de l'arrêt pour remplacer les tirants (pieds de fer) de tire-bouts, par d'autres plus forts. Le 30 septembre au soir, la machine a été remise en marche ; mais un défaut survenu à l'une des pompes a forcé de suspendre le travail.

1ᵉʳ *octobre*. — On s'est remis en marche dans l'après-midi ; la pompe nᵒ 2 du jour donnait de fortes secousses provenant du soulevement du séau resté dans cette pompe. Cet incident pouvait nous faire espérer de voir le séau s'arrêter à une certaine hauteur dans la travaillante ; et, lorsqu'on aurait retiré le tire-bout et le séau fonctionnant, il y avait lieu d'espérer qu'on parviendrait peut-être à reprendre le séau démanché. En conséquence, on a donné ordre au machiniste, aussitôt qu'il entendrait le choc dénotant le soulevement dudit séau, d'arrêter immédiatement la machine au point de la course où le choc se produirait, et même de relever le piston un peu plus haut, et de le maintenir à cette hauteur. On devait alors décrocher le tire-bout et le retirer. Cette manœuvre, faite plusieurs fois, a toujours indiqué que le séau était retombé au fond de la travaillante. Enfin, après avoir retiré une dernière fois le tire-bout avec le séau fonctionnant, il s'est présenté une circonstance à laquelle on ne s'attendait pas : c'est que le séau démanché, qu'on avait vainement cherché à retirer jusque-là, s'était fixé en dessous de l'autre sur l'extremité du tire-bout, après s'être retourné sens dessus dessous. Les chocs qu'on entendait dans la pompe se trouvaient dès lors parfaitement expliqués par ce fait, et l'on s'est trouvé débarrassé d'une opération qui aurait pris beaucoup de temps. On a retiré ensuite le secret de la pompe nᵒ 2, et on l'a renouvelé. Pendant ce battage d'eaux, celles-ci sont arrivées jusqu'à 1ᵐ,54 environ en dessous du collet de l'aspirante ; mais on n'a pu les y maintenir longtemps, car l'insuffisance de vapeur, par suite de nouvelles fuites aux bouilleurs et surtout d'une soufflure à l'un des bouilleurs de la grande chaudière qui venait d'être mise en feu pour remplacer la plus défectueuse des anciennes, a forcé de nouveau de suspendre la marche du travail.

REGISTRE DE FONÇAGE.

DATES.	ORDRE DES POSTES. 1. jour. — 2. nuit.	NOMS DES SURVEILLANTS.	1° Nombre de mineurs. 2° Nombre d'aides-mineurs.	TRAVAIL EFFECTUÉ. Enfoncement. — Mètres.	Cuvelage.	N° des membres.	Brandissage	Temps pour l'allongement des pompes. — Heures.	RETARDS OCCASIONNÉS. Durée. - Heures.	NATURE ET CAUSE.	EFFETS DES MACHINES. d'extraction. Quantité de terres extraite par poste. — Cuffats.	Consommation de charbon par jour. — Hectolitres.	d'épuisement. Nombre de jeux de pompe en activité.	Nombre de coups de pompes par minute.	Quantité d'eau extraite par minute. Hectolitres.	Consommation de charbon par jour. — Hectolitres.
	Report de la profondeur........			64.55												
10 déc.										Battage des eaux.			5	9	135	155
11 déc.										Idem.			3	9	135	142
12 déc.													5	9	155	182
13 déc.			5										3	9	135	210
14 déc.			5										3	9	135	200
15 déc.			5										5	9	135	185
16 déc.			5							Idem.			3	9	135	225
17 déc.			5										2	9	135	260
18 déc.			5										3	9	135	220
19 déc.			5							Arrêt de la machine d'épuisement, à cause d'un accident survenu aux pompes alimentaires.			3	9	135	100
20 déc.			5										3	9	135	250
21 déc.			5										5	9	135	275
22 déc.			5										3	9	135	280
23 déc.			5										5			255
24 déc.			5										5			270
25 déc.			5										3			27
	A reporter....			64.55												

OBSERVATIONS.

Détail des travaux et incidents. — Nature du terrain.

10 *décembre*. — Reprise du travail de la bure. Commencé l'épuisement des eaux : à six heures du matin, elles étaient à 3ᵐ,25 au-dessous de la tête du cuvelage.

11 *décembre*. — A dix heures et un quart, les eaux étant descendues à 19ᵐ,50 en dessous de la tête du cuvelage, il y a eu un arrêt de deux heures et demie pour refaire un joint de la boîte à vapeur. Pendant ce temps, les eaux ont remonté de 15 mètres.

13 *décembre*. — Les eaux étant arrivées à la tête des jeux du fond, on a retiré le secret du jeu nº 1, lequel, par un hasard heureux, a ramené avec lui la crête restée dans l'aspirante : le secret était brisé et a été remplacé ; puis les jeux du fond ont été attelés ; mais on a dû bientôt les dételer, parce que le nouveau secret ne fonctionnait pas bien.

14 *décembre*. — On a essayé vainement de retirer le secret par le moyen ordinaire, c'est-à-dire par le crochet de la corde du cabestan ; on n'a seulement retiré que l'anneau et la tige, cette dernière s'étant brisée à son point de jonction avec la queue du secret.

15 *décembre*. — On a retiré séparément le secret et la queue, au moyen d'outils appropriés.

16 *décembre*. — Après réparation, le secret a été remis dans la pompe. A une heure de l'après-midi, les jeux du fond étaient attelés de nouveau.

17 *décembre*. — A une heure du matin, on a constaté le bris d'une fourche de tire-bout du petit jeu de pompe : on a marché avec deux jeux du jour pendant la réparation, qui a été achevée vers six heures du matin ; les eaux étaient alors remontées aux sommiers de suspension.

18 *décembre*. — Battage des eaux.

19 *décembre*. — A deux heures du matin : défaut aux pompes alimentaires, bris du tire-bout de la pompe d'alimentation. Les eaux étaient alors arrivées à 7 mètres en dessous du bac. La réparation a duré jusqu'à cinq heures trois quarts du soir.

20 *décembre*. — A onze heures et demie du matin, les eaux étaient au niveau du bac ; remplacement du séau du jeu de pompe nº 1 du fond. A quatre heures du soir, les eaux étaient à 4 mètres en dessous du bac, et, à minuit, à 6 mètres.

21 *décembre*. — A sept heures du matin, les eaux sont remontées au bac. On suppose que l'un des séaux de pompes du fond fonctionne mal ; mais bientôt la marche redevient régulière. A deux heures de l'après-midi, les eaux sont encore remontées au bac. Remplacement du séau du jeu nº 1. La garniture en gutta-percha s'était dessoudée ; à six heures du soir, les eaux étaient à 3ᵐ,50 en dessous du bac.

22 *décembre*. — A sept heures du matin, les eaux étaient en dessous du collet supérieur des travaillantes, près du guidonnage qu'il s'agit de supprimer ; mais, pendant que les ouvriers étaient allés chercher les cordages et outils nécessaires, les eaux ont remonté rapidement, la marche de la machine s'étant ralentie, par suite du manque de vapeur. Les chauffeurs avaient été induits en erreur par les indications des manomètres qui étaient gelés. A neuf heures du matin, les eaux étaient à 1 mètre en dessous du bac ; à midi, elles étaient au guidonnage, qui a été alors supprimé. En continuant l'épuisement, les eaux sont descendues jusque près du collet de l'aspirante, ce qui a permis d'ôter encore un bois de guidonnages qui aurait pu gêner l'installation des pompes ; mais à partir de huit heures du soir, et pendant toute la nuit du 22 au 23, les eaux sont remontées progressivement, avec quelques alternatives de hausse et de baisse.

23 *décembre*. — A sept heures du matin, défaut d'une pompe alimentaire. A huit heures vingt-cinq minutes, arrêt de la machine d'épuisement pour visiter cette pompe ; réparation d'une soupape brisée. A midi trente-cinq minutes, remise en marche de la machine d'épuisement.

24 *décembre*. — A six heures du matin, les eaux étaient arrivées au milieu de la hauteur des travaillantes. On se préparait à prendre la mesure des tirants de suspension, lorsqu'il est survenu une nouvelle cause d'arrêt : un sac de dégorgeoir était sorti du bac ; les eaux remontaient lorsqu'on eut remédié à cet accident. Pendant que la machine battait les eaux, les ouvriers ont été occupés à resserrer les boulons des collets de pompes.

25 *décembre*. — Montage d'un hourd, près du bac de la répétition, et dévissage des vis du bac.

DATES.	ORDRE DES POSTES, j. jour. — n. nuit.	NOMS DES SURVEILLANTS	1° Nombre de mineurs. 2° Nombre d'aides-mineurs.	TRAVAIL EFFECTUÉ.					RETARDS OCCASIONNÉS.		EFFETS DES MACHINES.					
											d'extraction.		d'épuisement.			
				Enfoncement. — Mètres.	Cuvelage.	N° des membres.	Brandissage.	Temps pour l'allongement des pompes. — Heures.	Durée. — Heures.	NATURE ET CAUSE.	Quantité de terres extraite par poste. — Cuffats.	Consommation de charbon par jour. — Hectolitres.	Nombre de jeux de pompe en activité.	Nombre de coups de pompes par minute.	Quantité d'eau extraite par minute. Hectolitres.	Consommation de charbon par jour. — Hectolitres.
	Report de la profondeur......			61,55												
26 déc.			7													
27 déc.			5										3			175
28 déc.			9										3			160
29 déc.			12										3			175
30 déc.																
31 déc.			11										3			150
1856 1er janv.			12										3	5.7	85	180
2 janv			12										3			140
3 janv.			12										3	5	75	160
4 janv.			12										3	5 4	81	140
5 janv.			12										3	6 3	94	170
6 janv.			12										3	6.5	94	170
7 janv.			12										3			180
8 janv.			12										3	5.9	88	170
9 janv.			12										3			170
10 janv.			12										3	5.5	81	160
11 janv.			12										3			50
12 janv			12										3			50
13 janv.			12													
14 janv.																
15 janv.																
16 janv.																
17 janv.																
18 janv.																
À reporter.....				61.53												

OBSERVATIONS.

Détail des travaux et incidents. — Nature du terrain.

26 *décembre.* — Dévissage des vis du bac; ce travail étant achevé vers huit heures et demie, on a dételé les jeux du fond et retiré le tire-bout du jeu n° 2. On a pu parvenir à retirer le secret de ce jeu; les dégorgeoirs des jeux ont été démontés et renvoyés à la surface.

27 *décembre.* — Retiré les vis de suspension des jeux du fond; démontage des bois de guidonnages des tire-bouts, et désassemblage des pièces du tire-bout du petit jeu, en ne laissant que quelques vis pour soutenir provisoirement ces pièces.

28 *décembre.* — Démontage complet du tire-bout du petit jeu, ainsi que des tire-bouts des deux autres jeux du fond; retiré un des sommiers de suspension dont la position n'aurait pu convenir pour placer des boîtes rivantes; retiré également les secrets du jeu n° 1 et du jeu du fond.

29 *décembre.* — Retiré le petit jeu du fond.

30 *décembre.* — Relevé hors de l'eau le jeu n° 2, après y avoir ajouté une soulevante, afin de pouvoir y fixer les chaînes et traits d'attache de la corde du cabestan: défait le joint de l'aspirante avec la travaillante, et remonté cette aspirante à la surface, après avoir assis le reste de la colonne de pompes sur des sommiers préparés à cet effet. Le secret a alors pu être retiré de l'aspirante: la croix de ce secret s'était ancrée dans la partie cylindrique de l'aspirante.

31 *décembre.* — On a fait des modifications à l'aspirante, consistant dans le percement de nouveaux trous et dans le placement d'une frette sous le goblet qui sert de siége au secret. Démontage des tirants de suspension.

1856. 1er *janvier.* — Achèvement de la pose de la frette, qui a été recommencée à deux reprises avant de pouvoir être faite convenablement.

2 *janvier.* — Placement de l'aspirante modifiée, et pose des nouveaux tirants de suspension.

3 *janvier.* — Redescendu le jeu n° 2 sur le terrain; relevé ensuite le jeu n° 1 hors de l'eau; ôté son aspirante et ses tirants de suspension.

4 *janvier.* — Replacé l'aspirante modifiée comme la première, et posé les nouveaux tirants de suspension.

5 *janvier.* — Redescendu le jeu n° 1 à sa place sur le terrain, et fait un guidonnage à la tête des jeux de pompes. Posé un des sommiers pour boîtes rivantes; commencé à démonter le bac.

6 *janvier.* — Achèvement du démontage du bac.

7 *janvier.* — Fixé des patiniats un peu en dessous des goblets des aspirantes des pompes du jour, pour recevoir des sommiers qui vont supporter ces pompes au moyen de boîtes rivantes, afin de pouvoir supprimer les tirants de suspension, lorsqu'on voudra démonter ces pompes.

8 *janvier.* — Pose des derniers patiniats; placement des sommiers et des boîtes rivantes destinées à supporter les jeux du jour. Renvoyé à la surface le hourd qui avait été fait pour le placement de ces sommiers; mis d'aplomb les jeux de pompes du fond, et commencé le rechargement de ces pompes.

9 *janvier.* — Continuation du rechargement des jeux du fond.

10 *janvier.* — Id. Id.

11 *janvier.* — Continuation du rechargement des jeux du fond; ajouté deux pièces de tirants de suspension.

12 *janvier.* — Continuation du rechargement des jeux du fond; retiré le tire-bout du petit jeu du jour.

13 *janvier.* — Terminé le rechargement des jeux du fond jusque près des sommiers du jour; ôté deux de ces sommiers et deux soulevantes du petit jeu du jour; fait un hourd dans le trait à terres et dans le compartiment des pompes, pour recueillir les terres de deux galeries de déversement à établir pour les deux jeux de pompes situés contre l'entre-fend du trait à terres.

14 *janvier.* — Ôté les sommiers qui supportent les caisses de contre-poids et dont une extrémité, encastrée dans la tonne de briques, se trouvait précisément à l'endroit où doivent s'ouvrir les galeries de déversement des eaux.

15 *janvier.* — Replacé les sommiers de contre-poids un peu plus bas, et commencé le percement des galeries.

16 *janvier.* — Continué le percement des galeries.

17 *janvier.* — Continué le percement des galeries. Commencé à maçonner la première de ces galeries.

18 *janvier.* — Percement et revêtement des galeries.

DATES.	ORDRE DES POSTES, j. jour. — n. nuit.	NOMS DES SURVEILLANTS.	1° Nombre de mineurs. 2° Nombre d'aides-mineurs.	TRAVAIL EFFECTUÉ.				
				Enfoncement. — Mètres.	Curelage.	N° des membres.	Brandissage.	Temps pour l'allongement des pompes. — Heures.
Report de la profondeur........				61.55				
19 janv.								
20 janv.								
21 janv.								
22 janv.								
23 janv.								
24 janv.								
25 janv.								
26 janv.								
27 janv.								
28 janv.			13					
29 janv.			13					
30 janv.			13					
31 janv.			13					
1er févr.			13					
2 févr.			13					
3 févr.			12					
4 févr.			12					
5 févr.			12					
6 févr.			13					
7 févr.			13					
8 févr.			13					
9 févr.			13					
A reporter....				61.55				

DATES.	RETARDS OCCASIONNÉS.		EFFETS DES MACHINES					
	Durée. — Heures.	NATURE ET CAUSE.	d'extraction		d'épuisement.			
			Quantité de terres extraite par poste. — Cuffats.	Consommation de charbon par jour. — Hectolitres.	Nombre de jeux de pompe en activité.	Nombre de coups de pompe par minute.	Quantité d'eau extraite par minute. — Hectolitres.	Consommation de charbon par jour. — Hectolitres.
19 janv.								
20 janv.								
21 janv.								
22 janv.								
23 janv.								
24 janv.								
25 janv.								
26 janv.								
27 janv.								
28 janv.					1			46
29 janv.					2			45
30 janv.					3			130
31 janv.					3			155
1er févr.					3	7.9	138	155
2 févr.					3	7.3	127	170
3 févr.					3	7.5	127	155
4 févr.					3	6.6	115	180
5 févr.					3	5.7	99.7	180
6 févr.					3	5.7	99.7	170
7 févr.					2	6.7	117	140
8 févr.								45
9 févr.								10

OBSERVATIONS.

Détail des travaux et incidents. — Nature du terrain.

19 *janvier*. — Continué le percement et le revêtement des galeries.

20 *janvier*. — Commencé à maçonner la deuxième galerie.

21 *janvier*. — Maçonné la deuxième galerie.

22 *janvier*. —   Id.

23 *janvier*. —   Id.

24 *janvier*. —   Id.

25 *janvier*. — Achèvement de la maçonnerie et démontage des hourds. Redressement de la tige du piston ; rétablissement de la verticalité du cylindre, et modification à la distribution des tiroirs d'admission et d'échappement.

26 *janvier*. — Continuation de ces travaux à la machine d'épuisement.

27 *janvier*. —   Id.   Id.

28 *janvier*. — Reprise de l'épuisement avec le jeu n° 2 du jour, à huit heures du matin. Démontage d'une soulevante de 5 mètres et d'une autre de 4 mètres du jeu n° 1 du jour ; placement de cette soulevante sur le jeu, près de l'échelle ; posé les vis de suspension de ce jeu ; descendu le séau et une partie des pièces du tire-bout.

29 *janvier*. — Placé les dernières pièces de tire-bout du jeu, près de l'échelle, et son dégorgeoir ; puis, on a attelé ce jeu. Démonté une seconde soulevante de 4 mètres du jeu n° 1 du jour, et placé cette soulevante sur le jeu opposé à l'échelle, du côté du trait à terres.

30 *janvier*. — Mis le tire-bout et le dégorgeoir du susdit jeu opposé à l'échelle, et attelé ce jeu, vers deux heures de l'après-midi ; ôté trois soulevantes au jeu n° 1 du jour et au petit jeu.

31 *janvier*. — Une des soulevantes du jeu n° 3 (la troisième en descendant) donne une fuite d'eau considérable ; on a remplacé cette soulevante. Ce jeu était remis en marche, vers six heures du soir ; pendant le battage des eaux qui a suivi, on a resserré les vis des collets de pompes et continué le démontage du jeu n° 1 et du petit jeu.

1er *février*. — Ôté les dernières soulevantes du petit jeu et du jeu n° 4, les bottes, les tirants de suspension, la travaillante et l'aspirante du petit jeu, ainsi que le secret du jeu n° 4. Posé des carcans à des soulevantes défectueuses des jeux n°s 2 et 3 ; transporté la corde du cabestan n° 2 au cabestan n° 1, celle de ce dernier ayant été rompue quelques jours auparavant.

2 *février*. — Remis des lambourdes à l'entre-fend du trait à terres ; retiré l'aspirante et la travaillante du jeu n° 4, et descendu une nouvelle aspirante avec frette en fer au goblet et deux rangées supplémentaires de trous de succion. Vers sept heures et demie du soir, la fourche supérieure du tire-bout du n° 3 s'étant cassée, on a dû la réparer. Pendant le battage des eaux qui a suivi cette réparation, on a mis des lambourdes d'entre-fend aux endroits où il en manquait.

3 *février*. — Descendu et posé la nouvelle travaillante du jeu n° 1 et trois soulevantes. Fait les hourds nécessaires.

4 *février*. — Posé cinq soulevantes au jeu n° 4. Vers trois heures, le jeu n° 3 ne prenant plus d'eau, on a retiré le tire-bout, et on a vu alors qu'une fourche était cassée et qu'une partie du tire-bout était restée dans la pompe. On a pu la retirer au moyen d'un crochet double ; ensuite, on a posé une nouvelle soulevante sur le jeu de pompe n° 4.

5 *février*. — Vers six heures du matin, un tire-bout s'est décroché par le soulèvement d'une bague d'emmanchement. Après avoir attelé de nouveau ce tire-bout, on a posé trois soulevantes, resserré successivement tous les boulons de joints, placé le collier de suspension et quatre pièces de tirants ; ceux-ci ont été ensuite saisis par un carcan.

6 *février*. — Descendu le jeu n° 4 au fond, et posé sur ce jeu quatre soulevantes.

7 *février*. — Posé cinq soulevantes et les tirants de suspension. Vers sept heures du matin, le tire-bout du jeu de pompe n° 2 s'est brisé : on a continué à marcher avec deux jeux pour terminer le montage du jeu n° 4.

8 *février*. — Assujetti les tirants de suspension par un carcan ; placé les vis de suspension ; posé les dernières soulevantes, le dégorgeoir et le sac de dégorgeoir, le séau et le tire-bout du jeu n° 4. Le même jour, on a retiré le tire-bout du jeu n° 2 qui s'était rompu ; puis on a essayé de retirer le secret, mais inutilement.

9 *février*. — On a travaillé toute la journée à retirer le secret du jeu n° 2 ; on n'y est parvenu que dans la soirée : l'anneau était brisé et tout déformé ; un morceau de cet anneau était engagé sous le clapet ; ce dernier était fortement plié, et la platine en tôle presque détachée. Quant au corps du secret, il n'avait pas souffert ; mais on voyait sur la crête et sur les extrémités des croisillons des trous de frottement, ce qui a fait supposer qu'il s'était encastré dans le siège ou dans la partie cylindrique de l'aspirante. On a terminé le montage du jeu n° 4, mis son tire-bout, et fait fonctionner ce jeu simultanément avec le jeu de pompe n° 3.

DATES.	ORDRE DES POSTES, j. jour. — n. nuit.	NOMS DES SURVEILLANTS.	1° Nombre de mineurs. 2° Nombre d'aides-mineurs.	TRAVAIL EFFECTUÉ. Enfoncement. — Mètres.	Cuvelage.	Nos des membres.	Brandissage.	Temps pour l'allongement des pompes. — Heures.	RETARDS OCCASIONNÉS. Durée. - Heures.	Nature et cause.	EFFETS DES MACHINES / d'extraction. Quantité de terres extraite par poste. — Cuffats.	Consommation de charbon par jour. — Hectolitres.	d'épuisement. Nombre de jeux de pompe en activité.	Nombre de coups de pompes par minute.	Quantité d'eau extraite par minute. Hectolitres.	Consommation de charbon par jour. — Hectolitres.
		Report de la profondeur......		61.55												
10 févr.			13										2	7.8	156	150
11 févr.			13										3	7.4	129	170
12 févr.			13										3	6.9	120	180
13 févr.			13										3			100
14 févr.			13													120
15 févr.			13													180
16 févr.			13													180
17 févr.			12									12	4	6	158	128
18 févr.			13									12		6	158	218
19 févr.	1er j.	A.	4									12	4			200
	2e »	B.	4													
	3e »	C.	5													
	1er n.	A.	4													
	2e »	B.	5													
	3e »	C.	4													
20 févr.			13									12				155
21 févr.			13													87
22 févr.			13													88
23 févr.	2e j.	A.	6									10				240
	3e »	B.	7													
	1er n	C.	4													
	2e »	A.	4										4	6.8	156.4	
	3e »	B.	5													
24 févr.	1er j.	C.	4.1													120
	A reporter....			61.55												

OBSERVATIONS

Détail des travaux et incidents. — Nature du terrain.

10 *février*. — Ôté le tire-bout du dernier jeu à démonter, c'est-à-dire le jeu n° 1 du jour ; retiré le dégorgeoir et 30 mètres de pompes ; replacé le secret réparé au jeu n° 2 et fait fonctionner cette pompe.

11 *février*. — Terminé le démontage du jeu n° 1 ; placé une nouvelle aspirante et une nouvelle travaillante.

12 *février*. — Placé huit soulevantes au jeu n° 1 et les tirants de suspension.

13 *février*. — Placé quatre soulevantes. Au moment où l'on se préparait à descendre le jeu n° 1 dans le fond, un emmanchement de tire-bout, à la tête du jeu de pompe n° 5, s'est brisé. On a retiré le tire-bout et le secret que l'on supposait endommagé : comme ce secret adhérait fortement, on n'a pu le retirer avec la corde du cabestan ; on l'a repris par une fourche à griffes fixée à l'extrémité du tire-bout, sur lequel on a agi au moyen de vis de pression.

14 *février*. — On a attendu, pour descendre le jeu n° 1, que la pompe n° 5 fût remise en activité, ce qui a eu lieu le soir ; alors on a descendu le jeu n° 1, et on l'a mis d'aplomb.

15 *février*. — Placé six soulevantes de 2 mètres de longueur et une partie des tirants de suspension.

16 *février*. — Démonté deux soulevantes qui n'étaient pas verticales ; on les a replacées. Posé trois soulevantes de 4 mètres et une de 5 mètres ; achevé le placement des tirants de suspension.

17 *février*. — Fixé les tirants de suspension par un carcan ; posé les vis de suspension, le dégorgeoir et le tire-bout du jeu de pompe n° 1. La machine a commencé à marcher avec quatre jeux de pompes à sept heures et demie du soir.

18 *février*. — Battage des eaux. Placement de guidonnages.

19 *février*, 1er poste. — Les eaux commençaient à être à plat : on a remplacé les couvertures de toile d'étoupes qui garnissaient les parois et qui étaient pourries ; ensuite, on a commencé à déblayer le fond en dessous des pompes, où se trouvait engagé un hourd fait précédemment pour la pose de la plate-trousse.

2e poste. — Déblayé le fond du puits.

5e poste. — Id.

4e poste. — Déblayé le fond du puits. Envoyé deux cuffats de terres à la surface, et descendu le jeu de pompe n° 2 de 0m,06.

5e poste. — Déblayé le fond du puits ; envoyé trois cuffats de terres à la surface, et descendu le jeu de pompe n° 2 de 0m,50.

6e poste. — Continué à retirer des bois et de la terre en dessous des jeux de pompes. A trois heures et demie, rupture d'un emmanchement de tire-bout.

20 *février*. — La réparation de cet emmanchement étant faite, la machine a été remise en marche le 20, vers une heure de l'après-midi. A trois heures de l'après-midi, un autre emmanchement de tire-bout s'est rompu : en retirant le tire-bout, on a remarqué un nouvel emmanchement sur le point de rompre.

21 *février*. — Ces deux emmanchements ont été remplacés, et le 21, à quatre heures et demie du matin, le quatrième jeu de pompe était attelé de nouveau. Vers dix heures, les eaux étaient à plat, lorsqu'un emmanchement de tire-bout s'est décroché : le tire-bout a été retiré en deux parties et réassemblé. La machine était remise en marche vers une heure de l'après-midi ; les eaux étaient basses à trois heures ; alors les ouvriers ont repris leur travail du fond, en approfondissant sous les jeux n°s 1, 2 et 4, pour les faire descendre au niveau du jeu n° 5. Mais, à dix heures du soir, un nouvel emmanchement de tire-bout s'est rompu : c'était le pied de fer du séau. Après avoir retiré le tire-bout, on a travaillé toute la nuit pour reprendre le séau, sans pouvoir y parvenir.

22 *février*. — On a pu enfin retirer le séau dans la matinée du 22. On a remis un nouveau séau ; puis, la machine a été remise en marche pour battre les eaux.

23 *février*, 2e poste. — Les eaux étaient basses le 23, vers dix heures du matin. On a descendu le jeu n° 1 de 0m,10 et le n° 4 de 0m,30.

5e poste. — Descendu le jeu n° 1 de 0m,40.

4e poste. — Descendu le jeu n° 1 de 0m,10, et commencé un hourd pour la pose de la plate-trousse.

5e poste. — Achevé le hourd et remis un dégorgeoir au cariou ; commencé à retailler les parois pour faire la place de la plate-trousse.

6e poste. — Continué à faire la place de la plate-trousse.

24 *février*, 1er poste. — Terminé ce travail, en enlevant, dans le trait à terres (sur une largeur de 2 mètres et sur une profondeur de 0m,80 au maximum, mesurée à partir des fils à plomb intérieurs au cuvelage), du terrain qui se délitait. Envoyé neuf cuffats de terres à la surface.

REGISTRE DE FONÇAGE.

DATES.	ORDRE DES POSTES. (1 jour — n. nuit.)	NOMS DES SURVEILLANTS.	1° Nombre de mineurs. 2° Nombre d'aides-mineurs.	TRAVAIL EFFECTUÉ. Enfoncement. — Mètres.	Cuvelage.	N° des numéros.	Boudissage.	Temps pour l'allongement des pompes. — Heures.	RETARDS OCCASIONNÉS. Durée. — Heures.	NATURE ET CAUSE.	EFFETS DES MACHINES. d'extraction. Quantité de terres extraite par poste. — Cuffats.	Consommation de charbon par jour. — Hectolitres.	d'épuisement. Nombre de jeux de pompe en activité.	Nombre de coups de pompe par minute.	Quantité d'eau extraite par minute. Hectolitres.	Consommation de charbon par jour. — Hectolitres.
		Report de la profondeur......		61.55												
24 févr.	2e j.	A.	4.1													
	3e »	B.	5.1													
	1er n.	C.	13.5													
25 févr.			15.5													170
26 févr.																
27 févr.			11													180
28 févr.			11													
8 mars		A.	11							Battage des eaux.			4	7.1	165	180
9 mars		B.	11							Idem.						210
10 mars		C.	6							Idem.	10		4	7.7	177	170
	3e j.	A.	4													
	1er n.	B.	4													
	2e »	C.	4.1													
	3e »	A.	4.1													
11 mars	1er j.	B.	4.2								12					288
	2e »	C.	5.4										4	7.5	172.5	
	3e »	A.	5.4										4			
	1er n.	B.	4.2							Vers 11 heures du soir, la chaudière n° 2 fuyait par une crevasse en pleine tôle. A la partie inférieure d'un bouilleur, la tôle présentait une boursouflure transversale.						
	2e »	C.	5.4													
	3e »	A.	5.4										4	7.5	172.5	
12 mars	1er j.	B.	4.3								12		4	7.5	172.5	208
	2e »	C.	4.3													
	3e »	A.	4.4										4	6.5	149.5	
	1er n.	B.	4.3													
	2e »	C.	4.3													
	3e »	A	4.4													
13 mars	1er j.	B.	5.3								12		4	6.5	149.5	250
	2e »	C.	5.3													
	3e »	A.	4.4													
	1er n.	B.	5.3										4	6.5	149.5	
	2e »	C.	5.5													
		A reporter....		61.55												

OBSERVATIONS

Détail des travaux et incidents. — Nature du terrain.

2e poste. — Soutenu l'excavation faite, par des planches clouées au cariou et par des stra-cans. Commencé sur le hourd la pose d'une plate-forme destinée à recevoir la plate-trousse.

3e poste. — Au commencement de ce poste, le pied de fer du séau du jeu n° 2 s'est rompu à l'emmanchement : on a retiré le tire-bout, et cherché à reprendre le séau.

4e poste. — Le séau a été retiré à neuf heures et demie. Comme les forgerons étaient absents à cette heure, et qu'ils étaient, du reste, fatigués de plusieurs veillées précédentes, la réparation a dû être remise au jour suivant.

25 *février*. — Réparation de l'emmanchement rompu ; remplacement d'un autre emmanchement du tire-bout du jeu n° 2 qu'on avait remarqué être sur le point de rompre. Comme il restait encore deux séaux munis d'anciens emmanchements, et que la rupture de ces derniers était plus dangereuse que celle des autres emmanchements de tire-bouts, par suite de la difficulté de retirer le séau, on s'est décidé à remplacer ces deux emmanchements. On a, en conséquence, retiré les tire-bouts et séaux qui en étaient munis.

26 *février*. — Remplacé cesdits emmanchements. La manœuvre des tire-bouts ayant fait remarquer qu'un autre emmanchement était sur le point de rompre, on a également remplacé celui-ci.

27 *février*. — On a pu reprendre l'épuisement à une heure de l'après-midi.

28 *février*. — Les eaux étaient presque basses lorsque, vers sept heures du matin, il est survenu une nouvelle rupture d'emmanchement de tire-bout. Comme nous venions alors de recevoir l'assurance que les nouveaux emmanchements, commandés à des constructeurs de Lille, allaient nous être expédiés, nous avons ajourné l'épuisement jusque après le remplacement de tous les emmanchements.

Remplacement de tous les emmanchements de tire-bout, et renouvellement d'une corde de contre-poids.

8 *mars*. — Repris l'épuisement à cinq heures et demie du soir.

9 *mars*. — Continué.

10 *mars*. — Repris l'épuisement. Les eaux étaient basses à trois heures de l'après-midi.

3e poste. — Posé les dernières pièces de la plate-forme destinée à recevoir la plate-trousse. Pris la mesure des pièces de bois à loger dans l'excavation qui a été faite dans le trait à terres, où le terrain était délité.

4e poste. — Posé la plate-trousse. (Du dessous de cette dernière au dessous de la plate-trousse précédente, il y a environ 5^m,70.)

5e poste. — Nettoyé le fond du puits, et mis les bodets autour des aspirantes ; commencé ensuite à poser les pièces de bois ou abloes dans l'excavation du trait à terres (ces pièces avaient une hauteur telle qu'elles pouvaient servir également au premier siége).

6e poste. — Posé les abloes, et garni tous les joints de mousse bien braudie.

11 *mars*. 1er poste. — Mis la plate-trousse de niveau ; posé les madrilles avec mousse, et commencé le coignetage.

2e poste. — Terminé le coignetage, et picoté la plate-trousse.

3e poste. — Picoté la plate-trousse.

4e poste. —   Id.

5e poste. —   Id.

6e poste. — Picoté la plate-trousse. Pendant qu'on recepait le picotage, des charpentiers ont remis parfaitement de niveau la face supérieure de la plate-trousse ; ensuite, on a posé une partie du premier siége.

12 *mars*. 1er poste. — Achevé la pose du premier siége ; posé les madrilles avec mousse, et fait le coignetage.

2e poste. — Picoté le premier siége. L'excavation du trait à terres s'étant un peu exhaussée, on a soutenu le cariou à cet endroit par trois molles-bandes en fer, clouées au membre supérieur.

3e poste. — Picoté le premier siége.

4e poste. — Picoté le premier siége, et soutenu par des poussarts l'excavation du trait à terres.

5e poste. — Picoté.

6e poste. — Idem.

13 *mars*. 1er poste. — Picoté.

2e poste. — Picoté.

3e poste. — Terminé et recepé le picotage ; remis le siége de niveau, et pris la mesure du déversement.

4e poste. — Achevé de remettre le siége de niveau, et commencé à faire la place du deuxième siége.

5e poste. — Continuation du travail précédent.

Colonnes groupées : **TRAVAIL EFFECTUÉ** (Enfoncement — Mètres ; Cavelage ; N° des membres ; Brandissage ; Temps pour l'allongement des pompes — Heures) · **RETARDS OCCASIONNÉS** (Durée — Heures ; Nature et cause) · **EFFETS DES MACHINES** : *d'extraction* (Quantité de terres extraite par poste — Coffais ; Consommation de charbon par jour — Hectolitres) et *d'épuisement* (Nombre de jeux de pompe en activité ; Nombre de coups de pompes par minute ; Quantité d'eau extraite par minute — Hectolitres ; Consommation de charbon par jour — Hectolitres).

DATES	ORDRE DES POSTES (j. jour, n. nuit)	NOMS DES SURVEILLANTS	Nombre de mineurs / d'aides-mineurs	Enfoncement — Mètres	Cavelage	N° des membres	Brandissage	Temps pour l'allongement des pompes — Heures	Durée — Heures	Nature et cause	Quantité de terres extraite par poste — Coffais	Consommation de charbon par jour — Hectolitres (extraction)	Nombre de jeux de pompe en activité	Nombre de coups de pompes par minute	Quantité d'eau extraite par minute — Hectolitres	Consommation de charbon par jour — Hectolitres (épuisement)
	Report de la profondeur......			61.55												
13 mars	3e n.	A.	4.4													
14 mars	1er j.	B.	5.3							Dès le matin la chaudière n° 4 a commencé à couler par une fente en pleine tôle, comme la chaudière n° 2.		5	4	6.5	149.5	100
	2e »	C.	5.3							Le même accident est survenu peu après aux deux bouilleurs de la chaudière n° 3, et l'état de cette dernière a été en empirant rapidement.						
	3e »	A.	4.4													
31 mars										Réparation des chaudières. Battage des eaux.			4			350
1er avril			7							Idem.				6.4	147	217
2 avril			7							Idem.			4	8	184	240
3 avril			7							Idem.						240
4 avril	1er j.	B.	4.4							Idem.			4	6.26	144	255
	2e »	C.	4.4													
	3e »	A.	4.4													
	1er n.	B.	4.4										4	6.46	149	
	2e »	C.	4.4													
	3e »	A.	4.2													
5 avril	1er j.	B.	4.4													220
	2e »	C.	4.4													
	3e »	A.	4.4													
	1er n.	B.	4.4										4	6	132	
	2e »	C.	4.4													
	3e »	A.	4.4													
6 avril	1er j.	B.	5.5													220
	2e »	C.	5.2													
	3e »	A.	4.5													
	1er n.	B.	5.3													
	2e »	C.	5.3										4	5.56	128	
	3e »	A.	4.5													
7 avril	1er j.	B.	5.3													220
	2e »	C.	5.3													
	3e »	A.	4.5													
	1er n.	B.	5.5										4	5.56	128	
	2e »	C.	5.3													
	3e »	A.	4.5													
8 avril	1er j.	B.	5.3													200
	2e »	C.	5.3													
	3e »	A.	4.4													
	1er n.	B.	5.3										4	5.9	136	
	À reporter....			61.55												

OBSERVATIONS

Détail des travaux et incidents. — Nature du terrain.

6e poste. — Achevé ce travail, en retaillant les parois de l'excavation du trait à terres ; pris la mesure des ablocs qui doivent remplir cette excavation, et posé les premières pièces du siége.

14 *mars*. 1er poste. — Placé les dernières pièces du siége ; posé les ablocs, et garni ceux-ci de mousse sur toutes leurs faces de contact avec le terrain.
2e poste. — Coigneté le deuxième siége.
5e poste. — Picoté avec picots carrés. Le travail du fond a été suspendu à six heures du soir, par suite d'un manque de vapeur provenant du mauvais état des chaudières.

31 *mars*. — Reprise de l'épuisement à six heures et demie du matin. Le compteur ayant été dérangé, on a remis son chiffre à 610730.

1er *avril*. — Marche irrégulière du compteur, la machine donnant environ sept coups par minute.

2 *avril*. — Idem.

3 *avril*. — Idem.

4 *avril*. 1er poste. — Les eaux étaient basses, vers dix heures du matin.
2e poste. — Picoté le deuxième siége avec picots ronds en bois tendre.
5e poste. —   Id.   id.
4e poste. —   Id.   id.
5e poste. — Picoté le deuxième siége avec picots en chêne.
6e poste. —   Id.   id.

5 *avril*. 1er poste. — Picoté le deuxième siége avec picots en chêne. Recepé le picotage ; dressé de niveau la face supérieure du siége, et pris la mesure du déversement.
2e poste. — Posé le troisième siége et les madrilles.
5e poste. — Placé la mousse, et coigneté le siége.
4e poste. — Relevé le bourd, et retaillé le terrain au-dessus du siége, pour le jeu du marteau de picotage.
5e poste. — Picoté avec picots carrés.
6e poste. —   Id.

6 *avril*. 1er poste. — Picoté avec picots ronds.
2e poste. — Picoté avec picots ronds.
5e poste. —   Id.
4e poste. — Picoté avec picots en chêne.
5e poste. —   Id.
6e poste. — Picoté avec picots en chêne. Recepé le picotage, et commencé à dresser de niveau la face supérieure du siége.

7 *avril*. 1er poste. — Achevé de dresser la face supérieure du siége ; pris la mesure du déversement, et commencé, à sept heures, à faire la place du quatrième siége, en entaillant les parois, du côté du compartiment des pompes, où le terrain est solide.
2e poste. — Terminé la place du siége, en retaillant l'excavation du trait à terres ; rempli cette excavation par des pièces de bois préparées dans ce but. Sur la hauteur du deuxième siége, on a garni les joints de mousse, ainsi que les fentes du terrain que l'on a bien brandies et coignetées. Commencé la pose du quatrième siége.
3e poste. — Terminé la pose du quatrième siége, et mis les madrilles.
4e poste. — Ramené le siége aux fils à plomb et à l'équerre ; posé la mousse et les premiers coins.
5e poste. — Coigneté le siége, et brandi une coupe de terrain, située au-dessus de ce dernier, avec de la mousse et des coins.
6e poste. — Nettoyé le fond ; soutenu le jeu n° 2 par des porteurs posés au-dessus du collet de l'aspirante et appuyés sur des traverses reposant sur le terrain.

8 *avril*. 1er poste. — Terminé le nettoiement du fond, et fait un bourd sur le siége pour démonter le cariou.
2e poste. — Picoté le quatrième siége avec picots carrés.
5e poste. —   Id.   id.
4e poste. —   Id.   id.

DATES	ORDRE DES POSTES (j. jour. — n. nuit.)	NOMS DES SURVEILLANTS	1º Nombre de mineurs. / 2º Nombre d'aides-mineurs.	Enfoncement. — Mètres.	Cuvelage.	Nos des membrures.	Branlissage.	Temps pour l'allongement des pompes. — Heures.	Durée. — Heures.	NATURE ET CAUSE.	Quantité de terres extraite par poste. — Cuffats.	Consommation de charbon par jour. — Hectolitres.	Nombre de jeux de pompe en activité.	Nombre de coups de pompes par minute.	Quantité d'eau extraite par minute. — Hectolitres.	Consommation de charbon par jour. — Hectolitres.
	Report de la profondeur......			61.55												
8 avril	2e n.	G.	5.5													
	3e »	A.	4.4										4	5.4	124	200
9 avril.	1er j.	B.	5.5													
	2e »	C.	5.5													
	3e »	A.	4.4													
	1er n.	B.	5.5													
	2e »	C.	5.5													
	3e »	A.	4.4										4	5.5	122	190
10 avril	1er j.	B.	5.5													
	2e »	C.	5.5													
	3e »	A.	4.4													
	1er n.	B.	5.5													
	2e »	C.	5.5													
	3e »	A.	4.4										4	5.2	119	180
11 avril	1er j.	B.	5.5													
	2e »	C.	5.5													
	3e »	A.	4.4													
	1er n.	B.	5.5													
	2e »	C.	5.5													
	3e »	A.	4.4										4	5.1	117	203
12 avril	1er j.	B.	5.5													
	2e »	C.	5.5													
	3e »	A.	4.1													
	1er n.	B.	5													
	2e »	C.	5													
	3e »	A.	4													180
13 avril	1er j.	B.	5													
	2e »	C.	4													
	3e »	A.	5													
	1er n.	B.	5													
	2e »	C.	4													
	3e »	A.	5													180
14 avril	1er j.	B.	5													
	2e »	C.	4													
	3e »	A.	5													
	1er n.	B.	5													
	2e »	C.	4													
	3e »	A.	5													158
15 avril	1er j.	B.	5									10					
	2e »	C.	4										4	4.55	104	
	A reporter....			61.55													

OBSERVATIONS.

Détail des travaux et incidents. — Nature du terrain.

5e poste. — Picoté avec picots ronds.
6e poste. —   Id.

9 *avril.* 1er poste. — Picoté avec picots ronds.
2e poste. — Picoté avec picots ronds.
3e poste. —   Id.
4e poste. — Picoté avec picots en chêne.
5e poste. —   Id.
6e poste. — Picoté avec picots en chêne. Recepé le picotage; redressé la face supérieure du siége, et pris la mesure du déversement.

10 *avril.* 1er poste. — Retaillé le terrain à un endroit un peu plus délité, et rempli l'excavation par trois pièces de bois ; posé huit pièces du cinquième siége.
2e poste. — Achevé la pose du siége ; placé les madrilles et commencé à mettre la mousse.
3e poste. — Mis la mousse et les premiers coins.
4e poste. — Coigneté le siége, et commencé à le picoter.
5e poste. — Picoté avec picots carrés.
6e poste. —   Id.

11 *avril.* 1er poste. — Picoté avec picots carrés.
2e poste. — Picoté avec picots ronds.
3e poste. —   Id.
4e poste. — Picoté avec picots en chêne.
5e poste. —   Id.
6e poste. —   Id.

12 *avril.* 1er poste. — Picoté avec picots en chêne, pendant une partie du poste; on a recepé ensuite le picotage, redressé la face supérieure du siége, et mesuré le déversement de ce dernier.
2e poste. — Nettoyé le fond du puits ; démis les bodets, et relevé le hourd.
3e poste. — Travaillé à la pose du premier coffre de cuvelage, dont quatorze pièces ont été placées ; foré à nouveau les trous de renvoi qui s'étaient bouchés; mis les clapets et deux des boîtes qui les surmontent.
4e poste. — Achevé la pose du premier coffre de cuvelage, placé huit autres pièces de cuvelage et les deux dernières boîtes de clapets ; mis six cuffats de béton et cloué huit patiniats de hourd.
5e poste. — Cloué deux patiniats ; employé dix-huit cuffats de béton, et placé huit pièces de cuvelage.
6e poste. — Remonté le hourd ; posé seize pièces de cuvelage et trois cuffats de béton.

13 *avril.* 1er poste. — Oté le 1er membre ; placé seize pièces de cuvelage et six cuffats de béton.
2e poste. — Démis le 1er petit membre; placé dix pièces de cuvelage et quatre cuffats de béton.
3e poste. — Posé onze pièces de cuvelage et cinq cuffats de béton ; cloué huit patiniats, et commencé à faire un nouveau hourd.
4e poste. — Achevé le hourd ; démis le 2e membre, et posé seize pièces de cuvelage.
5e poste. — Cloué dix-neuf planchettes, pour relier entre elles les pièces de cuvelage ; placé sept pièces de cuvelage et sept cuffats de béton ; retiré des planches de boisage qu'on a renvoyées à la surface.
6e poste. — Posé onze pièces de cuvelage et quatre cuffats de béton ; démis et renvoyé à la surface le 2e petit membre.

14 *avril.* 1er poste. — Posé seize pièces de cuvelage et quatre cuffats de béton ; cloué huit patiniats, et préparé les billes d'un nouveau hourd.
2e poste. — Remonté le hourd; mis deux cuffats de béton ; démis le 3e membre et les porteurs que l'on a renvoyés à la surface.
3e poste. — Posé dix-sept pièces de cuvelage et quatre cuffats de béton ; renvoyé à la surface trois cuffats de planches du boisage de soutènement.
4e poste. — Posé seize pièces de cuvelage et huit cuffats de béton; cloué huit patiniats, et préparé les billes pour relever le hourd.
5e poste. — Relevé le hourd ; mis deux cuffats de béton, et démis le dernier membre.
6e poste. — Mis douze pièces de cuvelage et pris les mesures pour les pièces de l'avant-dernier coffre.

15 *avril.* 1er poste. — Posé dix-huit pièces de cuvelage et six cuffats de béton ; détaché les patiniats du dessous de la plate-trousse.
2e poste. — Posé deux pièces de cuvelage, quatre cuffats de rebourrage et cinq pièces de clefs. Retaillé le terrain pour la pose des clefs.

DATES.	ORDRE DES POSTES, j. jour. — n. nuit.	NOMS DES SURVEILLANTS.	1° Nombre de mineurs. 2° Nombre d'aides-mineurs.	TRAVAIL EFFECTUÉ. Enfoncement. — Mètres.	Cuvelage.	Nos des membres.	Brandissage.	Temps pour l'allongement des pompes — Heures.	RETARDS OCCASIONNÉS. Durée. — Heures.	NATURE ET CAUSE.	EFFETS DES MACHINES. d'extraction. Quantité de terres extraite par poste. — Cuffats.	Consommation de charbon par jour. — Hectolitres.	d'épuisement. Nombre de jeux de pompe en activité.	Nombre de coups de pompes par minute.	Quantité d'eau extraite par minute. Hectolitres.	Consommation de charbon par jour. — Hectolitres.
	Report de la profondeur......			61.55												
15 avril	3e j.	A.	5										4	4.65	107	
	1er n	B.	5													
	2e »	C.	5.1													
	3e »	A.	4.2													
16 avril	1er j.	B.	5.1													132
	2e »	C.	5.1													
	3e »	A.	4.2													
	1er n.	B.	5.1										4	3.7	85	
	2e »	C.	5.1													
	3e »	A.	4.2													
17 avril	1er j.	B.	5.1							Arrêt de la machine pour remettre une corde de contre-poids et refaire le bourrage de la tige du piston. Pendant ce temps, on a monté une partie des pièces de la cataracte.						115
	2e »	C.	5.1										4	3.5	76	
	3e »	A.	4.2													
	1er n.	B.	5.1													
	2e »	C.	5.1													
	3e »	A.	4.2													
18 avril	1er j.	B.	5.2									10	4	3.3	76	124
	2e »	C.	5.2													
	3e »	A.	4.3													
	1er n.	B.	5.2										4	3.6	85	
	2e »	C.	5.2													
	3e »	A.	4.3													
19 avril	1er j.	B.	5.2									10	4	3.6	85	155
	2e »	C.	5.2										4	3.6	85	
	3e »	A	4.3													
	1er n.	B.	5.2								7					
	2e »	C.	5.2								3					
	3e »	A	4.3													
20 avril	1er j.	B	5.2	0.35						Par suite de divers nettoiements du fond du puits, la profondeur a été augmentée de 0m,35.	1	10	4	4.3	99	110
	2e »	C	4.3													
	3e »	A.	5.2													
	1er n	B	5.2										4	4.1	94	
	2e »	C.	4.3													
	3e »	A.	5.2													
	A reporter....			61.88												

OBSERVATIONS.

Détail des travaux et incidents. — Nature du terrain.

3e poste. — Posé les onze dernières pièces de clefs ; cloué des couvertures de toile d'étoupes sur les joints de ces pièces et de la plate-trousse supérieure, et renvoyé deux hourds à la surface.

4e poste. — Brandi à 2m,50 en dessous de la passe précédente et en remontant, pour resserrer les joints des pièces de clefs.

5e poste. — Brandi.

6e poste. — Brandi, et relevé le hourd.

16 avril. 1er poste. — Brandi en remontant.

2e poste. — Brandi en remontant, et relevé le hourd.

3e poste. — Brandi en remontant.

4e poste. —   Id.

5e poste. —   Id.

6e poste. — Commencé à brandir en descendant, et à ôter les vis des extrémités inférieures des tirants de suspension.

17 avril. 1er poste. — Suspension du travail.

2e poste. — Suspension du travail. La machine, remise en marche à midi et demi, avait battu les eaux à une heure trois quarts. On a travaillé à ôter des vis de tirants de suspension.

3e poste. — Pendant que les charpentiers redressaient les pièces de clefs à leur jonction avec la passe précédente, on a continué à ôter les vis des extrémités des tirants de suspension et celles de différents tronçons de ceux-ci qui s'étaient détendus.

4e poste. — Même travail.

5e poste. — Brandi, en descendant.

6e poste. —   Id.

18 avril. 1er poste. — Brandi, en descendant ; mis une bille de refend.

2e poste. — Brandi, en descendant ; renvoyé un hourd à la surface.

3e poste. — Brandi, en descendant.

4e poste. — Brandi, en descendant. Mis une bille de refend et huit lambourdes ; renvoyé un hourd à la surface.

5e poste. — Brandi, en descendant.

6e poste. —   Id.

19 avril. 1er poste. — Brandi, en descendant, et renvoyé un hourd à la surface.

2e poste. — Brandi, en descendant.

3e poste. —   Id.

4e poste. — Terminé le brandissage et renvoyé deux hourds à la surface.

5e poste. — Nettoyé le fond du puits et fait deux guidounages aux pompes. Le terrain du fond était délité du côté du trait à terres et du côté opposé. Deux excavations s'étaient formées en dessous de la plate-trousse sur une profondeur d'environ 1 mètre, et sur une largeur, pour l'une, de près de 2 mètres, et, pour l'autre, de 1m,50. La première de ces excavations correspondait au mauvais terrain qu'on avait déjà remarqué plus haut, et qui avait déterminé des excavations, remplies ensuite avec de grosses pièces de bois posées derrière les siéges. A droite et à gauche de cette première excavation, le terrain était encore très-délité, mais ne menaçait pas de tomber. La seconde excavation correspondait à une coupe oblique, dont une des parois avait été emportée par les eaux.

La venue d'eau sort presque tout entière de ces excavations, et semble faire son circuit assez loin des siéges ; de sorte qu'on peut présumer qu'il passe très-peu d'eau par les trous de renvoi.

Des palplanches ont été enfoncées dans le terrain contre les parois délitées et excavées, pour les soutenir pendant qu'on fera la suspension du cuvelage, en attendant qu'on pose un membre.

6e poste. — Cloué trente-deux molles-bandes pour relier les siéges entre eux, et nettoyé le fond du puits.

20 avril. 1er poste. — Achevé le nettoiement du fond du puits, et fait un hourd pour la pose des tirants de suspension.

Posé quatre de ces tirants.

2e poste. — Posé huit tirants de suspension ; fixé six vis à bois aux extrémités inférieures de ces tirants, et fait un hourd pour décrocher les T des tirants de la passe précédente.

3e poste. — Démis quatre T de la passe supérieure ; posé ces T à la passe inférieure, et mis quatre rallonges de tirants ; fixé ces tirants avec des vis.

4e poste. — Mis trente-trois grosses vis aux T des tirants de suspension ; posé les clavettes d'emmanchement pour tendre les tirants, et fixé douze petites vis.

5e poste. — Fixé cinq grosses vis et cinquante-deux petites.

6e poste. — Achevé de mettre les vis, et renvoyé à la surface les hourds qui avaient été faits dans ce but.

DATES.	ORDRE DES POSTES, j. jour. — n. nuit.	NOMS DES SURVEILLANTS.	1° Nombre de mineurs. 2° Nombre d'aides-mineurs.	Enfoncement. — Mètres.	Cuvelage.	Nos des assembres.	Brandissage.	Temps pour l'allongement des pompes. — Heures.	Durée. — Heures.	NATURE ET CAUSE.	Quantité de terres extraite par poste. — Cuffats.	Consommation de charbon par jour. — Hectolitres.	Nombre de jeux de pompe en activité.	Nombre de corps de pompes par minute.	Quantité d'eau extraite par minute. Hectolitres.	Consommation de charbon par jour. — Hectolitres.
	Report de la profondeur.......			61.88												
21 avril	1er j.	B.	5.2								8	10				112
	2e »	C.	4.5								8					
	3e »	A.	5.2			1er					2		4	4.2	97	
	1er n.	B.	5.2								2					
	2e »	C.	4.5								5					
	3e »	A.	5.2								5		4	4.3	99	
22 avril	1er j.	B.	5.2								7	10				120
	2e »	C.	4.5								8		4	4.3	99	
	3e »	A.	5.2								6					
	1er n.	B.	5.2								4		4	4.5	105.5	
	2e »	C.	4.5	0.85							5		4	4.5	105.5	
	3e »	A.	5.2								6		4	4.5	105.5	
23 avril	1er j.	B.	5.2								6	10	4	4.5	105.5	150
	2e »	C.	4.5								8		4	4.5	105.5	
	3e »	A.	5.2								10		4	4.5	105.5	
	1er n.	B.	5.2			2e							4	4.5	105.5	
	2e »	C.	4.5										4	4.5	105.5	
	3e »	A.	5.2								4		4	4.5	105.5	
24 avril	1er j.	B.	5.2					4		Allongement des pompes et visite des seaux; on a arrêté la machine à 6 h 30 m.						65
	2e »	C.	4.5					4		Idem.						
	3e »	A.	5.2					4		Idem.						
	1er n.	B.	5.2					4		Idem.						
	2e »	C.	4.5					4		Idem.						
	3e »	A.	5.2								3					
25 avril	1er j.	B.	5.2								6	10	4	4.8	110	139
	2e »	C.	4.5								6					
	3e »	A.	5.2	0.70							5		4	4.9	115	
	1er n.	B.	5.2								6		4	4.9	115	
	2e »	C.	4.5								5		4	4.5	103	
	3e »	A.	5.2								5		4	4.5	103	
26 avril	1er j.	B.	5.2								5	10	4	4.5	103	140
	A reporter....			65.43												

OBSERVATIONS

Détail des travaux et incidents. — Nature du terrain.

---

21 *avril.* 1er poste. — Ramené le terrain pour la pose du 1er membre ; planchéié quatre faces, du côté de l'excavation du trait à terres, et remblayé, par de gros blocs de marne, derrière les stiffles.

2e poste. — Ramené et planchéié onze faces des parois du puits.

3e poste. — Stifflé les deux dernières faces des parois du puits, et mis un membre à 0m,80 en dessous de la plate-trousse ; ce membre a 4m,10 de diamètre intérieur. On a assemblé un petit membre intermédiaire.

4e poste. — Coigneté le petit membre, et cloué vingt-huit porteurs.

5e poste. — Creusé au potia, et descendu les jeux nos 1, 2 et 4 de 0m,10.

6e poste. — Descendu les jeux nos 1 et 4 ; le premier de 0m,10, et le second de 0m,15.

22 *avril.* 1er poste. — Creusé au potia d'environ 0m,50, en dessous des jeux de pompes.

2e poste. — Continué l'enfoncement.

3e poste. — Descendu le jeu no 2 de 0m,20, et le no 4 de 0m,10 ; on a démonté trois guidonnages et on en a replacé deux. Le terrain du fond du potia paraît très-dur : on y reconnaît la présence d'une déçoive.

4e poste. — Continué l'enfoncement ; on a défait sept guidonnages, et on en a remonté six.

5e poste. — Enfoncé ; on a monté quatre guidonnages et on en a démonté un ; mis une bille d'entre-feud et des lambourdes.

6e poste. — Enfoncé et descendu les pompes : le no 2 de 0m,20, le no 3 de 0m,10, et le no 1 de 0m,06. On a fait trois guidonnages et on en a défait deux. Le terrain du fond continue à être très-dur.

23 *avril.* 1er poste. — Commencé à ramener le terrain, pour la pose d'un second membre ; stifflé trois faces et demie, et fait descendre le jeu no 1 de 0m,14.

2e poste. — Stifflé sept faces et demie des parois, et fait quatre guidonnages.

3e poste. — Stifflé les cinq dernières faces des parois du puits, et égalisé le terrain, pour la pose du membre ; fait quatre guidonnages.

4e poste. — Posé le 2e membre de 4m,20 de diamètre intérieur, à 0m,85 du membre précédent, et coigneté ce membre ; fait deux guidonnages.

5e poste. — Posé et coigneté un petit membre intermédiaire ; cloué vingt porteurs du 1er au 2e membre, et mis vingt lambourdes, pour suspendre ces membres au cuvelage.

6e poste. — Cloué douze porteurs et deux lambourdes ; repris l'enfoncement en dessous des pompes, pour les mettre à fond avant le rechargement. Descendu le jeu no 1 de 0m,14, le no 2 de 0m,06, et le no 4 de 0m,10.

24 *avril.* 1er poste. — Fait un boord à la tête des jeux, pour démonter les dégorgeoirs ; ôté les quatre dégorgeoirs et renouvelé le séau du jeu de pompe no 2.

2e poste. — Posé une soulevante sur chacun des jeux nos 2 et 3 ; rallongé le tire-bout du jeu no 2 ; renouvelé le séau du jeu no 3, et rallongé son tire-bout.

3e poste. — Remis les dégorgeoirs aux jeux de pompes nos 2 et 3 ; renouvelé le séau du jeu no 1, et rallongé son tire-bout.

4e poste. — Renouvelé le séau du jeu no 4, et allongé son tire-bout ; mis une soulevante au jeu de pompe no 1, et posé le dégorgeoir du jeu no 4 : il restait à serrer les boulons de ces dégorgeoirs.

5e poste. — Serré ces boulons ; remis le dégorgeoir du jeu no 1, et placé les quatre versoirs en bois. La machine marchait à minuit, pour battre les eaux. On a fait un guidonnage à la tête du jeu no 1.

6e poste. — Les eaux étaient basses à quatre heures et un quart ; on a mis les broches aux aspirantes, et repris l'enfoncement.

25 *avril.* — 1er poste. — Enfoncé et cloué dix lambourdes, pour relier les membres au cuvelage ; on a décroché les tirants de suspension des pompes qui reposent sur le terrain ferme.

2e poste. — Continué l'enfoncement ; on a fait six guidonnages et on en a défait deux.

3e poste. — Continuation de l'enfoncement ; on a démonté deux guidonnages et on en a remonté deux.

4e poste. — Enfoncement. Le terrain du fond semble toujours très-dur : les parois continuent à être délitées, surtout dans le trait à terres, et au point opposé, dans le compartiment des pompes.

5e poste. — Enfoncé, et démonté trois guidonnages.

6e poste. — Enfoncé ; on a démonté cinq guidonnages, et on en a refait six.

26 *avril.* 1er poste. — Continuation de l'enfoncement. On aperçoit maintenant, un peu au-dessous de l'eau, la tête d'un banc solide dans lequel on est entré depuis quelques jours. La stratification est à peu près horizontale, mais sans régularité.

DATES.	ORDRE DES POSTES, 1 jour. — n. nuit.	NOMS DES SURVEILLANTS.	1° Nombre de mineurs. 2° Nombre d'aides-mineurs.	TRAVAIL EFFECTUÉ. Enfoncement. — Mètres.	Cuvelage.	Nos des membres.	Brandissage.	Temps pour l'allongement des pompes. — Heures.	RETARDS OCCASIONNÉS. Durée. — Heures.	NATURE ET CAUSE.	EFFETS DES MACHINES. d'extraction. Quantité de terres extraite par poste. — Cuffats.	Consommation de charbon par jour. — Hectolitres.	d'épuisement. Nombre de jeux de pompe en activité.	Nombre de coups de pompes par minute.	Quantité d'eau extraite par minute. Hectolitres.	Consommation de charbon par jour. — Hectolitres.
	Report de la profondeur......			65.43												
26 avril	2e j.	C.	4.3								7		4	4.3	99	
	3e »	A.	5.2								9					
	1er n.	B.	5.2								4		4	4.5	105	
	2e »	C.	4.3								2					
	3e »	A.	5.2													
27 avril	1er j.	B	4.3								7	10	4	4.5	105	125
	2e »	C.	5.2													
	3e »	A.	5.2													
	1er n.	B.	4.3								2					
	2e »	C.	5.2								6		4	4.5	105	
	3e »	A.	5.2								5					
28 avril	1er j.	B.	4.3								9	10	4	4.5	105	130
	2e »	C.	5.2								15					
	3e »	A.	5.2	1.30							7		4	4.8	110	
	1er n.	B.	4.3								11					
	2e »	C.	5.2								6		4	5.1	117	
	3e »	A.	5.2								5					
29 avril	1er j.	B.	4.5								10	10	4	4.8	110	124
	2e »	C.	5.2								6		4	4.8	110	
	3e »	A.	5.2					4		Allongement des pompes.						
	1er n.	B.	4.3						2 1/2	Battage des eaux.	2					
	2e »	C.	5.2								6		4	5.1	117	
	3e »	A.	5.2								5		4	5.1	117	
30 avril	1er j.	B.	4.3	0.40							6	10	4	5	115	150
	A reporter....			67.15												

OBSERVATIONS.

Détail des travaux et incidents. — Nature du terrain.

2e poste. — On a commencé à ramener les parois, en vue de placer un cariou à la tête de ce banc de terrain ; on a stifflé trois faces par des planches droites de 0m,75 de longueur, garnies de mousse à la partie inférieure, et percées de trous à la partie supérieure pour le passage de l'eau.

3e poste. — Stifflé sept faces des parois du puits, pour la place du cariou.

4e poste. — En voulant ramener la dernière partie des parois dans le trait à terres, l'abondance des eaux qui passaient par ces points y a déterminé un petit éboulement d'environ 0m,50 de hauteur sur une largeur de 2 à 3 mètres. L'excavation, n'atteignant pas la place que devait occuper le cariou, a été garnie de planches clouées au membre supérieur, et dont le pied avait été enfoncé de quelques centimètres dans le terrain inférieur. On a remblayé derrière ces planches, avec des pierres.

5e poste. — Stifflé les deux dernières faces des parois du puits ; aplani le terrain, et posé six pièces du cariou.

6e poste. — Posé les dix dernières pièces du cariou, et coignelé ce dernier.

27 avril. 1er poste. — Repris un peu de terrain à la torche qui supporte le cariou, afin de mieux placer les ouvriers pendant le picotage.

2e poste. — Picoté le cariou.

3e poste. —   Id.

4e poste. — Picoté, pendant les deux premières heures ; puis on a ôté les bodets et repris l'enfoncement.

5e poste. — Continuation de l'enfoncement ; défait et refait cinq guidonnages.

6e poste. — Enfoncé et fait huit guidonnages, après en avoir démonté six. A partir du cariou, le terrain se montre solide sur tout le pourtour de la fosse, ainsi que dans le fond.

28 avril. 1er poste. — Continué l'enfoncement ; mis une bille et des lambourdes d'entre-fend. Démonté et remonté un guidonnage ; vers la fin de ce poste, le terrain du fond a été brisé et soulevé d'environ 0m,80, par une venue d'eau.

2e poste. — Approfondissement dans le terrain soufflé. Les parois du puits ne paraissaient pas avoir souffert du soulèvement. Défait et refait huit guidonnages. On enfonce aisément une pince dans le terrain soufflé ; mais, à une certaine profondeur, elle s'arrête sur un banc solide.

3e poste. — Continuation de l'enfoncement. Les pompes descendant rapidement (depuis quelques jours, on avait cessé de les tenir suspendues), avant qu'on ait eu le temps d'en dégager la base du côté des parois, les deux jeux de pompes nos 1 et 4 se sont inclinés, en glissant sur le terrain vers le centre de la fosse, qui s'excave de lui-même. On s'est opposé à ce mouvement, et on y a remédié par des strucans posés entre les jeux nos 1 et 4 et les deux autres.

4e poste. — Continué l'enfoncement. Même nature de terrain aux parois du puits. On a fait sept guidonnages, et on en a défait deux.

5e poste. — Enfoncé et élargi le potia ; défait et refait six guidonnages.

6e poste. — Remplacement de cinq guidonnages.

29 avril. 1er poste. — Continuation de l'enfoncement, et remplacement de deux guidonnages.

2e poste. — Continuation de l'enfoncement. Les jeux étant descendus à fond, on a ôté les broches des aspirantes, et les ouvriers sont remontés à une heure trois quarts pour procéder à l'allongement des pompes. La machine a été arrêtée à deux heures.

3e poste. — Les quatre pompes ont été rechargées. Deux versoirs de dégorgeoirs ont été replacés.

4e poste. — Remis deux versoirs ; ensuite, le battage des eaux a commencé ; à huit heures et demie, les eaux étaient basses. On a remplacé deux guidonnages et repris l'enfoncement.

5e poste. — Creusé le potia. Le terrain du fond devient plus solide. On a fait trois guidonnages et on en a démonté quatre.

6e poste. — Continué l'enfoncement. Remplacé quatre guidonnages.

30 avril. 1er poste. — Continuation de l'enfoncement. On commence à apercevoir la décoive d'où est sortie la venue d'eau qui a soulevé le terrain : cette décoive est ouverte comme une véritable fente, probablement par suite de l'entraînement par la venue d'eau du petit lit de terre grasse qui séparait les deux bancs de terrain et qui existe encore en certains points. Cette décoive n'est pas tout à fait horizontale : elle s'incline même assez fortement d'un côté. On a mis un versoir au cariou.

DATES.	ORDRE DES POSTES. (1. jour — n. nuit.)	NOMS DES SURVEILLANTS.	1° Nombre de mineurs. 2° Nombre d'aides-mineurs.	Enfoncement. — Mètres.	Cuvelage.	Nos des membres.	Brandissage.	Temps pour l'allongement des pompes. — Heures.	Durée. — Heures.	NATURE ET CAUSE.	Quantité de terres extraites par poste. — Caffats.	Consommation de charbon par jour. — Hectolitres.	Nombre de jeux de pompe en activité.	Nombre de coups de pompes par minute.	Quantité d'eau extraite par minute. Hectolitres.	Consommation de charbon par jour. — Hectolitres.
	Report de la profondeur......			95.45												
30 avril	2e j.	C.	5.2								5.5					
	3e »	A.	5.2													
	1er n.	B.	4.5								7					
	2e »	C.	5.2								9					
	3e »	A.	5.2								12					
1er mai.	1er j.	B.	4.5									12	4	4.9	112	162
	2e »	C.	5.2													
	3e »	A.	5.2													
	1er n.	B.	4.5													
	2e »	C.	5.2								1					
	3e »	A.	5.2													
2 mai.	1er j.	B.	4.4								8	12	4	4.9	112	168
	2e »	C.	5.5													
	3e »	A.	5.5													
	1er n.	B.	4.4								3		4	4.8	110	
	2e »	C.	5.5													
	3e »	A.	5.5													
3 mai.	1er j.	B.	4.4								12		4	4.8	110	168
	2e »	C.	5.5													
	3e »	A.	5.5													
	1er n.	B.	4.4										4	4.8	112	
	2e »	C.	5.5													
	3e »	A.	5.5													
4 mai.	1er j.	B.	5.5									10	4	4.8	110	145
	2e »	C.	5.5										4	4.7	108	
	3e »	A.	4.4													
	1er n.	B.	5.5													
	2e »	C.	5.5													
	3e »	A.	4.4													
5 mai.	1er j.	B.	5.5									12	4	4.7	108	148
	2e »	C.	5.5													
	3e »	A.	4.4													
	1er n.	B.	5.5										4	4.6	105	
	2e »	C.	5.2													
	3e »	A.	4.4													
	A reporter...			05.45												

OBSERVATIONS.

Détail des travaux et incidents. — Nature du terrain.

2e poste. — On a mis trois versoirs, et continué l'enfoncement en dessous des jeux, pour tenir les eaux basses à peu près à la hauteur de la décoive, où l'on se propose de commencer un picotage.

3e poste. — Creusement du potia et remplacement de trois goidonnages.

4e poste. — Disposé les fils à plomb, pour la préparation de la place de la plate-trousse, et retaillé trois faces des parois du puits.

5e poste. — Ramené le terrain sur neuf faces.

6e poste. — Retaillé les dernières faces; ramené le fond du puits de niveau, et coigneté la décoive au point le plus élevé où elle atteint une partie de l'emplacement de la plate-trousse, afin de consolider le terrain que le picotage aurait pu briser, si on avait laissé subsister ce porte-à-faux.

1er mai. 1er poste. — Fixé les fils à plomb, et posé la plate-trousse.

2e poste. — Coigneté la plate-trousse, et mis les bodets en osier autour des aspirantes.

3e poste. — Picoté avec picots carrés.

4e poste. — Picoté, partie avec picots carrés, et partie avec picots ronds.

5e poste. — Picoté avec picots ronds.

6e poste. — Recepé le picotage; relevé le hourd pour faire la place des siéges, et commencé à retailler les parois sur une face.

2 mai. 1er poste. — Ramené huit faces de la place des siéges.

2e poste. — Retaillé les sept dernières faces, et mis six pièces de siége.

3e poste. — Posé les onze dernières pièces, et mis le siége de niveau et en concordance avec les fils à plomb; changé de place un versoir du cariou.

4e poste. — L'aspiration des pompes se trouvant gênée, on a démonté le hourd et nettoyé le fond; ensuite, on a rétabli le hourd, mis les madrilles derrière le siége, et garni de mousse quatorze de ces madrilles.

5e poste. — Garni les deux dernières madrilles de mousse; coigneté le siége, et recoupé les coins.

6e poste. — Picoté avec picots carrés.

3 mai. 1er poste. — Picoté avec picots carrés.

2e poste. — Picoté avec picots ronds.

3e poste. — Id.

4e poste. — Picoté avec picots ronds jusqu'à sept heures, et avec picots en chêne ensuite.

5e poste. — Picoté avec picots en chêne. Un lime vertical traverse la paroi, du côté de la pompe n° 1 : il s'est détaché un peu de terrain au-dessus du siége. On a retaillé cette petite excavation, pour y mettre des pièces de bois à hauteur du second siége, qui doit être posé à la suite du picotage du premier.

6e poste. — Achevé le picotage du premier siége, et recepé le picotage. Pendant ce poste, on a remis de niveau la face supérieure du siége, et on a mesuré le déversement.

4 mai. 1er poste. — La place du deuxième siége était toute préparée; mais on a dû ramener le terrain un peu plus haut pour faciliter le coup de marteau. Posé deux pièces de bois garnies de mousse dans la petite excavation, près du jeu n° 1, et mis quatorze pièces du deuxième siége.

2e poste. — Placé les deux dernières pièces; amené les angles aux fils à plomb; posé les madrilles avec mousse, et commencé le coignetage.

3e poste. — Achevé le coignetage et picoté avec picots carrés.

4e poste. — Picoté avec picots carrés.

5e poste. — Id.

6e poste. — Picoté avec picots ronds.

5 mai. 1er poste. — Picoté avec picots ronds.

2e poste. — Picoté avec picots ronds jusqu'à midi, et avec picots en chêne pendant le reste du poste.

3e poste. — Picoté avec picots en chêne. Pendant ce poste, on a pris la mesure du déversement, et on a remis le siége de niveau.

4e poste. — Picoté avec picots en chêne jusqu'à huit heures. Renvoyé les bodets à la surface; mis neuf pièces du coffre de déversement, et cloué quatre patiniais.

5e poste. — Posé sept pièces du coffre de déversement et six cuffats de béton; cloué deux patiniais de hourd, et préparé les billes; fixé seize planchettes pour relier les pièces de cuvelage au siége.

6e poste. — Relevé le hourd, et mis douze pièces de cuvelage; retaillé un peu le terrain en dessous du cariou.

DATES	ORDRE DES POSTES, 1° jour — n. nuit.	NOMS DES SURVEILLANTS.	1° Nombre de mineurs. 2° Nombre d'aides-mineurs.	TRAVAIL EFFECTUÉ. Enfoncement — Mètres.	Curelage.	Nos des membres.	Boundissage.	Temps pour l'allongement des pompes. — Heures.	RETARDS OCCASIONNÉS. Durée. — Heures.	NATURE ET CAUSE.	EFFETS DES MACHINES — d'extraction. Quantité de force extraite par poste. — Cuffats.	Consommation de charbon par jour. — Hectolitres.	d'épuisement. Nombre de jeux de pompe en activité.	Nombre de coups de pompes par minute.	Quantité d'eau extraite par minute. Hectolitres.	Consommation de charbon par jour. — Hectolitres.
	Report de la profondeur........			65 13												
6 mai.	1er j.	B.	5									12	4	4,60	106	158
	2e »	C.	5										4	4.90	112	
	3e »	A.	4													
	1er n.	B.	5													
	2e »	C.	5													
	3e »	A.	4													
7 mai.	1er j.	B.	5									12	4	4.90	112	165
	2e »	C.	5													
	3e »	A.	4													
	1er n.	B.	5										4	4.56	105	
	2e »	C.	5													
	3e »	A.	4													
8 mai.	1er j.	B.	5									12	4	4.69	108	158
	2e »	C.	5										4	4.40	101	
	3e »	A.	4													
	1er n.	B.	5.3										4	4.10	94	
	2e »	C.	5.3													
	3e »	A.	4.4													
9 mai.	1er j.	B.	4.4									12		3.50	76	104
	2e »	C.	5.5										4	2	46	
	3e »	A.	5.3										4	1.52	55	
	1er n.	B.	4.4										4	1.40	52	
	2e »	C.	5.5													
	3e »	A.	5.3													
10 mai.	1er j.	B.	4.4									12				65
	2e »	C.	5.3										4	1.80	41	
	3e »	A.	5.3													
	1er n.	B.	4.4													
	2e »	C.	5.3										4	1.80	41	
	3e »	A.	5.3													
11 mai.	1er j.	B.	5.3									12	4	1.80	41	91
	2e »	C.	5.3													
	3e »	A.	4.4													
	1er n.	B.	5.2										4	1.70	39	
	2e »	C.	5.2													
	3e »	A.	4.3													
	A reporter....			65.45												

OBSERVATIONS.

Détail des travaux et incidents. — Nature du terrain.

6 *mai.* 1er poste. — Posé quatre pièces de cuvelage et quatre cuffats de béton ; démis une bille de refend ; démonté les versoirs et les planches du cariou ; coupé une pièce du cariou.

2e poste. — Démis le cariou. Posé seize pièces de cuvelage et cloué seize planchettes.

3e poste. — Posé huit pièces de cuvelage et trois cuffats de rebourrage ; retiré des planches de boisage et renvoyé trois coffres à la surface ; cloué huit patiniats de hourd.

4e poste. — Relevé le hourd ; mis six cuffats de béton ; démis les porteurs du 1er membre, et coupé les lambourdes.

5e poste. — Renvoyé le membre à la surface ; mis sept pièces de cuvelage, six cuffats de béton et seize planchettes.

6e poste. — Posé onze pièces de cuvelage et trois cuffats de béton.

7 *mai.* 1er poste. — Posé dix pièces de cuvelage et quatre cuffats de béton ; renvoyé à la surface le petit membre et les planches de stiflage.

2e poste. — Posé six pièces de cuvelage et cinq cuffats de béton ; renvoyé deux cuffats de planches de stiflage.

3e poste — Relevé le hourd ; démis une bille de refend ; renvoyé le 2e membre à la surface, et placé un cuffat de rebourrage.

4e poste. — Démis le petit membre, et renvoyé les planches du boisage ; posé seize pièces de cuvelage.

5e poste. — Posé quatre cuffats de béton et seize pièces de cuvelage.

6e poste. — Coupé les extrémités des picots, en dessous de la plate-trousse ; mis cinq cuffats de rebourrage et pris la mesure des clefs.

8 *mai.* 1er poste. — Posé les pièces de clefs, sauf la dernière, et cloué des lambourdes pour les maintenir en place.

2e poste. — Posé la dernière clef, travail qui a pris toute la durée du poste, à cause de la difficulté amenée par l'affluence des eaux.

3e poste. — Démis les lambourdes qui maintenaient les pièces de clefs ; garni de couvertures de toile d'étoupes les joints des clefs, et renvoyé deux hourds à la surface.

4e poste. — Brandi, en remontant, en commençant vers la partie inférieure de la passe.

5e poste. — Brandi et relevé le hourd.

6e poste. —   Id.

9 *mai.* 1er poste. —   Id.

2e poste. — Brandi.

3e poste. — Brandi aux joints des clefs et de la plate-trousse. Démis les lambourdes qui reliaient les siéges de la cinquième passe entre eux.

4e poste. — Brandi aux clefs et dans les siéges de la cinquième passe. Démis un T de tirant de suspension.

5e poste. — Démis deux T et brandi ; bouché les trous de vis des tirants de suspension avec des broches.

6e poste. — Démis six T ; bouché également les trous de vis, et commencé à brandir, en descendant.

10 *mai.* 1er poste. — Brandi, en descendant ; démis cinq T, et mis des broches dans les trous de vis.

2e poste. — Démis un T ; bouché les trous de vis, et renvoyé le hourd pour brandir plus bas ; continué le brandissage, en descendant. Il y a eu, pendant ce poste, une heure et demie d'arrêt pour refaire la boîte à étoupes de la machine.

3e poste. — Brandi.

4e poste. — Brandi. Posé une bille d'entre-fend avec ses lambourdes, et une bille de guidonnages.

5e poste. — Brandi.

6e poste. — Brandi et commencé à nettoyer le fond du puits.

11 *mai.* 1er poste. — Brandi et achevé de nettoyer le fond du puits.

2e poste. — Brandi.

3e poste. — Achevé le brandissage. Pendant ce poste, les charpentiers ont retaillé la légère saillie du premier siége.

4e poste. — Posé huit tirants de suspension avec leurs T.

5e poste. — Posé huit tirants et sept T ; mis vingt et une grosses vis.

6e poste. — Mis un T, trente-cinq grosses vis et plusieurs petites.

REGISTRE DE FONÇAGE.

DATES.	ORDRE DES POSTES. j. jour — n. nuit.	NOMS DES SURVEILLANTS.	1° Nombre de mineurs. 2° Nombre d'aides-mineurs.	TRAVAIL EFFECTUÉ. Enfoncement. — Mètres.	Cuvelage.	N° des cuvelures.	Boudissage.	Temps pour l'allongement des pompes. — Heures.	RETARDS OCCASIONNÉS. Durée. — Heures.	NATURE ET CAUSE.	EFFETS DES MACHINES. d'extraction. Quantité de terres extraite par poste. — Cuffats.	Consommation de charbon par jour. — Hectolitres.	d'épuisement. Nombre de jeux de pompe en activité.	Nombre de coups de pompes par minute.	Quantité d'eau extraite par minute. Hectolitres.	Consommation de charbon par jour. — Hectolitres.
	Report de la profondeur.....			65.45												
12 mai.	1er j.	B.	5.2									10	4	2	46	80
	2e »	C.	5.2										4	2.1	48	
	3e »	A.	4.5	0.20							10		4	2.1	48	
	1er n.	B.	5.2								5		4	2.1	48	
	2e »	C.	5.2								9		2	3.5	40	
	3e »	A.	4.5								9		2	5.5	40	
13 mai.	1er j.	B.	5.2								6	12	2	4	46	108
	2e »	C.	5.2	0.90							8		2	4	46	
	3e »	A.	4.5								12					
	1er n.	B.	5.2								6		2	6	69	
	2e »	C.	5.2								7					
	3e »	A.	4.5								7					
14 mai.	1er j.	B.	5.2								6	12				118
	2e »	C.	5.2										2	6.5	74	
	3e »	A.	4.5													
	1er n.	B.	5.2	0.20							9					
	2e »	C.	5.2	0.50							11		2	6.5	74	
	3e »	A.	4.5								6					
15 mai.	1er j.	B.	5.2						4	Allongement des pompes et renouvellement des seaux et secrets.						
	2e »	C.	5.2							Idem.						
	3e »	A.	4.5							Idem.						
	1er n.	B.	5.2							Idem.						
	2e »	C.	5.2							Idem.						
	3e »	A.	4.5							Idem.						
	A reporter.....			66.95												

OBSERVATIONS.
Détail des travaux et incidents. — Nature du terrain.

12 *mai*. 1er poste. — Mis trente-cinq petites vis et trois grosses; renvoyé un hourd à la surface.

2e poste. — Cloué trente-deux molles-bandes de la plate-trousse au siége; posé une bille de royon avec ses lambourdes et une bille de guidonnages; cloué des patins de conduite sur les emmanchements de tirants, dans le trait à terres.

3e poste. — A la fin du poste précédent, le jeu n° 4 ne donnait plus d'eau; aussitôt que les ouvriers de ce poste ont été remontés au jour, on a dételé les deux jeux n°s 4 et 3, ce qui n'a demandé que quelques instants. La machine a été remise en marche à deux heures cinq minutes avec les deux jeux n°s 2 et 4. On a approfondi et élargi le potia; descendu les deux jeux n°s 2 et 4 de 0m,20. Quatre guidonnages ont été démontés.

4e poste. — Approfondi le potia et descendu les jeux n°s 1, 2 et 3 de 0m,10. Renouvelé six guidonnages.

5e poste. — Continuation de l'approfondissement.

6e poste. — Continuation de l'approfondissement. Descendu les jeux n°s 3 et 4 de 0m,15; renouvelé six guidonnages.

13 *mai*. 1er poste. — Enfoncé et descendu le jeu n° 1 de 0m,20, les n°s 2 et 3 de 0m,12. Refait quatre guidonnages, après en avoir démonté six. Cloué deux patins de conduite sur les emmanchements de tirants de suspension, dans le trait à terres.

2e poste. — Enfoncé, et renouvelé six guidonnages. Le jeu n° 1 a été descendu de 0m,25, le n° 2 de 0m,15, le n° 3 de 0m,22, et le n° 4 de 0m,10.

3e poste. — Ramené le pourtour de la fosse; on a renouvelé quatre guidonnages et on en a fait deux nouveaux.

4e poste. — Creusé le potia pour se préparer à faire la place d'un cariou, en dessous de la déçoive qui donne de l'eau; mais il est sorti une nouvelle venue du fond, entre les jeux n°s 1 et 2, et en même temps le terrain s'est soulevé; de plus, la paroi, dans le trait à terres, s'est fortement délitée. Cette paroi a été garantie alors par un strucan et des planches, dont les extrémités ont été enfoncées de quelques centimètres dans le bon terrain. Les pieds des jeux de pompes se sont rapprochés, en glissant vers le centre de la fosse; on a travaillé à les remettre d'aplomb, au moyen de strucans, et en creusant le terrain autour des colonnes.

5e poste. — Travaillé à remettre les jeux d'aplomb, et creusé le potia pour descendre les jeux.

6e poste. — Ramené dix faces des parois de la fosse, sur 1m,10 de hauteur, pour faire la place d'un nouveau membre, l'état délité du terrain, dans le trait à terres, ne permettant pas de placer un cariou.

14 *mai*. 1er poste. — Ramené et stifflé six faces des parois, dans le trait à terres, et fait deux guidonnages.

2e poste. — Posé le membre à 1m,10 de la plate-trousse; mis par derrière des stiffles, aux endroits où la solidité du terrain n'avait pas exigé le placement préalable de ce boisage. Cloué douze lambourdes, pour relier plus solidement les siéges de la dernière passe à ceux de la précédente, dans le trait à terres, et prévenir par là tout mouvement du cuvelage que la mauvaise qualité du terrain, dans le trait à terres, rend possible, et dont nous avons eu un avertissement par quelques pichoux qui se sont déclarés au-dessus des siéges.

3e poste. — Coigneté le membre; posé et coigneté un petit membre intermédiaire, et cloué les porteurs.

4e poste. — Approfondi et élargi le potia; fait cinq guidonnages, après en avoir défait quatre. Mis des strucans entre les aspirantes qui tendaient à glisser vers le centre de la fosse.

5e poste. — Creusé le potia et renouvelé deux guidonnages. Les jeux ont été descendus : le n° 1 de 0m,12, le n° 2 de 0m,20, le n° 3 de 0m,21, et le n° 4 de 0m,25.

6e poste. — Approfondi le potia et renouvelé deux guidonnages. Le jeu n° 1 a été descendu de 0m,25, et le n° 3 de 0m,20.

15 *mai*. 1er poste. — Fait un hourd pour le rechargement des pompes; ôté trois dégorgeoirs; retiré le tire-bout et les séaux des jeux n°s 2 et 4.

2e poste. — Descendu un nouveau secret au jeu n° 2, et remis le tire-bout de ce jeu avec un nouveau séau.

3e poste. — Cherché à retirer le secret du jeu n° 4; on n'a pu y parvenir avec la corde du cabestan, à cause de l'adhérence de ce secret au siége.

4e poste. — Essayé encore de retirer le secret avec les deux cordes du cabestan, mais sans plus de succès; descendu alors la fourche, munie de griffes, à l'extrémité d'un tire-bout.

5e poste. — Au moyen de cette fourche, le secret a pu être détaché, en agissant sur le tire-bout par des vis de pression; on l'a ensuite retiré et remplacé.

6e poste. — Renouvelé le séau; remis le tire-bout du jeu n° 4, et retiré deux pièces du tire-bout de la pompe n° 1.

| | | | | TRAVAIL EFFECTUÉ. | | | | | RETARDS OCCASIONNÉS. | | EFFETS DES MACHINES d'extraction. | | d'épuisement. | | | |
DATES.	ORDRE DES POSTES, j. jour — n. nuit.	NOMS DES SURVEILLANTS.	1° Nombre de mineurs, 2° Nombre d'aides-mineurs.	Enfoncement. — Mètres.	Cuvelage.	N°s des membres.	Boudissage.	Temps pour l'allongement des pompes — Heures.	Durée. — Heures.	NATURE ET CAUSE.	Quantité de terre extraite par poste. — Cuffats.	Consommation de charbon par jour. — Hectolitres.	Nombre de jeux de pompe en activité.	Nombre de coups de pompes par minute.	Quantité d'eau extraite par minute. — Hectolitres.	Consommation de charbon par jour. — Hectolitres.
	Report de la profondeur......			66.95												
16 mai	1er j.	B.	5.2									10				80
	2e »	C.	5.2													
	3e »	A.	4.3													
	1er n.	B.	5.2						4	Allongement des pompes et battage des eaux.	4					
	2e »	C.	5.2	0.50					2 1/2	Battage des eaux.			2	5.7	65.5	
	3e »	A.	4.3								9					
17 mai.	1er j.	B.	5.2								7	15				133
	2e »	C.	5.2								10		2	6.5	75	
	3e »	A.	4.3							Renouvellement du secret et du seau de la pompe n° 3.	1					
	1er n.	B.	5.2						4	Rechargement du jeu n° 3 et battage des eaux.			4	5	115	
	2e »	C.	5.2						1/2	Battage des eaux.						
	3e »	A.	4.3	0.50							4		4	4	92	
18 mai	1er j.	B.	5.2								14	18				144
	2e »	C.	4.3	0.50							14					
	3e »	A.	5.2								9					
	1er n.	B.	5.2								9		4	3.7	85	
	2e »	C.	4.3	0.50							9					
	3e »	A.	5.2			3e					6					
	A reporter....			68.05												

OBSERVATIONS.

Détail des travaux et incidents. — Nature du terrain.

16 *mai*. 1er poste. — Retiré les dernières pièces de ce tire-bout, ainsi que le secret du même jeu ; renouvelé le séan et le secret ; descendu une partie du tire-bout et allongé le jeu n° 2.

2e poste. — Descendu la dernière pièce du tire-bout du jeu n° 1 ; retiré le tire-bout du jeu n° 3, et cherché à reprendre son secret. Pendant la durée de la traction exercée par la corde du cabestan sur l'anse du secret, on frappait sur ce dernier avec une pince en fer fixée à l'extrémité d'une corde ; cette corde est venue malheureusement à casser, et la pièce de fer est restée dans la pompe.

3e poste. — On a encore eu recours à la fourche à griffes : on a pu ainsi détacher le secret de son siége ; mais la pièce de fer, restée dans la pompe, s'étant mise en travers, n'a pu être retirée. Il n'y avait plus moyen de la saisir, si ce n'est en fixant cette barre de fer dans une position favorable ; mais, pour cela, il fallait aller dévisser l'aspirante et séparer cette dernière de la travaillante, pour pouvoir y introduire le bras. On s'est alors décidé à terminer toutes les dispositions prises pour l'épuisement, et à battre les eaux avec les jeux n°s 2 et 4 ; on a donc ajouté une soulevante au jeu n° 4.

4e poste. — Mis les dégorgeoirs des jeux n°s 1 et 4 ; attelé les tirants de suspension du jeu n° 3, en ajoutant des rallonges ; défait le hourd de rechargement et placé les deux versoirs en bois aux jeux n°s 2 et 4. La machine a été remise en marche à neuf heures.

5e poste. — A minuit et quart, les eaux étaient basses. On a creusé au potia pour faire descendre les pompes ; renouvelé trois guidonnages, et cloué quatre patiniais de royon.

6e poste. — Approfondissement du potia ; pose de deux guidonnages et de deux billes d'entre-fend avec leurs lambourdes. Les jeux de pompes ont été descendus : le n° 1 de 0m,10, le n° 2 de 0m,25, et le n° 4 de 0m,20. On a fait un hourd à la tête de l'aspirante du jeu n° 3, pour dévisser celle-ci.

17 *mai*. 1er poste. — Ramené le fond de la fosse et renouvelé six guidonnages. L'aspirante n° 3 a été dévissée et descendue un peu, de manière à permettre de relever la barre de fer qui y était restée, et de la fixer par une corde dans une position verticale. La fourche à griffes était bien accrochée au secret. On a ensuite replacé l'aspirante.

2e poste. — Retaillé les parois, pour faire la place d'un membre ; préparé quatorze faces et stifflé les parties délitées. Fait descendre le jeu n° 3 de 0m,10.

3e poste. — Continué à retailler les parois. Vers trois heures, une nouvelle venue d'eau, s'étant déclarée en dessous de l'échelle, a cassé le terrain du fond. La machine a battu alors six et demi à sept coups par minute, sans pouvoir tenir les eaux basses. Comme les parois étaient bien garanties, on a fait remonter les ouvriers du fond et on a arrêté la machine, afin de remettre la pompe n° 3 en bon état, et de faire fonctionner les quatre jeux. Cette opération s'est faite rapidement : à six heures, le secret était retiré, renouvelé, et on descendait un nouveau séau.

4e poste. — Replacé le tire-bout du jeu de pompe n° 3, dont deux pièces étaient déjà assemblées ; on a ensuite allongé ce jeu, et, à neuf heures, on a remis la machine en marche avec quatre pompes.

5e poste. — Les eaux étaient basses à dix heures et demie ; les parois du puits étaient bien restées dans l'état où elles avaient été laissées ; mais, le fond s'était soulevé d'environ 0m,30, on l'a déblayé ; on a retaillé une dernière face des parois, et posé le membre.

6e poste. — Coigneté le membre ; cloué les porteurs et élargi le potia. Le terrain du fond est toujours très-cassé. Les parois sont plus solides, mais elles se fendillent du côté de l'échelle, et à l'opposé, entre les jeux n°s 1 et 2 ; ce terrain est très-maigre. Une venue d'eau sort toujours du fond, en dessous de l'échelle ; en enfonçant une pince à cet endroit, on sent, à peu près à 0m,60 en dessous du membre, un banc qui paraît dur et plus gras.

18 *mai*. 1er poste. — Creusé et élargi le potia. Même terrain. Les parois s'exfolient du côté de l'échelle et entre les jeux n°s 1 et 2 ; neuf guidonnages ont été démontés et sept nouveaux ont été faits.

2e poste. — Elargi le potia et cloué seize lambourdes, pour relier le boisage au cuvelage.

3e poste. — Approfondi et fait descendre les pompes de 0m,20 ; remplacé sept guidonnages, après en avoir fait quatre nouveaux.

4e poste. — Continué l'approfondissement et fait descendre les jeux de pompes de 0m,20 ; commencé à ramener les parois, pour faire la place d'un nouveau membre à 0m,85 du précédent ; neuf guidonnages ont été défaits et sept renouvelés.

5e poste. — Ramené treize faces de la place du membre, et stifflé six de ces faces, les moins solides.

6e poste. — Achevé la préparation de la place du membre, et mis des stiffles aux parties les moins consistantes ; posé ce membre.

REGISTRE DE FONÇAGE.

DATES.	ORDRE DES POSTES, j. jour. — n. nuit.	NOMS DES SURVEILLANTS	1° Nombre de mineurs. 2° Nombre d'aides-mineurs.	TRAVAIL EFFECTUÉ. Enfoncement. — Mètres.	Cuvelage.	N° des membres.	Boutissage.	Temps pour l'allongement des pompes. — Heures	RETARDS OCCASIONNÉS. Durée. — Heures.	NATURE ET CAUSE.	EFFETS DES MACHINES d'extraction. Quantité de terres extraite par poste. — Caffats.	Consommation de charbon par jour. — Hectolitres.	d'épuisement. Nombre de jeux de pompe en activité.	Nombre de coups de pompes par minute.	Quantité d'eau extraite par minute. Hectolitres.	Consommation de charbon par jour. — Hectolitres.
	Report de la profondeur......			68.03												
19 mai.	1er j.	B.	5.2								8	15				105
	2e »	C.	4.3	0.00							13					
	3e »	A.	5.2								10		4	3.9	90	
	1er n.	B.	5.2								9					
	2e »	C.	4.5					4	4	Allongement des pompes.						
	3e »	A.	5.2					2	33/4	Allongement des pompes et battage des eaux.						
20 mai.	1er j.	B.	5.2								14	18	4	4.5	103	142
	2e »	C.	4.5								9		5	5.7	90	
	3e »	A.	5.2										5	5.8	101	
	1er n.	B.	5.2							Cariou.						
	2e »	C.	4.3										4	4	94	
	3e »	A.	5.2													
21 mai.	1er j.	B.	5.2									18				142
	2e »	C.	4.3													
	3e »	A.	5.2													
	1er n.	B.	5.2	0 90							5					
	2e »	C.	4.3								9		4	4	92	
	3e »	A.	5.2								9					
22 mai	1er j.	B.	5.2								9	18				142
	2e »	C.	4.5								8		4	4.1	94	
	3e »	A.	5.2								6					
	1er n.	B.	5.2			4e					1 1/2					
	2e »	C.	4.5													
	3e »	A.	5.2	0.30							9		4	4.1	94	
23 mai.	1er j.	B.	4.2									18	4	4.1	94	152
	A reporter....			70.13												

OBSERVATIONS.

Détail des travaux et incidents. — Nature du terrain.

19 *mai* 1er poste. — Coigneté le membre, et cloué les porteurs; repris ensuite l'approfondissement. Les parois, en dessous du membre, paraissent un peu meilleures; défait trois guidonnages.

2e poste. — Continué l'enfoncement. Les jeux nos 1 et 2 ont été descendus de $0^m,30$, les nos 3 et 4 de $0^m,20$. On a défait cinq guidonnages, et on en a refait six. Le terrain des parois est assez solide, sauf dans le trait à terres, où il est fort brisé.

3e poste. — Élargi le potia. Le terrain du fond est très-cassé, et par suite les pompes sont descendues seules d'environ $0^m,20$; on a renouvelé neuf guidonnages.

4e poste. — Dégagé la base des jeux de pompes, qui sont encore descendus de $0^m,15$. Mis une bille d'entre fond, et démis les broches pour procéder à l'allongement des jeux; six guidonnages ont été renouvelés.

5e poste. — Allongé les jeux nos 2 et 3; ajouté une soulevante aux jeux nos 1 et 4.

6e poste. — Posé les deux dégorgeoirs des pompes nos 1 et 4 et les quatre versoirs en bois. La machine était remise en marche à quatre heures dix minutes. En suivant l'abaissement du niveau des eaux, les ouvriers ont déplacé cinq guidonnages et en ont fait deux nouveaux. A cinq heures quarante-cinq minutes, les eaux étant basses, on a remis une partie des broches aux trous des aspirantes.

20 *mai* 1er poste. — Mis le reste des broches; élargi le potia et renouvelé deux guidonnages. Vers six heures et demie, la pompe n° 3 a cessé de donner de l'eau, par suite d'un défaut au secret.

2e poste. — Retaillé onze faces des parois, pour faire la place d'un cariou à $1^m,10$ du dernier membre.

3e poste. — Retaillé les cinq dernières faces des parois qu'on a garnies de planches droites avec mousse par derrière. On a défait trois guidonnages et on en a refait cinq. La pompe n° 3 a marché régulièrement, à partir de deux heures cinquante minutes. Depuis le matin, on a tenté, à diverses reprises, d'amener ce résultat, en donnant des secousses au secret, au moyen d'un levier introduit dans l'aspirante par un trou de succion; ce moyen a enfin réussi.

4e poste. — Posé le cariou. La torche sur laquelle il devait reposer s'étant délitée en divers points, on a dû, sur ces points, établir une assise en bois.

5e poste. — Mis les madrilles et la mousse; posé les bodets autour des aspirantes, et coigneté le cariou.

6e poste. — Picoté le cariou.

21 *mai* 1er poste. — Picoté le cariou, et démis les bodets.

2e poste. — Approfondi : les jeux nos 1 et 4 ont été descendus de $0^m,20$, et les jeux nos 2 et 3 de $0^m,25$; on a défait trois guidonnages et on en a refait quatre.

3e poste. — Descendu les pompes de $0^m,10$, en creusant en dessous; on a défait huit guidonnages, et on en a refait dix.

4e poste. — Élargi le potia : cloué les planches du cariou, et renouvelé deux guidonnages.

5e poste. — Approfondi et fait descendre les jeux de $0^m,15$.

6e poste. — Approfondi et descendu les jeux nos 1 et 3 de $0^m,18$; on a défait quatre guidonnages, et on en a refait huit.

22 *mai* 1er poste. — Approfondi et descendu les pompes : les jeux nos 2 et 3 de $0^m,18$, et le n° 4 de $0^m,22$; on a défait quatre guidonnages et on en a refait sept. Le terrain est très-dérangé, à partir du cariou; il est plein de limés et de fausses déçoives (faux-joints de stratification) donnant de l'eau.

2e poste. — Ramené le terrain autour des pompes, et commencé à retailler les parois, pour placer un membre à $0^m,80$ en dessous du cariou; huit faces étaient achevées et stiflées.

3e poste. — Retaillé huit faces des parois et stiflé.

4e poste. — Retaillé quelques faces qui n'étaient pas entièrement achevées; on a posé le membre, et on l'a coigneté.

5e poste. — Cloué les porteurs et mis quatre canards d'aérage.

6e poste. — Approfondi et descendu les pompes : le n° 1 de $0^m,10$, le n° 2 de $0^m,18$, le n° 3 de $0^m,22$, et le n° 4 de $0^m,18$; renouvelé sept guidonnages.

23 *mai* 1er poste. — Continué l'approfondissement. Les jeux nos 1, 2 et 4 ont été descendus de $0^m,10$; mis les versoirs au cariou; on a défait quatre guidonnages, et on en a refait sept. Terrain solide dans le trait à terres, et un peu cassé dans les autres parties; coupe ouverte donnant de l'eau près du jeu de pompe n° 2; limé vertical avec terrain délité près du jeu n° 3.

DATES.	ORDRE DES POSTES; j. jour. — n. nuit.	NOMS DES SURVEILLANTS.	1° Nombre de mineurs. 2° Nombre d'aides-mineurs.	TRAVAIL EFFECTUÉ. Enfoncement. — Mètres.	Cuvelage.	Nos des membres.	Brandissage	Temps pour l'allongement des pompes. — Heures.	RETARDS OCCASIONNÉS. Durée. Heures.	NATURE ET CAUSE.	EFFETS DES MACHINES. d'extraction. Quantité de terres extraite par poste. — Cuffats.	Consommation de charbon par jour. — Hectolitres.	d'épuisement. Nombre de jeux de pompe en activité.	Nombre de coups de pompes par minute.	Quantité d'eau extraite par minute. Hectolitres.	Consommation de charbon par jour. — Hectolitres.
	Report de la profondeur......			70.15												
25 mai.	2e j.	C.	4 3								9			4	4.1	94	
	3e »	A.	5.2	0.30							9		4	4.1	94	
	1er n.	B.	4.2								7		4	4.1	94	
	2e »	C.	4.3								9		4	4.1	94	
	3e »	A.	5.2								8		4	4.1	94	
24 mai	1er j.	B.	4.2								1	18	4	4.1	94	142
	2e »	C.	4 3	0.30							4		4	4.1	94	
	3e »	A.	5.2								8		4	4.1	94	
	1er n.	B.	4.2								5		4	4.1	94	
	2e »	C.	4.3								6		4	4.1	94	
	3e »	A.	5.2					4	4	Allongement des pompes.						
25 mai	1er j.	B.	4.3					2	5 1/2	Allongement des pompes et battage des eaux.	1/2	18	4	4.1	94	142
	2e »	C.	5.2								7					
	3e »	A.	4.2								6		4	4.1	94	
	1er n.	B.	4.3								7		4	4.1	94	
	2e »	C.	5.2	0.60							6		4	4.1	94	
	3e »	A.	4 2								6		4	4.1	94	
26 mai	1er j.	B.	4.3								10	18	4	4.1	94	152
	2e »	C.	5 2								7		4	4.1	94	
	3e »	A.	4.2								6		4	4.1	94	
	1er n.	B	4.3								5		4	4.3	99	
	2e »	C.	5 2								7					
	3e »	A.	4.2	0.40							3					
27 mai.	1er j.	B.	4.3								4	18	4	4.3	99	150
	2e »	C.	5.2								5		4	4.3	99	
	A reporter....			71.93												

OBSERVATIONS.

Détail des travaux et incidents. — Nature du terrain.

2e poste. — Continué l'approfondissement. Les jeux ont été descendus : le n° 1 de 0m,20, le n° 2 de 0m,10, le n° 3 de 0m,12, et le n° 4 de 0m,15 ; on a défait deux guidonnages et on en a refait trois.

3e poste. — Approfondi, et descendu les pompes de 0m,10. On a défait cinq guidonnages, et on en a refait trois. Le limé, ou coupe existant dans le terrain, près du jeu n° 2, paraît se fermer ; celle qui se trouve près du n° 3 laisse pénétrer une pince jusqu'à 1 mètre de profondeur ; mais elle ne donne pas d'eau ; il ne paraît pas venir d'eau du fond.

4e poste. — Continué l'approfondissement. Les jeux n°s 1 et 2 ont été descendus de 0m,15, les deux autres de 0m,10 ; on a défait trois guidonnages et on en a refait sept.

5e poste. — Commencé à faire la place du membre ; trois faces étaient entièrement achevées et les autres commencées.

6e poste. — Achevé la préparation de la place du membre.

24 mai. 1er poste. — Égalisé le fond ; posé et coigneté le membre, en plaçant derrière des planches de stifflage.

2e poste. — Cloué les porteurs ; mis une bille d'entre-fend et ses lambourdes ; creusé le potia, et fait descendre les jeux n°s 1, 2 et 3 de 0m,15, et le n° 4 de 0m,12. Le terrain devient plus tendre vers le milieu de la fosse.

3e poste. — Ramené le terrain autour des pompes ; on a défait dix guidonnages, et on en a refait six.

4e poste. — Approfondi. Les jeux ont été descendus de 0m,12 ; on a défait trois guidonnages, et on en a refait un.

5e poste. — Continué l'approfondissement. Les jeux ont été descendus : le n° 1 de 0m,15, et les trois autres de 0m,10 ; on a refait deux guidonnages, et on a ôté les broches des trous de succion, pour l'allongement des pompes.

6e poste. — On a allongé deux des jeux de pompes, et on a remis une soulevante aux deux autres jeux.

25 mai. 1er poste. — Remis deux dégorgeoirs et les quatre versoirs en bois ; on a attelé les tire-bouts. La machine était remise en marche à huit heures, et les eaux étaient basses à neuf heures vingt-cinq minutes ; en suivant les eaux, on a refait sept guidonnages ; on a remis ensuite les broches, et travaillé un peu au potia.

2e poste. — Mis deux couvertures de toile d'étoupes aux versoirs des gueules de pompes, et deux autres contre les parois de terrain, dans le trait à terres ; on a élargi le potia, défait cinq guidonnages, et on en a refait six.

3e poste. — Approfondi et descendu les pompes de 0m,15 ; on a défait un guidonnage, et on en a refait deux.

4e poste. — Continué l'enfoncement. Les jeux n°s 1 et 2 ont été descendus de 0m,20, et les deux autres de 0m,10 ; on a renouvelé six guidonnages, et on en a refait deux nouveaux. Le terrain du fond, surtout dans le trait à terres, devient plus solide.

5e poste. — Continuation de l'enfoncement. Le jeu n° 1 a été descendu de 0m,10, le n° 2 de 0m,12, le n° 3 de 0m,08, et le n° 4 de 0m,12 ; on a démonté quatorze guidonnages, et on en a refait cinq.

6e poste. — Creusé et élargi le potia ; trois jeux ont été descendus de 0m,05.

26 mai. 1er poste. — Creusé en dessous des pompes qui ont été descendues : le jeu n° 1 de 0m,18, le n° 2 de 0m,14, et les deux autres de 0m,15 ; on a démonté deux guidonnages, et on en a refait trois. Les parois du puits sont ramenées sur 1 mètre environ en dessous du dernier membre ; elles sont assez solides, mais il s'y trouve encore, dans le compartiment des pompes, quatre coupes assez ouvertes donnant de l'eau, et le terrain avoisinant ces coupes est un peu délité. On ne voit pas qu'il y ait lieu de poser des siéges en ce point.

2e poste. — Élargi le potia ; on a défait seize guidonnages, et on en a refait huit.

3e poste. — Creusé le potia et descendu les jeux de pompes : les jeux n°s 1 et 2 de 0m,10, le n° 3 de 0m,12, et le n° 4 de 0m,12 ; on a mis des rallonges aux versoirs du cariou ; on a changé un guidonnage, et on en a fait sept nouveaux.

4e poste. — Creusé et élargi le potia ; fait descendre les jeux n°s 1 et 3 de 0m,05, le n° 2 de 0m,08, et le n° 4 de 0m,12 ; on a défait un guidonnage, et on en a refait six.

5e poste. — Élargi le potia.

6e poste. — Creusé et élargi le potia ; on a pénétré dans un banc qui paraît plus solide. Les jeux de pompes ont été descendus : le n° 1 de 0m,10, le n° 3 de 0m,14, et le n° 4 de 0m,12 ; on a défait un guidonnage.

27 mai. 1er poste. — Posé trois canards d'aérage ; creusé et élargi le potia ; on a fait descendre le jeu n° 2 de 0m,08 et le n° 4 de 0m,05 ; défait deux guidonnages.

2e poste. — Ramené le fond de la fosse et retaillé les parois, à 0m,50 des fils à plomb ; creusé également en dessous des jeux de pompes qui ont été descendus : le n° 1 de 0m,08, le n° 2 de 0m,10, et le n° 4 de 0m,04.

DATES.	ORDRE DES POSTES. (1. jour. — 2. nuit.)	NOMS DES SURVEILLANTS.	1. Nombre de mineurs. 2. Nombre d'aides-mineurs.	TRAVAIL EFFECTUÉ. Enfoncement. — Mètres.	Cuvelage.	Nos des membres.	Briquetage.	Temps pour l'enlèvement des pompes. — Heures.	RETARDS OCCASIONNÉS. Durée. — Heures.	NATURE ET CAUSE.	EFFETS DES MACHINES. d'extraction. Quantité de terres extraite par poste. — l'effait.	Consommation de charbon par jour. — Hectolitres.	d'épuisement. Nombre de jeux de pompe en activité.	Nombre de coups de pompes par minute.	Quantité d'eau extraite par minute. — Hectolitres.	Consommation de charbon par jour. — Hectolitres.
	Report de la profondeur.......			71.95												
27 mai.	3e j.	A.	4.2								6		4	4.5	99	
	1er n.	B.	4.3								7		4	4.5	99	
	2e »	C.	5.2								7		4	4.5	99	
	3e »	A.	4.2	0.71							7		4	4.5	99	
28 mai.	1er j.	B.	4.3								9	20	4	4.5	99	173
	2e »	C.	5.2								10		4	4.5	99	
	3e »	A.	3.2								10		4	4.5	99	
	1er n.	B.	4.3										4	4.5	105	
	2e »	C.	5.2	0.06							6		4	4.5	105	
	3e »	A.	5.2								2		4	4.5	105	
29 mai.	1er j	B.	4.3						1	Remplacement d'une rallonge de tire-haut qui était sur le point de rompre.	1	12	4	4.5	105	168
	2e »	C.	5.2										4	4.5	105	
	3e »	A.	5										4	4.5	105	
	1er n.	B.	4.3										4	4.5	105	
	2e »	C.	5.2										4	4.5	105	
	3e »	A.	5.2										4	4.5	105	
30 mai	1er j.	B.	4.3									18	4	4.5	105	168
	2e »	C.	5.2										4	4.5	105	
	3e »	A.	5.2										4	4.5	105	
	1er n.	B.	4.3								12.312		4	4.5	105	
	2e »	B.	5.2										4	4.5	105	
	3e »	C.	5.2										4	4.5	105	
31 mai.	1er j.	A.	4.5									18	4	4.5	105	168
	2e »	B.	5.2										4	4.5	105	
	3e »	C.	5.2										4	4.5	105	
	1er n.	A.	4.4										4	4.5	105	
	2e »	B.	5.5										4	4.5	105	
	3e »	C.	5.1										4	4.5	105	
1er juin	1er j.	A.	5.5									12	4	4.5	105	158
	2e »	B.	5.5										4	4.5	105	
	3e »	C.	4.4										4	4.5	105	
	1er n.	A.	5.5										4	4.5	105	
	2e »	B.	5.5										4	4.5	105	
	3e »	C.	4.4								5		4	4.5	105	
2 juin.	1er j.	A.	5.5									12	4	4.5	105	168
	2e »	B.	5.5										4	4.5	105	
	3e »	C.	4.4										4	4.5	105	
	À reporter....			72.70												

OBSERVATIONS.

Détail des travaux et incidents. — Nature du terrain.

3e poste. — Achevé de ramener les parois, à 0^m,50 des fils à plomb.

4e poste. — Approfondissement du potia et démontage de deux guidonnages. Les jeux de pompes ont été descendus : le jeu n° 1 de 0^m,12, le n° 3 de 0^m,18, et les jeux n°s 2 et 4 de 0^m,15.

5e poste. — Élargi le potia et fixé des couvertures de toile d'étoupes contre les parois du trait à terres, pour conduire les eaux ; on a défait cinq guidonnages, et on en a refait huit.

6e poste. — Approfondi, et fait descendre le jeu n° 2 de 0^m,18, et les jeux n°s 3 et 4 de 0^m,15.

28 mai. 1er poste. — Continuation de l'approfondissement. Le terrain du fond s'est encore soulevé et est tout brisé ; mais les parois n'ont pas souffert de ce mouvement. Les jeux de pompes ont été descendus d'environ 0^m,20 ; on a défait trois guidonnages, et on en a refait cinq.

2e poste. — Continuation de l'approfondissement. Les jeux ont été descendus de 0^m,20 ; on a défait huit guidonnages, et on en a refait cinq.

3e poste. — Élargi le potia. Le terrain des parois s'est fort amélioré, et paraît convenir pour y placer des sièges ; toutefois, il reste encore traversé par des limés qui, en quelques points, laissent jaillir de l'eau.

4e poste. — Ramené les parois du puits pour préparer la place d'une plate-trousse.

5e poste. — Creusé le potia et descendu les jeux de pompes de 0^m,06.

6e poste. — Achevé le retaillement des parois et commencé à égaliser le fond, à 2 mètres environ en dessous du dernier membre, pour y asseoir la plate-trousse.

29 mai. 1er poste. — Achevé d'égaliser le fond du puits. Les limés qui traversent le terrain, donnant de l'eau en certains points, se trouveront cachés derrière les sièges ; mais aussi, une des sources se trouvera située derrière la plate-trousse, vis-à-vis du jeu n° 2. À l'endroit de cette venue d'eau, la torche laissée pour supporter la plate-trousse est tombée, et on a dû la remplacer par un boisage. Vers huit heures du matin, on s'est aperçu qu'une rallonge du tire-bout du jeu n° 4 était sur le point de rompre. Le travail du fond a été interrompu pendant une heure, pour opérer le remplacement de cette rallonge.

2e poste. — Posé quinze pièces de la plate-trousse ; on a défait un guidonnage, et on en a refait deux.

3e poste. — Achevé la pose de la plate-trousse, et commencé le coignetage, après avoir mis les bodels autour des aspirantes.

4e poste — Terminé le coignetage et picoté à partir de neuf heures.

5e poste. — Picoté avec picots carrés.

6e poste. —   Id.

30 mai. 1er poste. — Picoté avec picots ronds.

2e poste. — Recepé le picotage et préparé cinq faces des parois, pour l'emplacement des sièges.

3e poste. — Retaillé neuf faces de la place des sièges.

4e poste. — Achevé le retaillement des parois ; disposé des couvertures de toile d'étoupes, pour conduire les eaux, et fait un hourd. Les charpentiers ont ensuite redressé de niveau la face supérieure de la plate-trousse.

5e poste. — Placé le premier siège.

6e poste. — Posé les madrilles et la mousse ; commencé à coigneter le siège.

31 mai. 1er poste. — Terminé et recepé le coignetage ; picoté, à partir de neuf heures.

2e poste. — Picoté avec picots carrés.

3e poste. —   Id.

4e poste. —   Id.

5e poste. — Picoté avec picots ronds.

6e poste. —   Id.

1er juin. 1er poste. — Picoté avec picots en chêne.

2e poste. — Picoté avec picots en chêne et recepé le picotage.   .

3e poste. — Pendant qu'on redressait la face supérieure du siège et qu'on mesurait le déversement, on a continué à picoter avec picots en chêne.

4e poste. — Posé le deuxième siège, les madrilles et la mousse.

5e poste. — Coigneté le siège.

6e poste. — Recepé le picotage ; ramené les parois au-dessus du siège, pour pouvoir picoter ; remis les couvertures de toile d'étoupes, et commencé le picotage vers cinq heures.

2 juin. 1er poste. — Picoté avec picots carrés.

2e poste. — Picoté avec picots carrés.

3e poste. — Picoté avec picots ronds.

DATES.	ORDRE DES POSTES, j. jour.—n. nuit.	NOMS DES SURVEILLANTS.	1° Nombre de mineurs. 2° Nombre d'aides-mineurs.	TRAVAIL EFFECTUÉ — Enfoncement.—Mètres.	Cuvelage.	Nos des membres.	Brandissage.	Temps pour l'allongement des pompes.—Heures.	RETARDS OCCASIONNÉS — Durée.—Heures.	NATURE ET CAUSE.	EFFETS DES MACHINES d'extraction — Quantité de terres extraite par poste.—Cuffats.	Consommation de charbon par jour.—Hectolitres.	d'épuisement — Nombre de jeux de pompe en activité.	Nombre de coups de pompes par minute.	Quantité d'eau extraite par minute. Hectolitres.	Consommation de charbon par jour.—Hectolitres.
	Report de la profondeur......			72.70												
2 juin.	1er n.	A.	5.3										4	4.5	105	
	2e »	B.	5.5										4	4.5	105	
	3e »	C.	4.4										4	4.5	105	
3 juin.	1er j.	A.	5.5										4	4.5	105	
	2e »	B.	5.5										4	4.5	105	
	3e »	C.	4.4										4	4.5	105	
	1er n.	A.	5										4	4.5	105	
	2e »	B.	5								2		4	4.5	105	
	3e »	C.	4										4	4.5	105	
4 juin.	1er j.	A.	5								3		4	4.5	105	
	2e »	B.	5										4	4.5	105	
	3e »	C.	4										4	4.5	105	
	1er n.	A.	5										4	4.5	105	
	2e »	B.	5										4	4.5	105	
	3e »	C.	4										4	4.5	105	
5 juin.	1er j	A.	5.5									5	4	4.5	105	80
	2e »	B.	5								1		4	4.5	105	
	3e »	C.	4										4	4.5	105	
	1er n.	A.	5							Renouvellement d'une rallonge de tire-bout brisée et de séaux.			4	4.5	105	
	2e »	B.	5							Idem.			4	4.5	105	
	3e »	C.	4							Idem.						
6 juin.	1er j.	A.	5							Idem.		18	4	4.5	105	157
	2e »	B.	5							Renouvellement d'une rallonge de tire-bout brisée et de séaux, et battage des eaux.			4	4.5	105	
	3e »	C.	4.1								2		4	4.5	105	
	1er n.	A.	5										4	4.5	105	
	2e »	B.	5								1		4	4.5	105	
	3e »	C.	4.1										4	4.5	105	
7 juin.	1er j	A.	5								1	18	4	4.5	99	103
	2e »	B.	5										4	4.5	99	
	3e »	C.	4.1										4	4.5	99	
	1er n.	A.	5										4	4.5	99	
	2e »	B.	5										4	4.5	99	
	3e »	C.	4.1										4	4.5	99	
8 juin.	1er j.	A.	5									18	4	4	92	158
	2e »	B.	4.1								5		4	4	92	
	3e »	C.	5										4	4	92	
	À reporter....			72,70												

OBSERVATIONS.

Détail des travaux et incidents. — Nature du terrain.

4e poste. — Picoté avec picots ronds.
5e poste. —   Id.
6e poste. —   Id.

3 *juin*. 1er poste. — Picoté avec picots en chêne.
2e poste. — Picoté avec picots en chêne.
3e poste. — On a redressé la face supérieure du siége et mesuré le déversement, pendant que l'on continuait à picoter avec picots en chêne, et qu'on recepait le picotage.
4e poste — On a posé les seize premières pièces de cuvelage, et on les a fixées au deuxième siége, par de petites planchettes clouées à l'intérieur.
5e poste. — Mis cinq cuffats de rebourrage et retaillé les parois.
6e poste. — Posé seize pièces de cuvelage et un cuffat de béton ; cloué huit patiniats.

4 *juin*. 1er poste. — Posé cinq cuffats de béton ; cloué trente-deux planchettes ; relevé le hourd et retaillé les parois sur six faces.
2e poste. — Enlevé trois cuffats de terres des parois, et placé seize pièces de cuvelage.
3e poste. — Rétabli le cuvelage de niveau ; posé cinq cuffats de béton et huit pièces de cuvelage ; ôté un membre.
4e poste. — Placé dix pièces de cuvelage et six cuffats de béton ; cloué seize planchettes.
5e poste. — Placé quatorze pièces de cuvelage ; cloué seize planchettes et huit patiniats.
6e poste. — Placé cinq cuffats de béton et relevé le hourd ; démis une bille d'entre-fend et ses lambourdes ; ôté vingt-quatre porteurs du 2e membre.

5 *juin*. 1er poste. — Posé douze pièces de cuvelage et décloué huit porteurs ; démis et renvoyé un membre à la surface, ainsi qu'un cuffat de planches de stiffiage ; remis le cuvelage de niveau.
2e poste. — Retaillé les parois du puits ; posé douze pièces de cuvelage, quatre cuffats de béton et seize planchettes.
3e poste. — Posé sept pièces de cuvelage, seize planchettes et trois cuffats de béton ; démis les versoirs et cloué les patiniats pour relever le hourd. A cinq heures et demie, bris d'une rallonge de tire-bout du jeu n° 1 ; arrêt de la machine et du travail du fond pour remplacer cette rallonge et, en même temps, pour renouveler les séaux de pompes, qui sont devenus très-défectueux.
4e poste. — Renouvelé le séau du jeu n° 2, et replacé le tire-bout réparé.
5e poste. — Retiré les tire-bouts des jeux nos 3 et 4.
6e poste. — Replacé les tire-bouts des jeux nos 3 et 4, avec de nouveaux séaux.

6 *juin*. 1er poste. — Retiré le tire-bout du jeu n° 1. La fin du poste a été employée à la réparation du séau.
2e poste. — Remis le tire-bout du jeu n° 1, avec son séau réparé. La machine était remise en marche à onze heures cinquante minutes, et les eaux étaient basses à une heure cinq minutes. On a placé deux cuffats de béton, et renvoyé à la surface un versoir du cariou.
3e poste. — Posé huit pièces de cuvelage et deux cuffats de béton ; on a démonté le cariou et on l'a renvoyé à la surface ; relevé le hourd et remilé les parois.
4e poste. — Placé huit pièces de cuvelage et six cuffats de béton.
5e poste. — Posé seize pièces de cuvelage et quatre cuffats de béton ; cloué huit patiniats et retaillé les parois.
6e poste. — Placé quatre cuffats de béton et seize planchettes ; renouvelé le hourd ; on a démis les porteurs et on les a renvoyés à la surface.

7 *juin*. 1er poste. — Renvoyé le membre et trois cuffats de planches à la surface ; posé seize pièces de cuvelage et retaillé les parois.
2e poste. — Posé dix-sept pièces de cuvelage, seize planchettes et trois cuffats de béton ; cloué huit patiniats de hourd.
3e poste. — Posé six cuffats de béton et seize planchettes ; remonté le hourd ; démonté un membre et ses porteurs, et renvoyé ceux-ci à la surface.
4e poste. — Renvoyé le membre à la surface ; placé dix-sept pièces de cuvelage et six cuffats de béton.
5e poste. — Posé trois cuffats de béton, seize planchettes et dix pièces de cuvelage.
6e poste. — Placé sept pièces de cuvelage, seize planchettes et quatre cuffats de béton ; cloué huit patiniats.

8 *juin*. 1er poste. — Relevé le hourd ; on a démis les deux derniers membres, avec leurs porteurs, qu'on a renvoyés à la surface.
2e poste. — Posé seize pièces de cuvelage, après avoir retaillé les parois.
3e poste. — Posé seize pièces de cuvelage et six cuffats de béton.

TRAVAIL EFFECTUÉ — RETARDS OCCASIONNÉS

DATES.	ORDRE DES POSTES. (j. jour. — n. nuit.)	NOMS DES SURVEILLANTS.	1° Nombre de mineurs. 2° Nombre d'aides-mineurs.	Enfoncement. — Mètres.	Cuvelage.	Nos des membres.	Brandissage.	Temps pour l'éloignement des pompes. — Heures.	Durée. — Heures.	NATURE ET CAUSE.
	Report de la profondeur.....			72.70						
8 juin.	1er n.	A.	5							
	2e »	B.	4.1							
	3e »	C.	5							
9 juin.	1er j.	A.	5							
	2e »	B.	4.4							
	3e »	C.	5.3							
	1er n.	A.	5.3							
	2e »	B.	4.4							
	3e »	C.	5.3							
10 juin.	1er j.	A.	5.3							
	2e »	B.	4.4							
	3e »	C.	5.3							
	1er n.	A.	5.3							
	2e »	B.	4.4							
	3e »	C.	5.3							
11 juin.	1er j.	A	5.3							
	2e »	B.	4.4							
	3e »	C.	5.3							
	1er n.	A.	5.3							
	2e »	B.	5.3							
	3e »	C.	4.4							
12 juin.	1er j.	A.	5.3							
	2e »	B.	4.4							
	3e »	C.	5.3							
	1er n.	A.	5 3							
	2e »	B.	4.4							
	3e »	C.	5.3							
13 juin.	1er j.	A.	5.3							RÉSULTATS DU TROU DE SONDE. Des échantillons ont été retirés à 2m,05 en dessous de la plate-trousse, ainsi qu'aux profondeurs suivantes : 3m,25, 4m,35, 4m,55, 5m,05, 5m,35, 5m,55, 6m,75, 7m,05, 7m,30, 7m,85 et 8m,65. Les dièves ont été reconnues à 5m,05 jusqu'à 7m,85; ensuite, la sonde n'a ramené de terrain qu'à 8m,65, où l'on a eu le tourtia; un jaillissement d'eau s'est déclaré à 4m,55, où la sonde n'a pu ramener de terrain, et où se trouvait probablement la tête des dièves; à 6m,75, il a paru venir un peu plus d'eau.
	2e »	B	4.4							
	3e »	C.	5.3							
	1er n.	A.	5 3							
	A reporter....			72.70						

EFFETS DES MACHINES

DATES.	ORDRE DES POSTES.	NOMS.	d'extraction — Quantité de terres extraite par poste. — Cuffats.	d'extraction — Consommation de charbon par jour. — Hectolitres.	d'épuisement — Nombre de jeux de pompe en activité.	d'épuisement — Nombre de coups de pompes par minute.	d'épuisement — Quantité d'eau extraite par minute. Hectolitres.	d'épuisement — Consommation de charbon par jour. — Hectolitres.
	Report de la profondeur.....							
8 juin.	1er n.	A.	3		4	4	92	
	2e »	B.			4	4	92	
	3e »	C.			4	4	92	
9 juin.	1er j.	A.		15	4	5.7	85	129
	2e »	B.			4	5.7	85	
	3e »	C.			4	5.7	85	
	1er n.	A.			4	5	69	
	2e »	B.			4	5	69	
	3e »	C.			4	2	46	
10 juin.	1er j.	A.		15	4	1.7	39	65
	2e »	B.			4	1.5	54	
	3e »	C.			4	1.3	30	
	1er n.	A.			4	1.3	30	
	2e »	B.			4	1.3	30	
	3e »	C.			4	1.3	30	
11 juin.	1er j.	A		15	4	1.5	50	65
	2e »	B.			4	1.3	30	
	3e »	C.			4	1.3	50	
	1er n.	A.			4	1.2	50	
	2e »	B.			4	1.2	27.6	
	3e »	C.			4	1.2	27.6	
12 juin.	1er j.	A.			4	1.2	27.6	
	2e »	B.		15	4	1.2	27.6	69
	3e »	C.						
	1er n.	A.						
	2e »	B.						
	3e »	C.	6		4	1.8	41	
13 juin.	1er j.	A.	4	15	4	1.8	41	72
	2e »	B			4	1.8	41	
	3e »	C.			4	1.8	41	
	1er n.	A.			4	1.8	41	
	A reporter....							

OBSERVATIONS.

Détail des travaux et incidents. — Nature du terrain.

4ᵉ poste. — Placé seize pièces de cuvelage et retaillé les parois.

5ᵉ poste. — Mis deux cuffats de béton et pris la mesure des clefs ; recoupé les coins de la plate-trousse, et posé deux pièces de clefs.

6ᵉ poste. — Posé les dernières pièces de clefs.

9 *juin*. 1ᵉʳ poste. — Mis des couvertures de toile d'étoupes, et cloué des planchettes sur les joints des pièces de clefs ; renvoyé deux bourds à la surface, ainsi qu'un cuffat de terres resté sur l'un d'eux ; fait un petit cariou pour commencer le brandissage, à trois heures, en dessous des clefs.

2ᵉ poste. — Brandi en remontant.

3ᵉ poste. —   Id.

4ᵉ poste. —   Id.

5ᵉ poste. — Brandi en remontant, et remonté le hourd.

6ᵉ poste. — Brandi en remontant.

10 *juin*. 1ᵉʳ poste. — Brandi les joints des clefs.

2ᵉ poste. — Brandi les joints des clefs et renouvelé le hourd ; ôté sept T de tirants de suspension et trois lambourdes..

3ᵉ poste. — Ôté les derniers T des tirants de suspension et huit lambourdes ; renvoyé le hourd supérieur, et commencé à brandir en descendant.

4ᵉ poste. — Brandi en descendant, pendant que les charpentiers rabotaient les légères saillies existant à la jonction des deux passes de cuvelage.

5ᵉ poste. — Brandi.

6ᵉ poste. — Brandi et renvoyé un hourd.

11 *juin*. 1ᵉʳ poste. — Brandi et replacé deux billes d'entre-fend.

2ᵉ poste. — Brandi et cloué les lambourdes d'entre-fend, ainsi que quatre paliniats pour guidonnages.

3ᵉ poste. — Brandi et fait deux guidonnages.

4ᵉ poste. — Descendu un hourd et brandi.

5ᵉ poste. — Brandi et cloué quatre patiniats de billes d'entre-fend et de guidonnages.

6ᵉ poste. — Descendu le hourd et brandi ; placé une bille d'entre-fend et ses lambourdes, une bille de guidonnages et deux guidonnages.

12 *juin*. 1ᵉʳ poste. — Brandi.

2ᵉ poste. — Brandi et renvoyé un hourd à la surface.

3ᵉ poste. — Brandi.

4ᵉ poste. — Brandi.

5ᵉ poste. — Brandi et renvoyé un hourd à la surface ; placé deux billes de refend et leurs lambourdes.

6ᵉ poste. — Renvoyé un hourd et nettoyé le fonds du puits.

13 *juin*. 1ᵉʳ poste. — Nettoyé le fond du puits et refait deux hourds. Commencé un trou de sonde au fond du puits, pour connaître le terrain à traverser ; trois ouvriers étaient occupés à ce travail, pendant que les autres brandissaient.

2ᵉ poste. — Continué le trou de sonde, et brandi.

3ᵉ poste. — Achevé le trou de sonde, et brandi.

4ᵉ poste. — Brandi et renvoyé un hourd à la surface ; on a placé trois billes de guidonnages.

DATES.	ORDRE DES POSTES, j. jour. — n. nuit.	NOMS DES SURVEILLANTS.	1° Nombre de mineurs. 2° Nombre d'aides-mineurs.	TRAVAIL EFFECTUÉ. Enfoncement. — Mètres.	Cuvelage.	Nos des membres.	Brandissage.	Temps pour l'allongement des pompes. — Heures.	RETARDS OCCASIONNÉS. Durée. — Heures.	NATURE ET CAUSE.	EFFETS DES MACHINES. d'extraction. Quantité de terres extraite par poste. — Cuffats.	Consommation de charbon par jour. — Hectolitres.	d'épuisement. Nombre de jeux de pompe en activité.	Nombre de coups de pompes par minute.	Quantité d'eau extraite par minute. Hectolitres.	Consommation de charbon par jour. — Hectolitres.
	Report de la profondeur......			72.70												
15 juin	2e n.	B.	4.4										4	1 8	41	
	3e »	C.	5.5										4	1,8	41	
14 juin.	1er j.	A.	5.1									15	2	5	35	65
	2e »	B.	4.2	0 15							2		2	5	35	
	3e »	C.	5.1						1,2	Allongement des pompes et renouvellement des séaux et secrets.	1		2	5	35	
	1er n.	A.	5.1						4	Idem.						
	2e »	B.	4 1						4	Idem.						
	3e »	C.	5						4	Idem.						
15 juin.	1er j	A.	4.1						4	Idem.						
	2e »	B.	5.1						4	Idem.						
	3e »	C.	4.1						4	Idem.						
	1er n.	A.	4.4						4	Idem.						
	2e »	B.	5.1						4	Idem.						
	3e »	C.	5.1						4	Idem.						
16 juin.	1er j.	A.	4.1						4	Idem.						
	2e »	B.	5.1						4	Idem.						
	3e »	C.	4.1						4	Idem.						
	1er n.	A.	4.1						4	Idem.						
	2e »	B.	5.1						4	Idem.						
	3e »	C	4.1						4	Idem.						
17 juin	1er j	A	4.1						4	Idem.		15				55
	2e »	B.	5.1						4	Allongement des pompes et renouvellement des séaux et secrets, et battage des eaux.			2	5,5	65	
	A reporter....			72,85												

OBSERVATIONS.

Détail des travaux et incidents. — Nature du terrain.

5e poste. — Brandi.

6e poste. — Brandi. Vers la fin du poste, les jeux de pompes nos 1 et 2 ne donnaient plus d'eau, par suite de défauts aux secrets.

14 *juin*. 1er poste. — Brandi et renvoyé le bourd du fond. Cherché à dégager les secrets défectueux, en essayant de les soulever, au moyen d'un levier passé dans les trous d'aspirantes; on a ainsi fait bouger le secret du jeu no 2, mais sans parvenir à le dégager de son siége.

2e poste. — Brandi et creusé le potia, pour faire descendre les jeux et se préparer à les rallonger, en même temps que l'on remplacera les séaux et secrets. Les jeux nos 3 et 4 sont descendus de 0m,15.

3e poste. — Fait descendre les jeux nos 1 et 2 de 0m,15; fait cinq guidonnages. Vers la fin du poste, on a arrêté le travail du fond, pour commencer le rechargement des jeux de pompes; retiré une partie du tire-bout du jeu no 2.

4e poste. — Retiré le tire-bout du jeu no 2 et le secret; remplacé ce dernier, et descendu une partie du tire-bout, avec un nouveau séau.

5e poste. — Descendu la dernière pièce du tire-bout du jeu no 2, qui a été allongé par une nouvelle pièce en bois; on a retiré le tire-bout du jeu no 1.

6e poste. — Cherché à reprendre le secret du jeu no 1 avec la corde du cabestan; on n'a pu y parvenir, à cause de l'adhérence du secret au siége.

15 *juin*. 1er poste. — Comme on supposait le clapet du secret du jeu no 1 soulevé (puisque ce secret avait perdu ses eaux), la fourche à griffes, déjà employée pour retirer les secrets, en les saisissant en dessous de l'écron de la tige, ne pouvait pas être utilisée; on a fait préparer une fourche à crochet, qui devait reprendre le secret par l'anneau. Cette fourche a donc été descendue à l'extrémité d'un tire-bout; le crochet ayant saisi l'anneau, l'extrémité supérieure du tire-bout a été garnie de boîtes et de patins, en dessous desquels on a agi par des vis de pression. L'adhérence du secret au siége était telle que le crochet, quoique très-fort, a été replié et s'est échappé de l'anneau.

2e poste. — On a alors retiré le tire-bout, pour y adapter un autre crochet; puis, on l'a redescendu avec cet autre crochet, et recommencé l'opération précédente; mais, à la première traction exercée sur le tire-bout, le crochet s'est rompu.

3e poste. — Retiré le tire-bout du jeu no 1, avec la fourche à crochet, et une partie du tire-bout du jeu no 3.

4e poste. — Retiré les dernières pièces du tire-bout du jeu no 3, et cherché à reprendre le secret avec la corde du cabestan; on a pu le saisir.

5e poste. — Accroché le secret du jeu no 3 à la corde du cabestan, mais sans pouvoir le retirer, à cause de l'adhérence au siége; on a alors rechargé le jeu no 2.

6e poste. — On a ôté le dégorgeoir du jeu no 3, et réparé la fourche à griffes, pour reprendre le secret du jeu no 3.

16 *juin*. 1er poste. — Descendu la fourche à griffes avec le tire-bout du jeu no 3, qui a été allongé par une nouvelle pièce en bois. Posé les boîtes et patins, pour agir avec les vis de pression.

2e poste. — Ce moyen a réussi; on a alors retiré le secret du jeu no 3; puis on l'a renouvelé; le tire-bout, allongé et muni d'un nouveau séau, a ensuite été descendu dans cette pompe.

3e poste. — Allongé le jeu de pompe no 3, et posé les versoirs en bois aux jeux nos 2 et 3. Un nouveau crochet, ayant été préparé pour retirer le secret du jeu no 1, a été adapté à une fourche et descendu à l'extrémité du tire-bout, allongé par une rallonge en bois; on a ensuite appliqué sur la tête du tire-bout les patins et les boîtes, pour faire agir les vis de pression.

4e poste. — A la première action des vis de pression, le secret a été détaché; on l'a retiré et renouvelé; puis, on a descendu un nouveau séau avec le tire-bout allongé; on a ôté le dégorgeoir du jeu no 4.

5e poste. — Oté le tire-bout du jeu no 4, et cherché à reprendre le secret; rechargé le jeu no 1.

6e poste. — Repris le secret du jeu no 4, avec la corde du cabestan. Comme il n'y avait plus de secret de réserve, on a dû attendre que celui-là fût réparé.

17 *juin*. 1er poste. — Remis le secret réparé du jeu no 4 et le tire-bout de ce dernier, qu'on a allongé et muni d'un nouveau séau.

2e poste. — Allongé le jeu no 4, et mis des versoirs en bois aux jeux nos 1 et 4. Attelé les deux jeux nos 1 et 3; à midi, la machine était remise en marche avec ces deux jeux. Pendant que les eaux baissaient, on a défait trois guidonnages et on en a refait quatre; les eaux étaient basses à deux heures.

DATES.	ORDRE DES POSTES, j. jour. — n. nuit.	NOMS DES SURVEILLANTS.	1° Nombre de mineurs. 2° Nombre d'aides-mineurs.	TRAVAIL EFFECTUÉ — Enfoncement. — Mètres.	Cuvelage.	N°s des membres.	Brandissage.	Temps pour l'allongement des pompes. — Heures.	RETARDS OCCASIONNÉS — Durée. — Heures.	NATURE ET CAUSE.	EFFETS DES MACHINES d'extraction — Quantité de terres extraite par poste. — Cuffats.	d'épuisement — Consommation de charbon par jour. — Décalitres.	Nombre de jeux de pompe en activité.	Nombre de coups de pompes par minute.	Quantité d'eau extraite par minute. Hectolitres.	Consommation de charbon par jour. — Hectolitres.
	Report de la profondeur......			72,85												
17 juin.	3e j.	C.	4.1										2	3	34 5	
	1er n.	A.	4.1										2	2.7	31	
	2e »	B.	5.1										2	2.7	31	
	3e »	C.	4.1										2	2.7	31	
18 juin.	1er j.	A.	4.1								4	15	2	2.7	31	75
	2e »	B.	5.2								7		2	3	34.5	
	3e »	C.	4.2													
	1er n.	A.	4.1								5		2	3	34.5	
	2e »	B.	5.2	0,35							5		2	2.7	31	
	3e »	C.	4.2								4		2	2.7	31	
19 juin.	1er j.	A.	4.5								6	18	2	2.7	31	62
	2e »	B.	5.2								6		2	2.7	31	
	3e »	C.	4.2										2	2.7	31	
	1er n.	A.	4.5								5		2	2.7	31	
	2e »	B.	5.2								6		2	2.7	31	
	3e »	C.	4.2								6		2	2.7	31	
20 juin.	1er j.	A.	4.5	0,80							8	18	2	2.8	52	60
	2e »	B.	5.2								6		2	2.8	52	
	3e »	C.	4.2								5		2	2.8	52	
	1er n.	A.	4.5								7		2	2.8	52	
	2e »	B.	4.5								7		2	2.8	52	
	3e »	C.	4.5								5		2	2.8	52	
21 juin.	1er j.	A.	4.5	0,05							6	15	2	2.8	52	65
	2e »	B.	4.5								6		2	2.8	52	
	3e »	C.	4.5								6		2	2.8	52	
	1er n.	A.	4.5	0,60							7		2	2.8	52	
	2e »	B.	4.5								6		2	2.8	52	
	3e »	C.	4.5								6		2	2.8	52	
22 juin.	1er j.	A.	4.5					2		Allongement des pompes, et battage des eaux.		15	2	5	57	75
	2e »	B.	4.5							Battage des eaux.	7		2	3	54.5	
	3e »	C.	4.5								6		2	2.8	52	
	1er n.	A.	4.5	0,40							6		2	2.8	52	
	2e »	B.	4.5								12		2	2.8	52	
	3e »	C.	4.5								6		2	2.8	52	
	A reporter......			77,25												

OBSERVATIONS.

Détail des travaux et incidents. — Nature du terrain.

3e poste. — Fait un hourd au fond et un demi-hourd, dans le trait à terres, à la dernière passe, pour la pose des tirants de suspension : on a posé six tirants.

4e poste. — Placé les dix derniers tirants et quatre grosses vis.

5e poste. — Mis quarante-deux grosses vis, et posé les cales de tension aux tirants.

6e poste. — Placé cinquante et une petites vis, et renvoyé le demi-hourd du trait à terres.

18 *juin*. 1er poste. — Posé les dernières vis, et cloué les patins de guides sur les assemblages des tirants, dans le trait à terres.

2e poste. — Cloué trente-deux molles-bandes, pour relier la plate-trousse au siége ; renvoyé le hourd du fond à la surface, et creusé le potia autour des jeux de pompes ; on a fait descendre le jeu n° 3 de 0m,03.

3e poste. — Repris l'enfoncement. Les jeux n°s 2 et 4 ont été descendus : le premier de 0m,12 ; le second de 0m,05 ; on a placé une bille de royon et ses lambourdes.

4e poste. — Continué l'enfoncement : on a défait sept guidonnages et on en a refait cinq.

5e poste. — Continué l'enfoncement ; on a défait seize guidonnages et on en a refait trois.

6e poste. — Continué l'enfoncement ; on a défait neuf guidonnages et on en a refait huit.

19 *juin*. 1er poste. — Continué l'enfoncement ; on a défait huit guidonnages et on en a refait douze. On a commencé à retailler et à stiffler les parois, pour poser un membre à 0m,70 de la plate-trousse.

2e poste. — On a retaillé treize faces des parois, et on en a stifflé six ; fait un guidonnage.

3e poste. — Stifflé les sept dernières faces des parois. Egalisé le terrain ; posé et coigneté le membre ; cloué huit porteurs et fait deux guidonnages.

4e poste. — Creusé le potia ; renouvelé cinq guidonnages et cloué vingt-quatre porteurs.

5e poste. — Continué l'enfoncement et renouvelé huit guidonnages. A partir de la plate-trousse, le terrain est solide, mais il est traversé par des limés donnant de l'eau ; cependant, la plus grande partie des eaux sort du joint de stratification rencontré au niveau de la plate-trousse, et les petites venues, qui jaillissent des limés, ne paraissent pas augmenter la quantité totale d'eau, d'une manière sensible.

6e poste. — Continué l'enfoncement et fait dix nouveaux guidonnages.

20 *juin*. 1er poste. — Continué l'enfoncement et fait neuf guidonnages, après en avoir défait quatre.

2e poste. — Continué l'enfoncement et renouvelé cinq guidonnages.

3e poste. — Continué l'enfoncement ; on a fait neuf guidonnages et on en a défait trois.

4e poste. — Creusé et élargi le potia ; on a refait cinq guidonnages et on en a supprimé un.

5e poste. — Retaillé treize faces des parois du puits, pour la préparation de la place du 2e membre à poser à 0m,80 du premier. On a supprimé huit guidonnages et on en a rétabli six.

6e poste. — Achevé de ramener les parois ; égalisé la torché ; posé le membre et garni le terrain de stiffles.

21 *juin*. 1er poste. — Placé encore quelques stiffles ; coigneté le membre et cloué les porteurs ; creusé et élargi le potia ; refait deux guidonnages.

2e poste. — Creusé le potia, et descendu les jeux de 0m,12 ; renouvelé cinq guidonnages.

3e poste. — Creusé le potia, et descendu les jeux de 0m,15 ; renouvelé six guidonnages.

4e poste. — Creusé le potia, et descendu les jeux de 0m,16 ; renouvelé trois guidonnages. Le terrain, toujours solide, présente encore quelques limés, dont un se trouve dans le trait à terres, et paraît communiquer avec le trou de sonde ; un autre traverse la fosse contre la paroi, vis-à-vis des jeux n°s 1 et 4, et plonge vers l'extrados. Ce dernier est rencontré par un troisième limé failleux qui donne de l'eau.

5e poste. — Creusé et élargi le potia ; les jeux sont descendus de 0m,09 ; on a supprimé six guidonnages et on en a rétabli cinq.

6e poste. — Enfoncé, et descendu les jeux de 0m,11 ; neuf guidonnages ont été supprimés et sept ont été rétablis, à la fin du poste ; on a ôté les broches, et arrêté la machine à six heures, pour procéder au rechargement des pompes.

22 *juin*. 1er poste. — Allongé les jeux n°s 1 et 3 ; ôté les dégorgeoirs n°s 2 et 4 ; la machine a été remise en activité à huit heures trois quarts ; en suivant les eaux, les ouvriers ont refait trois guidonnages.

2e poste. — Les eaux étaient basses à dix heures et demie ; on a élargi le potia autour des pompes ; on a supprimé sept guidonnages et on en a refait huit.

3e poste. — Enfoncé, et descendu les pompes de 0m,17 ; placé une bille de royon et ses lambourdes.

4e poste. — Descendu les jeux de 0m,10, et élargi le potia ; cinq guidonnages ont été supprimés et huit rétablis.

5e poste. — Descendu les jeux de 0m,13, et commencé à retailler les parois du puits, pour poser un 5e membre à 1 mètre du précédent ; trois guidonnages ont été renouvelés.

6e poste. — Achevé de ramener les parois du puits et de les stiffler.

REGISTRE DE FONÇAGE.

DATES.	ORDRE DES POSTES (j. jour — n. nuit)	NOMS DES SURVEILLANTS	1° Nombre de mineurs / 2° Nombre d'aides-mineurs	Enfoncement — Mètres	Cuvelage	N°s des membres	Brandissage	Temps pour l'allongement des pompes — Heures	Durée — Heures	Nature et cause	Quantité de terres extraite par poste — Cuffats	Consommation de charbon par jour — Hectolitres	Nombre de jeux de pompe en activité	Nombre de coups de pompes par minute	Quantité d'eau extraite par minute — Hectolitres	Consommation de charbon par jour — Hectolitres
		Report de la profondeur......		75.25												
23 juin.	1er j.	A.	4 5	0.02							2	15	2	3	34.5	65
	2e »	B.	4 5	0.15							9		2	3	34.5	
	3e »	C.	4 3	0.22							10		2	3	34.5	
	1er n.	A.	4 5	0.12							7		2	3	34.5	
	2e »	B.	4 5	0.12							9		2	3	34.5	
	3e »	C.	4 5	0.17							10		2	3	34.5	
24 juin.	1er j.	A.	5 2	0.12							10	15	2	3	34.5	70
	2e »	B.	5 2	0.08							6		2	3	34.5	
	3e »	C.	4 3								6		2	3	34.5	
	1er n.	A.	5 2								2		2	3	34.5	
	2e »	B.	5 2								11		2	3	34.5	
	3e »	C.	4 3								9		2	3	34.5	
25 juin.	1er j.	A.	5 2	0.60							9	15	2	4	46	43
	2e »	B.	5 2								9		2	4	46	
	3e »	C.	4 3						4	Allongement des pompes et renouvellement du seau du jeu n° 1.			2	4	46	
	1er n.	A.	5 2						4	Allongement des pompes et renouvellement du seau du jeu n° 1, et battage des eaux.			2	4	46	
	2e »	B.	5 2						2.20	Battage des eaux.	6		2	3	57	
	3e »	C.	4 3								6		2	3	34.5	
26 juin.	1er j.	A.	5 2	0.40							7	15	2	3	34.5	65
	2e »	B.	5 2								7		2	3	34.5	
	3e »	C.	4 3								4		2	3	34.5	
	1er n.	A.	5 2								4		2	3	34.5	
	2e »	B.	5 2	0.10							4		2	3	34.5	
	3e »	C.	4 3	0.10							7		2	3	34.5	
27 juin.	1er j.	A.	5 2	0.09							7	15	2	3.1	36	70
	2e »	B.	5 2	0.15							7		2	3.1	36	
	3e »	C.	4 3	0.08							8		2	3.1	36	
	1er n.	A.	5 2	0.10							6		2	3.1	36	
	2e »	B.	5 2	0.12							6		2	3.1	36	
	3e »	C.	4 3	0.11							7		2	3.1	36	
28 juin.	1er j.	A.	5 2								9	15	2	3.2	37	70
	2e »	B.	5 2								6		2	3.2	37	
		A reporter....		78.10												

OBSERVATIONS.

Détail des travaux et incidents. — Nature du terrain.

---

23 *juin.* 1er poste. — Placé et coigneté le membre; cloué les porteurs; creusé le potia en dessous des pompes, et descendu le jeu n° 4 de 0m.05.

2e poste. — Descendu les pompes de 0m,12; vingt guidonnages ont été supprimés et six ont été refaits.

3e poste. — Descendu les pompes de 0m,22; six guidonnages ont été supprimés et dix ont été refaits.

4e poste. — Descendu les pompes de 0m.12; huit guidonnages ont été supprimés et cinq ont été refaits; élargi le potia autour des pompes.

5e poste. — Descendu les pompes de 0m,12; quatorze guidonnages ont été refaits et sept supprimés.

6e poste. — Descendu les pompes de 0m,17; cinq guidonnages ont été supprimés et neuf rétablis.

24 *juin.* 1er poste. — Descendu les pompes de 0m,12, et renouvelé cinq guidonnages; même terrain que précédemment.

2e poste. — Descendu les pompes de 0m,08, et commencé à retailler les parois, pour poser un nouveau membre à 1 mètre du précédent; renouvelé onze guidonnages.

3e poste. — Achevé de ramener et de stiffler les parois.

4e poste. — Posé et coigneté le membre; élargi le potia; on a fait neuf guidonnages et on en a défait quatre.

5e poste. — Descendu les pompes de 0m.17, et renouvelé neuf guidonnages.

6e poste. — Descendu les pompes de 0m.22.

25 *juin.* 1er poste. — Creusé et élargi le potia; les jeux sont descendus de 0m,10; douze guidonnages ont été renouvelés; il y a un défaut au séau du jeu n° 1.

2e poste. — Descendu les pompes de 0m,18; renouvelé dix guidonnages et démis les broches, pour procéder à l'allongement des pompes.

3e poste. — Oté les dégorgeoirs des jeux n°s 1 et 3; remplacé deux soulevantes de 2 mètres par deux soulevantes de 4 mètres; retiré le tire-bout du jeu n° 1, et remplacé le séau; rallongé le jeu n° 2.

4e poste. — Remis le tire-bout du jeu n° 1; posé le dégorgeoir de ce jeu, et allongé le jeu n° 4; placé les versoirs des jeux n°s 1 et 3, et fait quatre guidonnages à la tête des jeux. La machine a été remise en marche à neuf heures trois quarts.

5e poste. — Les eaux étaient basses à douze heures vingt minutes; on a élargi le potia et renouvelé six guidonnages.

6e poste. — Descendu le jeu n° 2 de 0m,20, et le jeu n° 4 de 0m,10; renouvelé trois guidonnages et élargi le potia.

26 *juin.* 1er poste. — Descendu les pompes de 0m,11; on a supprimé huit guidonnages et on en a refait dix. Même terrain. Le trou de sonde continue à donner de l'eau.

2e poste. — Descendu les pompes de 0m,12. On a atteint, dans le fond, un terrain plus gras, qui n'est rien autre que celui qui a été désigné sous le nom de *dièves* au sondage de Marles : c'est une marne grasse un peu bleuâtre quand elle est mouillée, et présentant beaucoup d'analogie avec les *fortes-toises*.

3e poste. — Retaillé dix faces des parois, pour faire la place d'un nouveau membre à 1 mètre du précédent. Fait un trou de sonde de 3m,90 de profondeur, partant de la tête des dièves, au niveau du membre à placer; ce trou a atteint le tourtia à 3m,50, et a donné de l'eau à environ 1m.80 de profondeur.

4e poste. — Achevé de ramener les parois; posé et coigneté le membre; renouvelé cinq guidonnages.

5e poste. — Achevé le coignetage du membre, et descendu les jeux de 0m.10; on a fait quatre guidonnages et on en a défait neuf.

6e poste. — Descendu les jeux de 0m,10; on a défait six guidonnages et on en a refait huit.

27 *juin.* 1er poste. — Descendu les jeux de 0m,09, et renouvelé sept guidonnages.

2e poste. — Descendu les pompes de 0m,15; on a supprimé sept guidonnages et on en a rétabli seize.

3e poste. — Creusé le potia, et fait descendre les pompes de 0m,08; on a supprimé deux guidonnages et on en a refait huit.

4e poste. — Descendu les pompes de 0m.10, et renouvelé six guidonnages.

5e poste. — Descendu les pompes de 0m.12, et renouvelé huit guidonnages.

6e poste. — Descendu les pompes de 0m,11, et défait trois guidonnages.

28 *juin.* 1er poste. — Retaillé les parois pour poser un cariou.

2e poste. — Ramené les dernières faces des parois, et élargi le potia.

DATES.	ORDRE DES POSTES, j. jour. – n. nuit.	NOMS DES SURVEILLANTS.	1° Nombre de mineurs. 2° Nombre d'aides-mineurs.	Enfoncement. — Mètres.	Cuvelage.	Nos des membres.	Brandissage.	Temps pour frottongement des pompes. — Heures.	Durée. — Heures.	NATURE ET CAUSE.	Quantité de terres extraite par poste. — Cuffats.	Consommation de charbon par jour. — Hectolitres.	Nombre de jeux de pompe en activité.	Nombre de coups de pompes par minute.	Quantité d'eau extraite par minute. Hectolitres.	Consommation de charbon par jour. — Hectolitres.
	Report de la profondeur........			78.10												
28 juin.	3° j.	C.	4.3								2		2	3.2	37	
	1er n.	A.	5.2										2	3.2	37	
	2° »	B.	5.2	0.10							6		2	3.2	37	
	3° »	C.	4.3	0.10							7		2	3.2	37	
29 juin.	1er j.	A.	5.2									15	2	3.3	38	65
	2° »	B.	4.3										2	3.3	38	
	3° »	C.	5.2										2	3.3	38	
	1er n.	A.	5.2										2	3.3	38	
	2° »	B.	4.3								8		2	3.3	38	
	3° »	C.	5.3								6		2	3.3	38	
30 juin.	1er j.	A.	5.2	0.40							3	15	2	3.3	38	48
	2° »	B.	4.3								8		2	3.3	38	
	3° »	C.	5.2								6		2	5.5	38	
	1er n.	A.	5.2	0.09							4		2	5.5	40	
	2° »	B.	4.3	0.10							6		2	4	46	
	3° »	C.	5.2					1	5	Allongement des pompes et renouvellement des seaux.						
1er juill.	1er j.	A	5.2	0.09				1	5	Allongement des pompes et renouvellement des seaux et battage des eaux.		15	2	6	69	65
	2° »	B.	4.3						3/4	Battage des eaux.	8		2	5	54	
	3° »	C.	5.2								9		2	5	54	
	1er n.	A.	5.2								6		2	5	54	
	2° »	B.	4.3								8		2	5	54	
	3° »	C.	5.2								7		2	5	54	
2 juill.	1er j.	A.	5.2								6	15	2	3	54	65
	2° »	B.	5.3								7		2	3	54	
	3° »	C.	6.2								5		2	3	54	
	1er n.	A.	5.2								7		2	3	54	
	2° »	B.	5.3								6		2	3	54	
	3° »	C.	6.2								8		2	3	54	
3 juill.	1er j.	A.	5.2	1 40							7	15	2	5	54	65
	2° »	B.	5.3								9		2	5	54	
	3° »	C.	6.2								4		2	5	54	
	1er n.	A.	5.2								5		2	5	54	
	2° »	B.	5.3								6		2	5	54	
	3° »	C.	6.2								7		2	5	54	
4 juill.	1er j.	A.	5.2								4	15	2	5	54	65
	2° »	B.	5.3								8		2	5	54	
	3° »	C.	6.2								5		2	5	54	
	A reporter....			80.58												

OBSERVATIONS.

Détail des travaux et incidents. — Nature du terrain.

3ᵉ poste. — Garni les parois de couvertures de toile d'étoupes ; posé le cariou et huit madrilles ; quelques parties des parois ont encore dû être un peu retaillées.

4ᵉ poste. — Posé huit madrilles et la mousse ; coigneté le cariou.

5ᵉ poste. — Avant de picoter, on a encore creusé le potia et ramené le fond de la fosse, afin que celui-ci se trouvât assez bas pour picoter aisément le cariou. Les jeux ont été descendus de 0ᵐ,10 ; on a défait treize guidonnages et on en a refait six.

6ᵉ poste. — Descendu les jeux de 0ᵐ,10 ; on a renouvelé quatre guidonnages, et on a placé les bodets autour des aspirantes.

29 *juin*. 1ᵉʳ poste. — Picoté le cariou.

2ᵉ poste. — Picoté le cariou.

3ᵉ poste. — Id.

4ᵉ poste. — Picoté le cariou et renvoyé les bodets.

5ᵉ poste. — Creusé le potia, et descendu les pompes de 0ᵐ,10 ; on a défait neuf guidonnages et on en a refait cinq.

6ᵉ poste. — Descendu les jeux de 0ᵐ,08, et renouvelé cinq guidonnages.

30 *juin*. 1ᵉʳ poste. — Élargi le potia et cloué les planches du cariou ; mis une bille d'entre-fend et des lambourdes ; fait quatre guidonnages.

2ᵉ poste. — Descendu les jeux de 0ᵐ,10 ; on a fait quatre guidonnages et on en a défait deux.

3ᵉ poste. — Descendu les jeux de 0ᵐ,08 ; on a fait dix-neuf guidonnages et on en a défait trois.

4ᵉ poste. — Descendu les jeux de 0ᵐ,09 ; renouvelé six guidonnages et élargi le potia.

5ᵉ poste. — Descendu les jeux de 0ᵐ,10, et renouvelé quatre guidonnages. A une heure trois quarts, les jeux étaient à fond ; on a alors ôté les broches d'aspirantes, pour procéder à l'allongement des jeux et au renouvellement des séaux.

6ᵉ poste. — Renouvelé le séau du jeu nᵒ 3 ; ôté les dégorgeoirs des jeux nᵒˢ 1 et 3, et rechargé le jeu nᵒ 1.

1ᵉʳ *juillet*. 1ᵉʳ poste. — Remis les dernières pièces du tire-bout du jeu nᵒ 3, et rechargé le jeu nᵒ 3 ; placé les versoirs en bois, et attelé de nouveau les pompes. La machine était remise en marche à huit heures cinq minutes ; refait cinq guidonnages.

2ᵉ poste. — Les eaux étaient basses à dix heures quarante-cinq minutes ; remis les broches, et creusé au potia ; renouvelé trois guidonnages.

3ᵉ poste. — Ramené le fond de la fosse ; on a défait dix-neuf guidonnages, et on en a refait six.

4ᵉ poste. — Creusé le potia ; on a défait quatorze guidonnages et on en a refait quatre.

5ᵉ poste. — Creusé le potia ; on a défait dix guidonnages et on en a refait cinq. Le terrain devient plus bleu ; mais les limés continuent à se montrer.

6ᵉ poste. — Ramené le fond et les parois de la fosse.

2 *juillet*. 1ᵉʳ poste. — Creusé le potia ; on a fait treize guidonnages et on en a défait sept.

2ᵉ poste. — Creusé le potia ; on a fait quatorze guidonnages et on en a défait huit.

3ᵉ poste. — Creusé le potia ; on a fait sept guidonnages et on en a défait onze.

4ᵉ poste. — Ramené les parois du puits ; on a fait sept guidonnages et on en a défait quatre.

5ᵉ poste. — Creusé le potia ; huit guidonnages ont été faits et quatre ont été défaits.

6ᵉ poste. — Creusé le potia ; dix guidonnages ont été faits et huit ont été défaits. Le trou de sonde ne donne plus d'eau.

3 *juillet*. 1ᵉʳ poste. — Creusé au potia ; on a défait et refait huit guidonnages.

2ᵉ poste. — Creusé au potia ; on a fait un guidonnage et on en a défait deux.

3ᵉ poste. — Ramené le terrain ; on a fait sept guidonnages et on en a défait neuf ; placé les deux versoirs et deux rallonges du cariou.

4ᵉ poste. — Creusé le potia ; on a fait trois guidonnages et on en a défait un.

5ᵉ poste. — Creusé le potia ; on a fait sept guidonnages et on en a défait cinq.

6ᵉ poste. — Creusé le potia ; on a fait un guidonnage et on en a défait trois. Le terrain passe au tourtia : c'est une marne renfermant une grande quantité de points verts de chlorite, qui lui donnent l'apparence d'un grès désagrégé.

4 *juillet*. 1ᵉʳ poste. — Creusé au potia ; on a fait cinq guidonnages et on en a défait un.

2ᵉ poste. — Creusé au potia ; on a fait douze guidonnages et on en a défait deux.

3ᵉ poste. — Creusé au potia. A cinq heures quarante minutes, une rallonge du tire-bout du jeu nᵒ 3 s'est rompue ; on a arrêté immédiatement la machine, pour la remplacer ; ce remplacement était effectué à cinq heures cinquante-cinq minutes, et la machine remise en marche.

DATES.	ORDRE DES POSTES (j. jour. — n. nuit.)	NOMS DES SURVEILLANTS.	1° Nombre de mineurs. — 2° Nombre d'aides-mineurs.	TRAVAIL EFFECTUÉ — Enfoncement. — Mètres.	Cuvelage.	Nos des membres.	Brandissage.	Temps pour l'allongement des pompes. — Heures.	RETARDS OCCASIONNÉS — Durée. — Heures.	NATURE ET CAUSE.	EFFETS DES MACHINES — d'extraction — Quantité de terres extraite par poste. — Cuffats.	Consommation de charbon par jour. — Hectolitres.	d'épuisement — Nombre de jeux de pompe en activité.	Nombre de coups de pompes par minute.	Quantité d'eau extraite par minute. Hectolitres.	Consommation de charbon par jour. — Hectolitres.
	Report de la profondeur			80.38												
4 juill.	1er n	A.	5.2	0.60							4		2	3	34	
	2e »	B.	5.3								8		2	3	34	
	3e »	C.	6.2								5					
5 juill.	1er j	A.	5.2								4	15	2	3	34	65
	2e »	B.	5.3								2		2	3	34	
	3e »	C.	6.2					3 1/2		Allongement des jeux et battage des eaux.	1			3	34	
	1er n	A.	5.2								6		2	3	34	
	2e »	B.	5.3								5		2	3	34	
	3e »	C.	6.2								5			3	34	
6 juill.	1er j	A.	5.3	0.80							6	15	2	3	34	65
	2e »	B.	6.2								5		2	3	34	
	3e »	C.	5.2								3		2	3	34	
	1er n	A.	5.3								5			3	34	
	2e »	B.	6.2								4			3	34	
	3e »	C.	5.2								5			3.5	40	
7 juill.	1er j	A.	5.3								5	15	2	4	46	75
	2e »	B.	6.2								5		2	4.5	52	
	3e »	C.	5.2						4	Renouvellement des séaux.						
	1er n	A.	5.3						4	Renouvellement des séaux et battage des eaux.			2	6	69	
	2e »	B.	6.2						3/4	Battage des eaux.	5		2	3	54	
	3e »	C.	5.2								5			3	54	
8 juill.	1er j	A.	5.3	1.40							4	15	2	3	34	75
	2e »	B.	6.2								5		2	3	34	
	3e »	C.	5.2								4		2	3	34	
	1er n	A.	5.3								6		2	3	34	
	2e »	B.	6.2								5		2	3	34	
	3e »	C.	5.2								4		2	3	34	
9 juill.	1er j	A.	5.3								8	15	2	4	46	99
	2e »	B.	6.2								5		2	4	46	
	3e »	C.	5.2								4		2	4	46	
	1er n	A.	5.3								4		2	4	46	
	2e »	B.	6.2								4		2	4	46	
	3e »	C.	5.2								4		2	4	46	
10 juill.	1er j	A.	5.3								4	15	2	4.5	52	65
	2e »	B.	6.2								2		2	4.5	52	
	3e »	C.	5.2								4 1/2		2	4.5	52	
	1er n	A.	5.3						1	Allongement d'un jeu de pompe et renouvellement des séaux.	3		2			
	A reporter....			83.18												

OBSERVATIONS.

Détail des travaux et incidents. — Nature du terrain.

4ᵉ poste. — Les eaux étaient basses à six heures vingt minutes ; on a repris l'enfoncement ; un guidonnage a été défait et trois ont été refaits.

5ᵉ poste. — Ramené le terrain ; on a défait quatre guidonnages et on en a refait huit ; posé une bille d'entre fend et ses lambourdes.

6ᵉ poste. — Creusé le potia.

5 *juillet*. 1ᵉʳ poste. — Creusé le potia ; neuf guidonnages ont été défaits.

2ᵉ poste. — Fait un trou de sonde, qui a rencontré le tourtia, bien caractérisé et d'apparence assez plastique, à 1ᵐ,80, et le terrain houiller (grès) à 2ᵐ,40. Creusé le potia, et mis les jeux à fond pour le rechargement ; ôté les broches des aspirantes.

3ᵉ poste. — Allongé les jeux. La machine était remise en marche à trois heures cinquante minutes, et les eaux étaient basses à cinq heures trente minutes ; on a remis les broches, et on a renvoyé à la surface un cuffat de terres du fond ; fait trois guidonnages.

4ᵉ poste. — Creusé le potia ; on a défait douze guidonnages et on en a refait six.

5ᵉ poste. — Creusé le potia ; on a défait cinq guidonnages et on en a refait sept.

6ᵉ poste. — Creusé le potia ; on a défait sept guidonnages et on en a refait huit.

6 *juillet*. 1ᵉʳ poste. — Ramené les parois et creusé le potia ; on a défait neuf guidonnages et on en a refait cinq.

2ᵉ poste. — Creusé le potia ; on a défait douze guidonnages et on en a refait quatre.

3ᵉ poste. — Creusé le potia ; on a défait sept guidonnages et on en a refait huit.

4ᵉ poste. — Ramené le terrain ; on a défait trois guidonnages et on en a refait sept.

5ᵉ poste. — Creusé le potia ; on a défait quatorze guidonnages et on en a refait dix.

6ᵉ poste. — Creusé le potia ; on a défait dix guidonnages et on en a refait sept.

7 *juillet*. 1ᵉʳ poste. — Ramené les parois et creusé le potia ; on a défait quatre guidonnages et on en a refait six.

2ᵉ poste. — Ramené les parois et creusé le potia ; mis deux rallonges aux versoirs du cariou.

3ᵉ poste. — Les séaux de pompes étant fort usés, on a travaillé à les renouveler. Le tire-bout du jeu n° 3 a été retiré et remis en place, avec un nouveau séau ; deux pièces du tire-bout du jeu n° 1 et ses rallonges ont été retirées.

4ᵉ poste. — Retiré la dernière pièce du tire-bout du jeu n° 1, et remonté ce tire-bout avec un nouveau séau. La machine était remise en marche à sept heures quarante minutes ; on a refait deux guidonnages.

5ᵉ poste. — Les eaux étaient basses à dix heures quarante-cinq minutes ; remis les broches des aspirantes, et élargi le potia ; on a défait trois guidonnages et on en a refait vingt.

6ᵉ poste — Creusé le potia ; on a défait trois guidonnages et on en a refait cinq.

8 *juillet*. 1ᵉʳ poste. — Creusé le potia ; on a défait trois guidonnages et on en a refait cinq.

2ᵉ poste. — Creusé le potia ; on a défait quatre guidonnages et on en a refait dix.

3ᵉ poste. — Creusé le potia ; on a défait sept guidonnages et on en a refait six. Le terrain devient de plus en plus vert, par l'augmentation des points de chlorite. Le limé se ferme, de manière à ne plus laisser qu'une trace contre la paroi, et ne donne plus d'eau, si ce n'est une très-légère venue, à environ 0ᵐ,40 au-dessous de la torche actuelle.

4ᵉ poste. — Creusé au potia et ramené les parois ; on a défait cinq guidonnages et on en a refait douze.

5ᵉ poste — Ramené le fond et les parois ; on a défait dix guidonnages et on en a refait seize.

6ᵉ poste. — Creusé le potia ; on a défait six guidonnages et on en a refait quatre.

9 *juillet*. 1ᵉʳ poste. — Creusé le potia et ramené les parois ; on a défait six guidonnages et on en a refait deux.

2ᵉ poste. — Creusé le potia ; on a défait vingt-deux guidonnages et on en a refait douze.

3ᵉ poste. — Creusé le potia ; on a défait vingt-deux guidonnages et on en a refait dix-neuf.

4ᵉ poste. — Creusé le potia ; on a défait huit guidonnages et on en a refait huit.

5ᵉ poste. — Approfondi et élargi le potia ; on a défait onze guidonnages et on en a refait seize.

6ᵉ poste. — Approfondi et élargi le potia ; fait deux guidonnages.

10 *juillet*. 1ᵉʳ poste. — Ramené le terrain et approfondi ; on a défait cinq guidonnages et on en a refait six.

2ᵉ poste. — Approfondi ; on a défait cinq guidonnages et on en a refait dix. Disposé des poussarts entre les aspirantes, pour redresser les jeux qui avaient pris une position fort inclinée.

3ᵉ poste. — Ramené le terrain des parois.

4ᵉ poste. — Approfondi. Vers neuf heures, le jeu n° 3 étant descendu tout seul, le séau est sorti de la travaillante, et on a dû arrêter la machine pour allonger les pompes et renouveler les séaux qui étaient usés. On a retiré la première pièce du tire-bout du jeu n° 3, et fait réparer la fourche supérieure de ce tire-bout qui était sur le point de rompre.

DATES.	ORDRE DES POSTES. (j. jour. — n. nuit.)	NOMS DES SURVEILLANTS.	1° Nombre de mineurs, 2° Nombre d'aides-mineurs.	TRAVAIL EFFECTUÉ. Enfoncement. — Mètres.	Cuvelage.	Nos des membres.	Boudinage.	Temps pour l'allongement des pompes. — Heures.	RETARDS OCCASIONNÉS. Durée. — Heures.	NATURE ET CAUSE.	EFFETS DES MACHINES. d'extraction. Quantité de terres extraite par poste. — Cuffats.	Consommation de charbon par jour. — Hectolitres.	d'épuisement. Nombre de jeux de pompe en activité.	Nombre de coups de pompes par minute.	Quantité d'eau extraite par minute. Hectolitres.	Consommation de charbon par jour. — Hectolitres.
	Report de la profondeur......			85.18												
10 juill.	2e n.	B.	6.2						4	Allongement d'une pompe et renouvellement des séaux.						
	3e »	C.	5.2						4	Allongement d'une pompe et renouvellement des séaux et battage des eaux.			2	6	69	
11 juill.	1er j.	A.	5.5						3.50	Battage des eaux.		18	2	4.5	52	110
	2e »	B.	6.2								4		2	5	54	
	3e »	C.	5.2								4		2	5	54	
	1er n.	A.	5.3								1		2	5	38	
	2e »	B.	6.2										2	5	58	
	3e »	C.	5.2										2	5	38	
12 juill.	1er j.	A.	4.4									15	2	4	46	85
	2e »	B.	5.3										2	4	46	
	3e »	C.	5.3										2	4.5	52	
	1er n.	A.	4.4										2	4.5	52	
	2e »	B	5.3						4	Défaut aux séaux et secreis.						
	3e »	C	5.3						4	Idem.						
13 juill.	1er j.	A.	5.3						4	Idem.		45				80
	2e »	B.	5.5						4	Idem.						
	3e »	C.	4.4						4	Défaut aux séaux et secreis, et battage des eaux.			2	6	69	
	1er n.	A.	5.3						1/2	Battage des eaux.			2	5	54	
	2e »	B.	5.3										2	5	54	
	3e »	C.	4.4										2	5	54	
14 juill.	1er j.	A.	5.3									18	2	5	34	128
	2e »	B.	5.5										2	5.5	38	
	3e »	C.	4.4								4		2	5.5	40	
	1er n.	A	5.3								2		2	5.5	40	
	2e »	B.	5.5										2	5.5	40	
	3e »	C.	4 4										2	5.5	40	
15 juill.	1er j.	A.	6.4									18	2	4	46	102
	2e »	B.	5.5										2	4.5	52	
	3e »	C.	5.5													
	A reporter....			85.18												

OBSERVATIONS.

Détail des travaux et incidents. — Nature du terrain.

5e poste. — Retiré les tire-bouts des jeux nos 1 et 3, et remis le tire-bout du jeu n° 1, avec un nouveau séau.

6e poste. — Remis le tire-bout du jeu n° 3, avec un nouveau séau et la fourche réparée. Allongé le jeu n° 3 de 1 mètre, en remplaçant deux soulevantes de 1 mètre par une de 3 mètres; remis le dégorgeoir et le versoir en bois, et attelé de nouveau les jeux. La machine était remise en marche à cinq heures vingt minutes.

11 *juillet*. 1er poste. — On a refait sept guidonnages et on en a défait six, en suivant les eaux; elles ont été basses à neuf heures cinquante minutes. On a remis les broches des aspirantes, et commencé à ramener les parois pour la pose des siéges. Le terrain des parois est toujours traversé par le même limé, mais très-serré et ne donnant pas d'eau; les 0m,40 inférieurs, dans lesquels doivent être établis les premiers siéges et qui forment la base du tourtia, diffèrent de la partie supérieure du tourtia, en ce qu'ils renferment beaucoup de cailloux roulés, plus ou moins gros, et qu'ils sont plus argileux. Le potia est fait dans le terrain houiller, partie dans le grès, et partie dans le schiste.

2e poste. — Ramené onze faces des parois; on a fait treize guidonnages et on en a défait dix-sept.

3e poste. — Ramené les cinq dernières faces des parois et égalisé le fond; on a défait trois guidonnages et on en a refait quatre.

4e poste. — Egalisé les dernières places de la torche où doit être établi le premier siége; disposé les seize fils à plomb, et posé quatre pièces du premier siége.

5e poste. — Posé huit pièces du premier siége.

6e poste. — Posé les quatre dernières pièces, et amené le siége à l'équerre et en concordance avec les fils à plomb. Placé les bodets autour des aspirantes.

12 *juillet*. 1er poste. — Placé les madrilles et la mousse; coigneté le siége.

2e poste. — Picoté avec picots carrés.

3e poste. —   Id.

4e poste. — Picoté avec picots carrés jusqu'à neuf heures, et avec picots ronds ensuite.

5e poste. — On avait picoté pendant une demi-heure, lorsque les eaux ont monté, par suite d'un défaut aux séaux des deux pompes et au secret du jeu n° 3; on a, toutefois, continué de faire fonctionner la machine, espérant que le secret du jeu n° 3 reprendrait une bonne marche. Vers une heure, on a dû y renoncer, et on a commencé à retirer le tire-bout du jeu n° 3.

6e poste. — Retiré le tire-bout du jeu n° 3, et cherché à reprendre le secret de ce dernier, avec la corde du cabestan; mais on n'est pas parvenu à l'accrocher.

13 *juillet*. 1er poste. — On a enfin accroché le secret et on l'a remonté; son anneau était brisé (ce qui avait eu lieu sans doute lors de la chute du tire-bout sur le secret) : les platines en tôle étaient en pièces, et les boulons qui les fixaient aux clapets, en partie rompus. On a remis un nouveau secret, et on a replacé le tire-bout avec un nouveau séau.

2e poste. — Retiré le tire-bout du jeu n° 1, et cherché à reprendre le secret de ce jeu, sans y parvenir. On n'a pas trop prolongé cette tentative, parce que le secret du jeu n° 1 paraissait encore bien fonctionner. On a placé les rallonges du tire-bout du jeu n° 3, et on a attelé de nouveau ce jeu.

3e poste. — Remis le tire-bout du jeu n° 1 avec un nouveau séau. La machine était remise en marche à trois heures cinquante minutes.

4e poste. — Les eaux étaient basses à six heures cinquante minutes; on a repris le picotage avec picots ronds.

5e poste. — Picoté avec picots ronds.

6e poste. — Picoté avec picots en chêne.

14 *juillet*. 1er poste. — Picoté avec picots en chêne.

2e poste. — Achevé le picotage; pris le déversement, et démis les bodets pour nettoyer le fond du puits, avant de faire un hourd.

3e poste. — Nettoyé le fond, et fait un hourd bien fermé, pour recueillir les terres provenant de la préparation de la place du deuxième siége.

4e poste. — Préparé huit faces des parois, pour la pose du deuxième siége.

5e poste. — Achevé la préparation de la place de ce siége, et posé quatre pièces.

6e poste. — Placé douze pièces du deuxième siége, les madrilles et la mousse.

15 *juillet*. 1er poste. — Coigneté le siége et picoté avec picots carrés, à partir de huit heures.

2e poste. — Picoté avec picots carrés.

3e poste. — Picoté avec picots carrés et avec picots ronds, jusqu'à trois heures et demie. Les séaux étant très-usés, on a arrêté le travail du fond. On a retiré le tire-bout du jeu n° 3, et on l'a replacé avec un nouveau séau.

REGISTRE DE FONÇAGE.

DATES.	ORDRE DES POSTES, j. jour. — n. nuit.	NOMS DES SURVEILLANTS.	1° Nombre de mineurs, 2° Nombre d'aides-mineurs.	Enfoncement. — Mètres.	Cuvelage.	Nos des membres.	Boudinage.	Temps pour l'allongement des pompes. — Heures.	Durée. — Heures.	NATURE ET CAUSE.	Quantité de terres extraite par poste. — Cuffats.	Consommation de charbon par jour. — Hectolitres.	Nombre de jeux de pompe en activité.	Nombre de coups de pompes par minute.	Quantité d'eau extraite par minute. Hectolitres.	Consommation de charbon par jour. — Hectolitres.
	Report de la profondeur......			85.18												
15 juill.	1re n.	A.	6.4										2	6	69	
	2e »	B.	5.5										2	3	34	
	3e »	C.	5.5						1/4	Rupture d'une fourche et réparation de celle-ci; remplacement des rallonges en fer par une pièce en bois.			2	3	34	
16 juill.	1er j.	A.	6.4						1/4	Idem.						50
	2e »	B.	5.5						1/4	Idem.						
	3e »	C.	5.5						1/4	Idem.						
	1re n.	A.	6.4						1/4	Bris d'une fourche de tire-bout; réparation de cette fourche et remplacement des rallonges en fer par une pièce en bois.						
	2e »	B.	5.5						4	Bris d'une fourche de tire-bout; réparation de cette fourche et remplacement des rallonges en fer par une pièce en bois, et battage des eaux.						
	3e »	C.	5.5						4	Battage des eaux.						
17 juill.	1er j.	A.	6.4						1/2	Idem.		18	2	6	69	102
	2e »	B.	5.5										2	3	34	
	3e »	C.	5.5										2	3	34	
	1er n.	A.	6.4										2	3	34	
	2e »	B.	5.5										2	3	34	
	3e »	C.	5.5										2	3	34	
18 juill.	1er j.	A.	6.4									18	2	3	34	107
	2e »	B.	5.5										2	3	34	
	3e »	C.	5.5										2	3	34	
	1er n.	A.	6.4								2		2	3	34	
	2e »	B.	5.5								2		2	3	34	
	3e »	C.	5.5										2	3	34	
19 juill.	1er j	A.	6.4									18	2	3	34	112
	2e »	B.	5.5										2	3	34	
	3e »	C.	5.5										2	3	34	
	1er n	A.	6.4										2	3	34	
	2e »	B.	5.5										2	3	34	
	3e »	C.	5.5										2	3	34	
20 juill	1er j.	A.	6.4									18	2	3	34	102
	2e »	B.	5.5										2	3	34	
	3e »	C.	6.4										2	3	34	
	1er n.	A.	5.5										2	3	34	
	2e »	B.	5.5										2	3	34	
	3e »	C	6.4										2	3	34	
21 juill.	1er j.	A.	5.5									18	2	3	34	107
	A reporter....			85 18												

OBSERVATIONS.

Détail des travaux et incidents. — Nature du terrain.

4ᵉ poste. — Renouvelé le séau du jeu nᵒ 1. La machine était remise en marche à neuf heures.

5ᵉ poste. — Les eaux étaient basses à onze heures; on a repris le picotage avec picots ronds.

6ᵉ poste. — Picoté avec picots ronds en bois blanc, jusqu'à trois heures, et avec picots en chêne ensuite. A cinq heures quarante-cinq minutes, rupture d'une fourche de tire-bout, à la tête du tire-bout du jeu nᵒ 1. Retiré les rallonges en fer du tire-bout.

16 *juillet*. 1ᵉʳ poste. — Comme il y avait 12 mètres de rallonges de tire-bout restées dans la pompe, qui se trouvaient situées à environ 12 mètres de profondeur dans l'intérieur de la colonne, pour accrocher cette partie du tire-bout, on a été obligé d'aller dévisser et relever la partie supérieure de la colonne de pompe; puis on a cherché à relever le tire-bout avec la corde du cabestan, mais on n'y est pas parvenu, probablement à cause du poids de la colonne d'eau sur le séau; on a donc attendu que les eaux fussent un peu plus hautes pour retirer ce tire-bout.

2ᵉ poste. — On a encore tenté de retirer le tire-bout du jeu nᵒ 1 avec la corde du cabestan, mais sans pouvoir y parvenir; alors on a dû démonter les quelques soulevantes supérieures, atteler les rallonges en fer à la machine, et attacher le tire-bout par une chaîne à ces rallonges; ensuite on a fait agir la machine, et le tire-bout a pu ainsi être retiré; la première pièce a été démontée, et la fourche mise en réparation.

3ᵉ poste. — On a retiré deux autres pièces du tire-bout du jeu nᵒ 1; puis on les a réparées, après y avoir intercalé une nouvelle pièce en bois, destinée à remplacer les rallonges en fer, en profitant ainsi d'un retard forcé, pour faire une opération jugée nécessaire, en vue de donner plus de rigidité au tire-bout. Les soulevantes et le dégorgeoir démontés ont été replacés.

4ᵉ poste. — Retiré deux pièces du tire-bout du jeu nᵒ 5, pour y faire la même opération; replacé la dernière pièce du tire-bout, et une de celles du jeu nᵒ 5.

5ᵉ poste. — Mis les deux dernières pièces du tire-bout du jeu nᵒ 5, composées d'une nouvelle et d'une ancienne, et attelé les deux jeux. La machine était remise en marche à une heure et un quart.

6ᵉ poste. — Les eaux étaient basses à six heures et demie; on a repris le picotage avec picots en chêne.

17 *juillet*. 1ᵉʳ poste. — Picoté avec picots en chêne.

2ᵉ et 3ᵉ postes. — Picoté avec picots en chêne, et pris la mesure du déversement; on a recepé le picotage, et on a posé quatorze pièces du troisième siège.

4ᵉ poste. — Placé les deux dernières pièces, les madrilles et la mousse; coigneté le siége.

5ᵉ poste. — Recoupé les coins, et picoté avec picots carrés.

6ᵉ poste. — Picoté avec picots carrés jusqu'à cinq heures, et avec picots ronds ensuite.

18 *juillet*. 1ᵉʳ poste. — Picoté avec picots ronds en bois blanc.

2ᵉ poste. — Picoté avec picots en chêne.

3ᵉ poste. —   Id.

4ᵉ poste. — Picoté avec picots en chêne. Recepé le picotage; pris la mesure du déversement et relevé le hourd.

5ᵉ poste. — Préparé dix faces de la place du quatrième siége.

6ᵉ poste. — Achevé la préparation de la place du siége, et posé douze pièces.

19 *juillet*. 1ᵉʳ poste. — Posé les quatre dernières pièces du siége, les madrilles et la mousse; coigneté le siége. Picoté pendant une heure.

2ᵉ poste. — Picoté avec picots carrés en bois blanc.

3ᵉ poste. — Picoté avec picots ronds en bois blanc.

4ᵉ poste. —   Id.

5ᵉ poste. — Picoté avec picots en chêne.

6ᵉ poste. —   Id.

20 *juillet*. 1ᵉʳ poste. — Picoté avec picots en chêne, et recepé le picotage; pris la mesure du déversement, et placé quatorze pièces du cinquième siège.

2ᵉ poste. — Placé les deux dernières pièces, les madrilles et la mousse; coigneté le siége, et picoté pendant la dernière heure.

3ᵉ poste. — Picoté avec picots carrés en bois blanc.

4ᵉ poste. —   Id.

5ᵉ poste. — Picoté avec picots ronds en bois blanc.

6ᵉ poste. — Picoté avec picots ronds en bois blanc jusqu'à trois heures, et avec picots en chêne ensuite.

21 *juillet*. 1ᵉʳ poste. — Picoté avec picots en chêne.

REGISTRE DE FONÇAGE.

DATES.	ORDRE DES POSTES. 1° jour. — 2. nuit.	NOMS DES SURVEILLANTS.	1° Nombre de mineurs. 2° Nombre d'aides-mineurs.	TRAVAIL EFFECTUÉ.					RETARDS OCCASIONNÉS.		EFFETS DES MACHINES — d'extraction.		EFFETS DES MACHINES — d'épuisement.			
				Enfoncement. — Mètres.	Cuvelage.	N° des membres.	Boudinage.	Temps pour l'allongement des pompes. — Heures.	Durée. — Heures.	NATURE ET CAUSE.	Quantité de terres extraite par poste. — Cuffats.	Consommation de charbon par jour. — Hectolitres.	Nombre de jeux de pompe en activité.	Nombre de corps de pompes par minute.	Quantité d'eau extraite par minute. Hectolitres.	Consommation de charbon par jour. — Hectolitres.
	Report de la profondeur......			85.18												
21 juill.	2e j.	B.	5.5						2	Bris d'une fourche de tire-bout.			2	5	34	
	3e »	C.	6.4						4	Réparation de la fourche et battage des eaux.			2	5	34	
	1er n	A.	5.5						1	Battage des eaux.	2		2	3	34	
	2e »	B.	5.5										2	3	34	
	3e »	C.	6.4										2	3	34	
22 juill.	1er j	A.	5.5									18	2	5	34	112
	2e »	B.	5.5										2	3	34	
	3e »	C.	6.4										2	3	34	
	1er n	A.	5.5										2	3	34	
	2e »	B.	5.5										2	3	34	
	3e »	C.	6.4										2	5	34	
23 juill.	1er j	A.	5.5								4	18	2	5	34	112
	2e »	B.	5.5										2	5	34	
	3e »	C.	6.4										2	3.5	40	
	1er n	A.	5.5						1				2	3.5	40	
	2e »	B.	5.5										2	3.5	40	
	3e »	C.	6.4										2	5.5	40	
24 juill.	1er j	A.	5.5								1	18	2	3.5	40	112
	2e »	B.	5.5										2	3.5	40	
	3e »	C.	6.4										2	3.5	40	
	1er n	A.	5.5						1				2	3.5	40	
	2e »	B.	5.5										2	3.5	40	
	3e »	C.	6.4										2	3.5	40	
25 juill.	1er j	A.	5									18	2	4	46	107
	2e »	B.	4.1										2	4	46	
	3e »	C.	5										2	4	46	
	1er n	A.	5						1				2	4	46	
	2e »	B.	4.1										2	4	46	
	3e »	C.	5										2	4	46	
26 juill.	1er j	A.	5								4 1/2	18	2	4	46	82
	2e »	B.	4.1						4	Renouvellement des seaux.			2	4	46	
	3e »	C.	5						4	Renouvellement des seaux et battage des eaux.			2	4	46	
	1er n	A.	5						3/4	Battage des eaux.			2	3	34	
	2e »	B.	4.1										2	3	34	
	3e »	C.	5										2	3	34	
27 juill.	1er j	A.	4.1								1	18	2	3	34	107
	2e »	B.	5										2	3	34	
	3e »	C.	5										2	3	34	
	1er n	A.	4.1						1				2	3	34	
	A reporter....			85.18												

OBSERVATIONS.

Détail des travaux et incidents. — Nature du terrain.

2e poste. — Picoté avec picots en chêne ; recepé le picotage, et pris la mesure du déversement. On commençait à relever le hourd, lorsqu'une fourche du tire-bout, à la tête du jeu n° 3, s'est brisée ; cet accident est arrivé vers midi.

3e poste. — La fourche réparée a été replacée, et la machine marchait à quatre heures.

4e poste. — Les eaux étaient basses à sept heures ; on a relevé le hourd, et retaillé onze faces des parois, pour préparer la place du sixième siége.

5e poste. — Retaillé les cinq dernières faces du puits, et posé dix pièces du sixième siége.

6e poste. — Posé le sixième siége, les madrilles et la mousse ; coigneté le siége.

22 *juillet.* 1er poste. — Picoté avec picots carrés en bois blanc.

2e poste. — Picoté avec picots carrés en bois blanc.

3e poste. — Picoté avec picots ronds en bois blanc.

4e poste. — Picoté avec picots en chêne.

5e poste. —   Id.

6e poste. — Picoté avec picots en chêne et pris le déversement, retaillé trois faces des parois, pour la pose du septième siége.

23 *juillet.* 1er poste. — Achevé la préparation de la place du septième siége, et posé quatorze pièces de ce siége.

2e poste. — Placé les deux dernières pièces, les madrilles et la mousse ; coigneté le siége et picoté pendant un quart d'heure.

3e poste. — Picoté avec picots carrés.

4e poste. — Picoté avec picots ronds.

5e poste. —   Id.

6e poste. — Picoté avec picots en chêne.

24 *juillet.* 1er poste. — Picoté avec picots en chêne ; pris la mesure du déversement, et recepé le picotage.

2e poste. — Posé le huitième siége, les madrilles et la mousse ; commencé le coignetage.

3e poste. — Achevé le coignetage, et picoté pendant les trois dernières heures de ce poste.

4e poste. — Picoté avec picots carrés, et retaillé un peu les parois du puits, pour faciliter le coup de marteau.

5e poste. — Picoté avec picots ronds.

6e poste. — Picoté avec picots en chêne.

25 *juillet.* 1er poste. — Picoté avec picots en chêne, et pris la mesure du déversement du siége.

2e poste. — Défait deux hourds et nettoyé le fond du puits ; remonté les deux hourds.

3e poste. — Posé les seize pièces du premier coffre de cuvelage.

4e poste. — Amené ce premier coffre à l'aplomb exact ; on a placé trois cuffats de béton, et cloué seize planchettes ; retaillé les parois, et posé trois pièces de cuvelage.

5e poste. — Placé douze pièces de cuvelage et cloué huit patiniats.

6e poste. — Posé cinq cuffats de béton, et remonté le hourd.

26 *juillet.* 1er poste. — Retaillé les parois ; nettoyé le hourd, et renvoyé les outils à la surface, pour procéder au renouvellement des séaux, qui étaient en très-mauvais état. On a commencé cette opération à neuf heures et demie. Retiré deux pièces du tire-bout du jeu n° 1.

2e poste. — Retiré le reste du tire-bout du jeu n° 1, et remis ce tire-bout avec un nouveau séau ; on a fixé deux clames à ce tire-bout, sur un point où il présentait un commencement de cassure ; retiré le tire-bout du jeu n° 3 ; remis un nouveau séau, et descendu la première pièce du tire-bout.

3e poste. — Descendu le tire-bout du jeu n° 3. La machine était remise en marche à trois heures trente-cinq minutes.

4e poste. — Les eaux étaient basses à six heures quarante-cinq minutes ; on a posé seize pièces de cuvelage et deux cuffats de béton.

5e poste. — Placé dix-sept pièces de cuvelage et un cuffat de béton ; retaillé les parois du puits.

6e poste. — Posé seize pièces de cuvelage et quatre cuffats de béton.

27 *juillet.* 1er poste. — Relevé le hourd et démonté un versoir du cariou ; placé trois cuffats de béton, et retaillé les parois du puits.

2e poste. — Retaillé les parois, et posé seize pièces de cuvelage.

3e poste. — Posé neuf pièces de cuvelage et quatre cuffats de béton ; renvoyé à la surface quatre cuffats de pièces de cariou et de planches.

4e poste. — Renvoyé à la surface trois cuffats de pièces de cariou, et détaché un cuffat de terres des parois ; posé seize pièces de cuvelage.

REGISTRE DE FONÇAGE.

DATES.	ORDRE DES POSTES, j. jour. — n. nuit.	NOMS DES SURVEILLANTS.	1° Nombre de mineurs. 2° Nombre d'aides-mineurs.	TRAVAIL EFFECTUÉ. Enfoncement. — Mètres.	Cuvelage.	N°s des membres.	Boublissage.	Temps pour l'allongement des pompes. — Heures.	RETARDS OCCASIONNÉS. Durée. — Heures.	NATURE ET CAUSE.	EFFETS DES MACHINES. d'extraction. Quantité de terres extraite par poste. — Cuffats.	Consommation de charbon par jour. — Hectolitres.	d'épuisement. Nombre de jeux de pompe en activité.	Nombre de coups de pompes par minute.	Quantité d'eau extraite par minute. Hectolitres.	Consommation de charbon par jour. — Hectolitres.
	Report de la profondeur......			85,18												
27 juill.	2e n.	B.	5										2	3	34	
	3e »	C.	5										2	3	34	
28 juill.	1er j.	A.	4.1									18	2	3	34	92
	2e »	B.	5										2	3	34	
	3e »	C.	5										2	3	34	
	1er n.	A.	4.1										2	3	34	
	2e »	B.	5										2	3	34	
	3e »	C.	5										2	3	34	
29 juill.	1er j.	A.	4.1									18	2	3	34	139
	2e »	B.	5										2	3	34	
	3e »	C.	5										2	3	34	
	1er n.	A.	4 1								4		2	3	34	
	2e »	B.	5										2	3	34	
	3e »	C.	5										2	3	34	
30 juill.	1er j.	A.	4.1								4	18	2	3	34	82
	2e »	B.	5								2		2	3	34	
	3e »	C.	5										2	3	34	
	1er n.	A.	4.1										2	3	34	
	2e »	B.	5										2	3	34	
	3e »	C.	5							Défaut au secret ; renouvellement du seau de la pompe n° 1.			2	3	34	
31 juill.	1er j.	A.	4.2							Idem.		18	2	3	34	112
	2e »	B.	5.1										2	3	34	
	3e »	C.	5.2										2	3	34	
	1er n.	A.	4.3										2	2.5	29	
	2e »	B.	5.2										2	2.5	29	
	3e »	C.	5.2										2	2.5	29	
1er août.	1er j.	A.	4.5									18	2	2.5	29	44
	2e »	B.	5.2										2	2	23	
	3e »	C.	5.2										2	1.5	17	
	1er n.	A.	4.3										2	1	11.5	
	2e »	B.	5.2										2	0.8	9	
	3e »	C.	5.2										2	0.5	5.7	
2 août.	1er j.	A.	4.5									18	2	0.5	3.5	27
	2e »	B.	5.2										2	0.5	3.5	
	3e »	C.	5.2										2	0.3	3.5	
	1er n.	A.	4.3										2	0.3	3.5	
	2e »	B.	5.2										2	0.3	3.5	
	3e »	C.	5.2										2	0.3	3.5	
3 août.																
4 août.	1er j.	A.	5.2									18	2	0.2	2.5	15
	2e »	B.	5.2										2	0.2	2.5	
	3e »	C.	4.3										2	0.2	2.5	
	1er n.	A.	5.2										2	0.1	1.1	
	2e »	B.	5.2										2	0.1	1.1	
	3e »	C.	4.3										2	0.1	1.1	
5 août.	1er j.	A.	5.4									18	2	0.085	0.935	27
		A reporter....		85,18												

OBSERVATIONS

Détail des travaux et incidents. — Nature du terrain.

5e poste. — Relevé le hourd ; on a posé trois cuffats de béton et six pièces de cuvelage.
6e poste. — Démis une bille d'entre-fend et ses lambourdes ; posé seize pièces de cuvelage et un cuffat de béton.

28 *juillet*. 1er poste. — Oté un membre ; on a placé six pièces de cuvelage et cinq cuffats de béton.
2e poste. — Placé vingt pièces de cuvelage et quatre cuffats de béton ; cloué huit patiniats.
3e poste. — Relevé le hourd ; placé cinq cuffats de béton et six pièces de cuvelage.
4e poste. — Posé quatorze pièces de cuvelage et trois cuffats de béton ; démis un membre.
5e poste. — Posé seize pièces de cuvelage et quatre cuffats de béton ; cloué huit patiniats de hourd.
6e poste. — Placé cinq cuffats de béton, neuf pièces de cuvelage et quatre billes de hourd.

29 *juillet*. 1er poste. — Remonté le hourd, et posé seize pièces de cuvelage.
2e poste. — Posé dix-huit pièces de cuvelage et quatre cuffats de béton.
3e poste. — Posé deux pièces de cuvelage et quatre cuffats de béton ; relevé le hourd ; démonté une bille d'entre-fend et deux de guidonnages.
4e poste. — Renvoyé à la surface deux billes d'entre-fend, deux guidonnages et un membre ; retaillé les parois du puits, et posé seize pièces de cuvelage.
5e poste. — Posé cinq cuffats de béton et quatorze pièces de cuvelage.
6e poste. — Posé neuf pièces de cuvelage et trois cuffats de béton ; cloué huit patiniats.

30 *juillet*. 1er poste. — Relevé le hourd, et démis un membre ; on a placé dix pièces de cuvelage et trois cuffats de béton.
2e poste. — Renvoyé le membre ; retaillé les parois, et posé seize pièces de cuvelage.
3e poste. — Retaillé les parois ; on a placé treize pièces de cuvelage et deux cuffats de béton.
4e poste. — Posé les clefs ; on a recouvert les joints de toile d'étoupes, et renvoyé un hourd à la surface.
5e poste. — Renvoyé les dernières pièces du hourd. Vers dix heures et demie, les eaux sont montées, par suite d'un défaut au séau de la pompe n° 1 ; on s'est occupé à le renouveler.
6e poste. — On a travaillé au renouvellement du séau du jeu n° 1.

31 *juillet*. 1er poste. — A six heures trois quarts, le jeu de pompe n° 1 était attelé de nouveau, et à dix heures, les eaux étaient basses.
2e poste. — Brandi, en remontant, à 3 mètres en dessous de la tête de la passe.
3e poste. — Brandi.
4e poste. — Brandi.
5e poste. — Brandi.
6e poste. — Brandi.

1er *août*. 1er poste. — Brandi.
2e poste. — Brandi.
3e poste. — Brandi ; commencé à brandir près des échelles.
4e poste. — Brandi les joints des clefs.
5e poste. —   Id.
6e poste. —   Id.

2 *août*. 1er poste. — Brandi les joints des pièces de clefs.
2e poste. — Brandi les joints des pièces de clefs.
3e poste. —   Id.
4e poste. — Brandi en descendant ; renvoyé cinq canards d'aérage à la surface ; fait deux hourds, et démis quelques vis des tirants de suspension.
5e poste. — Brandi en descendant.
6e poste. — Brandi en descendant ; fait deux hourds dans le trait à terres, et démis cinq pièces de tirants de suspension.

3 *août*. — Chômage des travaux.

4 *août*. 1er poste. — Brandi en descendant.
2e poste. — Brandi en descendant.
3e poste. —   Id.
4e poste. — Brandi en descendant, et descendu le hourd.
5e poste. — Brandi en descendant.
6e poste. —   Id.

5 *août*. 1er poste. — Brandi en descendant, et renvoyé un hourd à la surface.

DATES.	ORDRE DES POSTES, j. jour. — n. nuit.	NOMS DES SURVEILLANTS.	1° Nombre de mineurs. 2° Nombre d'aides-mineurs.	TRAVAIL EFFECTUÉ. Enfoncement. — Mètres.	Cuvelage.	Nos des membres.	Brandissage.	Temps pour l'allongement des pompes. — Heures.	RETARDS OCCASIONNÉS. Durée. — Heures.	NATURE ET CAUSE.	EFFETS DES MACHINES. d'extraction. Quantité de terres extraite par poste. — Cuffats.	Consommation de charbon par jour. — Hectolitres.	d'épuisement. Nombre de jeux de pompe en activité.	Nombre de coups de pompes par minute.	Quantité d'eau extraite par minute. Hectolitres.	Consommation de charbon par jour. — Hectolitres.
		Report de la profondeur........		83.18												
5 août.	2e j.	B.	5.4										2	6.085	0.935	
	3e »	C.	5.4										2	6.051	0.560	
	1er n.	A.	5.4													
	2e »	B.	5.4													
	3e »	C.	5.4													
6 août.	1er j.	A.	5.4									18				17
	2e »	B.	5.4													
	3e »	C.	5.4													
	1er n.	A.	5.4													
	2e »	B.	5.4													
	3e »	C.	5.4													
7 août.	1er j.	A.	5.2								2	15				15
	2e »	B.	5.2								4					
	3e »	C.	4.5													
	1er n.	A.	5.1													
	2e »	B.	5.1													
	3e »	C.	5.1													
8 août.	1er j.	A.	5.1													
	2e »	B.	5.1									11				
	3e »	C.	5.1													
	1er n.	A.	5.1													
	2e »	B.	5.1													
	3e »	C.	5.1													
9 août.	1er j.	A.	5.1									15				
	2e »	B.	5.1													
	3e »	C.	5.4													
	1er n.	A.	5.1													
	2e »	B.	5.1													
	3e »	C.	5.1													
10 août.	1er j.	A.	5.1									15				10
	2e »	B.	5.1													
	3e »	C.	5.1													
	1er n.	A.	5.1													
	2e »	B.	5.1													
	3e »	C.	5.1													
11 août.	1er j.	A.	5.1									15				5
	2e »	B.	5.4													
	3e »	C.	5.4													
	1er n.	A.	5.1													
	2e »	B.	5.1													
		À reporter....		83.18												

OBSERVATIONS.

Détail des travaux et incidents. — Nature du terrain.

2e poste. — Brandi en descendant.
3e poste. — Brandi en descendant, et renvoyé un hourd à la surface.
4e poste. — Brandi en descendant.
5e poste. — Brandi en descendant, et renvoyé un hourd à la surface.
6e poste. — Brandi en descendant.

6 *août*, 1er poste. — Brandi en descendant.
2e poste. — Brandi en descendant, et renvoyé un hourd à la surface.
3e poste. — Brandi en descendant.
4e poste. —   Id.
5e poste. — Brandi en descendant, et renvoyé un hourd à la surface.
6e poste. — Brandi en descendant.

7 *août*. 1er poste. — Brandi en descendant.
2e poste. — Brandi en descendant; renvoyé un hourd et deux cuffats de terres à la surface.
3e poste. — Nettoyé le fond du puits, et remonté quatre cuffats de terres à la surface et le tire-bout du jeu n° 4.
4e poste. — Renvoyé sept vis de tirants et trois tuyaux de pompes à la surface; défait un guidonnage.
5e poste. — Renvoyé à la surface huit tirants de suspension du jeu n° 4.
6e poste. — Renvoyé à la surface quatre pièces de tirants de suspension et une pièce du tire-bout du jeu n° 2.

8 *août*. 1er poste. — Renvoyé à la surface le tire-bout du jeu n° 4, deux pièces de tirants et une vis de suspension.
2e poste. — Renvoyé à la surface huit tirants de suspension du jeu n° 4.
3e poste. — Renvoyé à la surface cinq pièces de tirants de suspension, des carcans, un cuffat de vis et un tuyau de pompe du jeu n° 2.
4e poste. — Renvoyé à la surface quatre pièces de tirants de suspension de cuvelage.
5e poste. —   Id.   id.
6e poste. — Renvoyé à la surface quatre pièces de tirants de suspension de cuvelage, des carcans et un cuffat de vis.

9 *août*. 1er poste. — Fait un hourd; démis dix-neuf vis de tirants de suspension de pompes et dix tirants de suspension de cuvelage.
2e poste. — Mis quarante-huit broches dans les trous de vis fixant les tirants au cuvelage; renvoyé à la surface douze pièces de tirants de suspension de cuvelage et cent quatre vis de tirants.
3e poste. — Renvoyé treize tirants de suspension de cuvelage à la surface.
4e poste. — Renvoyé à la surface huit tirants de suspension de cuvelage, et démis cinquante vis de tirants.
5e poste. — Fait un hourd; renvoyé à la surface seize pièces de tirants de suspension de cuvelage et cinquante-six vis.
6e poste. — Oté les vis de seize tirants de suspension de cuvelage, et renvoyé à la surface un tirant de suspension de cuvelage.

10 *août*. 1er poste. — Fait un hourd; renvoyé sept pièces de tirants de suspension de cuvelage et trente-neuf vis.
2e poste. — Renvoyé sept tirants de suspension de cuvelage, et démis seize vis de patiniats.
3e poste. — Démis quarante-six vis de patiniats du bac, et brandi.
4e poste. — Brandi à l'endroit du bac (bâche de répétition).
5e poste. — Brandi à l'endroit du bac, et renvoyé deux hourds.
6e poste. — Brandi à l'endroit du bac; fait un hourd, et démis cinquante-cinq vis de tirants de suspension de cuvelage.

11 *août*. 1er poste. — Fait un hourd; renvoyé à la surface deux canards d'aérage, cinq tirants de suspension de cuvelage et vingt-sept vis de tirants; placé quarante-cinq broches en bois.
2e poste. — Renvoyé huit tirants de suspension de cuvelage à la surface; démis six vis de patiniats, et fait un demi-hourd.
3e poste. — Oté quarante-cinq vis de patiniats et trente vis de tirants de suspension de cuvelage; renvoyé à la surface trois tirants.
4e poste. — Oté soixante vis de patiniats du bac, et renvoyé à la surface dix-neuf patiniats.
5e poste. — Oté les vis de seize tirants de suspension de cuvelage, et dix vis de patiniats; renvoyé à la surface un canard.

DATES.	ORDRE DES POSTES, j. jour. — n. nuit.	NOMS DES SURVEILLANTS.	1° Nombre de mineurs. 2° Nombre d'aides-mineurs.	TRAVAIL EFFECTUÉ.					RETARDS OCCASIONNÉS.		EFFETS DES MACHINES					
											d'extraction		d'épuisement.			
				Enfoncement. — Mètres.	Cuvelage.	Nos des membres.	Brandissage.	Temps pour l'allongement des pompes. — Heures.	Durée. — Heures.	NATURE ET CAUSE.	Quantité de terres extraite par poste. — Cuffats.	Consommation de charbon par jour. — Hectolitres.	Nombre de jeux de pompe en activité.	Nombre de coups de pompes par minute.	Quantité d'eau extraite par minute. Hectolitres.	Consommation de charbon par jour. — Hectolitres.
	Report de la profondeur.......			85.48												
11 août.	3e n.	C.	5.4													
12 août.	1er j.	A.	5.4									15				4
	2e »	B.	5.4													
	3e »	C.	5.4													
	1er n.	A.	5.4													
	2e »	B.	5.4													
	3e »	C.	5.4													
13 août.	1er j.	A.	5.2									15				5
	2e »	B.	5.2													
	3e »	C.	5.2													
	1er n.	A.	5.2													
	2e »	B.	5.2													
	3e »	C.	5.2													
14 août.	1er j.	A.	5.2									12				5
	2e »	B.	5.2													
	3e »	C.	5.2													
	1er n.	A.	5.2													
	2e »	B.	5.2													
	3e »	C.	5.2													
15 août.																
16 août.	1er j.	A.	2.2									15				9
	2e »	B.	2.2													
	3e »	C.	5.1													
	1er n.	A.	2.2													
	2e »	B.	2.2													
	3e »	C.	5.1													
17 août.	1er j.	A.	2.2									18				12
	2e »	B.	5.1													
	3e »	C.	2.2													
	1er n.	A.	2.2													
	2e »	B.	5.2													
	3e »	C.	2.2													
18 août.	1er j.	A.	2.2									15				5
	2e »	B.	5.5													
	3e »	C.	2.2													
	1er n.	A.	2.2													
	2e »	B.	5.5													
	3e »	C.	2.2													
19 août.	1er j.	A.	2.5													
	2e »	B.	5.5													
	A reporter....			85.48													

OBSERVATIONS.

Détail des travaux et incidents. — Nature du terrain.

6e poste. — Ôté cinquante-deux vis de tirants de suspension de cuvelage, et renvoyé à la surface douze tirants de suspension de cuvelage.

12 *août*. 1er poste. — Fait un hourd et renvoyé à la surface deux canards ; ôté cent quinze vis de tirants de suspension de cuvelage, et renvoyé à la surface seize pièces de tirants de suspension de cuvelage.

2e poste. — Renvoyé douze tirants de suspension de cuvelage, et fait deux hourds ; ôté trente vis de tirants de suspension de cuvelage.

3e poste. — Renvoyé seize pièces de tirants de suspension à la surface ; ôté quarante-cinq vis de tirants de suspension de cuvelage, et fait deux hourds.

4e poste. — Ôté quatre-vingt-seize vis de tirants de suspension de cuvelage, et fait un hourd.

5e poste. — Fait un hourd ; renvoyé à la surface trois canards d'aérage et dix tirants de suspension de cuvelage.

6e poste. — Ôté vingt-cinq vis, et renvoyé à la surface six tirants de suspension de cuvelage.

13 *août*. 1er poste. — Renvoyé à la surface dix cuffats de débris, et défait quatre hourds.

2e poste. — Fait un hourd ; placé sept patiniats pour le nouveau bac, et vingt-six vis ; brandi deux pichoux.

3e poste. — Renvoyé six tirants de suspension de cuvelage et cinquante-trois vis de ces tirants, à la surface.

4e poste. — Brandi au point où doit être établi le bac (bâche de répétition).

5e poste. —   Id.   id.

6e poste. — Brandi au point où doit être établi le bac, et fait un hourd.

14 *août*. 1er poste. — Placé neuf bouts de canards et trente agrafes.

2e poste. — Brandi à la place du bac, et placé un canard.

3e poste. — Brandi à la place du bac, et fait un hourd.

4e poste. — Brandi à la place du bac.

5e poste. —   Id.

6e poste. — Brandi à la place du bac ; fait et défait un hourd.

15 *août*. — On n'a pas travaillé.

16 *août*. 1er poste. — Brandi à la place du bac.

2e poste. — Brandi à la place du bac ; défait un hourd et renvoyé à la surface trois cuffats de planches.

3e poste. — Brandi à la place du bac.

4e poste. —   Id.

5e poste. —   Id.

6e poste. —   Id.

17 *août*. 1er poste. — Placé douze patiniats du bac et vingt-quatre vis.

2e poste. — Fait un hourd et percé un trou dans le cuvelage, afin d'avoir de l'eau pour faire marcher la machine.

3e poste. — Fait un hourd dans le trait à terres ; placé un patiniat et trois pilots (traverses) ; on a brandi quelques venues d'eau.

4e poste. — Brandi et fait un demi-hourd.

5e poste. — Brandi et fait un demi-hourd, et placé quatre pilots pour faire un hourd.

6e poste. — Brandi, fait un demi-hourd et fait un hourd.

18 *août*. 1er poste. — Brandi et fait un demi-hourd.

2e poste. — Brandi un pichou ; on a défait un hourd qu'on a renvoyé à la surface, ainsi qu'une bille de royon et 12 mètres de pompes ; défait cinq guidonnages.

3e poste. — Renvoyé à la surface 32 mètres de pompes, et défait douze guidonnages.

4e poste. — Renvoyé 22 mètres de pompes du jeu n° 2, et brandi un pichou, en dessous des dix siéges.

5e poste. — Renvoyé à la surface 8 mètres de pompes, et fait un hourd pour brandir un pichou en dessous des dix siéges.

6e poste. — Renvoyé à la surface 16 mètres de pompes du jeu n° 2, et défait huit guidonnages.

19 *août*. 1er poste. — Défait trois hourds, et renvoyé dix canards à la surface.

2e poste. — Fait deux hourds, et fixé neuf patiniats ; ôté vingt lambourdes et une bille de royon.

REGISTRE DE FONÇAGE.

DATES.	ORDRE DES POSTES, j. jour. — n. nuit.	NOMS DES SURVEILLANTS.	1° Nombre de mineurs. 2° Nombre d'aides-mineurs.	Enfoncement. — Mètres.	Cuvelage.	N° des membres.	Brandissage.	Temps pour l'allongement des pompes. — Heures.	Durée. — Heures.	NATURE ET CAUSE.	Quantité de terres extraite par poste. — Cuffats.	Consommation de charbon par jour. — Hectolitres.	Nombre de jeux de pompe en activité.	Nombre de coups de pompes par minute.	Quantité d'eau extraite par minute. Hectolitres.	Consommation de charbon par jour. — Hectolitres.
	Report de la profondeur......			83.18												
19 août.	3e j.	C.	2.3													
	1er n.	A.	2.4													
	2e »	B.	3.4													
	3e »	C.	2.4													
20 août.	1er j.	A.	2.4													
	2e »	B.	3.4													
	3e »	C.	2.4													
	1er n.	A.	2.4													
	2e »	B.	3.4													
	3e »	C.	2.4													
21 août.	1er j.	A.	2.4													
	2e »	B.	3.4													
	3e »	C.	2.4													
	1er n.	A.	2.4													
	2e »	B.	3.4													
	3e »	C.	2.4													
22 août.	1er j.	A.	3.4													
	2e »	B.	4.4													
	3e »	C.	3.4													
	1er n.	A.	3.3													
	2e »	B.	4.4													
	3e »	C.	4.4													
23 août.	1er j.	A.	4.4									12				
	2e »	B.	4.4													
	3e »	C.	4.4													
	1er n.	A.	4.4													
	2e »	B.	4.4													
	3e »	C.	4.4													
24 août.	1er j.	A.	4													
	2e »	B.	4													
	3e »	C.	4.1													
	1er n.	A.	4													
	2e »	B.	4													
	3e »	C.	4.1													
25 août.	1er j.	A.	4.4									10				4
	2e »	B.	4.4													
	3e »	C.	4.4													
	1er n.	A.	4.4													
	2e »	B.	4.4													
	3e »	C.	4.4													
	A reporter....			83.18													

OBSERVATIONS

Détail des travaux et incidents. — Nature du terrain.

3e poste. — Défait une traverse de royon ; décloué quatre lambourdes et huit patiniats ; commencé à brandir à la tête du niveau, en descendant.

4e poste. — Brandi en descendant.

5e poste. — Brandi en descendant ; on a ôté une échelle et on en a replacé une ; enfoncé dix broches en bois dans le cuvelage.

6e poste. — Brandi en descendant.

20 août. 1er poste. — Brandi en descendant ; défait et refait un hourd ; ôté dix lambourdes, une bille de royon, une bille de refend et deux guidonnages ; renvoyé un cuffat de bois à la surface.

2e poste. — Brandi en descendant, et brandi un pichou en dessous des dix siéges.

3e poste. — Brandi en descendant.

4e poste. —   Id.

5e poste. —   Id.

6e poste. —   Id.

21 août. 1er poste. — Brandi en descendant ; on a placé une échelle et on en a ôté une ; défait et fait un hourd ; ôté une bille de royon, une de refend et dix lambourdes ; on a remis cinq lambourdes et on a brandi.

2e poste. — Brandi en descendant.

3e poste. — Brandi en descendant, et mis dix broches dans le cuvelage.

4e poste. — Brandi en descendant.

5e poste. — Brandi en descendant. Brandi un pichou, en dessous des dix siéges.

6e poste. — Brandi en descendant, et mis une bille de royon.

22 août. 1er poste. — Brandi en descendant ; on a défait trois hourds et on a renvoyé au jour cinq cuffats de bois.

2e poste. — Pendu un fil à plomb, à partir de la tige du piston de la machine d'épuisement jusqu'au sommier du fond, pour fixer la position à donner à la bâche de répétition ; ôté le tirant de heurtoir du jeu n° 1.

3e poste. — Renvoyé 32 mètres de pompes à la surface ; on a défait le dégorgeoir du jeu n° 1 et huit guidonnages ; renvoyé deux pièces de tire-bout à la surface.

4e poste. — Renvoyé à la surface 16 mètres de pompes et deux pièces de tire-bout.

5e poste. — Renvoyé à la surface le gros sommier, trois cuffats de bois et de vis.

6e poste. — Renvoyé 20 mètres de pompes à la surface.

23 août. 1er poste. — Renvoyé à la surface 6 mètres de pompes, deux pièces de tire-bout et trois hourds.

2e poste. — Posé une bille de refend, et fait un guidonnage à la tête de la travaillante du jeu n° 1 ; renvoyé à la surface 4 mètres de pompes et une pièce de tire-bout avec un séau.

3e poste. — Remonté une aspirante et une travaillante ; défait un hourd et renvoyé à la surface deux cuffats de bois ; on a fait un guidonnage et on en a défait trois.

4e poste. — Fait deux hourds ; ôté un patiniat avec quatre vis, et replacé un patiniat avec trois vis, pour la pose d'un des sommiers destinés à supporter la pompe du jour.

5e poste. — Brandi les joints de cuvelage, à l'endroit de ces sommiers.

6e poste. —   Id.   Id.

24 août. 1er poste. — Brandi les joints de cuvelage, à l'endroit des sommiers, et descendu un hourd ; renvoyé à la surface un cuffat de bois.

2e poste. — Brandi, et mis vingt-quatre grosses broches en bois dans le cuvelage.

3e poste. — Brandi trois joints et descendu le gros sommier ; mis un patiniat avec trois vis, et fait un hourd ; renvoyé à la surface un cuffat de bois, et cloué deux patiniats sur le côté du sommier.

4e poste. — On a défait un hourd et on en a refait un, à la tête du jeu n° 4 ; on a défait trois guidonnages et on a fait un hourd.

5e poste. — Fait un hourd.

6e poste. — Nettoyé le fond du puits, et renvoyé un cuffat de bois à la surface ; défait la tâche de la corde du cabestan : l'emmouffiage était préparé.

25 août. 1er poste. — On a emmouffé le jeu n° 4, et on l'a relevé sur le gros sommier ; défait un hourd et mis quatre pilots, pour faire un hourd au-dessous de la bâche.

2e poste. — Placé trois sommiers de bâche.

3e poste. — Mis un sommier pour la bâche, et la première planche de la devanture ; serré les vis.

4e poste. — Posé cinq dosses de la bâche et trois boulons ; fait un hourd.

5e poste. — Placé les patiniats montants, à la tête de la bâche, et douze vis ; brandi un pichou.

6e poste. — Brandi le fond de la bâche.

DATES.	ORDRE DES POSTES, j. jour. — n. nuit.	NOMS DES SURVEILLANTS.	1° Nombre de mineurs.	2° Nombre d'aides-mineurs.	TRAVAIL EFFECTUÉ. Enfoncement. — Mètres.	Cuvelage.	N°s des membres.	Brandissage.	Temps pour l'allongement des pompes. — Heures.	RETARDS OCCASIONNÉS. Durée. — Heures.	NATURE ET CAUSE.	EFFETS DES MACHINES. d'extraction. Quantité de terres extraite par poste. — Gaffats.	Consommation de charbon par jour. — Hectolitres.	d'épuisement. Nombre de jeux de pompe en activité.	Nombre de coups de pompes par minute.	Quantité d'eau extraite par minute. Hectolitres.	Consommation de charbon par jour. — Hectolitres.
	Report de la profondeur.......				85.18												
26 août.	1er j.	A.	4										13				4
	2e »	B.	4														
	3e »	C.	4	2													
	1er n.	A.	4														
	2e »	B	4														
	3e »	C.	4	2													
27 août.	1er j.	A.	4										10				5
	2e »	B.	4														
	3e »	C.	4.1														
	1er n.	A.	4														
	2e »	B.	4														
	3e »	C.	5	1													
28 août.	1er j.	A.	5										15				
	2e »	C.	5														
	3e »	B.	5.1														
	1er n.	A.	5														
	2e »	B.	5														
	3e »	C.	5	1													
29 août.	1er j.	A.	5										15				
	2e »	B.	5														
	3e »	C.	5.1														
	1er n.	A.	5														
	2e »	B.	5														
	3e »	C	5.1														
30 août.	1er j.	A.	5										12				
	2e »	B.	5														
	3e »	C.	5.1														
	1er n.	A.	5														
	2e »	B.	5														
	3e »	C.	5.1														
31 août.	1er j.	A.	5.1										11				
	2e »	B.	5.2														
	3e »	C.	5.1														
	1er n.	A.	5.1														
	2e »	B.	5.2														
	3e »	C.	5.1														
	A reporter....				85.18												

OBSERVATIONS

Détail des travaux et incidents. — Nature du terrain.

26 *août*. 1er poste. — Brandi la bâche.

2e poste. — Fini le brandissage de la bâche et fait un hourd ; nettoyé le fond de l'aspirante ; descendu le jeu dans la bâche, et renvoyé deux cuffats de bois à la surface.

3e poste. — Posé le jeu dans la bâche, et deux petits sommiers pour soutenir le jeu ; renvoyé sept cuffats de bois à la surface.

4e poste. — Placé les bottes aux jeux du jour ; renvoyé une bille de refend et deux cuffats de planches.

5e poste. — Oté cinq gros pilots (traverses) de guidonnages, et fait deux guidonnages ; cloué quatre patiniats, et renvoyé à la surface cinq cuffats de bois.

6e poste. — Renvoyé à la surface cinq cuffats de bois et deux de déblais ; fait le polia pour placer le jeu du fond, et mis une rangée de broches à l'aspirante.

27 *août*. 1er poste. — Emmoufflé le jeu n° 2, pour le placer au centre de la fosse, et fait un guidonnage à la tête de ce jeu.

2e poste. — Renvoyé 2 mètres de pompes à la surface, et défait l'emmoufflage ; fait un hourd et fixé le jeu du fond, au fil à plomb ; placé deux patiniats.

3e poste. — Mis trois billes de refend, et fait trois guidonnages ; cloué quatorze patiniats.

4e poste. — Renvoyé le gros sommier du jour, et fait un hourd.

5e poste. — Fait deux hourds, et démis le collier de suspension du jeu du jour ; posé le secret de ce jeu ; cloué six patiniats et renvoyé un cuffat de bois à la surface.

6e poste. — Renvoyé onze billes et sept cuffats de bois à la surface ; posé trois pilots pour le hourd de la tête de la pompe.

28 *août*. 1er poste. — Fait un hourd, et ôté deux pièces de tire-bout du jeu n° 3.

2e poste. — Renvoyé à la surface cinq pièces de tire-bout, le dégorgeoir, le sac du jeu n° 3 et un cuffat de bois ; fait un emmoufflage.

3e poste. — On a défait un joint au jeu ; on a relevé la partie supérieure de celui-ci et on l'a placée sur le jeu du jour ; on a refait le joint de jonction du jeu et un guidonnage ; fait un hourd au-dessus des sommiers, et défait l'emmoufflage ; commencé les trous d'encastrement dans la tonne de briques du jour, pour y placer le sommier destiné à porter une seconde paire de bottes pour le jeu du jour.

4e poste. — Fait dans la maçonnerie un trou carré de 0m,40 de côté, et un de 0m,60 ; renvoyé à la surface un cuffat de débris de briques.

5e poste. — Renvoyé à la surface deux cuffats de déblais et 8 mètres de pompes ; on a défait un guidonnage et on a brandi un pichou.

6e poste. — Renvoyé 12 mètres de pompes à la surface.

29 *août*. 1er poste. — On a fait trois guidonnages et on en a défait deux ; renvoyé 8 mètres de pompes à la surface.

2e poste. — Renvoyé à la surface deux petits sommiers des tirants de suspension, un cuffat de déblais et toutes les lambourdes en fer.

3e poste. — Renvoyé à la surface la travaillante et l'aspirante du jeu n° 3 ; défait un guidonnage.

4e poste. — Fait deux hourds et un guidonnage ; défait deux guidonnages.

5e poste. — Renvoyé à la surface 8 mètres de pompes ; on a fait un guidonnage et on en a défait un ; renvoyé à la surface un cuffat de bois.

6e poste. — Travaillé aux trous d'encastrement des sommiers, et renvoyé le sommier du jour à la surface ; on a fait du mortier et rebouché un trou d'encastrement.

30 *août*. 1er poste. — Maçonné trois trous d'encastrement de sommiers ; fait un hourd et descendu le gros sommier.

2e poste. — Placé le gros sommier et deux petits ; maçonné les trous d'encastrement des sommiers.

3e poste. — Fait un hourd et un guidonnage à la tête du jeu ; placé le déversoir, et renvoyé deux dégorgeoirs à la surface.

4e poste. — Défait deux hourds ; cloué huit patiniats, et brandi un pichou.

5e poste. — Fait trois hourds, et cloué dix-huit patiniats.

6e poste. — Fait un hourd, et brandi pendant une heure et demie.

31 *août*. 1er poste. — Brandi en descendant.

2e poste. — Brandi en descendant.

3e poste. —   Id.

4e poste. —   Id.

5e poste. —   Id.

6e poste. —   Id.

REGISTRE DE FONÇAGE.

DATES	ORDRE DES POSTES (j. jour — n. nuit)	NOMS DES SURVEILLANTS	1° Nombre de mineurs, 2° Nombre d'aides-mineurs	TRAVAIL EFFECTUÉ — Enfoncement (Mètres)	Cuvelage	Nos membres	Boisage	Temps pour l'allongement des pompes (Heures)	RETARDS OCCASIONNÉS — Durée (Heures)	NATURE ET CAUSE	EFFETS DES MACHINES, d'extraction — Quantité de terres extraite par poste (Cuffats)	d'extraction — Consommation de charbon par jour (Hectolitres)	d'épuisement — Nombre de jeux de pompe en activité	d'épuisement — Nombre de coups de pompes par minute	d'épuisement — Quantité d'eau extraite par minute (Hectolitres)	d'épuisement — Consommation de charbon par jour (Hectolitres)
	Report de la profondeur......			85 18												
1er sept.	1er j.	A.	5.1									13				
	2e »	B.	5.2													
	3e »	C.	5.1													
	1er n.	A.	5.1													
	2e »	B.	5.2													
	3e »	C.	5.1													
2 sept.	1er j.	A.	5.5									13				
	2e »	B.	5.4													
	3e »	C.	5.5													
	1er n.	A.	5.5													
	2e »	B.	5.4													
	3e »	C.	5.5													
3 sept.	1er j.	A.	5.5									13				
	2e »	B.	5.4													
	3e »	C.	5.5													
	1er n.	A.	5.5													
	2e »	B.	5.4													
	3e »	C.	5.5													
4 sept.	1er j.	A.	5.5									12				
	2e »	B.	5.4													
	3e »	C.	5.5													
	1er n.	A.	5.5													
	2e »	B.	5.4													
	3e »	C.	5.4													
5 sept.	1er j.	A.	5.5									12				
	2e »	B.	5.4													
	3e »	C.	5.5													
	1er n.	A.	5.5													
	2e »	B.	5.4													
	3e »	C.	5.5													
6 sept.	1er j.	A.	5.5									12				
	2e »	B.	5.4													
	3e »	C.	5.5													
	1er n.	A.	5.5													
	2e »	B.	5.4													
	3e »	C.	5.5													
7 sept.																
8 sept.	1er j.	A.	5.4									12				8
	2e »	B.	5.5													
	3e »	C.	5.5													
	1er n.	A.	5.4													
	2e »	B.	5.5													
	3e »	C.	5.5													
9 sept.	1er j.	A.	5.4									12				
	2e »	B.	5.5													
	3e »	C.	5.5													
	1er n.	A.	5.4													
	2e »	B.	5.5													
	A reporter....			85.18												

OBSERVATIONS

Détail des travaux et incidents. — Nature du terrain.

1ᵉʳ septembre. 1ᵉʳ poste. — Brandi en descendant, et renvoyé six billes de refend.
2ᵉ poste. — Brandi en descendant, et travaillé pendant une heure pour démonter la maîtresse-tige.
3ᵉ poste. — Idem.
4ᵉ poste. — Brandi en descendant, et mis une bille de refend.
5ᵉ poste. — Brandi en descendant.
6ᵉ poste. —   Id.

2 septembre. 1ᵉʳ poste. — Brandi en descendant, et fait un guidonnage; descendu un hourd, et renvoyé cinq pilots (traverses) à la surface.
2ᵉ poste. — Brandi en descendant.
3ᵉ poste. —   Id.
4ᵉ poste. —   Id.
5ᵉ poste. — Brandi deux pichoux; placé une bille de refend et une échelle.
6ᵉ poste. — Brandi en descendant.

3 septembre. 1ᵉʳ poste. — Brandi en descendant, et fait trois hourds.
2ᵉ poste. — Brandi en descendant, et fait sept hourds.
3ᵉ poste. — Brandi en descendant, et fait deux hourds; défait un lambrage (garniture de planches) et renvoyé à la surface trois pilots de lambrage.
4ᵉ poste. — Brandi en descendant.
5ᵉ poste. —   Id.
6ᵉ poste. —   Id.

4 septembre. 1ᵉʳ poste. — Brandi en descendant, et placé deux pilots de refend.
2ᵉ poste. — Brandi en descendant.
3ᵉ poste. — Brandi en descendant, et mis une course de planches jointives de 4 mètres de longueur, pour former le royon; fait un hourd et renvoyé trois pilots de hourd à la surface.
4ᵉ poste. — Brandi en descendant.
5ᵉ poste. — Brandi en descendant, et attaché deux échelles.
6ᵉ poste. — Brandi en descendant; on a défait un hourd et on en a refait un.

5 septembre. 1ᵉʳ poste. — Brandi.
2ᵉ poste. — Brandi, et mis une bille de refend.
3ᵉ poste. — Brandi.
4ᵉ poste. — Brandi.
5ᵉ poste. — Brandi, et descendu un hourd; renvoyé à la surface un cuffat de planches et quatre pilots.
6ᵉ poste. — Brandi.

6 septembre. 1ᵉʳ poste. — Brandi; fait un demi-hourd, et placé une bille de refend.
2ᵉ poste. — Placé une course de planches de royon de 4 mètres, et brandi.
3ᵉ poste. — Brandi et défait un hourd.
4ᵉ poste. — Brandi; descendu un hourd, et renvoyé à la surface un cuffat de bois.
5ᵉ poste. — Brandi.
6ᵉ poste. — Brandi.

7 septembre. — On n'a pas travaillé.

8 septembre. 1ᵉʳ poste. — Brandi et placé une bille d'entre-fend.
2ᵉ poste. — Brandi; on a fait un hourd et on en a défait un.
3ᵉ poste. — Brandi et renvoyé deux pilots à la surface.
4ᵉ poste. — Mis une bille d'entre-fend et une de hourd; on a attaché la première dosse de la course d'entre-fend, et on a brandi.
5ᵉ poste. — On a monté une course d'entre-fend de 4 mètres, et on a brandi.
6ᵉ poste. — Brandi.

9 septembre. 1ᵉʳ poste. — Brandi et mis une bille.
2ᵉ poste. — Brandi.
3ᵉ poste. — Brandi; on a descendu un hourd, et on a renvoyé deux pilots à la surface.
4ᵉ poste. — Brandi.
5ᵉ poste. — Brandi.

DATES.	ORDRE DES POSTES, j. jour. — n. nuit.	NOMS DES SURVEILLANTS.	1° Nombre de mineurs. 2° Nombre d'aides-mineurs.	TRAVAIL EFFECTUÉ. Enfoncement. — Mètres.	Cuvelage.	Nᵒˢ des membres.	Brandissage	Temps pour l'allongement des pompes. — Heures.	RETARDS OCCASIONNÉS. Durée. — Heures.	NATURE ET CAUSE.	EFFETS DES MACHINES. d'extraction. Quantité de terres extraite par poste. — Cuffats.	Consommation de charbon par jour. — Hectolitres.	d'épuisement. Nombre de jeux de pompe en activité.	Nombre de coups de pompes par minute.	Quantité d'eau extraite par minute. Hectolitres.	Consommation de charbon par jour. — Hectolitres.
	Report de la profondeur			85.18												
9 sept.	3e n.	C.	5.5													
10 sept.	1er j.	A.	5.4									12				6
	2e »	B.	5.5													
	3e »	C.	5.5													
	1er n	A.	5.4													
	2e »	B.	5.5													
	3e »	C.	5.5													
11 sept.	1er j.	A.	5.4									8				4
	2e »	B.	5.5													
	3e »	C.	5.5													
	1er n.	A.	5.5													
	2e »	B.	5.5													
	3e »	C.	5.5													
12 sept.	1er j.	A.	4.5									8				5
	2e »	B.	5.4													
	3e »	C.	5.5													
	1er n.	A.	4.5													
	2e »	B.	5.4													
	3e »	C.	5.5													
13 sept.	1er j.	A.	4.5									12				5
	2e »	B.	5.4													
	3e »	C.	5.5													
	1er n.	A.	4 5													
	2e »	B.	5.4													
	3e »	C.	5.5													
14 sept.		A.	7									12				
15 sept	1er j.	B.	5.5									12				8
	2e »	C.	5.4													
	3e »	A.	4.5													
	1er n.	B.	5.5													
	2e »	C.	5.4													
	3e »	A.	4.5													
16 sept.	1er j.	B.	5.5									15				
	2e »	C.	5.4													
	3e »	A.	4.5													
	1er n.	B.	5.5													
	2e »	C.	5.4													
	3e »	A.	4.5													
17 sept	1er j.	B.	5.5									14				
	2e »	C.	5.4													
	3e »	A.	4.5													
	1er n.	B.	5.4													
	2e »	C.	5.4													
	3e »	A.	4.4													
18 sept.	1er j.	B.	5.5									12				
	2e »	C.	5.4													
	A reporter....			85.18												

OBSERVATIONS.

Détail des travaux et incidents. — Nature du terrain.

6e poste. — Brandi.

10 *septembre*. 1er poste. — Brandi les joints et deux pichoux; on a démis une bille d'entre-fend, et on a placé une échelle.

2e poste. — Brandi les joints et un pichou; on a fait deux hourds et on en a défait un; cloué deux patiniats, et renvoyé un cuffat de bois à la surface.

3e poste. — Brandi, et renvoyé un cuffat de bois à la surface.

4e poste. — Brandi.

5e poste. — Brandi les joints et un pichou vers le bas du cuvelage.

6e poste. — Brandi; placé une échelle dans le royon et fait un demi-hourd; brandi un pichou.

11 *septembre*. 1er poste. — Brandi; monté une course d'entre-fend de 4 mètres, et descendu un hourd; renvoyé à la surface deux cuffats de bois et une échelle.

2e poste. — Brandi.

3e poste. — Brandi les joints et un pichou.

4e poste. — Brandi.

5e poste. — Brandi.

6e poste. — Brandi; descendu un hourd, et renvoyé à la surface deux cuffats de bois; monté une course d'entre-fend de 2 mètres, et renvoyé seize lambourdes en fer.

12 *septembre*. 1er poste. — Brandi, et renvoyé un gros sommier à la surface; on a démis les patiniats de ce sommier, et on a bouché les trous de ces derniers avec des broches en bois.

2e poste. — Brandi et fait un hourd d'échelles.

3e poste. — Brandi; cloué sept patiniats et trois pilots; placé une échelle.

4e poste. — Brandi, et placé trois échelles.

5e poste. — On a défait un hourd et on en a refait un; on a renvoyé un cuffat de bois à la surface, et on a brandi.

6e poste. — Brandi.

13 *septembre*. 1er poste. — Brandi.

2e poste. — Brandi, et mis trente broches aux trous de renvoi de niveau.

3e poste. — Brandi; placé dix-neuf broches aux trous de renvoi et une bille d'entre-fend.

4e poste. — Brandi, et mis une course d'entre-fend de 2 mètres.

5e poste. — Brandi.

6e poste. — Brandi, et renvoyé six cuffats de bois à la surface.

14 *septembre*. — Fait six hourds; on a mis trois pièces du grand tirant, et on a fait une conduite à ce tirant; accroché les contre-poids, et monté une course d'entre-fend de 4 mètres; on a posé deux billes d'entre-fend et on a déplacé quatre échelles.

15 *septembre*. 1er poste. — Fait deux hourds et placé une pièce du grand tirant.

2e poste. — Défait un hourd, et renvoyé deux cuffats de bois à la surface; on a placé le dégorgeoir du jeu du fond, et on y a mis un sac en cuir; fait une conduite au grand tirant, et cloué deux patiniats.

3e poste. — Fait deux hourds, et placé le tire-bout du jeu du fond.

4e poste. — Placé sept pilots de hourds; on a fait trois hourds, et on a brandi deux pichoux.

5e poste. — Brandi; on a mis vingt et une broches aux sièges, et on a fait un hourd.

6e poste. — On a brandi, et placé trois broches aux sièges.

16 *septembre*. 1er poste. — Brandi.

2e poste. — Brandi.

3e poste. — On a brandi, et monté une course d'entre-fend de 2 mètres.

4e poste. — Brandi.

5e poste. — Brandi; on a descendu un hourd, et renvoyé un cuffat de bois à la surface.

6e poste. — Brandi, et renvoyé un pilot à la surface.

17 *septembre*. 1er poste. — Brandi.

2e poste. — Brandi; renvoyé à la surface un hourd et un cuffat de bois; fait un palier d'échelles.

3e poste. — Brandi; descendu un hourd, et renvoyé un cuffat de bois à la surface; on a démis deux pilots d'échelles et on a descendu deux échelles.

4e poste. — Brandi.

5e poste. — Brandi.

6e poste. — Brandi, et mis une bille d'entre-fend.

18 *septembre*. 1er poste. — Brandi.

2e poste. — Brandi et fait trois hourds; cloué trente-deux patiniats et trois pilots d'échelles; placé 8 mètres d'échelles.

DATES.	ORDRE DES POSTES, j. jour. — n. nuit.	NOMS DES SURVEILLANTS.	1° Nombre de mineurs. 2° Nombre d'aides-mineurs.	TRAVAIL EFFECTUÉ. Enfoncement. — Mètres.	Curelage.	Nbre des membres.	Boudissage.	Temps pour l'allongement des pompes. — Heures.	RETARDS OCCASIONNÉS. Durée. — Heures.	NATURE ET CAUSE.	EFFETS DES MACHINES. d'extraction. Quantité de terres extraite par poste. — Cuffats.	Consommation de charbon par jour. — Hectolitres.	d'épuisement. Nombre de jeux de pompe en activité.	Nombre de coups de pompes par minute.	Quantité d'eau extraite par minute. Hectolitres.	Consommation de charbon par jour. — Hectolitres.
	Report de la profondeur......			85.18												
18 sept.	3e j.	A.	4.5													
	1er n.	B.	5.5													
	2e »	C.	5.4													
	3e »	A.	4.4													
19 sept.	1er j.	B.	5.5									11				
	2e »	C.	5.4													
	3e »	A.	4.5													
	1er n.	B.	5.5													
	2e »	C.	5.4													
	3e »	A.	4.5													
20 sept.	1er j.	B.	5.5									12				
	2e »	C.	5.4													
	3e »	A.	4.5													
	1er n.	B.	5.5													
	2e »	C.	5.4													
	3e »	A.	4.5													
21 sept.	1er j.	B.	7									12				
22 sept.	1er j.	C.	5.4									12				
	2e »	A.	4.5													
	3e »	B.	5.5													
	1er n.	C.	5.4													
	2e »	A.	4.5													
	3e »	B.	5.4													
23 sept.	1er j.	C.	5.4									11				
	2e »	A.	4.5													
	3e »	B.	5.5													
	1er n.	C.	5.4													
	2e »	A.	4.5													
	3e »	B.	5.5													
24 sept.	1er j.	C.	5.4									12				6
	2e »	A.	4.5													
	3e »	B.	5.5													
	1er n.	C.	5.4													
	2e »	A.	4.5													
	3e »	B.	5.5													
25 sept.	1er j.	C.	5.4									12				6
	2e »	A.	4.5													
	3e »	B.	5.5													
	1er n.	C.	5.4													
	2e »	A.	4.5													
	3e »	B.	5.5													
26 sept.	1er j.	C.	5.4									14				
	2e »	A.	4.5													
	3e »	B.	5.3													
	1er n.	C.	5.4													
	2e »	B.	4.5													
	3e »	C.	5.5													
27 sept.	1er j.	A.	5.4									13				
	A reporter, ...			85.18												

OBSERVATIONS.

Détail des travaux et incidents. — Nature du terrain.

3e poste. — On a fait quatre hourds et on en a descendu un; renvoyé à la surface un cuffat de bois et de lambourdes, et placé une course d'entre-fend.

4e poste. — Brandi.

5e poste. — Brandi les joints et un pichou.

6e poste. — Brandi, et placé une bille d'entre-fend.

19 *septembre*. 1er poste. — Brandi, et commencé à poser une course d'entre-fend.

2e poste. — On a brandi, et on a fini de poser une course d'entre-fend de 4 mètres; descendu un hourd, et renvoyé deux cuffats de bois à la surface.

3e poste. — Brandi.

4e poste. — On a brandi, et placé un pilot d'entre-fend.

5e poste. — On a brandi, et placé trois broches aux siéges.

6e poste. — Brandi, et fait un guidonnage.

20 *septembre*. 1er poste. — Brandi, et placé douze broches aux siéges.

2e poste. — Brandi; renvoyé un hourd et deux cuffats de bois à la surface.

3e poste. — Brandi.

4e poste. — Brandi.

5e poste. — Brandi.

6e poste. — Brandi, et placé une bille d'entre-fend.

21 *septembre*. — Monté une course d'entre-fend de 4 mètres et deux de 2 mètres; on a fait six hourds, et renvoyé deux cuffats de bois à la surface; déplacé quatre échelles.

22 *septembre*. 1er poste. — Brandi, et mis une échelle.

2e poste. — Brandi, et démis deux pilots pour poser des échelles.

3e poste. — Brandi.

4e poste. — Brandi.

5e poste. — Brandi.

6e poste. — Brandi.

23 *septembre*. 1er poste. — Brandi. La machine a marché pendant une heure et demie.

2e poste. — Brandi, et placé une course d'entre-fend de 2 mètres; on a descendu un hourd et on en a fait un; placé les deux garnitures de la conduite du grand tirant et une échelle.

3e poste. — Brandi.

4e poste. — Brandi.

5e poste. — Brandi.

6e poste. — Brandi, et fait un hourd.

24 *septembre*. 1er poste. — Brandi, et placé une bille d'entre-fend; on a descendu un hourd, et on a renvoyé un cuffat de bois à la surface.

2e poste. — Brandi.

3e poste. — Brandi, et fait un hourd.

4e poste. — Brandi.

5e poste. — Brandi.

6e poste. — Brandi; on a fait un hourd et on en a défait un.

25 *septembre*. 1er poste. — Brandi; on a descendu un hourd et mis une bille d'entre-fend.

2e poste. — Brandi, et mis une bille.

3e poste. — Brandi.

4e poste. — Brandi, et mis une bille d'entre-fend; on a cloué deux patiniats et un pilot de hourd.

5e poste. — Brandi; descendu un hourd et renvoyé deux cuffats de bois à la surface.

6e poste. — Brandi; on a fait un hourd et on en a défait un.

26 *septembre*. 1er poste. — Brandi, placé un pilot d'entre-fend, et monté une course de planches de royon de 4 mètres.

2e poste. — Brandi, et fixé une clame en fer avec cinq vis sur une pièce de cuvelage.

3e poste. — Brandi; on a fait un hourd et on en a défait un.

4e poste. — Brandi.

5e poste. — Brandi.

6e poste. — Brandi.

27 *septembre*. 1er poste. — Brandi.

DATES.	ORDRE DES POSTES, j. jour. — n. nuit.	NOMS DES SURVEILLANTS.	1e Nombre de mineurs. 2e Nombre d'aides-mineurs.	TRAVAIL EFFECTUÉ. Enfoncement. — Mètres.	Cuvelage.	Nos des membres.	Brandissage.	Temps pour l'allongement des pompes — Heures.	RETARDS OCCASIONNÉS. Durée. — Heures.	NATURE ET CAUSE.	EFFETS DES MACHINES d'extraction. Quantité de terres extraite par poste. — Cuffats.	Consommation de charbon par jour. — Hectolitres.	d'épuisement. Nombre de jeux de pompe en activité.	Nombre de coups de pompes par minute.	Quantité d'eau extraite par minute. Hectolitres.	Consommation de charbon par jour. — Hectolitres.
	Report de la profondeur......			83 18												
27 sept.	2e j.	A.		4.5												
	3e »	B.		5.5												
	1er n.	C.		5.4												
	2e »	A.		4.5												
	3e »	B.		5.5												
28 sept.		C.		8.1								8				
29 sept.	1er j.	A.		4.3								15				
	2e »	B.		4.3												
	3e »	C.		4.3												
	1er n.	A.		4.3												
	2e »	B.		4.3												
	3e »	C.		4.2												
30 sept.	1er j.	A.		4.3								12				11
	2e »	B.		4.3												
	3e »	C.		4.3												
	1er n.	A.		4.2												
	2e »	B.		4.3												
	3e »	C.		4.3												
1er oct.	1er j.	A.		5.5								20				
	2e »	B.		5.5												
	3e »	C.		5.3												
	1er n.	A.		5.5												
	2e »	B.		5.5												
	3e »	C.		5.5												
2 oct.	1er j.	A.		5.5								15				
	2e »	B.		5.5												
	3e »	C.		5.4												
	1er n.	A.		5.4												
	2e »	B.		5.5												
	3e »	C.		5.4												
3 oct.	1er j.	A.		5.5								14				
	2e »	B.		5.4												
	3e »	C.		5.4												
	1er n.	A.		5.5												
	2e »	B.		5.4												
	3e »	C.		5.4												
4 oct.	1er j.	A.		5.5								14				
	2e »	B.		5.4												
	3e »	C.		5.4												
	1er n.	A.		5.5												
	2e »	B.		5.4												
	3e »	C.		5.4												
5 oct.		A.		7								15				
6 oct.	1er j.	B.		5.4								20				
	2e »	C.		5.4												
	3e »	A.		5.4												
	1er n.	B.		5.4												
	2e »	C.		5.4												
	A reporter....			85.18												

OBSERVATIONS.

Détail des travaux et incidents. — Nature du terrain.

2ᵉ poste. — Brandi ; mis une course d'entre-fend de 2 mètres et une échelle.

3ᵉ poste. — Brandi.

4ᵉ poste. — Brandi.

5ᵉ poste. — Brandi ; on a fait un hourd et renvoyé à la surface deux cuffats de bois.

6ᵉ poste. — Brandi.

28 *septembre*. — Maçonné l'entrée des deux petites galeries, et mis une bille d'entre-fend.

29 *septembre*. 1ᵉʳ poste. — Brandi ; on a placé une bille d'entre-fend dans la maçonnerie, et on a fait un hourd.

2ᵉ poste. — Brandi ; on a mis une course d'entre-fend de 4 mètres, et on a fait quatre trous d'encastrement dans la maçonnerie, destinés à recevoir des pilots (traverses).

3ᵉ poste. — On a placé une bille de hourd et trois petites traverses de hourds ; on a nettoyé la fosse en descendant.

4ᵉ poste. — Brandi ; fait deux hourds et placé une échelle.

5ᵉ poste. — Brandi. La machine a marché pendant deux heures et demie.

6ᵉ poste. — Brandi.

30 *septembre*. 1ᵉʳ poste. — On a brandi, et placé une course d'entre-fend de 2 mètres.

2ᵉ poste. — Brandi.

3ᵉ poste. — Brandi.

4ᵉ poste. — Brandi.

5ᵉ poste. — Brandi ; on a fait deux hourds et on en a défait deux.

6ᵉ poste. — On a brandi, et on a fait trois hourds.

1ᵉʳ *octobre*. 1ᵉʳ poste. — Brandi. On a fait quatre hourds et on en a défait un ; renvoyé deux cuffats de bois à la surface.

2ᵉ poste. — Brandi.

3ᵉ poste. — Brandi.

4ᵉ poste. — Brandi, et mis une course d'entre-fend de 2 mètres.

5ᵉ poste. — Brandi.

6ᵉ poste. — Brandi.

2 *octobre*. 1ᵉʳ poste. — Brandi.

2ᵉ poste. — Brandi ; on a fait un hourd et on en a défait un.

3ᵉ poste. — Brandi.

4ᵉ poste. — Brandi.

5ᵉ poste. — Brandi ; on a fait un hourd et on en a défait un.

6ᵉ poste. — Brandi ; on a descendu un hourd et on a renvoyé deux cuffats de bois à la surface.

3 *octobre*. 1ᵉʳ poste. — Brandi ; mis une bille d'entre-fend et deux échelles.

2ᵉ poste. — Brandi, et mis une course d'entre-fend de 4 mètres.

3ᵉ poste. — Brandi ; on a fixé une clame en fer avec trois vis à une pièce de cuvelage, et placé un patiniat de hourd avec trois vis à bois.

4ᵉ poste. — Brandi, et fixé une clame en fer avec trois vis à une pièce de cuvelage ; mis un patiniat de hourd de la bâche de répétition.

5ᵉ poste. — Brandi.

6ᵉ poste. — Brandi.

4 *octobre*. 1ᵉʳ poste. — Brandi, et mis une course d'entre-fend de 2 mètres.

2ᵉ poste. — Brandi.

3ᵉ poste. — Brandi.

4ᵉ poste. — Brandi, et mis une échelle.

5ᵉ poste. — Brandi.

6ᵉ poste. — Brandi, et mis une course d'entre-fend.

5 *octobre*. — On a maçonné les trous d'encastrement, qui se trouvaient pratiqués dans la tonne de briques ; on a fait deux hourds et on en a renvoyé quatre à la surface. Nettoyé la fosse en descendant, et placé un canard ; on a fait un hourd dans le trait à terres, et on en a défait un.

6 *octobre*. 1ᵉʳ poste. — Brandi ; on a fait un hourd et on en a défait un ; on a fait un guidonnage et on en a défait un ; renvoyé à la surface un cuffat de bois.

2ᵉ poste. — Brandi.

3ᵉ poste. — On a brandi, et placé un versoir de décharge à la bâche de répétition.

4ᵉ poste. — Brandi.

5ᵉ poste. — Brandi.

DATES.	ORDRE DES POSTES, 1 jour. – n. nuit.	NOMS DES SURVEILLANTS.	1° Nombre de mineurs. 2° Nombre d'aides-mineurs.	TRAVAIL EFFECTUÉ. Enfoncement. — Mètres.	Cavelage.	Nos des membres.	Brandissage.	Temps pour l'allongement des pompes. — Heures.	RETARDS OCCASIONNÉS. Durée. — Heures.	Nature et cause.	EFFETS DES MACHINES. d'extraction. Quantité de terres extraite par poste. — Caffats.	Consommation de charbon par jour. — Hectolitres.	d'épuisement. Nombre de jeux de pompe en activité.	Nombre de coups de pompes par minute.	Quantité d'eau extraite par minute. Hectolitres.	Consommation de charbon par jour. — Hectolitres.
		Report de la profondeur.......		83.18												
6 oct.	3e n.	A.	5.4													
7 oct.	1er j.	B.	5.4									12				
	2e »	C.	5.4													
	3e »	A.	5.5													
	1er n.	B.	5.4													
	2e »	C.	5.4													
	3e »	A.	5.4													
8 oct.	1er j.	B.	5.4									12				
	2e »	C.	5.4													
	3e »	A.	4.5													
	1er n.	B.	5.4													
	2e »	C.	5.4													
	3e »	A.	4.5													
9 oct.	1er j.	B.	5.4									17				
	2e »	C.	5.4													
	3e »	A.	4.5													
	1er n.	B.	5.4													
	2e »	C.	5.4													
	3e »	A.	4.4													
10 oct.	1er j.	B.	5.4									16				
	2e »	C.	5.4													
	3e »	A.	4.5													
	1er n.	B.	5.4													
	2e »	C.	5.4													
	3e n.	A.	4.5													
11 oct.	1er j.	B.	5.4									18				
	2e »	C.	5.4													
	3e »	A.	4.4													
	1er n.	B.	5.4													
	2e »	C.	5.4													
	3e »	A.	4.4													
12 oct.	1er j.	B.	7									10				
13 oct.	1er j.	C.	5.5									19				
	2e »	A.	4.3													
	3e »	B.	5.5													
	1er n.	C.	5.5													
	2e »	A.	4.3													
	3e »	B.	5.5													
14 oct.	1er j.	C.	5.4									23				
	2e »	A.	4.4													
	3e »	B.	5.5													
	1er n.	C.	5.4													
	2e »	A.	4.4													
	3e »	B.	5.5													
15 oct.	1er j.	C.	5.4									15				
	2e »	A.	4.4													
	3e »	B.	5.4													
		Total.....		83.18												

OBSERVATIONS.

Détail des travaux et incidents. — Nature du terrain.

6e poste. — Brandi, et descendu un hourd ; on a placé une échelle et on a renvoyé un cuffat de bois à la surface.

7 *octobre*. 1er poste. — Brandi, et placé une course d'entre-fend de 4 mètres.

2e poste. — Brandi ; on a mis 6 mètres de conduit de décharge et une échelle.

3e poste. — Brandi, et mis un conduit de décharge.

4e poste. — Brandi.

5e poste. — Brandi.

6e poste. — Brandi, et fait un guidonnage.

8 *octobre*. 1er poste. — Brandi ; monté une course d'entre-fend de 4 mètres et fait un hourd.

2e poste. — Brandi ; on a fait un guidonnage et on en a défait un.

3e poste. — Brandi ; on a placé une bille, une traverse de guidonnages et deux planchettes ; coupé deux patiniats de la bâche de répétition.

4e poste. — Brandi ; on a fait un hourd et on en a défait un.

5e poste. — On a brandi, et renvoyé un cuffat de bois à la surface.

6e poste. — Brandi, et fait un hourd.

9 *octobre*. 1er poste. — Brandi ; on a fait deux guidonnages et on en a défait un.

2e poste. — Brandi ; on a fait un guidonnage et deux demi-hourds.

3e poste. — Brandi, et monté un palier d'échelles ; placé trois pilots d'échelles et une échelle.

4e poste. — Brandi, et défait deux hourds.

5e poste. — Brandi, et fait quatre hourds en remontant.

6e poste. — Brandi ; fait un hourd et renvoyé un cuffat de bois à la surface.

10 *octobre*. 1er poste. — Brandi.

2e poste. — Brandi, et fait un guidonnage.

3e poste. — Brandi ; placé deux pilots d'échelles et trois échelles.

4e poste. — Brandi, et fait deux hourds.

5e poste. — Brandi ; on a défait deux hourds et on a renvoyé un cuffat de bois à la surface.

6e poste. — Brandi ; fait un demi-hourd et placé un conduit en bois.

11 *octobre*. 1er poste. — Brandi, et mis une course d'entre-fend de 4 mètres.

2e poste. — Brandi, et fait deux guidonnages.

3e poste. — Brandi, et fait un palier d'échelles ; placé trois pilots d'échelles et deux échelles.

4e poste. — On a brandi, et placé une bille d'entre-fend ; on a défait un hourd et on en a refait un ; on a monté une échelle et placé un canard de 2 mètres.

5e poste. — Brandi ; démis le collier de suspension du jeu du fond, et descendu un hourd, renvoyé trois cuffats de bois à la surface ; on a placé une bille d'entre-fend, et on a fait un guidonnage.

6e poste. — On a brandi, et fait un demi-hourd ; on a placé une traverse de guidonnages avec deux boulons et deux planchettes.

12 *octobre*. 1er poste. — Mis deux billes d'entre-fend, et monté une course d'entre-fend de 2 mètres ; démonté 14 mètres d'échelles et 5 mètres de l'ancien entre-fend ; fait deux petits hourds et renvoyé deux cuffats de bois à la surface.

13 *octobre*. 1er poste. — Brandi ; mis un pilot d'échelles, et descendu un hourd d'échelles.

2e poste. — Brandi ; renvoyé une pièce de tire-bout et le jeu du fond.

3e poste. — Brandi ; remis le séau et le secret du jeu du fond, et monté 8 mètres d'échelles.

4e poste. — Brandi et descendu un hourd ; renvoyé un cuffat de bois et deux de déchets ; nettoyé le fond de la fosse.

5e poste. — Brandi ; on a fait un demi-hourd et placé un conduit en bois.

6e poste. — Brandi, et nettoyé les paliers d'échelles.

14 *octobre*. 1er poste. — Brandi ; défait un hourd et renvoyé trois cuffats de bois à la surface.

2e poste. — Brandi, et renvoyé un cuffat de bois à la surface.

3e poste. — Placé trois pilots d'entre-fend et démonté trois courses de l'ancien entre-fend.

4e poste. — Brandi, et fait un hourd ; monté une course d'entre-fend de 2 mètres, et lambourdé 6 mètres d'entre-fend.

5e poste. — Brandi, et placé cinquante lambourdes de 2 mètres dans le trait à terres.

6e poste. — Monté 12 mètres d'échelles et deux courses d'entre-fend de 2 mètres.

15 *octobre*. 1er poste. — Fini le brandissage ; mis une chemise au fond de la fosse, pour préserver le cuvelage des coups de mine, et 10 mètres de lambourdes.

2e poste. — Placé cinquante lambourdes de 2 mètres ; renvoyé trois cuffats de bois à la surface et placé trois pilots de palier d'échelles.

3e poste. — Placé trois courses de lambourdes d'échelles et six pilots.

ERRATA

—

TABLE DES MATIÈRES

Paris. — Typographie Hennuyer et fils, rue du Boulevard, 7.